वस्त्र विज्ञान

वस्त्र विज्ञान

सीमा सेखड़ी
प्रोफेसर, वस्त्र और परिधान विज्ञान विभाग
लेडी इरविन कॉलेज, दिल्ली विश्वविद्यालय

PHI Learning Private Limited
Delhi-110092
2023

₹750.00

वस्त्र विज्ञान (Fabric Science)
सीमा सेखड़ी

ISBN-978-93-91818-84-5 (Print Book)
ISBN-978-93-91818-83-8 (e-Book)

Published by Asoke K. Ghosh, PHI Learning Private Limited, Rimjhim House, 111, Patparganj Industrial Estate, Delhi-110092 and Printed by Syndicate Binders, A-20, Hosiery Complex, Noida, Phase-II Extension, Noida-201305 (N.C.R. Delhi).

समर्पण

यह पाठ्यपुस्तक
श्री कैलाश चंद सेखड़ी और श्रीमती शारदा सेखड़ी जी की
मधुर स्मृति में सादर समर्पित,
जिन्होंने अपने हृदय और घर में मेरा स्नेहपूर्वक स्वागत किया!

विषय सूची

प्रस्तावना .... *xxi*
आभार .... *xxiii*

भाग 1 प्रारंभिक सिद्धांत

1. परिचय (Introduction) 3

1.1 प्रारंभिक उपयोग के साक्ष्य: वस्त्रों की उत्पत्ति कब हुई? 3
1.2 शुरुआती उपयोग के कारण: वस्त्रों की उत्पत्ति क्यों हुई? 4
1.3 भारत में वस्त्रों का इतिहास 5
1.4 वर्तमान परिदृश्य 5
1.5 वस्त्रों के अनुप्रयोग 7
अभ्यास 7
सन्दर्भ पुस्तक सूची 8
विस्तृत जानकारी हेतु पुस्तक सूची 8

2. तंतुओं का वर्गीकरण (Textile Fibre Classification) 9

2.1 प्राकृतिक तंतु 9
2.1.1 जांतव/प्रोटीन तंतु 9
2.1.2 वानस्पतिक/सेल्युलोज़िक तंतु 9
2.1.3 प्राकृतिक रबड़ 10
2.1.4 प्राकृतिक खनिज तंतु 10
2.2 निर्मित तंतु 10
2.2.1 पुनरुत्पादित तंतु 10
2.2.2 कृत्रिम तंतु 10
2.2.3 अकार्बनिक तंतु 11
2.3 तंतुओं की पहचान 12
2.3.1 दृश्य परीक्षण (Visual Test) 12
2.3.2 सूक्ष्म मूल्यांकन (Microscopic Evaluation) 12
2.3.3 ज्वलनशीलता परीक्षण (Burning Test) 12
2.3.4 रासायनिक परीक्षण (Chemical Test) 12
अभ्यास 14
विस्तृत जानकारी हेतु पुस्तक सूची 14

3. वस्त्र तंतु रचना (Textile Fibre Composition).. 15

3.1 वस्त्र के आधार 15
3.2 मोनोमर और पॉलिमर/बहुलक 16
3.3 बहुलकीकरण/पॉलिमराइज़ेशन के प्रकार 18
3.4 विभिन्न प्रकार के पॉलिमर 19
3.5 तंतुओं में बंधन (Bonding) 20
3.5.1 इंट्रा-पॉलिमर बॉनडिंग 20
3.5.2 इंटर-पॉलिमर बॉनडिंग 22
3.6 पॉलिमर व्यवस्थाएं 22
3.7 तंतु निर्माण के लिए पॉलिमर के आवश्यक गुण 24
अभ्यास 25
विस्तृत जानकारी हेतु पुस्तक सूची 25

4. तंतुओं के गुण (Fibre Properties) 26

4.1 प्राथमिक (Primary) और द्वितीयक (Secondary) गुणों के बीच अंतर 26
4.2 प्राथमिक गुण (Primary Properties) 27
4.2.1 चौड़ाई की तुलना में अधिक लंबाई (High Length to Width Ratio) 27
4.2.2 दृढ़ता (Tenacity) 28
4.2.3 लचीलापन (Flexibility) 29
4.2.4 कताई की गुणवत्ता या सामंजस्य (Spinning quality/Cohesiveness) 30
4.2.5 समरूपता (Uniformity) 30
4.3 द्वितीयक गुण (Secondary Properties) 30
4.3.1 मॉर्फोलोजी/आकृति व संरचना (Morphology) 31
4.3.2 विशिष्ट गुरुत्व (Specific Gravity) 33
4.3.3 खिंचाव (Elongation) एवं प्रत्यास्थता (Elastic Recovery) 33
4.3.4 प्रतिस्कंदता (Resiliency) 33
4.3.5 मॉइस्चर रीगेन/अवशोषकता (Moisture Regain) 34
4.3.6 ज्वलनशीलता और ताप का प्रभाव 35
4.3.7 विद्युत् संवाहकता (Electrical Conductivity) 36
4.3.8 घर्षण (Abrasion) प्रतिरोध 36
4.3.9 रासायनिक प्रतिक्रिया और प्रतिरोध (Chemical Reactivity and Resistance) 37
4.3.10 जैविक प्रतिरोध (Biological Resistance) 37
4.3.11 पर्यावरणीय स्थिति के प्रति संवेदनशीलता 37
अभ्यास 37
सन्दर्भ पुस्तक सूची 38
विस्तृत जानकारी हेतु पुस्तक सूची 38

भाग 2 तंतु

5. प्राकृतिक प्रोटीन तंतु (Natural Protein Fibres) 41

रेशम 41

5.1 रेशम का इतिहास 41

5.2 भारत में रेशम 42

5.3 रेशम का उत्पादन और प्रसंस्करण 43

5.4 रेशम की रासायनिक संरचना 46

5.5 रेशम के गुण 46

5.5.1 सूक्ष्म गुण 46

5.5.2 भौतिक गुण 47

5.5.3 रासायनिक गुण 48

5.5.4 जैविक गुण 48

5.5.5 अन्य गुण 48

5.6 रेशम के उपयोग 48

5.7 रेशम की देखभाल 49

5.8 भारत में रेशम के संस्थान 49

ऊन 50

5.9 ऊन का इतिहास 50

5.10 भारत में ऊन का उत्पादन 50

5.11 ऊन उत्पादन के चरण 51

5.12 ऊन के कुछ प्रकार 55

5.13 ऊन की आणविक एवं रासायनिक संरचना 55

5.14 ऊन के गुण 57

5.14.1 सूक्ष्म रूप 57

5.14.2 भौतिक गुण 58

5.14.3 रासायनिक गुण 59

5.14.5 अन्य गुण 60

5.15 ऊन के उपयोग 60

5.16 ऊन की देख-भाल 60

5.17 ऊन के साथ काम करने वाले संगठन एवं प्रमाणन चिन्ह 61

5.18 स्पेशिएल्टी (लुप्तप्राय जातिओं के) बाल तंतु 61

5.19 फर (Fur) 64

अभ्यास 65

सन्दर्भ पुस्तक सूची 65

विस्तृत जानकारी हेतु पुस्तक सूची 65

6. प्राकृतिक वनस्पति (Natural Cellulosics) 66

कपास 66

6.1 इतिहास 66

6.2 भारत में कपास 67

6.3 कपास की खेती और उत्पादन 68

6.4 कपास की रासायनिक संरचना 71
6.5 कपास के गुण 71
6.5.1 सूक्ष्म रूप 71
6.5.2 भौतिक गुण 72
6.5.3 तापीय गुण 73
6.5.4 रासायनिक गुण 73
6.5.5 जैविक गुण 73
6.5.6 अन्य गुण 74
6.6 कपास के उपयोग 74
6.7 कपास की देख-रेख 74
6.8 कुछ अन्य कपास 75
6.9 कपास के लिए भारतीय संस्थान 76
लिनन या सन का वस्त्र 76
6.10 इतिहास 76
6.11 खेती और उत्पादन 77
6.12 रासायनिक संरचना 79
6.13 लिनन के गुण 79
6.13.1 सूक्ष्म वर्णन 79
6.13.2 भौतिक गुण 80
6.13.3 तापीय गुण 80
6.13.4 रासायनिक गुण 80
6.13.5 जैविक गुण 80
6.13.6 अन्य गुण 81
6.14 लिनन के उपयोग 81
6.15 लिनन की देखभाल 81
6.16 अन्य सेल्युलोज़िक तंतु 81
6.17 जूट—वर्तमान स्थिति और उपयोग 84
6.18 जूट क्षेत्र में संगठनों की सूची 84
अभ्यास 84
सन्दर्भ पुस्तक सूची 85
विस्तृत जानकारी हेतु पुस्तक सूची 85

7. पुनरुत्पादित तंतु (Regenerated Fibres) 86
7.1 इतिहास 86
7.2 विश्व उत्पादन 87
7.3 उत्पादन प्रक्रिया 87
7.3.1 रेयॉन 87
7.3.2 एसीटेट 91
7.4 रासायनिक संरचना 91
7.5 पुनरुत्पादित तंतु गुण 94
7.5.1 सूक्ष्म गुण 94
7.5.2 भौतिक गुण 95
7.5.3 रासायनिक गुण 96

7.5.4 जैविक गुण 97
7.5.5 अन्य गुण 97
7.6 उपयोग 98
7.7 देख रेख 98
7.8 इस क्षेत्र में संगठन 98
अभ्यास *99*
सन्दर्भ पुस्तक सूची *99*
विस्तृत जानकारी हेतु पुस्तक सूची *99*

8. कृत्रिम और अकार्बनिक तंतु (Synthetic and Inorganic Fibres) 100
नायलॉन 100
8.1 इतिहास और विश्व उत्पादन 100
8.2 रासायनिक संरचना और विनिर्माण चरण 101
8.3 नायलॉन के गुण 102
8.3.1 सूक्ष्म गुण 102
8.3.2 भौतिक गुण 103
8.3.3 रासायनिक गुण 104
8.3.4 जैविक प्रतिरोध और अन्य गुण 104
8.4 नायलॉन के उपयोग 104
8.5 नायलॉन की देख-रेख 105
पॉलिएस्टर 105
8.6 इतिहास और विश्व उत्पादन 105
8.7 रासायनिक संरचना और विनिर्माण 106
8.8 पॉलिएस्टर के गुण 107
8.8.1 सूक्ष्म गुण 107
8.8.2 भौतिक गुण 107
8.8.3 रासायनिक गुण 108
8.8.4 जैविक और अन्य गुण 108
8.9 पॉलिएस्टर के उपयोग 108
8.10 पॉलिएस्टर की देख-रेख 109
एक्रेलिक 109
8.11 इतिहास और विश्व उत्पादन 109
8.12 रासायनिक संरचना और विनिर्माण 110
8.13 एक्रेलिक के गुण 111
8.13.1 सूक्ष्म गुण 111
8.13.2 भौतिक गुण 111
8.13.3 रासायनिक गुण 112
8.13.4 जैविक और अन्य गुण 112
8.14 एक्रेलिक के उपयोग 112
8.15 एक्रेलिक की देख-रेख 114
8.16 ओलेफिन 114
8.17 स्पैन्डेक्स 116
8.18 अरामिड 118

8.19 कार्बन तंतु 119
8.20 ग्लास तंतु 120
8.21 धात्विक तंतु 121
8.22 इस क्षेत्र में संगठन 121
अभ्यास 122
सन्दर्भ पुस्तक सूची 122
विस्तृत जानकारी हेतु पुस्तक सूची 122

भाग 3 यार्न (सूत/रेशा)

9. यार्न का उत्पादन (Yarn Production) 125
9.1 यार्न के प्रकार 125
9.1.1 स्पन यार्न 125
9.1.2 फिलामेंट यार्न 125
9.1.3 अन्य—टेप, नेटवर्क और फिल्म यार्न 126
9.2 इतिहास 126
9.3 स्पन यार्न का उत्पादन 126
9.3.1 परंपरागत/यांत्रिक कताई (Conventional/Mechanical Spinning) 127
9.3.2 गैर-परम्परागत कताई (Non-conventional Spinning) 132
9.3.3 निर्मित तंतुओं से स्पन यार्न 136
9.4 फिलामेंट यार्न का उत्पादन (रासायनिक कताई) 136
9.4.1 मेल्ट कताई (Melt Spinning) 138
9.4.2 सूखी या शुष्क कताई (Dry Spinning) 139
9.4.3 गीली या नम कताई (Wet Spinning) 139
9.4.4 जैल कताई (Gel Spinning) 140
9.4.5 इमल्शन कताई (Emulsion Spinning) 140
9.5 रासायनिक कताई में कुछ बदलाव 140
अभ्यास 142
विस्तृत जानकारी हेतु पुस्तक सूची 142

10. रेशे के गुण (Yarn Properties) 143
10.1 धागे (Thread) और यार्न (Yarn) के बीच अंतर 143
10.2 यार्न ट्विस्ट (Yarn Twist) 144
10.2.1 ट्विस्ट की मात्रा (Amount of Twist) 144
10.2.2 ट्विस्ट की दिशा (Direction of Twist) 145
10.2.3 संतुलन की डिग्री (Degree of Balance) 146
10.3 यार्न नंबर (जिसे यार्न काउंट और यार्न साइज़ के नाम से भी जाना जाता है) 146
10.3.1 डाइरेक्ट यार्न नंबर (Direct Yarn Number) 146
10.3.2 इनडाइरेक्ट यार्न नंबर (Indirect Yarn Number) 147
10.4 यार्न की संरचना अथवा उप-भाग (Yarn Structure or Sub-parts) 147
10.4.1 सिंगल/एकल यार्न 148

10.4.2 प्लाई यार्न 148
10.4.3 कॉर्ड यार्न 148
10.5 दृष्टि रूप के आधार पर (On the Basis of Visual Appearance) 149
10.5.1 चिकने या मुलायम फ़िलामेंट यार्न (Smooth Filament Yarns) 149
10.5.2 टेक्सचर वाले फ़िलामेंट यार्न (Textured Filament Yarn) 149
10.6 यार्न कार्य के आधार पर मज़बूती या डिज़ाइन 152
10.6.1 साधारण/सिंपल यार्न (Simple Yarns) 152
10.6.2 असाधारण/कॉम्प्लेक्स यार्न (Complex Yarn) 153
अभ्यास 155
विस्तृत जानकारी हेतु पुस्तक सूची 155

भाग 4 वस्त्र

11. करघे पर बुनाई या वीविंग (Weaving).. 159
11.1 हथकरघा (Loom) 159
11.2 करघे के प्रकार (Type of Looms) 161
11.2.1 हथकरघा और बिजली चालित करघा (Handlooms and Powerlooms) 161
11.2.2 शटल वाले और शटल रहित/शटललेस करघे (Shuttle and shuttleless Looms) 162
11.3 करघे पर बुने वस्त्र: कुछ अवधारणाएँ (Woven Fabrics: Some Concepts) 162
11.4 बुनावट/वीव्स (Weaves) 164
11.4.1 बेसिक बुनाई (Basic Weaves) 165
11.4.2 फैन्सी बुनाई (Fancy Weaves) 171
11.5 बुनाई में कुछ नवाचार (Some Innovations in Weaving) 180
11.5.1 त्रिअक्षीय बुनाई (Triaxial Weaving) 180
11.5.2 वृत्तीय बुनाई (Circular Weaving) 180
11.5.3 मल्टीपल शेड बुनाई (Multiple Shed Weaving) 180
अभ्यास 180
विस्तृत जानकारी हेतु पुस्तक सूची 181

12. सिलाइयों या सुइयों से बुनाई या निटिंग (Knitting)... 182
12.1 बुनाई का इतिहास 182
12.2 निटिंग या बुनाई: कुछ अवधारणाएँ 183
12.2.1 टांके (Stitches) 183
12.2.2 गेज या कट (Gauge or Cut) 183
12.2.3 तकनीकी अग्र और पश्च-भाग 184
12.2.4 सुइयां/नीडल (Needles) 184
12.3 बाना (Weft) और ताना (Warp) निटिंग 186
12.4 बाना (Weft) निटिंग के टांके (Weft Knit Stitches) 187
12.4.1 प्लेन, सिंगल या जर्सी (Plain, Single, Jersey) टांका 187
12.4.2 पर्ल (Purl) टांका 188

12.4.3 रिब (Rib) टांका 189
12.4.4 इंटरलॉक (Interlock) टांका 190
12.4.5 वेफ्ट टांकों में विविधता (Variations in Weft Stitches) 190
12.5 ताना बुनाई (Wrap Knitting) 191
12.5.1 ट्रीको (Tricot) 191
12.5.2 रेशल (Raschel) 192
12.5.3 मिलनीस बुनाई (Milanese Knits) 192
12.5.4 सिंप्लेक्स (Simplex) 192
12.6 बुनाई में विविधताएँ 192
12.7 सुइयों से बुनने/निटिंग और करघे पर बुनने/वीविंग की तुलना 193
12.8 निटिड वस्त्रों के गुण 194
12.9 निटिड वस्त्रों (Knits) के उपयोग और देख-रेख 194
अभ्यास 195
विस्तृत जानकारी हेतु पुस्तक सूची 195

13. नॉन-वोवन और वस्त्र निर्माण की अन्य विधियां (Non-woven and Other Methods of Fabric Construction).. 196

13.1 प्रस्तावना 196
13.2 नॉन-वोवन श्रेणियाँ 197
13.3 फेल्ट 197
13.3.1 ऊनी फेल्ट 197
13.3.2 नीडल फेल्ट 199
13.4 बॉनडेड (Bonded) वस्त्र 201
13.5 वस्त्र निर्माण की अन्य विधियाँ 206
13.5.1 ब्रेडेड (braided) वस्त्र 206
13.5.2 लेस (Laces) 206
13.5.3 लैमिनेटिड वस्त्र (Laminated Fabrics) 207
13.5.4 जाली (Nets) 207
13.5.5 स्टिच बॉनडेड वस्त्र (Stitch Bonded Fabrics) 208
13.5.6 टफ्टिंग (Tufting) 208
अभ्यास 209
सन्दर्भ पुस्तक सूची 209
विस्तृत जानकारी हेतु पुस्तक सूची 209

भाग 5 परिसज्जा

14. बेसिक (मूल) और स्पेशल (विशिष्ट) परिसज्जा (Basic and Special Finishing).. 213

14.1 परिसज्जा का वर्गीकरण 213
14.1.1 परिसज्जा के स्थायित्व के आधार पर 213
14.1.2 परिसज्जा प्रदान करने की विधि के आधार पर 214
14.1.3 परिसज्जा से प्राप्त परिणाम के आधार पर 214

14.2 मूल/बेसिक/रूटीन परिसज्जा 215
- 14.2.1 बीटलिंग (Beetling) 215
- 14.2.2 निरीक्षण (Inspection) 215
- 14.2.3 सिंजिंग (Singeing) 216
- 14.2.4 डीसाइज़िंग 216
- 14.2.5 स्कावरिंग/शुद्धिकरण (Scouring) 216
- 14.2.6 विरंजन (Bleaching) 217
- 14.2.7 रेशम में कड़ापन/वेटिंग (Weighting) 217
- 14.2.8 बेसिक/मूल कैलेंडरिंग (Basic Calendering) 217
- 14.2.9 टेंटरिंग (Tentering) 218
- 14.2.10 मर्सेराइज़ेशन 218

14.3 कार्यात्मक/फंक्शनल परिसज्जा जिनसे वस्त्रों के रूप (Aesthetics) को बदला जाता है 219
- 14.3.1 विशेष कैलेंडरिंग 219
- 14.3.2 रोयेंदार/उठी सतह प्रदान करने वाली परिसज्जा 221
- 14.3.3 डीलस्ट्रेंट 223
- 14.3.4 ऑप्टिकल ब्राइटनिंग पदार्थ (OBAs) 223
- 14.3.5 अम्लीय परिसज्जा 223
- 14.3.6 क्षारीय परिसज्जा 224
- 14.3.7 वस्त्र को नरम बनाने (सॉफ्टनिंग/softening) की परिसज्जा 224
- 14.3.8 वस्त्र में अकड़न देने (स्टिफ्फनिंग/Stiffening) की परिसज्जा 224
- 14.3.9 रंग फीका करने वाली/फेडिंग परिसज्जा 225

14.4 कार्य क्षमता को प्रभावित करने वाली फंक्शनल परिसज्जा 225
- 14.4.1 शोषक परिसज्जा 225
- 14.4.2 एंटीस्टेटिक परिसज्जा 226
- 14.4.3 घर्षण प्रतिरोधी परिसज्जा 226
- 14.4.4 एंटीस्लिप परिसज्जा 226
- 14.4.5 दाग और धूल प्रतिरोधी परिसज्जा 226
- 14.4.6 स्थायी प्रेस परिसज्जा 227
- 14.4.7 सिकुड़न प्रतिरोधी परिसज्जा 227
- 14.4.8 ज्वाला प्रतिरोधी परिसज्जा 230
- 14.4.9 जल प्रतिरोधी और जल अभेद्य परिसज्जा 230
- 14.4.10 कीटनाशक प्रतिरोधी/एंटीपेस्टिसाइड परिसज्जा 231
- 14.4.11 लाइट रिफ्लेक्टर परिसज्जा 231
- 14.4.12 मॉथ प्रूफ परिसज्जा 231
- 14.4.13 रोगाणुरोधी परिसज्जा 231
- 14.4.14 माइक्रोएनकैप्सुलेशन परिसज्जा 232

14.5 परिसज्जा उद्योग में नैनो टेक्नोलॉजी 232

14.6 विभिन्न परिसज्जाओं के परस्पर संबंध 233

अभ्यास 234

विस्तृत जानकारी हेतु पुस्तक सूची 234

15. रंगों के साथ परिसज्जा : रंगाई और छपाई (Finishing with Colour: Dyeing and Printing).. 235

15.1 परिचय 235
15.2 डाई वर्ग 236
15.2.1 एसिड रंजक 237
15.2.2 एज़ोइक रंजक या Napthol रंजक 237
15.2.3 बेसिक या कैटायनिक रंजक 237
15.2.4 डाइरेक्ट रंजक 238
15.2.5 डिस्पर्स रंजक 238
15.2.6 रीएक्टिव रंजक 238
15.2.7 वैट रंजक 239
15.3 रंगाई के तरीके (Methods of Dyeing) 239
15.4 रंगाई के चरण (Stages of Dyeing) 239
15.4.1 सॉल्युशन या डोप रंगाई 240
15.4.2 तंतु रंगाई 240
15.4.3 यार्न रंगाई 240
15.4.4 वस्त्र रंगाई 241
15.4.5 उत्पाद/प्रोडक्ट रंगाई 242
15.5 रंगाई तंत्र (Dyeing Mechanism) 242
15.6 रंग मान (Colour Values) 242
15.7 प्रिंटिंग/छपाई का इतिहास 243
15.8 छपाई के चरण (Steps of Printing) 243
15.9 छपाई की मूल शैलियाँ या सिद्धांत (Styles) 247
15.9.1 डाइरेक्ट छपाई 248
15.9.2 अवरोधक छपाई 248
15.9.3 डिस्चार्ज छपाई 249
15.9.4 मोर्डेंट छपाई 249
15.9.5 ट्रांसफर छपाई (सब्लिस्टेटिक) 250
15.10 छपाई की विधियाँ (Methods) 250
15.10.1 ब्लॉक छपाई 250
15.10.2 रोलर छपाई 252
15.10.3 टाई-डाई 253
15.10.4 बाटिक 254
15.10.5 स्टेंसिल छपाई 254
15.10.6 स्क्रीन छपाई 255
15.10.7 छपाई की अन्य विधियां 257
15.11 रंगों का पक्कापन 260
15.11.1 धुलाई के प्रति रंगों का पक्कापन 262
15.11.2 रगड़/क्रॉकिंग (Crocking) के प्रति रंगों का पक्कापन 262
15.11.3 पसीने के प्रति रंगों का पक्कापन 263
15.11.4 प्रकाश के प्रति रंगों का पक्कापन 263
अभ्यास 264
विस्तृत जानकारी हेतु पुस्तक सूची 265

भाग 6 उपभोक्ताओं के मुद्दे

16. उचित वस्त्र का चयनः उपभोक्ताओं के लिए दिशानिर्देश 269

16.1 परिचय 269
16.2 एपीयरेंस / Appearance / रूप 270
16.3 कम्फर्ट / Comfort / आराम 271
16.4 परफोरमेंस / Performance / उपयोगिता 272
16.5 ड्यूरेबिलिटी / Durability / स्थायित्व 273
16.6 केयर / Care/देखभाल 274
अभ्यास 275
सन्दर्भ पुस्तक सूची 276

17. वस्त्रों की देखभाल और रख-रखाव (Care and Maintenance of Fabrics)..... 277

17.1 'लॉन्ड्रिंग (Laundering)' और 'धुलाई (Washing)' के बीच अंतर 277
17.2 प्री-वॉश अर्थात धोने के पूर्व किये जाने वाले कार्य 278
17.2.1 छँटाई (Sorting) 278
17.2.2 मेंडिंग (Mending) अर्थात मरम्मत 278
17.2.3 दाग हटाना 278
17.2.4 भिगोना/Soaking, Steeping 280
17.3 धुलाई 280
17.3.1 गंदगी के प्रकार 280
17.3.2 साबुन / Soaps 281
17.3.3 डिटर्जेंट/Detergents 281
17.3.4 वस्त्रों की धुलाई की विधियां और उपकरण 285
17.4 पोस्ट वॉश अर्थात धोने के पश्चात किए जाने वाले कार्य 288
17.4.1 रिन्सिंग (Rinsing) 288
17.4.2 व्हाइटनिंग (Whitening) 289
17.4.3 कड़क्पन प्रदान करना/स्टिफनिंग (Stiffening) 290
17.4.4 सुखाना (Drying) 291
17.4.5 फिनिशिंग (Finishing) 292
17.4.6 स्टोरेज (Storage) अर्थात भंडारण करना 292
17.5 ड्राई क्लीनिंग/शुष्क सफाई (Dry Cleaning) 293
17.6 सफाई के अन्य तरीके 293
17.7 पर्यावरण पर लॉन्ड्रिंग का प्रभाव; पर्यावरण सुरक्षा के लिए कुछ कदम 294
अभ्यास 294
विस्तृत जानकारी हेतु पुस्तक सूची 295

18. सम्मिश्रण (Blending) 296

18.1 परिचय 296
18.2 सम्मिश्रण के कारण 297
18.2.1 लागत कारक 297
18.2.2 प्रसंस्करण कारक 297

18.2.3 सौंदर्य कारक 297
18.2.4 कार्य क्षमता/उपयोगिता कारक 297
18.3 सम्मिश्रण के चरण 299
18.3.1 यार्न उत्पादन के चरण में सम्मिश्रण 299
18.3.2 वस्त्र निर्माण के चरण में सम्मिश्रण 299
18.3.3 वस्त्र उत्पाद तैयार करने के चरण में सम्मिश्रण 300
18.4 सम्मिश्रण में नए विकास: नैनो प्रौद्योगिकी का उपयोग 300
अभ्यास 301
विस्तृत जानकारी हेतु पुस्तक सूची 302

19. वस्त्र दोष (Fabric Defects) 303
19.1 परिचय 303
19.2 वस्त्र दोषों का वर्गीकरण 303
19.2.1 दोष की गंभीरता के आधार पर 303
19.2.2 दोष के प्रभाव के आधार पर 304
19.2.3 शुरुआत के समय के आधार पर दोष के कारण 304
19.3 यार्न दोष 304
19.4 नॉन-वोवन वस्त्रों में पाए जाने वाले दोष 305
19.5 निटिड वस्त्रों में पाए जाने वाले दोष 307
19.6 वोवन दोष या करघे पर बुने हुए वस्त्रों में पाए जाने वाले दोष 307
19.7 अनुचित रंगाई के कारण या रंगे वस्त्रों में पाए जाने वाले दोष 311
19.8 अनुचित छपाई के कारण या छपे वस्त्रों में पाए जाने वाले दोष 312
अभ्यास 314
विस्तृत जानकारी हेतु पुस्तक सूची 315

भाग 7 विविध विषय

20. रोज़गार (कॅरियर) के अवसर (Career Opportunities)................................ 319
20.1 परिचय 319
20.2 परिधान उत्पादन उद्योग कार्यकर्ता (Apparel Production Industry Worker) 320
20.3 जागरूक उपभोक्ता (Aware Consumer) 320
20.4 उपभोक्ता शिक्षाविद् (Consumer Educationist) 320
20.5 डिज़ाइनर (Designer) 320
20.6 उद्यमी (Entrepreneur) 321
20.7 सामाजिक कार्यकर्ता (Extension/Community Worker) 321
20.8 उच्च अध्ययन (Higher Education) 321
20.9 इंटीरियर डेकोरेटर (Interior Decorator) 322
20.10 नए क्षितिज (New Horizons) 322
20.11 शिक्षक (Teacher) 322
20.12 परीक्षण/अनुसंधान प्रयोगशाला कार्यकर्ता (Testing or Research Laboratory Workers) 322
20.13 वस्त्र रंगविद् (Textile Colourist) 322

20.14 वस्त्र क्यूरेटर/संरक्षक (Textile Curator or Conservator) 322
20.15 टेक्सटाइल पर्यटन (Textile Tourism) 323

21. संधारणीयता (सस्टेनेबिलिटी) की ओर (Towards Sustainability) 324

21.1 परिचय 324
21.2 प्राकृतिक तंतुओं को कृत्रिम तंतुओं की तुलना में प्राथमिकता देना 325
21.3 अपशिष्ट से धन (नए प्राकृतिक तंतु) 325
21.4 ऑर्गेनिक खेती (Organic Agriculture) 326
21.5 प्राकृतिक रंगी कपास/नैचुरली कलर्ड कॉटन (Naturally Coloured Cottons) 326
21.6 पर्यावरण के अनुकूल वस्त्र परिसज्जा (Eco-friendly Textile Finishing) 326
21.7 पर्यावरण के अनुकूल वस्त्रों की रंगाई और छपाई 327
21.8 अपशिष्ट जल का उपचार 328
21.9 माइक्रोवेव प्रौद्योगिकी (Microwave Technology) का महत्व 328
विस्तृत जानकारी हेतु पुस्तक सूची 330

विश्वविद्यालय परीक्षा प्रश्न पत्र 331

अनुक्रमणिका 343

प्रस्तावना

आज से एक दशक पूर्व मैंने **वस्त्र** विज्ञान के विषय पर अंग्रेज़ी में अपनी प्रथम पुस्तक लिखी थी, जिसे बहुत सराहना मिली और 2022 तक आते आते उसका चौथा संस्करण (सात भागों और इक्कीस अध्यायों के साथ) प्रकाशित हुआ। एक दीर्घ समय से मेरे मन में अपनी पाठ्यपुस्तक को राज भाषा 'हिन्दी' में लिखने की तीव्र इच्छा थी—जो आज ईश्वर की कृपा से पूर्ण हुई!

इस पुस्तक को सात भागों में व्यवस्थित किया गया है। जिसमें प्रथम भाग का शीर्षक 'प्रारम्भिक सिद्धांत' है। इसमें चार अध्याय हैं, जिनके विषय हैं—परिचय, तंतुओं का वर्गीकरण, **वस्त्र** तंतु रचना और तंतुओं के गुण। भाग दो का शीर्षक है 'तंतु', जिसमें चार अध्याय सम्मिलित हैं; ये प्राकृतिक प्रोटीन तन्तु (अध्याय 5), प्राकृतिक वनस्पति तन्तु (अध्याय 6), पुनरुत्पादित तन्तु (अध्याय 7) और कृत्रिम और अकार्बनिक तन्तु (अध्याय 8) के विषय में जानकारी प्रदान करते हैं। भाग तीन यार्न (रेशे) से संबंधित है, जिसमें इनके उत्पादन (अध्याय 9) और गुण (अध्याय 10) समझाए गए हैं। इस पुस्तक का चौथा भाग '**वस्त्र**' है। इसमें करघे पर बुनाई/वीविंग (अध्याय 11), सिलाइयों से बुनाई/निटिंग (अध्याय 12) और नॉन-वोवन व **वस्त्र** निर्माण की अन्य विधियों (अध्याय 13) पर चर्चा की गई है। भाग पाँच 'परिसज्जा' पर है; इसमें अध्याय 14 में मूल और विशिष्ट परिसज्जाओं का वर्णन किया गया है और अध्याय 15 में रंगों के साथ परिसज्जा—रंगाई और छपाई का।

भाग छः—'उपभोक्ताओं के मुद्दे' में चार अध्याय हैं; अध्याय 16 का विषय है—उचित **वस्त्र** का चयन: उपभोक्ताओं के लिए दिशानिर्देश। अगले अध्याय **वस्त्रों** की देखभाल (अध्याय 17), सम्मिश्रण (अध्याय 18), और **वस्त्र** दोष (अध्याय 19) पर उपभोक्ताओं को जानकारी देते हैं। अंतिम भाग (सात) का शीर्षक है 'विविध विषय'। इसमें दो अध्याय हैं—रोज़गार (कॅरियर) के अवसर (अध्याय 20) और संधारणीयता (सस्टेनेबिलिटी) की ओर (अध्याय 21)। छात्रों द्वारा परीक्षा की तैयारी के लिए प्रत्येक अध्याय के अंत में उन विषयों से संबंधित अनेक प्रश्न दिए गए हैं। इनके अतिरिक्त 'स्वयं मूल्यांकन' के उद्देश्य से पुस्तक के अंत में दस 'विश्वविद्यालय परीक्षा प्रश्न पत्र' भी दिए गए हैं।

महान वैज्ञानिक ऐल्बर्ट आइन्स्टीन के कहा था कि यदि आप किसी बात को सरल भाषा में नहीं समझा सकते तो इसका अर्थ है कि आप स्वयं उसे पूर्णतः समझ नहीं पाए हैं। अतः मैंने इस पुस्तक के विभिन्न विषयों को सरल भाषा में समझाने का पूर्ण प्रयास किया है और आशा करती हूँ कि सभी पाठक इन्हें सरलता से ग्रहण कर पायेंगे।

मेरा विश्वास है कि यह पुस्तक सभी विद्यार्थियों के लिए सुविधाजनक एवं उपयोगी सिद्ध होगी, साथ ही यह अध्यापकों के लिए भी सहायक रहेगी। आपके बहुमूल्य सुझाव स्वागत-योग्य हैं!

प्रो. सीमा सेखड़ी
seemasekhri@gmail.com

आभार

मैं सर्वप्रथम अपनी माताजी, श्रीमती सुदेश चोपड़ा को अपना आभार व्यक्त करती हूँ, जिन्होंने इस हिन्दी पाठ्यपुस्तक की नींव रखने में अपना पूर्ण सहयोग दिया! जीवन और शिक्षा के क्षेत्र में स्पष्ट अवधारणायें प्रदान करने के लिए मैं अपने सभी शिक्षकों की ऋणी हूं। इनमें से उल्लेखनीय हैं—मेरे पिता- प्रो. रामनाथ चोपड़ा, सरला मनचंदा, रेवरेंड बिशप इग्नेशियस, वीना कपूर, अनु वर्मा, पूर्णिमा कुमार, और स्वर्गीय संजमबीर रंधावा।

मैं स्नातक और स्नातकोत्तर छात्रों को यह पुस्तक तैयार करने के मुख्य प्रेरणा स्रोत होने के लिए हार्दिक धन्यवाद देती हूँ।

इस पुस्तक के प्रारंभिक सम्पादन में निःस्वार्थ सहयोग के लिए सरिता कटारिया को, व चित्रों में सहायता के लिए निधि गुप्ता, मेघा गोयल, और आशिमा आनंद को मैं विशेष रूप से धन्यवाद देना चाहूंगी।

लेडी इरविन महाविद्यालय की निदेशक प्रो. अनूपा सिद्धू, सह-शिक्षकों, और गैर-शिक्षण कर्मचारियों को मेरा विनम्र धन्यवाद। इस पुस्तक में तस्वीरों के लिए मैं परवीन चोपड़ा और रोचन के प्रति आभारी हूं।

व्यक्तिगत स्तर पर, मेरी बहनों, भाइयों, मास्की, नंदू, गन्नू, हैरी, नुपुर, अंशु, एंजी, विक्रम, और उमा को मेरा हार्दिक धन्यवाद जिन्होंने इस यात्रा को सरल और आनंदमय बनाया। तरुण, सुकृति, तेजस–मेरे जीवन में स्नेह, सुख, और समर्थन के तीन शानदार स्तंभों के प्रति कृतज्ञता व्यक्त करने के लिए मेरे पास पर्याप्त शब्द नहीं हैं। इस पाठ्यपुस्तक की तैयारी के प्रारंभिक भाग में प्रोत्साहन और सहायता के लिए मैं पी.एच.आई. लर्निंग में कार्यरत बबिता मिश्रा की आभारी हूँ; इसके पश्चात, प्रकाशन कार्य में मलय, लक्ष्मी, संजीव और वेद प्रकाश के अथक परिश्रम और धैर्य के लिए मेरा धन्यवाद।

अंत में, मैं अपने सबसे महत्वपूर्ण शिक्षक—अपने जीवन को आभार व्यक्त करती हूँ, जिसने मुझे अनेक अनुभव प्रदान किये और चुनौतियों का सामना करवाया, जिसके फलस्वरूप मैंने कृतज्ञता व "गिलास-आधा भरा" का दृष्टिकोण अपनाना सीखा!

—प्रो. सीमा सेखड़ी

भाग 1

प्रारंभिक सिद्धांत

एक उपभोक्ता के रूप में आपने अनुभव किया होगा कि **वस्त्र** जगत के कुछ उत्पाद आपको पूर्ण संतुष्टि देते हैं लेकिन कुछ अन्य इतने संतोषजनक सिद्ध नहीं होते। क्या आपने कभी सोचा कि ऐसा क्यों होता है? **वस्त्रों** की कार्य क्षमता में अंतर का कारण कई बार वे तंतु होते हैं, जिनसे उनका निर्माण किया जाता है। जिस प्रकार किसी इमारत की नींव उसकी दृढ़ता में महत्वपूर्ण योगदान देती है, उसी प्रकार **वस्त्रों** की गुणवत्ता उनकी आतंरिक संरचना अर्थात तंतुओं पर आश्रित होती है।

इस भाग में चार अध्याय हैं जिनमें तंतुओं के इतिहास, संरचना, वर्गीकरण और गुणों पर चर्चा की गई है।

अध्याय
1

परिचय
(Introduction)

एक पुरानी लोकोक्ति के अनुसार मानव की तीन प्राथमिक आवश्यकताएं हैं: रोटी, कपड़ा, और मकान। तथ्य यह है कि कपड़े का नाम मकान से भी पहले आता है तो फिर इसे मानव की "दूसरी त्वचा" कहना उचित ही होगा! आज विश्वभर में परिधान का उपयोग हो रहा है, जिसे कपड़े या टेक्सटाइल से बनाया जाता है। टैक्सटइल्स (textiles) शब्द लैटिन शब्द 'टेक्स्टिलिस' (textilis), अर्थात बुने 'और मूल शब्द 'टेक्सटेर' (textere), अर्थात बुनाई (Joseph, 1977) से लिया गया है।

1.1 प्रारंभिक उपयोग के साक्ष्य: **वस्त्रों** की उत्पत्ति कब हुई?

ईसा पूर्व पाँचवीं शताब्दी के आसपास लिखे गए ओल्ड टेस्टामेंट, बाइबिल (Old Testament, Bible) में निम्नलिखित पंक्तियाँ हैं:

> "And the eyes of Adam and Eve were opened
> And they saw that they were naked
> So they sewed fig leaves together
> And made themselves aprons"
>
> अर्थात जब आदम और हव्वा की आँखें खुलीं और उन्होंने देखा कि वे नग्न हैं।
> तब उन्होंने अंजीर के पत्तों को सिलकर अपने लिए **वस्त्र** बनाए।

अंजीर के पत्तों से बने **वस्त्रों** के दिनों से मानव जाति ने एक लंबा सफर तय किया है! आइए हम कपड़े की उत्पत्ति कब हुई..इसे समझने की कोशिश करें। आदिकाल में उपयुक्त कपड़े की उत्पत्ति अपेक्षाकृत अस्पष्ट है क्योंकि उपयोग की जाने वाली प्रारंभिक सामग्री प्राकृतिक मूल की थी और इसलिए समय के साथ नष्ट हो गई। हालांकि, दुनिया के पुरातत्वविदों द्वारा कुछ कलाकृतियों की खोज उन स्थानों से की गई है जहां जलवायु परिस्थितियां उनके प्राकृतिक संरक्षण के लिए अनुकूल थीं। प्राकृतिक रंजक भी खोजे गए हैं और यह माना जाता है कि इनका

उपयोग शरीर को रंगने के लिए किया जाता था (Gurel, 1979)। परिधान जैसे उपयोग किये जाने वाले कुछ आवरण भेड़ के बालों और जानवरों की खाल के रूप में थे। ये माना गया है कि इन्हें उत्तरी रूस में पुराने पाषाण युग के दौरान पहना जाता था (Kaiser, 1985)। एक महान अग्रिम तब हुआ जब नवपाषाण काल में मानव को कताई और बुनाई की कला ज्ञात हुई। कांस्य युग की शुरुआत तक, लिनन, रेशम और ऊन जैसे तंतुओं से बुने हुए कपड़े आम उपयोग में थे। मिस्त्रियों ने 2000 ईसा पूर्व के युग में महीन बुने हुए लिनन (फ्लैक्स) कपड़े का उत्पादन किया था। 1854 में स्विस झील के आवास के अवशेष की खोज से बुनाई के लिए प्रयोग किए जाने वाले फ्लैक्स तंतुओं के प्रत्यक्ष प्रमाण मिले (Landi and Hall,1979)।

Beals and Hoijer (1965) ने वस्त्रों के उपयोग के प्रत्यक्ष और अप्रत्यक्ष साक्ष्यों को निम्न रूप में प्रस्तुत किया है:

1. शरीर पर रंगों का उपयोग स्वयं को सजाने के लिए किया जाने लगा।
2. जानवरों की खाल और फर को शरीर के चारों ओर लपेटा जाने लगा।
3. जानवरों की खाल और फर को सिल कर परिधान बनाये जाने लगे, संभवतः पहनने वाले को गर्मी और शारीरिक गतिशीलता प्रदान करने के लिए।
4. कताई और बुनाई का उद्भव हुआ और उत्पादित वस्त्रों को शरीर के चारों ओर लपेटा जाने लगा।
5. सिले हुए परिधान का उत्पादन शुरू किया गया।

1.2 शुरुआती उपयोग के कारण: वस्त्रों की उत्पत्ति क्यों हुई?

आदिम मनुष्य रचनात्मक अभिव्यक्ति के लिए एक वृत्ति से प्रेरित रहा होगा। उसने देखा होगा कि चार टांगों पर चलने वाले जानवरों के विपरीत वह दो ही टांगों पर खड़ा होता है और उसका शारीरिक ढांचा कई श्रृंगार का समर्थन कर सकता है। अपने सर पर हेडगियर (headgear) पहनने से वह अपने साथियों के बीच अपनी श्रेष्ठ स्थिति को निरूपित कर सकता है। अपनी गर्दन, हाथ, कमर और पैर के चारों ओर आभूषण डालकर वह अधिक आकर्षक लग सकता है या ताबीज पहनकर वह बुरी आत्माओं और काले जादू को दूर कर सकता है।

परंपरागत रूप से, वस्त्रों ने निम्नलिखित उद्देश्यों को पूरा किया है:

1. श्रृंगार जो अहंकार और उत्तेजना पैदा करने का काम करता है;
2. प्रतीकों के माध्यम से संचार;
3. विनय या लज्जा की भावना;
4. चरम जलवायु परिस्थितियों, जंगली जानवरों और कीड़ों के विरुद्ध शारीरिक सुरक्षा; तथा
5. बुरी शक्तियों और काले जादू के विरुद्ध मनोवैज्ञानिक सुरक्षा।

इन्हें कपड़ों की उत्पत्ति के सिद्धांत (theories of origin of clothing) के रूप में भी जाना जाता है। आप ज़रा सोचें तो पायेंगे कि आज भी इन्हीं कारकों का मिश्रण परिधान के उपयोग का कारण है। इन कारकों का सापेक्ष महत्व हर संस्कृति में भिन्न होता है। यही नहीं, किसी एक संस्कृति में भी कपड़ों के स्वीकृत मानदंड समय के साथ बदलते रहते हैं। उदाहरण

के लिए, भारतीय सिनेमा में आज की अभिनेत्रियों की कपड़े पहनने की शैली पिछली सदी की अभिनेत्रियों से बिल्कुल अलग है।

1.3 भारत में **वस्त्रों** का इतिहास

भारत **वस्त्रों** के क्षेत्र में एक समृद्ध और विविध विरासत का दावा कर सकता है। इसका पहला साहित्यिक संदर्भ ऋग्वेद में देखा जाता है, जो चार वेदों में सबसे पुराना है। दो प्रतिष्ठित भारतीय महाकाव्यों (रामायण और महाभारत) में उत्तम **वस्त्रों** के उपयोग के कई प्रमाण मिलते हैं। भारत में कपास की कताई 3000 ईसा पूर्व से आरम्भ हो गई थी। जहां तक वास्तविक कलाकृतियों की बात है, खुदाई से पता चला है कि सिंधु घाटी सभ्यता के समय से विस्तृत कपड़ा निर्माण प्रथाओं का पालन किया जा रहा था। हड़प्पा और मोहनजोदड़ो स्थलों से हड्डियों की सुइयाँ और लकड़ी के **स्पिंडल** (spindle) मिले हैं। मौर्य और गुप्त युग की मूर्तियों के साथ-साथ अजंता की गुफाओं में समृद्ध रूप से सजाए गए **वस्त्रों** का चित्रण भारत की विविध कपड़ा परंपरा को प्रमाणित करता है। प्राचीन काल से ही **वस्त्र** और कर्मकांड की घटनाओं के बीच घनिष्ठ संबंध रहा है। यह आज भी शादी, जन्म, युवावस्था और मृत्यु जैसे महत्वपूर्ण अवसरों के दौरान विशिष्ट रंगों और पोशाक के रूपों में जारी है। धार्मिक ग्रंथों को चमकीले **वस्त्र** के टुकड़ों में लपेटना एक आम बात है। धर्मस्थलों के आसपास चढ़ावे के रूप में कपड़े के टुकड़े पेड़ों, डंडों, दरवाजों और पुलों पर बांधे जाते हैं (Chattopadhyay,1985)। प्राचीन भारत के अनेक कवियों और संतों ने **वस्त्रों** की चर्चा करते हुए कई गीतों की रचना की है। इनमें सुप्रसिद्ध बनारस के एक बुनकर संत कबीर जी हैं।

पूर्व-औद्योगिक युग के अंतर्राष्ट्रीय वाणिज्य में **वस्त्रों** ने महत्व की स्थिति ग्रहण की। भारत अपने उच्च कोटि के **वस्त्रों** के लिए जल्द ही बाहरी दुनिया में प्रसिद्ध होने लगा। ईसा पूर्व दूसरी शताब्दी के फोस्टाट में मिस्र की कब्रों की खुदाई से इस बात को प्रमाणित किया गया है। इसके बाद सदियों तक भारत ने उत्तम **वस्त्रों** की अपनी बेहतर गुणवत्ता के लिए पूरे विश्व में सर्वोच्च स्थान बनाये रखा। सत्रहवीं शताब्दी के अंत में, ब्रिटिश ईस्ट इंडिया कंपनी ने अन्य देशों में भारतीय सूती और रेशमी कपड़ों का निर्यात शुरू किया। समय के साथ, इसकी मज़बूत पकड़ में वृद्धि हुई और अंग्रेजों ने पूर्ण कब्जा कर लिया। लगभग दो शताब्दियों तक, भारत एक ब्रिटिश उपनिवेश बन गया, जब तक कि उसने मोहनदास करमचंद गाँधी के साथ स्वदेशी आंदोलन से स्वतंत्रता प्राप्त नहीं कर ली। इस देशव्यापी हलचल के केंद्रीय केंद्र में खादी अर्थात हाथ से काता व हाथ से ही बुना कपड़ा था। इसी के साथ चरखा आत्मनिर्भरता और स्वतंत्रता का प्रतीक बन गया।

एक प्रकार से भारत में बने **वस्त्र** न केवल देश की पराधीनता के कारण बने अपितु उसकी स्वाधीनता के भी!

1.4 वर्तमान परिदृश्य

आज, कपड़ा उद्योग का हमारे देश में एक विशेष स्थान है। रोज़गार प्रदान करने में यह कृषि उद्योग के बाद दूसरे स्थान पर आता है। साथ ही यह देश से कुल निर्यात का लगभग 30% योगदान देता है। अगर इस विशाल 'उद्योग के सभी भाग जैसे तंतु, यार्न, कपड़े और अंत में परिधान तक के उत्पादन व प्रसंस्करण पर विचार करते हैं, तो इसमें निश्चित रूप से किसी

भी अन्य उद्योग की तुलना में अधिक पैसा और लोग शामिल हैं। इस उद्योग की छतरी के नीचे, शहरी और ग्रामीण क्षेत्रों के कई उद्योग बसर करते हैं।

इस उद्योग के शीर्ष पर कपड़ा मंत्रालय है।

कपड़ा मंत्रालय अपने विभिन्न क्षेत्रों की वृद्धि, नीति निर्माण और योजना के लिए जिम्मेदार है। मंत्रालय के प्राथमिक क्षेत्र निम्नलिखित हैं:

- कपड़ा नीति और सूत्रीकरण (Textile policy and formulation)
- मानव निर्मित तंतु/रेशा यार्न उद्योग (Man-made fibre/filament yarn industry)
- सूती **वस्त्र** उद्योग (Cotton textile industry)
- जूट उद्योग (Jute industry)
- रेशम और रेशम वस्त्र उद्योग (Silk and silk textile industry)
- ऊन और ऊनी उद्योग (Wool and woolen industry)
- विकेंद्रीकृत पावरलूम क्षेत्र Decentralised powerloom sector)
- निर्यात प्रोत्साहन (Export promotion)
- योजना और आर्थिक विश्लेषण (Planning and economic analysis)
- एकीकृत वित्त मामले (Integrated finance matters)
- सूचना प्रौद्योगिकी (Information technology)

कपड़ा मंत्रालय के अंतर्गत संगठनों की दो श्रेणियां हैं

1. **सार्वजनिक क्षेत्र के उपक्रम:**
   (i) नैशनल टेक्सटाइल कॉर्पोरेशन लिमिटेड, नई दिल्ली
   (ii) ब्रिटिश इंडिया कॉर्पोरेशन, कानपुर
   (iii) कॉटन कॉर्पोरेशन ऑफ इंडिया लिमिटेड, मुंबई
   (iv) जूट कॉर्पोरेशन ऑफ इंडिया लिमिटेड, कोलकाता
   (v) पक्षी, जूट एंड एक्सपोर्ट लिमिटेड, कोलकाता
   (vi) नेशनल, जूट कॉर्पोरेशन, कोलकाता
   (vii) हेंडीक्राफ्ट एंड हैंडलूम एक्सपोर्ट कॉर्पोरेशन, नई दिल्ली
   (viii) सेंट्रल कॉटेज इंडस्ट्रीज़ कॉर्पोरेशन, नई दिल्ली
   (ix) उत्तर पूर्वी हेंडीक्राफ्ट एंड हैंडलूम डेवेलपमेंट कॉर्पोरेशन, शिलांग
   (x) नैशनल हैंडलूम डेवेलपमेंट कॉर्पोरेशन, लखनऊ
2. **कपड़ा अनुसंधान संघ:** इन संघों का मुख्य उद्देश्य कपड़ा प्रौद्योगिकी के विभिन्न पहलुओं पर उद्योग के लिए अनुसंधान और परामर्श सेवाएं (गुणवत्ता प्रबंधन श्रृंखला—आईएसओ 9001) प्रदान करना है। ऐसे आठ संघ हैं, जो पूरे भारत में फैले हुए हैं। ये हैं:

(i) अहमदाबाद टेक्सटाइल रिसर्च एसोसिएशन, ATIRA, अहमदाबाद
(ii) बॉम्बे टेक्सटाइल रिसर्च एसोसिएशन, BITRA, मुंबई
(iii) साउथ इंडिया टेक्सटाइल रिसर्च एसोसिएशन, SITRA, कोइम्बटूर
(iv) नोर्थ इंडिया टेक्सटाइल रिसर्च एसोसिएशन, NITRA, गाजियाबाद
(v) सिंथेटिक और आर्ट सिल्क मिल्स रिसर्च एसोसिएशन, SASMIRA, मुंबई
(vi) मैन मैड टेक्सटाइल रिसर्च एसोसिएशन, MANTRA, सूरत
(vii) इंडियन जूट इंडस्ट्रीज रिसर्च एसोसिएशन, IJIRA कोलकाता
(viii) वुल रिसर्च एसोसिएशन, WRA, थाने

(रिसर्च एसोसिएशन अर्थात अनुसंधान संघ)

ये एसोसिएशन लागत को कम करने, गुणवत्ता में सुधार के साथ-साथ स्थायित्व में सुधार, प्रदूषण को कम करने, ऊर्जा का संरक्षण करने और पानी का उपयोग करने, नई तकनीक को अपनाने और विकेंद्रीकृत क्षेत्रों में तकनीक को बेहतर बनाने के उद्देश्य से काम करते हैं।

1.5 वस्त्रों के अनुप्रयोग

मोटे तौर पर वस्त्रों के लिए निम्नलिखित उपयोग हो सकते हैं:

परिधान

इस श्रेणी का उपविभाजन शिशुओं, बच्चों, महिलाओं और पुरुषों के लिए आंतरिक और बाहरी कपड़ों के आधार पर किया जा सकता है।

गृह सज्जा (होम टेक्सटाइल)

घर की साज सज्जा में कपड़ों का प्रयोग होता है। इन्हें 'होम लिनेन' या 'होम टेक्स्टाइल' के रूप में जाना जाता है। इनकी प्रमुख श्रेणियां बेड, बाथ, टेबल और किचन लिनेन, फ्लोर कवरिंग, विंडो ट्रीटमेंट और आउटडोर साज-सामान हैं।

औद्योगिक वस्त्र

ये ऐसे कपड़े होते हैं जिन्हें विशिष्ट अंत उपयोगों को ध्यान में रखकर बनाया जाता है। इनमें से प्रमुख हैं फिल्टर, कन्वेयर बेल्ट, जियोटेक्सटाइल, निर्माण सामग्री, टायर डोरियां, कृषि, फाइबर प्रबलित प्लास्टिक, सिंथेटिक घास, पैराशूट कपड़े व चिकित्सा और खेल जगत में उपयोगी वस्त्र।

अभ्यास

1.1 पूर्व ऐतिहासिक समय से कपड़ों की उत्पत्ति का पता लगाएं।

1.2 कपड़ों में भारत की विरासत को इंगित करने वाले स्रोतों के नाम बताइए।

1.3 आज कपड़ों का उपयोग किन किन क्षेत्रों में हो रहा है?

1.4 निम्नलिखित का विस्तारित रूप बताइए:
ATIRA, NITRA, MANTRA, SASMIRA

सन्दर्भ पुस्तक सूची

Beals, R. and Hoijer, H., *The Origins of Clothing:* In Dress, Adornment and the Social Order, Eds. Roach, M.E. and Eicher, J.B., John Wiley & Sons, New York, 1965.

Bible:Old Testament, *The Book of Genesis*, Chapter 3, Verse 7, 5th century, BC.

Chattopadhyay, K., *Handicrafts of India*, 2nd ed., Indian Council of Cultural Relations and Indraprastha Press, New Delhi, 1985.

Gurel, L.M., *Eskimos: Clothing and Culture:* In Dimensions of Dress and Adornment, 3rd ed., Eds. Gurel, L.M. and Beeson, M.S., Dubuque Kendall/Hunt, 1979, pp. 38–43.

Joseph, M., *Introductory Textile Science*, 3rd ed., Holt, Rhinehart and Winston, New York, 1977.

Kaiser, S.B., *The Social Psychology of Clothing and Personal Adornment*, Macmillan, New York, 1985, pp 28–29.

Landi, S. and Hall, R.M., The discovery and conservation of an ancient Egyptian linen tunic, Studies in Conservation, 24, 1979, pp. 41–152.

(Also available in www.ministry of textiles.com)

विस्तृत जानकारी हेतु पुस्तक सूची

Batterberry, M. and A., *Fashion: The Mirror of History*, Greenwich House, Crown Publishers, New York, 1982.

Horn, M.J. and Gurel, L.M., *The Second Skin: An Interdisciplinary Study of Clothing*, 3rd ed., Houghton Miffin, USA, 1981.

Marshall, S.G., Jackson, H.O., Stanley, M.S., Kefgen M. and Specht, *Individuality in Clothing Selection and Personal Appearance*, 6th ed., Pearson Education, NJ, 2004.

अध्याय

2

तंतुओं का वर्गीकरण

(Textile Fibre Classification)

अंतर्राष्ट्रीय स्तर पर कपड़ा वैज्ञानिकों द्वारा अपनाया जाने वाला कोई भी एक मानक वर्गीकरण नहीं है। अमरीका में उपयोग की जाने वाली वर्गीकरण प्रणाली वर्ष 1960 में "टेक्सटाइल फाइबर प्रोडक्ट आइडेंटीफिकेशन एक्ट" (TFPIA) द्वारा दी गई थी। इस अधिनियम को फेडरल ट्रेड कमीशन (FTC) द्वारा लागू किया जाता है। विभिन्न तंतुओं के नाम व परिभाषा स्पष्ट कर देने से उपभोक्ताओं के मन में किसी भी प्रकार के भ्रम को दूर करने में मदद मिलती है।

वस्त्रोपयोगी तंतुओं को दो समूहों में विभाजित किया जा सकता है—प्राकृतिक और निर्मित।

2.1 प्राकृतिक तंतु

प्राकृतिक तंतुओं को रेशेदार रूप में प्रकृति से प्राप्त किया जाता है। सभी प्राकृतिक तंतु (साबुत कोकून से प्राप्त रेशम को छोड़कर) लंबाई में छोटे होते हैं और इन्हें इंच में मापा जाता है। इन्हें स्टेपल तंतु के नाम से भी जाना जाता है। इनके प्राप्ति के स्रोत और रासायनिक संरचना के आधार पर इन्हें चार समूहों में विभाजित किया जा सकता है।
ये हैं—जांतव/प्रोटीन तंतु, वानस्पतिक/सेल्युलोज़िक तंतु, प्राकृतिक रबड़ और खनिज तंतु।

2.1.1 जांतव/प्रोटीन तंतु

इन तंतुओं को दो वर्गों में उपविभाजित किया जा सकता है। पहला - जानवरों के शरीर पर उगने वाले बालों से प्राप्त तंतु, जिनका नाम उन्हें देने वाले पशु के नाम पर आधारित होता है। और दूसरा कीड़े द्वारा बाहर निकाले गए तंतु। रेशम कीट के लार्वा एक कोकून बनाने के लिए अपनी ग्रंथियों द्वारा फ़ाइब्राइन व सेरीसिन से बने द्रव्य को अपने मुंह से निकालते हैं, जो वायु के संपर्क में आते ही ठोस रेशे में परिवर्तित हो जाता है। इसी रेशे को संसाधित करने के पश्चात रेशम तंतु प्राप्त किया जाता है।

2.1.2 वानस्पतिक/सेल्युलोज़िक तंतु

ये विभिन्न पौधों से लिए जाते हैं। इन्हें तंतु का उत्पादन करने वाले पौधे के हिस्से के आधार पर उपविभाजित किया जा सकता है। इस प्रकार विविध श्रेणियां हैं—बीज को ढकने वाले

बालों से प्राप्त तंतु (seed hair fibres), तने की छाल से प्राप्त तंतु (bast or stem fibres), पत्ते से बने तंतु (leaf fibres) व अन्य स्रोत से प्राप्त (miscellaneous fibres)।

2.1.3 प्राकृतिक रबड़

यह रबड़ पेड़ के क्षीर से संसाधित होता है। पेड़ के तने को हल्का सा काटने पर इसमें से गाढ़ा दूधिया रंग का क्षीर निकलता है, जिसे इकट्ठा कर रबड़ में परिवर्तित किया जाता है।

2.1.4 प्राकृतिक खनिज तंतु

एस्बेस्टस (Asbestos) एक प्राकृतिक खनिज तंतु है जो विभिन्न प्रकार की चट्टानों से प्राप्त किया जाता है, जिनमें मैग्नीशियम और कैल्शियम सिलिकेट होते हैं। यह स्वाभाविक रूप से गैर-ज्वलनशील है लेकिन कार्सिनोजेनिक (कैन्सर कारक) होने के कारण इसका उपयोग समय के साथ कम हो गया है।

2.2 निर्मित तंतु

वैज्ञानिकों द्वारा इन्हें नियंत्रित स्थितियों के तहत बनाया जाता हैं। निर्मित तंतु को फिलामेंट (लम्बे तंतु) के रूप में बनाया जाता है जो बहुत लंबे होते हैं और फिर मनचाही लंबाई में इन्हे काटा जा सकता है।

निर्मित तंतुओं को उनके कच्चे माल के आधार पर तीन समूहों में उपविभाजित किया जा सकता है—पुनरुत्पादित/ रिजेनेरेटड (regenerated) तंतु, कृत्रिम/सिंथेटिक (synthetic) तंतु और अकार्बनिक/इनोर्गैनिक (inorganic) तंतु।

2.2.1 पुनरुत्पादित तंतु

इस प्रक्रिया में कच्चे माल को रासायनिक प्रतिक्रियाओं की एक श्रृंखला के माध्यम से विघटित कर दिया जाता है। फिर उसे एक निरंतर तंतु (फाइबर स्ट्रैंड) का उत्पादन करने के लिए बाहर निकाला जाता है। शुरुआती सामग्री और उत्पादित तंतु में एक ही रासायनिक बहुलक होता है। कच्चे माल को प्रकृति से प्राप्त किया जाता है। कच्चे माल के कुछ उदाहरण हैं सूती तंतु के छोटे टुकड़े (लिंटर), लकड़ी के टुकड़े, दूध की प्रोटीन और अन्य विविध पदार्थ जिनका उपयोग उनके मूल रूप में वस्त्र निर्माण के लिए नहीं किया जा सकता। इसलिए उन्हें पुनरुत्पादित करने की आवश्यकता पड़ती है। 1905 में बना रेयॉन पहला पुनरुत्पादित तंतु है। इसके बाद एक अन्य सेल्युलोज़िक तंतु एसीटेट का आविष्कार किया गया था। कई प्रोटीन आधारित तंतुओं की भी खोज की गई है। इनके लिए विभिन्न स्रोतों को खोजा गया है, जैसे दूध, सोयाबीन व कॉर्नमील और मूंगफली से प्राप्त प्रोटीन। इनमें से केवल दूध से बनाये गए कैसीन तंतु ने कुछ व्यावसायिक स्थिति प्राप्त की है।

2.2.2 कृत्रिम तंतु

ये तंतु रसायनों की सहायता से बहुलक निर्मित करने से बनाये जाते हैं। ये प्राकृतिक न होने के कारण कृत्रिम या सिंथेटिक (synthetic) कहलाते हैं। सिंथेटिक तंतु का पहला आविष्कार

नायलॉन था, जिसके विपणन का कार्य 1938 में ड्यू पोंट अमरीका (Du Pont U.S.A.) द्वारा किया गया था।

द्वितीय विश्व युद्ध (मध्य बीसवीं सदी) के बाद मानव निर्मित तंतुओं की मांग बहुत बढ़ गई। इसका कारण था प्राकृतिक कपड़ा सामग्री की कमी की बढ़ती समस्या से निपटने का हल ढूंढना।

2.2.3 अकार्बनिक तंतु

कुछ अकार्बनिक पदार्थ होते हैं जिनमें परंपरागत लंबी श्रृंखला के अणु नहीं होते। हालांकि, उन्हें ऊष्म अनुप्रयोग द्वारा नरम करना संभव है, जिसके बाद उन्हें फिर पतले, लंबे रेशों के रूप में तैयार किया जा सकता है। ये व्यवहार्य होते हैं और कार्बनिक तंतुओं के समान होते हैं। अकार्बनिक तंतुओं के उपयोगों में आम तौर पर परिधान शामिल नहीं होते हैं। लेकिन उनके कई औद्योगिक उपयोग हैं।

प्राकृतिक खनिज तंतु और मानव निर्मित अकार्बनिक तंतु जैसे कांच और कुछ धातुओं को छोड़कर, अन्य सभी कपड़ा बनाने वाले पॉलिमर कार्बनिक यौगिक हैं। इसका मतलब है कि वे मुख्य रूप से कार्बन परमाणुओं से बने होते हैं। तालिका 2.1 में तंतुओं का वर्गीकरण दिया गया है।

तालिका 2.1 तंतुओं का वर्गीकरण

तंतु	
प्राकृतिक	**मानव निर्मित**
1. जांतव/प्रोटीन • मुंह से निकाले गये /एक्स्ट्रूडीड — रेशम (पाले गए या जंगली रेशम के कीड़े से) • पशुओं के शरीर पर उगने वाले बालों से प्राप्त — ऊन/Wool (भेड़ से) — स्पेशिएल्टी/Speciality (अल्पाका, कश्मीर, लामा, मोहेर विक्यूना से) — फर/Fur (पशुओं की खाल से) 2. वानस्पतिक/सेल्युलोज़िक • बीज को ढकने वाले बालों से प्राप्त/सीड हेयर (कपास, कपोक, कोएर) • तने से प्राप्त/बास्ट (फ्लैक्स, जूट) • पत्तों से प्राप्त (पिनया–अनानास के पत्तों से, सीसल–अजैव के पत्तों से) • विविध (ऊपर दिए गए तीन के अलावा अन्य भागों से) 3. प्राकृतिक रबड़ 4. खनिज • एस्बेस्टस/Asbestos	1. पुनरुत्पादित • बनस्पतिक — रेयान (विस्कोस, कूप्रामोनियुम, HT, HWM) — ऐसिटेट — ट्राइऐसिटेट — लिओसेल • जांतव — ऐज़्लोन (सोयाबीन व भुट्टे से) 2. कृत्रिम • नायलॉन • पॉलिएस्टर • एक्रेलिक • मोडएक्रेलिक • ओलेफिन (पॉलिइथिलीन, पॉलि प्रोपिलीन) • स्पैन्डेक्स • अरामिड (नोमेक्स, केवलार) • कार्बन 3. अकार्बनिक • कांच • धात्विक

2.3 तंतुओं की पहचान

एक श्रेणी के तंतु अपनी रासायनिक संरचना, भौतिक गुणों, प्रदर्शन विशेषताओं और देखभाल प्रक्रियाओं में एक दूसरे के समान होते हैं। तंतु पहचान के लिए कई परीक्षण किए जाते हैं जिनसे तंतु का पता लगाया जा सकता है।

2.3.1 दृश्य परीक्षण (Visual Test)

यह परीक्षण आंख और हाथ द्वारा देखे गए तंतु के रूप में दिखने और महसूस करने को संदर्भित करता है। हालांकि, आज के आधुनिक युग में परिसज्जा के साथ, एक तंतु की दृश्य विशेषताओं को दूसरे तंतु को प्रदान किया जा सकता है। इस प्रकार, ऐसे पॉलिएस्टर फिलामेंट्स का उत्पादन करना संभव है जो रेशम के समान दिखते हों। इसलिए, केवल दृश्य परीक्षण तंतु की पहचान के लिए एक विश्वसनीय परीक्षण होने में विफल रहता है।

2.3.2 सूक्ष्म मूल्यांकन (Microscopic Evaluation)

प्रत्येक प्राकृतिक तंतु और सिंथेटिक तंतु के समूह में अपनी कुछ विशेषताएं होती हैं जो उनकी पहचान में मदद करती हैं। लंबाई की दिशा में स्लाइड तैयार करने के पश्चात (अध्याय 4 में विस्तृत) एक यौगिक माइक्रोस्कोप के उपयोग द्वारा इसकी जांच की जा सकती है।

अध्याय 5 से 8 (भाग II) में विभिन्न तंतुओं की लंबाई की ओर से सूक्ष्म बनावट की तस्वीरें दी गई हैं।

2.3.3 ज्वलनशीलता परीक्षण (Burning Test)

किसी भी तंतु की ज्वलनशीलता या जलते हुए व्यवहार में पांच बातें देखी जाती हैं—लौ के निकट आने पर, लौ में और लौ से हटाए जाने पर तंतु का व्यवहार, जलते हुए उसकी गंध और बुझने पर उसका अवशेष। यह तंतु के परिवार (सेल्युलोज़िक, प्रोटीन या सिंथेटिक) को पहचानने का एक सरल और विश्वसनीय साधन है। आम तौर पर, सेल्युलोज़िक में एक समान जलते हुए व्यवहार होता है। वे जलते कागज की गंध उत्सर्जित करते हैं और उनका अवशेष राख होती है। सेल्युलोज़िक आग से निकाले जाने के बाद एक चिंगारी का प्रदर्शन करते हैं। दूसरी ओर प्रोटीन तंतु आसानी से नहीं जलते हैं, खुद को बुझाते हैं और उनमें से बालों या पंखों के जलने की गंध आती है। प्राप्त अवशेष एक मनका होता है जो भंगुर अर्थात कुचला जा सकता है। सिंथेटिक तंतु लौ के निकट आने पर सिंकुड़ने व पिघलने लगते हैं। यही वजह है कि दिवाली पर पटाखे जलाते समय सिंथेटिक कपड़े न पहनने की सलाह दी जाती है। इनमें से रासायनिक गंध आती है और इनका अवशेष एक सख्त मनका होता है जो कुचला नहीं जा सकता।

2.3.4 रासायनिक परीक्षण (Chemical Test)

इनका उद्देश्य है किसी दिए गए तंतु की पहचान को योजनाबद्ध प्रकार से व प्रामाणिक रूप से पुष्टि करना। विभिन्न अभिकर्मक, तंतुओं में मौजूद विशिष्ट यौगिकों के साथ प्रतिक्रिया करते हैं और इसलिए इनका अनुमान लगाया जा सकता है। कुछ तंतुओं की कुछ रसायनों में घुल-

नशीलता होती है और इसलिए तंतु पहचान की इस विधि के लिए "घुलनशीलता परीक्षण" शब्द भी प्रयोग किया जा सकता है।

तालिका 2.2 में जलने और रासायनिक परीक्षणों की एक सूची दी गई है, जिससे आमतौर पर उपयोग किए जाने वाले तंतुओं को पहचानने में मदद मिलेगी।

तालिका 2.2 तंतु पहचान परीक्षण

(क) ज्वलनशीलता/बर्निंग परीक्षण

तंतु वर्ग	लौ के निकट आने पर तंतु का व्यवहार	लौ में तंतु का व्यवहार	लौ से हटाए जाने पर तंतु का व्यवहार	जलते हुए उसकी गंध	बुझने पर उसका अवशेष
सेल्युलोज़िक	लौ से दूर हटते (सिंकुड़ते) नहीं हैं	शीघ्रता से जलते हैं	जलते रहते हैं, चिंगारी के साथ	जलते कागज़ की गंध	राख
प्रोटीन	लौ से दूर हटते (सिंकुडते) हैं	धीमी गति से जलते हैं	स्वयं बुझ जाते हैं	जलते बालों की गंध	काले रंग का मोती जो आसानी से कुचल सकते हैं
सिंथेटिक	लौ से दूर हटते (सिंकुड़ते) हैं, चिपकने और पिघलने लगते हैं	चिपकने, पिघलने और टपकने लगते हैं, काला धुआं छोड़ते हैं	स्वयं बुझ जाते हैं किन्तु पिघलना जारी रहता है	रसायनों की गंध	काले रंग का मोती जो कुचल नहीं सकते हैं

(ख) रासायनिक परीक्षण

तंतु वर्ग	प्रयोग	अवलोकन	निष्कर्ष
सेल्युलोज़िक	तंतुओं पर 30–50% सल्फुरिक एसिड डालिए व गरम कीजिए	तंतु जल जाते हैं व विलय हो जाते हैं	ये तंतु सेल्युलोज़िक हैं
	तंतुओं को 60% सल्फुरिक एसिड में 5-10 मिनट के लिए साधारण तापमान पर छोड़ दें	तंतु विलय हो जाते हैं तंतु विलय नहीं होते	ये तंतु रेयोन हैं ये तंतु सूती हैं
प्रोटीन	तंतुओं पर 5% सोडियम–हाइड्रोक्साइड डालिए व गरम कीजिए	तंतु विलय हो जाते हैं	ये तंतु प्रोटीन हैं
	तंतुओं के घोल को ठण्डा होने दें, फिर लेड एसिटेट डालें	काला तलछट बने सफ़ेद तलछट बने	ये तंतु ऊन के हैं ये तंतु रेशम के हैं

नोट: रासायनिक परीक्षण करते समय सटीक अनुक्रम का पालन करना अति आवश्यक है।

अभ्यास

2.1 प्राकृतिक वनस्पतिक तंतुओं का उदाहरण सहित वर्गीकरण कीजिए।

2.2 नीचे दिए गए प्राकृतिक तंतुओं को उनके प्रथम उपयोग के देश से मिलाइए।

लिनन	भारत
ऊन	चीन
कपास	मिस्र
रेशम	मिसोपोटामिया

2.3 ज्वलनशीलता परीक्षण के अंतर्गत तंतुओं की जिन बातों की तुलना की जाती है– उनका नामांकन कीजिए।

2.4 "माइक्रोस्कोप परीक्षण से प्राकृतिक तंतुओं की विश्वसनीय पहचान की जा सकती है लेकिन मानव निर्मित् तंतुओं की नहीं" इस कथन के कारण बताइए।

विस्तृत जानकारी हेतु पुस्तक सूची

Collier, B.J., Bide, M.J. and Tortora, P.G., *Understanding Textiles*, 7th ed., Pearson Education, NJ, 2009.

Editors of American Fabric Magazine, *Encyclopedia of Textiles*, Prentice Hall, Englewood Cliffs, New Jersey, USA, 1960.

Hudson, P.B., Clapp, A.C. and Kness, D., *Joseph's Introductory Textile Science*, 6th ed., Harcourt Brace Jovanovich College Publishers, USA, 1993.

Kadolph, S.J. and Langford, A.L., *Textiles,* 10th ed., Pearson Education, NJ, 2007.

अध्याय

3

वस्त्र तंतु रचना (Textile Fibre Composition)

यदि आप आवास के लिए उपयोग की जाने वाली विभिन्न प्रकार की संरचनाओं की समीक्षा करते हैं, तो आप देखेंगे कि एक शहरी अपार्टमेंट से एक गाँव की झोपड़ी कितनी अलग दिखती है। इसका कारण है उनके निर्माण के लिए उपयोग की जाने वाली सामग्री अर्थात मिट्टी और ईंटें। इसी तरह, **वस्त्र** बनाने वाले तंतुओं के गुण उनकी रासायनिक निर्माण इकाइयों या मोनोमर से उत्पन्न होते हैं। इन्हें किसी **वस्त्र** के निर्माण की मूल इकाई के रूप में भी देखा जा सकता है।

3.1 वस्त्र के आधार

यदि एक वस्त्र की तुलना किसी पुस्तक में एक अध्याय के साथ की जाती है, तो पैराग्राफ की तुलना यार्न/सूत से और वाक्यों की तुलना तंतुओं से की जा सकती है; एक वाक्य में शब्दों की तुलना पॉलिमर या मैक्रोमोलिक्यूल से की जा सकती है। प्रत्येक शब्द कई अक्षरों से बनता है और उसी प्रकार, प्रत्येक पॉलिमर कई मोनोमर अणुओं से बना है। वर्णमाला से पहले वर्णात्मक (ध्वनि) होती है और इसी प्रकार अणुओं से पहले परमाणु होता है। एक बार फिर अध्याय की बात की जाए तो आप सहमत होंगे कि इसे पुस्तक में जिल्द से बँधा होना चाहिए; उसी प्रकार एक **वस्त्र** को भी उपभोक्ताओं को उपलब्ध होने से पहले परिसज्जा/परिष्करण की आवश्यकता है। **वस्त्र** एवं पुस्तक की अंतिम समानता यह है कि जैसे एक अच्छी तरह से लिखी गई पुस्तक लेखक और पाठक को संतुष्ट करती है, वैसे ही एक अच्छी तरह से बनाया गया **वस्त्र** निर्माता और उपभोक्ता — दोनों को संतुष्ट करता है! (तालिका 3.1 देखें)

तालिका 3.1 एक पुस्तक और एक **वस्त्र** के बीच समानताएं

पुस्तक	**वस्त्र**
स्वर	अणु
अक्षर	मोनोमर
शब्द	पॉलिमर
वाक्य	तंतु
पैराग्राफ	यार्न/सूत
अध्याय	**वस्त्र**
पुस्तक की जिल्द	परिसज्जा

3.2 मोनोमर और पॉलिमर/बहुलक

लैटिन में, "मोनो" का अर्थ है 'एक' और "मेर" का अर्थ है 'इकाई'। इस प्रकार, मोनोमर बहुत छोटे लेकिन रासायनिक रूप से प्रतिक्रियाशील इकाइयाँ हैं। कई मोनोमर को जोड़कर पॉलिमर (कई इकाइयों) बनाने के लिए संयोजित किया जाता है। पॉलिमर बहुत लंबे, रैखिक और रासायनिक रूप से अक्रियाशील हैं। यह प्रक्रिया या रासायनिक प्रतिक्रिया, जिसमें मोनोमर एक बहुलक बनाने के लिए एंड टू एंड (end to end) तरीके से जुड़ते हैं, पॉलिमराइज़ेशन कहलाती है। एक बहुलक बनाने के लिए जुड़ने वाले मोनोमर (या दोहराई जाने वाली इकाइयाँ) की संख्या को पॉलिमराइज़ेशन की डिग्री (DP) के रूप में जाना जाता है।

तालिका 3.2 में सामान्य तंतुओं के लिए मोनोमर, पॉलिमर और पॉलिमराइज़ेशन की डिग्री का विवरण दिया गया है। ध्यान देने वाली बात यह है कि मानव निर्मित तंतुओं की डी पी के लगभग सटीक आंकड़े जाने जा सकते हैं,किन्तु कुछ प्राकृतिक तंतुओं (जैसे रेशम और ऊन) के लिए सटीक जानकारी की कमी है। इस प्रकार कहा जा सकता है कि प्रकृति आजतक सर्वोच्च रहस्यमय निर्माता के रूप में शासन करती है!

तालिका 3.2 सामान्य तंतुओं के मोनोमर, पॉलिमर और पॉलिमराइज़ेशन की डिग्री (DP)

तंतु	मूल इकाई (मोनोमर)	पॉलिमराइज़ेशन की डिग्री DP
कपास	सेल्लोबाईओज़ (Cellobiose) जो दो ग्लूकोस इकाइयों से बनता है 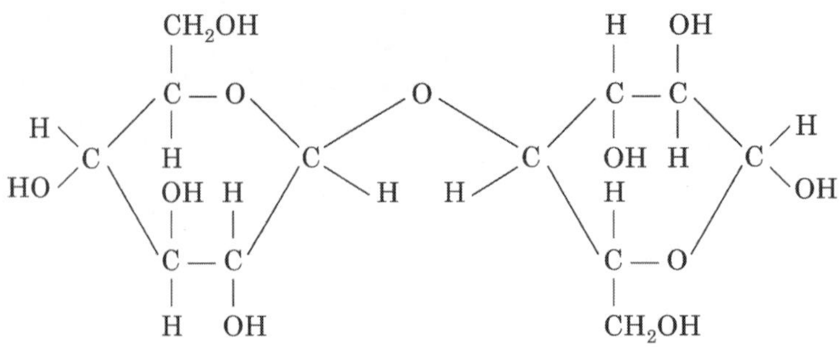	5,000
फ्लैक्स	सेल्लोबाईओज़	18,000
रेशम	फ़ाइब्राइन (Fibroin) जो 18 विभिन्न अमीनो अम्ल से बनता है 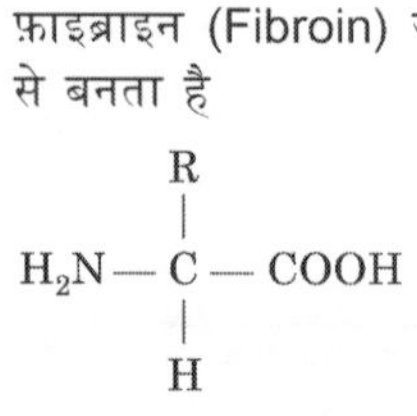 (R – एक ऐसा मूलक है जो प्रत्येक अमीनो एसिड में भिन्न होता है।)	अज्ञात
ऊन	कैरेटिन (Keratin) जो 20 विभिन्न अमीनो अम्ल से बनता है	अज्ञात

तंतु	मूल इकाई (मोनोमर)	पॉलिमराइज़ेशन की डिग्री DP
विस्कोस रेयॉन	सेल्लोबाईओज़	लगभग 175
क्युप्रमोनियम	सेल्लोबाईओज़	लगभग 350
पोलिनोसिक	सेल्लोबाईओज़	लगभग 300
एसिटेट	हर ग्लूकोस पर दो हाइड्रोक्सिल अंश होते हैं (रेखांकित) 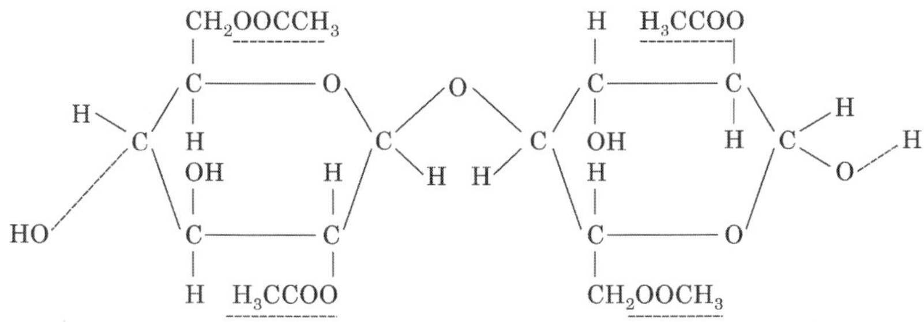	130
ट्राईएसिटेट	हर ग्लूकोस पर तीन हाइड्रोक्सिल अंश होते हैं (रेखांकित) 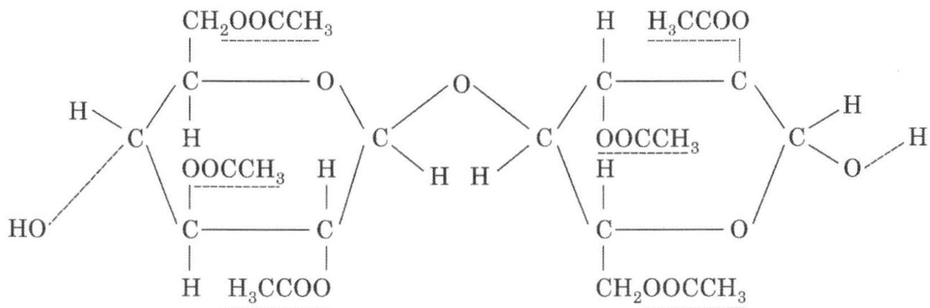	225
ऊपर के दो चित्रों में रेखांकित स्थानों पर हाइड्रोक्सिल (–OH) को हटाकर एसिटाइल (–$OOCCH_3$) लगाया गया है		
नायलॉन 6	कैपरोलेक्टम इकाई 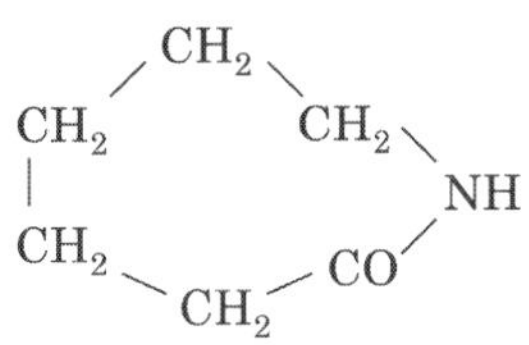 बहुलक — पॉलीकैपरोलेक्टम •$[—(CH_2)_5CONH—]_n$	200
नायलॉन 6, 6	मोनोमर – Adipic acid $HOOC(CH_2)_4COOH$ और हेक्सामिथिलीन डाइअमीन (दोनों में 6 कार्बन के अणु, जिससे नाम मिला) पॉलिमर – पॉलिहेक्सामिथिलीन डाईअमिनऐडीपेट •$[—OC(CH_2)_4\ CONH(CH_2)_6\ NH—]_n$	50–80

तंतु	मूल इकाई (मोनोमर)	पॉलिमराइज़ेशन की डिग्री DP
पोलिएस्टर	मोनोमर—इथोलीन ग्लैकोल $HO \cdot CH_2OH$ व टेरेफ्थिलिक अम्ल  पॉलिमर—पॉलिइथोलीन टेरेफ्थेलेट 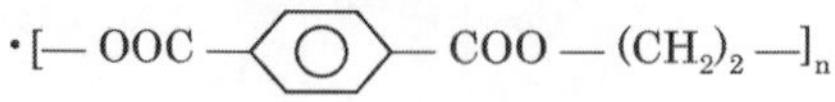	115–140
एक्रिलिक	इसमें कम से कम 85% एक्रिलोनाइट्रिल मोनोमर के साथ ज्यादा से ज्यादा 35% कोपॉलिमर मिलाया जाता है एक्रिलोनाइट्रिल मोनोमर 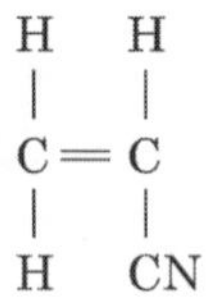 कोपॉलिमर 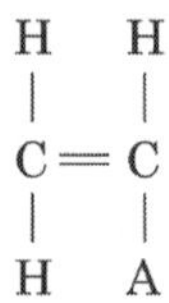 जहां R अधिकांश एक एनायनिक मूलक होता है, जैसे कि $—CONH_2$, $—Cl_2$ or $—OOCCH_3$	2000
मोडएक्रिलिक	इसमें कम से कम 35% एक्रिलोनाइट्रिल मोनोमर के साथ ज्यादा से ज्यादा 65% कोपॉलिमर मिलाया जाता है 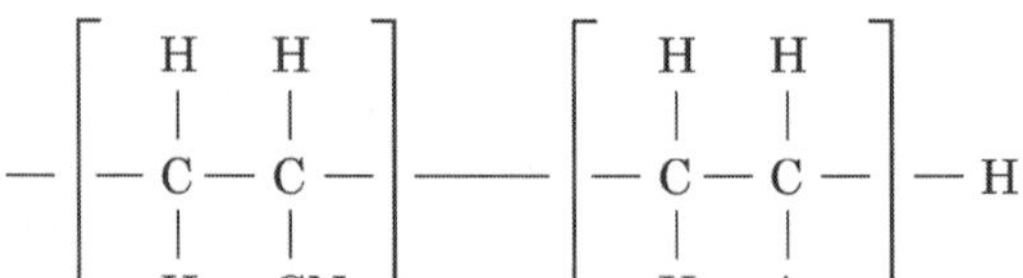 x = एक्रिलोनाइट्रिल y = कोपॉलिमर	2000

3.3 बहुलकीकरण/पॉलिमराइज़ेशन के प्रकार

कपड़ा प्रौद्योगिकीविदों के पास कपास, फ्लैक्स, ऊन और रेशम जैसे प्राकृतिक तंतु में पॉलिमराइज़ेशन की सटीक प्रकृति के बारे में अपर्याप्त जानकारी है। मानव निर्मित तंतुओं के लिए, यह कहा जा सकता है कि दो प्रकार के बहुलकीकरण होते है–एडिशन और कंडनसेशन।

एडिशन/जोड़ पॉलिमराइज़ेशन

दो, आमतौर पर समान मोनोमर एंड-टू-एंड तरीके से संयोजित होते हैं। इस प्रक्रिया में किसी भी उपोत्पाद का गठन नहीं होता है।

इसके उदाहरण हैं ऐक्रेलिक, मोडऐक्रेलिक, पॉलिप्रोपाइलीन, पॉलिइथाइलीन और पॉलिविनाइल क्लोराइड।

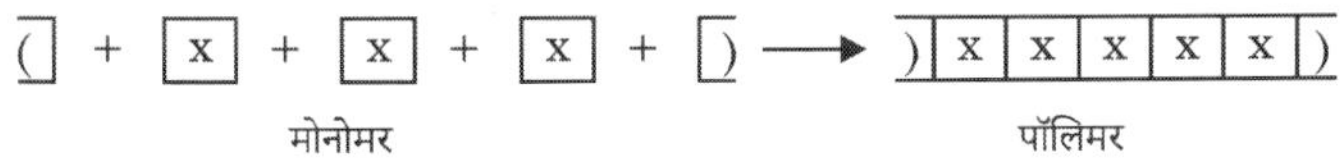

कंडनसेशन/संक्षेपण पॉलिमराइज़ेशन

आमतौर पर,दो भिन्न रासायनिक रूप से प्रतिक्रियाशील मोनोमर एक छोटे से उपोत्पाद (जैसे पानी) के उन्मूलन के साथ एक बहुलक का उत्पादन करते हैं।

इसके उदाहरणों में पॉलिएस्टर, नायलॉन और इलास्टोमर शामिल हैं।

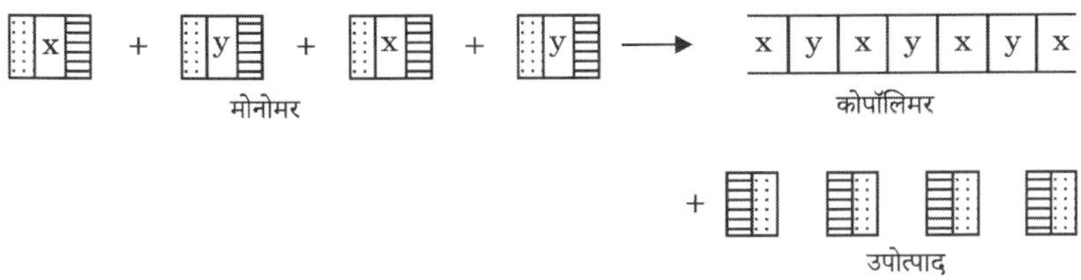

3.4 विभिन्न प्रकार के पॉलिमर

मानव निर्मित तंतुओं में कई प्रकार की बहुलक प्रक्रिया पाई जाती है। पॉलिमराइज़ेशन के विभिन्न परिणाम/प्रकार भी हैं, जो जोड़ और संक्षेपण पॉलिमराइज़ेशन से निर्मित हो सकते हैं। इन्हें होमोपॉलिमर और कोपॉलिमर जैसे शब्दों द्वारा वर्णित किया गया है, कोपॉलिमर को चार प्रकार के पॉलिमर में विभाजित किया गया है – ऑल्टरनेटिंग जिनमें, ब्लॉक, ग्राफ्ट और रैन्डम। आइए इन शब्दों को उदाहरणों के साथ समझते हैं।

जब जुड़ने वाले मोनोमर एक समान होते हैं, तो परिणामी बहुलक को होमोपॉलिमर कहा जाता है। होमोपॉलिमर के उदाहरण हैं नायलॉन 6, पॉलिप्रोपाइलीन, पॉलिइथाइलीन और पॉलिविनाइल क्लोराइड।

यदि बहुलक बनाने वाले मोनोमर एक दूसरे से भिन्न होते हैं, तो जो बहुलक बनता है वह एक कोपॉलिमर होता है। कोपॉलिमर (Gohl and Vilensky 1987) की चार उप-श्रेणियां हैं।

(i) ऑल्टरनेटिंग कोपॉलिमर – इनमें दो मोनोमर को एक के बाद एक व्यवस्थित किया जाता है। उदाहरण, पॉलिएस्टर, नायलॉन 6, 6।

$$A^n + B^n = (ABABAB)_n$$

A; पहली इकाई B; दूसरी इकाई

(ii) ब्लॉक कोपॉलिमर में घटक मोनोमर के ब्लॉक या खंड होते हैं। उदाहरण,

$$A^n + B^n = (AAAABBBBAAAA)_n$$

A; पहली इकाई B; दूसरी इकाई

(iii) ग्राफ्ट कोपॉलिमर – इनमें पॉलिमर की एक श्रंखला के ऊपर कुछ मोनोमर संलग्न होते हैं, जैसा कि चित्र में दिखाया गया है। उदाहरणों में ऐक्रेलिक का ग्राफ्ट कोपॉलिमर

C
C
C
ABABABA

A : पहली इकाई
B : दूसरी इकाई
C : ग्राफ्ट की गई श्रंखला

(iv) रैंडम कोपॉलिमर में मोनोमर की अनियोजित व्यवस्था होती है (जो आमतौर पर एक ही प्रकार का होता है।), उदाहरणों में ऐक्रेलिक और मोडक्रेलिक शामिल हैं।

3.5 तंतुओं में बंधन (Bonding)

तंतुओं में बंधन कपड़ा निर्माण के लिए महत्वपूर्ण है। कुछ ऐसे बॉन्ड होते हैं जो एक बहुलक के अणुओं के बीच मौजूद होते हैं (इंट्रा-पॉलिमर बॉन्ड)। कुछ बॉन्ड ऐसे होते हैं जो एक पॉलिमर को दूसरे से बांधकर तंतु बनाते हैं, इन्हें इंटर-पॉलिमर बॉन्ड कहते हैं। किसी भी शैक्षणिक संस्थान में सांस्कृतिक गतिविधियों के उदाहरण को याद कर इन दो प्रकार के बांड को याद रखा जा सकता है। जिस प्रकार एक इंट्रा-क्लास मैच का मतलब होता है कि एक ही कक्षा के सभी वर्गों में प्रतिस्पर्धा होगी (जैसे, Xए, Xबी और Xसी)। दूसरी ओर, एक इंटर-क्लास मैच कक्षा X, XI और XII के बीच आयोजित किया जाएगा।

वस्त्रों में पाए जाने वाले विभिन्न इंटर और इंट्रा-पॉलिमर बांड का संक्षिप्त विवरण नीचे दिया गया है। ग्राफ्ट

3.5.1 इंट्रा-पॉलिमर **बॉनडिंग**

ये वे बंधन हैं जो तंतु पॉलिमर बनाने के लिए अणुओं को एक साथ पकड़ने में सहायक होते हैं।

1. सिंगल कोवेलेंट बांड: रासायनिक रूप से बहुत स्थिर और अप्रभावी, ये कई तंतुओं की रीढ़ बनाते हैं।

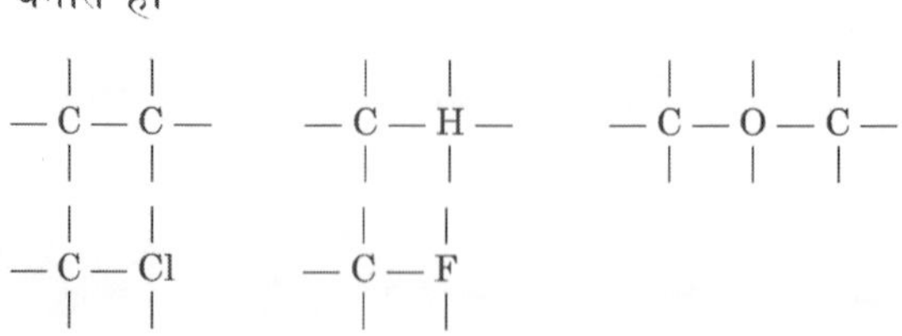

2. एमाइड या पेप्टाइड समूह: जब प्रोटीन तंतुओं में मौजूद होता है, तो इस समूह को पेप्टाइड समूह कहा जाता है; नायलॉन तंतु में, इसे एमाइड समूह के रूप में जाना जाता है।

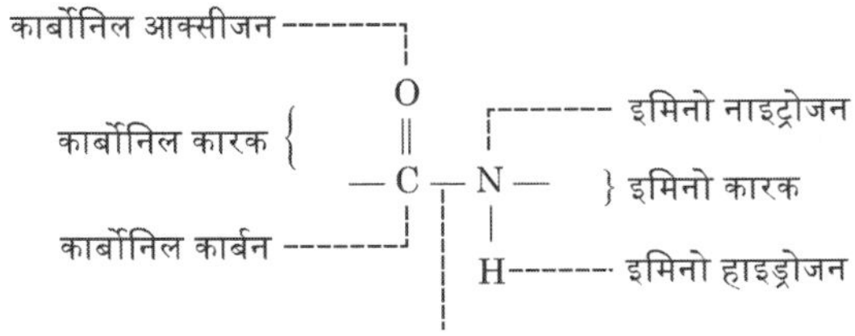

एमाइड या पेप्टाइड बंधन

3. बेंज़ीन रिंग (एरोमैटिक मूलक): यह रासायनिक स्थिरता प्रदान करता है और पॉलिएस्टर में मौजूद होता है।

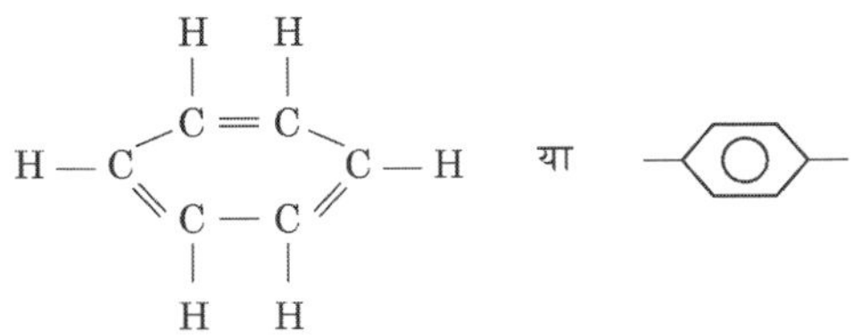

4. ईथर लिंकेज: यह सेल्युलोज़, इलास्टोमर, एस्टर सेल्युलोज़ और पॉलिएस्टर जैसे पॉलिमर में पाया जाता है। यह कार्बन और ऑक्सीजन परमाणुओं के बीच मौजूद होता है। आम तौर पर ये काफी स्थिर, होते हैं, सिवाय सेल्युलोज़िक में। वहां ईथर लिंकेज को ग्लूकोसाइड लिंक के नाम से जाना जाता है और यह सभी ग्लूकोस इकाइयों को जोड़ता है।

सेल्युलोज़ में इथर ज़ोड़ को ग्लूकोसाइड ज़ोड़ ते नाम से जाना जाता है।
यह जोड़ सभी ग्लूकोज़ इकाइयों को आपस में जोड़ता है।

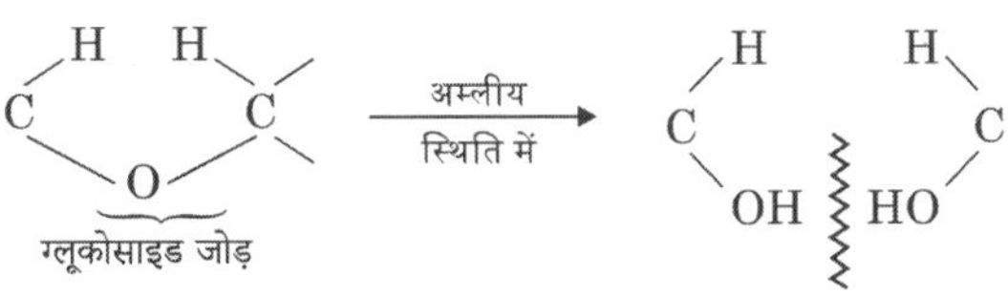

विघटित सेल्युलोज़ बहुलक

अम्लीय परिस्थितियों में यह दो ग्लूकोज इकाइयों को हाइड्रोलिसिस के कारण अलग कर सकता है।

5. एस्टर समूह या कार्बनिक लवण: ये एक कार्बोक्सिल समूह —COOH की एक हाइड्रॉक्सिल समूह के साथ —OH प्रतिक्रिया के दौरान बनते हैं। यह समूह क्षार के लिए प्रतिरोधी नहीं होते।

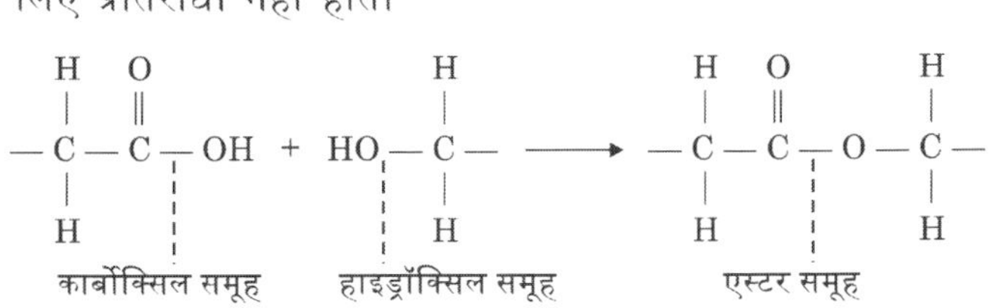

6. हाइड्रॉक्सिल समूह (—OH): इसकी ध्रुवीयता (मामूली सकारात्मक चार्ज पोलैरिटी) हाइड्रोजन बॉन्ड के गठन की ओर ले जाती है जो एक बहुलक को ताकत प्रदान करती है। यह समूह एक तंतु के जल सोखने की क्षमता में भी योगदान देता है।
7. नाइट्राइल ग्रुप/समूह (—CN): यह अम्ल के लिए प्रतिरोधी है लेकिन क्षारीय हाइड्रोलिसिस या सैपोनिफिकेशन से गुज़रता है।

3.5.2 इंटर-पॉलिमर बॉनडिंग

ये एक बहुलक को दूसरे से जोड़ते हैं। यह निम्न चार प्रकार के होते हैं:

1. क्रॉस लिंक
2. साल्ट लिंक
3. हाइड्रोजन बांड
4. वॉन डर वाल्स फोर्सेज

तालिका 3.3 इंटर-पॉलिमर बॉन्ड की व्यापकता और मुख्य विशेषताओं को बताती है।

तालिका 3.3 अंतर-बहुलक बांड की विशेषताएँ और उदाहरण

अंतर-बहुलक बांड	विशेषताएँ	उदाहरण
क्रॉस लिंक/कोवेलेंट बांड	सबसे अधिक मज़बूत	इलास्टोमर तंतु, रेशम के अतिरिक्त अन्य प्रोटीन तंतु
साल्ट लिंक/इलेक्ट्रोस्टेटिक/ऐओनिक बांड	मज़बूत बांड, ये पानी को आकर्षित करते हैं, अम्लीय रंगों को सोखते हैं, दृढ़ता बढ़ाते हैं	नायलॉन, प्रोटीन तंतु
हाइड्रोजन बांड	कमज़ोर इलेक्ट्रोस्टेटिक बांड, ये पानी को आकर्षित करते हैं, दृढ़ता बढ़ाते हैं	सेल्युलोज़, प्रोटीन, PVA
वेंन डर वाल फोर्सिस	सबसे ज्यादा कमज़ोर	सभी तंतुओं में, पॉलिएस्टर व् एक्रेलिक में अधिक

3.6 पॉलिमर व्यवस्थाएं

यह समझने के बाद कि आकर्षण के विभिन्न बांड सुसंगत संरचनाओं का उत्पादन करने के लिए कैसे काम करते हैं,आइए अब देखते हैं कि एक तंतु में अनेक पॉलिमर किन तरीकों से व्यवस्थित रहते हैं।

1. तंतु के अंदर पॉलिमर बिना किसी क्रम के उपस्थित होते है। इसे अक्रिस्टलीय या एमोरफस व्यवस्था या संरचना कहा जाता है। चित्र 3.1 में इस व्यवस्था को दर्शाया गया है।

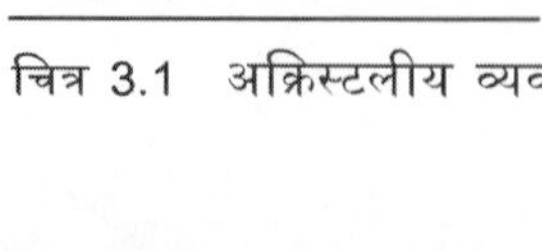

चित्र 3.1 अक्रिस्टलीय व्यवस्था

2. कई बार पॉलिमर को समानांतर समूहों में व्यवस्थित किया जा सकता है। इसे क्रिस्टलीय व्यवस्था कहा जाता है (चित्र 3.2 देखें)। इसका एक रूपांतर है ओरिएन्टिड व्यवस्था, जिसमें पॉलिमर के समूह न केवल एक दूसरे के समानांतर होते हैं, बल्कि तंतु की लंबाई की दिशा में भी होते हैं। चित्र 3.3 में तंतुओं की ओरिएन्टिड व्यवस्था को दर्शाया गया है।

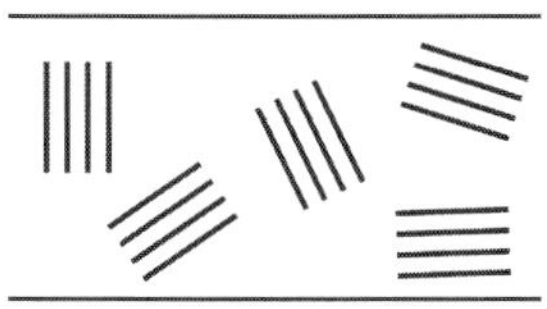

चित्र 3.2 क्रिस्टलीय व्यवस्था

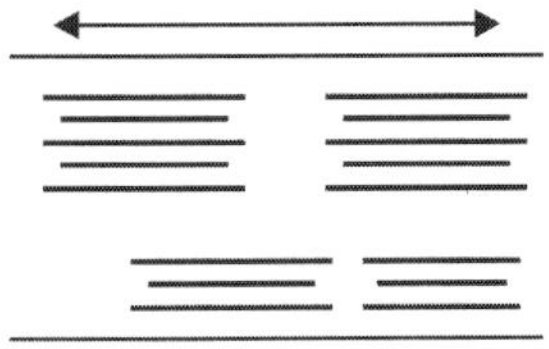

चित्र 3.3 ओरिएन्टिड व्यवस्था

अणुओं की पॉलिमर व्यवस्था उनके गुणों को भी प्रभावित करती है। तालिका 3.4 दो प्रमुख व्यवस्थाओं के बीच तुलना को दर्शाती है।

तालिका 3.4 अक्रिस्टलीय और क्रिस्टलीय व्यवस्थाओं के गुणों की तुलना

अक्रिस्टलीय/एमोरफस	क्रिस्टलीय
कम मज़बूत आंतरिक बांड	मज़बूत आंतरिक बांड
बेहतर पानी और रंग सोखने की क्षमता (अधिक शोषक)	पानी और रंगों को आसानी से प्रवेश की अनुमति नहीं देता
कम रासायनिक प्रतिरोध	रासायनिक रूप से मज़बूत
प्लास्टिक, आसानी से विकृत	अटल
छूने में मुलायम	छूने में कड़क

वस्त्र-विशेषज्ञों ने यह पाया है कि तंतुओं में दोनों अवस्थाएं (अक्रिस्टलीय और क्रिस्टलीय) अलग-अलग अनुपात में मौजूद होती हैं। इस प्रकार, यह कहना अधिक उचित होगा कि एक तंतु मुख्य रूप से अक्रिस्टलीय या क्रिस्टलीय है। तालिका 3.5 में कई तंतुओं में पाए जाने वाली व्यवस्थाएं प्रस्तुत की गई हैं।

तालिका 3.5 सामान्य तंतुओं में पाए जाने वाली अक्रिस्टलीय और क्रिस्टलीय व्यवस्थाओं की सूची

तंतु	अक्रिस्टलीय	क्रिस्टलीय
कपास	35–30%	65–70%
फ्लैक्स	35–30%	65–70%
विस्कोस	65–60%	35–40%
एसिटेट	60%	40%
ऊन	75–70%	25–30%
रेशम	35–30%	65–70%
एक्रिलिक	30–20%	70–80%
नायलॉन 6, 6	35–15%	65–85%
नायलॉन 6	35–15%	65–85%
पॉलिएस्टर	35–15%	65–85%
इलास्टोरिक	अति अक्रिस्टलीय (जब खिंचा न हो)	अति क्रिस्टलीय (जब पूरी तरह खिंचा हो)

3.7 तंतु निर्माण के लिए पॉलिमर के आवश्यक गुण

कुछ गुण ऐसे हैं जो एक उपयोगी तंतु बनाने वाले पदार्थ में होने आवश्यक हैं। इनमें से मुख्य गुण नीचे सूचीबद्ध हैं। इस बात को ध्यान में रखें कि हर पॉलिमर में ये गुण पूरी तरह से नहीं होते है। यही कारण है कि कुछ तंतुओं का परिधान में उपयोग नहीं किया जा सकता।

1. गैर-विषाक्तता/नॉन टोक्सिसिटी: बहुलक मानव उपयोग के लिए खतरनाक नहीं होना चाहिए। पिछले कुछ वर्षों में एस्बेस्टस (एक प्राकृतिक अकार्बनिक तंतु) का उपयोग, इसके कार्सिनोजेनिक गुणों पर अनुसंधान के कारण काफी कम हो गया है। यही बात कुछ **वस्त्र** निर्माण में सहायक रासायनिक पदार्थों और रंगों पर भी लागू होती है। एज़ो रंगों के उपयोग पर प्रतिबंध मानव सुरक्षा के लिए उठाये गए कदम का एक उदाहरण है। जबकि अन्य आवश्यक गुणों को तो अलग-अलग स्तर पर पूरा किया जा सकता है, सभी **वस्त्र** पॉलिमर में यह पहला गुण होना अनिवार्य है।
2. उच्च आणविक भार/हाई मोलिकुलर वेट: यह उच्च डिग्री ऑफ़ पॉलिमराइज़ेशन द्वारा प्राप्त किया जाता है। आणविक भार की एक श्रेणी है जो तंतु बनाने वाली प्रक्रियाओं के लिए उपयुक्त हैं। यदि पॉलिमर में आणविक भार कम होता है, तो वे ऐसे तंतुओं में परिणत होते हैं जो भंगुर और बेहद कमज़ोर होते हैं। दूसरी ओर, पॉलिमर के अत्यधिक उच्च आणविक भार उन्हें घुलने या पिघलने के लिए कठिन बना देंगे, जिससे उनकी कताई मुश्किल हो जाएगी।
3. ओरिएन्टेशन का उच्च स्तर: बहुलक समूहों को एक दूसरे के साथ-साथ तंतु की लंबाई की दिशा के समानांतर होना चाहिए। निर्मित फिलामेंट को खींचकर (स्ट्रेचिंग/ड्राइंग की प्रक्रिया) उनकी मूल लंबाई से लगभग पांच गुना तक बढ़ाया जाता है। इससे उनकी लंबाई में वृद्धि के साथ उनका व्यास कम हो जाता है और ओरिएन्टेशन का स्तर बढ़ जाता है। दूसरी ओर, प्राकृतिक पॉलिमर में ओरिएन्टेशन का स्तर अधिक होता ही है जो उन्हें **वस्त्र** निर्माण में उपयोग करने के लिए योग्य बनाता है।
4. लिनिऐरिटी: तंतु बनाने वाले पॉलिमर की संरचना में लंबाई होनी चाहिए। उनके पास साइड ग्रुप हो सकते हैं लेकिन उन्हें फैला नहीं होना चाहिए। यह गुण मज़बूत इंटर-पॉलिमर बांड बनाने के लिए महत्वपूर्ण है।
5. जल को सोखने की क्षमता: यह गुण शरीर से पसीने को सुखाने के कारण **वस्त्र** को पहनने के लिए आरामदायक बनाता है। इसके आलावा, यह स्टैटिक चार्ज की समस्या को रोकने में भी मदद करता है, क्योंकि पानी के अणु आसपास के वायुमंडल में विद्युत आवेशों को वहन करते हैं।
6. एजेंटों और स्थितियों के लिए रासायनिक प्रतिरोध: धोने, ड्राईक्लीनिंग और विरंजक एजेंटों, अम्ल, क्षार और सूर्य के प्रकाश का सामना करने के लिए उच्च रासायनिक प्रतिरोध होना महत्वपूर्ण है। सामान्यतया, मज़बूत इंट्रा-पॉलिमर बांड होने से पॉलिमर की रासायनिक रूप से मज़बूती बढ़ती हैं। प्राकृतिक तंतुओं की तुलना में कृत्रिम तंतुओं में अधिक रासायनिक प्रतिरोध होता है– ओलेफिन तंतुओं में सबसे अधिक!

7. पिघलने का उच्च तापमान: इसका सीधा सम्बन्ध मॉलिक्यूलर ओरिएन्टेशन व पॉलिमर बॉनडिंग के साथ होता है। यह भी महत्वपूर्ण है कि यदि पॉलिमर को कताई के लिए गरम किया जाए, तो उत्पाद स्थिर रहे और विघटित न हो। उच्च पिघलने का तापमान निर्मित तंतुओं के लिए प्रासंगिक है। यह ध्यान दिया जाए कि उपयोग किए जाने वाले सभी पॉलिमर उच्च तापमान पर पिघलते नहीं हैं। उदाहरण के लिए, कपास या ऊन पिघलते नहीं हैं बल्कि बहुत अधिक तापमान पर विघटित हो जाते हैं।
8. पर्याप्त खिंचाव और लोच: ये दोनों वस्त्र तंतुओं के निर्माण के लिए आवश्यक हैं।
9. आर्थिक विचार: ये कपड़ा क्षेत्रों में उपयोग के लिए एक बहुलक की उपयुक्तता तय करने में महत्वपूर्ण भूमिका निभाते हैं। यही कारण है कि यदि एक बहुलक में उपरोक्त सभी गुण उपस्थित हों, लेकिन इसकी कीमत बहुत ज्यादा हो, तो उसका उपयोग अधिक नहीं किया जा सकता है।

अभ्यास

3.1 निम्नलिखित में अंतर बताइए:
   (क) इंट्रा- और इंटर-पॉलिमर बांड
   (ख) होमोपॉलिमर और कोपॉलिमर
   (ग) अक्रिस्टलीय और क्रिस्टलीय व्यवस्था
   (घ) जोड़ और संघनन बहुलकीकरण

3.2 सेल्युलोज़िक और प्रोटीन तंतुओं के बुनियादी इकाइयों के नाम और चित्र दीजिए।

3.3 रिक्त स्थान भरिए:
   (क) .... सबसे मज़बूत इंटर-पॉलिमर बांड है।
   (ख) सबसे कमज़ोर इंटर-पॉलिमर बांड .... है।
   (ग) फ्लैक्स की dp .... है जबकि विस्कोस की .... है।
   (घ) कपास में ....% क्रिस्टलीय क्षेत्र है, जबकि पॉलिएस्टर में ....% है।

3.4 निम्न के मोनोमर के नाम और फार्मूले दीजिए:
   (क) कपास
   (ख) नायलॉन 6
   (ग) नायलॉन 6, 6
   (घ) पॉलिएस्टर

विस्तृत जानकारी हेतु पुस्तक सूची

Gohl, E.P.G. and Vilensky, L.D., *Textile Science*, CBS Publishers and Distributors, Delhi, 1987.

Jacob, T., *A Textbook of Applied Chemistry for Home Science and Allied Sciences*, Macmillan, Delhi, 1979.

अध्याय 4

तंतुओं के गुण (Fibre Properties)

यदि हम चारों ओर देखें, तो हमें प्रकृति में कई पदार्थ दिखते हैं जिनके रेशेदार रूप होते हैं। हालांकि टेक्सटाइल तंतुओं के रूप में इन सभी का उपयोग करना व्यावहारिक नहीं है। कारण यह है कि वे अन्य अपेक्षित गुणों को पूरा नहीं करते हैं। इसके विपरीत यह कहा जा सकता है कि विभिन्न उपयोगों के लिए बाजार में उपलब्ध सभी कपड़े उन तंतुओं से बने होते हैं जो कुछ विशिष्ट मापदण्डों के आधार पर योग्य होते हैं। ये मापदंड तंतु गुण कहलाते हैं। मोटे तौर पर, तंतु गुणों को दो श्रेणियों में वर्गीकृत किया जा सकता है, प्राथमिक (primary) और द्वितीयक (secondary) गुण।

4.1 प्राथमिक (Primary) और द्वितीयक (Secondary) गुणों के बीच अंतर

किसी भी पदार्थ का **वस्त्र** सामग्री के रूप में मान्यता प्राप्त करने के लिए उसमें प्राथमिक गुणों का होना अनिवार्य है। केवल ऐसे पदार्थों को ही धागे और बाद में **वस्त्र** में परिवर्तित किया जा सकता है। उदाहरण के लिए एक महिला स्नातक कार्यक्रम में प्रवेश के लिए कुछ पात्रता मापदंड होते हैं। उम्मीदवार को एक महिला होना चाहिए तथा प्रवेश के लिए मान्यता प्राप्त करने के लिए विषयों और अंकों का एक विशेष समूह होना चाहिए। इनकी तुलना "प्राथमिक गुणों" से की जा सकती है। अनिवार्य-आवश्यकताओं के अतिरिक्त कुछ अन्य योग्यताएँ हैं जो एक उम्मीदवार के पास हो सकती है। पाठ्येतर गतिविधियों में सक्रिय भागीदारी और प्रशिक्षण से उम्मीदवार द्वारा एक सीट हासिल करने की संभावनाएं बढ़ेंगी।

इसी तरह, प्राथमिक गुणों के अलावा, तंतुओं के क्षेत्र में अन्य गुण हैं जो वांछनीय तो हैं, लेकिन अनिवार्य नहीं हैं। ये विभिन्न अंत उपयोगों और स्तरीय उपभोक्ता संतुष्टि के लिए प्रसंस्करण उपयुक्तता को प्रभावित करते हैं। ऐसे गुणों को द्वितीयक गुण कहा जाता है। ये एक **वस्त्र** के चयन, उपयोग, आराम, दीर्घायु, और रख-रखाव को प्रभावित करते हैं। यह भी ध्यान दिया जा सकता है कि निर्माता सम्मिश्रण तंतुओं द्वारा या एक विशिष्ट यार्न और **वस्त्र** के निर्माण की तकनीकों के चयन से इन गुणों को उत्पन्न, घटा या बढ़ा सकते हैं।

4.2 प्राथमिक गुण (Primary Properties)

मुख्य प्राथमिक गुण निम्नलिखित हैं:

- चौड़ाई की तुलना में अधिक लंबाई (High length to width ratio)
- दृढ़ता/पर्याप्त बल (Tenacity)
- लचीलापन (Flexibility)
- कताई की गुणवत्ता या सामंजस्य (Spinning quality/ Cohesiveness)
- एकरूपता या समानता (Uniformity)

4.2.1 चौड़ाई की तुलना में अधिक लंबाई (High Length to Width Ratio)

यार्न और **वस्त्रों** में उपयोग किये जाने वाले तंतुओं के लिए एक पूर्व-आवश्यकता यह है कि उनकी लंबाई उनकी चौड़ाई से कहीं अधिक होनी चाहिए। यह अनुपात न्यूनतम 100:1 होना चाहिए। सामान्य रूप से सभी तंतु बहुत बड़ी मात्रा में इस न्यूनतम से अधिक होते हैं।

तंतुओं की लंबाई भी उन्हें दो समूहों में वर्गीकृत करने का एक आधार है: स्टेपल और फिलामेंट। स्टेपल तंतु अपेक्षाकृत कम लंबाई के होते हैं और सेंटीमीटर में मापे जाते है; फिलामेंट लंबे होते है और मीटर में मापे जाते है। आमतौर पर पाया जाता है कि फिलामेंट चिकने और चमकदार यार्न बनाते हैं जबकि स्टेपल तंतुओं से निर्मित यार्न में कम चमक होती है।

रेशम के अलावा अन्य सभी प्राकृतिक तंतु स्टेपल लंबाई के होते हैं। मानव निर्मित तंतुओं को यथावश्यकता फिलामेंट या स्टेपल रूप में तैयार किया जा सकता है।

किसी भी प्राकृतिक तंतु की बारीकी एवं गुणवत्ता का पता लगाने में एक प्रमुख कारक है उसका व्यास, जिसे माइक्रोन में मापा जाता है (1 माइक्रोन = 1/1000 मिलीमीटर)। तंतुओं में व्यास की अलग अलग श्रेणी होती है, जैसे कपास की 12 से 20 माइक्रोन तक होती है। सामान्य तौर पर, महीन रेशे अधिक नरम व लचीले होते हैं और उनमें बेहतर घनत्व होता है। इस प्रकार, वे बेहतर यार्न और **वस्त्र** बनाने के लिए उपयोग किये जाते हैं। मानव निर्मित तंतुओं का व्यास स्पिनरेट छेद के आकार द्वारा नियंत्रित किया जाता है। इसे डेनियर व टेक्स में मापा जाता है। (डेनियर/Denier/d = 9000 मीटर लम्बे यार्न का ग्राम में वज़न, टेक्स/Tex/t =1000 मीटर लम्बे यार्न का ग्राम में वज़न)।

माइक्रोफ़ाइबर वे कहलाते हैं, जिनका व्यास 1 dtex से कम होता है (1dtex/decitex = 10,000 मीटर यार्न का ग्राम में वज़न)। तालिका 4.1 में तंतुओं का वर्गीकरण उनके व्यास के आधार पर दिया गया है। पॉलिएस्टर, नाइलॉन, ऐक्रेलिक, प्रोपलीन और विस्कोस जैसे तंतुओं को निम्नलिखित तीन तरीकों में से किसी के उपयोग द्वारा माइक्रोफिलामेंट में संसाधित किया जाता है।

सीधे कताई की विधि (Direct spinning Method)

माइक्रोफ़ाइबर को कताई के समय ही तैयार किया जाता है। इसके लिए पॉलिमर और कताई की स्थितियों का सावधानीपूर्वक चयन आवश्यक है।

विभाजन और पृथक्करण विधि (Split and Separation Method)

सबसे पहले, एक मोटी घटक वाला फिलामेंट तैयार किया जाता है और फिर इसे भौतिक या

रासायनिक विधियों के प्रयोग से दो अलग-अलग तंतुओं में विभाजित किया जाता है, जिनमें से प्रत्येक का व्यास 1dtex से कम होता है।

विघटन और निष्कासन विधि (Dissolution and Removing Method)

इस विधि में कताई द्वारा एक बाइकॉम्पोनेन्ट फिलामेंट का निर्माण किया जाता है। फिर इसे नियंत्रित रासायनिक उपचार के द्वारा वस्त्र में परिवर्तित किया जाता है—ऐसा करने से एक घटक धुल जाता है और उसे हटा दिया जाता है, शेष घटक जो रह जाता है, वह बहुत महीन होता है।

तालिका 4.1 बारीकी/व्यास के आधार पर तंतुओं की श्रेणियाँ

फिलामेंट की बारीकी	श्रेणी
0.3 dtex से कम	सुपर माइक्रोफाइबर्
0.3-1.0 dtex	माइक्रोफाइबर्
1.0-2.4 dtex	बेहद महीन तंतु
2.4-7.0 dtex	महीन तंतु
7.0 dtex से अधिक	मोटे तंतु

उपयोग

माइक्रो तंतुओं से बने वस्त्रों में एक उत्कृष्ट कोमलता एवं रुझान (Drapability) होता है जो इसे फैशन परिधान, बेल्ट, बैग और साज-सज्जा में लोकप्रिय बनाता है। उत्पादित वस्त्र हल्के वज़न वाले, वायुरोधक, सांस लेने योग्य, जलरोधक किन्तु जल-वाष्प पारगम्य होते हैं। इस प्रकार की श्रेणी उन्हें काफी आरामदेह बनाती है। उनके पास बेहतर विकिंग (Wicking) गुण होते हैं जो पसीने के त्वरित वाष्पीकरण का कारण बनते हैं। उनका उपयोग खेल और ट्रेकिंग के समय पहनने और मौसम सुरक्षा के लिए उच्च कार्य क्षमता वाले वस्त्रों में किया जाता है। बहुत छोटे छिद्रों से बने ये वस्त्र कीटाणुओं के हस्तांतरण को रोकते हैं। यह गुण इन वस्त्रों को अस्पतालों में उपयोगी बनाते हैं। इनके औद्योगिक प्रयोगों में फिल्टर, माइक्रोइलेक्ट्रोनिक उद्योग और सफाई वाले वस्त्र शामिल हैं। परिसज्जा के माध्यम से माइक्रो तंतुओं से बने वस्त्रों से सुएड, नकली चमड़े और पीच स्किन वस्त्रों का उत्पादन भी किया जा सकता है।

कमियां

इनमें कम एकल रेशा शक्ति, घर्षण प्रतिरोध और अधिक फिसलन शामिल हैं। माइक्रो तंतुओं से बने वस्त्रों का सतह क्षेत्रफल अधिक होने के कारण इन्हें रंगाई और अन्य परिसज्जाओं के लिए अभिकर्मकों की बड़ी मात्रा में आवश्यकता पड़ती है। इसका हल निकालने के लिए वस्त्र निर्माता मिश्रित वस्त्रों का उपयोग करते हैं। उदाहरणार्थ ताने के लिए कपास का और बाने के लिए माइक्रोफ़िलामेंट पॉलिएस्टर का उपयोग कर मिश्रित वस्त्र तैयार करने से दोनों के गुणों को संतुलित किया जा सकता है।

4.2.2 दृढ़ता (Tenacity)

वस्त्र तंतुओं की कार्य क्षमता को उनकी दृढ़ता के रूप में जाना जाता है। यह किसी तंतु को तोड़ने के लिए आवश्यक बल के मापन द्वारा निर्धारित किया जाता है। वस्त्र उत्पादन के लिए

तंतुओं के यांत्रिक और रासायनिक प्रसंस्करण हेतु पर्याप्त बल की आवश्यकता होती है। यह भी ज़रूरी है कि उनसे निर्मित वस्त्र मज़बूत हो।

सामान्य रूप से मज़बूती का सीधा सम्बन्ध पॉलिमर की लंबाई, पॉलिमेराइज़ेशन की डिग्री तथा पॉलिमर के बीच आकर्षण के बलों से होता है।

ग्राम प्रति डेनिअर या ग्राम प्रति टेक्स दृढ़ता की इकाइयां हैं। अर्थात, एक डेनियर या एक टेक्स के तंतु को तोड़ने के लिए जितने ग्राम का वज़न लगेगा, वही उसकी टिनैसिटी की संख्या है।

डेनिअर यार्न महीनता की एक इकाई है डेनिअर का अर्थ है 9000 मी. लंबे का ग्राम में वज़न और टेक्स से 1000 मी. (1 किलोमीटर) लंबाई के यार्न का ग्राम में वज़न पता चलता है, इस प्रकार अधिक डेनियर व टेक्स वाले यार्न कम महीन/अधिक व्यास के होते हैं।

तालिका 4.2 शुष्क स्थिति में विभिन्न तंतुओं की दृढ़ता

तन्तु	दृढ़ता (g/d)
कपास	3–5
फ्लैक्स	6.5
ऊन	1–1.7
रेशम	2.5–5
रेयॉन	1.5–5
एसीटेट और ट्राईएसीटेट	1.2–1.4
पॉलिएस्टर	2.5–9.5
नायलॉन	4.6–8.8
ऐक्रेलिक	2–4.2
मोडऐक्रेलिक	2–3.1
ओलेफिन	1–5.8
एरेमिड	5.3–22.0
स्पैंडेक्स	0.5–1.03
ग्लास	–6.9

जब तंतु की दृढ़ता को देखते हैं, तो हमें सूखे के साथ-साथ गीली परिस्थितियों में इसकी मज़बूती को जानने में मदद मिलती है। तदनुसार, यह तय किया जाता है कि वस्त्रों की धुलाई के समय उनपर कितना ज़ोर लगाना चाहिए और किस तकनीक का प्रयोग करना उचित होगा। गीला होने पर कपास मज़बूत जबकि ऊन कमज़ोर हो जाता है। यही कारण है कि इन दोनों कपड़ों की धुलाई की विधि इतनी भिन्न होती है।

4.2.3 लचीलापन (Flexibility)

तंतुओं को लचीला या कोमल होना चाहिए ताकि इन्हें यार्न में परिवर्तित किया जा सके और फिर वस्त्रों में, जिन्हें पहनकर आराम से चला जा सके। कुछ निश्चित उपयोगों में अधिक लचीलेपन की आवश्यकता होती है, जैसे वाहन कुर्सी की पेटी। लकड़ी तंतुओं से बनी होती है, लेकिन इनमें लचीलेपन की कमी होती है और इसी कारण इनसे यार्न और वस्त्र तैयार करना संभव नहीं होता। एक अन्य ऐसा पदार्थ है कांच। कम लचीला होने के कारण यह परिधान के वस्त्रों में उपयुक्त नहीं होता। इसे औद्योगिक वस्त्रों में उपयोग किया जाता है।

4.2.4 कताई की गुणवत्ता या सामंजस्य (Spinning quality/Cohesiveness)

यह यार्न विनिर्माण प्रक्रियाओं के दौरान तंतुओं को एक साथ ठीक से सटने/जुड़ने/चिपकने की क्षमता है। प्राकृतिक तंतुओं में उनके अनुदैर्ध्य या क्रॉस सेक्शन की अंतर्निहित अनियमितताएँ उन्हें यार्न में परिवर्तित होने के समय एक दूसरे के साथ चिपकाए रखने में सहायक होती हैं। उदाहरण के लिए, ऊन के तंतुओं में खुरदुरी सतह उन्हें आपस में बांधे रखती है। आपने अपने आस पास भी देखा होगा कि बहुत मुलायम बालों वाली लड़की को उन्हें चोटी में टिकाये रखना कठिन होता है; वहीं दूसरी ओर घुंघराले बाल आसानी से चोटी में बांधे जा सकते हैं। यही सिद्धांत तंतुओं से यार्न बनाने में भी लागू होता है।

सिंथेटिक के मामले में, फिलामेंट की लंबाई यार्न बनाने में सहायता करती है। टेक्सचरिंग एक चिकने फिलामेंट सतह में, कॉइल, क्रिम्प, कर्ल या लूप डाल देता है। इसका उपयोग सामंजस्य स्थापित करने के लिए किया जाता है।

4.2.5 समरूपता (Uniformity)

यह महत्वपूर्ण है कि तंतुओं में सभी दिये गए प्राथमिक गुण समान रूप से पाए जाएँ। तभी यह सुनिश्चित हो सकेगा कि तंतुओं और उनसे निर्मित वस्त्रों में रूप और कार्य क्षमता—दोनों की समरूपता है।

4.3 द्वितीयक गुण (Secondary Properties)

इन गुणों को कई तरीकों से नामांकित किया जा सकता है। विभिन्न लेखकों ने इन्हें अलग अलग ढंग से वर्णित किया है। Collier et al. (2009) इन्हें भौतिक, रासायनिक और पर्यावरणीय गुणों के रूप में समझाते हैं। Joseph (1993) इन्हें वस्त्रों में प्रभावित करने वाले गुणों के रूप में बताते हैं, जो कि हैं—बाहरी रूप, रख रखाव, आराम और स्थायित्व।

इस अध्याय में द्वितीयक गुणों को निम्नलिखित शीर्षकों में समझाया जाएगा:

- मोर्फोलोजी, जिसके अंतर्गत सम्मिलित हैं—भौतिक आकार, लंबाई सेक्शन/LS, चौड़ाई सेक्शन/CS, रंग और चमक।
- विशिष्ट घनत्व (Specific gravity)
- खिंचाव एवं प्रत्यास्थता (Elongation and Elastic recovery)
- लचीलापन/प्रतिस्कंदता (Resiliency)
- मॉइस्चर रीगेन/अवशोषकता (Moisture regain)
- ज्वलनशीलता और ताप का प्रभाव (Flammability and other thermal reactions)
- विद्युत चालकता (Electrical conductivity)
- घर्षण प्रतिरोध (Abrasion resistance)
- रासायनिक प्रतिक्रिया और प्रतिरोध (Chemical reactivity and resistance)
- जैविक प्रतिरोध (Biological resistance)

- पर्यावरण की स्थिति के प्रति संवेदनशीलता (Sensitivity towards environmental conditions)

इनमें से कुछ को मात्रात्मक रूप से मापा जाता है जबकि अन्य को गुणात्मक रूप से वर्णित किया जाता है। विभिन्न तंतुओं के लिए एक तुलनात्मक चित्र भी दिया गया है।

बाद की इकाइयों में इन्हीं शीर्षकों (Heads) का उपयोग विभिन्न तंतुओं के गुणों का विस्तार से वर्णन करने के लिए किया जाएगा। द्वितीयक गुणों की परिभाषा और विवरण पर चर्चा शुरू करने से पहले, आइये हम दो पहलुओं पर संक्षेप में ध्यान दें—तंतुओं की कीमत एवं विभिन्न गुणों की अंतर संबंधितता।

यह आवश्यक है कि **वस्त्र** तंतुओं के रूप में उपयोग होने वाली सामग्री काफी बड़ी मात्रा में आसानी से उपलब्ध हो; यह भी आवश्यक है कि उसकी कीमत इतनी हो कि **वस्त्र** निर्माता मुनाफ़ा कमा सकें। विश्वभर में तंतुओं के परिवार में नए नाम जोड़ने की दिशा में लगातार प्रयास किए जा रहे हैं। हालांकि, क्षेत्र में किसी अनुसंधान को तभी सफल माना जाता है, जब वह व्यावसायिक रूप से भी सफल सिद्ध हो। यह भी समझने की ज़रूरत है कि **वस्त्र** तंतुओं के किसी एक गुण को अलग करना मुश्किल है। विभिन्न गुणों के बीच एक सम्बन्ध मौजूद है। उदाहरण के लिए, एक नमी सोखने (हाइड्रोस्कोपिक) वाले तंतु से बने **वस्त्र** में स्टैटिक चार्ज बिल्ड-अप की समस्या उत्पन्न नहीं होती क्योंकि जल विद्युत का अच्छा संवाहक है। इस तरह के तंतु रंजक और विशेष परिसज्जाओं को आसानी से स्वीकार लेंगे। इससे बना परिधान गर्मियों के मौसम में पहनने के लिए आरामदायक होगा, लेकिन धोने के बाद इसे सूखने में थोड़ा अधिक समय लग सकता है।

4.3.1 मॉर्फोलोजी/आकृति व संरचना (Morphology)

यह पदार्थ के भौतिक आकार और रूप का अध्ययन है। इसमें देखकर मूल्यांकन करने के साथ-साथ सूक्ष्मदर्शी से देखे गए लंबाई सेक्शन (LS) और चौड़ाई या क्रोस सेक्शन (CS) भी शामिल हैं। मोर्फोलोजी के अध्ययन में तंतुओं की लंबाई, व्यास, ऐंठन, रंग और चमक के विषय में जाना जाता है।

भौतिक आकार (Physical Shape)

एक तंतु के आकार में कई कारक योगदान देते हैं—उसके लांगीट्यूडिनल/लंबाई सेक्शन, क्रॉस सेक्शन, सतह समोच्च, अनियमितताएँ और औसत लंबाई। ये तंतुओं की विभिन्न विशेषताओं को प्रभावित करते हैं।

लंबाई सेक्शन/Longitudinal section (L.S.) और क्रॉस सेक्शन/Cross Section (C.S.)

एक खीरा लें और इसे लंबाई की ओर से देखें। आप जो देख रहें हैं वह लंबाई सेक्शन/लांगीट्यूडिनल/लंबाई सेक्शन (L.S.) है। फिर इस खीरे को गोल टुकड़ों में काटें और आंतरिक भाग को देखें। अब आप इसके क्रॉस सेक्शन का निरीक्षण कर सकते हैं (बीज के साथ लगभग गोलाकार भाग) जो पहले दिखाई नहीं दे रहे थे। यही स्थिति एक तंतु के साथ है। एक यौगिक सूक्ष्मदर्शी के उपयोग से तंतु की लंबाई की ओर से उसे आसानी से जांचा जा सकता है। इसके लिए कुछ तंतुओं को यार्न से खींचकर ग्लास स्लाइड पर रखा जाता है। ग्लिसरीन की बूंद डालकर इसे कवरस्लिप से सावधानी से ढका जाता है, यह सुनिश्चित करते हुए कि कोई वायु का बुलबुला न रह जाए।

कपास, ऊन और रेशम के तंतुओं की पहचान के लिए उनका लंबाई सेक्शन एक अच्छा मार्गदर्शक है। इसका कारण यह है कि प्रत्येक प्राकृतिक तंतु में कुछ विशिष्ट विशेषताएँ पाई जाती हैं। इस प्रकार कपास के लंबाई सेक्शन में चपटे, मुड़े हुये रिबन जैसे आकार दिखते हैं, जबकि ऊन के लंबाई सेक्शन में ओवरलैपिंग स्केल पाए जाते है। दूसरी ओर, मानव निर्मित तंतुओं के लिए लंबाई सेक्शन एक संकेतक के रूप में ही कार्य करता है और विशिष्ट तंतुओं (नायलॉन, पॉलिएस्टर, ऐक्रेलिक) की पहचान इससे संभव नहीं है। कारण यह है कि, संरचना की नियमितता और तंतुओं में देखे जाने वाले डीलसट्रेंट के कण जैसी विशेषताएँ इन सभी के लिए समान हैं।

ऑप्टिकल माइक्रोस्कोप के साथ तंतुओं के क्रॉस सेक्शन की स्लाइड तैयार करना संभव नहीं है। इनका अध्ययन वस्त्र वैज्ञानिकों ने उन्नत उपकरणों के उपयोग से किया और साहित्य में सांझा किया। इस पाठ्य पुस्तक में भी प्रमुख तंतुओं की लंबाई एवं क्रॉस सेक्शन को संबन्धित अध्यायों में दिया गया है।

रंग (Colour)

प्राकृतिक तंतुओं में रंग की एक विस्तृत श्रंखला होती है। वानस्पतिक तंतुओं का रंग फसल की विविधता और प्रसंस्करण तकनीक के आधार पर भिन्न होता है। ऊनी तंतुओं का रंग जानवरों की नस्ल के आधार पर भिन्न होता है जिनसे वे आते हैं। निर्मित तंतुओं का रंग आम तौर पर सफ़ेद या हल्का पीला होता है और ब्लीच के इस्तेमाल पर सफेद हो जाता है।

चमक (Lustre)

चमक से तात्पर्य उस चमक या दमक से है जो तंतु में पाई जाती है। यह तंतु द्वारा परावर्तित प्रकाश की मात्रा के सीधे आनुपातिक है। इस प्रकाश की मात्रा उनके क्रॉस सेक्शन आकार से प्रभावित होती है। तालिका 4.3 में तंतुओं के विभिन्न संभावित क्रॉस सेक्शन आकार एवं चमक पर उनके प्रभाव की एक सूची दी गई है।

तालिका 4.3 तंतुओं के क्रॉस सेक्शन आकार का उनकी चमक पर प्रभाव

क्रॉस सेक्शन का विवरण	चमक की मात्रा
गोल	उच्च
अनियमित	निम्न
गुर्दे की आकृति	निम्न
अंडाकार	उच्च
ट्राईलोबल	उच्च
अष्टकोण	निम्न

प्राकृतिक तंतुओं में रेशम को उसकी सर्वोच्च चमक होने के लिए वस्त्र तंतुओं की 'रानी' का खिताब दिया जाता है; जबकि अपरिष्कृत कपास में सबसे निम्न चमक होती है।

मानव निर्मित तंतुओं की चमक को (उनकी लंबाई और व्यास की तरह) उनके निर्माण के समय नियंत्रित किया जा सकता है। इसके लिए उपयोग किये जाने वाले डीलसट्रेंट (Delusterant) की मात्रा को विनियमित किया जाता है।

डीलसट्रेंट एक ऐसा पदार्थ है जो निर्मित तंतु बनाने वाली लुगदी में डाला जाता है। इसके उदाहरण हैं टाइटेनियम डाइऑक्साइड (TiO_2) और जेरेनियम डाइऑक्साइड (GeO_2), जिन्हें महीन पाउडर के रूप में उपयोग किया जाता है। डीलसट्रेंट का कार्य है प्रकाश के समान प्रति-बिंब में रुकावट डालना। निर्मित तंतु में जितनी चमक चाहिए, डीलसट्रेंट की मात्रा का चयन उसी आधार पर किया जाता है और इस प्रकार ब्राइट, सेमी डीलसचर्ड (Semi-delustered) या डीलसचर्ड (delustered) तंतु तैयार किये जाते हैं।

यह भी माना जाता है कि चमक को नियंत्रित करने के अलावा, डीलसट्रेंट तंतुओं को कम विकरणशीलता के प्रति अधिक संवेदनशील बनाता है।

4.3.2 विशिष्ट गुरुत्व (Specific Gravity)

तंतुओं का विशिष्ट गुरुत्व, 4°C के तापमान पर पानी के घनत्व (density) के सापेक्ष में उन तंतुओं के घनत्व की मात्रा से निकाला जाता है। उस तापमान पर पानी का घनत्व 1 होता है।

तंतुओं का घनत्व और विशिष्ट गुरुत्व उनके उपयोग व देख-रेख को प्रभावित करेगा। यदि तंतुओं का विशिष्ट गुरुत्व 1 से (अर्थात पानी से) कम होगा, तो वे पानी की सतह पर तैरते रहेंगे। जिससे उनकी धुलाई और रंगाई बहुत मुश्किल हो जायेगी। ओलेफिन ऐसे तंतुओं का उदाहरण हैं।

एक संबन्धित गुण घनत्व है जिसे द्रव्यमान प्रति इकाई मात्रा के रूप में परिभाषित किया जाता है तथा ग्राम/क्यूबिक से. मी. में मापा जाता है।

4.3.3 खिंचाव (Elongation) एवं प्रत्यास्थता (Elastic Recovery)

किसी तंतु के खिचाव/इलोंगेशन की मात्रा से यह पता लगता है कि वह कितना खिंचाव स्वीकार कर सकता है। प्रत्येक तंतु की टूटने से पहले खिंचाव लेने की क्षमता की मात्रा भिन्न होती है व इलेंगेशन एट ब्रेक (elongation at break) कहलाती है।

इलास्टिक रिकवरी खिंचाव के बाद तंतुओं की अपनी मूल लंबाई पर लौटने की क्षमता को इंगित करती है। 100% लोचदार रिकवरी वाला एक तंतु निर्दिष्ट अवधि के लिए एक विशिष्ट स्तर तक विस्तारित होने के बाद अपनी मूल लंबाई पर वापस आ जाएगा। खिंचाव को हटाने के बाद, तंतुओं को पुनर्प्राप्ति का थोड़ा समय दिया जाता है और फिर से मापा जाता है।

खिंचाव और लोचदार रिकवरी के गुणों को कपड़े के मूल्यांकन में एक साथ देखा जाना चाहिए। ये गुण वस्त्रों में आराम व आकार प्रतिधारण नियंत्रित करते हैं। वर्तमान समय में लाइक्रा (lycra) सम्मिश्रित वस्त्रों की लोकप्रियता इस बात को साबित करती है। कम लोचदार रिकवरी वाले तंतुओं से बना एक कपड़ा सिलवटें बनाने व आकार खो देने की समस्या को पैदा करेगा।

4.3.4 प्रतिस्कंदता (Resiliency)

प्रतिस्कंदता से अभिप्राय, मुड़ने या दबने के बाद तंतुओं का अपनी मूल स्थिति में वापस आने की क्षमता है। उच्च प्रतिस्कंदता वाले तंतु, दबाव के हटते ही तुरंत अपनी पहली वाली बनावट पर लौट आते हैं—बिना किसी चिन्ह के। अच्छी लोचदार रिकवरी आमतौर पर अच्छी प्रति-स्कंदता दर्शाती है। इस गुण को गुणात्मक रूप से (उत्कृष्ट से लेकर निम्न तक) वर्णित किया जाता है। उत्कृष्ट प्रतिस्कंदता पॉलिएस्टर, ऊन और नायलॉन तंतुओं द्वारा प्रदर्शित की जाती है।

दूसरी ओर फ्लैक्स, रेयॉन और कपास में कम प्रतिस्कंदता होती है। यही कारण है कि इनसे बने परिधान में बहुत अधिक सिलवटें पड़ती हैं।

तालिका 4.4 में कुछ द्वितीयक गुणों की गुणात्मक रेटिंग बढ़ते क्रम में (अर्थात निम्न से उच्च) दी गई है।

तालिका 4.4 बढ़ते क्रम में तीन द्वितीयक गुणों की गुणात्मक रेटिंग

प्रतिस्कंदता	घर्षण प्रतिरोध	सूर्य के प्रकाश का प्रतिरोध
फ्लैक्स	ग्लास	रेशम
रेयॉन	एसीटेट	ऊन
कपास	रेयॉन	नायलॉन
एसीटेट	ऊन	ओलेफिन
रेशम	रेशम	एसीटेट
ट्राईएसीटेट	कपास	रेयॉन
ओलेफिन	ऐक्रेलिक	कपास
ऐक्रेलिक	फ्लैक्स	फ्लैक्स
मोडऐक्रेलिक	स्पेनिक	पॉलिएस्टर
नायलॉन	पॉलिएस्टर	मोडऐक्रेलिक
ऊन	ओलेफिन	ऐक्रेलिक
पॉलिएस्टर	नायलॉन	ग्लास

4.3.5 मॉइस्चर रीगेन/अवशोषकता (Moisture Regain)

किसी पूरी तरह से सूखे/ओवन ड्राई तंतु की पुनः नमी सोखने की क्षमता को मॉइस्चर रीगेन कहा जाता है। इसके लिए मानक परिस्थिति (अर्थात तापमान 70° ± 2°F और सापेक्ष आद्रता 65% ± 2%) का उपयोग किया जाता है। 90% से 100% सापेक्ष आद्रता पर नापी गई नमी सोखने की क्षमता को सैचुरेशन रीगेन (Saturation Regain) कहा जाता है। तंतुओं के मॉइस्चर रीगेन व कोंटेंट (Moisture Regain and Content) को प्रतिशत के रूप में व्यक्त किया जाता है।

$$\text{मॉइस्चर रीगेन} = \frac{\text{तंतुओं में पानी का वज़न}}{\text{तंतुओं का ओवन ड्राई वज़न}} \times 100\%$$

$$\text{मॉइस्चर कोंटेंट} = \frac{\text{तंतुओं में पानी का वज़न}}{\text{तंतुओं का कुल वज़न}} \times 100\%$$

इस प्रकार, यदि तंतुओं का ओवन ड्राई वज़न 5 ग्राम है और उनमें 1 ग्राम नमी सोख ली गई है, तो मॉइस्चर रीगेन की मात्रा 1/5 × 100% होगी जबकि मॉइस्चर कोंटेंट की मात्रा 1/6 × 100% होगी।

तंतुओं में नमी दो प्रकार से सम्मिलित हो सकती है—ऐब्सोर्प्शन व ऐडसोर्प्शन। आइये अब इसे समझें।

एब्सोर्प्शन (Absorption) का अर्थ है नमी का तंतुओं के अंदर तक प्रवेश करना। दूसरी ओर एड्सोर्प्शन (Adsorption) की प्रक्रिया में नमी तंतु की सतह पर रह कर ही एक तरफ से दूसरी तरफ चली जाती है। इसे विकिंग (Wicking) के नाम से भी जाना जाता है। इसी गुण के कारण अधिकांश कृत्रिम तंतुओं में कम अवशोषकता होने पर भी उपभोक्ताओं को इनसे बने परिधान पहनने में संतुष्टि मिलती है। किसी **वस्त्र** पदार्थ की नमी सोखने की क्षमता उसके अन्य गुणों को प्रभावित करती है। उच्च मॉइस्चर रीगेन वाले (हाइड्रोफिलिक) तंतुओं से बने उत्पाद रंगों को सोखने की उच्च क्षमता, विशेष परिसज्जा धुलाई में आसानी तथा गर्मी के मौसम में अधिक पसीना सोखने के कारण आरामदायक होने के गुण दिखाते हैं। हालांकि, सिक्के का दूसरा पहलू यह है कि इस तरह के पदार्थ सूखने में अधिक समय लेंगे और उनपर जल जनित दाग आसानी से लग जाते हैं। कम नमी सोखने वाले (हाइड्रोफोबिक) तंतुओं से बने पदार्थों में विपरीत गुण पाए जाते हैं।

कुछ तंतुओं की मज़बूती उनमें सोखी गई नमी से प्रभावित होती है। गीला होने पर कपास अधिक मज़बूत हो जाता है। जबकि रेयॉन गीला होने पर कमज़ोर हो जाता है। इसका अर्थ है कि रेयान की धुलाई व परिसज्जा प्रदान करते समय अधिक देखभाल की जानी चाहिए। कृत्रिम श्रेणी में कुछ तंतु ऐसे हैं जिनकी मज़बूती गीला होने पर प्रतिकूल रूप से प्रभावित नहीं होती, उदाहरण के लिए पॉलिएस्टर।

4.3.6 ज्वलनशीलता और ताप का प्रभाव

विभिन्न तंतुओं के समूहों की ज्वलनशीलता की विशेषताएँ एक-दूसरे से भिन्न होती हैं और इस प्रकार इन्हें पहचान की विश्वसनीय विधि के रूप में उपयोग किया जा सकता है। ज्वलनशीलता को पांच भागों में बांटकर समझा जा सकता है। जैसे लौ के निकट आने पर, लौ में और लौ से हटाए जाने पर तंतु का व्यवहार, जलते हुए उसकी गंध और बुझने पर उसका अवशेष। **वस्त्र** उत्पाद की ज्वलनशीलता उपभोक्ता सुरक्षा के लिए एक महत्वपूर्ण मानदंड है। इनसे सम्बंधित नियम अमरीका व इंग्लैण्ड जैसे विकसित देशों में बहुत अधिक सख्त हैं, लेकिन भारत जैसे विकासशील देश में ऐसा नहीं है।

किसी भी **वस्त्र** उत्पाद के उपयोग और देखभाल में उसके तंतुओं की तापीय विशेषताएँ महत्वपूर्ण है। आपने देखा होगा कि गर्मी को सहन करने की क्षमता के आधार पर ही किसी **वस्त्र** को धोने, सुखाने और **इस्त्री** करने के लिए उपयुक्त तापमान का चयन किया जाता है।

थर्मोप्लास्टिक पदार्थ उच्च तापमान के प्रति संवेदनशील होते हैं। एक विशेष तापमान से अधिक गरम करने पर (जिसे ग्लास ट्रांजिशन टेम्प्रेचर या Tg के नाम से जाना जाता है), ये तंतु नरम हो जाते हैं। इसका कारण है उनके इंटर पॉलिमर बल का टूटना, जिसके पश्चात इनके आकार में बदलाव लाया जा सकता है। इस प्रक्रिया को हीट सेटिंग (Heat setting) के नाम से जाना जाता है और यह गुण सबसे अधिक कृत्रिम तंतुओं में मौजूद होता है। इसी की सहायता से इनसे बने परिधान में प्लीट, डार्ट और क्रीज़ लाइन बनाई जा सकती हैं। एक बात का विशेष ध्यान रखना चाहिए—ऐसे कपड़ों की देखभाल और रख-रखाव के समय वे कभी भी Tg से अधिक तापमान के संपर्क में न आयें।

मेल्टिंग टेम्प्रेचर (Tm) वह तापमान होता है, जिस पर कोई पदार्थ द्रवीभूत होने लगता है और इस प्रकार स्थायी रूप से क्षतिग्रस्त हो जाता है। Tg और Tm दोनों थर्मोप्लास्टिक मानव निर्मित तंतुओं के प्रसंस्करण में महत्वपूर्ण हैं। किसी **वस्त्र** के उपयोग के समय उपभोक्ताओं की

एक प्रमुख चिंता का विषय होता है—उसके लिए उपयुक्त और सुरक्षित इस्त्री का तापमान। इसके लिए अपने अनुभव का प्रयोग करने के साथ साथ वस्त्रों पर लगे केयर (care) लेबल पर दिए निर्देश का पालन करना चाहिए। यदि कोई संदेह हो, तो सबसे पहले परिधान के अंदरूनी तह पर इस्त्री के तापमान की जांच कर लेनी चाहिए।

4.3.7 विद्युत् संवाहकता (Electrical Conductivity)

इसका अर्थ है तंतुओं की विद्युत आवेशों को स्थानांतरित करने की क्षमता। निम्न संवाहकता के परिणामस्वरूप स्टेटिक चार्ज (Static Charge) के निर्माण की समस्या उत्पन्न हो जाती है। इसके कारण वस्त्रों में चिपकने से लेकर बिजली के झटके लगने तक का खतरा उत्पन्न हो सकता है। आपने शायद देखा होगा कि जब आप अपने शरीर पर पहना ऐक्रेलिक का स्वेटर उतारते हैं तो उस समय एक कर्कश ध्वनि सुनने के साथ छोटी सी चिंगारी भी दिखाई देती है। इसका कारण है निम्न विद्युत् संवाहकता वाले ऐक्रेलिक तंतु में बनने वाला स्टेटिक चार्ज।

पानी, बिजली का एक उत्कृष्ट संवाहक है, इसलिए उच्च नमी वाले तंतुओं के रेशे स्टेटिक चार्ज की समस्या का सामना कभी नहीं करेंगे। वहीं दूसरी ओर कृत्रिम तंतु आसानी से पानी नहीं सोखते और इसीलिए उन्हें स्टैटिक चार्ज बिल्ड-अप की समस्या का सामना करना पड़ता है।

इस समस्या का समाधान करने के लिए कुछ परिसज्जाएं प्रदान की जा सकती हैं।

4.3.8 घर्षण (Abrasion) प्रतिरोध

जब कोई वस्त्र दूसरी सतह से रगड़ने पर घिसता है तो इस प्रक्रिया को घर्षण कहते हैं। वस्त्र वैज्ञानिकों ने तीन प्रकार के घर्षण की पहचान करवाई है। वे इस प्रकार हैं:

(i) **फ्लेक्स (Flex) घर्षण**: यह वस्त्र के बार बार मुड़ने व खींचने से होता है। जैसे कोहनी या घुटने के क्षेत्रों पर।

(ii) **फ्लैट (Flat) या समधरातल घर्षण**: यह तब उत्पन्न होता है जब एक सपाट सतह दूसरी सतह से रगड़ती है। जैसे तंग पतलून में जांघ का भाग।

(iii) **किनारे का (Edge) घर्षण**: यह घुमावदार किनारों पर होता है। जैसे कमीज़ के कॉलर और कफ, तथा पतलून में नीचे का हिस्सा (हेम लाइन)।

निम्न घर्षण प्रतिरोध वाले तंतुओं से बने वस्त्र अधिक घिसते हैं। इनकी सतह पर टूटे हुए तंतु दिखते हैं; कभी-कभी तो प्रचलित फैशन के प्रभाव से नए कपड़ों को भी रासायनिक प्रक्रियाओं से पुराना व घिसा हुआ (worn out) रूप देकर जींस और जैकेट जैसे महंगे नए वस्त्र बनाये जाते हैं।

पिल्लिंग (Pilling) का मतलब है वस्त्र की सतह पर तंतुओं के छोटे गोलों का बनकर चिपके रहना। घर्षण के कारण, सतह के तंतु टूट जाते है और सिंकुड़ कर छोटी गेंदों में कर्ल हो जाते हैं। आपने ऐक्रेलिक स्वेटर और नाइलॉन मोज़े पर यह कई बार देखा होगा। कमज़ोर तंतुओं में, ये छोटे गोले सतह से टूट कर गिर जाते हैं, जबकि मज़बूत तंतुओं में वे चिपके रहते हैं। क्या अब आप जान गए कि पिल्लिंग मज़बूत कृत्रिम तंतुओं में ही गंभीर समस्या क्यों है?

घर्षण प्रतिरोध को गुणात्मक रूप से वर्णित किया जाता है (तालिका 4.4); कृत्रिम तंतुओं में घर्षण प्रतिरोध उत्कृष्ट होता है, ऐक्रेलिक में अच्छा, विस्कोस में उचित और रेशम में निम्न।

4.3.9 रासायनिक प्रतिक्रिया और प्रतिरोध (Chemical Reactivity and Resistance)

तंतुओं का यह द्वितीयक गुण उनसे बने **वस्त्रों** के निर्माण, परिसज्जा और देखभाल में महत्वपूर्ण भूमिका निभाता है।

एक प्रकार की रासायनिक संरचना वाले तंतुओं का अम्ल, क्षार और कार्बनिक विलायक के प्रति व्यवहार समान होता है। उदाहरण के लिए, सेल्युलोज़ से बने तंतु क्षार के लिए काफी प्रतिरोधी होते है, लेकिन अम्ल से उन्हें क्षति पहुँचती है; वहीं प्रोटीन तंतुओं में इसके विपरीत गुण पाए जाते हैं—वे अम्ल के लिए काफी प्रतिरोधी होते है, लेकिन क्षार से उन्हें क्षति पहुँचती है।

4.3.10 जैविक प्रतिरोध (Biological Resistance)

इसका अभिप्राय है किसी तंतु का रोगाणुओं और कीटों का सामना करने की क्षमता। यह रख-रखाव और अंतिम उपयोग का निर्णय लेने में एक महत्वपूर्ण कारक है। कपास से बने **वस्त्र** को पहले समुद्री जहाज़ों की पाल के रूप में प्रयोग किया जाता था, लेकिन यह फफूंदी से नुकसान के लिए अतिसंवेदनशील होता है जो नम स्थिति में और भी अधिक सक्रिय होता है। अब यह कार्य कृत्रिम तंतुओं से निर्मित **वस्त्रों** द्वारा किया जाता है जिनमें उत्कृष्ट जैविक प्रतिरोध होता हैं। ऊन कारपेट बीटल द्वारा क्षति के लिए अति संवेदनशील है। इसीलिए ऊनी **वस्त्रों** के रख-रखाव का काम बहुत ध्यान से करना पड़ता है। इस कारण से ऐक्रेलिक से बने स्वेटर सर्दियों के लिए ऊन की जगह ले रहे हैं। दूसरा कारण यह भी है कि ऐक्रेलिक का दाम ऊन की तुलना में बहुत कम होता है।

4.3.11 पर्यावरणीय स्थिति के प्रति संवेदनशीलता

सूर्य के प्रकाश और वायु प्रदूषण के संपर्क में आने पर किसी तंतु का व्यवहार भी उसके उपयोग और देखभाल में महत्वपूर्ण है। कई तंतु सूर्य के प्रकाश के संपर्क में कमज़ोर पड़ जाते हैं (एक्टिनिक गिरावट)। प्रोटीन तंतुओं को सूर्य की रोशनी से अधिक नुकसान पहुँचता है। दूसरी ओर, ग्लास, ऐक्रेलिक और पॉलिएस्टर तंतु धूप का सामना भलीभाँति कर सकते हैं (तालिका 4.4)। वायु प्रदूषण से एसीटेट के तंतुओं का रंग खराब हो जाता है। यही कारण है कि अधिक वायु प्रदूषण वाले क्षेत्रों में इनका उपयोग कम लोकप्रिय है।

अभ्यास

4.1 निम्नलिखित में अंतर बताइए:

(i) प्राथमिक व द्वितीयक गुण

(ii) डेनियर व टेक्स

(iii) ऐब्सोर्प्शन व ऐडसोर्प्शन

(iv) गुणात्मक व मात्रात्मक परीक्षण

(v) चमकीले व कम चमक वाले तंतु

(vi) Tg व Tm

(vii) एज व समतल अब्रेशन

(viii) स्टेपल व फिलामेन्ट

(ix) हाइड्रोफिलिसिटी व ओलिओफ़िलिसिटी

(x) सूक्ष्मदर्शी में लंबाई की ओर से दृश्य व चौड़ाई की ओर से दृश्य

4.2 उन सेकेंडरी गुणों की सूची बनाइये जो नीचे दिए उपयोगों के लिए वस्त्र खरीदते समय आप ध्यान में रखेंगे:

(i) विद्यालय की पोशाक

(ii) परदे

(iii) टेबल नेपकिन

4.3 निम्न गुणों को उनके माप की इकाई के साथ मिलाइए:

(i)	स्टेपल तंतु की लंबाई	उत्कृष्ट से बहुत कम
(ii)	फिलामेंट की लंबाई	ग्राम प्रति डेनियर
(iii)	तंतु का व्यास	सेंटीमीटर
(iv)	प्रतिस्कंदता (Resiliency)	मीटर
(v)	दृढ़ता (Tenacity)	माइक्रोन

4.4 "वस्त्र तंतुओं के गुणों का आपस में गहरा सम्बन्ध होता है" इस तथ्य को पाठ में दिए उदाहरणों की सहायता से समझाइए।

सन्दर्भ पुस्तक सूची

Collier, B.J., Bide, M.J. and Tortora, P.G., *Understanding Textiles,* 7th ed., Pearson Education, NJ, 2009.

Kness. D., Hudson P.B., and Clapp, A.C., *Joseph's Introductory Textile Science*, 6th ed., Harcourt Brace Jovanovich College Publishers, USA, 1993.

विस्तृत जानकारी हेतु पुस्तक सूची

Gohl, E.P.G. and Vilensky, L.D., *Textile Science*, 2nd ed., CBS Publishers and Distributors, Delhi, 1979.

Kadolph, S.J. and Langford, A.L., *Textiles,* 10th ed., Pearson Education, NJ, 2007.

Morton, W.E. and Hearle, J.W.S., *Physical Properties of Textile Fibres,* 3rd ed., The Textile Institute, Manchester, UK, 1993.

Skinkle, J.H., *Textile Testing Physical, Chemical and Microscopical*, 2nd ed., Taraporevala Sons and Co., Mumbai, 1979.

भाग 2
तंतु

इस भाग में, आप उन विभिन्न **वस्त्र** तंतुओं के विषय में जानेंगे जो आप प्रयोग करते हैं। जिस प्रकार एक जन्म राशि से संबन्धित व्यक्तियों में कुछ लक्षण होते हैं, जो विशिष्ट होते हैं और आसानी से पहचाने जा सकते हैं, उसी प्रकार तंतु समूहों (जैसे प्राकृतिक और कृत्रिम) के भी अपने विशिष्ट गुण होते हैं। एक वर्ग के रूप में, प्राकृतिक प्रोटीन तंतुओं में इन्सुलेटिव गुण होते हैं। इससे उन्हें ठंडी जलवायु में पहनने से आराम मिलता है। ये वज़न में सेल्युलोज़िक की तुलना में हल्के होते हैं। इनपर रंग आसानी से चढ़ाया जा सकता है। प्रोटीन तंतुओं में उच्च लचीलापन होने के कारण उनमें सिलवटें नहीं पड़ती हैं। वे अम्ल का सामना तो कर सकते हैं, लेकिन क्षार से क्षतिग्रस्त हो जाते हैं। यही कारण है कि इनसे बने **वस्त्रों** की धुलाई के लिए न्युट्रल डिटर्जेंट (जैसे जेंटील, ईज़ी) का ही प्रयोग किया जा सकता है। सूरज की रोशनी और उच्च **इस्त्री** तापमान के संपर्क में आना प्रोटीन तंतुओं में पीलेपन का कारण बन सकता है। विद्युत् के सुचालक होने के कारण, उन्हें स्टेटिक बिल्डअप की समस्या का सामना नहीं करना पड़ता। प्रोटीन तंतु लौ से दूर कर्ल हो जाते हैं और आग से हटाने पर स्वयं बुझ जाते हैं। इनका अवशेष एक मनका होता है जो आसानी से कुचला जा सकता है। प्रोटीन तंतु कारपेट बीटल और क्लोथ मोथ द्वारा हमले के लिए अति संवेदनशील होते हैं, इसलिए इनके भंडारण में विशेष देखभाल की आवश्यकता होती है।

प्राकृतिक सेल्युलोज़िक तंतु, एक वर्ग के रूप में, जल अवशोषक होते हैं। यह गुण इन्हें गर्म, आर्द्र जलवायु में पहनने के लिए आरामदायक बनाता है। इन्हें आसानी से रंगा जा सकता है और ये सूखने में अधिक समय लेते हैं। लचीलापन कम होने के कारण सेल्युलोज़िक तंतुओं को सिलवट बनने की समस्या का सामना करना पड़ता है। ये क्षार प्रतिरोधी होते हैं लेकिन अम्ल से क्षतिग्रस्त हो सकते हैं। सेल्युलोज़िक **वस्त्र** धोने के लिए नियमित डिटर्जेंट उपयोग किये जा सकते हैं। ये **वस्त्र** सूर्य के प्रकाश और उच्च **इस्त्री** तापमान का सामना कर सकते हैं। विद्युत् सुचालक होने के कारण, इन्हें स्टेटिक बिल्डअप की समस्या का सामना नहीं करना पड़ता। सेल्युलोज़िक ज्वलनशील होते हैं और चिंगारी का प्रदर्शन करते हैं। इनके अवशेष एक हल्की राख के रूप में होते हैं। ये तंतु सिल्वरफिश और फफूंदी द्वारा हमले के लिए अति संवेदनशील होते हैं।

सिंथेटिक कृत्रिम तंतु एक वर्ग के रूप में हाइड्रोफोबिक अर्थात जल अवरोधी होते हैं। यह तथ्य इनसे बने **वस्त्रों** को गर्म, आर्द्र जलवायु में पहनने के लिए असहज बनाता है। ये

जल्दी सूख जाते हैं और इन्हें रंगना कठिन होता है। उत्कृष्ट लचीलेपन का गुण होने के कारण सिंथेटिक तंतुओं से निर्मित वस्त्रों को सिलवटें बनने की समस्या का सामना नहीं करना पड़ता। मुलायम और चिकने होने के कारण इन्हें पिल्लिंग, अर्थात बुर बनने की समस्या का सामना करना पड़ता है। सिंथेटिक तंतुओं में उच्च रासायनिक प्रतिरोध होता है। इनसे बने वस्त्रों की धुलाई के लिए नियमित डिटर्जेंट उपयोग किये जा सकते हैं। सिंथेटिक वस्त्र सूरज की रोशनी और इस्त्री के कम तापमान का सामना कर सकते हैं। आग के संपर्क में आने पर ये पिघलने के साथ तेज़ी से जलते हैं। इनका अवशेष एक मनका होता है जो कुचला नहीं जा सकता। विद्युत् कुचालाक होने के कारण इन्हें स्टेटिक चार्ज बिल्डअप की समस्या का सामना करना पड़ता है। इनमें उत्कृष्ट जैविक प्रतिरोध का गुण होता है।

दूसरी ओर, जिस प्रकार एक ही राशिफल का प्रत्येक व्यक्ति अद्वितीय होता है, ठीक उसी प्रकार प्राकृतिक तंतुओं के समूह के प्रत्येक सदस्य के कुछ विशिष्ट गुण होते हैं। इस भाग के अंत में, शायद आप विभिन्न तंतुओं को भी राशि चिन्ह सौंपने में सक्षम होंगे!

इस भाग में चार अध्याय हैं। अध्याय 5 प्राकृतिक प्रोटीन और अध्याय 6 प्राकृतिक सेल्युलोज़िक तंतुओं से संबंधित है। अगले दो अध्याय निर्मित तंतुओं पर चर्चा करते हैं। अध्याय 7 पुनरुत्पादित तंतुओं का विवरण देता है तथा अध्याय 8 कृत्रिम और अकार्बनिक तंतुओं से संबंधित है।

अध्याय

5

प्राकृतिक प्रोटीन तंतु
(Natural Protein Fibres)

रेशम

जैसा कि अध्याय-2 में चर्चा की गई है, प्राकृतिक प्रोटीन तंतुओं को दो श्रेणियों में विभाजित किया जा सकता है—पशुओं के शरीर के बालों से और कीटों की लार से बनाये जाने वाले। पशु बालों से बनाये जाने वाले तंतुओं का उपविभाजन इस प्रकार किया जा सकता है—भेड़ के बाल से प्राप्त ऊन और लुप्तप्राय प्रजातियों से प्राप्त विशेष (स्पेशिएल्टी) तंतु और फर। दूसरी ओर कीटों की लार से बनाये जाने वाले रेशम के तंतुओं को भी दो भागों में वर्गीकृत किया जा सकता है। ये हैं—पालतू कीटों की खेती से और जंगली कीटों से प्राप्त रेशम।

5.1 रेशम का इतिहास

रेशम को "तंतुओं की रानी" के रूप में भी जाना जाता है; इसकी खोज का श्रेय चीन को जाता है। हालांकि इसकी सटीक उत्पत्ति कई कथाओं की छाया में लुप्त है, लेकिन आमतौर पर यह माना जाता है कि चीन की राजकुमारी सी लिंग शी (Si Ling Shi) ने (2600 ईसा पूर्व) अनजाने में रेशम के फिलामेंट की खोज की थी। किस्से के अनुसार, बगीचे में चाय पीने के दौरान, वहां लगे मल्बेरी (शहतूत) के पेड़ से एक कोकून राजकुमारी के प्याले में गिर गया। जब राजकुमारी ने इसे बाहर निकालने का प्रयास किया, तो उसके हाथ ने रेशम के फिलामेंट का एक छोर आ गया जो खुलता ही चला गया और इस तरह रेशम के फिलामेंट को बुनाई के लिए प्रयोग किया गया। लगभग 3000 वर्षों तक, चीनियों ने रेशम की खेती की कला का रहस्य पूरी तरह से गुप्त रखा। अन्य स्थानों पर इस रहस्य के पहुँचने के संबंध में भी कई कहानियाँ हैं। ग्रीस और रोम की प्राचीन सभ्यताओं में रेशम को एक कीमती वस्तु माना जाता था और रोमन साम्राज्य में तो रेशम का दाम स्वर्ण के बराबर का था!

रेयॉन और एसीटेट दोनों तंतुओं के नामकरण के पूर्व उन्हें "नकली रेशम" (Artificial Silk, Art silk) के रूप में संदर्भित किया जाता था। यह बात इस तथ्य की पुष्टि करती है कि रेशम ने मानव निर्मित उद्योग के लिए भी मार्ग प्रशस्त किया, जो कि सस्ते रेशम के कपड़े के उत्पादन के प्रयास से शुरू हुआ था।

5.2 भारत में रेशम

आज विश्व में प्रमुख रेशम उत्पादक देश हैं चीन, भारत और जापान। भारत को रेशम की सभी व्यावसायिक रूप से ज्ञात किस्मों की खेती करने का गौरव प्राप्त है—मल्बेरी, टस्सर, एरी और मुगा। इनमें से, पहली दो किस्में उपभोक्ताओं के बीच सबसे लोकप्रिय हैं। वर्ष 2005–2006 में, भारत का कच्चा रेशम उत्पादन 17.305 मेट्रिक टन रहा है। इनमें से 89.25% मल्बेरी है और शेष 10.75% जंगली रेशम है, जिसे वन्य रेशम भी कहा जाता है। कर्नाटक, आन्ध्र प्रदेश, पश्चिम बंगाल और तमिलनाडु राज्य मल्बेरी रेशम के उत्पादन में अग्रणी हैं। तालिका 5.1 में वर्ष 2005–2006 में विभिन्न राज्यों द्वारा रेशम के (मेट्रिक टन में) उत्पादन की सूची दी गई है।

तालिका 5.1

राज्य	मल्बेरी (Mulberry)	टस्सर (Tussar)	एरी (Eri)	मुगा (Muga)	रेशम का कुल उत्पादन
आन्ध्र प्रदेश	5375	20	27	–	5422
असम	8	–	745	104	857
अरुणाचल प्रदेश	1	नगण्य	10	0.25	11.25
बिहार	3	14	2.8	–	19.8
छत्तीसगढ़	3	90	2	–	95
हिमांचल प्रदेश	16	–	–	–	16
जम्मू और कश्मीर	95	–	–	–	95
झारखंड	1	96	नगण्य	–	97
कर्नाटक	7471	–	–	–	7471
केरल	12	–	–	–	12
मध्य प्रदेश	23	16	–	–	39
महाराष्ट्र	44	6	–	–	50
मणिपुर	48	3	23.5	0.06	74.56
मिजोरम	6	नगण्य	3.2	0.07	9.27
मेघालय	3	–	280	5.4	288.4
नागालैंड	1	नगण्य	1.3	0.18	13
उड़ीसा	2	21	2	–	25
पंजाब	4	–	–	–	4
तमिलनाडु	739	–	नगण्य	–	739
त्रिपुरा	4	–	–	–	4
उत्तर प्रदेश	19	3	0.5	–	24
उत्तराखंड	14	5	नगण्य	नगण्य	19
पश्चिम बंगाल	1552	34	4	0.2	1591

नगण्य: 50 किलोग्राम से कम रेशम का उत्पादन हरियाणा, राजस्थान और सिक्किम में रेशम का उत्पादन नहीं होता है।

वर्ष 2005–2006 में, भारतीय राज्यों कर्नाटक और आन्ध्र प्रदेश ने क्रमशः 7471 और 5375 मेट्रिक टन के उत्पादन के साथ कुल मल्बेरी रेशम (Bombyx mori) उत्पादन का 83% हिस्सा दिया। टस्सर रेशम, जिसे जंगली रेशम भी कहा जाता है, जंगली कीट एंथेरिया मिलिटा (Antherea melita) से प्राप्त किया जाता है, जिसके लार्वे ओक के पत्तों को खाते है। टस्सर की दो उप-किस्में हैं। पहली ट्रॉपिकल टस्सर जो अधिक मात्रा में है और मुख्य रूप से झारखंड और छत्तीसगढ़ राज्यों में पायी जाती है। 2005–2006 के आंकड़ों में इन दोनों राज्यों के लिए क्रमशः 96 और 90 मेट्रिक टन का उत्पादन दिखाया गया है। 34 मेट्रिक टन के आंकड़े के साथ पश्चिम बंगाल तीसरा सबसे बड़ा उत्पादक है। दूसरी है टेम्पेरट किस्म जो भारत के उप-हिमालयी क्षेत्र में पाई जाती है, जो मणिपुर, हिमांचल प्रदेश, गुजरात, असम और मेघालय राज्यों में स्थित है। एरी रेशम के कीड़े (जिसे एंडी या इरेंडी के रूप में भी जाना जाता है), मुख्य रूप से कैस्टर और कासेरू के पत्तों पर पाए जाते हैं। तालिका के आंकड़ों से पता लगाया जा सकता है कि असम में 745 मेट्रिक टन और मेघालय में 280 मेट्रिक टन का एरी रेशम उत्पादन हुआ। भारत में पाई जाने वाली रेशम की चौथी किस्म है मुगा, जो अपने सुनहरे रंग और चिकनेपन के लिए जानी जाती है। मुगा रेशम के कीड़े सोम और सुआलू के पत्ते खाते हैं। यह रेशम मुख्य रूप से असम में पाई जाती है जिसने इसी अवधि (2005–2006) में मुगा का 104 मेट्रिक टन का उत्पादन किया।

5.3 रेशम का उत्पादन और प्रसंस्करण

भारत की ग्रामीण अर्थव्यवस्था में सेरीकल्चर (sericulture) महत्वपूर्ण भूमिका निभाता है। सेरीकल्चर का अर्थ है रेशम के कीड़ों का पालन और देखभाल करके उनसे रेशम का उत्पादन करना। यह एक अत्यंत श्रम गहन काम है। बॉम्बिक्स मोरी (Bombyx mori) प्रजाति के वयस्क मादा कीट लगभग 500 अंडे देती है। ये पिन हैड जितने (बहुत छोटे) होते हैं—और इनके एक सिरे पर एक नरम जगह होती है, जहां से लार्वा बाहर निकलता है।

बाहर निकलते ही, लार्वा को मल्बेरी (शहतूत) के पत्तों को बहुतायत में खिलाया जाता है। अगले एक महीने में, लार्वा के द्वारा 4 बार मॉल्टिंग (अर्थात पुरानी त्वचा उतारकर नई त्वचा धारण करना) की जाती है। चौथी मॉल्टिंग के बाद वे अगले 10 दिनों तक भोजन करना जारी रखते है। लार्वा का वज़न उनके जन्म के वज़न से 10,000 गुना अधिक हो जाता है। उनकी लंबाई और व्यास क्रमशः 8 सेमी. और 1 सेमी. तक बढ़ जाते हैं। इतने आकार पर पहुँच कर लार्वे खाना बंद कर देते हैं और उन्हें एक स्ट्रॉ फ्रेम में स्थानांतरित कर दिया जाता है। लार्वा अपने मुंह के दो छिद्रों से फाइब्रोइन के दो रेशे निकालना शुरू करता है जो सेरिसिन (पानी में घुलनशील सुरक्षात्मक गोंद) के लेप से युक्त होते हैं। हवा के संपर्क में आने पर ये रेशे सख्त हो जाते हैं। चित्र 5.1 एक कैटरपिलर को दर्शाता है जिसने मुहं से रेशे निकालना शुरू कर दिया है। जैसा कि चित्र में देखा जा सकता है, पहले बाहरी कोकून बनता है, और उसके बाद आंतरिक भाग। कैटरपिलर कोकून बनाने के लिए 8 अंक के आकार में अपना सिर घुमाता है जो इसे संलग्न करता है। 2–3 दिनों में, कोकून पूरा हो जाता है। चित्र 5.2 एक ताज़ा गठित कोकून को दर्शाता है।

रेशम के कुछ कोकूनों को प्रजनन के उद्देश्य से कीट अवस्था तक पहुँचने दिया जाता है।

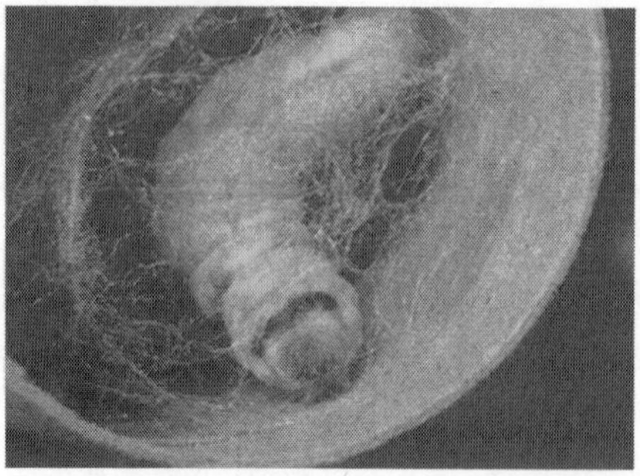

चित्र 5.1 मुँह से रेशा निकालता हुआ लार्वा

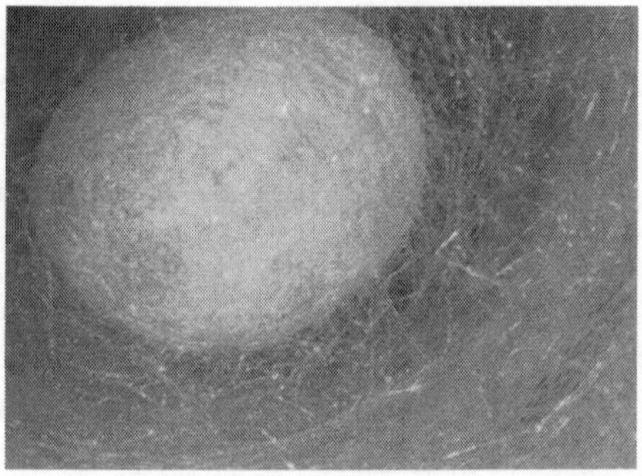

चित्र 5.2 ताज़ा कोकून

अन्य कोकूनों से रेशम का फिलामेंट प्राप्त किया जाता है। इसके लिए उन्हें खौलते पानी में डाला जाता है। ऊंचे तापमान पर कोकून के अन्दर के कीड़े दम घुटने से मर जाते हैं। इस चरण को स्टाइफलिंग (stifling) के नाम से जाना जाता है। गरम पानी से फ़िलामेंट में लगी गोंद भी नरम हो जाती है। फिर ब्रश मारकर रेशे का एक सिरा खोज लिया जाता है और ध्यानपूर्वक सारे फिलामेंट को चरखड़ी पर लपेट लिया जाता है। इस चरण को रीलिंग (reeling) के नाम से जाना जाता है। चित्र 5.3 रेशम उत्पादन का एक योजनाबद्ध रूप दर्शाता है।

औसतन 5000 रेशम के कीड़े लगभग 1000 कि.ग्रा. कोकून का उत्पादन करते हैं। इनसे लगभग 120 किलोग्राम अपरिष्कृत रेशम प्राप्त किया जाता है।

प्राकृतिक रेशम तंतुओं की अनुमानित संरचना (Trotman, 1984)।

सेरिसिन (सिल्क गम)	22.0–25.0%
फ़ाइब्रोइन (सिल्क प्रोटीन)	62.5–67.0%
पानी	10.0–11.0%
लवण आदि	1.0–1.5%

रेशम के प्रसंस्करण(Processing) में कुछ विशेष चरण होते हैं; इनमें सम्मिलित हैं:

- स्टाइफलिंग (Stifling)
- रीलिंग (Reeling)
- थ्रोइंग (Throwing)
- डिगम्मिंग (Degumming)

स्टाइफलिंग और ब्रशिंग के बाद फिलामेंट को एक परिपत्र गोलाकार फ्रेम पर उन्हें घुमावदार करने से पहले एक गाइड के माध्यम से संयुक्त रूप से पारित किया जाता है। इस प्रक्रिया को रीलिंग नाम दिया गया है और इसे एक विनिर्माण संयत्र में किया जाता है जिसे सूत्रण कहा जाता है। रीलिंग एक हस्त शल्य प्रक्रिया है और इसके विशेषज्ञ जानते हैं कि एक समान यार्न को प्राप्त करने के लिए कितने कोकून को संयोजित करना है। इस चरण के दौरान, उन्हें एक साथ रखने के लिए रेशों को थोड़ा ट्विस्ट दिया जा सकता है। इस तरह से तैयार किया धागा थ्रोन (Thrown) यार्न कहलाता है।

उपयोग किए जाने वाले फिलामेंट की संख्या में बदलाव और लगाए गए ट्विस्ट की मात्रा के परिणामस्वरूप दिलचस्प सौन्दर्य प्रभाव उत्पन्न हो सकते हैं।

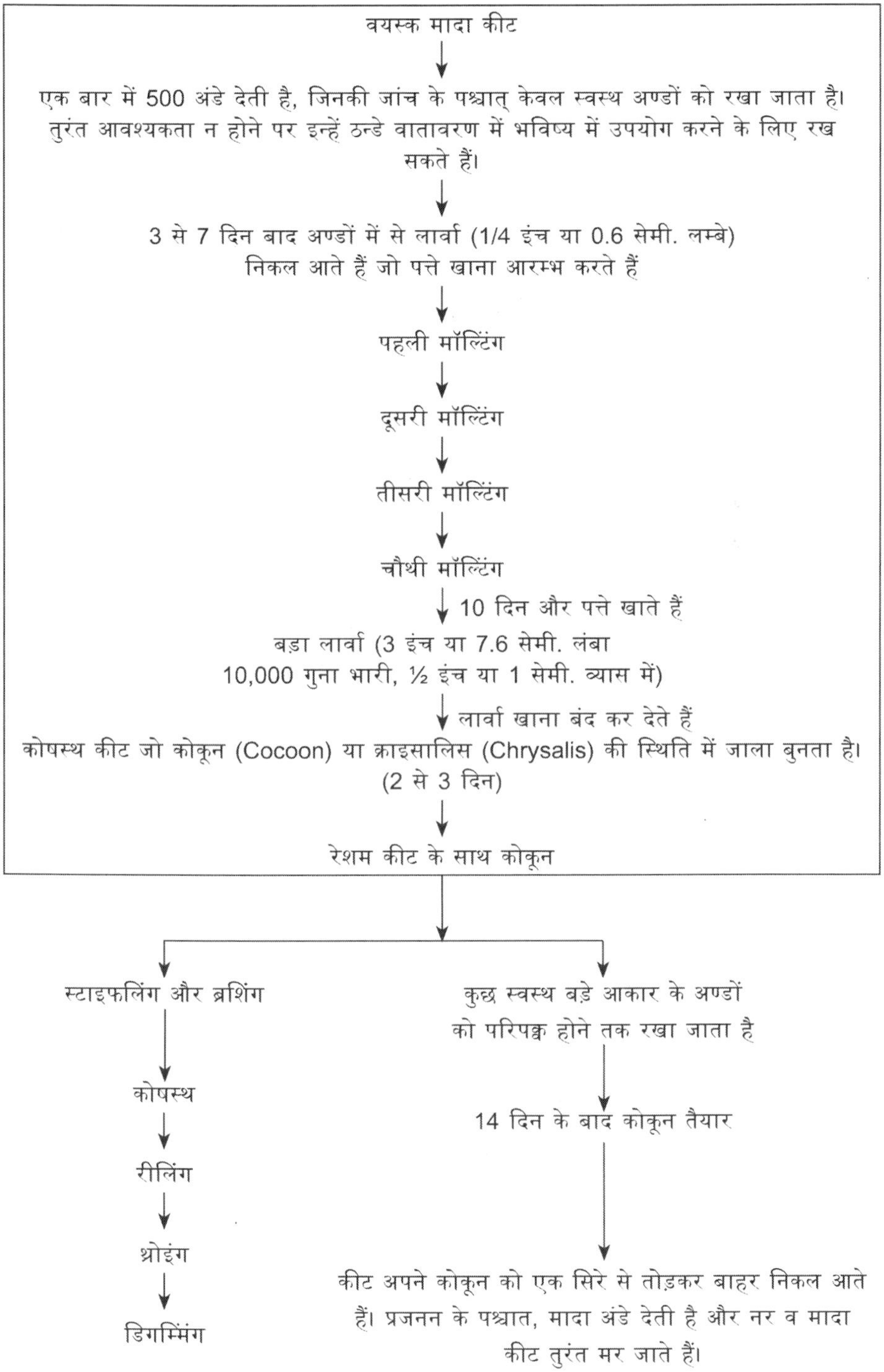

चित्र 5.3 रेशम उत्पादन का योजनाबद्ध स्वरूप

स्टेपल सिल्क/ बेकार रेशम/नोइल्स (Noils) वो टूटे हुए या क्षतिग्रस्त कोकून होते है जिनसे कम लंबाई के स्टेपल यार्न का उत्पादन किया जाता है जो सस्ते होने के साथ साथ गुणवत्ता में भी कम होते हैं।

डुपियन (Dupion) रेशम तब बनता है जब दो रेशम के कीड़े एक साथ अपने कोकून बनाते हैं। ऐसे में दो के स्थान पर चार रेशे एकसाथ जुड़े होते हैं, जिनकी सतह खुरदुरी होती है और जो लिनन जैसे दिखते हैं |

डिगम्मिंग एक ऐसा कदम है जिसमें साबुन या उबलते पानी के उपयोग से सेरिसिंन गोंद को रेशम के धागे या कपड़े से निकाला जाता है।

5.4 रेशम की रासायनिक संरचना

रेशम में फाइब्रोइन प्रोटीन होती है। यह ऊन में मौजूद केरेटिन प्रोटीन की तुलना में कम जटिल होती है। फाइब्रोइन कम से कम 17 अमीनो अम्ल से बना होता है। जिसमें ग्लाइसिन, ऐलेनिन, टायरोसिन और सेरीन 90% होते है। रेशम में कोई सिस्टीन (Cystine) या सल्फर लिंकेज नहीं होता है। सेरेसिन एक चिपचिपा, गोंद जैसा पदार्थ होता है, जो दो फिलामेंट को एक साथ रखता है। यह वह घटक है जिसे काफी हद तक डिगम्मिंग (Degumming) के चरण में हटा दिया जाता है।

रेशम में दो समूह प्रतिक्रियाशील होते हैं—कार्बोक्सिल (COOH) और एमिनो (NH_2)। आणविक श्रंखला लगभग पूरी तरह से विस्तारित होती है और एक उच्च अभिविन्यास देने के लिए एक साथ मिलकर पैक की जाती है। फाइब्रोइन प्रोटीन श्रंखलाओं के बीच बहुत कम क्रॉस लिंक होते हैं , लेकिन हाइड्रोजन बांड की उपस्थिति रेशम को उच्च स्तर की क्रिस्टलीयता और परिणामी शक्ति प्रदान करती है।

5.5 रेशम के गुण

5.5.1 सूक्ष्म गुण

लंबाई सेक्शन (L.S.): जैसा कि चित्र 5.4 में दिखाया गया है, मल्बेरी रेशम में एक चिकना, पारदर्शी, रॉड जैसा लंबाई सेक्शन होता है। कच्चे रेशम (गोंद सहित) में एक अनियमित और खुरदरी सतह होती है। टस्सर रेशम के लंबाई सेक्शन में लम्बी धारियों के साथ एक सम लेकिन गहरे रंग का ढांचा देखने को मिलता है।

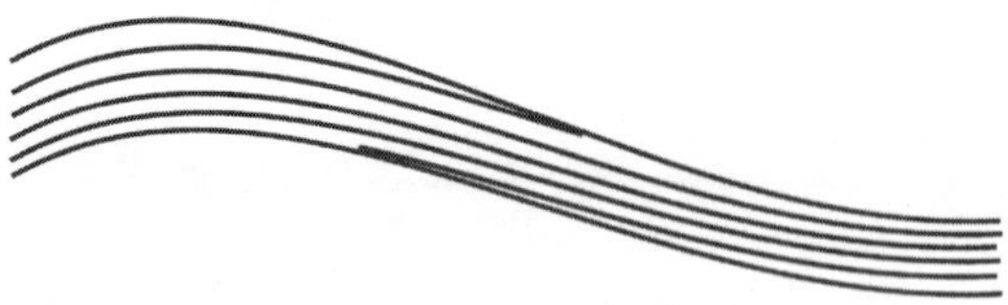

चित्र 5.4 रेशम का लंबाई सेक्शन

क्रॉस सेक्शन (CS): रेशम में एक त्रिकोणीय क्रॉस सेक्शन होता है (चित्र 5.5) जिसमें दो ब्रिन (स्टैंड) आमने सामने दिखाई देते हैं।

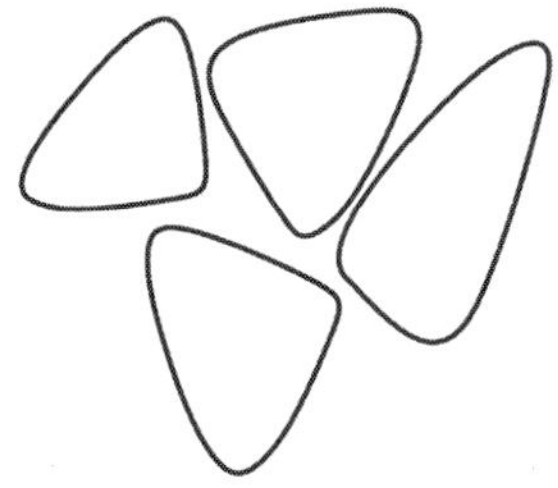

चित्र 5.5 रेशम का क्रॉस-सेक्शन

5.5.2 भौतिक गुण

लंबाई: रेशम ही ऐसा एक मात्र प्राकृतिक रेशा है, जिसके प्रत्येक फिलामेंट का माप लगभग 900–1200 मीटर होता है, हालांकि यह कभी-कभी 2750 मी. तक भी हो सकता है।

व्यास: रेशम 9–11 माइक्रोन के व्यास के साथ बहुत बारीक होता है।

रंग: कच्चे रेशम का रंग सफ़ेद से क्रीम होता है। डिगम्मिंग से कुछ हद तक रंग हल्का हो जाता है। टस्सर रेशम हल्के भूरे रंग का होता है और इसका कारण है इस किस्म के लार्वों के आहार (ओक के पत्तों) में मौजूद टैनिन। मुगा रेशम सुनहरे पीले रंग का होता है।

चमक: रेशम में हल्की, आँखों को लुभाने वाली चमक होती है। इसके लिए उसकी त्रिकोणीय क्रॉस सेक्शन एवं चिकनी सतह जिम्मेदार होती हैं जंगली रेशम में अनियमित सतह के कारण कम चमक होती है।

दृढ़ता: रेशम सबसे मज़बूत प्राकृतिक तंतुओं में से एक है। सूखी परिस्थिति में उसकी मज़बूती 2.5 से 5 g/d एवं नम परिस्थिति में 2 से 3 g/d मज़बूती होती है (जो शुष्क मज़बूती का 80 से 85 प्रतिशत है)।

वृद्धि एवं लोचदार रिकवरी: रेशम में 10–25% (33–35%) की सामान्य वृद्धि होती है। 2% वृद्धि पर, यह 92 % की अच्छी लोचदार रिकवरी दर्शाता है।

प्रतिस्कंदता: रेशम में एक सामान्य लचीलापन होता है जो सिस्टिन लिंकेज की अनुपस्थिति के कारण ऊन से कम होता है। हालांकि, कपास (Cotton) की तुलना में इसका लचीलापन बेहतर है।

घनत्व: रेशम का घनत्व 1.25–1.34 ग्राम/सेमी.^{3} के बीच होता है।

मॉइश्चर रिगेन: रेशम 11% नमी सोख सकता है, और पहनने में आरामदायक होता है। यह आसानी से रंगों को तथा वेटिंग (weighting) की परिसज्जा में धातु के लवण को अवशोषित कर सकता है।

तापीय गुण: रेशम के लिए सुरक्षित **इस्त्री** तापमान 120°C से लेकर 135°C होता है। 150°C से अधिक तापमान पर, रेशम झुलस जाएगा, जबकि यदि तापमान 175°C से अधिक हो, तो तेज़ी से क्षरण होगा। रेशम कपास की तुलना में कम तापीय चालकता रखता है, जिससे यह गरम हो जाता है और इस प्रकार, सर्दियों के कपड़ों में यह एक पसंदीदा विकल्प है।

रेशम के जलने की गतिविधि प्रोटीन तंतु के अनुरूप होती है। रेशम स्पटरिंग के साथ जलता है, अग्नि से दूर करने पर स्वयं बुझता है, जले हुए बालों की गंध का उत्सर्जन करता है (हालांकि ऊन से कम) और भंगुर काले मनकों के अवशेष को छोड़ देता है।

5.5.3 रासायनिक गुण

अम्ल: रेशम में फाइब्रोइन प्रोटीन परिष्करण में प्रयुक्त तीव्र खनिज अम्ल से विघटित होता है। ऊन में मौजूद केरेटिन की तुलना में फाइब्रोइन से नुकसान होने की संभावना अधिक होती है। यह तनु अम्ल का सामना कर सकता है। कार्बनिक अम्ल भी रेशम को नुकसान नहीं पहुंचाते हैं। इस प्रकार एसिटिक अम्ल को सुरक्षित रूप से धुलाई के बाद रेशम पर लगा कर इसे स्क्रूप (scroop) परिसज्जा अर्थात सरसराहट वाली ध्वनि प्रदान करने के लिए उपयोग किया जा सकता है।

क्षार: क्षार का फाइब्रोइन पर प्रतिकूल प्रभाव पड़ता है और इसलिए रेशम को इससे बचाना चाहिए। धोने के लिए क्षारीय साबुनों का उपयोग (रिन, सर्फ और एरियल) कभी नहीं किया जाना चाहिए। इनके स्थान पर, तटस्थ पी एच वाले अभिकर्मकों जैसे कि जेंटील एवं ईज़ी उपयोग होते हैं।

कार्बनिक विलायक : इनका उपयोग ड्राई क्लीनिंग में किया जाता है और ये रेशम को नुकसान नहीं पहुँचाते हैं।

5.5.4 जैविक गुण

रेशम के वस्त्र कार्पेट बीटल द्वारा क्षतिग्रस्त हो सकते हैं, हालांकि ये कीटों, फफूंदी, बैक्टीरिया और कवक द्वारा किए गए हमलों के लिए काफी प्रतिरोधी होते हैं। उपयोग न होने पर रेशम उत्पादों को सावधानीपूर्वक सँभालने की आवश्यकता होती है।

5.5.5 अन्य गुण

आयामी स्थिरता: रेशम धुलने या ड्राई क्लीन होने के बाद खिंचाव या सिकुड़न के लिए अच्छा प्रतिरोध प्रदर्शित करता है।

स्टेटिक चार्ज: रेशम विद्युत का एक कुचालक होने के कारण स्टेटिक चार्ज की समस्या को पैदा कर सकता है।

सूर्य के प्रकाश का प्रभाव: सूर्य की रोशनी में अल्ट्रावायलेट किरणें रेशम को नुकसान पहुंचा सकती हैं।

5.6 रेशम के उपयोग

रेशम ने अपनी खोज के बाद से तंतुओं के परिवार में सर्वोच्च आधिपत्य प्राप्त किया है। यह "तंतुओं की रानी" के रूप में जाना जाता है। यह महंगा और शानदार प्रतीत होता है। इसके प्रमुख उपयोग इस प्रकार हैं:

परिधान: रेशम आमतौर पर साड़ी, सूट, फॉर्मल ड्रेस एवं परिष्कृत अधोवस्त्र में उपयोग किया जाता है।

एक्सेसरीज़: रेशम का उपयोग टाई, स्कार्फ, स्टोल और हैंडबैग में किया जाता है।

घरेलू उपयोग: गृह सज्जा को शानदार स्तर तक ले जाने में रेशम के बिछोने, गलीचे, कालीन और परदे अहम् भूमिका निभाते हैं।

औद्योगिक उपयोग: इस क्षेत्र में, रेशम का उपयोग चिकित्सा के टांके, कढ़ाई के धागे, सिलाई के धागे, टाइपराइटर के रिबन और रेसिंग साइकिल के टायर के लिए किया जाता है।

मल्बेरी रेशम की तुलना में टस्सर रेशम, कम चमकदार और खुरदरा होता हैं और इसी कारण, परिधान वस्त्रों में कम उपयोग होता है। यह व्यापक रूप से गृह सज्जा वाले वस्त्र एवं सजावटी सामान में काम आता है। एरी रेशम (Eri Silk) का उपयोग मुख्य रूप से दोशाला बनाने के लिए किया जाता है। मुगा, जिसे "असम का गौरव" कहा जाता है, आमतौर पर साड़ियों और दोशालों को बनाने में उपयोग किया जाता है।

5.7 रेशम की देखभाल

महंगा होने के नाते, रेशम को विशेष देखभाल की आवश्यकता होती है। उपयोगकर्ताओं को लगता है कि रेशम को केवल ड्राई क्लीन ही किया जाना चाहिए। इस धारणा के विपरीत, रेशम को घर पर भी धोया जा सकता है। इसके लिए कुछ सावधानियाँ बरतने की जरूरत है। सुरक्षित डिटर्जेंट की सूची में जेंटील (Genteel) और ईजी (Ezee) शामिल हैं क्योंकि ये मज़बूत क्षार से मुक्त होते हैं। रेशमी वस्त्रों को धोने के दौरान, पानी का तापमान गुनगुना होना चाहिए। ब्रश घर्षण, जो कपास (Cotton) के वस्त्र धोने की एक सामान्य विधि है, जाहिर है कि इस नाजुक तंतु के लिए बहुत कठोर है। रेशम को धोने के लिए कोमल तरीके को अपनाना चाहिए। अंतिम धुलाई में, एसिटिक अम्ल की कुछ बूंदें रेशम में स्कूप (सरसराहट वाली आवाज़) लाने के लिए डाली जा सकती है। मज़बूत या कड़ा करने के लिए, गम अरेबिक का उपयोग किया जाता है। गीले रेशमी वस्त्रों को हाथ की हथेलियों के बीच दबाया जाता है, फिर तौलिए में लपेटकर अतिरिक्त नमी को हटाने के लिए दबाया जाता है। सुखाने के लिए रेशम को छाया में ही डाला जाता है। इस्त्री करते समय रेशमी वस्त्रों पर सीधे छिड़काव से इनपर पानी के धब्बे बन सकते हैं, अतः इससे बचना चाहिए। स्टीम प्रेस या नम मलमल का उपयोग करके रेशमी वस्त्रों को इस्त्री किया जाता है।

5.8 भारत में रेशम के संस्थान

- सेन्ट्रल सिल्क बोर्ड, (CSB), वस्त्र मंत्रालय, भारत सरकार
- इंडियन सिल्क एक्सपोर्ट प्रोमोशन कौंसिल (ISEPC)
- सिल्क मार्क ओर्गेनाइज़ेशन ऑफ़ इंडिया (SMOI)

हाल ही के वर्षों में, सेन्ट्रल सिल्क बोर्ड ने रेशम की गुणवत्ता को प्रमाणित करने के लिए एक प्रमाणीकरण मार्क, सिल्क मार्क पर काम किया है।

ऊन (Wool)

ऊन: फ़ेडरल ट्रैड कमीशन (1986) द्वारा दी गई परिभाषा के अनुसार ऊन उसे कहा जा सकता है जो भेड़ या उसके मेमनों के शरीर के बालों से या अंगोरा (Angora) या कश्मीर (Cashmere) बकरी के बालों से प्राप्त हो। इसमें ऊंट, अल्पाका, लामा और विक्यूना के बालों से प्राप्त तथाकथित विशेष/ लुप्तप्रायः तंतु को भी शामिल कर सकते है। वर्षों से, 'ऊन' शब्द भेड़ के बालों का पर्याय बन गया है।

5.9 ऊन का इतिहास

ऊन को सबसे पहले ज्ञात तंतुओं में से एक माना जाता है जिसका उपयोग लिखित इतिहास से भी पहले से किया गया था। शायद मनुष्य ने जानवरों पर सर्दी से बचने वाले बालों के प्राकृतिक कवच को देखकर इसे अपने लिए उपयोग करने का सोचा होगा। ऊन के रेशों का सबसे पहला वास्तविक अवशेष मिस्र से चौथी सदी का है (Collier et al., 2009)। यह माना जाता है कि सबसे पहले मेसोपोटामिया में भेड़ पाले गए थे। 500 ईसा पूर्व के पहले से ही ऊनी रेशों से गद्देदार आसनों को बुना जाता था। शुरुआती यूनानियों ने ऊनी वस्त्रों का उपयोग किया था और इंग्लैंड के कब्जे के दौरान रोमन सैनिकों को ऊनी वस्त्र दिए गए थे।

भारत में, भेड़ पालन, कताई और बुनाई पूर्व-ऐतिहासिक काल से जीवन का एक अंग थे। ऋग्वेद में इसके लिए चरवाहों के देवता भगवान पशम के लिए एक प्रार्थना है, जिसमें ऊन को सफेद बनाने में और बुनाई में मदद माँगी गई है। प्रार्थना के समय ज़मीन पर ऊन के आसन का उपयोग करना एक आम बात है, क्योंकि ऊन को शुद्ध तंतु माना जाता है। भारतीय महाकाव्य महाभारत में एक उल्लेख है कि राजसूय यज्ञ करते समय, राजा युधिष्ठिर को सोने की कढ़ाई वाले ऊनी कपड़े भेंट किए गए थे। सिंधु घाटी की प्राचीन सभ्यता से यह भी पता चला है कि हमारे पूर्वज ऊन भराई, कताई और बुनाई की कला में पारंगत थे।

मुगल काल के दौरान, भारत अपने बेहतरीन ऊनी कपड़ों के लिए लोकप्रिय हो गया था। शुरुआती अंग्रेज़ी राज के दिनों में कश्मीर और पंजाब में उत्पादित भारतीय पश्मीना शॉल और कालीनों की मांग में भी वृद्धि देखी गई थी।

परंपरागत रूप से, मेरिनो भेड़ (जिसका प्रजनन स्पेन में चौदहवीं शताब्दी में किया गया था) को बहुत ही विशेष माना जाता है। यह अपने लंबे, मोटे, उच्च गुणवत्ता वाले सफ़ेद ऊन के लिए विख्यात है। आज, सैकड़ों नस्लों और क्रॉस नस्लों की भेड़ें हैं। शुरू में प्रमुख ऊन उत्पादक देश ऑस्ट्रेलिया, सोवियत यूनियन और न्यूज़ीलैंड थे। हाल ही के वर्षों में, ऑस्ट्रेलिया के बाद चीन ने दूसरा स्थान प्राप्त किया है। इसके बाद न्यूज़ीलैंड आता है। भारत में, कश्मीर बकरी (Cashmere Goat) के बालों से उच्च कोटि के तंतु और वस्त्र बनाये जाते हैं। भारत सरकार ने लुप्तप्राय प्रजातियों की सुरक्षा के प्रयास में तूश/"असली तूश" शॉल के निर्माण और उपयोग पर प्रतिबंध लगा दिया है।

5.10 भारत में ऊन का उत्पादन

स्वतन्त्रता के बाद, भेड़ और ऊन विकास के लिए क्रमिक पाँच साल की योजनाओं के तहत विकास कार्यक्रम तैयार किए गए। इनमें से मुख्य है इंटीग्रेटिड वुल इम्प्रूवमेंट प्रोग्राम (IWIP)

और शीप एंड वुल इम्प्रूवमेंट स्कीम (SWIS)। हमारे देश में ऊनी उद्योग आकार में छोटा है तथा व्यापक रूप से बिखरा हुआ है। यह मूल रूप से पंजाब, हरियाणा, राजस्थान, उत्तर प्रदेश, महाराष्ट्र और गुजरात में स्थित है। 40% ऊनी उद्योग पंजाब, 27% हरियाणा और 10% राजस्थान में स्थित है, जबकि बाकी राज्यों में 23% ऊनी उद्योग हैं। भारतीय राज्यों को उनके कच्चे ऊन उत्पादन के आधार पर निम्नलिखित क्रम में स्थान दिया जा सकता है:

राजस्थान > जम्मू एवं कश्मीर > कर्नाटक > आन्ध्र प्रदेश > गुजरात > हरियाणा

स्वदेशी ऊन उत्पादन में, 50% कंबल के लिए, 30% मिलों के लिए, 10% कालीनों के लिए और शेष 10% शॉल एवं स्वेटर के विनिर्माण के लिए उपयोग किया जाता है। भारत में संगठित मिल और विकेंद्रीकृत होज़री क्षेत्र द्वारा आवश्यक उत्तम गुणवत्ता के ऊन का स्वदेशी उत्पादन बहुत सीमित है। इसलिए इनका आयात मुख्य रूप से ऑस्ट्रेलिया और न्यूज़ीलैंड से किया जाता है।

भारत में भेड़ की नस्लों की एक विस्तृत विविधता है जो इसके ऊन उत्पादन में योगदान देती है। देश को उत्तर पश्चिमी शुष्क और अर्ध-शुष्क क्षेत्रों, दक्षिणी प्रायद्वीपीय क्षेत्रों, पूर्वी क्षेत्रों और उत्तरी समशीतोष्ण क्षेत्रों में विभाजित किया गया है। इन चारों क्षेत्रों में से प्रत्येक की अपनी भेड़ की नस्लें हैं। तालिका 5.2 में भारत में पाई जाने वाली भेड़ की नस्लों के नाम को सूचीबद्ध किया गया है। इस सूची में शुद्ध नस्लों के साथ-साथ क्रॉस-ब्रीड्स भी शामिल हैं :

तालिका 5.2 भारत में पाई जाने वाली भेड़ की नस्लें (स्रोत: CSWRI अविकानगर)

पूर्वी क्षेत्र	उत्तर समशीतोष्ण क्षेत्र	उत्तर पश्चिमी शुष्क और अर्ध-शुष्क	दक्षिणी प्रायद्वीपीय क्षेत्र
बलांगीर	भकरवाल	चोकला	बेल्लारी
बोनपाला	बुशहर	हिसारडेल	कोयंबटूर
छोटानागपुर	चंगथंगी	जैसलमेरी	दक्खिनी
गंजम	गद्दी	जालौनी	हासन
शाहबादी	गुरेज	मगरू	केंगुरी
टिबेटन	कश्मीर मेरिनो	मालपुरा	किलकार्सल
	पूँची	मालवारी	माचेड़ी
	रामपुर	मुज्जफरनागरी	मद्रास रैड
		नागी	मांड्या
		पटंडवाड़ी	नेल्लोर
		पुंगल	नीलगिरी
		सोनाडी	रामनाद व्हाइट
			टिरुची ब्लैक
			वेम्बूर

5.11 ऊन उत्पादन के चरण

जिस प्रकार मनुष्य के बालों की गुणवत्ता अनेक कारकों पर निर्भर करती है, उसी प्रकार भेड़ के बाल भी उनकी नस्ल, आहार, स्वास्थ्य और परिवेश पर निर्भर होते हैं। विकसित देशों में अच्छी प्रजनन प्रथाओं का पालन किया जाता है। इन में शामिल हैं बीमारियों से बचाव के लिए जानवरों का टीकाकरण, अच्छे आहार खिलाना और रसायनों में जानवरों को नहला कर

कीटों की रोकथाम करना। भेड़ों को एंटरोंटोक्सिमिया व अन्य गंभीर बीमारियों से बचने के लिए भी टीका लगाया जाना चाहिए।

बाल काटना (shearing)

पशुओं के शरीर से बालों को हटाने का कार्य निम्नलिखित विधियों में से किसी एक द्वारा किया जाता है—

(क) एक बड़ी कैंची का उपयोग करते हुए हाथों से बाल काटना। यह श्रम-गहन विधि विकासशील देशों में आम है।

(ख) बिजली की कैंची का उपयोग करते हुए मशीन से बाल काटना। यह हाथों से बाल काटने की तुलना में तेज़ है।

(ग) रासायनिक विधि जहां जानवरों को एक रसायन खिलाया जाता है, जिसके कारण बाल झड़ने लगते हैं। लगभग दो सप्ताह के बाद बालों की वृद्धि पुनः शुरू हो जाती है।

(घ) डेपिलिटरी क्रीम विधि् का उपयोग मृत पशु की खाल से बाल उतारने में किया जाता है। इसे पुल्ड वुल (pulled wool) कहा जाता है।

(ड़) एपिडर्मल ग्रोथ फैक्टर (EGF) जैविक ऊन कताई का उपयोग पहली बार राइडर, एक ऑस्ट्रेलियाई शोधकर्ता द्वारा किया गया था जिसने एपिडर्मल ग्रोथ फैक्टर नामक एक रसायन का टीका भेड़ों को लगाया था। इससे बालों का विकास एक दिन के लिए रुक जाता है और फिर वे पुनः बढ़ने लगते हैं। जब यह कमज़ोर भाग त्वचा की सतह तह पहुँच जाता है, तो बालों को हाथ से ही हटाया जा सकता है (Colliar et al., 2009)।

भारत में, तंतुओं के लिए पशुओं के बाल काटने का कार्य हाथों की कैंची से/ मैनुअल या बिजली से संचालित मशीनों द्वारा किया जाता है: विधि का चयन काम के पैमाने पर निर्भर करता है। चित्र 5.6 यांत्रिक कटाई को दर्शाता है। अधिकांश झुंडों के बालों को आमतौर पर एक वर्ष में दो बार काटा जाता है। यानि सर्दी के बाद मार्च-अप्रैल तथा बारिश के बाद सितंबर-अक्तूबर में। कुछ राज्यों (जैसे जम्मू और कश्मीर एवं राजस्थान) में, साल में तीन बार कटाई की जाती है।

चित्र 5.6 भेड़ के बालों की यांत्रिक कटाई

प्राकृतिक ऊन की अनुमानित संरचना (Trotman, 1984)

केरेटिन	33.0%
गंदगी	26.0%
सुइंट	28.0%
वसा	12.0%
खनिज पदार्थ	1.0%

श्रेणीकरण एवं छंटाई (Grading and Sorting): इस चरण के लिए विभिन्न मानदंड उपयोग किए जाते हैं जैसे लंबाई, बारीकी, रंग, जानवर की उम्र, शरीर का हिस्सा, ऐंठन और उसमें मौजूद अशुद्धियाँ। दूसरे शब्दों, में, मूल्यांकन मानदंड में भौतिक, मैकेनो-रासायनिक गुण एवं प्रयोजन उपयोग उपयुक्तता आदि शामिल होते हैं। आमतौर पर, एक भेड़ के शरीर के विभिन्न भागों से काटे गए बाल भिन्न होते हैं। पेट और निचले पैरों में दूषित रेशे होते हैं क्योंकि चराई के दौरान बहुत सारे वनस्पति पदार्थ इनमें उलझ जाते हैं। कई बार ये बाल उलझे हुए और टूटे हुए भी होते हैं। सबसे अच्छे स्तर के तंतु भेड़ के कंधों, अगली टांगों और पीठ पर पाए जाते हैं। छंटाई के बाद तंतुओं का श्रेणीकरण कर उन्हें चार श्रेणिओं में बांटा जाता है— ग्रेड 1 सर्वश्रेष्ठ और ग्रेड 4 सबसे खराब होते हैं। तदनुसार इनका उपयोग निर्धारित किया जाता है। चित्र 5.7 में एक महिला एकत्रित तंतुओं की छंटाई और श्रेणीकरण करती हुई दिखाई गई है। भारत में ऊन के पाँच ग्रेड्/श्रेणियाँ उत्पादित होते हैं, जो इस प्रकार हैं:

- पतली एवं महीन ऊन
- सामान्य ऊन
- लंबा ऊन
- संकर ऊन (क्रॉस-ब्रेड)
- कालीन ऊन

एक भेड़ के शरीर से उतारी गई ऊन का वज़न 1 से 6 किलोग्राम के बीच होता है। अगले चरण (धुलाई/सफाई) के लिए इस ऊन को भेजा जाता है।

चित्र 5.7 ऊनी तंतुओं का वर्गीकरण

परिशोध (Scouring)

ऊन को गरम क्षारीय, साबुन के घोल में डाला जाता है, जिससे पसीने और अशुद्धियों को दूर किया जा सके (चित्र 5.8 देखें)। इस चरण में प्राकृतिक तेल, लैनोलिन को पुनः प्राप्त किया जाता है जिसका उपयोग मलहम (जैसे नीविआ क्रीम) और साबुन बनाने में किया जाता है। इस प्रकार से साफ़ किये हुए ऊन का वज़न लगभग आधा रह जाता है।

चित्र 5.8 ऊन की स्कावरिंग

कारबोनाइज़िंग

भेड़ द्वारा चराई के समय पत्तियों व टहनियों जैसे वनस्पति पदार्थ उनके शरीर पर एकत्र हो जाते हैं और बालों की खुरदरी सतह पर वे उलझ जाते हैं। जैसा कि पहले चर्चा की गई है, अम्ल के प्रयोग से वानस्पति पदार्थों (सेल्युलोज़िक को नष्ट किया जा सकता है। इस प्रकार, सल्फ्यूरिक अम्ल (H_2SO_4) के उपयोग से वनस्पति पदार्थों को कार्बोनाइज़ (भस्म) करके हटा दिया जाता है।

धुनाई (Carding)

इस क्रिया को दाँतवाले सिलेंडरों के उपयोग द्वारा किया जाता है। यह अशुद्धियों को हटाने और तंतुओं को कुछ हद तक सीधा करने में मदद करता है। ऊनी कताई प्रणाली के उपयोग से भारी और मोटे यार्न का उत्पादन किया जाता है। इस तरह के यार्न से उत्पादित **वस्त्रों** को वुलन **वस्त्र** कहा जाता है। ये खुरदुरे होते हैं और इनमें पक्की क्रीज़ भी नहीं बनाई जा सकती हैं।

कोम्बिंग (Combing)

यह एक बैकल्पिक प्रक्रिया है। यदि तंतुओं की **कोम्बिंग** की जाती है, तो उत्पादित धागा बारीक और मुलायम होता है। कालीन की ऊन में लंबे, मोटे तंतु होते हैं जो केवल धुने (कार्डिड) हुए होते हैं। पुरुषों के सूट के लिए बढ़िया कपड़े वर्स्टेड यार्न से बनाए जाते हैं। ये कपड़े मुलायम, हल्के, अधिक चमकदार होते हैं और ऊनी कपड़ों (Woolens) की तुलना में आसानी से क्रीज़ पकड़ सकते हैं। ये अधिक महंगे भी होते हैं।

5.12 ऊन के कुछ प्रकार

स्रोत के आधार पर

कटी हुई ऊन/क्लिप्ड/फ्लीस: इन शब्दों से पता चलता है कि ऊन को जीवित, पालतू जानवरों के शरीर से काटकर जुटाया गया है।

पुल्ड वुल: ये मृत जानवरों की त्वचा से प्राप्त तंतु होते हैं। ये गुणवत्ता में कटी हुई ऊन की तुलना में कम लोचदार, चमकदार और निम्न होते हैं।

लैम्ब्स वुल: जैसा कि शब्दों से पता चलता है लैम्ब वुल 7 महीने से कम उम्र के भेड़ के मेमने से एकत्र की जाती है। यह मुलायम, बारीक, बेहद गरम होती है और इसमें प्राकृतिक नोंक (tip) होती है।

तंतुओं के पिछले उपयोग के आधार पर

वर्जिन वुल: यह शब्द शुद्ध, अप्रयुक्त ऊन के लिए उपयोग किया जाता है।

रिसाइकल्ड वुल: अर्थात वह ऊन जो पहले उपयोग किया गया हो। इसे दो श्रेणीओं में बांटा गया है—पहने हुए कपड़ों से (रीयूज्ड) या अप्रयुक्त कतरन से (रीप्रोसेस्ड)। इन्हें पुनः उपयोग में लाने के लिए पहले वस्त्रों से तंतुओं के रूप में परिवर्तित किया जाता है और पुनः धागे और वस्त्र में काता जाता है। ये वर्जिन ऊन की गुणवत्ता से निम्न और सस्ते भी होते हैं।

आदर्श रूप से, लेबल लगाते समय ऊन तंतु की गुणवत्ता से संबन्धित सभी जानकारी देनी चाहिए। भारत में, सख्त विनियमन न होने के कारण उपभोक्ताओं को कई बार धोखा दिया जाता है। इस परिस्थिति में ऊनी कपड़ों की ख़रीदारी करते समय एक प्रतिष्ठित ब्रांड खरीदना सुरक्षित होगा।

5.13 ऊन की आणविक एवं रासायनिक संरचना

ऊन तंतु केरेटिन (प्रोटीन अणु) से बना होता है। इन अणुओं में 18 अलग-अलग अमीनो अम्ल होते हैं जिनमें से प्रमुख ग्लूटामिक अम्ल, सेरीन, सिस्टीन, ल्यूसीन और प्रोलाइन होते हैं। अणु लंबी श्रंखला के स्थूल अणुओं के रूप में संयोजित होते हैं जो तंतुओं के रूप में और फिर तंतुमय बंडलों के रूप में एक साथ जुड़ते हैं। ये कॉर्टेक्स के विस्तार के रूप में है। ऊन एक प्राकृतिक बाइकोम्पोनेंट तंतु है। कोर्टेक्स में दोनों (द्विपक्षीय संरचना) ऑर्थो एवं पैरा कॉर्टिकल कोशिकाएँ होती हैं जो गर्मी और नमी के लिए अलग-अलग प्रतिक्रिया करती हैं। यह एक प्राकृतिक ऐंठन का परिणाम है जो ऊन के लिए अद्वितीय है।

प्रोटीन तंतु (जिनमें ऊन सहित स्पेशिएल्टी तंतु शामिल हैं) पेप्टाइड श्रंखला या एमाइड कड़िओं से जुड़े अमीनो अम्ल अवशेषों से बने होते हैं। इनमें C,H,O,N,S, प्रमुख तत्व मौजूद होते हैं और तीन प्रकार के बॉन्ड उपस्थित होते हैं—सिस्टिन बॉन्ड (सल्फर लिंकेज), आयनिक बॉन्ड (सॉल्ट लिंकेज) और हाइड्रोजन बॉन्ड। इनमें से सिस्टिन बॉन्ड सबसे महत्वपूर्ण है।

ऊन तंतु के अंदर, पॉलीपेप्टाइड अणु सीधे/खींचे रूप में नहीं होते हैं। उनकी विश्राम की स्थिति में, वे एक स्प्रिंग या हेलिक्स रूप (α केरेटिन) में व्यवस्थित होते हैं। चित्र 5.9 ऊन अणु के संरचनात्मक सूत्र या विधि को दर्शाता है।

जब तंतु खींचा जाता है, तो पॉलीपेप्टाइड श्रंखला सीधी हो जाती है (β केरेटिन), और खिंचाव के छोडते ही वे पुनः α स्थिति में वापस आ जाते हैं। यह गुण ऊन को उच्च वृद्धि, लोचदार रिकवरी एवं लचीलापन देता है।

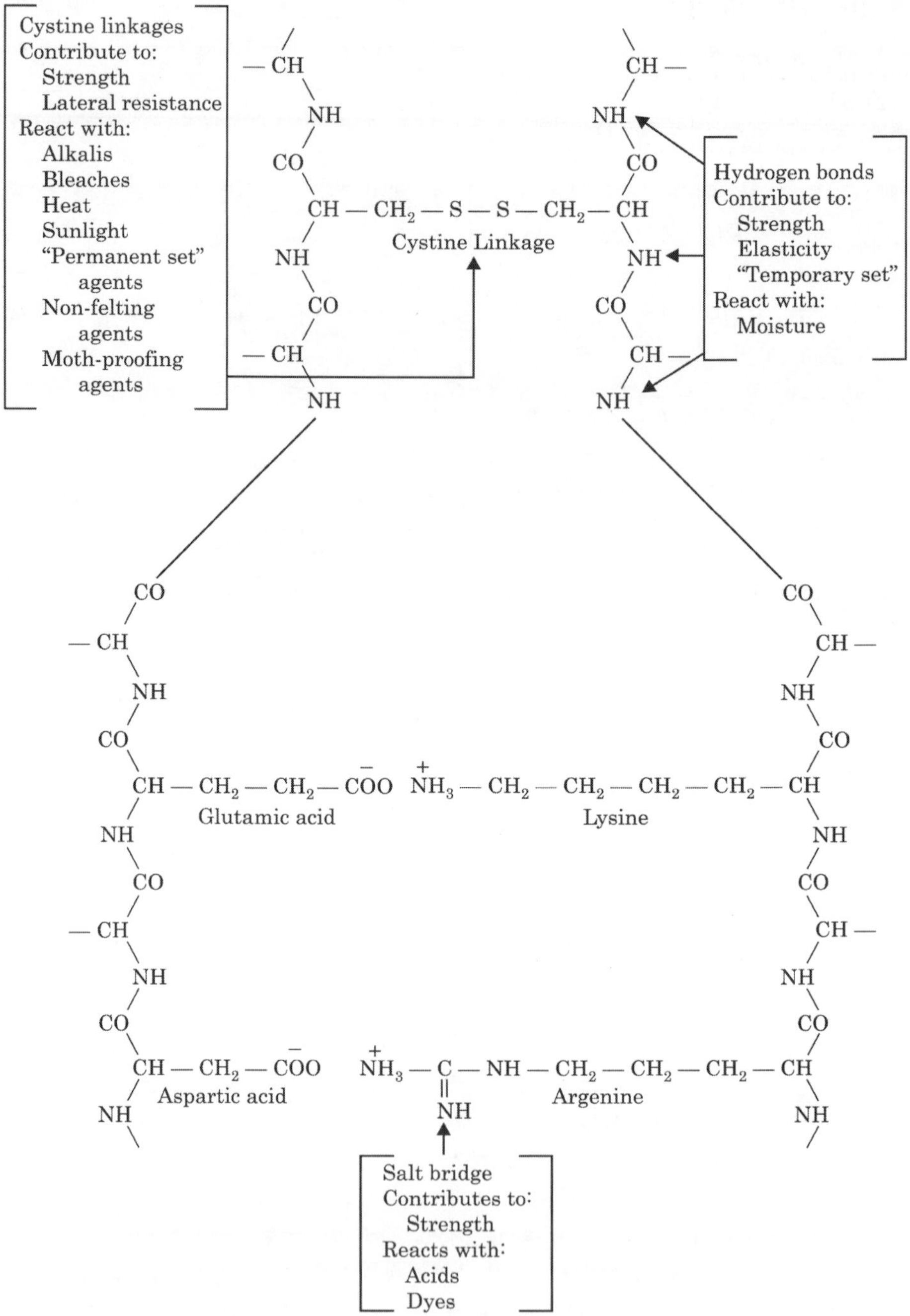

चित्र 5.9 ऊन के अणु का संरचनात्मक सूत्र

(*स्रोत:* Kadolph,SaraJ; Langford, AnnaL.,Textiles,10th ed.2007, p. 68 अनुमति द्वारा पुनर्मुद्रित)

5.14 ऊन के गुण

5.14.1 सूक्ष्म रूप

लंबाई की ओर से (Longitudinal section): तंतु को लंबाई की ओर से देखने पर (चित्र 5.10) एक के ऊपर एक चढ़े स्केल टिप की ओर इशारा करते हुए दिखते हैं। ये स्केल सतह पर उपस्थित उपकला कोशिकाएं हैं। उनकी संख्या मोटे ऊन में 700 प्रति इंच से बारीक ऊन में 300 प्रति इंच तक होती है।

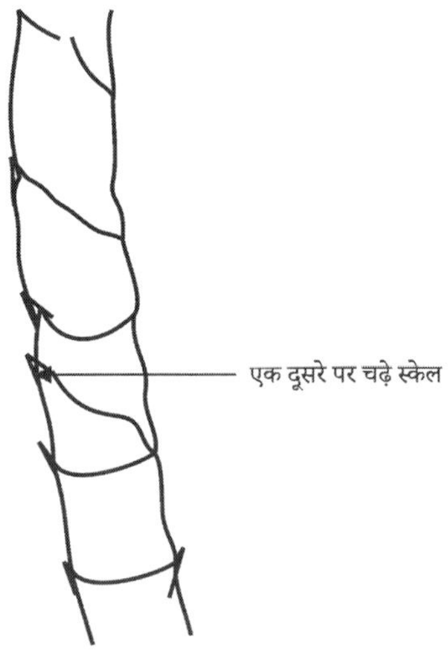

चित्र 5.10 ऊन का लंबाई सेक्शन

चौड़ाई की ओर से (Cross Section): ऊन तंतु गोल या अंडाकार होता है। चित्र 5.11 में ऊन को चौड़ाई की ओर से दर्शाया गया है। इसकी संरचना शीथ-कोर जैसी दिखती है।

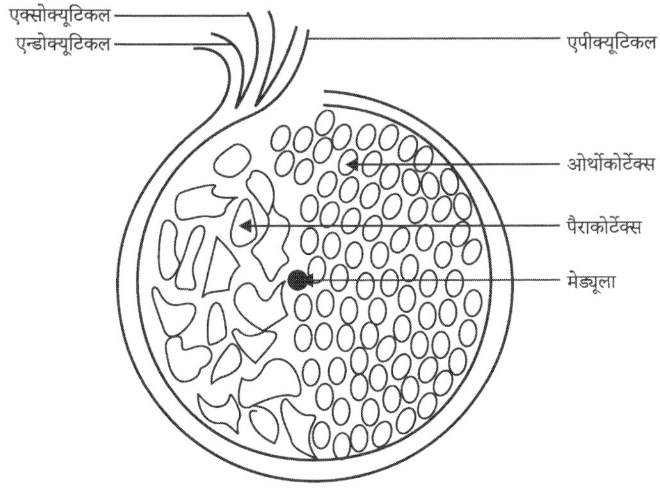

चित्र 5.11 ऊन का क्रॉस-सेक्शन

अधिकांश हिस्से में कॉर्टेक्स होता है। यह चारों ओर से क्यूटिकल द्वारा **ढका** होता है। सूक्ष्म स्तर पर, एक ऊन में तीन भाग होते हैं। सबसे भीतरी भाग मेड्यूला (Medulla) होता है। यह एक रिक्त स्थान होता है जो पोषक तत्वों के आवागमन में मदद करता है। इसमें रंग वर्णक, मेलेनिन भी होता है। अधिकांश महीन ऊनों में मेड्यूला दिखाई नहीं देता है।

तालिका 5.3 ऊन की स्थूल संरचना

क्यूटिकल (Cuticle)	कॉर्टेक्स (Cortex)	मेड्यूला (Medulla)
एपिक्यूटिकल एक्सोक्यूटिकल एंडोक्यूटिकल	ऑर्थोकॉर्टेक्स (नियमित छोटी कोशिकाएँ) पैराकॉर्टेक्स (अनियमित कोशिकाएँ)	

कॉर्टेक्स 90% क्षेत्र में व्याप्त होता है। जैसा कि पहले ही उल्लेख किया गया है, यह ऑर्थो और पैरा कॉर्टिकल कोशिकाओं से बना होता है। ये विभेदक व्यवहार ऊन को क्रिम्प देते हैं। शुद्ध ऊन के एक इंच में लगभग 30 क्रिम्प होते हैं, जबकि कम गुणवत्ता वाले ऊन में प्रति इंच केवल 1–5 क्रिम्प ही होते हैं। बाहरी परत को क्यूटिकल कहा जाता है और इसमें स्केल होते हैं। यह परत तीन भागों से बनती है।

एपिक्यूटिकल: यह क्यूटिकल का सबसे बाहरी भाग होता है। यह एक पतली, गैर प्रोटीन झिल्ली के रूप में होती है जिसमें कई छिद्र होते हैं जो अगली परत की पपड़ियों/स्केल को ढँकते हैं। यह भाग जल विरोधक होता है और रगड़ लगने से क्षतिग्रस्त हो जाता है।

एक्सोक्यूटिकल: यह पपड़ीदार परत है। ये गैर-रेशेदार, सख्त और यहाँ तक कि त्वचा में जलन पैदा कर सकते हैं। आपस में फसने और सिंकुड़ने के कारण ये पपड़ियाँ ऊनी **वस्त्र** को फेल्ट में परिवर्तित कर देती हैं।

एंडोक्यूटिकल: यह एक जोड़ने वाली परत के रूप में कार्य करती है जो अगली परत को कॉर्टेक्स के साथ बांधे रखती है।

5.14.2 भौतिक गुण

लंबाई: प्राकृतिक तंतु होने के कारण ऊन की लंबाई 1.5 से 15 इंच होती है। ऊन को लघु (1.5 से 5"), मध्यम (2.5–6") और लंबे ऊन (5 से 15") के रूप में वर्गीकृत किया जाता है। तंतु की लंबाई भेड़ की नस्ल और दो कतरनों (Shearings) के बीच के अंतर पर निर्भर है। आमतौर पर महीन ऊन की लंबाई मोटे ऊन से कम होती है।

व्यास: बहुत मोटे ऊन का व्यास 40 माइक्रोन होता है, जबकि बहुत महीन ऊन (मैरिनो) का व्यास 18 माइक्रोमीटर तक होता है। औसत व्यास 24 से 34 माइक्रोन होता है।

रंग: भेड़ की नस्ल से उसके बालों का रंग तय होता है। बिना धुली उन के रंग सफेद, स्लेटी, टैन, भूरे से काले तक होते हैं। साफ़ किये जाने के बाद उनका रंग ज्यादातर हल्का पीलापन लिए हुए सफ़ेद रंग होता है।

चमक: ऊन में मौजूद पपड़ियाँ/स्केल चमक को कम करते हैं। आम तौर पर, खराब गुणवत्ता वाले ऊन की चमक बेहतर ऊन की चमक से अधिक होती है।

क्रिम्प या एंठन: ऊन में एक प्राकृतिक 3D ऐंठन या तरंगमयता होती है जो इसके धागे के निर्माण में सहायक होती है।

विशिष्ट घनत्व: इसका विशिष्ट घनत्ब 1.32 ग्राम/ सेमी^{3} है। यह डीगम्ड रेशम की तुलना में भारी होता है।

मज़बूती: 1.0 से 1.7 g/d. पानी ऊन में हाइड्रोजन बंध को तोड़ता है। इसलिए गीले होने पर इसकी मज़बूती में कमी (0.7–1.5 g/d) हो जाती है। ऊन कमजोर प्राकृतिक रेशों में से एक है।

लोच और लचीलापन: ऊन की स्वाभाविक क्रिम्प या ऐंठन के कारण उसमें लोच और लचीलापन उत्कृष्ट होते हैं जो ऊन को सिलवटों से उभरने में मदद करते हैं।

मॉइस्चर रिगेन: ऊन की परतदार (Scaly) संरचना के कारण इसमें कुछ प्रारंभिक हाइड्रोफोबिक व्यवहार होते हैं। हालांकि,यह 13.6 से 16% की उच्च मॉइस्चर रिगेन के कारण, निरंतर अनावरण पर यह अच्छी मात्रा में नमी सोख लेता है। यह पानी तंतु के अंदर होता है न कि सतह पर। उच्च शोषक के कारणों में अनाकार/ऐमोरफस संरचना (70%) और पानी को आकर्षित करने वाले कई रासायनिक समूहों की उपस्थिति शामिल हैं।

ऊन ठंड एवं नम जलवायु के लिए एक आदर्श विकल्प है। जब ऊन नमी को अवशोषित करता है, तो यह गर्मी (अवशोषण की गर्मी) प्रदान करता है, जो पहनने वाले को आराम देती है।

ताप और विद्युत चालकता: ऊन में ताप और विद्युत चालकता कम होती है। इसका अर्थ है कि ऊनी कपड़े सर्दी रोधक होते हैं और भारी न होने के कारण पहनने वाले को गर्मी प्रदान करते हैं। विद्युत कुचालकता के बावजूद, वातावरण के बहुत शुष्क होने पर भी ऊनी वस्त्र स्टेटिक चार्ज की समस्या का सामना नहीं करते।

ऊष्मा और ज्वलनशीलता: ऊन मामूली स्पटरिंग (sputtering) के साथ धीरे-धीरे जलता है, स्वतः बुझता है, जलते हुए बालों की गंध तथा एक अवशेष देता है जो एक काला भंगुर मनका होता है। 130°C से ऊपर, उन में पीलापन आ जाता है और 300°C से अधिक तापमान पर यह जलकर काला हो जाता है। ऊन में एक अंतर्निहित लौ प्रतिरोध होता है जो इसे कंबल के लिए आदर्श बनाता है।

5.14.3 रासायनिक गुण

अम्ल: ऊन पर अम्ल का असर कम होता है (बहुत मज़बूत खनिज अम्ल को छोडकर)। इस कारण से, तनु सल्फ्यूरिक अम्ल युक्त कार्बोनाइज़ेशन ऊन प्रोटीन को नुकसान पहुंचाए बिना वनस्पतियों की अशुद्धियों को हटाने के लिए एक सुरक्षित उपाय है।

क्षार: उन की केरेटिन क्षारीय रसायनों से क्षतिग्रस्त हो जाती है। इसी कारण से उच्च क्षारीय मात्रा वाले डिटर्जेंट जैसे सर्फ, एरियल और रिन का उपयोग उन की धुलाई के लिए नहीं किया जा सकता है। इस कार्य के लिए ईज़ी, जेंटील जैसे विशेष न्युट्रल डिटर्जेंट का उपयोग किया जाना चाहिए।

अधिकांश कार्बनिक विलायक जो शुष्क सफाई और दाग हटाने में उपयोग किए जाते हैं, ऊन को नुकसान नहीं पहुंचाते।

क्लोरीन ब्लीच ऊन को नुकसान पहुंचाती है और इसलिए ऊन को H_2O_2 या स्टोविंग (रिडक्शन) प्रक्रिया के उपयोग से ब्लीच किया जा सकता है। यहाँ, नम ऊन को SO_2 धुएँ के साथ कुछ देर एक बंद कमरे में रखा जाता है जो इसे ब्लीच करता है।

जैविक गुण: ऊन प्रोटीन कार्पेट बीटल और कपड़े कीटों के लार्वा जैसे कीड़ों के लिए भोजन होता है। बैक्टीरिया द्वारा हमले को रोकने के लिए ऊन को संभालनें से पहले दाग को हटाना महत्वपूर्ण होता है। वैसे तो कई मोथ प्रूफ परिसज्जाएं (अध्याय 14) दी जा सकती है, लेकिन ऊन के रेशों को बचाने के लिए सावधानीपूर्वक संग्रह भी एक अच्छा विकल्प सिद्ध हो सकता है। हल्की नम स्थितियों में फफूंदी के खतरे से बचने के लिए ऊन का भंडारण एयर टाइट, ड्राई कंडीशन में ही होना चाहिए।

5.14.5 अन्य गुण

आयामी स्थिरता: बुने हुए ऊनी कपड़े रिलैक्सेशन सिकुड़न का सामना करते हैं, जो प्रगतिशील हैं; साथ ही इनमें फेल्टिंग सिकुड़न भी हो सकती है। जब कपड़े उच्च ताप, नमी और रगड़ के अधीन होते हैं, उनपर उपस्थित स्केल खिंच जाते हैं और तंतु टिप की ओर मुड़ जाते हैं। इसे डाइरेक्शनल फ्रिक्शन इफेक्ट (DFE) कहते हैं।

अतः ऊन की धुलाई के समय उसे सावधानीपूर्वक, नरम हाथों से धोना आवश्यक है। फेल्टिंग की समस्या का सामना कई सिंकुड़न विरोधी परिसज्जाओं की सहायता से किया जा सकता है। (अध्याय 14)

सूर्य के प्रकाश का प्रभाव : सूर्य की यूवी किरणें सिस्टीन में डाइसल्फाइड बॉन्ड के टूटने का कारण बनती हैं, जिससे फोटोकैमिकल क्षरण और गिरावट होती है।

5.15 ऊन के उपयोग

परिधान

गर्मी, लचीलापन और शोषक जैसे गुण परिधान क्षेत्र में ऊन को लोकप्रिय बनाते हैं। दूसरी ओर ऊन आमतौर पर महंगा होता है, कपड़े धोने एवं भंडारण में अधिक देखभाल की आवश्यकता होती है, इसमें सिकुड़न और कीट क्षति का खतरा होता है, और इससे त्वचा संबंधी एलर्जी भी हो सकती है।

घरेलू उपयोग में ऊन को गलीचे, कालीनों, कंबल, गृह सामग्री कपड़ों और यहाँ तक कि पर्दों के रूप में भी उपयोग किया जाता है।

औद्योगिक उपयोग: इनमें फेल्ट सम्मिलित होते हैं जो फिल्ट्रेशन, चिकित्सा और भू टेक्सटाइल अनुप्रयोगों के लिए लोकप्रिय हैं।

5.16 ऊन की देख-भाल

यह एक गलत धारणा है कि ऊनी कपड़ों को घर में नहीं धोया जा सकता और हर बार दुकान से उनकी शुष्क सफाई करानी पड़ती है। जैसा कि पहले ही उल्लेख किया गया है, गुनगुने पानी और डिटर्जेंट जैसे कि ईजी (Ezee) या जेंटील (Genteel) के उपयोग द्वारा ऊन को घर पर भी धोया जा सकता है।

धोने की विधि नीडिंग व स्क्वीज़िंग (Keading and Squeezing) है। पानी का तापमान गुनगुना होना चाहिए। परिधान या वस्त्र को निचोड़ना नहीं चाहिए। अतिरिक्त नमी को हटाने के लिए हथेलियों के बीच गीले वस्त्र को धीरे से दबाया जाता है। वस्त्र को अखबार बिछाकर

जमीन पर फैलाकर छाया में सुखाया जाता है। इस पर भाप **इस्त्री** (200°F से कम तापमान पर) की जा सकती है।

जैसा कि आप ने अपने घरों में देखा होगा, ऊनी **वस्त्रों** को संभालने में काफी समय लगता है। अगर ठीक से ध्यान रखा जाए, तो ऊनी उत्पादों का जीवन बहुत लंबा होता है।

5.17 ऊन के साथ काम करने वाले संगठन एवं प्रमाणन चिन्ह

अंतर्राष्ट्रीय स्तर पर

- इंटरनेशनल वुल सेक्रिटेरियट (IWS)
- इंटरनेशनल वुल टेक्सटाइल आर्गैनाइज़ेशन (IWTO)

राष्ट्रीय स्तर पर

- सेन्ट्रल वुल डिवेलपमेंट बोर्ड (CWDB), जोधपुर, राजस्थान।
- सेन्ट्रल शीप ऐंड वुल रिसर्च इन्स्टीट्यूट (CSWRI), अविका नगर, राजस्थान।
- इन्डियन वुलन मिल्स फेडेरेशन, मुंबई।
- वुल ऐंड वुलन एक्सपोर्ट प्रोमोशन काउंसिल (WWEPC), नई दिल्ली।
- वुल रिसर्च एसोसिएशन (WRA), थाणे।
- वुलन टेक्सटाइल एक्सपोर्ट प्रमोशन काउंसिल (WOOLTEXPRO)।

अंतर्राष्ट्रीय ऊन चिन्ह (Wool Mark) व ऊन सम्मिश्रण चिन्ह (Wool Blend Mark)

(चित्र 5.12 क देखें) दुनिया भर में प्रमाणीकरण के इस निशान का उपयोग इस बात के लिए किया जाता है कि उत्पाद 100 प्रतिशत ऊन के रेशों से बने हैं। यह चिन्ह एक निश्चित उत्पाद गुणवत्ता स्तर, शक्ति, आयामी स्थिरता और रंग स्थिरता की गारंटी देता है।

चित्र 5.12 (क) ऊन चिन्ह (Wool Mark)

चित्र 5.12 (ख) ऊन सम्मिश्रण चिन्ह (Wool Blend Mark)

स्रोतः The woolmark and Wool Blend logos are reproduced with the premission of Australian Wool Innovation Limited, owner of The Woolmark Company.

(चित्र 5.12 (ख) देखें) यह निशान दर्शाता है कि कम से कम 60% शुद्ध ऊन तंतु को केवल एक अन्य तंतु के साथ मिश्रित किया गया है।

इन दोनों निशानों को सख्ती से विनियमित और नियंत्रित किया जाता है। फिर भी, भारत में उपभोक्ताओं को अभी भी नकली प्रमाणीकरण के निशान की समस्या का सामना करना पड़ता है।

5.18 स्पेशिएल्टी (लुप्तप्राय जातिओं के) बाल तंतु

इस शब्द का प्रयोग उन बालों के लिए किया जाता है जो भेड़ के अतिरिक्त अन्य जानवरों से प्राप्त किए जाते हैं। ज़्यादातर मामलों में, इस तरह के बाल तंतु सीमित मात्रा में उत्पन्न होते

हैं और इनमें कुछ उत्तम विशेषताएँ भी होती हैं, इसलिए 'स्पेशिएल्टी' शब्द का प्रयोग किया जाता है। इन्हें उस जानवर के आधार पर वर्गीकृत किया जाता है जिससे इन्हें प्राप्त किया जाता है। इस तरह के तंतुओं का संक्षिप्त विवरण यहाँ दिया गया है:

अल्पाका (Alpaca)

अल्पाका ऊंट का संबंधी होता है. अतः वह देखने में उसके जैसा लगता है। यह दक्षिण अमेरिका का मूल निवासी है, जहां इसे उपरी एंडीज पहाड़ों में इंन्कास (Incas) द्वारा पालतू बनाया गया था। आज, अल्पाका पेरु, चिली और बोलिविया में पाया जाता है। इनके प्राकृतिक रंग सफ़ेद, स्लेटी से लेकर हल्के और गहरे भूरे रंग तक के होते हैं। इस जानवर के लंबे, मुलायम और रेशमी बाल होते हैं। अल्पाका की दो किस्में हैं—हुकाया और सूरी। हुकाया के बाल छोटे, गद्देदार और मज़बूत होते हैं। दूसरी ओर सूरी के बेहद लंबे, पतले, नाजुक होते हैं जो हुकाया की तुलना में अधिक चिकने भी होते हैं।

चित्र 5.13 अल्पाका

अंगोरा (Angora)

इस तंतु को अंगोरा खरगोश से प्राप्त किया जाता है। ये 3 से 5 इंच तक की लंबाई के साथ बेहद मुलायम और महीन होते हैं। अंगोरा खरगोश की चार मुख्य नस्लें हैं—इंगलिश, फ्रेंच, जर्मन और सटिन। पहली दो मूल नस्लें हैं, जबकि अंतिम दो को 1980 के दशक में प्रतिबंधित किया गया था। ब्रिटेन और अमेरिका आज अंगोरा खरगोश के मुख्य प्रजनन क्षेत्र हैं। इनके बालों की कटाई प्रतिवर्ष ब्रश, प्लर्किंग या क्लिपिंग द्वारा की जाती है। अंगोरा को ऊन या कपास से मिश्रित करना एक आम बात है। इसके सामान्य अनुप्रयोगों में बच्चों के कपड़े, स्वेटर और दस्ताने शामिल हैं।

ऊंट (Camel)

वसंत ऋतु के दौरान ऊंट के शरीर से बाल झड़ जाते हैं जिन्हें एकत्रित करके रेशों में संसाधित किया जाता हैं। सर्वश्रेष्ठ ग्रेड डाउनी अंडरकोट से प्राप्त किया जाता है, हालांकि कई बार गार्ड बाल भी मिश्रित किये जाते हैं। ऊंट दो प्रकार के होते हैं – एक कूबड़ वाले ऊंट (Dromendary) जो अरबी रेगिस्तान में पाए जाते हैं तथा दो कूबड़ वाले ऊंट (Bactrian) जो एशिया में पाए जाते हैं। ऊन के बालों में बेहद हल्का और अविश्वसनीय गर्मी देने की क्षमता होने का एक अनूठा गुण होता है। अत्यंत नरम, उत्कृष्ट ऊंट के बाल अकेले या ऊन के साथ मिश्रित किये जाते हैं।

कश्मीर (Cashmere)

यह तंतु भारत के कश्मीर से अपना नाम प्राप्त करते हैं। इन्हें जंगली अल्पाइन बकरी (Capra hircus) या कश्मीरी बकरी के डाउनी अंडरकोट से प्राप्त किया जाता है है, जो भारत के उच्च पठार, अफगानिस्तान, चीन, मंगोलिया और ईरान के पर्वतीय क्षेत्रों के मूल निवासी होते हैं। (चित्र 5.14), निःसंदेह ये तंतु दुनिया के सबसे वांछनीय गरम तंतुओं में से एक हैं। इनकी औसत

चित्र 5.14 कश्मीरी बकरी

लंबाई 1 से 3 इंच तक होती है और व्यास 12 से 18 माइक्रोन तक होता है। अपनी असाधारण बारीकी और मज़बूती के लिए प्रसिद्ध तंतु भूरा, स्लेटी, काला और कभी कभी सफ़ेद प्राकृतिक रंगों में आते हैं। यह बकरी 12000 से 15000 फीट की ऊंचाई पर पाली जाती है। उच्चतम और सबसे ठंडे क्षेत्रों की इन बकरियों से उपज सबसे अच्छी गुणवत्ता की होती है और इसे पशमीना कहा जाता है। महंगा होने के कारण, कश्मीरी तंतु को ऊन, रेशम या कपास के साथ मिश्रित किया जाता है।

लामा (Llama)

यह जानवर दक्षिण अमेरिकी एंडीज क्षेत्र का मूल निवासी है जिसमें पेरु, अर्जेन्टीना, कोलंबिया, बोलीविया और इक्वाडोर शामिल हैं। (चित्र 5.15) लामा को पहले पेरु के इन्कास द्वारा पालतू बनाया गया था, जिन्होंने उन्हें प्रजनन और आध्यात्मिक संस्कारों में प्रतीक के रूप में माना। प्राप्त तंतु टिकाऊ एवं मुलायम होते हैं।

चित्र 5.15 लामा

मोहेर (Mohair)

इस तंतु को अंगोरा बकरी से प्राप्त किया जाता है, जो तिब्बत के पहाड़ों की मूल निवासी है। इस जानवर के लंबे, रोएंदार और चकमदार बाल होते हैं। चमक इसकी कीमत तय करती है। मोहरे तंतु की औसत लंबाई 4 से 12 इंच तक होती है जिनसे बेहद लचीले और टिकाऊ यार्न बनाए जाते हैं। मोहेर का उपयोग परिधान के साथ-साथ घर सजाने वाले कपड़ों में भी किया जाता है।

क्विवोट (Quiviot)

मस्क औक्स के अधोमुखी अंडरकोट से कतरे हुए ये तंतु बहुत गरम और मुलायम होते हैं। महँगा होने के नाते उन्हें अक्सर कश्मीरी या रेशम तंतु के साथ मिश्रित किया जाता है।

विक्यूना (Vicuna)

यह दक्षिण अमरीकी ऊंट परिवार का एक जंगली सदस्य और लामा एवं अल्पाका का करीबी संबंधी है। (चित्र 5.16) तंतुओं में एक प्राकृतिक दालचीनी वाला भूरा रंग होता है तथा इसमें कोमलता के असाधारण गुण होते हैं, जिससे विक्यूना दुनिया के सबसे महँगे और दुर्लभ बाल तंतुओं में से एक है।

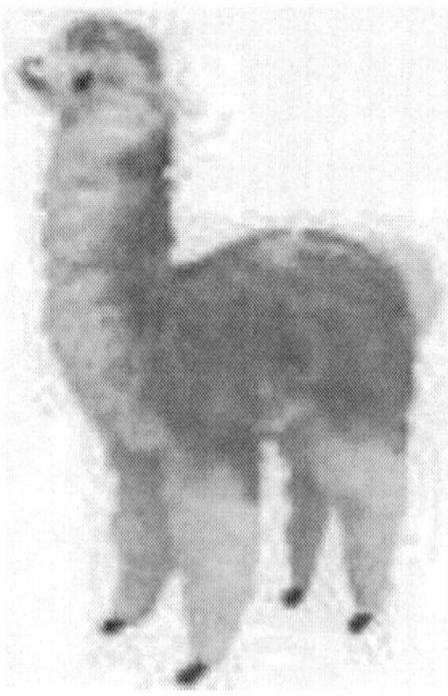

चित्र 5.16 विक्यूना

याक (Yak)

यह एक बालों वाला जानवर है जो भारत के हिमालयी क्षेत्र में पाया जाता है। इसे घरेलू तिब्बती बैल के रूप में भी जाना जाता है। एकत्र किए गए बाल मोटे और आमतौर पर काले रंग के होते हैं।

यह ध्यान रखने योग्य बात है कि जहां कई स्पेशिएल्टी बाल तंतु कुछ दशक पहले एक प्रतिष्ठित स्थिति का आनंद लेते थे, वहीं पर्यावरण-चेतना के प्रति वर्तमान वैश्विक प्रवृत्ति ने उपभोक्ताओं को जानवरों के अधिकारों जैसे मुद्दों के बिषय में अधिक जागरूक बना दिया है।

5.19 फर (Fur)

फर (Fur) पशुओं का खाल होता है। पेल्ट (pelt) में त्वचा शामिल होती है। जिसे टैन करके व बाल हटा कर उपयोग किया जाता है। आदिमानव के पहले कपड़े फर से बने थे। कई देवता भी फर के **वस्त्रों** से बने आसन का उपयोग करते दर्शाए गए हैं। फर का उत्पादन जानवरों

की दोनों श्रेणिओं (जंगली और पालतू) से किया जाता है। उदाहरणों में बीवर, चिनचिला, लोमड़ी, मिंक, मस्क चूहा, नुट्रिया, खरगोश और रुकून शामिल हैं। जानवरों की खाल (पेल्ट) को फर के कपड़ों में बदलने की प्रक्रिया लंबी और थकाऊ होती है। यही कारण है कि इस तरह के पदार्थ महंगे और प्रतिष्ठा वाले होते हैं।

हाल ही के दशकों में, अंतर्राष्ट्रीय फर व्यापार पर सख्त नियम लगाए गए हैं। ये कदम लुप्त प्राय पशु प्रजातियों के लिए बढ़ती चिंताओं के कारण उठाए गए हैं। इस चिंता का एक और परिणाम यह रहा कि वस्त्र निर्माता प्राकृतिक फर की अच्छी मानव निर्मित नकलें लेकर आए हैं।

अभ्यास

5.1 'सेरीकल्चर' को परिभाषित कीजिए। रेशम के प्रसंस्करण के चरणों की रूपरेखा दीजिए।

5.2 रेशम की सुखद चमक के लिए कारण बताइए।

5.3 "रेशम और ऊनी वस्त्रों की घर पर धुलाई ध्यानपूर्वक की जा सकती है"। सही और गलत तरीकों की एक सूची के साथ इस कथन की व्याख्या कीजिए।

5.4 निम्नलिखित के बीच अंतर बताइए:

(क) मल्बेरी और टस्सर सिल्क

(ख) फाइब्रोइन और सेरिसिन

(ग) पुल्ड ऊन और क्लिप्ड ऊन

(घ) वुलन और वर्स्टेड कपड़े

(ई) स्कावरिंग और कार्बोनाइजिंग

5.5 ऊन में पाए जाने वाले अंतर्निहित क्रिम्प के कारणों को समझाइए।

5.6 भारत में पाए जाने वाले तीन स्पेशिएल्टी तंतु के नाम व मुख्य विशेषताएं दीजिए।

सन्दर्भ पुस्तक सूची

Collier, B.J., Bide, M.J. and Tortora, P.G., *Understanding Textiles,* 7th ed., Pearson Education, NJ, 2009.

Trotman, E.R., *Dyeing and Chemical Technology of Fibres*, 6th ed., Charles Griffin and Company Ltd., England, 1984.

विस्तृत जानकारी हेतु पुस्तक सूची

Corbman, B.P., *Textiles Fiber to Fabric*, 6th ed., McGraw-Hill, 1983.

Dantyagi, S., *Fundamentals of Textiles and Their Care*, 5th ed., Orient Longman, 1996.

Labarthe, J., *Textiles: Origins to Usage*, Macmillan, USA, 1964.

Morton, W.E. and Hearle, J.W.S., *Physical Properties of Textile Fibres*, The Textile Institute, Manchester, 1993.

अध्याय

6

प्राकृतिक वनस्पति

(Natural Cellulosics)

कपास

प्राकृतिक वनस्पति/सेल्युलोज़िक तंतु पौधों के विभिन्न भागों से प्राप्त किये गए सार्वभौमिक तंतु होते हैं । इनकी चार सामान्य श्रेणियों के नाम और उदाहरण हैं—सीड हेयर या बीज को ढकने वाले बालों से (उदाहरण—कपास, कपोक), बास्ट या तने से (उदाहरण फ्लैक्स, जूट), पत्तों से (उदाहरण अनानास से निर्मित पीन्या, अबाका) और विविध (इन तीनों के अलावा अन्य भागों से प्राप्त)।

6.1 इतिहास

कपास की उत्पत्ति पौराणिक कथा में खो गई है क्योंकि यह लिखे गए इतिहास से भी पुरानी है। संभवतः यह तंतु. जिसका उल्लेख "ऋग्वेद" में आज से लगभग 3500 वर्ष पहले लिखा गया था, भारत में ही उत्पन्न हुआ था। भारत, चीन, मिस्र और पेरु में प्राप्त कुछ प्रमाण इसके उत्पादन की ओर संकेत करते हैं। कपास की औद्योगिक रूप में कताई और बुनाई भी भारत में ही शुरू हुई और 1500 ईसा पूर्व के आसपास अच्छी गुणवत्ता वाले सूती वस्त्र का उत्पादन किया जाता था। भारतीय सूती वस्त्रों को अलेग्ज़ेन्डर (लगभग चौथी शताब्दी ईसा पूर्व) के समय से भूमध्य क्षेत्र में बेचा जाता था। ये अपने उत्कृष्ट सौंदर्य और गुणवत्ता के लिए जाने जाते थे। वास्तविक बुने हुए सूती वस्त्र का नमूना मोहनजोदड़ों की खुदाई में मिला, जो ईसा पूर्व तीसरी शताब्दी का है। 'चरखा' या 'रोलर जिन' को भारत से ही अन्य देशों द्वारा आयात किया गया था। वर्षों बाद यही साधारण कताई का यंत्र, चरखे के नाम से महात्मा गांधी जी के नेतृत्व में भारतीय स्वतन्त्रता आंदोलन का एक शक्तिशाली प्रतीक बन गया।

कपास/कॉटन शब्द की उत्पत्ति 'क्यूटन' से हुई है जिसका अर्थ है एक ऐसा पौधा जो किसी पराई जीती हुई भूमि में पाया जाता है। शायद कपास का उपयोग उन क्षेत्रों में किया जा रहा था, जिन पर अरबों ने आक्रमण किया था।

6.2 भारत में कपास

वैश्विक कपास उत्पादन में भारत का प्रथम स्थान है। आज, भारत के पास दुनिया के कुल कपास क्षेत्र का लगभग 36% और वैश्विक कपास उत्पादन का 25% है। 12.1 मिलियन हैक्टेयर भूमि के उपयोग द्वारा भारत प्रतिवर्ष लगभग 6 मिलियन टन कपास का उत्पादन करता है। इसमें सभी स्टेपल लंबाई और किस्मों के कपास सम्मिलित हैं। चित्र 6.1 में भारत के कपास उगाने वाले राज्यों को दर्शाया गया है। इनमें उत्तर भारत के पंजाब, हरियाणा और राजस्थान, मध्य भारत के गुजरात, महाराष्ट्र और मध्य प्रदेश, दक्षिण भारत के आन्ध्र प्रदेश, कर्नाटक, तमिल नाडु और उड़ीसा, पूर्व के पश्चिम बंगाल और सिक्किम राज्य शामिल हैं।

2022-23 के आंकड़ों के आधार पर अधिकारियों के अनुमान से भारत का कपास उत्पादन 34 मिलियन बेल हो जाएगा, जो पिछले वर्ष की तुलना में 15% अधिक होगा। भारतीय कपास उद्योग में 1,757 कताई इकाइयाँ, 200 से अधिक मिश्रित मिलें, और 50 मिलियन स्पिंडल की संस्थापित क्षमता है। 1985 में नई कपड़ा नीति और कच्चे कपास के आयात के उदारीकरण के बाद से उद्योग ने खुद को आधुनिक रूप दिया है। आज, भारत का लगभग 40% स्पिंडल 10 वर्ष से कम पुराना है, जिससे उद्योग को अन्य अंतर्राष्ट्रीय प्रतिद्वंदियों पर एक महत्वपूर्ण बढ़त मिली है।

चित्र 6.1 भारत में कपास की खेती करने वाले राज्य

कपास उद्योग का औद्योगिक उत्पादन, रोज़गार और भुगतान संतुलन में एक बड़ा योगदान देता है, जिस कारण से यह देश के सबसे महत्वपूर्ण उद्योगों में से एक है। भारत के कृषि सकल घरेलू उत्पादों में से कपास का योगदान 11% है। निर्यात आय में 14.4% औद्योगिक उत्पादन में 14% और GDP में 5% का योगदान है। कृषि के बाद दूसरी सबसे नियोक्ता के रूप में, यह क्षेत्र 45 मिलियन लोगों को सीधे रोज़गार देता है। यदि अप्रत्यक्ष रोज़गार को कृषि और प्रसंस्करण के माध्यम से शामिल किया जाता है, तो यह आंकड़ा 90 मिलियन तक हो जाता है।

कपास को सफ़ेद सोना भी कहा जाता है। भारत में चार प्रकार की खेती की जाती है जिसमें 40 से अधिक जंगली प्रजातियाँ और कपास के कुछ अर्ध-जंगली रूप हैं।

6.3 कपास की खेती और उत्पादन

कपास का पौधा Malvacae परिवार और Gossypium जीनस से संबंधित है। दुनिया का कपास क्षेत्र मुख्य रूप से उष्ण और आर्द्र जलवायु वाले ऊष्ण कटिबंधीय और उप-ऊष्ण कटिबंधीय में स्थित है। वर्षों से, कृषि तकनीकी (सिंचाई सुविधाओं) और कपास की किस्मों में सुधार के परिणामस्वरूप कपास का उत्पादन बढ़ा है। इसकी खेती दुनिया के लगभग सौ देशों में की जाती है जिससे मिट्टी और जलवायु में विविधताएँ आती है। किसी स्थान के विकास का स्तर यह तय करता है कि कपास की फसल किस तरीके से उगाई और काटी जाती है। कपास के महत्वपूर्ण उत्पादक देश भारत, चीन, अमरीका, ब्राज़ील और पाकिस्तान हैं। सक्रिय बृद्धि अवधि के दौरान, पौधे को लगभग 4 इंच पानी की आवश्यकता होती है, इसके बाद पौधे को परिपक्व होने के लिए एक शुष्क अवधि चाहिए। प्रत्येक तंतु एक एकल पौध कोशिका होता है, जिसे बीज बाल (seed hair) या लिंट (Lint) कहा जाता है। लगाए जाने के 100 दिनों के बाद, कपास के फूल का खिलना दिखाई देता है। यह पहले दिन क्रीमी सफ़ेद या हल्का पीला होता है और दूसरे दिन गुलाबी/लाल/लैवेंडर में बदल जाता है (चित्र 6.2)। दो दिन बाद फूल की पंखुड़ियाँ गिर जाती हैं और बीज की गोलफली (बोल/boll) दिखाई देती है। 50–80 दिनों की अवधि में, यह फली फट कर खुल जाती है, जिससे बीजों को ढक कर सुरक्षित रखने वाले फफूंदीदार कपास के रेशे दिखने लगते हैं (चित्र 6.3)। प्रत्येक फली (Boll) में लगभग 30 बीज होते हैं। कपास की किस्म के आधार पर प्रत्येक फली में बीज पर बालों की संख्या 1000 से लेकर 10000 तक होती है। जब बीज की फली खुलती है तो बीज के बाल हवा के संपर्क में आकर, सूख जाते और ढह जाते हैं।

चित्र 6.2 कपास का फूल

चित्र 6.3 कपास की खुली हुई गोलफली/बोल

ये अब कटाई और छंटाई के लिए तैयार हैं।

इस अवस्था में गरम शुष्क मौसम की आवश्यकता होती है। हाथ से कटाई (हैंड पिकिंग) करते समय केवल परिपक्क तंतुओं को हटाया जाता है, जिससे बेहतर गुणवत्ता प्राप्त होती है (चित्र 6.4)। यह भारत जैसे विकासशील देशों के लिए एक आसान विकल्प हो सकता है लेकिन विकसित देशों के लिए यह श्रम प्रधान तरीका कठिन है। अतः वहां मशीनी कटाई (मेकेनिकल पिकिंग) जैसे अन्य विकल्प हैं। पौधों पर मशीन से **छिड़काव** द्वारा पत्तों को गिराया जाता है। फिर कटाई की मशीन खुली फलिओं/बोल में से तंतुओं को खींच लेती है। कभी कभी स्ट्रिपर (stripper) नमक यन्त्र की सहायता से पूरा का पूरा बोल ही पौधे से तोड़ लिया जाता है। इस तरीके से एकत्रित कच्चे माल की गुणवत्ता बहुत उच्च नहीं होती। कटाई के बाद कपास को गरम हवा में सुखाया जाता है।

चित्र 6.4 हाथ से कटाई

चित्र 6.5 मशीनी कटाई

कटी हुई कपास अपशिष्ट पदार्थों की उपस्थिति के कारण काफी गंदी होती है (चित्र 6.6)।

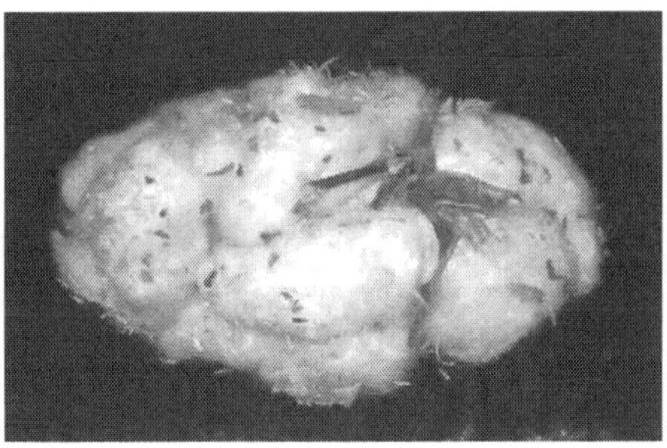

चित्र 6.6 खुली गोलफली में गंदगी के साथ कपास तंतु

अगला कदम **जिनिंग** (Ginning) है (चित्र 6.7)। यह बीज से तंतुओं को अलग करने में मदद करता है। Eli Whitney को **जिनिंग** मशीन का आविष्कारक बताया गया है, जो मशीन आने से पहले बहुत धीमे-धीमे (चित्र 6.8) हाथ से की जाती थी। अब जिन (Gin) की मदद से 1500 पाउंड बीजों वाली कपास की **जिनिंग** में लगभग 12–15 मिनट लगते है (चित्र 6.9)। 100 किलो रेशे ढके बीजों में से लगभग 35 किलो तंतु, 62 किलो बीज और 3 किलो अपशिष्ट निकलता है। कपास के बीज का उपयोग तेल, पशु चारा और उर्वरकों के उत्पादन के लिए किया जाता है। आधुनिक 'जिन' अनचाही चीज़ों को भी हटा देते हैं जैसे कि

बीज के टुकड़े, पत्ते, टहनियाँ और गंदगी। इसके पश्चात तंतुओ को बेल (Bale) में संकुचित कर दिया जाता है (चित्र 6.10)। एक बेल संकुचित तंतुओं का एक बड़ा पैकेज होता है जिसका वज़न लगभग 500 पाउंड/250 किलो होता है। भारत में लगभग 34 मिलियन बेल का उत्पादन किया जाता है (170 किलो वज़न वाले)। प्रत्येक बेल में से कुछ तंतुओं का नमूना उनकी लंबाई, व्यास, रंग और अपशिष्ट पदार्थ के आधार पर वर्गीकरण के लिए भेजा जाता है। यह इनकी कीमत को तय करने में मदद करता है।

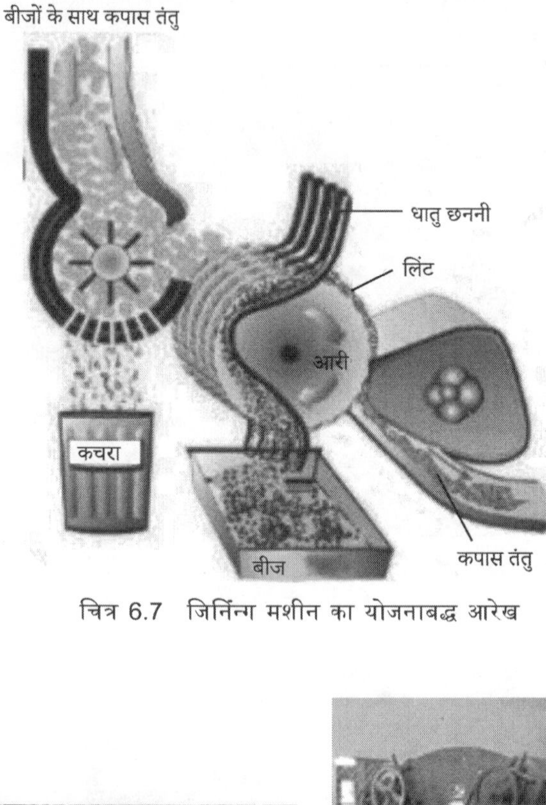

चित्र 6.7 जिनिंन्ग मशीन का योजनाबद्ध आरेख

चित्र 6.8 हाथ से की जा रही जिनिंन्ग

चित्र 6.9 वास्तविक जिनिंन्ग मशीन

बेल को फिर कताई इकाइयों में यार्न के निर्माण के लिए भेजा जाता है।

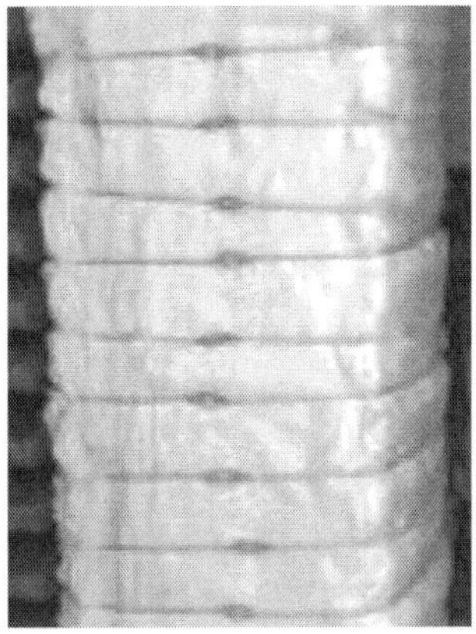

चित्र 6.10 बेल-कपास तंतुओं की बंधी हुई गठरी

प्राकृतिक कपास तंतुओं की अनुमानित संरचना (Trotman,1984)।

सेल्युलोज़	85.5%
तेल और मोम	0.5%
प्रोटीन, पेक्टोज़ और रंग	5.0%
खनिज पदार्थ	1.0%
नमी	8.0%

6.4 कपास की रासायनिक संरचना

सेल्युलोज़ अणु की मूल इकाई सेलोबाइओज (Cellobiose) है जो दो ग्लूकोज़ मोनोमर से बनती है (चित्र 6.11)। 10,000 ग्लूकोज़ इकाइयों के साथ कपास तंतु में 5,000 सेलोबाइओज होंगे और इस प्रकार उसकी डिग्री ऑफ़ पॉलिमराइज़ेशन/dp 5,000 होगी।

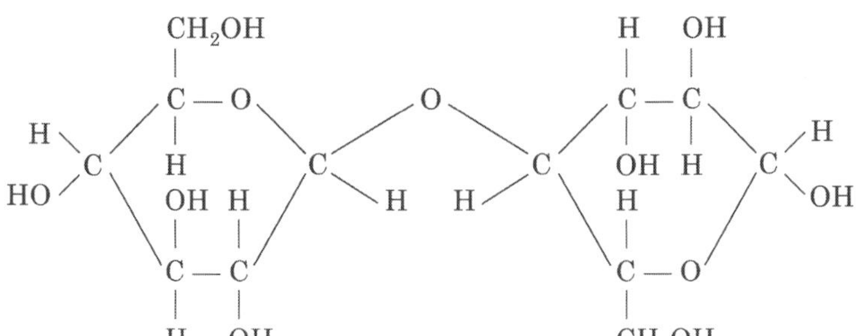

चित्र 6.11 सेलोबाइओज़ की संरचना

6.5 कपास के गुण

6.5.1 सूक्ष्म रूप

लंबाई की ओर से (L.S.): यह एक अनियमित अंतराल पर मुड़ते हुए रिबन (फीता) जैसा

होता है। इस तंतु के अंदर एक खोखला लुमेन (Lumen) होता है। तंतु के चारों ओर मोम की एक सुरक्षात्मक तह होती है जो इसकी कताई में मदद करती है।

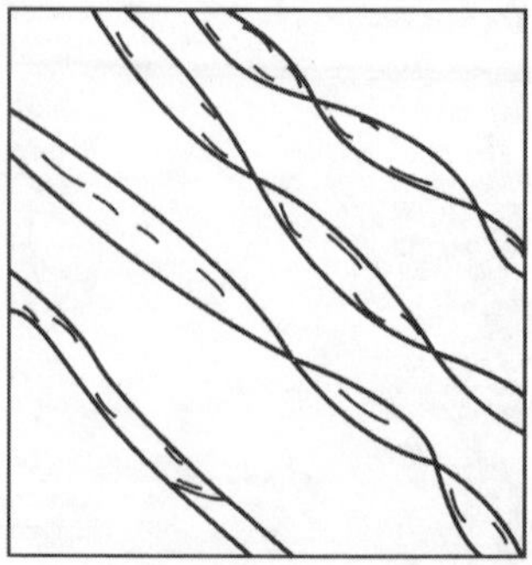

चित्र 6.12 कपास तंतुओं का लंबाई की ओर से सूक्ष्म रूप

चौड़ाई की ओर से (CS): क्रॉस सेक्शन में एक खोखले लुमेन के साथ गुर्दे/राजमा के आकार की संरचना देखी जा सकती है (चित्र 6.13), मर्सेराइज़ेशन की प्रक्रिया में कपास को तनु/डाइल्यूट क्षार विलयन के साथ अपचारित किया जाता है। सूती तंतु क्षार को अवशोषित कर लेता है और उसके फलस्वरूप कपास का क्रॉस सेक्शन फूल कर गोलाकार हो जाता है—ठीक वैसे ही जैसे गर्मियों में एक मुड़ी हुई रबड़ की पाइप पानी चलाने से सीधी हो जाती है। यह स्वाभाविक रूप से कपास के क्रॉस सेक्शन को प्रभावित करेगा जो इस प्रक्रिया के बाद अधिक नियमित और वृत्तीय हो जाएगा। ऐसे फूले हुए कपास से परावर्तित प्रकाश कहीं अधिक होता है, और इसलिए इसमें चमक भी उच्च होती है। अध्याय 9 में इस परिष्करण प्रक्रिया का विस्तृत विवरण दिया गया है।

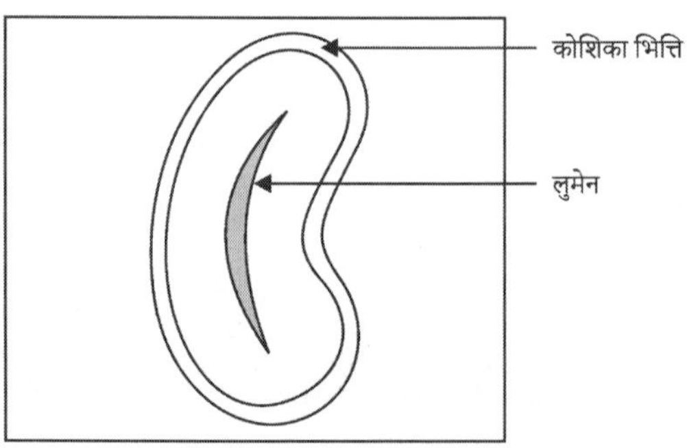

चित्र 6.13 चौड़ाई की ओर से (CS) कपास का सूक्ष्म रूप

6.5.2 भौतिक गुण

लंबाई: 3/8–21/2” कपास तंतु की लंबाई इसकी किस्म पर निर्भर करती है।

बारीकी/व्यास: 12–20 माइक्रोमीटर। इस प्रकार, कपास तंतु की लंबाई इसके व्यास की 1–3 हज़ार गुना होती है।

रंग और चमक: कच्चे कपास का रंग सफ़ेद से पीले और भूरे रंग का होता है। तंतु काफी हद तक स्वाभाविक रूप से धुंधले या बिना चमक के होते हैं। मर्सेराइज़ होने पर क्रॉस सेक्शन अधिक नियमित हो जाता है, जिससे उनकी चमक बढ़ जाती है।

मज़बूती/ दृढ़ता: कपास में सीमित शक्ति 3.0 और 5.0 g/d के बीच होती है। पानी से गीला होने पर इसकी मज़बूती लगभग 20% बढ़ जाती है।

खिंचाव, वृद्धि और लचीलापन: 3–7% की वृद्धि के पश्चात कपास का तंतु टूट जाता है। कपास की इलास्टिक रिकवरी और लचीलापान/रेज़िलियांसी कम होती है, जिससे **वस्त्रों** में सिलवटें पड़ जाती हैं।

घनत्व: 1.54 ग्राम/ सेमी^{3}, इसका अर्थ है कि कपास ते बने **वस्त्र** पानी में आसानी ते भीग जाते हैं।

मॉइस्चर रिगेन: यह 8.5% होता है; मर्सेराइज़ेशन किये गए कपास में मॉइस्चर रिगेन बढ़कर 10.3% हो जाता है।

6.5.3 तापीय गुण

कपास ज्वलनशील होता है अर्थात इनसे बने **वस्त्र** आसानी से आग पकड़ लेते हैं, आग से हटाने पर भी जलते रहते हैं और बुझने पर एक चिंगारी बनाते हैं। जलते समय इनकी गंध जलते कागज़ के समान होती है। प्राप्त अवशेष एक रेशेदार घूसर राख़ होती है। कपास के लिए **इस्त्री** करने का सुरक्षित तापमान 200°C है; 250°C से अधिक तापमान पर इनमें तेज़ी से क्षति हो सकती है। बहुत गरम **इस्त्री** के उपयोग से स्कौर्चिंग (सतह के तंतुओं का जल जाना) की समस्या हो सकती है जो कि मांड वाले सूती **वस्त्रों** पर अधिक स्पष्ट हो जाती है।

6.5.4 रासायनिक गुण

अम्ल: कपास के तंतु अम्ल के लिए प्रतिरोधी नहीं होते हैं। गरम तनु और गाढ़े अम्ल तंतुओं के विघटन का कारण बनते हैं। सामान्य तौर पर, कार्बनिक अम्ल को तो कपास सहन कर लेता है, किन्तु खनिज़ अम्ल इसे क्षति पहुंचाते हैं।

क्षार: दूसरी ओर, कपास की धुलाई के लिए क्षार युक्त डिटर्जेंट (जैसे—निरमा, रिन) का उपयोग सुरक्षित रूप से किया जा सकता है।

ब्लीच: सही परिस्थितयों में क्लोरीन ब्लीच के उपयोग से सूती **वस्त्रों** पर लगे धब्बे साफ़ किये जा सकते हैं।

कार्बनिक विलायक: कपास कार्बनिक विलायक के लिए अत्यधिक प्रतिरोधी होता है; अतः इसकी शुष्क सफाई (ड्राई क्लीनिंग) आसानी से की जा सकती है।

6.5.5 जैविक गुण

सिल्वर फिश के हमले से मांड (स्टार्च) लगे सूती **वस्त्रों** को क्षति पहुँच सकती है। अतः, यह ध्यान रखना चाहिए कि सूती **वस्त्रों** का भंडारण स्टार्च के बिना ही करना चाहिए। प्रोटीन तंतु को खाने वाले कीट और कार्पेट बीटल कपास (सेल्युलोज़िक) तंतु पर हमला नहीं करते।

कपास पर (विशेष रूप से नम, अंधेरे और गर्म वातावरण में) फफूंदी विकसित हो सकती है। इससे सड़न और गलन पैदा होती है, जिससे रंग और मज़बूती की हानि हो जाती है। मिट्टी में पाए जाने वाले बैक्टीरिया कपास को खराब कर सकते हैं।

6.5.6 अन्य गुण

सूर्य के प्रकाश का प्रभाव: लंबे समय तक सूर्य की रोशनी के संपर्क में रहने से कपास की मज़बूती में गिरावट हो सकती है।

स्टेटिक निर्माण: विद्युत् सुचालक होने के कारण, कपास स्टेटिक समस्या का सामना नहीं करता।

आगामी स्थिरता : कपास तंतु अपेक्षाकृत स्थिर होते हैं और इनमें खिंचाव या सिकुड़न की समस्या नहीं होती। कपास से करघे पर बने **वस्त्र** कुछ सिकुड़न प्रदर्शित कर सकते हैं।

6.6 कपास के उपयोग

सौन्दर्य के कारण कपास उच्च मूल्य रखता है, इसके अन्य गुणों में इसकी सुखद और मैट/matt (चमक रहित) बनावट शामिल हैं। नमी को अवशोषित करने की अपनी उच्च क्षमता के कारण, कपास से बने परिधान अत्यधिक गर्मी और आर्द्रता के तहत अधिकतम आराम प्रदान करते हैं।

यह एक ऐसा तंतु है जो 'सांस' लेता है, अर्थात हवा इसमें आ जा सकती है। उपभोक्ता अपने आराम, अच्छी ताप और विद्युतीय चालकता, आसान धुलाई, शोषकता, परिष्करण और रंगाई में आसानी, मज़बूती और कीमत के लिए कपास पसंद करते हैं। यह एक तरफ ढीले, हल्के वज़न वाले, मुलायम, चिकने **वस्त्रों** में परिवर्तित किया जा सकता है तो वहीं दूसरी ओर यह सख्त, कसे हुए,लगभग हवा प्रतिरोधी **वस्त्रों** के रूप में भी तैयार किया जा सकता है। यह एक नॉन-एलर्जीनिक तंतु होने के नाते, बच्चों के लिए और संवेदनशील त्वचा वाले किसी भी व्यक्ति के लिए (जिन्हें अन्य तंतुओं से एलर्जी होती है), एक पसंदीदा **वस्त्र** है। यह कहना अतिशयोक्ति नहीं होगी कि कपास दुनिया का प्रमुख परिधान है।

यह काफी बहुमुखी माना जाता है। इसे रोएंदार रूप में या अच्छी तरह से दृढ़ यार्न (धागा) में परिवर्तित किया जा सकता है। **वस्त्र** निर्माण के सभी तरीकों—करघे पर, बुनाई द्वारा और नॉन-वोवन तकनीकों का प्रयोग किया जा सकता है। कपास के सम्मिश्रण को तंतु, यार्न या **वस्त्र** निर्माण के चरण पर किया जा सकता है। कपास का उपयोग विभिन्न प्रकार के परिधानों (आंतरिक और बाहरी दोनों) के लिए किया जाता है। इसका गृह सज्जा के **वस्त्रों** में व्यापक उपयोग होता है। उत्पादों में तौलिया, चादरें, तकिये के लिहाफ, बिस्तर के बिछौने, गृह सामग्री और मेज़पोश शामिल हैं। इसके अन्य उपयोगों में चिकित्सा, सर्जिकल और सैनिटरी आपूर्ति सहित असंख्य औद्योगिक अनुप्रयोग शामिल हैं।

6.7 कपास की देख-रेख

गीला होने पर कपास की मज़बूती बढ़ जाती है और इसी कारण कठोर परिस्थितियों के साथ-साथ यह धोने और **इस्त्री** करने में उच्च तापमान का सामना कर सकता है। यह सुरक्षित रूप से उबलते पानी में डालकर रुग्ण मुक्त किया जा सकता है, अतः यह उपचार के क्षेत्र में

मूल्यवान होता है। कभी-कभी कपास पर रंग बहुत पक्के नहीं चढ़ते, इसलिए ठंडे पानी और हल्की धुलाई का उपयोग आवश्यक होता है। कम से कम पहली बार रंगे **वस्त्रों** को सावधानी से धोना चाहिए।

6.8 कुछ अन्य कपास

प्राकृतिक रंगीन कपास (Naturally coloured cottons)

इनमें तंतु के लुमेन में दर्ज एक वनस्पति रूप से रंजकता होती है। इसका परिणाम ऐसा तंतु होता है जिसमें अंतर्निहित हरा या भूरा रंग होता है। पुरातात्विक साक्ष्य से संकेत मिलता है कि उपयोग में सबसे पुराने कपास भूरे थे (सफ़ेद नहीं) (चित्र 6.14) स्वाभाविक रूप से रंगीन कपास में लिंट का रंग विकसित करने का नियंत्रण मिट्टी के प्रकार, पानी की कठोरता और सूर्य के प्रकाश के संपर्क से होता है। प्राकृतिक रंगीन कपास के प्रमुख लाभों में खर्चे की बचत (विरंजन और रंगाई न करने के कारण) और चिकित्सा लाभ शामिल हैं। कमियों में सम्मिलित हैं पारंपरिक सफ़ेद कपास के रेशों की तुलना में कम उपज, तंतु की मज़बूती और लंबाई। हालांकि, इन कमियों को यार्न (धागा) या **वस्त्र** स्तर पर सम्मिश्रण के माध्यम से दूर किया जा सकता है।

चित्र 6.14 प्राकृतिक रंगीन कपास

कॉटन काउंसिल ऑफ इंडिया (CCI) ने बढ़ती स्वदेशी और निर्यात की मांग को पूरा करने के लिए प्राकृतिक रूप से रंगीन कपास विकसित करने का फैसला किया है। इससे रंगीन कपास की खेती करने वाले आदिवासियों की आय में भी वृद्धि होगी।

कार्बनिक कपास (Organic cotton)

इस शब्द का उपयोग एक ऐसे क्षेत्र में उत्पादित कपास के लिए किया जाता है जहां तीन वर्षों से कार्बनिक प्रथाओं का पालन किया जाता रहा हो। यदि कार्बनिक कपास तंतु प्रमाणन मानक तीन साल से कम अवधि के व्यवहार में है, तो उत्पादन को ट्रांज़िशन (transition) कपास कहा जाता है। बढ़ती पर्यावरण जागरूकता के साथ कार्बनिक कपास की मांग में एक अभूतपूर्व उछाल आया है और कम प्रदूषणकारी प्रथाओं का उपयोग करने के लिए उद्योगों को आगे बढ़ाने वाले सख्त ईको-विधान बनाए गए हैं। "हरे"/green। सूती **वस्त्र** उत्पादों में वे

वस्त्र शामिल होते हैं जिन्हें हल्के प्राकृतिक आधारित साबुन और प्रकृति रंगों से तैयार किया जाता है; इन्हे किसी रासायनिक प्रक्रिया के अधीन नहीं किया गया हो; 'ग्रीन' शब्द का तात्पर्य प्रसंस्करण से है न कि खेती की प्रथाओं से।

बैसिलस थूरिनजिएनसिस कपास (Bacillus thuringiensis/Bt cotton)

यह आनुवांशिक रूप से संशोधित कपास को संदर्भित करता है जिसमें एक बेहतर उपज होती है और बोल वर्म (Boll worm) कीटों के विरुद्ध संरक्षित होता है। अमरीकी कम्पनी मोंनसा-नटो की तकनीक के आधार पर, Bt कपास कुल कपास क्षेत्र का लगभग एक तिहाई होता है। हालांकि, प्रौद्योगिकीविदों को पर्यावरणविदों की आलोचना मिलती है, जो दावा करते हैं कि ऐसे उत्पाद जैव विविधता को समाप्त करते हैं।

6.9 कपास के लिए भारतीय संस्थान

- कॉटन कार्पोरेशन ऑफ इंडिया लिमिटेड (CCI), यह स्थानीय कपास उद्योग के लिए भारत सरकार का विपणन संगठन है।
- कॉटन एक्स्पोर्ट प्रोमोशन काउन्सिल (TEXPROCIL)
- कॉटन टेक्स्टाइल रिसर्च ऐसोसिएशन (CTRA)
- सेन्ट्रल इंस्टीट्यूट फोर कॉटन रिसर्च, नागपुर
- इंडियन कौंसिल फोर ऐग्रिकल्चरल रिसर्च (ICAR)
- सेन्ट्रल इंस्टीट्यूट फोर रिसर्च इन कॉटन टेकनोलोजी (CIRCOT), मुंबई
- द इंडियन कॉटन मिल फेडेरेशन (ICMF) एक केन्द्रीय संगठन है जो मिल उद्योग का प्रतिनिधित्व करता है तथा राष्ट्रीय सरकार और अंतर्राष्ट्रीय एजेंसियों के साथ परामर्शात्मक स्थिति प्राप्त करता है, ICMF 18 मार्च 1958 को अस्तित्व में आया।
- कॉटन डेवेलपमेंट एंड रिसर्च इंस्टीटयूशन (CDRA), ICMF के काम और शैली में सहायक संस्था है। यह 1964 से कपास के क्षेत्र विस्तार और बीज विकास के लिए कार्य कर रही है।

लिनन या सन का वस्त्र (Linen)

6.10 इतिहास

फ्लैक्स तंतु (वानस्पतिक नाम: *Linum usitatissimum*) दुनिया की सबसे पुरानी तंतु फसलों में से एक है। लैटिन शब्द Usitatissimum का अर्थ है 'सर्व उपयोगी'। इससे प्राचीन काल में लिनन की लोकप्रियता सिद्ध होती है।

पुरानी मज़ारों और मंदिर की दीवारों पर बने चित्र इसके सुन्दर फूलों के पौधों को चित्रित करते हैं। लिनन के वस्त्र पूर्व-ऐतिहासिक काल के हैं। 5000–4000 ईसा पूर्व के बीच प्राचीन मिश्र, फोनिशियन, बेबीलोनियन और अन्य सभ्यताओं द्वारा फ्लैक्स की खेती की जा रही थी। पुरातत्वविदों को मिश्र की कब्रों में मम्मी (Mummy) लिनन के वस्त्रों में लिपटी हुई मिलीं, जो 5000 ईसा पूर्व के समय की हैं। मिस्र की शुष्क और गरम जलवायु ने इन सामग्रियों को संरक्षित करने में मदद की।

उत्तरी यूरोप में वस्त्र निर्माण के लिए फ्लैक्स (सन) के रेशों का उपयोग नवपाषाण काल से होता है। लिनन मध्य युग में विशेष रूप से लोकप्रिय था और आज भी एक मूल्यवान "शोभनीय' तंतु के रूप में जाना जाता है। 'टेबल लिनन' और 'बेड लिनन' जैसे शब्द गृह सज्जा में लिनन के व्यापक उपयोग को सिद्ध करते हैं। दिलचस्प बात यह है कि भले ही आधुनिक गृह सज्जा वस्त्रों में लिनन के अलावा अन्य तंतु भी उपयोग किये जाते हैं, फिर भी उन्हें इसी नाम (होम लिनन) से जाना जाता है।

6.11 खेती और उत्पादन

लिनन एक बास्ट (bast) तंतु है जो पौधे के तने से प्राप्त होता है। ये तंतु लंबे और अत्यंत बारीक होते हैं तथा तने की लकड़ी से ढके होते हैं। वे पेक्टिन (एक चिपचिपा पदार्थ) द्वारा एक साथ संघटित रहते हैं।

मुख्य लिनन उत्पादक देश रशिया, पोलैंड, फ्रांस, बेल्जियम, आयरलैंड और चेक गणराज्य हैं। फ्लैक्स एक सीधा उगने वाला वार्षिक पौधा है जिसमें पतले तने होते हैं, जो समशीतोष्ण जलवायु में पनपते हैं। लिनन की खेती के लिए ऐलुवियल मिट्टी सबसे उपयुक्त है, जिसमें गहरे भुर भुरे लोम्स (Loams) होते हैं तथा जिनमें कार्बनिक पदार्थों का एक बड़ा हिस्सा होता है। भारी मिट्टी और शुष्क रेतीली प्रकृति की मिट्टी लिनन के लिए अनुपयोगी होती है। इसका रोपण मार्च-अप्रैल में किया जाता है, हल्के नीले फूल जून में दिखाई देते हैं और कटाई जुलाई-अगस्त में की जाती है। बुवाई के 90–120 दिनों के बाद, पौधे 2–4 फीट की ऊंचाई प्राप्त करते हैं, तने के निचले दो-तिहाई भाग से पत्ते झड़ने लगते हैं और पिछले हिस्से से पीले होने लगते हैं। यदि तने हरे होते हैं, तो इसका मतलब है कि तंतु अविकसित हैं और दूसरी ओर तने भूरे रंग के हो जाने के बाद, तंतु खराब होने लगते हैं।

कटाई मानव श्रम से या मशीनों से की जाती है। विकासशील देशों में, मज़दूर कम दाम पर और आसानी से उपलब्ध है जबकि विकसित देश यांत्रिक कटाई को अपनाते हैं। इस विधि में, पौधे को जमीन से जड़ों के साथ पूरी तरह से खींच लिया जाता है और केवल तने को काटा नहीं जाता। यह सबसे लम्बे तंतु सुनिश्चित करता है। तने के ऊपरी भाग पर दिखने वाले फ्लैक्स (सन) के बीज को हटाने के लिए सुखाने का कार्य किया जाता है। इस कदम को रिप्लिंग (Rippling) भी कहा जाता है तथा इसे हाथों या मशीनों से किया जा सकता है। फ्लैक्स (सन) बीज का उपयोग अलसी के तेल, मवेशियों को खिलाने और अगली फसल की बुवाई के लिए किया जाता है।

अगला कदम रैटिंग (Retting) होता है जो तने की बाहरी लकड़ी की सख्त परत के साथ साथ तंतुओं को आपस में बांधकर रखने वाले गोंद जैसे पदार्थ को भी ढीला कर देता है। इस प्रकार फ्लैक्स (सन) के तंतुओं को तने से हटा पाना संभव हो जाता है।

तनों को गठ्ठरों में बांधा जाता है और निम्नलिखित तरीकों (स्वः व्याख्यात्मक नामों वाले) में से किसी भी एक तरीके से रैटिंग की जाती है:

- ड्यू या फील्ड (Dew/field) रैटिंग: यह सबसे प्राचीन और समय लेने वाली विधि है, जिसमें ओस, धूप और बारिश का उपयोग किया जाता है। इस प्रक्रिया में 4–6 सप्ताह लगते हैं और इसके परिणाम एक समान नहीं हो सकते। सिक्के का दूसरा पहलू यह है कि इस प्रकार प्राप्त तंतु अन्य विधियों की तुलना में सबसे मज़बूत और सबसे अधिक टिकाऊ होते हैं। साथ ही यह प्रक्रिया कम से कम प्रदूषण पैदा करती है।

- स्ट्रीम (Stream) रैटिंग: तनों के गट्ठरों को बहते पानी की धारा में डाला जाता है ताकि उन्हें गलाया जा सके। यह विधि आजकल ज़्यादा उपयोग में नहीं है।
- पूल या पोण्ड (Pool /Pond) रैटिंग: गट्ठरों को साफ, स्थिर पानी में रखा जाता है, जिन्हें घास फूस से ढंकने के बाद पत्थरों से दबा दिया जाता है। पानी में बैक्टीरिया को गोंद वाले तत्त्व को हाइड्रोलाइज़ करने के लिए लगभग 2–4 सप्ताह लगते हैं। यह फ्लैक्स (सन) को एक गहरे नीलेपन वाले स्लेटी रंग में बदल देता है। इस प्रक्रिया की कुछ कमियाँ यह हैं कि उत्पाद स्थिर पानी के कारण गंदा हो सकता है। इसमें आवश्यकता से अधिक रैटिंग होने की संभावना रहती है जो तंतु के लिए हानिकारक हो सकता है। इसमें एक तीव्र गंध भी उत्पन्न होती है।
- वैट (Vat) रैटिंग: वैट नाम लकड़ी के भिगोने का होता है, जिसे 25°C–30°C तक के गरम पानी से भरा जाता है। फिर इनमें तनों के गट्ठरों को भिगोया जाता है। यह प्रक्रिया कम समय लेने वाली है। प्लास्टिक, सीमेंट या मिट्टी के बर्तन से बने किसी अन्य प्रकार के पात्र का भी उपयोग किया जा सकता है। धातु से बने बर्तनों का उपयोग भिगोने में नहीं किया जा सकता है क्योंकि रैटिंग की प्रक्रिया में एक अम्ल उत्पादित होता है जिससे धातुओं को जंग लग सकता है।
- रासायनिक (Chemical) रैटिंग: तनों को पहले डाइल्यूट सल्फ्यूरिक अम्ल, सोडियम हाइड्रोक्साइड या सोडियम कार्बोनेट में उबाला जाता है और फिर भाप दी जाती है। इस बिधि में सबसे कम समय लगता है लेकिन रसायन के उपयोग से तंतु की मज़बूती पर कुप्रभाव पड़ता है।

    जब रैटिंग पूर्ण हो जाती है, तो फ्लैक्स के बंडल मुलायम प्रतीत होते हैं, और तनों में से कुछ तंतु निकलते हुए दिखने लगते हैं। रैटिंग के बाद, तनों को अच्छी तरह से धोकर साफ किया जाता है और फिर खेतों में फैलाकर सुखाया जाता है।

ड्रेसिंग द फ्लैक्स (Dressing the flax): यह वाक्यांश लिनन के प्रसंस्करण में अगले तीन चरणों के लिए प्रयुक्त किया जाता है, जिसमें ब्रेकिंग, स्कचिंग और हैकलिंग शामिल हैं (विकिपीडिया 2007)।

ब्रेकिंग (Breaking): इसमें रैटिंग के पश्चात तने के आस पास वाले सख्त हिस्से को छोटे टुकड़ों में तोड़ दिया जाता है। इस काम के लिए लकड़ी के ब्लेड का उपयोग किया जाता है।

स्कचिंग (Scutching): इसमें तनों को लोहे के रोलर वाली एक मशीन से गुज़ारा जाता है, जो इसे आस-पास लगे भंगुर लकड़ी के टुकड़ों से साफ या स्कच कर देती है।

हैकलिंग या कोम्बिंग (Hackling/Combing): अब तंतुओं को अनेक लोहे की कंघियों से गुज़ारा जाता है, जिनमें तारों की संख्या बढ़ते क्रम में होती है। इनकी संख्या 4 प्रति इंच से,12 से 25 से 40 और फिर 80 प्रति इंच तक होती है। पहली तीन कंघियों से गुज़रकर तंतुओं में लगा भूसा हट जाता है। अंतिम दो कंघियों की सहायता से लिनन के तंतुओं को टो (tow) नामक छोटे और लाइन (line) नामक लंबे तंतुओं से बाँट लिया जाता है।

इसके बाद तंतु 200–224 पाउंड वज़न के बेल (bale) में बाँध दिए जाते हैं और यार्न (धागा) निर्माताओं को भेजे जाते हैं। फ्लैक्स (सन) के तंतुओं की कताई शुष्क या नम स्थितियों में की जा सकती है। नम स्थितिओं के लिए तंतुओं को गरम पानी (50°C) में से निकाल कर कताई की जाती है।

6.12 रासायनिक संरचना

जैसा कि पहले भी चर्चा की जा चुकी है, किसी भी वानस्पतिक तंतु की मूल इकाई सेलोबाइओज (Cellobiose) है जो ग्लूकोज़ मोनोमर (चित्र 6.11) की एक जोड़ी है। फ्लैक्स में पॉलीमें-राइज़ेशन की डिग्री/DP 18,000 है। इस प्रकार इसमें 36,000 ग्लूकोज़ इकाइयां होती हैं।

6.13 लिनन के गुण

6.13.1 सूक्ष्म वर्णन

लंबाई की ओर से (Longitudinal section/ LS): (चित्र 6.15 देखें) तंतु में एक अनियमित चौड़ाई होती है और कुछ हद तक एक बांस की टहनी जैसा दिखता है। कपास की तरह कोई मुड़ता हिस्सा नहीं होता लेकिन तंतुओं की लंबाई में गांठों (nodes) के निशान दिखाई देते हैं।

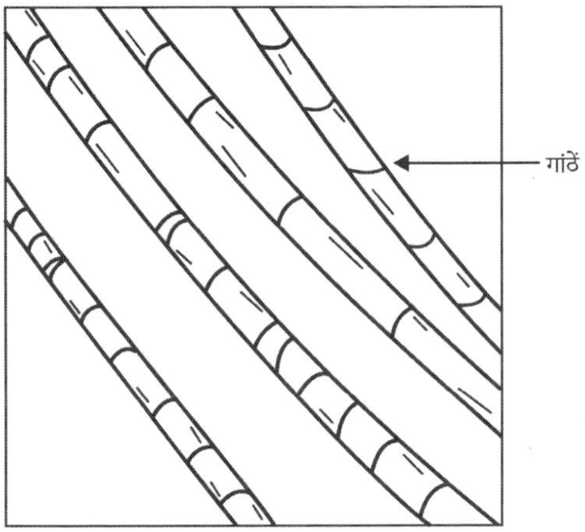

चित्र 6.15 फ्लैक्स के लंबाई सेक्शन का सूक्ष्म रूप

चौड़ाई की ओर से (Cross section/CS): फ्लैक्स तंतु गोल किनारों के साथ बहुभुज होते हैं। केन्द्रीय नलिका (Lumen) एक मोटी बाहरी दीवार के अंदर दिखाई देती है।

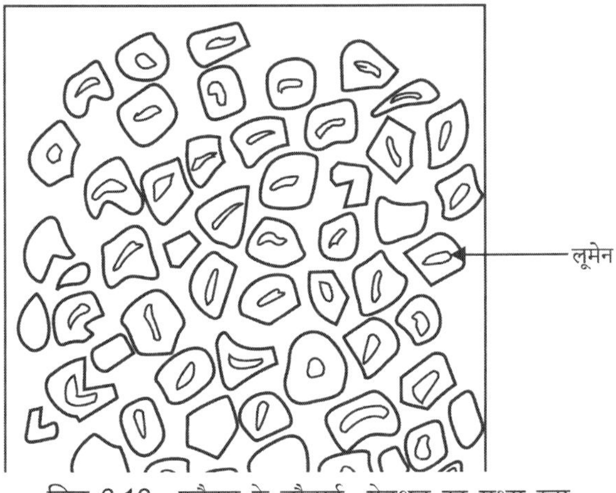

चित्र 6.16 फ्लैक्स के चौड़ाई सेक्शन का सूक्ष्म रूप

6.13.2 भौतिक गुण

लंबाई: फ्लैक्स तंतु कपास की तुलना में अधिक लंबे होते हैं तथा इनकी लंबाई 5 से 12 इंच तक होती है।

व्यास: लिनन कपास की तरह पतला नहीं होता, इसका व्यास 12 से 16 माइक्रोमीटर तक होता है।

रंग: यह आइवरी (हाथी दाँत) से लेकर ग्रे स्लेटी रंग का होता है।

चमक: फ्लैक्स में एक उच्च प्राकृतिक चमक होती है।

दृढ़ता: 5.5–6.5 gpd; गीला होने पर यह 20% अधिक मज़बूत हो जाता है जिससे टिकाऊ और देखभाल करने में आसान वस्त्र बनते हैं।

वृद्धि, लोच और लचीलापन: लिनन में ये गुण निम्न होते हैं, जिससे सिलवटें अधिक पड़ती हैं। हालांकि, इसी गुण का उपयोग एक विशेष 'क्रश्ड लुक' (Crushed look) के रूप में किया जाता है जो कि काफी प्रचलन में है।

घनत्व: 1.5 ग्राम/सेमी^{3}

मॉइस्चर रिगेन: 12% के उच्च रिगेन से लिनन से निर्मित परिधान आरामदायक होता है।

6.13.3 तापीय गुण

जलने का व्यवहार कपास के समान होता है। इस्त्री करने का तापमान कपास से अधिक (260°C) होता है। आप इसे अपने विद्युत् इस्त्री के तापमान डायल पर देख सकते हैं जो कपास की तुलना में लिनन के लिए एक उच्च सेटिंग निर्दिष्ट करता है।

6.13.4 रासायनिक गुण

अम्ल: फ्लैक्स सान्द्र अम्ल के लिए प्रतिरोधी नहीं है, जो तंतु के विघटन का कारण बनता है। हालांकि यह डाइल्यूट/तनु अम्लों की क्रिया का सामना कर सकता है।

क्षार: दूसरी ओर, फ्लैक्स में क्षार का उच्च प्रतिरोध होता है। उच्च क्षार वाले साबुन (जैसे-निरमा, रिन) के साथ फ्लैक्स को सुरक्षित रूप से धोया जा सकता है।

क्लोरीन ब्लीच/विरंजकः सही परिस्थितयों में क्लोरीन ब्लीच के उपयोग से लिनन वस्त्रों पर लगे धब्बे साफ़ किये जा सकते हैं। फ्लैक्स कार्बनिक विलयन के लिए अत्यधिक प्रतिरोधी होते हैं अतः इनकी शुष्क सफाई (ड्राई क्लीनिंग) आसानी से की जा सकती है।

6.13.5 जैविक गुण

सिल्वर फिश मांड लगी फ्लैक्स पर हमला करता है। अन्य कीड़े फ्लैक्स (सेल्युलोज़िक) तंतु पर हमला नहीं करते हैं।

सूखे लिनन में फफूंदी के लिए उत्कृष्ट प्रतिरोध होता है लेकिन आद्र वातावरण में क्षति हो सकती है।

6.13.6 अन्य गुण

सूर्य के प्रकाश का प्रभाव: लंबे समय तक धूप के संपर्क में रहने से धीरे-धीरे मज़बूती कम हो सकती है। हालांकि सूर्य की यूवी किरणों के कारण फ्लैक्स में गिरावट कपास की तुलना में कम होती है। इसलिए इसका उपयोग पर्दों के लिए किया जा सकता है।

स्टेटिक चार्ज: फ्लैक्स किसी भी स्टेटिक समस्या का सामना नहीं करता और लम्बी अवधि तक चलता है।

आयामी स्थिरता: फ्लैक्स के तंतु में खिंचाव या सिकुड़न पैदा नहीं होती लेकिन करघे से बुने हुए वस्त्र रिलेक्सेशन (relaxation) सिकुड़न प्रदर्शित कर सकते हैं।

6.14 लिनन के उपयोग

लिनन अपने उच्च प्राकृतिक चमक और अच्छी नमी अवशोषण के लिए जाना जाता है। लिनन का उपयोग कपड़ों के लिए किया जाता है, विशेषकर महिलाओं के परिधान में। अन्य विविध उपयोगों में जैसे पेंटिंग कैनवस, औनिंग्स awnings, कार सीट कवर, पर्दे, टेबल लिनन, रुमाल और फील्ड गन के लिए कवर आदि शामिल हैं। रक्षा बल पानी की बोतलों और पानी के भंडारण टैंक बनाने के लिए लिनन वस्त्रों का उपयोग करते हैं जिन्हें रेगिस्तान और पहाड़ी क्षेत्रों जैसे दूर दराज के स्थानों तक लपेट कर पहुंचाया जा सकता है।

लिनन एक मुख्य फैशन का कपड़ा है जिसका उपयोग भारत में लगभग हर डिज़ाइनर द्वारा किया जा रहा है। लिनन में मोटे और पतले तंतु बंडल होते हैं जो इससे निर्मित परिधान को आकर्षक बनावट देते हैं। इसकी अन्य आकर्षक विशेषताएँ हैं कि यह गर्मियों में ठंडा, बेहद टिकाऊ और समय के साथ बेहतर हो जाता है।

6.15 लिनन की देखभाल

इसमें एक कमी पाई जाती है—कम लचीलापन, जिससे कपड़ों पर बहुत अधिक सिलवटें पड़ सकती है। इसे शिकन (wrinkle) प्रतिरोधी परिसज्जाओं द्वारा दूर किया जा सकता है। इसकी धुलाई की विधि कपास जैसी होती है।

6.16 अन्य सेल्युलोज़िक तंतु

कपास और लिनन के अतिरिक्त, प्राकृतिक सेल्युलोज़िक परिवार में कई अन्य तंतु होते हैं। तालिका 6.1 उनके स्त्रोत, मुख्य विशेषताओं और उपयोगों का सार प्रस्तुत करती है। यह ध्यान देने योग्य बात है कि प्रसंस्करण के क्षेत्र में विकास ने इनमें से कई तंतुओं के उपयोग का विस्तार परिधान, गृह सज्जा वस्त्र और औद्योगिक उपयोग जैसे क्षेत्रों में किया जाने लगा है।

तालिका 6.1 अन्य सेल्युलोज़िक तंतुओं के स्रोत्, गुण व उपयोग

तंतु	स्रोत	मुख्य गुण	उपयोग
बाँस, जिसे "हरा सोना" भी कहा जाता है।	बाँस के पौधे (उनके तने से लुगदी बनाकर रेशों में परिवर्तित किया जाता है)	• रोगाणु रोधी • शोषक • इनमें से हवा आसानी से आ जा सकती है • मुलायम • यूवी विरोधी प्रकृति	• अंतर्वस्त्र • चिकित्सा वस्त्र • खाद्य पैकिंग थैले
कॉयर (coir) चित्र 6.17	पके हुए नारियल के बाहरी रेशे (चित्र 6.17 देखें)	• बहुत सख्त • घर्षण प्रतिरोध • पानी और मौसम प्रतिरोधी	• कालीन और गलीचे • कूंचा (ब्रश), रस्सी, डोरियाँ
कपोक (Kapok) (सीड हेयर) चित्र 6.18	जावा कपोक के पेड़ के बीज को ढकने वाले बाल (चित्र 6.18 देखें)	• खोखली संरचना के कारण असामान्य हल्कापन • जल प्रतिरोधी • बहुत टिकाऊ नहीं	• जल में तैरते रहने वाले उपकरणों में • तकिये की भराई के लिए
जूट (बास्ट तंतु)	जूट के पौधे का तना। सफेद से भूरे रंग में।	• मुलायम, लचीला और चमकदार लेकिन हवा के संपर्क में भंगुर हो जाता है। • माइक्रोबियल गिरावट के लिए प्रतिरोधी • सबसे सस्ते कपड़ा तंतुओ में से एक • सबसे कमज़ोर सेल्युलोज़िक तंतु में से एक	• बोरा बनाने का टाट • कालीन का अस्तर • रस्सी और डोरियाँ • फ़ूड ग्रेड जूट प्रोडक्ट (FGJP) • जूट जियो टेक्सटाइल (JGT) • घर सजाने का सामान • हस्तशिल्प • उपहार एवं नोवेल्टी आइटम • धागा (yarn)
केनाफ (बास्ट तंतु)	केनाफ का पौधा	• जूट से अधिक लंबा और कठोर	• रस्सी और डोरियाँ • कागज बनाना • बुने और बिना बुने (नॉन-वोवन) वस्त्र
रेमी (बास्ट तंतु)	रेमी (चाइना ग्रास) के पौधे के तने से प्राप्त, यह सफेद रंग का होता है।	• सबसे मज़बूत प्राकृतिक तंतु • उत्कृष्ट अवशोषी • पतला लंबा और चमकदार • कीड़े और रोगाणुओं के लिए प्रतिरोधी • लचीलेपन का अभाव	• नॉन-वोवन वस्त्र • परिधान और घरेलू वस्त्रों के लिए अकेले या मिश्रणों में • रस्सियाँ • जियोटेक्सटाइल

हेम्प (बास्ट तंतु)	हेम्प (भांग) के पौधे के तने से	• फ्लैक्स से मिलता जुलता • बहुत मज़बूत • बहुत लचीला नहीं • पानी के संपर्क में आने पर सड़ता नहीं है।	• रस्सियाँ और बड़ी मज़बूत सुतली • धागा • औद्योगिक वस्त्र • फर्श चटाई
अबाका (मनीला हेम्प) लीफ तंतु	केला परिवार का सदस्य	• मोटे, बहुत लंबे • मज़बूत टिकाऊ और लचीला	• रस्सियाँ • कपड़ा • मेज़पोश
पिना (लीफ तंतु)	अनानास के पौधे की पत्तियाँ	• नरम, चमकदार • सरासर, हल्के वज़न लेकिन कठोर वस्त्रों का उत्पादन करता है	• मेज़पोश • थैले • परिधान

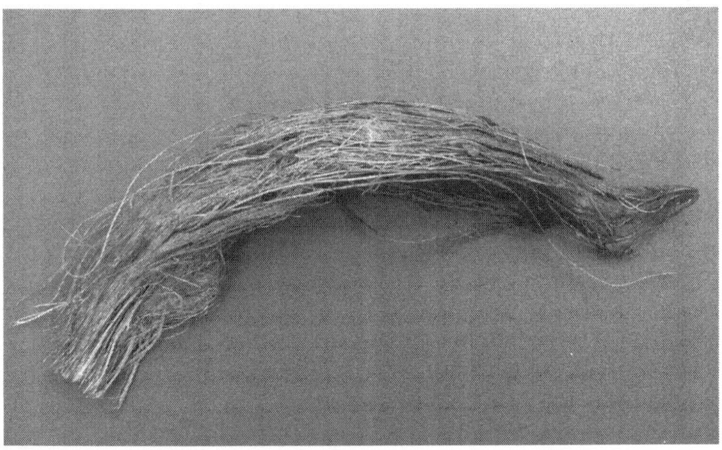

चित्र 6.17 नारियल के तंतु (coir)

चित्र 6.18 कपोक तंतु

6.17 जूट—वर्तमान स्थिति और उपयोग

जूट की खेती सामान्य रूप से भारत की अर्थव्यवस्था और विशेष रूप से पूर्वी क्षेत्र में एक महत्वपूर्ण स्थान रखती है। भारतीय जूट क्षेत्र में कई विशिष्ट बातें हैं। कच्चे जूट और जूट उत्पादों का निर्यात इतिहास सौ साल से अधिक पुराना है। देश में 78 जूट के कारखाने/मिल 2.61 लाख श्रमिकों को प्रत्यक्ष रोज़गार देती हैं, 40 लाख कृषि परिवारों को आजीविका और अन्य 1.4 लाख इस क्षेत्र से संबंधित अन्य रोज़गार में शामिल हैं। पश्चिम बंगाल में सबसे अधिक (61) मिल हैं। आंध्र प्रदेश में 7 मिल, बिहार और उत्तर प्रदेश में 3 मिल और असम, उड़ीसा, त्रिपुरा और मध्य प्रदेश में 1-1 मिल हैं। भारत कच्चे जूट के साथ-साथ दुनिया में जूट के सामान का सबसे बड़ा उत्पादक है। ग्राहकों की आवश्यकताओं के अनुरूप उपयोगों की एक विस्तृत पहुँच है। सबसे नवीनतम फ़ूड ग्रेड जूट प्रोडक्ट (FGJP) है जो थैले या वस्त्रों के रूप में है। इनका उपयोग कोको, कॉफी और छिले हुए मेवों (shelled nuts) की पैकेजिंग के लिए बड़े पैमाने पर किया जा रहा है। जूट के थैले पहले खनिज तेल का उपयोग करके बनाए जाते थे, जो हाड्रोकार्बन के प्रतिधारण का नेतृत्व करते थे और इस प्रकार खाद्य उत्पादों के सम्मिश्रण या संदूषण की आशंका देते थे। हालांकि, इन्डियन जूट इन्डस्ट्रीज़ रिसर्च ऐसोसिएशन (IJIRA) के अनुसंधान और विकास योगदान के साथ, एक वैकल्पिक तेल पाया गया था। चावल की भूसी का तेल अब हाइड्रोकार्बन मुक्त तंतु लूब्रिकेंट स्नेहक के रूप में उपयोग किया जा रहा है। भारत में निर्मित खाद्य ग्रेड जूट के थैले और वस्त्र वैश्विक पर्यावरण और पारिस्थितिक चिंताओं के संदर्भ में एक वरदान हैं।

6.18 जूट क्षेत्र में संगठनों की सूची

- बड्र्स जूट एक्सपोर्ट लिमिटेड (BJEL)
- इन्डियन जूट इन्डस्ट्रीज़ रिसर्च ऐसोसिएशन (IJIRA)
- जूट कॉर्पोरेशन ऑफ इंडिया लिमिटेड (JCI)
- जूट मैनुफैक्चरर्स डिवेलपमेंट काउन्सिल (JMDC)
- नैशनल काउन्सिल फॉर जूट डिवेलपमेंट (NCJD)
- नैशनल जूट मैनुफैक्चरर्स कॉर्पोरेशन (NJMC)

अभ्यास

6.1 बीज की बुवाई से लेकर कटाई तक कपास के विकास को रेखांकित करते हुए एक योजनाबद्ध आरेख बनाएं।

6.2 “कपास गर्म, आद्र के मौसम के लिए उपयुक्त माना जाता है”। कपास के कौन से गुण इस कथन को प्रमाणित करते हैं?

6.3 कपास और जूट उत्पादन से जुड़ी दो दो भारतीय संस्थाओं के नाम दीजिए।

6.4 'रैटिंग' को परिभाषित कीजिए। इसके प्रसंस्करण चरण के लिए नियोजित तरीकों का उल्लेख कीजिए।

6.5 कार्बनिक और प्राकृतिक रंगीन कपास को परिभाषित कीजिए और उनके बीच अंतर बताइए।

6.6 लिनन और जूट तंतु के मुख्य उपयोगों की गणना कीजिए।

सन्दर्भ पुस्तक सूची

Trotman, ER, *Dyeing and Chemical Technology of Fibres*, 6th ed., Charles Griffin and Company Ltd., England, 1984.

विस्तृत जानकारी हेतु पुस्तक सूची

Collier, B.J., Bide, M.J. and Tortora, P.G., *Understanding Textiles,* 7th ed., Pearson Education, NJ, 2009.

Cook, J.G., *Handbook of Textile Fibres*, Vol. I, Rednook books, Great Britain, 1993.

Hudson, P.B., Clapp, A.C. and Kness, D., *Joseph's Introductory Textile Science*, 6th ed., Harcourt Brace Jovanovich College Publishers, 1993.

Kadolph, S.J. and Langford, A.L., *Textiles,* 10th ed., Pearson Education, NJ, 2007.

Sayed, U. and Marwaha, S., Novel Natural Fibres, *Asian Textile Journal*, pp. 80–85, January 2006.

Sekhri, S., Sardana, C., Parmar, M.S., Enhancing Consumer Appeal of Naturally Coloured Cottons Through Blending and Mordanting, Colourage, June 2008.

Sekhri, S., Naturally Coloured Cottons: Valuable Gift for the Future, *Asian Textile Journal*, pp. 70–73, April 2006.

अध्याय 7

पुनरुत्पादित तंतु (Regenerated Fibres)

बीसवीं शताब्दी की शुरुआत से, पश्चिम में, **रसायनशास्त्रियों** ने ऐसी प्रक्रियाओं का अध्ययन करना आरम्भ किया, जो मोनोमर और पॉलिमर को ऐसे संगठित कर सकें, जैसे कि वे प्राकृतिक तंतुओं में होते हैं। रेशम के कीड़े और मकड़ी के उदाहरणों ने वैज्ञानिकों को उन तरीकों का पता लगाने के लिए प्रेरित किया जिनके द्वारा वे भी छोटे छिद्रों के माध्यम से एक उपयुक्त तरल को निकाल कर उसे फिर से ठोस बना पायें और इस प्रकार मानव निर्मित तंतुओं को तैयार कर सकें। एक सदी तक प्रयोगशाला अनुसंधानों और सैकड़ों तंतुओं पर कार्य करने के बाद, इनमें से केवल कुछ को ही सफल आविष्कार कहा जा सकता है। इन्हीं में अच्छे गुणों के साथ साथ प्रतिस्पर्धात्मक रूप से सामूहिक स्वीकृति प्राप्त करने के लिए उचित दाम का भी गुण है। इनमें मुख्य रूप से हैं—रेयॉन, एसीटेट, नायलॉन, पॉलिएस्टर और ऐक्रेलिक।

मानव निर्मित तंतुओं की पहली श्रेणी पुनरुत्पादित तंतु हैं। ये प्राकृतिक कच्चे माल के उपयोग से बनाए जाते हैं। इनकी रासायनिक प्रकृति सेल्युलोज़िक या प्रोटीन तंतु के समान हो सकती है। सेल्युलोज़िक पुनरुत्पादित तंतुओं में रेयॉन और एसीटेट व्यावसायिक दृष्टिकोण से महत्वपूर्ण हैं। एज़लॉन (Azlon) एक प्रोटीन आधारित पुनरुत्पादित तंतु का उदाहरण है। भारत में रेयॉन और एसीटेट दोनों का निर्माण होता है और इनके व्यापक अनुप्रयोग भी होते हैं। वर्तमान अध्याय में उनके उत्पादन, गुण, उपयोग और देखभाल के विषय में चर्चा की जायेगी।

7.1 इतिहास

मानव निर्मित तंतु रासायनिक कताई विधियों द्वारा बनाए जाते हैं। बहुलक को एक तरल में बदल दिया जाता है, जिसे फिर दबाव के साथ एक स्पिनरेट के छिद्रों में से बाहर निकाला जाता है। इसके बाद विभिन्न तरीकों से इसे पुनः ठोस बनाने के बाद फिलामेंट में परिवर्तित कर लिया जाता है। इसलिए, यह कहना अतिशयोक्ति नहीं होगी कि सभी मानव निर्मित तंतु अपने अस्तित्व का श्रेय स्पिनरेट (Spinning Jet) के आविष्कार को दे सकते हैं, जो Ozanam ने 1862 में किया था। विश्व के पहले निर्मित तंतु, विस्कोस रेयॉन का आविष्कार 1892 में

Cross और Bevan द्वारा किया गया था। इसका वाणिज्यिक उत्पादन 1904 में शुरू हुआ। ध्यान रहे कि पहले निर्मित तंतु का जन्म दुनिया के विभिन्न देशों में वर्षों तक किये अनुसंधान के कारण ही संभव हुआ।

कुप्रामोनियम रेयॉन का निर्माण E. Schweitzer के इस शोध पर आधारित था कि कॉपर हाइड्रोक्साइड को यदि अमोनिया में मिलाया जाए तो उसमें सेल्युलोज़ विलय हो जा सकता है। इससे यार्न (सूत) को कातने के कई शुरुआती प्रयास असफल रहे। अंततः सन 1919 में, Bemberg कुप्रामोनियम रेयॉन का निर्माण करने में सफल हुए (Trotman, 1984)।

एसीटेट का जन्म 1905 में Miles द्वारा किए गए प्रयोगों के कारण हुआ। हालांकि, इसका वाणिज्यिक उत्पादन बहुत वर्ष बाद (1920 के दशक के आसपास) शुरू हुआ।

प्रारम्भ में, पुनरुत्पादित तंतुओं को संदर्भित करने के लिए' "कृत्रिम रेशम" (Artificial silk/आर्ट सिल्क) शब्द का उपयोग किया जाता था। 1924 में, इन तंतुओं को संदर्भित करने के लिए 'रेयॉन' शब्द गढ़ा गया और 1953 में रेयॉन, एसीटेट और ट्राइएसीटेट के लिए अलग-अलग श्रेणियाँ स्थापित की गईं।

7.2 विश्व उत्पादन

2006 में, वैश्विक स्तर पर 2.5 मिलियन मीट्रिक टन पुनरुत्पादित सेल्युलोज़ तंतुओं का उत्पादन किया गया था। इनमें से 97% रेयॉन (रेशा और तंतु) और 3% एसीटेट (तंतु) थे। इसका एक बहुत बड़ा हिस्सा (80%) एशिया में उत्पादित किया गया था। 17% उत्पादन पश्चिम यूरोप में, जबकि शेष 3% का उत्पादन मध्य और पूर्वी यूरोप तथा मध्य और दक्षिणी अमरीका द्वारा किया गया। सभी मानव निर्मित तंतुओं में विस्कोस तंतुओं की खपत 6 प्रतिशत है। लगभग 45 प्रतिशत सामग्री का उपयोग उद्योगों में, और इतनी ही राशि परिधान बनाने के लिए उपयोग की जाती है। शेष लगभग 10 प्रतिशत गृह वस्त्रों में उपयोग होता है।

चीन, इंडोनेशिया, भारत, ताइवान, थाईलैंड, जापान और जर्मनी विस्कोस रेयान उत्पादन के प्रमुख देश हैं। भारत में इसका उत्पादन खपत से अधिक होता है। भारत में विस्कोस तंतुओं/VSF का कुल उत्पादन 2016–17 में 273.15 मिलियन किलोग्राम आंका गया था।

ग्रासिम इंडस्ट्रीज़ भारत के साथ-साथ विश्व स्तर पर भी VSF के लिए मुख्य उत्पादक है।

7.3 उत्पादन प्रक्रिया

7.3.1 रेयॉन

'रेयॉन' शब्द का प्रयोग पुनरुत्पादित सेल्युलोज़िक तंतुओं के लिए किया जाता है। तंतुओं के इस परिवार में कई सदस्य हैं, जिनमें से प्रमुख हैं—विस्कोस रेयॉन, कूप्रामोनियम रेयॉन, हाई टेनेसिटी/HT रेयॉन, हाई वेट मोड्युलस/HWM रेयॉन और टेनसेल।

विस्कोस रेयॉन

कपास के बहुत छोटे तंतु (कॉटन लिंटर) और लकड़ी की लुगदी को सबसे पहले कैल्शियम बाइसल्फाइट में उपचारित किया जाता है। इसके बाद इसे दबाव में लगभग 14 घंटे तक भाप के साथ उबाला जाता है। इस प्रक्रिया से किसी भी तरह से सेल्युलोज़ को नुकसान

पहुंचाए बिना लिग्निन को नरम करने में मदद मिलती है। इस प्रकार प्राप्त लुगदी को अब सोडियम हाइपोक्लोराइट के साथ ब्लीच किया जा सकता है। इसके बाद, दबा कर पानी को निकाला जाता है और लुगदी से लगभग 2×2 फुट माप के पतले बोर्ड तैयार किए जाते हैं। 90–94% शुद्ध सेल्युलोज़ सामग्री वाले ये बोर्ड एक ठन्डे क्षारीय घोल (17.5% NaOH) में डुबो दिए जाते हैं। ऐसा करने से उनका सेल्युलोज़ सोडा सेल्युलोज़ में परिवर्तन हो जाता है। क्षारीय बोर्ड/शीट को कताई मशीन से गुज़ारकर छोटे टुकड़ों में तोड़ लिया जाता है। अब इन टुकड़ों को नियंत्रित तापमान (22°C) और आद्रता के तहत एक गैर-प्रतिक्रियाशील टैंक में एक निश्चित समय (3 से 4 दिन) के लिए संग्रहित किया जाता है। सही स्तर तक परिपक्व होने के बाद इन्हें एक ज़ैंथेटिंग (xanthating) मंथन करने वाले यन्त्र में डाल दिया जाता है, जिसमें सामग्री के वज़न के 10% की मात्रा कार्बन डाइसल्फाइड (CS_2) मिलाया जाता है और लगभग 2 घंटे तक इसे रखा जाता है। इस मंथन में पानी का आवरण होता है जो तापमान में वृद्धि को रोकता है। लकड़ी के टुकड़ो का रंग सफ़ेद से चमकीले नारंगी में बदल जाता है। रासायनिक रूप से सोडियम सेल्युलोज़ जैंथेट (Xanthate) बनता है। अतिरिक्त CS_2 वाष्पित हो जाता है और डाइल्यूट NaOH (5–8%) में टुकड़े घोल दिए जाते हैं। फिर यह शहद के रंग में परिवर्तित हो जाते हैं, तब इसमें टाइटेनियम डाइऑक्साइड (TiO_2) मिलाया जाता है। तरल को 2–3 बार छाना जाता है, और फिर तब तक रखा जाता है, जब तक यह सही गाढापन प्राप्त नहीं कर लेता। इसे परिपक्व होने में चार दिन लगते हैं। गाढ़ापन, शुरू में कम हो जाता है, और उसके बाद बढ़ जाता है। सही गाढ़ापन को जांचने के लिए एक सरल परीक्षण किया जाता है। घोल विलियन को 40% एसिटिक अम्ल में मिश्रित किया जाता है। यदि यह विघटित हो जाए, तो यह पता लगता है कि घोल अभी अगले चरण के लिए तैयार नही है। लेकिन यदि यह जमावट पैदा करता है, तो इसे एक भंडारण (एजिंग) टैंक में ले जाया जाता है यहाँ इसे छानकर इसमें से हवा के बुलबुले हटाये जाते हैं।

वेट/गीली कताई (wet spinning) एक तनु/डाइल्यूट अम्ल घोल में की जाती है (वेट/गीली कताई पर विवरण के लिए अध्याय 9 देखें)। कताई टैंक को शीट लेड (sheet lead) से बनाया जाता है और इसे सामान्य या उच्च तापमान (40–50°C) पर रखा जाता है। कताई टैंक की संरचना और तापमान सेल्युलोज़ जैंथेट (Cellulose Xanthate) की जमावट के स्तर को प्रभावित करता है।

अम्लीय घोल सेल्युलोज़ जैंथेट घोल के साथ परस्पर प्रभाव डालता है और तंतुओं में सेल्युलोज़ के जमावट का कारण बनता है।

तंतुओं को अम्लीय घोल से निरंतर निकाला जाता है और आगे सेल्युलोज़ जैंथेट को पुनरुत्पादित करने के लिए दवाब डालकर गर्म तनु अम्ल से उपचारित किया जाता है, जो CS_2 के विमोचन के साथ शुद्ध सेल्युलोज़ में वापस आ जाता है।

उपरोक्त विनिर्माण को सरल योजनाबद्ध रेखा चित्र (चित्र 7.1) के रूप में, संक्षेपित किया जा सकता है।

अम्ल घोल (acid bath) की संरचना इस प्रकार होती है।

55–59% पानी मूल घटक के रूप में कार्य करने के लिए है।

17–20% Na_2SO_4 जमावट की प्रक्रिया को धीमा कर देता है।

9–10% H_2SO_4 डोप में NaOH को बेअसर करता है।

4–10% कॉर्न सिरप एक निश्चित मात्रा में गाढ़ापन लाने के लिए तथा 1.1% $ZnSO_4$ जमावट की प्रक्रिया को धीमा करने के लिए, यह अधिक मज़बूती और अनुप्रस्थ खंड (क्रॉस सेक्शन) में कम धारियां/serrations (सिरेशन) प्रदान करने में मदद करता है।

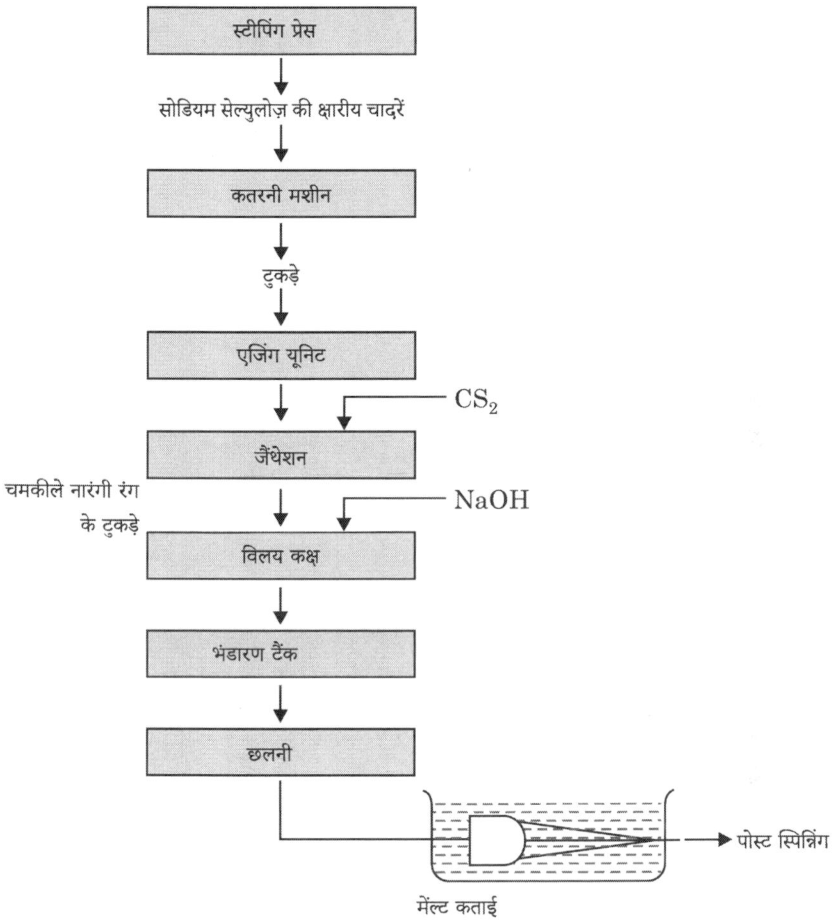

चित्र 7.1 विस्कोस निर्माण का योजनाबद्ध रेखाचित्र

चित्र 7.2 में विस्कोस रेयॉन के निर्माण की रासायनिक प्रतिक्रिया को दर्शाया गया है।

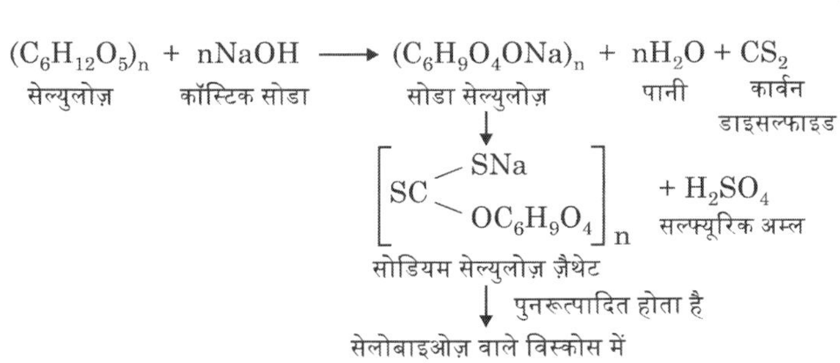

चित्र 7.2 विस्कोस निर्माण की रासायनिक प्रक्रिया।

कुप्रामोनियम रेयॉन

कपास के छोटे तंतु (लिंट) और लकड़ी के गुद्दे को साफ किया जाता है। शुद्ध किये गए कच्चे माल को फिर डाईल्यूट अमोनिया (NH_3) और कॉपर सल्फेट ($CuSO_4$) के मिश्रण में मिला दिया जाता है। इसे एक मिलाने वाले यन्त्र/मिक्सर में कॉस्टिक सोडा (NaOH) के साथ डाला जाता है। परिणामस्वरूप घोल साफ़ और नीले रंग में परिवर्तित हो जाता है। परिपक्वन का चरण, जो विस्कोस निर्माण में इतना महत्वपूर्ण था, कुप्रामोनियम उत्पादन के लिए आवश्यक नहीं होता है। घोल को छानकर इसमें से अपरिष्कृत कणों को हटाया जाता है। अब इसकी गीली/वेट कताई की जाती है (विवरण के लिए अध्याय 9 देखें)। कताई टैंक में स्पिनरेट (spinneret) को शुद्ध जल में डुबोया जाता है।

पानी की आवाजाही नए बने तंतुओं को खींचती है और उनमें आणविक अभिविन्यास (molecular orientation) की एक छोटी मात्रा प्रदान करती है। फ़िलामेंटस को सल्फ्यूरिक अम्ल में न्यूट्रेलाइज़/बेअसर किया जाता है, इसके बाद उनकी धुलाई, स्नेहन (लूब्रिकेशन), सुखाने, ऐंठन देने और लपेटने के काम किये जाते हैं। चित्र 7.3 में इस प्रक्रिया का एक रेखाचित्र दिया गया है।

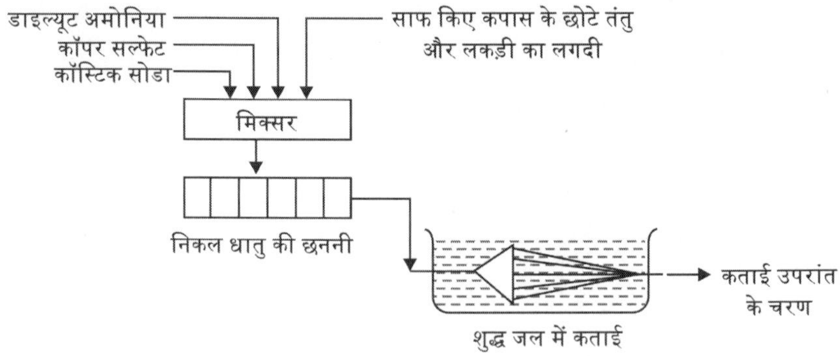

चित्र 7.3 कुप्रामोनियम रेयॉन निर्माण के लिए योजनाबद्ध आरेख।

हाई टेनेसिटी (HT) रेयॉन

जैसा कि नाम से पता चलता है, रेयॉन परिवार के इस सदस्य के पास सामान्य विस्कोस की तुलना में कहीं अधिक दृढ़ता/मज़बूती होती है। HT रेयॉन में क्रिस्टलीय क्षेत्रों की एक बड़ी प्रतिशत होने के फलस्वरूप उनमें अधिक मज़बूती होती है। इस लक्ष्य को प्राप्त करने के लिए, कताई जिस अम्लीय घोल में की जाती है, उसकी संरचना में कुछ बदलाव किए जाते हैं — जैसे H_2SO_4 और $ZnSO_4$ की मात्रा बढ़ाना। ये तरल की जमावट को मंद करते हैं। अभिविन्यास (ओरिएन्टेशन) में सुधार के लिए अधिक खिंचाव अनुपात भी प्रदान किया जाता है।

हाई वेट मोड्युलस/ HWM रेयॉन

गीले होने पर इन रेशों की दृढ़ता में भारी कमी नहीं होती हैं। इनके उत्पादन के लिए कताई की स्थितियों और कताई टैंक में घोल की रासायनिक संरचना में कुछ परिवर्तन किए जाते हैं। इनमें शामिल हैं—लंबे समय तक कताई टैंक के घोल में विसर्जन का समय, कताई का कम तापमान, परिपक्व करने का कम समय और CS_2 के साथ-साथ $ZnSO_4$ की भी अधिक मात्रा का उपयोग। इनके अलावा, उच्च खिंचाव अनुपात भी नियोजित किए जाते हैं, जिनसे ऐसे रेशों

में शुष्क और नम परिस्थितियों में बहुत अधिक दृढ़ता प्राप्त की जा सकती है। HWM रेयॉन अपने भौतिक, यांत्रिक और रासायनिक गुणों में कपास से मेल खाता है।

टेनसेल

यह एक उच्च दृढ़ता वाला रेयॉन तंतु है जो 1989 में Courtalds द्वारा पेश किया गया था। लकड़ी की लुगदी को गर्म अमीन ऑक्साइड में घोला जाता है और इससे प्राप्त साफ़, गाढ़ा घोल छाना जाता है। फिर इसकी जेल (gel) कताई एक ऐसे घोल में की जाती है जिसमें डाइल्यूट अमीन ऑक्साइड होता है। रेशों को धो कर सुखा दिया जाता है; और विलायक को अलग कर पुनः प्रयोग किया जाता है। पिछले वर्षों में, टेनसेल तंतुओं का उपयोग निरंतर बढ़ रहा है, यहां तक कि भारत में भी।

7.3.2 एसीटेट

एसीटेट (द्वितीयक/secondary एसीटेट)

कपास के लिंटर और लकड़ी की लुगदी को क्षार के साथ उबालकर और हाइपोक्लोराइट ब्लीच के साथ मिलाकर शुद्ध किया जाता है। फिर यह तैयार कच्चा माल ग्लेशियल एसिटिक अम्ल और एसिटिक एनहाइड्राइड के साथ मिलाया जाता है। थोड़ी मात्रा सल्फ्यूरिक अम्ल की भी डाली जाती है तथा मिश्रण को एक निर्दिष्ट समय अवधि के लिए पूर्वउपचार टैंकों में संग्रहित किया जाता है। फिर इस मिश्रण को गूंथने वाली (kneading) मशीन (एसीटाइलेटर) में डाला जाता है जो द्रव्यमान में जोड़े जाने वाले एसिटिक एनहाइड्राइड घोल को अच्छी तरह से मिश्रित करने में मदद करती है। इस समय, प्रत्येक ग्लूकोज़ अणु के तीन हाइड्रॉक्सिल समूहों के स्थान पर एसिटाइल समूहों के स्थापन द्वारा ट्राइएसीटेट बनता है। पहले तैयार होने के कारण इसे प्राइमरी एसीटेट भी कहा जाता है। अगला चरण परिपक्वन का होता है, जिसके लिए भंडारण टैंक का उपयोग किया जाता है। इसमें पानी मिलाया जाता है ताकि कुछ एसिटाइल समूहों के स्थान पर हाइड्रॉक्सिल समूह पुनः स्थापित हो पाएँ। रसायनिक रूप से, यह कहा जा सकता है कि परिपक्व होने वाले चरण के अंत में सेकेंडरी एसीटेट बनता है। एसीटेट को तलछट (प्रेसिपिटेट) के रूप में बनाने के उद्धेश्य से मिश्रण में पानी को मिलाया जाता है। इस तरह से बने छोटे लच्छों को पानी से अच्छी तरह धो कर फिर सुखाया जाता है।

इन लच्छों से फ़िलामेंट बनाने के लिए एसीटोन में विलय किया जाता है और फिर, छानने के बाद इन्हें एक गर्म हवा कक्ष में शुष्क/ड्राई कताई के लिए ले जाया जाता है (ड्राई रासायनिक कताई, अध्याय 9 देखें)। एसीटेट के उत्पादन के लिए एक योजनाबद्ध रेखाचित्र चित्र 7.4 है।

प्राथमिक एसीटेट (primary acetate): इसे ट्राइएसीटेट भी कहा जाता है। इसका उत्पादन सेकेंडरी एसीटेट से दो बातों में भिन्न होता है—इसमें कोई भी परिपक्वन वाला चरण नियोजित नहीं होता है तथा इसके लिए मेथिलीन क्लोराइड को विलायक के रूप में प्रयुक्त किया जाता है।

7.4 रासायनिक संरचना

हालांकि रेयॉन और एसीटेट दोनों में एक ही कच्चा माल होता है, फिर भी 'पुनरुत्पादित' सेल्युलोज़िक शब्द का प्रयोग केवल रेयॉन के लिए ही किया जा सकता है। एसीटेट और ट्राइएसीटेट की रासायनिक संरचना सेल्युलोज़ नहीं किन्तु उसकी एक रासायनिक विविधता

होती है जिसे एस्टर (Collier et al., 2009) के रूप में जाना जाता है। इन तंतुओं के लिए संशोधित या 'मॉडीफाइड (modified) सेल्युलोज़िक' शब्द का उपयोग करना अधिक उचित होगा। इसी कारण से एसीटेट और ट्राइएसीटेट के कुछ गुण अन्य सेल्युलोज़िक तंतुओं के साथ मेल नहीं खाते हैं।

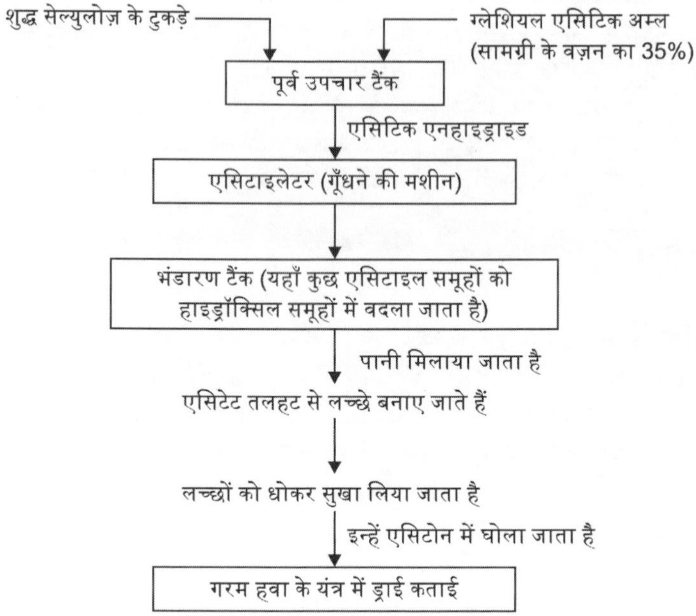

चित्र 7.4 एसीटेट उत्पादन का योजनाबद्ध रेखाचित्र

रासायनिक रूप से, विस्कोस को सेल्युलोज़ जैंथिक अम्ल के सोडियम लवण के रूप में परिभाषित किया जा सकता है (ट्रोंटमैन Trotman, 1984)। प्राकृतिक सेल्युलोज़ तंतुओं की तरह, रेयॉन अणु की मूल इकाई सेलोबाईओज़ है, जो ग्लूकोज़ मोनोमर की एक जोड़ी होती है (चित्र 7.5)।

एक स्वाभाविक प्रश्न यह हो सकता है कि यदि प्राकृतिक और पुनरुत्पादित तंतुओं के लिए बुनियादी सामग्री में कोइ अंतर नहीं तो फिर उनकी दृढ़ता के गुण में इतनी भिन्नता क्यों है? इस का उत्तर है इन तंतुओं के पॉलिमराइज़ेशन की डिग्री में अंतर। तालिका 7.1 इस अंतर को प्रदर्शित करती है।

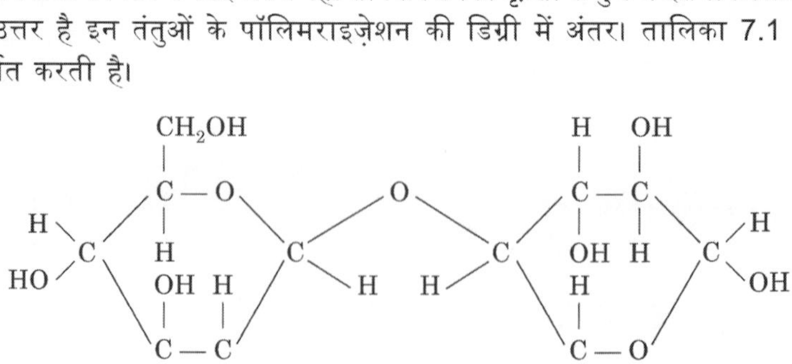

चित्र 7.5 सेलोबाईओज़ की संरचना

तालिका 7.1 पॉलिमराइज़ेशन की डिग्री

प्राकृतिक सेल्युलोज़िक तंतु	पुनरुत्पादित सेल्युलोज़िक तंतु
कपास 5000 सन (flax) 18000	विस्कोस रेयॉन 175 HWM रेयॉन 300 कुप्रामोनियम रेयॉन 250 एसीटेट 130 ट्राइएसीटेट 225

एसिटेट और ट्राइएसिटेट दोनों सेल्युलोज़ पॉलिमर हैं, जिनके —OH समूहों को एसिटिक अम्ल या ट्राइएसीटेट के एस्टर बनाने के लिए एसिटाइल किया गया है। विनिर्माण प्रक्रियाओं में ट्राइएसीटेट का उत्पादन पहले किया जाता है। इस प्रकार यह प्राथमिक सेल्युलोज़ एसीटेट तंतु के रूप में भी जाना जाता है। उपसर्ग 'ट्राई' यह दर्शाता है कि 'एसिटाइलेशन' (acetylation) के दौरान प्रत्येक ग्लूकोज़ अणु में तीन हाइड्रॉक्सिल (—OH) को एसिटाइल रेडिकल (—$OOCCH_3$) द्वारा प्रतिस्थापित किया जाता है। चित्र 7.6 में ट्राइएसीटेट की इकाई को दर्शाया गया है। सेकेंडरी सेल्युलोज़ एसीटेट तंतु प्राप्त करने के लिए पानी के साथ ट्राइएसीटेट को हाइड्रोलाइज़ किया जाता। यह लगभग एक एसिटाइल समूह के स्थान पर हाइड्रॉक्सिल समूह (चित्र में घेरा देखिये) स्थापित करता है।

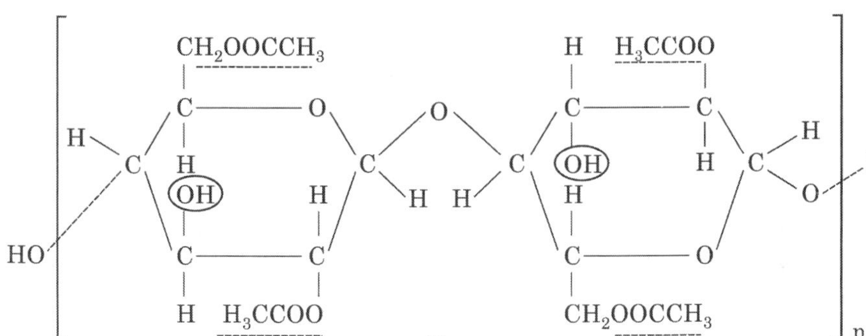

एसीटेट बहुलक

चित्र 7.6

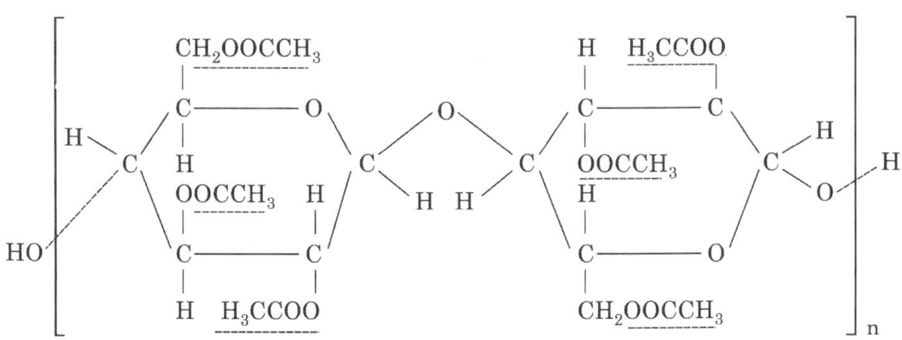

ट्राइएसीटेट बहुलक

चित्र 7.7

7.5 पुनरूत्पादित तंतु के गुण

रेयॉन और एसीटेट, दो पुनरुत्पादित तंतुओं के गुणों पर चर्चा शुरू करने से पहले, यह स्पष्ट रूप से समझना चाहिए कि भले ही इन दोनों तंतुओं में एक जैसा कच्चा माल उपयोग होता है, फिर भी ये बनावट के संबंध में बहुत भिन्न होते हैं। इसी कारण से जहां एक ओर रेयॉन के गुण प्राकृतिक सेल्युलोज़िक तंतुओं की प्रवृत्ति का पालन करते हैं, वहीं एसीटेट का व्यवहार कृत्रिम तंतुओं की तरह थर्मोप्लास्टिक (गर्म करने पर पिघलने वाला) होता है।

7.5.1 सूक्ष्म गुण

लंबाई की ओर से (LS): रेयॉन और एसीटेट तंतु लंबाई की ओर से अनियमित आकार के दिखते हैं। इनमें कई सारी रेखाएँ (striations) दिखती हैं, जो कि असमान संरचनाओं में असमान प्रकाश प्रतिबिंब के कारण दिखाई देती हैं। कुप्रामोनियम रेयॉन, टेंसेल और कुछ अन्य पुनरुत्पादित तंतुओं में अधिक नियमित संरचना होती है और इसलिए ये रेखाएँ नहीं दिखाते हैं। चित्र 7.8 विभिन्न पुनरुत्पादित तंतुओं के अनुदैर्ध्य खंड/लोंगीटूडीनल सेक्शन (LS) को दर्शाता है।

डीलस्ट्रेंट (delusterant) के उपयोग से लंबाई और **चौड़ाई** के खंड में काले बिंदु दिखाई देते हैं।

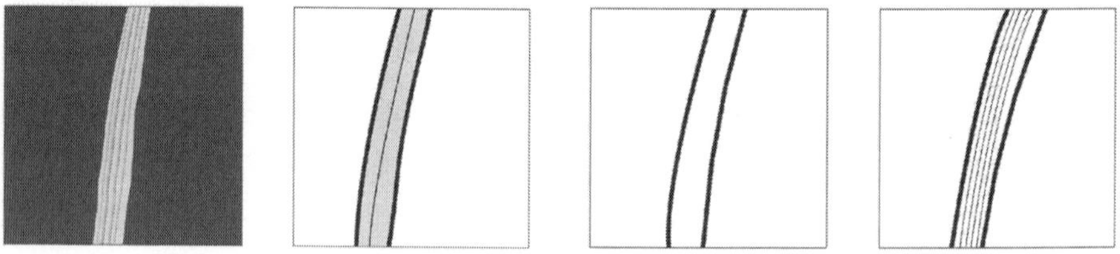

चित्र 7.8 विभिन्न पुनरुत्पादित तंतुओं के अनुद्धैर्य (LS)

चौड़ाई की ओर से (CS): सामान्य विस्कोस का अनुप्रस्थ खंड (CS) बेहद अनियमित होता है। गीली/वेट कताई में फ़िलामेंट की जमावट के समय दो तरह से स्थानांतरण शामिल होते हैं, जिसके फलस्वरूप अनुप्रस्थ खंड (CS) को नियंत्रित करना कठिन हो जाता है। हाई टेनेसिटी रेयॉन में कुछ स्तर तक नियमित आकार होता है जबकि कुप्रामोनियम रेयॉन लगभग गोल अनुप्रस्थ खंड प्रदर्शित करता है। टेंसेल, जिसकी विलायक कताई (solvent spinning) होती है, एक गोलाकार अनुप्रस्थ खंड रखता है।

एसीटेट और ट्राइएसीटेट के अनुप्रस्थ खंड (cross section) कुछ स्तर तक नियमित होते हैं क्योंकि ये शुष्क कताई (dry spinning) की विधि से निर्मित किये जाते हैं। चित्र 7.9 विभिन्न पुनरुत्पादित सेल्युलोज़िक तंतुओं के अनुप्रस्थ खंड को दर्शाता है।

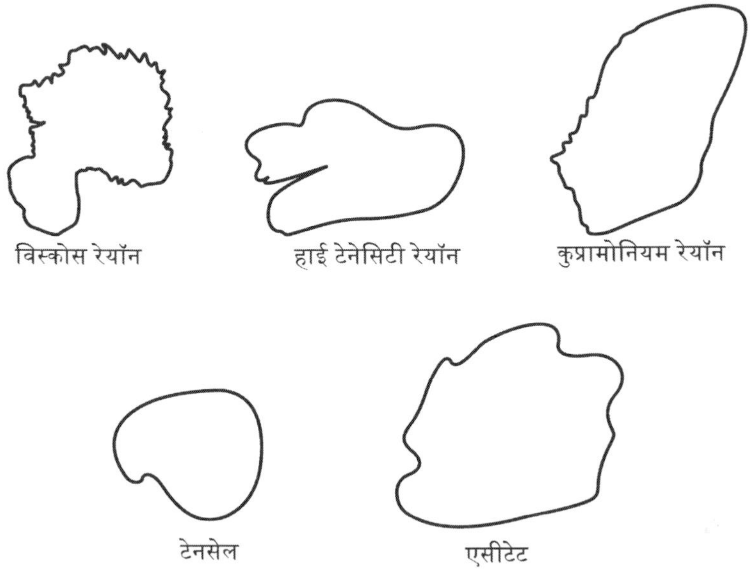

चित्र 7.9 विभिन्न पुनरुत्पादित तंतुओं के अनुप्रस्थ खंड (CS)

7.5.2 भौतिक गुण

लंबाई, व्यास, रंग और चमक: निर्मित तंतु होने के कारण, रेयॉन और एसीटेट के ये गुण भिन्न भिन्न हैं और आवश्यकता अनुसार बदले भी जा सकते हैं। यह भी याद रहे कि रेयॉन के निर्माण में उपयोग की जाने वाली गीली कताई प्रक्रिया से एक अनियमित क्रॉस सेक्शन और उच्च चमक वाली रेखाओं से भरी संरचना मिलती है। इसी चमक के कारण, बाज़ार में पहली बार दिखने पर रेयॉन को लोगों ने "कृत्रिम रेशम" के नाम से संबोधित किया था।

दृढ़ता: सामान्य तौर पर, यह कहा जा सकता है कि पुनरुत्पादित सेल्युलोज़िक तंतु प्राकृतिक सेल्युलोज़िक की तुलना में कमज़ोर होते हैं। तालिका 7.2 इन रेशों की दृढ़ता को सूचीबद्ध करती है। जैसा कि देखा जा सकता है, ये रेशे गीले होने पर दृढ़ता खो देते हैं। इसलिए, यह महत्वपूर्ण है कि धोने या किसी अन्य गीले उपचार के समय इन रेशों से बने **वस्त्रों** के साथ सावधानी बरती जाए।

तालिका 7.2 पुनरुत्पादित सेल्युलोज़िक तंतुओं की सूखी और गीली दृढ़ता (G/D)

तंतु	सूखा	गीला
विस्कोस रेयॉन	1.0–5.0	0.5–1.5
HT रेयॉन	3.5–5.3	2.0–3.0
HWM रेयॉन	4.0–5.0	2.0–3.0
कुप्रामोनियम रेयॉन	1.9–2.0	1.0–1.7
एसीटेट	1.0–1.5	2.5–3.6

विस्तार और लचीलापन: पुनरुत्पादित सेल्युलोज़िक तंतु खींचने या मोड़ने के बाद अपने प्राथमिक आकार में लौट कर आने के मामले में खराब होते हैं और साथ ही कम लचीलापन

होने के कारण इनसे निर्मित **वस्त्र** झुर्रियों और सिलवटों से ग्रस्त हो जाते हैं। HWM रेयॉन और टेनसेल में सामान्य विस्कोस रेयॉन की तुलना में बेहतर लचीलापन होता है; और एसीटेट की तुलना में ट्राइएसीटेट अधिक लचीला होता है।

घनत्व: रेयॉन का घनत्व 1.5 ग्राम/सेमी^{3} है, जबकि एसीटेट और ट्राइएसीटेट का घनत्व 1.3 ग्राम/सेमी^{3} है। इस प्रकार कपास, लिनन और रेयॉन की तुलना में एसीटेट और ट्राइएसीटेट से बने कपड़े वज़न में हल्के होते हैं।

मॉइस्चर रिगेन: मानक स्थितियों (70°F और 65%RH) पर, विस्कोस रेयॉन का मॉइस्चर रिगेन 13%, टेनसेल का 11.5%, एसीटेट का 6.5% और ट्राइएसीटेट का 3.2% है। यहां गौरतलब है कि विस्कोस रेयॉन के ऐमोर्फस/असंगत क्षेत्रों में हाइड्रोक्सिल समूह अधिक प्रतिशत में मौजूद होते है जो हाइग्रॉस्कोपिक (जल को आकर्षित करने वाले) व्यवहार में योगदान देते हैं। उच्च नमी शोषकता के कारण इन तंतुओं को आसानी से रंगा और परिष्कृत किया जा सकता है ; साथ ही इनसे बने **वस्त्र** पहनने के लिए आरामदायक होते हैं।.

एसीटेट, लगभग 60% असंगत क्षेत्रों के बावजूद, कम अवशोषकता दर्शाता है। इसका कारण एसीटेट बहुलक की अपेक्षाकृत कम ध्रुवीयता/पोलैरिटी को माना जा सकता है। हाइड्राक्सिल समूहों की संख्या के आधार पर एसीटेट और ट्राइएसीटेट की नमी के बीच का अंतर समझाया जा सकता है। इनमें से अधिक संख्या के साथ एसीटेट, अधिक ध्रुवीयता को प्रदर्शित करता है जो इसके हाइग्रॉस्कोपिक व्यवहार को बढ़ाता है। यह भी ध्यान में रखने योग्य है कि जब एसीटेट और ट्राइएसीटेट तंतुओं को हीट सेट किया जाता है, तो उनकी नमी सोखने की क्षमता काफी कम हो जाती है।

तापीय गुण: रेयॉन ज्वलनशील है अर्थात, यह जल्दी से प्रज्वलित हो सकता है, स्वतंत्र रूप से जलता है और जलने के उपरान्त एक चिंगारी बनाता है। संरचना में सेल्युलोज़िक होने के कारण, इसकी गंध जलते कागज़ के समान होती है। जलने के बाद, ग्रे रंग की राख का अवशेष बनता है।

विस्कोस रेयॉन को **इस्त्री** करने का सुरक्षित तापमान 180–200°C है। कपास की तुलना में रेयॉन के लिए ज्वलन तापमान अधिक होता है। 420°C पर इसका तेजी से अपघटन और जलना होता है।

जब पुनरुत्पादित और मॉडीफाइड/संशोधित तंतुओं के थर्मल गुणों की तुलना की जाती है, तब उनकी रासायनिक संरचना में अंतर काफी स्पष्ट हो जाता है। एसीटेट और ट्राइएसीटेट प्रकृति में थर्मोप्लास्टिक (गर्मी से नर्म होने वाले) हैं। इसका मतलब यह है कि उन्हें अपने ग्लास संक्रमण/नर्म होने वाले तापमान (एसीटेट के लिए 175°C और ट्राइएसीटेट के लिए 212°C) पर नरम करने के पश्चात मनचाहे ढंग से ढाला/सेट किया जा सकता है। एसीटेट के लिए **इस्त्री** करने का सुरक्षित तापमान 130°C और ट्राइएसीटेट के लिए 150°C के आसपास होता है। दोनों तंतु लौ में जलने के साथ पिघलने लगते हैं और इनका अवशेष एक कठोर मनका होता है।

7.5.3 रासायनिक गुण

अम्ल: रेयॉन गर्म अम्ल द्वारा नष्ट हो जाता है। ठन्डे तेज़ अम्ल के संपर्क से रेयॉन में धीरे-धीरे कमज़ोरी/टेनड्रिंग (tendering) और फिर विघटन होता है। बहुत थोड़ी देर के लिए ठंडे और डाइल्यूट अम्ल से संपर्क रेयॉन को नुकसान नहीं पहुंचाता।

यह एसीटेट अम्ल से क्षतिग्रस्त हो जाता है। संपर्क का समय लंबा होने पर इन तंतुओं को ठंडे और डाइल्यूट अम्ल भी क्षति पहुंचा सकते हैं।

क्षार: रेयॉन क्षारीय घोल से क्षतिग्रस्त नहीं होते हैं।

एसीटेट तंतु डाइल्यूट/तनु क्षार के प्रति तो मज़बूत रहते हैं किन्यु गाढे क्षारीय विलायक के संपर्क में आने पर ये सेपोनिफाई हो जाते हैं। 9.5 से अधिक pH वाले घोल के संपर्क में आने के बाद एसीटेट **वस्त्रों** के स्पर्श गुणों में एक अपरिवर्तनीय बदलाव महसूस होता है।

कार्बनिक विलायक: रेयॉन कार्बनिक विलायक के लिए अत्यधिक प्रतिरोधी होता है और इसलिए, इसे आसानी से ड्राई क्लीन किया जा सकता है। दूसरी ओर, एसीटेट, कई कार्बनिक विलायक द्वारा नुकसान के लिए अति संवेदनशील होता है। इसलिए, एसीटेट **वस्त्रों** की सफाई के लिए एसीटोन का उपयोग नहीं किया जा सकता है क्योंकि वह तंतु को नरम और भंग कर देगा। एसीटेट **वस्त्रों** की ड्राई क्लीनिंग के लिए क्लोरोफॉर्म, ट्राइक्लोरोएथिलीन और मिथाइल एथिल कीटोन का उपयोग भी सावधानी से करना चाहिए क्योंकि ये एसीटेट को फुला कर नरम कर सकते हैं।

7.5.4 जैविक गुण

सिल्वर फिश रेयॉन और एसीटेट **वस्त्रों** पर लगी मांड पर हमला कर सकती है। मौथ रेयॉन या एसीटेट तंतु पर हमला नहीं करते हैं लेकिन ऊन के साथ उनके मिश्रणों को मौथ द्वारा क्षति पहुँच सकती है।

फफूंदी और बैक्टीरिया अंततः रेयॉन को नष्ट कर सकते हैं, जिससे यह बायोडिग्रेडेबल हो जाता है और इसलिए डिस्पोज़ेबल नॉन-वोवन के लिए एक आदर्श तंतु होता है। फफूंदी से एसीटेट बदरंग हो जाता है और अंततः कमज़ोर पड़ जाता है।

7.5.5 अन्य गुण

आयामी स्थिरता: विस्कोस रेयॉन और एसीटेट दोनों में धुलाई के लमय रिलेक्सेशन सिकुड़न प्रदर्शित करने की प्रवृत्ति होती है। परिसज्जा द्वारा सिकुड़न का नियंत्रण करने से इस समस्या का समाधान मिल सकता है। एसीटेट और ट्राइएसीटेट, जिन्हें हीट सेट किया जाता है, अच्छी आयामी स्थिरता दिखाते हैं। ट्राइएसीटेट अपनी आकृति को एसीटेट से बेहतर बनाए रखता है।

स्टैटिक की समस्या: रेयॉन में कोई स्टैटिक की समस्या विकसित नहीं होती लेकिन एसीटेट विद्युत् का कुचालक होने के कारण स्टैटिक की समस्या का सामना करता है। ट्राइएसीटेट तंतु में शुष्क परिस्थितियों में सीमित हाइग्रॉस्कोपिक व्यवहार के कारण यह समस्या और भी बढ़ जाती है।

सूरज की रोशनी का प्रभाव: रेयॉन और एसीटेट UV विकिरण के संपर्क में लंबे समय तक रहने से कमज़ोर पड़ सकते हैं। तुलना करने पर, यह कहा जा सकता है कि इनमें सूरज की रोशनी प्रतिरोध प्राकृतिक सेल्युलोज़िक की तुलना में कम है लेकिन रेशम की तुलना में बेहतर है।

7.6 उपयोग

रेयॉन का व्यापक रूप से परिधान के साथ-साथ गृह सज्जा वस्त्रों में उपयोग किया जाता है। औद्योगिक उपयोगों में चिकित्सा वस्त्र, सर्जिकल पैड और ऑपरेटिंग पर्दे शामिल हैं। आमतौर पर रेयॉन के तंतुओं को सेल्युलोज़िक, प्रोटीन या कृत्रिम परिवार से एक या एक से अधिक अन्य तंतु के साथ मिश्रित किया जाता है। पिछले कुछ वर्षों में, रेयॉन ने कपास के लिए एक विकल्प के रूप में अपने लिए एक स्थान बनाया है। इस प्रकार, पॉलिएस्टर-विस्कोस के मिश्रित वस्त्रों ने बाज़ार, उपभोक्ताओं के परिधानों और घरों में धूम मचा दी है। कपास के साथ तुलना में, रेयॉन दो पहलुओं में आगे है, और ये हैं—इसकी कम कीमत और उच्च नमी अवशोषण।

एसीटेट हाथ से छूने में नरम लगने और अपने अच्छे ड्रेप के कारण महिला परिधान के क्षेत्र में लोकप्रिय है। यह परिधान की लाइनिंग के लिए भी एक आम पसंद है। गृह सज्जा के क्षेत्र में, एसीटेट का उपयोग फर्नीचर की सजावट में प्रयोग होने वाले कपड़ों के रूप में किया जाता है। थर्मोप्लास्टिक होने के कारण, एसीटेट की सतह पर दिलचस्प डिज़ाइन प्रदान किया जा सकता है। हालांकि, सिक्के का दूसरा पक्ष यह है कि एसीटेट पर्दों के अस्तर सूरज की रोशनी के संपर्क में कमज़ोर हो सकते हैं और इनके रंग (डिसपर्स) वायु प्रदूषकों की उपस्थिति में फीके पड़ सकते हैं या बदल भी सकते हैं। एसीटेट से निर्मित वस्त्र की एक और समस्या है—उसका कम घर्षण प्रतिरोध। औद्योगिक अनुप्रयोगों में, एसीटेट का सबसे प्रमुख उपयोग सिगरेट उद्योग में सिगरेट फिल्टर के रूप में होता है।

7.7 देख-रेख

रेयॉन की धुलाई और शुष्क सफाई कपास के समान ही की जा सकती है; केवल ध्यान रहे कि गीली अवस्था में रेयॉन की दृढता वहुत कम हो जाती है। यह अत्यधिक सिलवटों की समस्या का सामना करता है, लेकिन परिसज्जाओं के उपयोग से एक बड़े स्तर तक इससे निपटा जा सकता है। ऊन के साथ मिश्रण से बने वस्त्रों को भंडारण के समय मौथ से बचाने के लिए अतिरिक्त देखभाल की आवश्यकता होती है। एसीटेट और ट्राइएसिटेट अधिक नाजुक होते हैं और इसलिए इन्हें अधिक देखभाल की आवश्यकता होती है। दाग हटाने और सफाई के लिए केवल अनुशंसित विलायक ही उपयोग किए जा सकते हैं। थर्मोप्लास्टिक होने के कारण, यह सुनिश्चित करने की आवश्यकता है कि केवल सुरक्षित तापमान ही वस्त्रों की देखभाल, अर्थात धुलाई और इस्त्री के लिए उपयोग किए जाएँ।

7.8 इस क्षेत्र में संगठन

- एसोसिएशन ऑफ मैन-मेड फाइबर इंडस्ट्री ऑफ इंडिया, मुंबई
- मैन-मेड टेक्सटाइल रिसर्च एसोसिएशन (MANTRA), सूरत
- सिंथेटिक एंड आर्ट सिल्क मिल्स रिसर्च एसोसिएशन (SASMIRA), मुंबई
- सिंथेटिक एंड रेयॉन टेक्सटाइल एक्सपोर्ट प्रमोशन काउंसिल। (SRTEPC)

अभ्यास

7.1 विस्कोस रेयॉन के निर्माण का वर्णन कीजिए।

7.2 दो गुण दें जो मॉडिफाइड तंतु से पुनरुत्पादित सेल्युलोज़िक को अलग करते हैं। इस अंतर के क्या कारण हैं?

7.3 रेयॉन परिवार के विभिन्न सदस्यों की गणना कीजिए। इनमें से सबसे पुराना और नवीनतम कौन से सदस्य हैं?

7.4 HWM रेयॉन के उत्पादन के लिए क्या बदलाव करने आवश्यक होते हैं?

7.5 एसीटेट के उपयोग पर एक लेख लिखिए।

7.6 ट्राइएसीटेट के उत्पादन के लिए एक योजनाबद्ध आरेख बनाइए। इसे प्राइमरी एसीटेट भी क्यों कहा जाता है?

सन्दर्भ पुस्तक सूची

Collier, B.J., Bide, M.J. and Tortora, P.G., *Understanding Textiles,* 7th ed., Pearson Education, NJ, 2009.

Trotman, E.R., *Dyeing and Chemical Technology of Fibres*, 6th ed., Charles Griffin and Company Ltd., England, 1984.

विस्तृत जानकारी हेतु पुस्तक सूची

Corbman, B.P., *Textiles Fibre to Fabric*, 6th ed., McGraw-Hill, 1983.

Joseph, M.J., *Essentials of Textiles*, 4th ed., The Dryden Press Saunders College Publishers, 1988.

Kadolph, S.J. and Langford, A.L., *Textiles,* 10th ed., Pearson Education, NJ, 2007.

Wingate, I.B., *Fairchild's Dictionary of Textiles*, 6th ed., Universal Publishing Corporation, Mumbai, 1988.

अध्याय

8

कृत्रिम और अकार्बनिक तंतु
(Synthetic and Inorganic Fibres)

निर्मित तंतुओं की दूसरी श्रेणी कृत्रिम तंतुओं की होती है। ये तंतु रसायनों की शुरुआती सामग्री से बनाए जाते हैं। इन्हें तीन उप श्रेणिओं में वर्गीकृत किया जा सकता है— संघिनत पॉलिमर (उदाहरण नायलॉन, पॉलिएस्टर), ऐडीशन पॉलिमर (उदाहरण एक्रेलिक, ओलेफिन) और ब्लॉक कोपॉलिमर (उदाहरण स्पैन्डेक्स)। इस अध्याय में इन सभी तंतुओं पर चर्चा की जायेगी।

निर्मित तंतुओं की तीसरी और अंतिम श्रेणी में अकार्बनिक तंतु होते हैं। इनमें काँच और धात्विक तंतु सम्मिलित हैं, जिनके विषय में भी इस अध्याय में संक्षिप्त चर्चा होगी।

नायलॉन

TFPIA नायलॉन को "एक निर्मित तंतु के रूप में परिभाषित करता है, जिसमें तंतु बनाने वाला पदार्थ कृत्रिम बहुलक की एक ऐसी लम्बी श्रृंखला होता है जिसमें 85% से कम एमाइड लिंकेज सीधे दो ऐरोमेटिक रिंग से जुड़े होते हैं"। वैसे तो कई प्रकार के नायलॉन होते हैं, लेकिन इनमें से व्यावसायिक रूप से दो किस्में लोकप्रिय हैं—नायलॉन 6 और नायलॉन 6,6। इनके नामकरण का आधार इनमें पयुक्त कच्चे माल में मौजूद कार्बन परमाणुओं की संख्या होता है।

8.1 इतिहास और विश्व उत्पादन

नायलॉन और पॉलिएस्टर का आविष्कार Dr. Wallace H. Carothers द्वारा किए गए बुनियादी अनुसंधान पर आधारित है। नायलॉन शब्द 'नो रन /no-run' अर्थात न उधड़ने वाला से लिया गया था, जो नाम इसके अन्वेषकों द्वारा पहले सोचा गया था ताकि ये लम्बे समय तक चलने वाली महिलाओं की होज़री के निर्माण में उपयुक्त होने का सन्देश दे सके (Gohl and Vilensky, 1987); 1938 में अमरीका में ड्यू पौंट (Du Pont) द्वारा पहली बार नायलॉन का विकास किया गया। इसका वाणिज्यिक उत्पादन एक साल बाद 1939 में शुरू हुआ। आज वैश्विक नायलॉन उत्पादन 5130 हज़ार टन है। विश्व में भागीदारी के लिए 43% एशिया, 30% उत्तरी अमरीका, 13% पश्चिम यूरोप और 3% मध्य पूर्व से आता है।

शेष अन्य देशों में छोटे अनुपात में निर्मित होता है। एकल देश के रूप में चीन नायलॉन उत्पादन के साथ साथ आयात पर भी प्रभुत्व रखता है। 2020 में नायलॉन तंतुओं का निर्यात करने वाले प्रमुख देश हैं—सेनेगल, जापान, जर्मनी, इटली और चीन। भारत में नायलॉन 6 का उत्पादन, नायलॉन 6,6 की तुलना में कहीं अधिक होता है।

8.2 रासायनिक संरचना और विनिर्माण चरण

डाइएमीन के साथ डाइबेसिक अम्ल की प्रतिक्रिया, एक लंबी श्रंखला पॉलीएमाइड बनाती है, जिसे नायलॉन कहा जाता है। नायलॉन बहुलक में दो रासायनिक समूह होते हैं जो हाइड्रोजन बंध के निर्माण में मदद करते हैं। नायलॉन में उपस्थित सबसे महत्वपूर्ण रासायनिक समूह है ध्रुवीय एमाइड समूह (–CO–NH–)। हाइड्रोजन परमाणु (इमिनो हाइड्रोजन) में मामूली धनात्मक आवेश होता है, जबकि ऑक्सीजन परमाणु (कार्बोनिल ऑक्सीजन) में थोड़ा ऋणात्मक आवेश होता है। यह एमाइड समूह की ध्रुवीयता में योगदान देता है।

दूसरा रासायनिक समूह होता है एमिनो ($—NH_2$), जो नायलॉन के किनारों पर मौजूद होता है। नायलॉन में 65 से 85% क्रिस्टलीय और 35 से 15% अनाकार क्षेत्र होते हैं। नायलॉन 6 के लिए कच्चा माल कैप्रोलेक्टम $(CH_2)_5$ CONH है; इसका नाम इस तथ्य का घोतक है कि इसमें 6 कार्बन परमाणु होते हैं। नायलॉन 6,6 को ऐडीपिक अम्ल HOOC $(CH_2)_4$ COOH और हेक्सा—मैथिलीन डाइएमीन H_2N $(CH_2)6NH_2$ से बनाया गया है। जैसा कि आप देख सकते हैं, दो कच्चे माल में से प्रत्येक में 6 कार्बन परमाणु होते हैं।

विनिर्माण चरण नीचे दिये गए हैं:-

1. बहुलकीकरण: कैप्रोलेक्टम निम्नलिखित दो विधियों में से किसी एक द्वारा बहुलकित होता है:
   (अ) उच्च दबाव में तरलीकृत, उपचारित और फिल्टर किया हुआ;
   (ब) वज़न के 10% माप से (10% owf) पानी को कैप्रोलैक्टम में मिलाया जाता है जिसके बाद दोनों को उच्च तापमान पर गर्म किया जाता है; भाप निकलती है और बहुलकीकरण होता है। अपरिवर्तित मोनोमर निकाला जाता है।

   नायलॉन 6,6 के लिए दो कच्चे माल एक प्रतिक्रिया कक्ष में मिश्रित किए जाते हैं। संघनन बहुलकीकरण (condensation polymerization) वायु मुक्त वातावरण में होता है। बहुलकीकरण की डिग्री नायलॉन 6 के लिए 200 और नायलॉन 6,6 के लिए 50–80 होती है। पानी (उप-उत्पाद) को प्रतिक्रियाशील टैंक से निकाल लिया जाता हैं। डीलस्ट्रेंट को बहुलक में मिलाया जाता है ताकि इसकी चमक कम हो सके।

   पिघला हुआ बहुलक टैंक से एक रिबन के रूप में बाहर निकाला जाता है, जो कई इंच चौड़ा होता है। इसे ठंडे पानी में से गुज़ार कर सुखाया जाता है और छोटे टुकड़ों (नायलॉन के चिप्स) के रूप में बनाया जाता है, जिन्हें संग्रहित करके आवश्यकता अनुसार उपयोग किया जा सकता है। नायलॉन 6 के संबंध में बहुलक रैखिक कैप्रोलेक्टम $(—HN(CH_2)_5\ CO—)_n$ होता है, जबकि नायलॉन 6,6 के लिए यह हेक्सामेथिलीन डॉइएमीनोऐडिपेट $(—NH\ (CH_2)_6NHOC\ (CH_2)_4\ CO—)_n$ होता है।

2. कताई: नायलॉन मेल्ट कताई से तैयार किया जाता है (विवरण के लिए अध्याय 9 का संदर्भ लें)। इसके लिए एक विद्युतीय रूप से गर्म की गई छलनी का उपयोग किया जाता है, जिसमें छिद्र बहुत छोटे होते हैं ताकि इनमें से बिना पिघली सामग्री न जा सके। गर्म करके चिप्प्स को पिघलाया जाता है और एक घोल बनता है जिसे छान कर अशुद्धियों को हटाया जाता है। फिर, यह एक स्पिनरेट (spinneret) के छिद्रों में से दबाव देकर निकाला जाता है। नायलॉन 6, नायलॉन 6, 6 की तुलना में कम तापमान पर पिघल जाता है।
3. खिंचाव/ड्राइंग (Drawing): मेल्ट कताई में फ़िलामेंट स्पिनरेट से बाहर ठंडी हवा वाले यन्त्र में निकलते हैं। ड्राइंग का चरण अणुओं को समानांतर या उन्मुख करने में मदद करता है और तंतुओं को कुछ स्तर तक मज़बूत बनाता है। इसके बाद इन्हें नम करके क्रिम्प किया जाता है। यदि आवश्यक हो, तो वे काटे या खींचे जाते हैं जिससे वे छोटे/स्टेपल (staple) तंतुओं में परिवर्तित किये जा सकें।

8.3 नायलॉन के गुण

8.3.1 सूक्ष्म गुण

नायलॉन का फ़िलामेंट मेल्ट कताई से बना हुआ होता है। इसका तात्पर्य यह है कि इसके आकार और स्वरूप को बहुत सटीक रूप से नियंत्रित किया जा सकता है। इसके अलावा, अनुप्रस्थ खंड (Cross section) का प्रकार तय करने में स्पिनरेट छेद के आकार की भी महत्त्वपूर्ण भूमिका होती है।

अनुदैर्ध्य खंड (Longitudinal section): जैसा कि चित्र 8.1 में दिखाया गया है, नायलॉन का अनुदैर्ध्य खंड एक नियमित आकार के डंडे के रूप में दिखता है, जिसमें डीलस्ट्रेंट के कारण काले बिंदु दिखाई देते हैं।

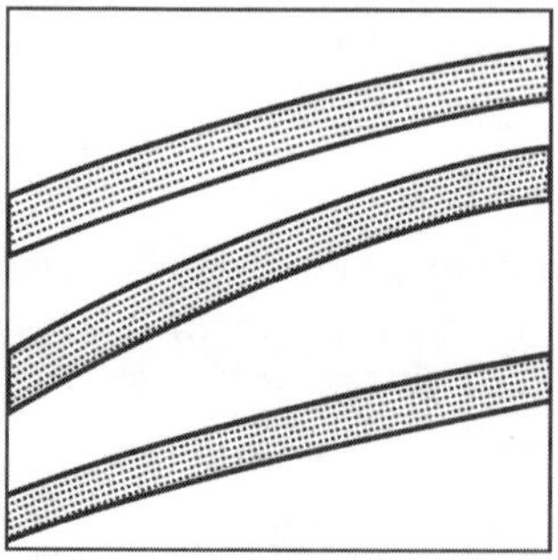

चित्र 8.1 नायलॉन का अनुदैर्ध्य खंड (Longitudinal section)

अनुप्रस्थ खंड (Cross section): नायलॉन में एक नियमित रूप से अनुप्रस्थ खंड होता है, जिसमें डीलस्ट्रेंट के कारण काले बिंदु दिखाई देते हैं (चित्र 8.2 देखें)। चित्र में एक गोलाकार आकृति को दर्शाया गया है, हालांकि विविधता संभव है।

चित्र 8.2 नायलॉन का अनुप्रस्थ खंड (Cross section)

8.3.2 भौतिक गुण

लंबाई, व्यास, रंग और चमक: इन्हें निर्माता या उत्पादक द्वारा नियंत्रित किया जाता है।

दृढ़ता (Tenacity): नायलॉन एक मज़बूत तंतु है, जिसमें शुष्क स्थितियों में दृढ़ता 4.6 से लेकर 8.8 gpd तक होती है। गीली या आर्द स्थितियों में इसकी दृढ़ता में 10 से 20% की मामूली गिरावट होती है।

वृद्धि और लोचदार रिकवरी (Elongation and elastic recovery): मानक परिस्थितियों में, नायलॉन 6 में 16% से 50% तक की वृद्धि होती है। नायलॉन 6,6 में 19% से 40% तक वृद्धि होती है। किसी भी नायलॉन में 2% वृद्धि पर 100% लोचदार रिकवरी होती है। इतनी अच्छी लोचदार प्रकृति काल के कारण नायलॉन बहुलक में उपस्थित मज़बूत हाइड्रोजन बंधों की नियमित ग्रिड़ है।

लचीलापन (Resiliency): नायलॉन बहुत अच्छे लचीलेपन वाला होता है, जो हीट सेटिंग द्वारा और अधिक बढ़ाया जाता है। इस प्रकार नायलॉन से बने परिधानों को सिलवटों की समस्या का सामना नहीं करना पड़ता है।

घनत्व (Density): 1.14 ग्राम/सेमी^{3} का घनत्व, नायलॉन को उपयोग में सबसे हल्के तंतुओं में से एक बनाता है (सबसे हल्का ओलेफिन है)।

मॉइश्चर रिगेन (Moisture regain): नायलॉन में मॉइश्चर रिगेन 2.5 से 5.0% तक होता है, जबकि नायलॉन 6,6 में 4.0 से 4.5% तक होता है। तुलना करने पर, यह कहा जा सकता है कि अन्य कृत्रिम तंतुओं की तुलना में नायलॉन का नमी अवशोषकता का स्तर उच्च होता है।

तापीय गुण (Thermal properties): नायलॉन, थर्मोप्लास्टिक होने के कारण, ऊष्मा से स्थिर (Heat set) किया जा सकता है। जब ऊष्मा को नियंत्रित स्थितियों के तहत लागू किया जाता है, तो कुछ हाइड्रोजन बंध टूट जाते हैं। ठंडा होने पर वे वांछित स्थानों पर फिर से बन जाते हैं और इस प्रकार स्थिर रहते हैं, बशर्ते देखभाल प्रतिक्रियाओं में हीट सेटिंग के तापमान को पार नहीं किया जाए। तालिका 8.1 दो प्रकार की नायलॉन के तापीय गुणों की तुलना करती है।

तालिका 8.1 नायलॉन 6 और नायलॉन 6, 6 के मुख्य तापीय गुण

तापीय गुण	नायलॉन 6	नायलॉन 6,6
सुरक्षित इस्त्री तापमान	150°C	170°C
नर्म करने का तापमान (Tg)	175°C	180°C
पिघलाने का तापमान (Tm)	215°C	255°C

इस प्रकार, यह समझा जा सकता है कि नायलॉन 6 तंतु, नायलॉन 6,6 की तुलना में ताप या ऊष्मा के लिए अधिक संवेदनशील है। ज्वलनशीलता व्यवहार से पता चलता है कि नायलॉन सिंकुड़कर लौ से दूर हो जाता है। यह आग पकड़ता है और पिघलकर टपकना शुरू कर देता है। जलते हुए नायलॉन से तीखी रासायनिक गंध आती है और अवशेष एक कठोर काले रंग का मनका होता हैं।

8.3.3 रासायनिक गुण

नायलॉन में हल्के अम्ल के लिए एक अच्छा प्रतिरोध होता है लेकिन मज़बूत अम्ल से क्षति होती है। यह फार्मिक अम्ल में घुल जाता है और इस तथ्य का उपयोग इसकी पहचान के लिए किया जाता है।

क्षार, क्लोरीन विरंजक और कार्बनिक विलायक: ये रसायन ड्राई क्लीनिंग में उपयोग किए जाते हैं और नायलॉन को क्षति नहीं पहुंचाते।

8.3.4 जैविक प्रतिरोध और अन्य गुण

नायलॉन में कीट, फफूंदी, जीवाणु और कवक के लिए उत्कृष्ट प्रतिरोध होता है।

आयामी स्थिरता: नायलॉन धुलाई और शुष्क सफाई होने पर अच्छी आयामी स्थिरता प्रदर्शित करता है।

स्टेटिक चार्ज: नायलॉन स्टेटिक की समस्या का सामना करता है। शुष्क परिस्थितियों में यह समस्या अधिक हो जाती है।

सूर्य के प्रकाश का प्रभाव: नायलॉन में सूर्य के प्रकाश का बहुत अच्छा प्रतिरोध नहीं होता है।

8.4 नायलॉन के उपयोग

अपनी मज़बूती और उच्च रासायनिक व जैविक प्रतिरोध के लिए प्रसिद्ध, नायलॉन औद्योगिक अनुप्रयोगों में व्यापक उपयोग होता है। पैराशूट और कनातों के वस्त्र, वाहनों में प्रयुक्त वस्त्र, रस्सियाँ, टायर कोर्ड, कन्वेयर बेल्ट, मच्छरदानी की नेट, और दांतों और बालों के ब्रश के रोयें नायलॉन के उपयोग से बनाई गई सामान्य वस्तुएँ हैं। इनका एक अन्य लोकप्रिय अनुप्रयोग क्षेत्र हैं—कालीन। सुंदर और मुलायम होने के कारण नायलॉन का उपयोग उसके सुखद स्पर्श के एहसास के लिए परिधान में किया जाता है। हालांकि इस तंतु में उच्च नमी का अवशोषण नहीं होता, लेकिन यह अपने केशिका क्रिया (Capillary action) के कारण पहनने वाले को आराम महसूस करा सकता है। इससे त्वचा पर आये पसीने को बाहरी सतह तक पहुंचाया जा सकता

है, जहां से वह सुखाया जाता है। इस प्रकार नायलॉन का उपयोग सक्रिय खेलों के कपड़ों के निर्माण के लिए बड़े पैमाने पर किया जाता है। पश्चिमी देशों में, नायलॉन स्टोकिंग्स का पर्याय है। इससे महिलाओं के लिए अत्यधिक कोमल आतंरिक **वस्त्र** और स्टोकिंग्स बनाई जा सकती हैं। वास्तव में, नायलॉन का द्वितीय विश्व युद्ध से पहले होज़री के क्षेत्र में ही व्यापक उपयोग था। आज नायलॉन के कई प्रकार हैं। इनमें विशेष गुण होते हैं और इसलिए ये विशिष्ट अंत उपयोगों में लाए जाते हैं। उदाहरणार्थ उच्च फैलाव, उच्च चमक और एंटीस्टेटिक नायलॉन हैं।

8.5 नायलॉन की देख-रेख

नायलॉन अपने साथ पहली बार " झंझट रहित " **वस्त्र** की अवधारणा लाया। इसे हाथ या मशीन से धोया जा सकता है और सूखने में बहुत कम समय लगता है। सावधानी बरतने की जरूरत है कि इसे बहुत गरम पानी के उपयोग से दूर रखना या बचाना चाहिए क्योंकि इससे सिलवटें **पड़** सकती हैं। इसकी धुलाई के लिए सामान्य डिटर्जेंट का उपयोग किया जा सकता है। क्लोरीन विरंजक के साथ इसकी ड्राई क्लीनिंग और ब्लीचिंग की जा सकती है। नायलॉन कुछ हद तक हाइड्रोफोबिक (पानी से कतराने वाले) होते हैं, जो इसे ओलियोफिलिक (तेल को आकर्षित करने वाला) बनाता है। अतः, यह तेल आधारित दागों को ग्रहण करने की अधिक प्रवृत्ति रखते हैं। सामान्य रख-रखाव में कुछ **वस्त्रों** के लिए **इस्त्री** की आवश्यकता हो सकती है, लेकिन केवल अनुशंसित तापमान सेटिंग का अनुपालन किया जाना चाहिए। नायलॉन के संचय भंडारण के लिए किसी विशेष स्थिति की आवश्यकता नहीं होती है क्योंकि इसमें एक उत्कृष्ट जैविक प्रतिरोध होता है।

पॉलिएस्टर

8.6 इतिहास और विश्व उत्पादन

पॉलिएस्टर पहली बार 1946 में उत्पादित किया गया था। इसे आमतौर पर अमरीका में डैक्रोन (Dacron) और इंग्लैंड में टेरिलीन (Terelene) के रूप में संदर्भित किया जाता है। इन तंतुओं का दुनिया में उत्पादित सभी निर्मित तंतुओं में से 75% से अधिक योगदान है। आज, वैश्विक पॉलिएस्टर उत्पादन क्षमता 21 मिलियन टन फ़िलामेंट यार्न और 15 मिलियन टन स्टेपल तंतु है। 89% फिलामेंट और 83% स्टेपल तंतु की प्रभावशाली क्षमताओं के साथ एशिया को दुनिया के सबसे बड़े पॉलिएस्टर उत्पादक होने का गौरव प्राप्त है। एशियाई देशों में चीन सर्वोच्च स्वामित्व रखता है, जो 57% फ़िलामेंट और 53% स्टेपल तंतु उत्पादन का योगदान देता है। एशिया के अन्य प्रमुख पॉलिएस्टर उत्पादक देशों में भारत, इन्डोनेशिया, दक्षिण कोरिया और ताइवान सम्मिलित हैं। एशिया के बाहर प्रमुख पॉलिएस्टर उत्पादक अमरीका और तुर्की हैं। 2020 तक वैश्विक पॉलिएस्टर तंतु उत्पादन बढ़कर 18.1 मिलियन टन हो गया, जिसका सबसे बड़ा उपभोक्ता (90%) एशिया है।

8.7 रासायनिक संरचना और विनिर्माण

पॉलिएस्टर का अर्थ है कई एस्टर (poly-esters)। एक एस्टर, तब बनता है जब एक अल्कोहल और कार्बनिक अम्ल में प्रतिक्रिया हो। यह सूत्र —CO—O द्वारा दर्शाया गया है। हालांकि कई एस्टर विभिन्न अल्कोहल और अम्ल के उपयोग से बन सकते हैं, उनमें से सभी फ़िलामेंट में रूपान्तरण के लिए उपयुक्त नहीं होते हैं। व्यावसायिक रूप से सबसे अधिक व्यवहार्य (viable) पॉलिएस्टर है पॉलिइथिलीन टेरेफ्थेलेट या पी ई टी (PET)। पॉलिएस्टर परिवार के अन्य सदस्यों में पॉलिब्यूटीलीन टेरेफ्थेलेट (PBT) और पॉलिइथिलीन ऑक्सीबेंज़ोएट (PEB) सम्मिलित हैं।

आज, इनमें से, PET ही पॉलिएस्टर का पर्याय बन गया है। यह खंड PET के उत्पादन, गुणों, उपयोग और देखभाल की चर्चा करेगा, जिसे पॉलीएस्टर के रूप में संदर्भित किया जाएगा।

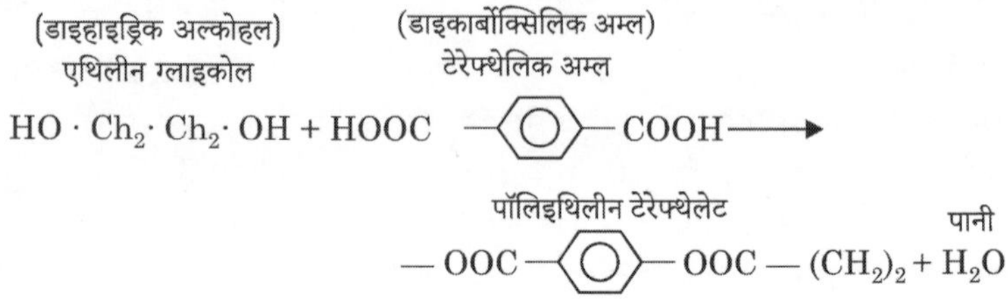

चित्र 8.3 पॉलिएस्टर का गठन।

पॉलिएस्टर में तीन महत्वपूर्ण रासायनिक समूह मौजूद होते हैं। ये होते हैं एस्टर समूह (—OCO—), कार्बोनिल समूह (—OCO—) और मिथाइलीन समूह (—OCO_2—)। पॉलिएस्टर बहुलक थोड़ा ध्रुवीय होता है और इसमें दो प्रकार के बंध होते हैं। वॉन डर वाल्स बल (van der Waalis forces) महत्वपूर्ण भूमिका निभाता है। साथ ही इसमें बहुत कमज़ोर हाइड्रोजन बंध भी मौजूद होते हैं।

पॉलिएस्टर को 65–85% क्रिस्टलीय क्षेत्रों और केवल 35–15% अनाकार क्षेत्रों के साथ मुख्य रूप से क्रिस्टलीय तंतु के रूप में परिभाषित किया जा सकता है। विनिर्माण चरण इस प्रकार है:

1. बहुलकीकरण: दो रसायन—इथाइलीन ग्लाइकॉल HO·CH_2·OH और टेरेफ्थेलिक अम्ल HOOC  COOH उच्च तापमान पर और वैक्क्युम के तहत प्रतिक्रिया कक्ष में मिश्रित किए जाते हैं। विभिन्न उत्प्रेरकों/केटेलिस्ट का उपयोग किया जा सकता है। पॉलिइथिलीन टेरेफ्थेलेट (PET) बनाने के लिए संघनन (condensation) बहुलकीकरण होता है। इस संबंध में पानी उप-उत्पाद होता है। बहुलकीकरण/DP 115 से 140 होती है।

   इस प्रकार बने बहुलक को सुखा लिया जाता है और फिर छोटे टुकड़ों में (chips) के रूप में परिवर्तित कर लिया जाता है।

2. कताई: मेल्ट कताई की जाती है (विवरण के लिए अध्याय 9 देखें)। पॉलिएस्टर का गलनांक 280°C होता है।

3. खिंचाव/ड्राइंग: स्पिनेरेट से निकले हुए पॉलिएस्टर फ़िलामेंट को खींचने का यह चरण उनकी मज़बूती को बढ़ाने में मदद करता है। निर्माता प्राकृतिक ड्रॉ अनुपात (natural draw ratio) के 100% का उपयोग कर सकता है तथा पूरी तरह से अभिविन्यस्त यार्न (fully oriented yarn/FOY) का उत्पादन कर सकता है। वैकल्पिक रूप से केवल कुछ आरेखण किए जा सकते हैं, जो आगे की प्रक्रिया के लिए गुंजाइश **छोड़ते** हैं। इस तरह के यार्न को आंशिक रूप से अभिविन्यस्त यार्न (partially oriented yarn/POY) के रूप में संदर्भित किया जाता है। डॉइंग के चरण के बाद तंतुओं पर तेल (spin finish) लगाया जाता है। स्टेपल तंतु तैयार करने के लिए, फ़िलामेंट को काटकर या खींच कर तोड़ लिया जाता है।

8.8 पॉलिएस्टर के गुण

8.8.1 सूक्ष्म गुण

पॉलिएस्टर फिलामेंट मेल्ट कताई से बनता है, और इसलिए इसके व्यास और अनुप्रस्थ खंड को सटीक रूप से नियंत्रित किया जा सकता है।

अनुदैर्ध्य खंड (LS): पॉलिएस्टर के अनुदैर्ध्य खंड में एक नियमित आकार की रॉड दिखाई देती है। डीलस्ट्रेंट के उपयोग करने से इसमें काले बिंदु दिखाई देते हैं (चित्र 8.4 देखें)।

अनुप्रस्थ खंड (CS): कई अनुप्रस्थ खंड संभव होते हैं। चित्र 8.5 में एक नियमित, गोलाकार, डीलस्ट्रेंट के काले बिंदु वाला अनुप्रस्थ खंड दर्शाया गया है।

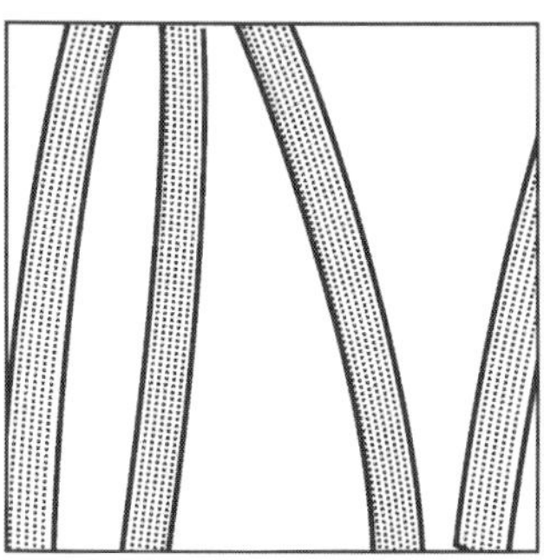

चित्र 8.4 पॉलिएस्टर का अनुदैर्ध्य खंड (LS)

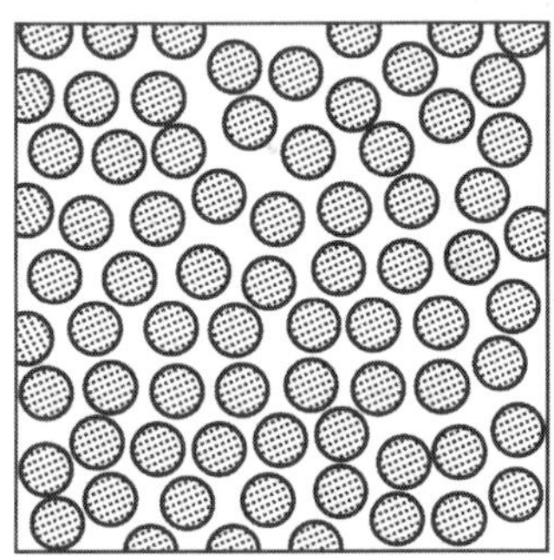

चित्र 8.5 पॉलिएस्टर का अनुप्रस्थ खंड (CS)

8.8.2 भौतिक गुण

लंबाई, व्यास, रंग और चमक: इन सभी को उत्पादक या निर्माता द्वारा नियंत्रित किया जा सकता है।

दृढ़ता: शुष्क परिस्थितियों में दृढ़ता 2.5 से लेकर 9.5 gpd होती है। नम परिस्थितियों में मज़बूती में कोई गिरावट नहीं होती है।

वृद्धि और लोचदार रिकवरी: मानक परिस्थितियों में, पॉलिएस्टर में 10–50% तक की वृद्धि होती है, पॉलिएस्टर तंतु के प्रकार के आधार पर 2% वृद्धि के बाद तंतु बहुत अच्छी लोचदार रिकवरी (90–100%) दिखाता है।

लचीलापन: पॉलिएस्टर में एक उत्कृष्ट लचीलापन होता है, जो तंतु को दबाने के बाद अपने आकार में वापस लाने में मदद करता है।

घनत्व: 1.4 ग्राम/ सेमी^{3} का घनत्व, पॉलिएस्टर को नायलॉन से भारी तंतु बनाता है।

मॉइश्चर रिगेन: 0.4% मॉइश्चर रिगेन से पॉलिएस्टर बहुत हाइड्रोफोबिक बन जाता है। हालांकि केशिका क्रिया के कारण, नमी बाहरी सतह तक की यात्रा कर सकती है, जहाँ से वह सूख कर इनसे बने **वस्त्र** पहनने वालों को आराम दे सकती है।

तापीय गुण: सभी निर्मित तंतुओं में से पॉलिएस्टर प्रकृति में सबसे अधिक थर्मोप्लास्टिक होता है। अतः इसे आसानी से उच्च तापमान पर लाकर नरम किया जा सकता है और फिर इसे मनचाहे आकार में लाकर (प्लीट इत्यादि) हीट सेट किया जा सकता है। पॉलिएस्टर के लिए सुरक्षित **इस्त्री** तापमान 120°C से 150°C तक होता है। इसका पिघलने का तापमान 240°C से 290°C तक होता है, जो नायलॉन से अधिक है।

लौ में पॉलिएस्टर तड़तड़ाहट के साथ जलता है और एक विशिष्ट काला धुआँ देता है। जलते हुए इसकी गंध रसायनों जैसी होती है और इसका अवशेष कठोर काला मनका होता है।

8.8.3 रासायनिक गुण

अम्ल: पॉलिएस्टर कमज़ोर अम्ल की क्रिया का सामना कर सकता है लेकिन मज़बूत अम्ल द्वारा नष्ट हो जाता है।

क्षार: इसमें कमज़ोर क्षार के लिए अच्छा प्रतिरोध तथा, मज़बूत क्षार के लिए मध्यम प्रतिरोध होता है।

सामान्य विरंजक और कार्बनिक विलायक: ये दाग हटाने और शुष्क सफाई (dry cleaning) में उपयोग किए जाते हैं, और पॉलिएस्टर तंतु को क्षति नहीं पहुँचाते हैं।

8.8.4 जैविक और अन्य गुण

पॉलिएस्टर में कीड़े और रोगाणुओं के लिए उत्कृष्ट प्रतिरोध होता है।

आयामी स्थिरता: धुलाई या शुष्क सफाई/ ड्राई क्लीन होने पर पॉलिएस्टर अच्छी आयामी स्थिरता दिखाता है।]

स्टैटिक चार्ज: हाइड्रोफोबिक होने के कारण, पॉलिएस्टर विद्युत् का कुचालक होता है, अतः इसे स्टेटिक की समस्या का सामना करना पड़ता है। इसी का समाधान पॉलिएस्टर की परिसज्जा के माध्यम से किया जाता है।

सूर्य के प्रकाश का प्रभाव: पॉलिएस्टर सूर्य के प्रकाश के लिए उत्कृष्ट प्रतिरोध रखता है।

8.9 पॉलिएस्टर के उपयोग

पॉलिएस्टर अनुप्रयोगों की एक विस्तृत श्रंखला है क्योंकि यह सबसे बहुमुखी कृत्रिम तंतु है। पॉलिएस्टर फ़िलामेंट परिधान और गृह सज्जा **वस्त्रों** के क्षेत्र में बड़े पैमाने पर उपयोग किया जाता है। जब पॉलिएस्टर को स्टेपल की लंबाई में काट लिया जाता है, तब इसे कपास,

विस्कोस और ऊन के साथ आसानी से मिश्रित किया जा सकता है। मिश्रित कपड़ों के निर्माण के समय, दोनों घटक अपने अच्छे गुणों को संयोजित करने में मदद करते हैं और तैयार हुए मिश्रित **वस्त्र** के उपयोग पर आधारित उसमें मिलाये तंतुओं की मात्रा सुनिश्चित की जाती है। परिधान अनुप्रयोग में बाहरी परिधान, कमीज़, पेंट, सूट, साड़ियाँ, आराम करते समय पहनने वाले **वस्त्र**, आतंरिक **वस्त्र**, वर्षा से बचाव के **वस्त्र**, टाई और स्कार्फ शामिल हैं। उच्च मज़बूती वाले सिलाई धागे स्टेपल यार्न से बनाये जाते हैं। कई अन्य औद्योगिक अनुप्रयोग उदाहरणों में ऑटोमोबाइल सीट बेल्ट, टायर कोर्ड, समुद्री जहाज़ के सेल, जियोटेक्सटाइल, कृत्रिम रक्त वाहिकाएं और चिकित्सा क्षेत्र में प्रयुक्त अन्य **वस्त्र** सम्मिलित हैं। घर में, पॉलिएस्टर का उपयोग आमतौर पर पर्दों के रूप में और तकिये, गद्दे और रज़ाईयों में भरने के लिए किया जाता है। इस प्रकार, यह कहा जा सकता है कि पॉलिएस्टर की बहुमुखी प्रतिभा इसे वोवन, निटिड और नॉन-वोवन क्षेत्र के लिए समान रूप से उपयुक्त बनाती है। सामान्य पॉलिएस्टर के अतिरिक्त, विशेष उपयोगों के लिए विशेष पॉलिएस्टर के प्रकार भी विकसित किए गए हैं। इनमें शामिल हैं उच्च क्रिम्प, उच्च दृढ़ता, उच्च सिकुड़न, एंटीस्टेटिक, ऊष्मा प्रतिरोधी, लौ प्रतिरोधी, प्रोफाइल्ड और चिपकने वाला पॉलिएस्टर।

8.10 पॉलिएस्टर की देख-रेख

पॉलिएस्टर **वस्त्रों** की देख-रेख करना आसान होता है। वे हाथ या मशीन से धोये जा सकते हैं तथा जल्दी सूख भी जाते हैं। इन **वस्त्रों** की धुलाई के समय तापमान 60°C से अधिक नहीं होना चाहिए। सिकुड़न प्रतिरोधी होने के कारण इन्हें बहुत अधिक **इस्त्री** की आवश्यकता नहीं पड़ती है। इन्हें उच्च तापमान से बचाने के लिए सावधानी बरतनी चाहिए, और इनके लिए सुरक्षित **इस्त्री** का तापमान 150°C होता है। पॉलिएस्टर **वस्त्रों** के भंडारण के लिए किसी विशेष सावधानी की आवश्यकता नहीं होती है, क्योंकि इनमें उत्कृष्ट जैविक प्रतिरोध होता है।

एक्रेलिक

8.11 इतिहास और विश्व उत्पादन

1893 में जर्मनी में एक्रेलिक तंतु के लिए शुरुआती सामग्री, एक्रिलोनाइट्राइल बनाई गई थी (Kadolph and Langford, 2007)। जब वैज्ञानिकों ने यह पता लगाया कि इसमें जल अवशोषण नहीं होता है, तब इसका अन्य घटक के साथ बहुलकीकरण करने का सोचा।

अमरीका के ड्यू पोंट (Du Punt) ने 1944 में एक्रेलिक तंतु का विकास किया। वाणिज्यिक उत्पादन 1950 में शुरू हुआ। मोडएक्रेलिक भी उसी समय (1949) के आसपास बना था। दोनों को 1960 तक अलग नाम देने से पहले, एक समूह के रूप में ही संदर्भित किया जाता था। आज एक्रेलिक तंतु दुनिया के कुल निर्मित तंतुओं का 6.8% हैं। अधिकाँश उत्पादन स्टेपल तंतु के रूप में किया जाता है। एशिया, नायलॉन और पॉलिएस्टर की तरह, एक्रेलिक में भी एक बड़ी हिस्सेदारी रखता है। यह कुल वैश्विक उत्पादन का 59.5% योगदान देता है। आज विश्व में एक्रेलिक स्टेपल तंतुओं (ASF) का सबसे बड़ा निर्माता और उपभोक्ता चीन है।

8.12 रासायनिक संरचना और विनिर्माण

एक्रेलिक बहुलक के मुख्य घटक एक्रिलोनाइट्राइल मोनोमर होते हैं। चित्र 8.6 एक्रिलोनाइट्राइल समूह को दर्शाता है। एक्रेलिक पॉलिमर वॉन डर वाल बल के आकर्षण द्वारा एक साथ रखा जाता है। एक्रेलिक में लगभग 70 से 80% तक क्रिस्टलीय क्षेत्र और 30 से 20% तक अनाक़ार क्षेत्र होते हैं।

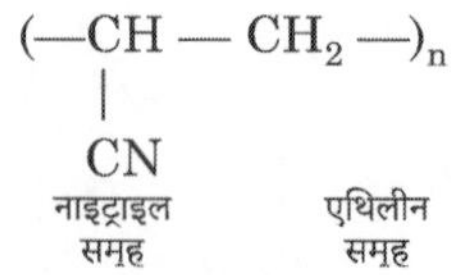

चित्र: 8.6 एक्रिलोनाइट्राइल समूह

तंतुओं में शेष घटक एक या एक से अधिक मोनोमर होते हैं जो इसमें बहुलकीकरण द्वारा संयोजित होते हैं। तालिका 8.2 दो पॉलीएक्रिलोनाइट्राइल तंतुओं की रासायनिक संरचना को दिखाती है। आमतौर पर उपयोग किए जाने वाले घटकों में एक्रिलामाइड, एक्रेलिक अम्ल, हैलोजन मोनोमर, मेथैक्रिलेट, सोडियम विनाइलवेंज़ीन सल्फोनेट, विनाइल एसीटेट, विनाइलडीन क्लोराइड और विनाइल पाइरीडीन आदि सम्मिलित होते हैं।

तालिका 8.2 एक्रेलिक और मोडक्रेलिक की रासायनिक संरचना।

घटक	एक्रेलिक	मोडक्रेलिक
एक्रिलोनाइट्राइल इकाइयां	कम से कम 85%	कम से कम 35% लेकिन 85% से कम
कोमोनोमर/सह घटक	15%	65 से 15%
बहुलकीकरण की डिग्री/DP (लगभग)	2000	2000

विनिर्माण चरणों को संक्षेप में निम्नानुसार प्रस्तुत किया जा सकता है:

1. बहुलकीकरण: एक्रिलोनाइट्राइल को एक रिएक्टर में एक या अधिक चयनित मोनोमर के साथ बहुलकित करने के लिए डाला जाता है।
2. परिणामी बहुलक को उपयुक्त विलायक में घोला जाता है: विलायक का चुनाव, प्रयुक्त की जाने वाली रासायनिक कताई की विधि पर आधारित होता है। सूखी कताई के लिए डाइमिथाइड फौरमामाइड DMF का उपयोग किया जा सकता है। गीली/वेट कताई, डाइमिथाइल एसीटेमाइड (DMA) के घोल के उपयोग से की जा सकती है (रासायनिक कताई पर विवरण के लिए, अध्याय 9 देखें)।
3. कताई: अर्थात एक स्पिनरेट के छिद्रों में से दबाव के साथ घोल को तंतुओं के रूप में बाहर निकाला जाता है। एक्रेलिक कताई की विधि के लिए एक से अधिक विकल्प होते हैं।
4. कताई के पश्चात कार्य: इनमें सम्मिलित हैं, नमी देना, तरंगमयता प्रदान करना और फ़िलामेंट को काटकर स्टेपल तंतु तैयार करना।

8.13 एक्रेलिक के गुण

8.13.1 सूक्ष्म गुण

चूंकि एक्रेलिक एक निर्मित तंतु है, इसलिए इसकी सूक्ष्म विशेषताओं को नियंत्रित किया जा सकता है। वास्तविकता यह है कि नायलॉन और पॉलिएस्टर की तरह यह मेल्ट कताई से नहीं बनाया जाता। इसका अभिप्राय यह है कि इस पर सटीक नियंत्रण कर पाना कठिन है। चित्र 8.7 में अनुदैर्ध्य खंड (LS) दिखाया गया है। चित्र 8.8 इन तंतुओं के अनुप्रस्थ खंड (CS) को दर्शाता है। अन्य विकल्पों में मेल्टीलोबल, डॉग-बॉन और किडनी/गुर्दा आकार शामिल हैं। अनेक लकीरें इन तंतुओं की एक विशेषता हैं। डीलस्ट्रेंट के काले धब्बे भी दिखाई देते हैं। एक्रेलिक तंतुओं की पहचान करने के लिए सूक्ष्म रूप का उपयोग नहीं किया जा सकता है।

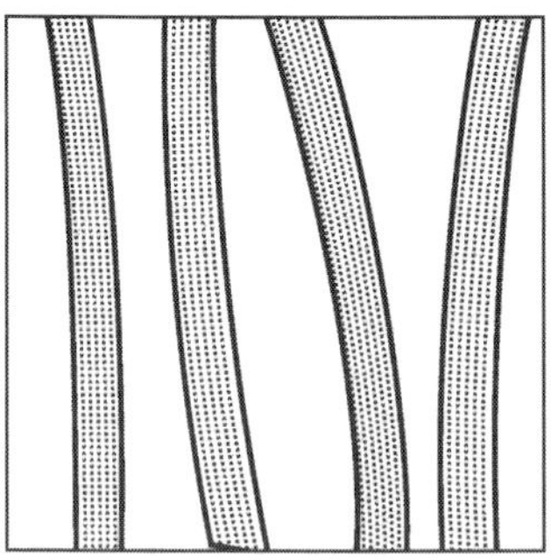

चित्र 8.7 एक्रेलिक का अनुदैर्ध्य खंड (LS)

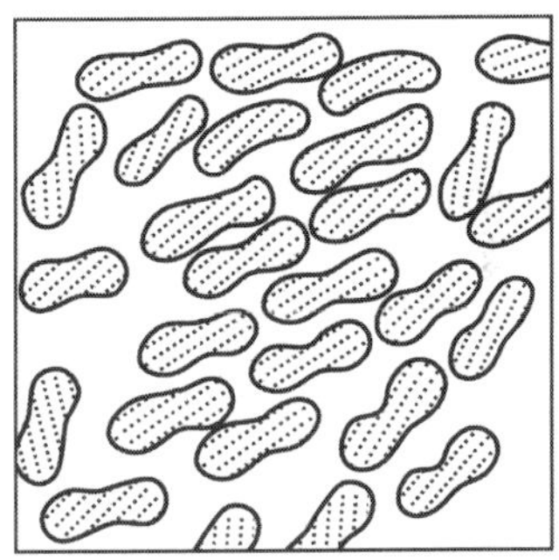

चित्र 8.8 एक्रेलिक का अनुप्रस्थ खंड (CS)

8.13.2 भौतिक गुण

लंबाई, व्यास, रंग और चमक: ये परिवर्तनशील होते हैं और उत्पादक द्वारा नियंत्रित किए जा सकते हैं।

दृढ़ता: एक्रेलिक और मोडक्रेलिक की दृढ़ता को सामान्य से अच्छे के रूप में परिभाषित किया जा सकता है। शुष्क परिस्थितियों में यह एक्रेलिक के लिए 2.0 से 4.2 gpd और मोडक्रेलिक के लिए 2.0 से 3.1 gpd होती है। नम परिस्थितियों में, एक्रेलिक की मज़बूती में थोड़ी गिरावट आती है; इसका कारण यह है कि पानी द्वारा बहुलक के अनाकार क्षेत्रों में प्रवेश करने से कुछ वॉन डर वाल बल टूट जाते हैं।

वृद्धि और लोचदार रिकवरी: इन तंतुओं की वृद्धि अलग-अलग होती है। दोनों में एक अच्छी लोचदार रिकवरी होती है। 2% वृद्धि पर, एक्रेलिक में 92% की लोचदार रिकवरी होती है, जबकि मोडक्रेलिक में 99% की।

प्रतिस्कंदता/लचीलापन: ये तंतु बेहद लचीले होते हैं। इस गुण का उपयोग उच्च रोंये वाले वस्त्रों के निर्माण में किया जाता है।

घनत्व: 1.25 से 1.34 ग्राम/सेमी^{3} का घनत्व इन तंतुओं को वज़न में हल्का बनाता है।

मॉइश्चर रिगेन/अवशोषकता: अत्यधिक क्रिस्टलीय प्रकृति के कारण, एक्रेलिक में मॉइश्चर रिगेन 1.0 से 2.5% की कम मात्रा में पाया जाता है। मोडक्रेलिक में इससे थोड़ा अधिक

2.5 से 4.0% का रिगेन होता है। इसका कारण इसमें घटकों की अधिक प्रतिशत या अधिक ध्रुवीय समूह हो सकते हैं जो पानी को आकर्षित करते हैं।

तापीय गुण: एक्रेलिक अत्यधिक ज्वलनशील होते हैं। कुछ मोडक्रेलिक को हेलोजन योगिकों के उपयोग से बनाया जाता है जिससे उनमें कम ज्वलनशील होने के गुण आ जाते हैं। ऐसा एक उदाहरण है टेक्लान (Teklan), जो क्लोरीन वाला मोडक्रेलिक होता है। इस तरह से बने तंतु जलते नहीं, बल्कि पिघल कर विघटित हो जाते हैं। पिघलने का तापमान 450 से 490°F तक होता है, और सुरक्षित इस्त्री तापमान 300°F होता है। जलन व्यवहार इनके कृत्रिम होने की पुष्टि करता है। ये दोनों तंतु एक ही रासायनिक गंध के साथ जलते हैं और कठोर काले मनकों के अवशेषों को छोड़ते हैं।

8.13.3 रासायनिक गुण

अम्ल: एक्रेलिक और मोडक्रेलिक में अम्ल के लिए अच्छा प्रतिरोध होता है।

क्षार: ये तंतु क्षार का सामना कर सकते हैं, लेकिन कभी-कभी सतह पर सैपोनिफिकेशन हो सकता है, जिससे वस्त्रों पर पीलापन हो जाता है।

कार्बनिक विलायक: शुष्क सफाई (ड्राई क्लीनिंग) में उपयोग होने वाले सामान्य कार्बनिक विलायक एक्रेलिक और मोडक्रेलिक तंतुओं को क्षति नहीं पहुंचाते हैं।

8.13.4 जैविक और अन्य गुण

एक्रेलिक और मोडक्रेलिक कीट/मोथ, कार्पेट बीटल, फफूंदी, जीवाणु और कवक के लिए उत्कृष्ट प्रतिरोध रखते हैं। यही एक कारण है कि ये सर्दियों के परिधान में ऊन के विकल्प के रूप में लोकप्रिय सिद्ध हो रहे हैं।

आयामी स्थिरता: हीट सेट होने के बाद, ये दोनों तंतु अच्छी आयामी स्थिरता दिखाते हैं। वे गीले होने पर सिकुड़ते नहीं हैं। बिना हीट सेट किये, ये छूने में अत्यधिक नरम होते हैं और इस कारण इनमें सिलवटों और खिंचाव की समस्या होती है। मशीन में सुखाते समय ऊष्मा का उपयोग समस्या को और बढ़ा सकता है।

स्टेटिक चार्ज: निम्न नमी अवशोषण के कारण, एक्रेलिक और मोडक्रेलिक विद्युत् के भी कुचालक होते हैं और इनमें स्टेटिक चार्ज की समस्या उत्पन्न हो सकती है।

सूर्य के प्रकाश का प्रभाव: एक्रेलिक और मोडक्रेलिक को सबसे अधिक सूर्य के प्रकाश के प्रतिरोधी तंतुओं के रूप में परिभाषित किया जा सकता है।

तालिका 8.3 में पॉलिएस्टर, नायलॉन 6, नायलॉन 6, 6 एक्रेलिक और मोडक्रेलिक के मुख्य गुणों की तुलना की गई है।

8.14 एक्रेलिक के उपयोग

एक्रेलिक वस्त्र का मुख्य गुण यह हैं कि यह वज़न में हल्का, मुलायम और रोधन/गर्मी प्रदान करने वाला (insulative) होता है। इसी के साथ सूर्य के प्रकाश, रसायनों और कीड़ों के लिए उत्कृष्ट प्रतिरोध होने से एक्रेलिक ने ऊन के लिए एक कठिन प्रतिस्पर्धा बना दी है! इन गुणों

के कारण, कम कीमतों के साथ, सर्दियों के परिधानों में इसकी लोकप्रियता बढ़ गई है, जिसमें कृत्रिम छाल, स्वेटर और यहाँ तक कि बुनाई के यार्न भी शामिल हैं। गृह सज्जा में एक्रेलिक का उपयोग कंबलों, पर्दों, कालीनों और रोयेंदार गलीचों में किया जाता है। एक्रेलिक के कई औद्योगिक उपयोग भी होते है। इसे अकेले या अन्य तंतुओं के साथ मिश्रित किया जा सकता है। एक्रेलिक के कुछ नामों के उदाहरण हैं—केशमीलोन, ओर्लान, ज़ेफ्रान, एक्रिलान और क्रेस्लान।

मोडक्रेलिक: इसके सामान्य अनुप्रयोगों में कृत्रिम छाल/फर, रोंये वाले **वस्त्र**, कंबल, कालीन पर्दे, और शयन परिधान शामिल हैं। यह स्वाभाविक रूप से ज्वाला मंदक प्रकृति होने के कारण इन उत्पादों में लोकप्रियता प्राप्त करता है। औद्योगिक उपयोगों में, मोडक्रेलिक से बने फिल्टर अपने हल्के वज़न और उत्कृष्ट रासायनिक प्रतिरोध के कारण व्यापक रूप से उपयोग किए जाते हैं।

तालिका 8.3 पॉलिएस्टर, नायलॉन 6. नायलॉन 6, 6 एक्रेलिक और मोडक्रेलिक के मुख्य गुणों की तुलना को दर्शाती है

तालिका 8.3 कृत्रिम तंतुओं के तुलनात्मक गुण

गुण	पॉलिएस्टर	नायलॉन 6, 6	नायलॉन 6	एक्रेलिक	मोडक्रेलिक
आकार (लंबाई और व्यास)	ये गुण	कृत्रिम तंतुओं में	नियंत्रित किये	जा सकते	हैं
चमक	ये गुण	कृत्रिम तंतुओं में	नियंत्रित किये	जा सकते	हैं
दृढ़ता सूखी स्थिति में	2.5–9.5 gpd	4.6–8.8 gpd	4.9–8.5 gpd	2.0–4.2 gpd	2.0–3.1 gpd
दृढ़ता नम स्थिति में	2.5-9.5 gpd	4.0-7.6 gpd	4.2–8.0 gpd	1.6–3.8 gpd	2.0–3.1 gpd
इलास्टिक रिकवरी	90–100% 2% खिंचाव पर	100% 4% खिंचाव पर	100% 4% खिंचाव पर	90-95% 2 % खिंचाव पर	80-90% 2% खिंचाव पर
रेज़ीलिएन्सी/ प्रतिस्कंदता	अति उत्कृष्ट	अच्छी से बहुत अच्छी	अच्छी से बहुत अच्छी	अच्छी	बहुत अच्छी
नमी अवशोषण	0.4% बहुत कम	4.0-4.5%	2.5-5.0%	1.0-2.5%	2.5-4.0%
रासायनिक गुण अम्ल के प्रति व्यवहार	कमज़ोर अम्ल के प्रति उच्च प्रतिरोध, तेज़ अम्ल क्षति पहुंचा सकते हैं	अम्ल के प्रति निम्न प्रतिरोध	अम्ल के प्रति निम्न प्रतिरोध	कमज़ोर अम्ल के प्रति अच्छा प्रतिरोध, तेज़ अम्ल के प्रति सामान्य प्रतिरोध	अच्छे से लेकर उच्च प्रतिरोध
क्षार के प्रति व्यवहार	कमज़ोर क्षार के प्रति अच्छा प्रतिरोध, तेज़ क्षार के प्रति सामान्य प्रतिरोध	क्षार के प्रति अच्छा प्रतिरोध	क्षार के प्रति अच्छा प्रतिरोध	कमज़ोर क्षार के प्रति अच्छा प्रतिरोध, तेज़ क्षार के प्रति सामान्य प्रतिरोध	क्षार के प्रति अच्छा प्रतिरोध
सूर्य की रोशनी के प्रति व्यवहार	अति उत्कृष्ट प्रतिरोध (कांच के पीछे)	अति उत्कृष्ट प्रतिरोध	अति उत्कृष्ट प्रतिरोध	अति उत्कृष्ट प्रतिरोध	अति उत्कृष्ट प्रतिरोध
जैविक गुण	अति उत्कृष्ट जैविक प्रतिरोध	अति उत्कृष्ट जैविक प्रतिरोध	अति उत्कृष्ट जैविक प्रतिरोध	अति उत्कृष्ट जैविक प्रतिरोध	अति उत्कृष्ट जैविक प्रतिरोध

गुण	पॉलिएस्टर	नायलॉन 6, 6	नायलॉन 6	एक्रेलिक	मोडक्रेलिक
तापीय गुण इस्त्री का सुरक्षित तापमान	121°C	151-175°C	150°C	<160°C	
विघटित होने का तापमान (melting point)	240-290°C	250°C	210°C	190°C	पिघलते नहीं
ज्वलनशीलता	थर्मोप्लास्टिक होता है, अग्नि में पिघलने लगता है, अवशेष सख्त काला मनका होता है	थर्मोप्लास्टिक होता है, अग्नि में पिघलने लगता है, अवशेष सख्त काला मनका होता है	थर्मोप्लास्टिक होता है, अग्नि में पिघलने लगता है, अवशेष सख्त काला मनका होता है	आसानी से जलता है, अग्नि में पिघलने लगता है, चिंगारी (afterglow) दर्शाता है	ये अज्वलनशील होते हैं, अग्नि से दूर सिंकुड़ जाते हैं, पिघलते नहीं

8.15 एक्रेलिक की देख-रेख

एक्रेलिक और मोडक्रेलिक को सामान्य डिटर्जेंट के उपयोग से, मशीन या हाथ द्वारा धोया जा सकता है। इन वस्त्रों को धोने, सुखाने और इस्त्री करते समय उच्च तापमान से बचाने के लिए सावधानी बरतनी चाहिए। ऊन के साथ मिश्रित करने पर, शुष्क सफाई भी एक अच्छा विकल्प हो सकता है। इनमें बुर बनने (पिल्लिंग) की समस्या को कम करने के लिए इन्हें उलटकर ही धोना चाहिए। इन तंतुओं के बेहतर जैविक प्रतिरोध के कारण इनके भंडारण के लिए ऊन की तरह विशेष प्रबंधों की आवश्यकता नहीं होती है।

8.16 ओलेफिन

ओलेफिन, एलिफेटिक हाइड्रोकार्बन होते हैं, जिनमें केवल कार्बन और हाइड्रोजन परमाणु ही होते हैं। दृबंध कार्बन एल्कीन नामक संरचनाओं का उत्पादन करते हैं। फिलामेंट बनाने के लिए ऐसे दो एल्कीन संरचनाओं का उपयोग किया जाता है। ये हैं इथिलीन (C_2H_4) और प्रोपिलीन (C_3H_6)। उच्च तापमान और उत्प्रेरक जैसी उचित स्थितियां दिए जाने पर, इन एल्कीन में अतिरिक्त बहुलीकरण होता है। इससे पॉलिइथिलीन (PE) या पॉलीथींन और पॉलिप्रोपिलीन (PP) बहुलक बनते हैं, जिनमें शुरुआती एल्कीन इकाइयों का हिस्सा कम से कम कुल वज़न का 85% होता है। प्लास्टिक का उपयोग तो द्वितीय विश्व युद्ध के आसपास आरम्भ हो गया था, लेकिन ओलेफिन तंतुओं के उत्पादन में एक दशक और लग गया। व्यावसायिक रूप से पॉलिप्रोपिलीन का उत्पादन 1957 में इटली में किया गया था। पॉलिओलिफिन संश्लेषण का श्रेय दो वैज्ञानिकों को जाता है— जर्मनी के Karl Zeigler और इटली के C. Natta। 1963 में इन्हें पॉलिओलिफिन संश्लेषण पर अपने काम के लिए रसायन विज्ञान में नोबेल पुरस्कार से सम्मानित किया गया था (Hudson et al.,1993)।

उत्पादन

पेट्रोलियम क्रैकिंग के समय एल्केन से ऐल्कीन का उत्पादन किया जाता है। जैसा कि पहले भी उल्लेख किया गया है, मोनोमर सही परिस्थितियों के मिलने पर बहुलीकरण के माध्यम

से पॉलिमर/बहुलक (चित्र 8.9) में परिवर्तित हो जाते हैं। बहुलक को फिलामेंट में बदलने के लिए तीन विकल्प हैं। मेल्ट कताई या जेल/gel कताई की जा सकती है। तीसरी विधि यह है कि पिघले हुए बहुलक को एक चादर के रूप में तैयार किया जाए, जिसे फिर खींच कर या काट कर नेटवर्क रेशों/यार्न में परिवर्तित किया जाए (प्रक्रिया विवरण के लिए, अध्याय 9 देखें)। इन तीन विधियों में से, मेल्ट कताई सबसे अधिक उपयोग की जाती है।

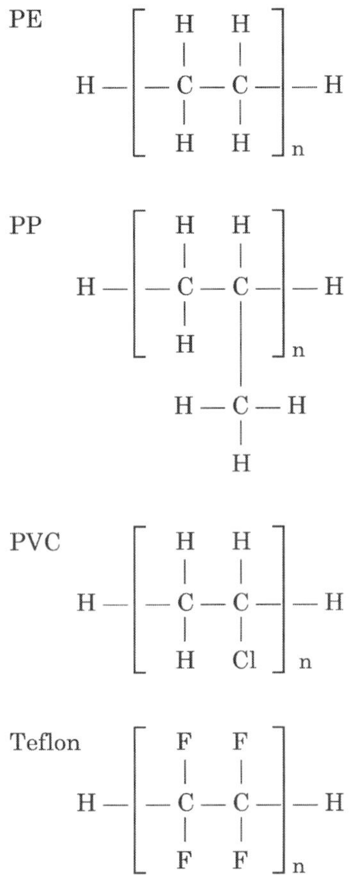

चित्र 8.9 ओलेफिन बहुलक की मूल संरचना।

गुण

तालिका 8.4 में दो ओलेफिन–पॉलिप्रोपिलीन/PP और पॉलिइथिलीन PE तंतुओं के गुणों की तुलना की गई है। इससे पता चलता है कि पॉलिइथिलीन का पिघलने का तापमान कम होता है और यदि यह 10% से अधिक खिंचाव के अधीन हो तो इसके विकृत होने की प्रवृत्ति भी अधिक हो जाती है। यह ध्यान दिया जाना चाहिए कि सूचीबद्ध गुण सामान्य ओलेफिन के लिए हैं। इनके अतिरिक्त, वांछनीय गुणों को डालने या अवांछनीय गुणों को कम करने के लिए कई संशोधन भी किए जा सकते हैं।

तालिका 8.4 ओलेफिन तंतुओं के गुण

गुण	वर्णन
लंबाई, व्यास, रंग और चमक	ये नियंत्रित किये जा सकते हैं, ये निर्माण विधि पर भी निर्भर करते हैं
दृढ़ता	2.5–3.5 gpd, सूखी व गीली परिस्थितियों में
खिंचाव और लोचदार रिकवरी	उत्कृष्ट लोचदार रिकवरी, PE, में खिचाव पर विरूपण की मामूली समस्या
लचीलापन और घर्षण प्रतिरोध	अच्छा
घनत्व	0.9ग्राम/सेमी^{3}, पानी से हल्का
मॉइस्चर रिगेन	0%, लेकिन केशिका क्रिया के कारण पानी सतह तक लाया जाता है
तापीय गुण	धीरे-धीरे जलते हैं, लौ से हटाने पर भी जलते रहते हैं, अवशेष एक कठोर मनका होता है
पिघलने का तापमान	PE 125°C
	PP 165°C
रासायनिक गुण	आम तौर पर अम्ल, क्षार और विलायक के लिए अच्छा प्रतिरोध; मज़बूत ऑक्सीकरण अम्ल से दृढ़ता में कमी आ सकती है
जैविक गुण	कीट, कारपेट बीटल, फफूंदी, बैक्टीरिया और कवक के लिए उत्कृष्ट प्रतिरोध
आयामी स्थिरता	हीट सेट होने पर अच्छी स्थिरता
स्टेटिक चार्ज	गैर ध्रुवीय होने के कारण ये स्टेटिक की समस्या का सामना नहीं करते
सूरज की रोशनी	इससे दृढ़ता में धीरे-धीरे गिरावट आ सकती है परिष्करण द्वारा इस का सामना किया जा सकता है

उपयोग

पॉलीइथिलीन (PE) का उपयोग परिधान के लिए नहीं किया जाता। इसके मुख्य अनुप्रयोगों में फिल्टर, रस्सियाँ, जाल, पैकिंग सामग्री, ओवारौल, दस्ताने और प्लास्टिक की चादरें शामिल हैं।

पॉलीप्रोपिलीन (PP) के अनेक व्यापक अनुप्रयोग हैं। परिधान क्षेत्र में, यह थर्मल आंतरिक वस्त्र, अंडरगारमेंट, होज़री और बच्चों के परिधान के रूप में उपयोग किया जाता है। कम जल अवशोषण होने पर भी, अच्छी केशिका क्रिया के गुण के कारण ऐसे वस्त्र पहनने वाले को आराम मिलता है। घरों में, पॉलीप्रोपिलीन का बड़े पैमाने पर कालीन, कालीन की बैकिंग, कंबल और फर्नीचर को सजाने वाले वस्त्रों के रूप में उपयोग किया जाता है। जल जनित दाग को आसानी से न पकड़ने की इसकी क्षमता यहां बहुत उपयोगी सिद्ध होती है। औद्योगिक उपयोगों में फिल्टर, जाल, तार, समुद्री जहाज़ के सेल, तंतुओं के बेल/गठरियों के लिए कवरिंग और बैग शामिल हैं। इसे जियोटेक्सटाइल के क्षेत्र में भी उपयोग किया जाता है।

8.17 स्पैन्डेक्स

स्पैन्डेक्स एक इलास्टोमेरिक तंतु है, जिसमें उत्कृष्ट लोचदार गुण होते हैं। इसे प्राकृतिक रबड़ के विकल्प के रूप में विकसित किया गया था, क्योंकि रबड़ में कुछ कमियां हैं। स्पैन्डेक्स एक

ब्लॉक कोपॉलिमर है, जिसमें पॉलीयूरेथेन $(—NH—COO—)_n$ शामिल है। सबसे जटिल संरचनाओं में से एक होने वाले स्पैन्डेक्स में दो प्रकार के क्षेत्र होते हैं। पहली तरह के कठोर वर्गों वाले होते हैं जो कि इसे दृढ़ता प्रदान करते हैं। दूसरी तरह के लचीले और असंगत खंड होते हैं जो साधारण परिस्थिति में रखे फिलामेंट में कुंडलित अवस्था में रखते हैं। जब तंतु को खींचा जाता है, तब ये कुंडलित संरचनाएं सीधी हो जाती हैं। इस तरह दोनों क्षेत्र अपनी अपनी भूमिका निभा कर स्पैन्डेक्स का आसानी से खींचना और फिर छोड़ने पर तुरंत अपने प्राथमिक आकार में आ जाने के व्यवहार को संभव बनाते हैं। 1958 में, अमरीका में स्पैन्डेक्स को लाइक्रा नाम से उत्पादित किया गया था। भारत में 1991 में थापर (Thapar) समूह द्वारा इस तंतु को इलेक्सा नाम से उत्पादित किया गया।

गुण

स्पैन्डेक्स के मुख्य गुण तालिका 8.5 में सूचीबद्ध हैं। यह आमतौर पर शक्ति और स्थायित्व में प्राकृतिक **रबड़** से बेहतर माना जाता है। प्राकृतिक **रबड़** गर्मी, क्लोरीन, पसीना, सनटैन तेल और सॉल्वेंट्स से क्षतिग्रस्त हो जाता है। स्पैन्डेक्स और प्राकृतिक **रबड़** में अंतर का भी निम्नलिखित तालिका में उल्लेख किया गया है।

तालिका 8.5 स्पैन्डेक्स व प्राकृतिक **रबड़** के गुणों की तुलना

गुण	वर्णन
लंबाई, व्यास, रंग और चमक	इन को नियंत्रित किया जा सकता है; प्राकृतिक रबड़ की तुलना में स्पैन्डेक्स को अधिक महीन तैयार किया जा सकता है
दृढ़ता	0.1–1.0 gpd, शुष्क और गीली परिस्थितियों में; प्राकृतिक रबड़ से दुगुनी
लोच और लोचदार वसूली	600–800% विस्तार, उत्कृष्ट रिकवरी
लचीलापन और घर्षण प्रतिरोध	अच्छा; रबड़ का घर्षण प्रतिरोध कम होता है
घनत्व	1.0–1.2 ग्राम/सेमी^{3}
मॉइस्चर रिगेन	1% से कम, लेकिन रंगा जा सकता है; रबड़ गैर अवशोषण वाला होने के कारण रंगा नहीं जा सकता
तापीय गुण	पिघलने का तापमान 450°F–500°F होता है, 350°F के आसपास ये नरम होकर चिपकने लगते हैं; रबड़ 22°F से अधिक तापमान पर विघटित होना शुरू हो जाता है
रासायनिक गुण	आम तौर पर अच्छा है, स्विमिंग पूल में मौजूद क्लोरीन के स्तर का सामना कर सकता है, लेकिन क्लोरीन ब्लीच का नहीं। रबड़ में अपेक्षाकृत कम रासायनिक प्रतिरोध होता है, अतः इसे पूल में उपस्थित क्लोरीन से भी क्षति पहुंचती है
जैविक गुण	रोगाणुओं के लिए अच्छा प्रतिरोध
आयामी स्थिरता	अच्छी
स्टेटिक चार्ज	विद्युत् कुचालक होने के कारण स्टेटिक चार्ज बनता है, जिससे धूल के कण आकर्षित होते हैं
सूरज की रोशनी का प्रभाव	सूरज की रोशनी के लिए अच्छा प्रतिरोध; रबड़ इससे विघटित हो जाता है

उपयोग

स्पैन्डेक्स का उपयोग अधिकांश अन्य तंतुओं के साथ सम्मिश्रण में किया जाता है। इसके असाधारण लोचदार गुण इसे आंतरिक वस्त्रों, होज़री, तैराकी और सक्रिय खेलों की पोशाकों के लिए लोकप्रिय बनाते हैं। साथ ही यह नेट (net) वाले वस्त्र और लेस के रूप में फैशन वाले और सजावटी वस्त्रों में अनुप्रयोग पा रहे हैं। (स्पैन्डेस से मिश्रित वस्त्रों के उपयोग से उपभोक्ता एक अच्छी फिटिंग के साथ पहनने में आसानी और आराम का अनुभव करते हैं। आजकल, साड़ी ब्लाउज और चूड़ीदार जैसे भारतीय परिधान, जिन्हें अच्छी फिटिंग का होना आवश्यक होता है, उनमें स्पैन्डेक्स का उपयोग करने से संतोषजनक परिणाम मिलते हैं।

निर्मित तंतुओं के परिवार के सदस्यों को उनके जन्म के समय के आधार पर तीन पीढ़ियों में विभाजित किया जाता है। पहली पीढ़ी पुनरुत्पादित तंतु हैं। कृत्रिम तंतु (नायलॉन, पॉलिएस्टर) दूसरी पीढ़ी के रूप में, और सबसे कम उम्र या तीसरी पीढ़ी के तंतु विशिष्ट अंत उपयोगों के लिए विकसित तंतु हैं। इन्हें हाई टेक्नोलॉजी, हाई परफॉर्मेंस या सुपर तंतु भी कहा जाता है। इस पीढ़ी के सदस्यों में अरामिड, कार्बन तंतु और ग्लास तंतु शामिल हैं।

8.18 अरामिड

अरामिड पॉलीएमाइड होते हैं। वे नायलॉन के ही प्रकार हैं जिनमें 85% से अधिक एमाइड लिंकेज (—CO—NH—) सीधे दो ऐरोमैटिक रिंग से जुड़े होते हैं (यदि यह संख्या 85% से कम हो, तो परिणामी तंतु एक नायलॉन होता है)। इससे ऐसे अणु तैयार होते हैं जिनमें बेहतर क्रिस्टलिनिटी और उच्च ओरिएंटेशन होती है। इस प्रकार, वे उच्च तापमान के लिए अधिक प्रतिरोधी होते हैं और साधारण नायलॉन की तुलना में बहुत अधिक मज़बूत भी। इनमें एक और अंतर यह है कि नायलॉन को मेल्ट कताई से बनाया जाता है, जबकि अरामिड सूखी या गीली कताई द्वारा उत्पादित होते हैं। दो प्रमुख अरामिड हैं नोमेक्स^{R} और केवलार^{R}, जो 1963 और 1973 में अमरीका की ड्यू पोंट कंपनी द्वारा पेश किए गए थे।

गुण

नोमेक्स व्यापक रूप से अपने उत्कृष्ट लौ प्रतिरोध गुण के लिए विख्यात है। लगभग 99°F के तापमान पर, यह विघटित तो होने लगता है, लेकिन पिघलता नहीं है। केवलार अपनी असाधारण उच्च शक्ति (23 gpd) के लिए लोकप्रिय है। सामान्य तौर पर, अरामिड का उपयोग उनके उत्कृष्ट घर्षण प्रतिरोध, खिंचाव के उच्च प्रतिरोध, अच्छे रासायनिक प्रतिरोध, हल्के वज़न और एक्स-रे के अच्छे प्रतिरोध के लिए किया जाता है। इनकी कुछ कमियों में तेज़ अम्ल और क्षार के लिए कम प्रतिरोध, सूरज की किरणों के लंबे समय तक संपर्क में आने पर गिरावट और रंग के चढ़ने में कठिनाई (4% निम्न जल अवशोषकता के कारण) शामिल हैं। हालांकि, अरामिड में मौजूद अनूठी विशेषताएं उन कुछ कमियों से कहीं अधिक हैं और इसलिए अरामिड का उपयोग दिन-प्रतिदिन बढ़ रहा है।

उपयोग

मुख्य अनुप्रयोगों में रक्षा कर्मियों और अंतरिक्ष यात्रियों के लिए सुरक्षात्मक पोशाक और हेलमेट, बुलेटप्रूफ वास्कट, फेंसिंग सूट, अग्निशामक कर्मियों की वर्दी, रेस ड्राइवर, वानिकी और रिफाइनरी कर्मियों की वर्दियां, विमान साज-सज्जा, फाइबर प्रबलित प्लास्टिक (fibre reinforced plastics) और औद्योगिक वस्त्र शामिल हैं।

आपको यह जानकर खुशी होगी कि टाटा एडवांस्ड मैटेरियल्स लिमिटेड (TAML) की स्थापना भारत में 1992 में हुई थी। यह हल्के वज़न, कंपोज़िट आधारित उत्पादों जैसे बुलेट प्रूफ जैकेट, और हेलमेट बनाती है। इन स्वदेशी बैलिस्टिक उत्पादों की आपूर्ति भारत और पूरे एशिया में सेना, नौसेना, अर्धसैनिक और राज्य पुलिस बलों को की जाती है।

8.19 कार्बन तंतु

1960 के दशक के अंत में पहली बार, कार्बन तंतु विश्व भर में अनुसंधान का विषय बने। पॉलीएक्रिलोनाइट्राइल (PAN) तंतु कार्बन तंतुओं का सबसे महत्वपूर्ण अग्रदूत है। पेट्रोलियम, कोलतार और PVC से प्राप्त सामग्री भी उनके निर्माण के लिए एक महत्वपूर्ण, कम लागत वाली सामग्री होती है। कार्बन तंतुओं के उत्पादन के लिए कुछ अन्य शुरुआती पदार्थ हैं ग्लास, रेयान और स्टील।

PAN (पॉलीएक्रिलोनाइट्राइल) तंतुओं से उत्पादन

इन तंतुओं को पहले एक ऑक्सीकरण वातावरण में थर्मोप्लास्टिक PAN से गैर-थर्मोप्लास्टिक सामग्री में परिवर्तित किया जाता है, जिससे वह अगले प्रसंस्करण चरण के अत्यधिक उच्च तापमान का सामना कर सके। इस दूसरे चरण में बिना तनाव के लगभग 1000°C तक उपचारित (ऑक्सीडाइज्ड) PAN को कार्बोनाइज़ किया जाता है। अंतिम कार्बन तंतुओं की आवश्यक ताकत के आधार पर 3000°C तक के किसी भी तापमान पर और ऊष्मा दी जाती है। चित्र 8.10 PAN से उत्पादित कार्बन तंतु दर्शाता है।

चित्र 8.10 PAN से उत्पादित कार्बन तंतु

गुण

कार्बन तंतुओं के मुख्य गुणों में उनके असाधारण ताप प्रतिरोध और दृढ़ता (15.9 gpd) शामिल हैं। कार्बन रसायनों (अम्ल, क्षार और विलायक) के लिए उत्कृष्ट प्रतिरोध भी प्रदर्शित करते हैं; तेज़ क्लोरीन ब्लीच उन्हें क्षति पहुंचा सकती हैं। इसमें अच्छी नमी अवशोषकता (10.0%) होती है, जो इसे विद्युत् सुचालकता प्रदान करने के साथ ही स्टेटिक चार्ज की समस्या से मुक्त करती है। कठोर होने के कारण, कार्बन केवल 0.7% खिंचाव दिखाता है और इसमें लोचदार रिकवरी 100% होती है। 1.77 g/cm^3 का घनत्व कार्बन को एक मध्यम वज़न का तंतु बनाता है।

उपयोग

कार्बन तंतु दैनिक परिधान के लिए उपयोग नहीं किया जाता, लेकिन इसके विशिष्ट उपयोग किये जाते हैं। ये कुछ व्यवसायों के लिए सुरक्षात्मक पोशाकों जैसे क्षेत्रों में उपयुक्त होते हैं। हैं, जिनमें बहुत अधिक तापमान और रसायनों के संपर्क में आना शामिल हो। कार्बन प्रबलित प्लास्टिक बड़े मशीन के हिस्से, खेलों की सामग्री, गाड़िओं की अंदरूनी वस्तुएं और हवाई उद्योग में उपयोग किए जाते हैं। चिकित्सा क्षेत्र में, कार्बन तंतु से बने हड्डी के ड्राफ्ट मज़बूत प्रतिस्थापन विकल्प प्रदान करते हैं।

8.20 ग्लास तंतु

उत्पादन

कांच के तंतुओं को फिलामेंट या स्टेपल के रूप में उत्पादित किया जाता है। चूना पत्थर, सिलिका रेत और अन्य चयनित अवयवों को एक साथ मिलाया जाता है और फिर 1" व्यास के कंचों में बना लिया जाता है। इन कंचों को पिघलाने के लिए एक विद्युत् फर्नेस में डाला जाता है और तरल मिश्रण पिघलने वाले कक्ष की निचली तरफ स्थित छोटे छिद्रों से बाहर निकलता है। इन उभरते फिलामेंट को एक उच्च गति घुमावदार यन्त्र द्वारा बाहर खींचा जाता है और वे शीघ्र ही कठोर होकर कांच के लम्बे फिलामेंट बन जाते हैं। कांच के स्टेपल तंतुओं के निर्माण के लिए, संकुचित हवा को उच्च दबाव वाले जेट द्वारा पिघले हुए द्रव्य की खिंचाई के लिए उपयोग किया जाता है। इस ज़ोर लगने से छोटे तंतु तैयार हो जाते हैं, जिन्हें एक घूमने वाले ड्रम पर एकत्रित किया जाता है। इन्हें फिर ड्राफ्टिंग और ट्विस्टिंग के बाद यार्न में संसाधित किया जाता है। चित्र 8.11 कांच के फिलामेंट को दर्शाता है। अंतिम उपयोग के आधार पर इनसे करघे पर बुने हुए/वोवन और गैर-बुने हुए/नॉन-वोवन वस्त्र भी किये जा सकते हैं।

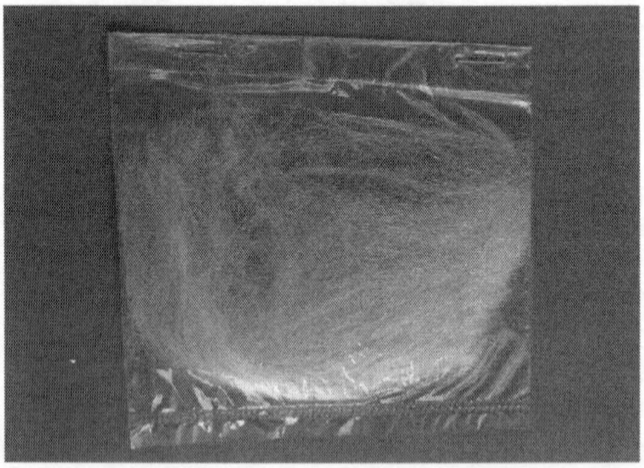

चित्र 8.11 कांच के फिलामेंट

गुण

कांच के रेशों में कुछ विशेष गुण होते हैं। इनमें उच्च शक्ति, कम घनत्व, अच्छा ध्वनि इन्सुलेशन और उत्कृष्ट रासायनिक प्रतिरोध होता है। ज़ंग प्रतिरोधी, अग्नि प्रतिरोधी होने के अतिरिक्त इनमें विद्युत गुण भी होते हैं। कई बाइंडर और मज़बूत सामग्रियों के उपयोग से ग्लास तंतुओं

के बुनियादी गुणों को संशोधित करना संभव है। इस तथ्य के कारण उनके उत्पादन और अनुप्रयोगों में तेज़ी आई है।

उपयोग

ग्लास फिल्टर का उपयोग उच्च तापमान पदार्थों के साथ-साथ मज़बूत तरल पदार्थों के लिए भी किया जाता है। रासायनिक, धातुकर्म, इलेक्ट्रिकल, ऑटोमोटिव, इंजीनियरिंग और निर्माण सामग्री उद्योगों में कांच से बने वस्त्र, जाले और कागज़ बड़े पैमाने पर उपयोग किए जाते हैं। कांच के रेशों का उपयोग कांच के प्रबलित (glass reinforced) प्लास्टिक की तरह समग्र सामग्रियों (composite materials) में भी किया जा रहा है। इनमें गृह सज्जा और उद्योग में उपयोग की एक विस्तृत और निरंतर बढ़ती सूची है। रक्षा, जहाज़ निर्माण, रेलवे परिवहन और विमान उद्योग ग्लास तंतुओं का बहुत बड़ी मात्रा में उपयोग करते हैं।

8.21 धात्विक तंतु

बुनाई और कढ़ाई में सोने-चांदी के धागों का उपयोग भारत के लिए कोई नई बात नहीं है। पारंपरिक वस्त्रों के कई उदाहरण हैं जो ऐसे धागों का उपयोग करते हैं। बनारसी ब्रोकेड और पैठनी साड़ियां ऐसे ही कुछ उदाहरण हैं। वस्त्रों, थैलों और जूतों के लिए दुनिया के दूसरे देशों में भी धात्विक धागों का उपयोग किया गया है। धातुओं को पतले तारों के रूप में परिवर्तित किया जा सकता है या उन्हें लचीले तंतुओं के चारों ओर लपेटा जा सकता है। हालांकि, इनसे जुड़ी कुछ कमियां भी हैं, जैसे कम दृढ़ता, ऊंची लागत और धूमिल होने की प्रवृत्ति। आज सोने और चांदी के स्थान पर अन्य मिश्रित धातुएं उपयोग की जा रही हैं, जो एल्युमिनियम, स्टील, लोहा, निकेल और कोबाल्ट से बन रही हैं। एक और विकल्प है एल्युमिनियम के धागे पर पारदर्शी पॉलिएस्टर फिल्म का लेप। आमतौर पर इसे टेस्टिड (tested) ज़री के रूप में जाना जाता है और इस तरह के धागों वाले वस्त्रों को सावधानी से इस्त्री करने की आवश्यकता होती है। कुल मिलाकर, इस तरह के विकल्प पारंपरिक सोने और चांदी के धागे की तुलना में सस्ते और मज़बूत सिद्ध होते हैं।

उपयोग

धात्विक धागों का पहला और सबसे महत्वपूर्ण उपयोग वस्त्रों को आकर्षक और सजावटी रूप प्रदान करना है। धातु के धागों का उपयोग रुचि पैदा करने के लिए अलग-अलग अनुपात में किया जा सकता है। ये यार्न विद्युत चालकता प्रदान करने का एक कार्यात्मक उद्देश्य भी पूरा करते हैं। इस प्रकार, कृत्रिम तंतुओं से बने कालीनों में स्टेटिक चार्ज बिल्ड-अप की समस्या को हल करने के लिए धात्विक धागों का उपयोग किया जाता है। अन्य सामान्य अनुप्रयोगों में टायर कॉर्ड, ब्रेक लाइनिंग, मेडिकल टांके और एयरोस्पेस उद्योग शामिल हैं।

8.22 इस क्षेत्र में संगठन

- एसोसिएशन ऑफ मैन-मेड फाइबर इंडस्ट्री ऑफ इंडिया, मुंबई
- टेक्सटाइल रिसर्च एसोसिएशन (मंत्र) (MANTRA), सूरत
- सिंथेटिक एंड आर्ट सिल्क मिल्स रिसर्च एसोसिएशन (SASMIRA), मुंबई
- सिंथेटिक एंड रेयॉन टेक्सटाइल एक्सपोर्ट प्रमोशन काउंसिल (SRTEPC)।

अभ्यास

8.1 नायलॉन 6, नायलॉन 6, 6 और पॉलिएस्टर के निर्माण के लिए उपयोग किए जाने वाले कच्चे माल के नाम और फॉर्मूला दीजिए।

8.2 भौतिक और रासायनिक गुणों के संबंध में प्राकृतिक सेल्युलोज़िक व कृत्रिम तंतुओं की तुलना कीजिए।

8.3 नायलॉन में ऊन की तुलना में बेहतर जैविक गुण हैं। कारणों के साथ इस कथन पर टिप्पणी कीजिए।

8.4 उदाहरणों के साथ अकार्बनिक तंतुओं को परिभाषित कीजिए; इनके मुख्य अनुप्रयोग बताइए।

8.5 अरामिड तंतु क्या होते हैं? रासायनिक संरचना और गुणों के संबंध में इनकी नायलॉन से तुलना कीजिए।

सन्दर्भ पुस्तक सूची

Gohl, E.P.G and Vilensky, L.D., *Textile Science*, CBS Publishers and Distributors, Delhi, 1987.

Hudson, P.B., Clapp, A.C. and Kness, D., *Joseph's Introductory Textile Science*, 6th ed., Harcourt Brace Jovanovich College Publishers, 1993.

Kadolph, S.J. and Langford, A.L., *Textiles,* 10th ed., Pearson Education, NJ, 2007.

विस्तृत जानकारी हेतु पुस्तक सूची

Collier, B.J., Bide, M.J. and Tortora, P.G., *Understanding Textiles,* 7th ed., Pearson Education, NJ, 2009.

Cook, J.D., *Handbook of Textile Fibres II: Man-made Fibres*, Merrow Rednook Books, Great Britain, 1993.

Editors of American Fabric Magazine, *Encyclopedia of Textiles*, Prentice Hall, Englewood Cliffs, New Jersey, USA, 1960.

Kostikov, V.T., *Fibre Science and Technology*, Chapman & Hall, London, UK, 1995.

Moncrieff, R.W., *Man-Made Fibres*, John Wiley & Sons Inc., New York, 1966.

Vidyasagar, P.U., *Handbook of Textiles*, Mittal Publications, Delhi, 1998.

भाग 3
यार्न (सूत/रेशा)

पिछले खंड में आपने विभिन्न तंतुओं के विषय में जानकारी प्राप्त की। चूंकि अधिकाँश तंतुओं का मुख्य काम होता है **वस्त्रों** में परिवर्तित होना, अतः उन्हें इसके लिए अगले चरण से गुज़रना पड़ता है—यार्न (रेशा या सूत) में बदले जाने का। जब **वस्त्र** निर्माण करघे से/वोवन, बुनाई से/निटिड, गूंधकर/ब्रेडिंग या गांठों/knotting से किया जाए, तो उनके लिए शुरुआती सामग्री यार्न ही होते हैं। केवल नॉन-वोवन **वस्त्रों** के निर्माण के लिए यार्न नहीं उपयोग किये जाते; वे सीधे तंतुओं से ही निर्मित किये जाते हैं। प्रत्येक **वस्त्र** का रूप व कार्यक्षमता उसके शुरुआती यार्न पर पूरी तरह से आश्रित होते हैं। इस खंड में दो अध्याय हैं जिन में यार्न के निर्माण और गुणों के विषय में चर्चा की जाएगी।

अध्याय

9

यार्न का उत्पादन

(Yarn Production)

यार्न का निर्माण तंतुओं या फिलामेंट के (ऐंठन के साथ या उसके बिना) नियोजन से होता है, जिनमें पर्याप्त लंबाई और अपेक्षाकृत कम व्यास हो। यार्न परिवार में निम्न सदस्य होते हैं:

1. स्पन यार्न
2. फ़िलामेंट यार्न
3. अन्य—टेप, नेटवर्क और फिल्म यार्न

9.1 यार्न के प्रकार

9.1.1 स्पन यार्न

ये कई स्टेपल (कम लम्बे) तंतुओं को एक साथ घुमा कर बनाए जाते हैं। प्राकृतिक तंतु जैसे कपास, लिनन, ऊन और जूट से स्पन यार्न बनाए जा सकते हैं। यहाँ तक कि मानव निर्मित तंतुओं को भी स्टेपल लंबाई में काटकर स्पन यार्न के लिए संसाधित किया जाता है। स्पन यार्न निर्माण के लिए यांत्रिक/ मैकेनिकल कताई की आवश्यकता होती है जो काफी जटिल होती है। स्पन यार्न देखने में बिना चमक के और फैलाव वाले प्रतीत होते हैं। उन पर आसानी से धूल और बुर (Pilling) आ जाते हैं। इनका दूसरा पहलु यह है कि ये पहनने के लिए आरामदायक होते हैं तथा इनमें स्टेटिक की समस्या कम होती है।

9.1.2 फिलामेंट यार्न

ये रासायनिक कताई द्वारा बनाए जाते हैं। सभी निर्मित तंतुओं को विभिन्न रासायनिक कताई विधियों द्वारा फिलामेंट यार्न (मोनोफिलामेंट या मल्टीफिलामेंट) के रूप में उत्पादित किया जाता है। मोनोफिलामेंट में एक ही फिलामेंट होता है, जो एक छिद्र वाले स्पिनरेट द्वारा प्राप्त किया जाता है। आमतौर पर, मोनोफिलामेंट सख्त और मोटे होते हैं। मल्टीफिलामेंट यार्न, स्पिनरेट के कई छिद्रों में से एक साथ निकले रेशों को, घुमाव/ट्विस्ट देकर या बिना घुमाव के एक साथ रख कर बनाए जाते हैं। मल्टीफिलामेंट मुलायम और लचीले होते हैं।

9.1.3 अन्य—टेप, नेटवर्क और फिल्म यार्न

इनका निर्माण करने के लिए, घुले हुए बहुलकों को चादर के रूप में बिछाने के बाद और पूरी तरह से सूखकर ठोस बन जाने से पहले, उनके बँटवारे (Splitting) या कटाव (slitting) से होता है। बहुलक चादर की लंबाई के आधार पर एक या एक से अधिक कतरन (Strip) बनाई जाती है।

इस प्रकार के यार्न कम लागत से तैयार होते हैं और औद्योगिक क्षेत्र में, जैसे पैकेजिंग के लिए व्यापक उपयोग प्राप्त करते हैं। पॉलीइथिलीन, एक ओलेफिन तंतु अधिकाँश इसी विधि द्वारा बनाया जाता है।

9.2 इतिहास

तंतुओं को यार्न या धागे में बदलने के लिए कताई के आरम्भ का सटीक समय इंगित करना मुश्किल है। तथ्य है कि यह लिखे गए इतिहास से भी पहले का है। वर्तमान समय में उपयोग की जाने वाली कताई की प्रथाएँ, कई चरणों से निकलकर विकसित हुई हैं, जैसे हाथों से बिना किसी उपकरण के कताई, फिर सरल उपकरणों के साथ कताई, और फिर मशीनों के साथ कताई। हाथ की कताई बहुत हद तक चरखे/स्पिनिंग व्हील पर निर्भर करती थी, जिसका आविष्कार भारत में लगभग वर्ष 500–1000 में किया गया था।

यह चौदहवीं शताब्दी के आसपास यूरोप में पहुंचा। इसके बाद के मशीनीकरण पश्चिम में हुए, जिनसे औद्योगिक क्रान्ति का मार्ग प्रशस्त हुआ, और जिसने मानव जीवन के सभी क्षेत्रों को प्रभावित किया। इनमें मुख्य आविष्कार, उनके वर्ष और आविष्कारक थे—स्पिनिंग जेनी (1964, James Hargreaves), वौटर पावर स्पिनिंग फ्रेम (1769 Richard Arkwright), स्पिनिंग म्यूल (1769, Samuel Crompton), और रिंग स्पिनिंग मशीन (1828 John Thorp)।

9.3 स्पन यार्न का उत्पादन

इस विषय पर आगे बढ़ने से पहले, इसमें प्रयुक्त शब्दावली को जानना आवश्यक है। तालिका 9.1 स्पन यार्न उत्पादन प्रणालियों के विकल्प दर्शाती है। इसी प्रारूप का उपयोग इन विषयों की चर्चा में किया जाएगा।

तालिका 9.1 यार्न उत्पादन पद्धति

यांत्रिक/परंपरागत कताई	स्पन यार्न	
	गैर परंपरागत कताई	मानव निर्मित तंतुओं से स्पन यार्न
• कपास प्रणाली • ऊनी प्रणाली • वर्स्टेड प्रणाली • लिनन प्रणाली	• ओपन एंड कताई • फ्रिक्शन/घर्षण कताई • इंटीग्रेटिड कोम्पोज़िट कताई • फेसीएटेड यार्न • सेल्फ ट्विस्ट यार्न	• टो से टॉप (tow to top) • डायरेक्ट टो से यार्न (tow to yarn

जैसा कि स्पष्ट रूप से तालिका 9.1 में बताया गया है, तीन तकनीकों में से (पारंपरिक कताई, गैर-पारंपरिक कताई और मानव निर्मित फिलामेंट से जो स्टेपल तंतुओं में बदले जाते हैं) किसी एक के द्वारा स्पन यार्न उत्पादित किए जा सकते हैं।

9.3.1 परंपरागत / यांत्रिक कताई (Conventional/ Mechanical Spinning)

यह आमतौर पर यार्न उत्पादन की एक प्रचलित विधि रही है, इसलिए इसे 'परंपरागत' शब्द से संबोधित भी किया जाता है; 'मैकेनिकल' वाक्यांश का अर्थ है कि तंतुओं को मशीनों की एक श्रृंखला से गुज़ारा जाता है जो अंततः उन्हें यार्न में परिवर्तित कर देती हैं। इस कार्य के लिए कितनी तरह की मशीनें उपयोग की जायेंगी और उनमें से कितनी बार तंतुओं को गुज़ारना पड़ेगा—इनका निर्णय तंतुओं की लंबाई से तय होता है। कई प्रकार की यांत्रिक कताई पद्धतियों का उपयोग किया जाता है—कपास प्रणाली, ऊनी प्रणाली, वर्स्टेड प्रणाली और लिनन प्रणाली। इनमें पहली तीन अधिक प्रचलित है और इस अध्याय में उन्हीं पर चर्चा की गई है। यह ध्यान में रखा जाना चाहिए कि नियोजित प्रणाली का निर्णय उपयोग किये जाने वाले तंतुओं के प्रकार पर नहीं, बल्कि उनकी लंबाई के आधार पर लिया जाता है। तालिका 9.2 में कताई की तीन प्रचलित यांत्रिक प्रणालियों द्वारा संसाधित चरण और तंतुओं की लंबाई दी गई है।

तालिका 9.2 यांत्रिक कताई प्रणाली

यांत्रिक कताई प्रणाली	संसाधित तंतुओं की लंबाई	सम्मिलित चरण
कपास	छोटे स्टेपल 0.5"-2"	ओपनिंग सफाई और सम्मिश्रण पिकिंग कार्डिंग/धुनाई ड्रॉइंग और ड्राफ्टिंग कोम्बिंग (वैकल्पिक) रोविंग कताई (फिरकी पर ट्विस्टिंग और बड़े पैकेज पर वाईंडिंग/लपेटना
ऊनी (कार्डेड कपास की तरह)	लम्बे स्टेपल, 2.5" से कम	छंटाई सफाई कार्बोनाइज़िंग कार्डिंग/धुनाई कताई
वर्स्टेड ऊनी (कोम्ब्ड कपास की तरह)	बहुत लंबा स्टेपल, 2.5 इंच से अधिक लंबाई और आमतौर पर महीन व्यास का	ऊनी प्रणाली के सभी चरण, धुनाई के बाद कोम्बिंग के अतिरिक्त चरण के साथ

कपास कताई प्रणाली

परंपरागत रिंग कताई प्रक्रिया के लिए तालिका 9.2 में सूचीबद्ध चरणों से तंतुओं को गुज़ारा जाता है। आगे इन्हीं का वर्णन किया गया है।

1. खोलना, सफाई और सम्मिश्रण (Opening, cleaning and blending): कपास तंतु लगभग 225 किलोग्राम वज़न के संकुचित गठरियों/ बेल के रूप में कताई मिल में पहुँचाए जाते हैं। सबसे पहले इन्हें ढीला करके अलग करने की आवश्यकता होती है, जो हाथों या मशीनों द्वारा किया जाता है। इन मशीनों में सिलेंडरों पर लगी धातु की अँगुलियों के उपयोग से तंतुओं के छोटे गुच्छों को प्रभावी ढंग से गठरियों से बाहर निकाला जाता है। इस चरण में, तंतु गुणवत्ता की एकरूपता प्राप्त करने के लिए सम्मिश्रण भी किया जा सकता है। इसके लिए, विभिन्न स्रोतों से प्राप्त,

समान या अलग प्रकार के तंतुओं की गठरियों को एक साथ मिश्रित किया जाता है। ढीले और रोएँदार गुच्छों को उच्च वेग हवा की धाराओं के माध्यम से गुजारा जाता है जो कचरा, गंदगी, पत्तियों और किसी भी बचे हुए बीजों को हटाती हैं।

खोलने, सफाई और सम्मिश्रण की तीन प्रक्रियाओं को ब्लोरूम नामक एक कमरे में किया जाता है।

2. पिकिंग (Picking): अलग किए गए तंतुओं के ढेर को एक बीनने वाले फ्रेम में ले जाया जाता है जो अतिरिक्त सफाई करता है और फिर तंतुओं को एक चटाई में परिवर्तित करता है, (लैप) जो 45 इंच चौड़ी और 1 इंच मोटी होता है। इसमें तंतुओं को बेतरतीब/random ढंग से बिछाया होता है और यह दिखने में बाजार में बेचे जाने वाले शोषक कपास के रोल से मिलता जुलता होता है। एक ढलान वाले फीड होपर से, हवा के दबाव की सहायता से इसे अगले चरण के लिए कार्डिंग यूनिट तक पहुंचाया जाता है। इसे वायवीय स्थानांतरण या न्यूमेटिक ट्रांसफर (pneumatic transfer) के रूप में भी जाना जाता है।

3. कार्डिंग या धुनाई (Carding): यह एक महत्वपूर्ण चरण है जो सफाई की प्रक्रिया को जारी रखता है, उन तंतुओं को हटाता है जो यार्न के लिए बहुत छोटे होने के कारण उपयुक्त नहीं हो सकते, तंतुओं को अलग करता है और आंशिक रूप से उन्हें सीधा भी करता है, ताकि उनकी अनुदैर्ध्य धुरी (longitudinal axis) कुछ समानांतर हो जाए।

लैप को एक कार्डिंग रोलर या कार्ड पर खींचा जाता है। यह एक बहुत तेज़ी से घूमने वाला सिलेंडर होता है, जिसमें महीन कांटे/हुक या तार ब्रश लगे होते हैं। इस सिलेंडर के ऊपर, तार ब्रश की एक गतिशील बेल्ट धीरे-धीरे संकेंद्रित होकर चल रही होती है। (चित्र 9.1)। इस मशीन में इन दो सतहों के बीच से गुज़रकर, पिछले चरण में तैयार की गई पिकर लैप को एक पतली, समतल झिल्ली/वेब (web) में परिवर्तित किया जाता है। यह एक चिमनी आकार के उपकरण में इकठ्ठा करने के पश्चात मुलायम रस्सी के रूप में परिवर्तित हो जाता है। इसे कार्ड स्लिवर का नाम दिया जाता है और इसका व्यास 3/4"–1", झाड़ू की छड़ी के समान होता है।

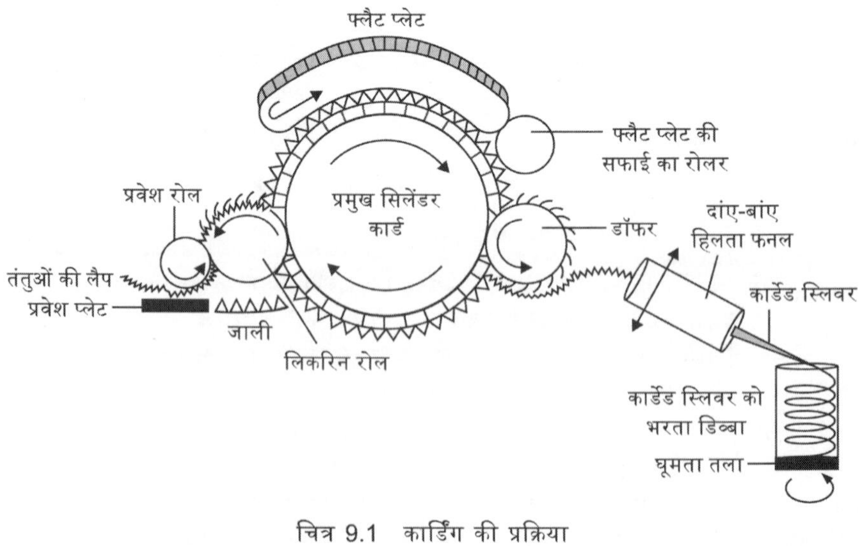

चित्र 9.1 कार्डिंग की प्रक्रिया

4. **कोम्बिंग** (Combing): यह एक वैकल्पिक चरण होता है। यदि उच्च गुणवत्ता वाले यार्न, जो महीन, सम और मज़बूत, वांछित होते हैं, तब स्लिवर को कोम्बिंग के अतिरिक्त चरण से गुज़ारा जाता है। इस प्रक्रिया में, कई स्लिवर संयुक्त किए जाते हैं और एक बार फिर एक पतली एक-समान झिल्ली/ वेब में फैलाए जाते हैं। बारीक (fine) दाँतेदार कंघी के उपयोग से तंतुओं को काफी हद तक सीधा किया जाता है, जिससे वे अत्यधिक अभिविन्यस्त (लंबी धुरी के समानांतर) हो जाते हैं तथा छोटे तंतुओं को लंबे तंतुओं से हटा दिया जाता है। कोम्ब्ड वेब को फिर से एक चिमनी उपकरण के माध्यम से पारित किया जाता है और लम्बे तंतुओं से बना कोम्ब्ड स्लिवर तैयार हो जाता है।

छोटे तंतुओं (noils) के रूप में अपशिष्ट, माल का लगभग एक चौथाई भाग होता है। इसका उपयोग पुनरुत्पादित तंतुओं के निर्माण के लिए किया जाता है, जैसे रेयॉन और एसीटेट। कोम्ब्ड यार्न की कीमत तो अधिक होती है लेकिन इसके लाभ भी। इनसे उत्पादित **वस्त्र** सतह से चिकने और मज़बूत होते हैं। ये अधिक चमक और स्थायित्व भी रखते हैं।

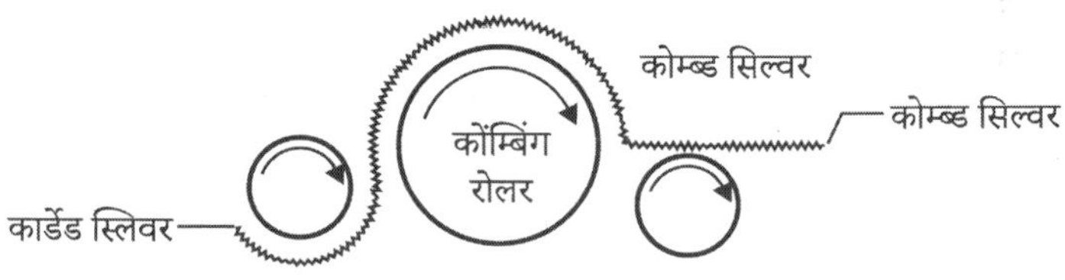

चित्र 9.2 कोम्बिंग की प्रक्रिया

5. **ड्रॉइंग और ड्राफ्टिंग** (Drawing and Drafting): ये दो कार्य करने के लिए एक ड्रॉ फ्रेम का उपयोग किया जाता है, जिसमें रोलर के चार जोड़े होते हैं, प्रत्येक उत्तरोत्तर तेज़ गति से घूमता है। यह क्रिया एक दूसरे के ऊपर स्टेपल किए गए स्लिवर को लंबाई में खींचते हुए, एक लंबे और पतले स्लिवर का निर्माण करती है। छह से आठ डब्बों में से स्लिवर को ड्रॉ फ्रेम में डाला जाता है, जिसमें पॉलिश वाला स्टील मेज़ और रोलर के जोड़े (चित्र 9.3) होते हैं। आवश्यकता अनुसार, डिब्बों में से दो प्रकार के तंतु स्लिवर को मिलाकर सम्मिश्रण भी किया जा सकता है।

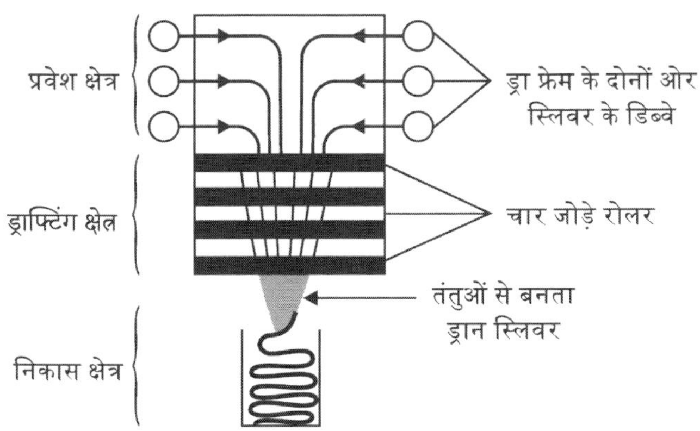

चित्र 9.3 ड्रॉ फ्रेम की प्रणाली

इस तरह कई, स्लिवर (कार्डेड या कोम्ब्ड) की अनियमितताएँ समाप्त हो जाती हैं। वांछित परिणाम के आधार पर, ड्रॉ फ्रेम में से गुज़ारने की संख्या 1 से 3 बार तक हो सकती है।

6. रोविंग (Roving): ड्रॉ किए गए स्लिवर को रोविंग फ्रेम में ले जाया जाता है जहां इसे ड्रॉ फ्रेम जैसे रोलर के माध्यम से पारित किया जाता है। ये स्लिवर को अपने मूल व्यास के 1/4th से 1/8th तक पतला करते हैं, जो अब एक पेंसिल सिक्के के व्यास का हो जाता है। इसके अलावा, तंतु रेशे को थोड़ी मात्रा में घुमाव भी दिया जाता है जो इसे एक साथ रखने में मदद करता है। फिर इसे वोब्बिन पर लपेट लिया जाता है।
7. कताई (Spinning): स्पन यार्न के निर्माण में यह अंतिम प्रक्रिया है। कताई फ्रेम एक निरंतर संचालन (चित्र 9.4क और 9.4ख) में यार्न को खींचता, घुमाता और लपेटता है।

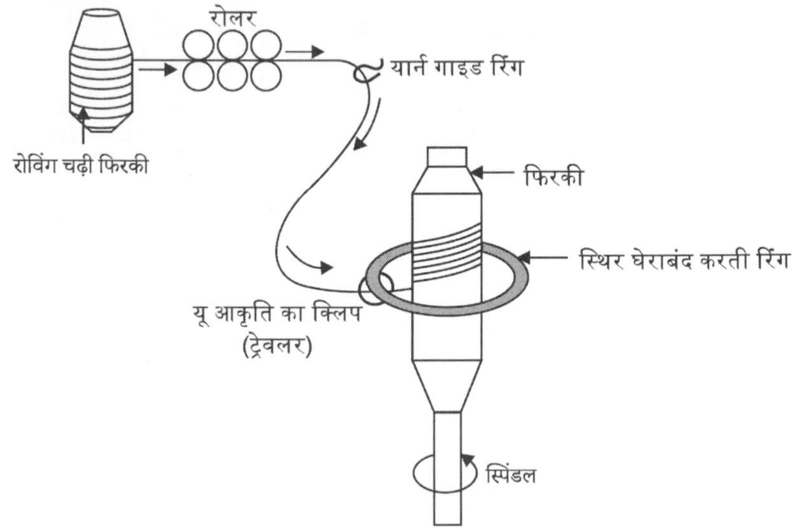

चित्र 9.4(क) रिंग स्पिनिंग

चित्र 9.4(ख) वास्तविक रिंग कताई फ्रेम

वोब्बिन पर लपेटे हुए रोविंग का सिरा, रोलर के जोड़ों में से गुज़रते हुए आगे बढ़ता है। रोलर इस रोविंग को दबाव से लंबा करते हैं; अब यह एक यार्न गाइड से होता हुआ, और एक यू आकार की क्लिप (ट्रेवेलर/traveler) से होते हुए, फिरकी पर चढ़ना शुरू करता है। यह फिरकी एक धुरी पर स्थिर गति से घूमती है। इसके बाहर एक स्थिर रिंग होता है, जिस पर ट्रेवेलर स्वतंत्र रूप से घूमता है। फिरकी और ट्रेवेलर की भिन्न गति होने के कारण, रोविंग से बने यार्न में ऐठन या ट्विस्ट/twist आ जाता है।

रिंग स्पिनिंग का मूल चरण अपने आविष्कार के समय से लेकर आज तक प्रचलन में है। हालांकि, प्रौद्योगिकी में प्रगति ने उपकरणों के साथ अत्यधिक परिष्कृत और स्वचालित प्रसंस्करण उपकरणों की खोज की है जो पुरानी मशीनों की तुलना में बहुत अधिक गति, कम शोर और धूल में यार्न का उत्पादन करते हैं। रिंग स्पन यार्न (Ring spun yarns) सबसे पुरानी और सबसे सामान्य विधि द्वारा निर्मित होते हैं। ये यार्न मज़बूत होने के साथ साथ, एक अच्छा अभिविन्यास भी रखते हैं। तालिका 9.3 में कपास कताई को सारांश में प्रस्तुत किया गया है।

तालिका 9.3 पारंपरिक (कपास) कताई का सारांश

चरण	मशीन	प्राथमिक सामग्री	अंतिम उत्पाद	कार्य
1.	ब्लोरूम	गठरियाँ (bale)	तंतु गुच्छे	बेल खोलना, सफाई सम्मिश्रण
2.	पिकर फ्रेम	तंतु गुच्छे	लैप	खोलने और सफाई का काम आगे बढ़ाना, लैप (Lap) का निर्माण
3.	कार्ड	लैप	कार्डेड स्लिवर	तंतुओं को अलग करना, सफाई, अभिविन्यास स्लिवर निर्माण
4.	ड्रॉ फ्रेम	स्लिवर	नियमित व सम्मिश्रित	एक से तीन बार ड्रॉ फ्रेम से गुज़ारा जाता है, जिससे नियमितता में सुधार और सम्मिश्रण होता है
5.	कोम्बर	स्लिवर	कोम्ब्ड स्लिवर	छोटे तंतुओं को हटाना, तंतुओं की सफाई और समानातंरीकरण
6.	रोविंग फ्रेम	स्लिवर (झाडू की छड़ी जितना व्यास)	स्लिवर (पेंसिल के सिक्के जितना व्यास)	अधिकतम क्षीणन, थोड़ा धुमाव
7.	रिंग कताई फ्रेम	रोविंग	रिंग स्पन यार्न	आवश्यक व्यास प्राप्त करने तक खिंचाई, ऐठन/ट्विस्ट और लपेटना

फिरकी के पूरी तरह से भर जाने के बाद, उसे धुरी से हटा दिया जाता है और एक नयी खाली फिरकी द्वारा प्रतिस्थापित किया जाता है। फिर अनेक फिरकियों को, करघे या बुनाई से **वस्त्र** निर्माण के लिए वांछित आकार के बड़े पैकेज पर लपेट लिया जाता है।

लंबी स्टेपल कताई प्रणाली (Long staple spinning systems): इनमें ऊन और वर्स्टेड प्रणाली शामिल है।

छंटाई (Sorting) मिलों पर किया गया पहला चरण है। उपयोग किए गए विभिन्न मानदंडों में तंतुओं की लंबाई, बारीकी, कताई गुणवत्ता और उनमें मौजूद अपशिष्ट पदार्थ होते हैं।

इसके बाद पानी में घुलनशील अशुद्धियों और ग्रीस को हटाने के लिए परिशोध (Scouring) की जाती है। इस चरण के लिए न्युट्रल डिटर्जेंट और पानी का उपयोग किया जाता है। धुलने और सुखाने के बाद कई परिशोध उपचार की आवश्यकता हो सकती है।

इसके बाद कार्बोनाइज़िंग की जाती है, जिसमें तनु/डाइल्यूट सल्फ्यूरिक अम्ल के उपयोग से ऊनी तंतुओं में उलझे वनस्पति पदार्थ को (जैसे पत्तियां, टहनियां आदि) जलाया जा सके। इसके बाद एक अंतिम धुलाई देने से तंतुओं में से बचे हुए अम्ल और कार्बोनाइज़/जले हुए वनस्पति अपशिष्ट को हटाया जा सकता है।

कार्डिंग (Carding) अगला चरण होता है जो कपास प्रणाली की तुलना में लंबी सुइयों के साथ कार्ड सिलेन्डर की एक श्रंखला का उपयोग करता है। यह तंतुओं को साफ करता है और उन्हें अलग करता है। 5 सेमी. (2") से कम लंबाई वाले तंतुओं का उपयोग ऊनी वुलन यार्न (चित्र 9.5) का उत्पादन करने के लिए किया जाता है। दूसरी ओर, काफी लंबे तंतु, जिनमें आमतौर पर महीन व्यास होते हैं, वे वर्स्टेड यार्न (चित्र 9.3) में बदले जाते हैं। इन्हें कार्डिंग के बाद **कोम्बिंग** में ले जाया जाता है।

कोम्बिंग का चरण तंतुओं को और अधिक संरेखित करने में मदद करता है यानि तंतुओं को एक समानांतर रूप से व्यवस्थित कर, कचरे के साथ-साथ छोटे तंतुओं (noils) को हटा देता है। ऊन के कोम्ब्ड स्लिवर, जिन्हें टॉप्स/tops भी कहा जाता है, पिन ड्राफ्टिंग के लिए भेजे जाते हैं। यह चरण व्यास को कम करता है और अनियमितताओं को दूर करता है। फिर इस रेशे को थोड़ा घुमाव भी दिया जाता है।

ऊनी कताई प्रणाली में कार्डेड या कोम्ब्ड स्लिवर से शुरुआत की जाती है (कपास प्रणाली में अनुसरण किए जाने वाले चरणों को **छोड़ते** हुए)। इन्हें अब ऐठन देने के साथ साथ, एक घूमती धुरी पर चढ़ाई हुई फिरकियों पर लपेटा जाता है (जो कपास प्रणाली के रिंग कताई फ्रेम के समान होता है)।

चित्र 9.5 छोटे और अव्यवस्थित ढंग से बिछे तंतुओं के साथ ऊनी यार्न

चित्र 9.6 लंबे और समानांतर तंतुओं के साथ वर्स्टेड यार्न

9.3.2 गैर-परम्परागत कताई (Non-conventional Spinning)

परम्परागत रिंग कताई प्रक्रिया के अतिरिक्त, कुछ गैर-परम्परागत प्रक्रियाएँ भी होती हैं। इनमें सम्मिलित हैं:

- ओपन एंड (Open End) कताई
- घर्षण (Friction) कताई
- इंटीग्रेटिड कोम्पोज़िट कताई
- फेसीएटेड ((Fasciated) यार्न और
- सेल्फ ट्विस्ट यार्न

1. ओपन एंड/रोटर कताई

रिंग स्पिनिंग के लगभग एक सदी बाद यह प्रक्रिया शुरू की गई थी। इसमें रोविंग बनाने के चरण की आवश्यकता नहीं होती है। ड्राफ्टिंग के बाद, स्लिवर को एक रोटरी बीटर में से गुज़ारा जाता है। यह उपकरण सुनिश्चित करता है कि तंतुओं को एक पतली धारा में सम्मिलित किया जाए, जो एक वाहिनी में से गुज़रते हुए एक घूमते हुए गोल थाल/डिस्क (रोटर) के किनारों पर रेशे के रूप में जमा हो सके। चित्र (9.7 देखें)। इन तंतुओं का परिवहन वायु धाराओं के माध्यम से प्राप्त होता है। रोटर के घूमने से तंतुओं के रेशे में ऐंठन/ट्विस्ट आ जाती है। इस रोटर के ऊपर एक नली होती है जिसके माध्यम से पहले से बने यार्न के खुले सिरे/ओपन ऐंड के साथ नए बने यार्न का सिरा जुड़ जाता है। इसके साथ ही, नए तंतु मशीन में प्रवेश करते हैं और रोटर के खांचे में जमा रहते हैं। तैयार यार्न को रिंग कताई की तुलना में बड़े पैकेजों पर लपेटा जाता है।

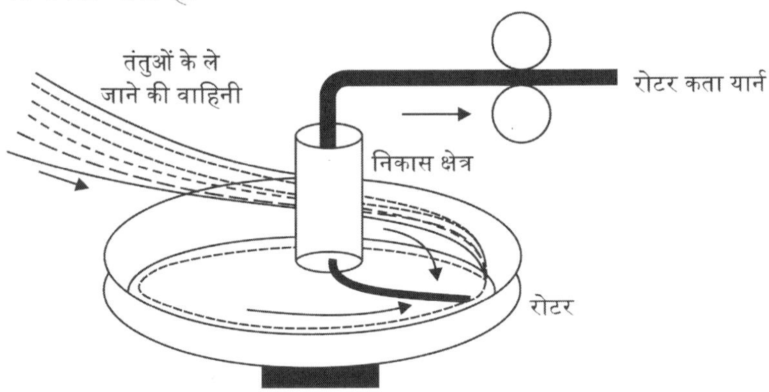

चित्र 9.7 रोटर स्पिनिंग (ढांचे के रूप में)

ओपन एंड कताई के लाभ इस प्रकार हैं :

- कम श्रम की आवश्यकता।
- कम भूतल स्थान की आवश्यकता।
- अंतिम पैकेज किसी भी आकार का हो सकता है।
- चरणों के उन्मूलन के कारण उत्पादन की गति में वृद्धि।
- उत्पादित यार्न भारी, शोषक होते हैं, जिनमें अधिक मज़बूती होती है और उत्कृष्ट रंग अंतर्ग्रहण करते हैं। उनमें कम गाँठे या नेप्स/neps होते हैं और इस प्रकार, वे दिखने में अधिक चिकने होते हैं। उनमें बुर बनने/पिल्लिंग की संभावना भी कम होती है।

रोटर स्पन यार्न की कुछ कमियाँ भी हैं, जैसे कि रिंग स्पन यार्न की तुलना में कम मज़बूत होते हैं। इस विधि से अत्यंत महीन यार्न का उत्पादन नहीं किया जा सकता, और न ही कोम्ब्ड या 100% निर्मित स्टेपल तंतुओं से यार्न बनाया जा सकता है।

2. घर्षण कताई (Friction spinning)

यह प्रक्रिया ऑस्ट्रेलिया के Dr. Ernst Fehrer द्वारा 1970 के दशक की शुरुआत में विकसित की गई थी और मशीन का नाम उनके (DREF) नाम पर रखा गया था। इसमें एक ही व्यास के दो छिद्रित ड्रम होते हैं, जो एक ही दिशा में घूमते हैं। कार्डेड स्लिवर को इन दो ड्रम के संपर्क बिन्दु/निप तक हवा के प्रवाह द्वारा ले जाया जाता (चित्र 9.8 देखें) है। वे छिद्रों के माध्यम से ड्रम और हवा के खिंचाव के बीच घर्षण के कारण संकुचित हो जाते हैं, और उनमें ऐंठन भी आ जाती है। सम्मिलित ऐंठन/ट्विस्ट (twist) की मात्रा ड्रम के घूमने से संबंधित होती है (प्रति घुमाव 100 ट्विस्ट तक संभव होते हैं)। ड्रम के ऊपर रखे पैकेज पर काता हुआ यार्न लपेटा जाता है।

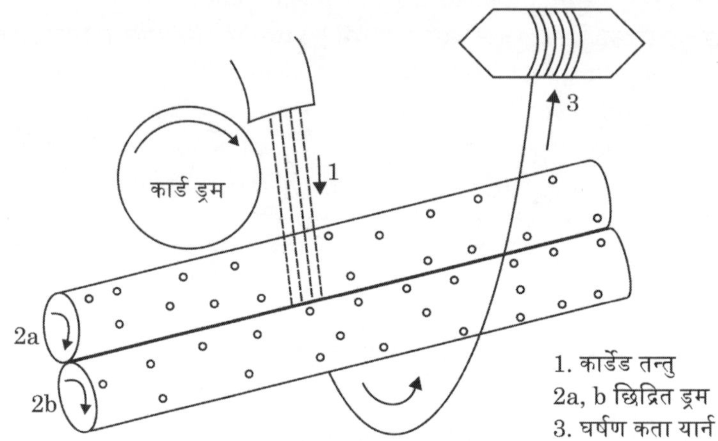

चित्र 9.8 घर्षण कताई की रूप-रेखा

इस पद्धति के लाभों में शामिल हैं—बहुत अधिक उत्पादन दर, कम लागत, यार्न पैकेज आकार की कोई सीमा न होना, छूने में मुलायम और उच्च समता या एकरूपता वाले यार्न।

कमियों में शामिल हैं—कम दृढ़ता, जिसका कारण है तेज़ हवा के बीच कम ओरिएन्टेशन/खराब अभिवन्यास वाले बने यार्न। (उत्पादित यार्न रोटर की तुलना में महीन होते हैं लेकिन रिंग स्पन यार्न की तुलना में मोटे होते हैं)। हवा के प्रवाह के माध्यम से ले जाने के दौरान लंबे तंतुओं के मुड़ने और उलझने की संभावना के कारण, इस विधि में उपयोग किए जाने वाले तंतुओं की लंबाई एक सीमा तक ही होनी चाहिए। इस कारण उत्पादित यार्न के काउंट की भी एक सीमा हो सकती है।

3. इंटीग्रेटिड कोम्पोज़िट/एकीकृत समग्र कताई (Integrated composite spinning)

इसे बिना ऐंठन वाली या ट्विस्टलेस कताई के रूप में भी जाना जाता है। इस विधि में,एक मज़बूत मोनोफिलामेंट को एक पिघले हुए बहुलक जैसे चिपकाने वाले पदार्थ के साथ लेपित किया जाता है। इसके बाद इसे स्टेपल स्लिवर से ढक दिया जाता है, जो इसे वांछित रूप और बनावट प्रदान करते हैं। (चित्र 9.9)

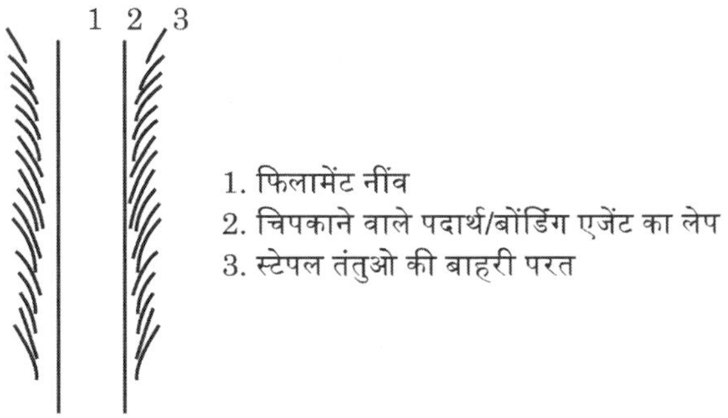

चित्र 9.9

4. फेसीएटिड यार्न (Fasciated yarns)

ये समानांतर तंतुओं का बंडल होता है जो अन्य अपेक्षाकृत लंबे तंतुओं द्वारा लिपटे हुए होते हैं (चित्र 9.10 देखें)। सतह के तंतुओं के सुदृढ़ ढंग से बंधे न होने के कारण फेसिएटिड यार्न का घर्षण प्रतिरोध कम होता है। यह विधि आज बहुत प्रचलित नहीं है।

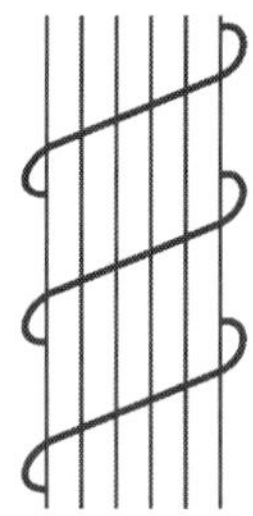

चित्र 9.10

5. सेल्फ-ट्विस्ट यार्न (Self-twist yarns)

रोविंग की एक जोड़ी को दो रोलर के बीच से गुजारा जाता है जो दांए बाँए हिलने के साथ साथ के साथ-साथ विपरीत दिशाओं में घूम भी रहे होते हैं। (चित्र 9.11)। प्रत्येक रोविंग को दूसरे से विपरीत दिशा में मोड़ दिया जाता है और एक यार्न में बदल दिया जाता है। रोलर के बीच से गुज़रने के बाद, दोनों रोविंग को एक साथ रखा जाता है। उनकी विपरीत दिशा उन्हें 2-प्लाई (Ply) यार्न बनाने के लिए एक-दूसरे के चारों ओर लपेट देती है।

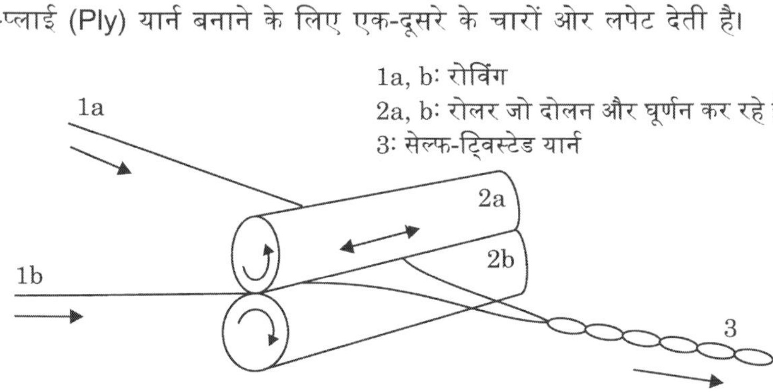

चित्र 9.11 सेल्फ-ट्विस्ट यार्न

पारंपरिक रिंग कताई की तुलना में कम उत्पादन लागत के कारण कम स्थान, श्रम और ऊर्जा की खपत आदि इस विधि के मुख्य लाभ हैं।

संक्षेप में, यह कहा जा सकता है कि विभिन्न विधियों के उपयोग से तंतुओं को नियोजित कर उन्हें यार्न में बदला जाता है। ये विधियां हैं:-

1. ट्विस्टिंग (twisting)
2. रैपिंग (wrapping)
3. इंटेंगलिंग (entangling)
4. बोंडिंग (bonding)

9.3.3 निर्मित तंतुओं से स्पन यार्न

1. टो से टॉप (रूपान्तरण प्रणाली) (Tow to top)

स्पिनरेट को बहुत कम व्यास वाले फिलामेंट के समूह /टो (tow) बनाने के लिए संशोधित किया जाता है। टो को अत्यधिक ज़ोर से खींचा जाता है ताकि वह सबसे कमज़ोर स्थानों पर टूट जाये या स्टेपल लंबाई का उत्पादन करने के लिए कट जाए। इन्हें पारंपरिक कताई प्रणालियों के माध्यम से स्पन यार्न बनाने के लिए संसाधित किया जाता है और इस विधि को टो से टॉप (tow to top) कहा जाता है।

2. डायरेक्ट टो से यार्न (Direct tow to yarn) कताई

इस विधि में टो को एक विशेष ड्रॉ फ्रेम में से गुज़ारा जाता है। ड्राफ्टिंग रोलर इसे आवश्यक पतलेपन तक दबाने के बाद इसे छोटी लंबाई में तोड़ते हैं। ध्यान देने वाली बात यह है कि इस प्रक्रिया में ड्राफ्टिंग से पहले के सभी चरणों की आवश्यकता लुप्त हो जाती है। इसके बाद रिंग स्पिनिंग होती है जिसमें ऐंठन देने और यार्न को लपेटने (ट्विस्टिंग व वाइंडिंग) का काम किया जाता है। डाइरेक्ट कताई (Direct spinning) नाम इस तथ्य को संदर्भित करता है कि इसमें टो का यार्न में (tow to yarn) रूपान्तरण एक ही प्रक्रिया में हो जाता है।

9.4 फिलामेंट यार्न का उत्पादन (रासायनिक कताई)

1862 में, ओज़नम (Ozanam) ने स्पिनिंग जेट या स्पिनरेट का आविष्कार किया था। यह एक छोटा सा यन्त्र था—जैसे कि एक या कई छिद्रों वाला नोज़ल (Nozzle), जिसके माध्यम से तंतु के तरल घोल (डोप) को दबाव के साथ छिद्रों से बाहर पंप किया जा सकता था। आरम्भ के वर्षों में, स्पिनरेट को प्लेटिनम या स्वर्ण से बनाया जाता था क्योंकि ये दोनों धातु निष्क्रिय होते हैं। आज, इस कार्य के लिए, आमतौर पर स्टेनलेस स्टील का उपयोग किया जाता है। इसमें छिद्रों को बनाने के लिए लेज़र बीम (Laser beam) का उपयोग किया जाता है, जो कि किसी भी वांछित आकार के हो सकते हैं। पिछले खंड में निर्मित तंतुओं के गुणों का अध्ययन करते हुए, आपने पढ़ा है कि इन तंतुओं की भौतिक विशेषताओं (लंबाई, व्यास, क्रॉस-सेक्शनल आकार) को नियंत्रित किया जा सकता है। फिलामेंट के उत्पादन के लिए, लगभग 350 छेद एक कताई जेट/स्पिनरेट पर छिद्रित होते हैं। फ़िलामेंट टो (tow) हज़ारों महीन फ़िलामेंट की एक बिना ऐठन वाली रस्सी होती है। यह 100 या अधिक स्पिनरेट के

माध्यम से डोप को बाहर निकालकर बनाया जाता है, जहां प्रत्येक में लगभग 3000 छेद होते हैं। इस रस्सी को फिर वांछित लंबाई में काटा जाता है और मानव निर्मित स्पन यार्न के उत्पादन के लिए उपयोग किया जाता है।

रासायनिक कताई प्रक्रिया को अच्छे ढंग से समझने के लिए तीन घटकों में विभाजित किया जा सकता है। अर्थात कताई से पूर्व/प्री-स्पिनिंग चरण, रासायनिक कताई/कैमिकल स्पिनिंग और फिर कताई के पश्चात वाले/पोस्ट-स्पिनिंग चरण।

तालिका 9.4 रासायनिक कताई के चरण

कताई से पूर्व के चरण	रासायनिक कताई	कताई के पश्चात के चरण
घोल में निम्न मिलाए जाते हैं: • डीलस्ट्रेंट • ब्लीच • ऑप्टिकल ब्राइटनिंग एजेंट • डाई पिग्मेंट	• मेल्ट • ड्राई • वेट • इमल्शन • जेल/gel	• खिंचाव देना/ड्रॉइंग • धुलाई • स्पिन फिनिशिंग • हीट सेटिंग

कताई से पूर्व के चरण (Pre-spinning steps)

इस चरण में कताई के घोल (dope) में निर्मित तंतुओं की चमक घटाने के लिए डीलस्ट्रेंट मिलाया जाता है। इसके अतिरिक्त ब्लीच, व्हाइटनर और कभी तो डाई पिगमेंट भी मिलाए जाते हैं। डाई पिगमेंट/वर्णक के जोड़ने को डोप डाइंग (dope dyeing) या सोल्यूशन डाइंग कहा जाता है और आम तौर पर ऐसे तंतुओं के लिए उपयोग किया जाता है जिनमें नमी सोखने की क्षमता बहुत कम होती है, जैसे ओलेफिन (Olefins)।

रासायनिक कताई

किसी भी तरह की रासायनिक कताई के लिए, तीन चरण समान होते हैं। जिस तरह से इन पर अमल किया जाता है वह विभिन्न प्रकार के रासायनिक कताई (मेल्ट, ड्राई व वेट) के बीच बुनियादी अंतर बनाता है। ये चरण निम्न हैं :

- एक बहुलक का तरल या कताई सॉल्यूशन में बदलना, जिसे डोप भी कहा जाता है।
- एक स्पिनरेट के माध्यम से सॉल्यूशन को दबाव के साथ बाहर निकाला जाता है।
- तंतुओं को तरल स्थिति से ठोस रूप में परिवर्तित किया जाता है।

कताई के पश्चात के चरण (Post-spinning operations)

ये रासायनिक कताई के सभी विधियों के लिए समान होते हैं और इनमें अभिविन्यास (orientation) और हीट सेटिंग को सुधारने के लिए वॉशिंग, ड्राइंग (अर्थात खिंचाव) शामिल होते हैं। इनके अतिरिक्त, स्टेटिक चार्ज की समस्या से निपटने के लिए स्पिन फिनिश (spin finish) या तेल लगाने की प्रक्रिया भी की जाती है।

ड्राइंग (Drawing)

एक नवगठित फिलामेंट में अनाकार और क्रिस्टलीय आण्विक व्यवस्था दोनों शामिल होते हैं। कताई से निर्मित फिलामेंट के पूरी तरह ठोस रूप लेने से पहले ही उसे खींचा या ड्रा किया जा

सकता है। यह अणुओं को लंबाई की धुरी के समानांतर बना देता है अभिविन्यस्त (oriented) अणु स्पन यार्न की तुलना में अधिक लंबे, सँकरे और मज़बूत होते हैं।

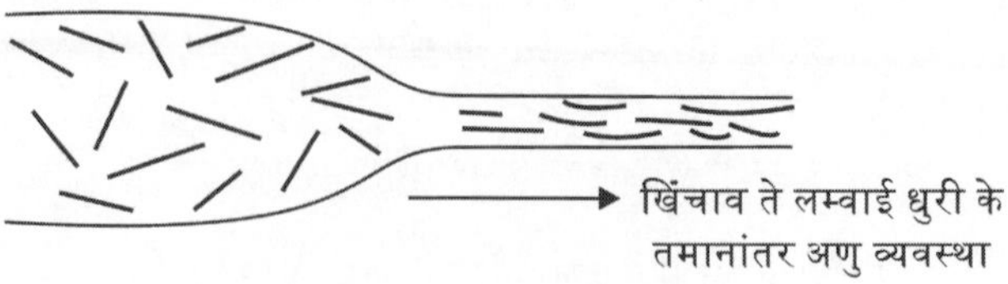

चित्र 9.12 ड्राइंग (Drawing)

प्रत्येक फ़िलामेंट यार्न में स्ट्रेचिंग की अंतर्निहित क्षमता होती है। जब इन सब का उपयोग किया जाता है, तो उत्पादित यार्न को पूरी तरह से अभिविन्यस्त यार्न ((fully oriented yarn/ FOY) के रूप में संदर्भित किया जाता है। हालांकि, इस संभावित खिंचाव के एक हिस्से को छोड़ने के लिए एक सामान्य अभ्यास होता है जिसका उपयोग बाद की प्रक्रियाओं में किया जा सकता है जैसे कि बनावट (texturing)। ऐसे यार्न को आंशिक रूप से अभिविन्यस्त यार्न (partially oriented yarn/POY) कहा जाता है। वे ऊष्मा के अनुप्रयोगों पर सिकुड़ते हैं और फिर उस स्थिति में स्थिर रहते हैं।

9.4.1 मेल्ट कताई (Melt Spinning)

चित्र 9.13 में मेल्ट कताई प्रक्रिया के लिए एक योजनाबद्ध रेखाचित्र दिया गया है। बहुलक गर्म होता है और यह तरल कताई घोल बनाने के लिए पिघलाया जाता है। सूखे बहुलक टुकड़ों (polymer chips) को एक होप्पर (hopper) नामक यंत्र में भरा जाता है जिसे बहुत ऊंचे तापमान तक गरम कर लिया जाता है। होप्पर के निचले भाग पर एक ग्रिड (छलनी) होती है जो केवल पिघले हुए तरल को ही छिद्रों से बाहर फिलामेंट के रूप में निकालती है।

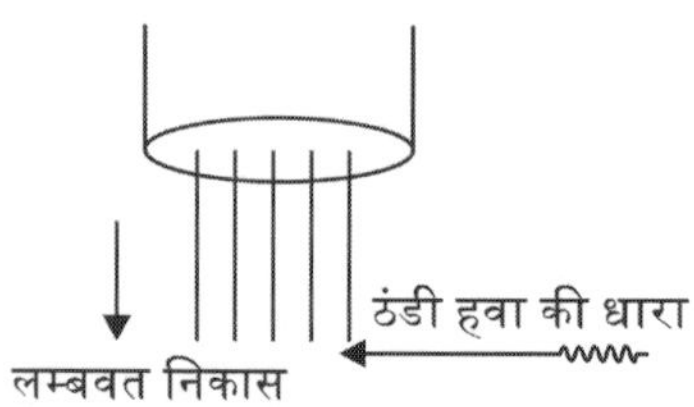

चित्र 9.13 मेल्ट कताई

निकास एक स्पिनरनेट के माध्यम से लम्बवत रूप से किया जाता है। तरल से ठोस स्थिति में बदलाव (solidification) शीतलन (cooling) द्वारा होता है, जिसके लिए ठंडी हवा की धाराओं का उपयोग किया जाता है। नायलॉन और पॉलिएस्टर मेल्ट कताई द्वारा उत्पादित तंतुओं के दो उदाहरण हैं।

जिन बहुलकों को पिघलाया नहीं जा सकता, उनकी कताई के लिए अन्य विकल्प हैं, जैसे सूखी और गीली कताई।

9.4.2 सूखी या शुष्क कताई (Dry Spinning)

इस मामले में, एक वाष्पशील विलायक का उपयोग कच्चे माल को विघटित करने और सॉल्युशन को बनाने के लिए किया जाता है। इस कताई में भी फिलामेंट का निकास एक लम्बवत स्थिति (vertical position) में होता है। निकले हुए फिलामेंट ठोस रूप में वाष्पीकरण के माध्यम से तब परिवर्तित होते हैं, जब वे गर्म वायु धाराओं (चित्र 9.14) के संपर्क में आते हैं। इस तरह से सामूहिक स्थानांतरण होता है जो निकले हुए फ़िलामेंट से विलायक के वाष्पित होने के रूप में होता है। वाष्पशील विलायक को पुनः प्राप्त और पुनर्नवीनीकरण किया जाता है। एसीटेट का उत्पादन शुष्क कताई द्वारा किया जाता है। उपयोग किया गया वाष्पशील विलायक एसीटोन होता है।

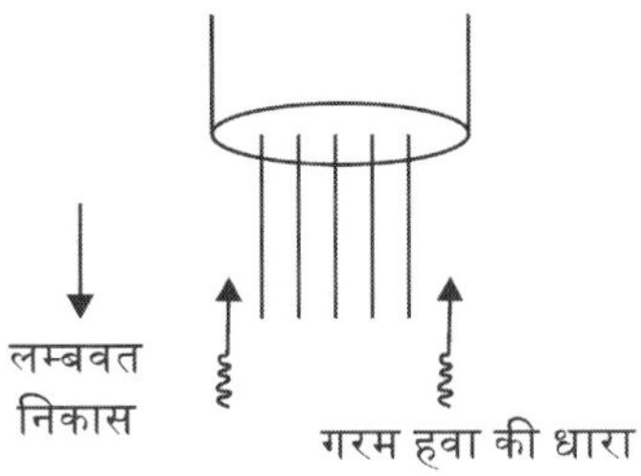

चित्र 9.14 शुष्क कताई

9.4.3 गीली या नम कताई (Wet Spinning)

यह मानव निर्मित यार्न निर्माण की सबसे पुरानी, सबसे जटिल और सबसे महंगी विधि भी है। एक गैर-वाष्पशील विलायक का उपयोग कच्चे माल को एक तरल घोल में बदलने के लिए किया जाता है। निर्मित फिलामेंट को बाहर निकालने का कार्य क्षैतिज स्थिति में, पानी से भरे एक टैंक में किया जाता है (चित्र 9.15)। स्कंदन (coagulation) के माध्यम से तरल से ठोस स्थिति में बदलाव होता है। फ़िलामेंट स्ट्रैंड में पानी के प्रवेश और गैर-वाष्पशील विलायक से बाहर निकलने के साथ दो तरफ से बड़े पैमाने पर रूपान्तरण होता है। इसी तथ्य के कारण गीली कताई के संबंध में क्रॉस-सेक्शन की नियमितता हासिल करना इतना मुश्किल होता है। विस्कोस (Viscose), पहला निर्मित तंतु है, जो इस विधि द्वारा काता गया था। तालिका 9.5 तीन सामान्य रासायनिक कताई विधियों की तुलना करती है।

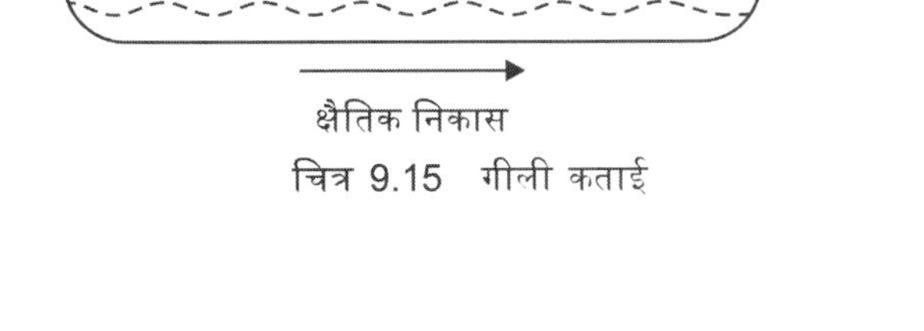

चित्र 9.15 गीली कताई

तालिका 9.5 मेल्ट, सूखी और गीली कताई विधियों की तुलना

विशेष गुण	मेल्ट कताई	ड्राई कताई	वेट कताई
बहुलक तरल में परिवर्तित	उच्च तापमान पर गरम करने से	वाष्पशील विलायक में मिश्रण से	एक गैर-परिवर्तनशील विलायक में मिश्रण से
स्पिनरेट के माध्यम से बाहर निकालना	लम्बवत, एक ठंडी हवा के कक्ष में	लम्बवत, एक गरम हवा कक्ष में	क्षैतिज रूप से, रासायनिक घोल में
ठोस बनाना	पिघले हुए बहुलक को ठंडा करने से (एक तरफा स्थानांतरण)	वाष्पशील विलायक के वाष्पीकरण द्वारा (एक तरफा स्थानांतरण)	स्कंदन और अवक्षेपण द्वारा (दो तरफा स्थानांतरण)
क्रॉस सेक्शन	पूरी तरह से नियमित	थोड़ा नियमित	अत्यधिक दाँतेदार, नियंत्रित करने में कठिन
प्रक्रिया की लागत	सब से कम लागत	सामान्य लागत	सबसे महंगा
प्रक्रिया की जटिलता	सब से सरल विधि	मेल्ट कताई की तुलना में अधिक जटिल, गीली कताई से कम जटिल	सबसे जटिल विधि

9.4.4 जैल कताई (Gel Spinning)

जैल बनाने के लिए बहुलक को विलायक के साथ मिलाया जाता है। यह उसी उपकरण के माध्यम से पारित किया जाता है जैसे मेल्ट कताई, इसके बाद फिर विलायक निकाल लिया जाता है और तंतु खींचे जाते हैं।

9.4.5 इमल्शन कताई (Emulsion Spinning)

यदि बहुलक ऐसा है कि उसे पिघलाना कठिन है और वह अघुलनशील भी है, तब इसे मेल्ट, सूखी या गीली या जैल कताई से नहीं बनाया जा सकता है। ऐसी परिस्थिति में इमल्शन कताई ही एकमात्र विकल्प बचता है। बहुलक को एक इमल्शन के रूप में तैयार कर लिया जाता है, इसे संरेखित करने के लिए सँकरी नली के माध्यम से दबाव देकर संगलित कर लिया जाता है। तत्पश्चात यह एक स्पिनरेट के माध्यम से एक घोल में बाहर निकाल दिये जाते हैं तथा बाद में अभिविन्यास प्रदान करने के लिए खींचे जाते हैं।

9.5 रासायनिक कताई में कुछ बदलाव

रासायनिक कताई के द्वारा द्विपक्षीय-बाईकॉम्पोनेंट (Bicomponent) और बाइकोंस्टीटुएन्ट (Biconstituent) यार्न भी बनाए जा सकते हैं। बाईकॉम्पोनेंट शब्द एक की तंतु के दो प्रकार (जैसे—नायलॉन 6 और नायलॉन 6,6) को संदर्भित करता है। बाइकोंस्टीटुएन्ट शब्द दो अलग-अलग प्रकार के तंतुओं (जैसे नायलॉन और पॉलिएस्टर) को संदर्भित करता है।

जब एक से अधिक प्रकार के पिघले हुए बहुलक (Polymers) बाहर निकाल दिये जाते हैं, तो कई व्यवस्थाएँ संभव होती है। इन्हें म्यान/शीथ (Sheath) कोर, द्विपक्षीय और मैट्रिक्स फाइब्रिल व्यवस्था के रूप में दर्शाया गया है। म्यान कोर में एक बहुलक अंदरूनी हिस्सा/कोर (core) बनाता है जिसके चारों ओर दूसरा घटक म्यान (Sheath) के रूप में उपस्थित होता है। (चित्र 9.16)

द्विपक्षीय/बाइलेटरल (bilateral) व्यवस्था में, दो घटक अलग-अलग उपस्थित होते हैं। (चित्र 9.17)

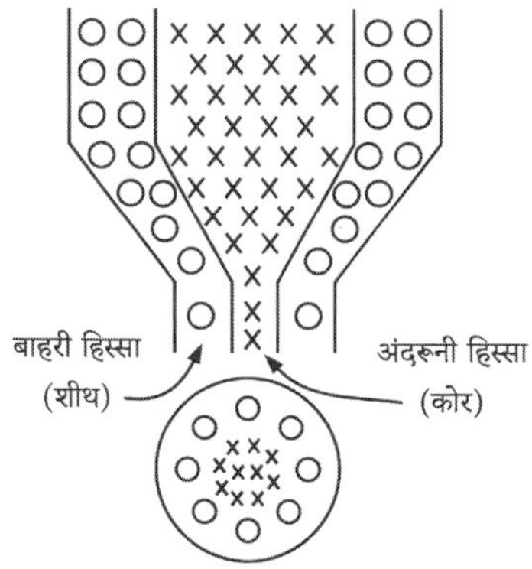

चित्र 9.16 शीथ-कोर व्यबस्था

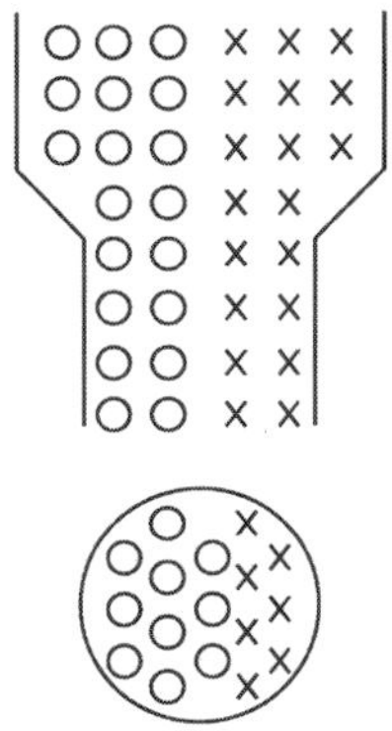

चित्र 9.17 द्विपक्षीय/बाइलेटरल व्यवस्था

मैट्रिक्स फाइब्रिल व्यवस्था में, मैट्रिक्स एक पृष्ठभूमि बनाता है जिसमें फाइब्रिल (दूसरा घटक) की गोल या लंबी बूंदे उपस्थित होती हैं। चित्र 9.18 में मैट्रिक्स फाइब्रिल व्यवस्था को दर्शाया गया है। आपने कई बार प्लास्टिक ट्रे में सम्मिलित काँच के छोटे टुकड़े देखे होंगे। ये संरचना की मज़बूती को काफी बढ़ाते हैं, क्योंकि इसमें पड़ी दरार का मार्ग अब सीधा नहीं होता, बल्कि इसमें उपस्थित कांच के तंतुओं के आसपास होता है।

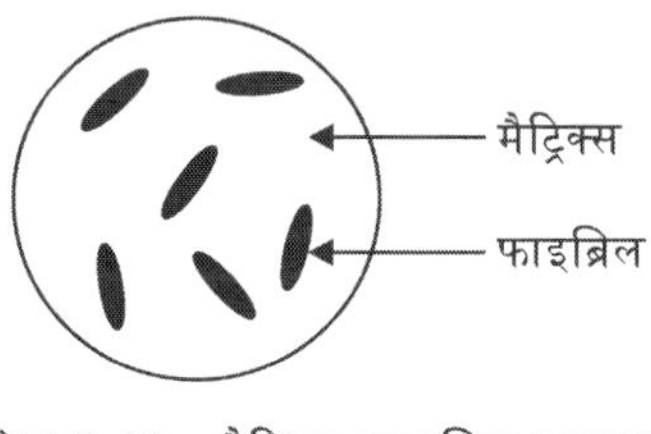

चित्र 9.18 मैट्रिक्स फाइब्रिल व्यवस्था

फैलाव वाले यार्न (Bulky yarn) ऐसे तंतुओं से बनाए जाते हैं जिनके अनुप्रस्थ-खंडीय (cross-sectional) अलग आकार के होते हैं। ये कताई में उपयुक्त स्पिनरेट को कंपित (Vibrating) स्थिति में लाकर प्राप्त किए जा सकते हैं। यदि दूसरी ओर एक हवा वाहक नलिका (air duct) के उपयोग से बाहर निकलते तंतुओं में हवा के बुलबुले जोड़े जांए, तो खोखले तंतुओं का उत्पादन किया जा सकता है, जिनसे फैलाव वाले रेशे और वस्त्र निर्मित किये जा सकते हैं।

रासायनिक कताई में संशोधनों के माध्यम से मोटे और पतले यार्न का उत्पादन भी किया जा सकता है। स्पिनरनेट के माध्यम से निकास के दबाव में भिन्नता लाने से ऐसे फिलामेंट प्राप्त किए जा सकते हैं जिनका व्यास कहीं ज़्यादा और कहीं कम होता है, जिससे मोटा और पतला फिलामेंट बनता है।

अभ्यास

9.1 सूती और ऊनी कताई प्रणालियों के प्रसंस्करण चरणों की गणना कीजिए।

9.2 रिंग स्पन और ओपन एंड स्पन यार्न के बीच अंतर बताइये।

9.3 'वर्स्टेड धागा ऊनी धागे' से अधिक मज़बूत और चिकनी सतह का होता है। इस कथन का समर्थन करने के लिए कारण बताइए।

9.4 एक आरेख के साथ रिंग कताई का वर्णन कीजिए।

9.5 नायलॉन के लिए नियोजित रासायनिक कताई विधि की तुलना विस्कोस रेयॉन के लिए उपयोग की जाने वाली रासायनिक कताई विधि के साथ कीजिए।

9.6 सूखी (ड्राई) कताई पर एक लेख लिखिए। इस विधि से उत्पादित होने वाले दो रेशों के उदाहरण दीजिए।

विस्तृत जानकारी हेतु पुस्तक सूची

Collier, B.J., Bide, M.J. and Tortora, P.G., *Understanding Textiles*, 7th ed., Pearson Education, NJ, 2009.

Corbman, B.P., *Textiles Fibre to Fabric*, 6th ed., McGraw-Hill, 1983.

Goswami, B.C., Martindale, J.G. and Scardino, F.L., *Textile Yarns Technology, Structure and Application*, John Wiley & Sons, USA, 1977.

Joseph, M.J., *Essentials of Textiles*, 4th ed., The Dryden Press Saunders College Publishers, 1988.

Kadolph, S.J. and Langford, A.L., *Textiles,* 10th ed., Pearson Education, NJ, 2007.

अध्याय 10

रेशे के गुण
(Yarn Properties)

पिछले अध्याय में हमने छोटे/स्टेपल, लम्बे/स्टेपल, फ़िलामेंट और टेप यार्न के उत्पादन की विधियों का अध्ययन किया है। कुछ अन्य मापदंड हैं जिनका उपयोग यार्न को वर्गीकृत करने के लिए किया जा सकता है। वैकल्पिक रूप से इन्हें वर्तमान अध्याय में, यार्न के गुणों के रूप में भी जाना जा सकता है। इस अध्याय में यार्न से संबन्धित निम्नलिखित अवधारणाओं पर चर्चा की गई है:

1. धागे (thread) और रेशे/यार्न (yarn) के बीच अंतर;
2. यार्न ट्विस्ट/ऐंठन—इसकी मात्रा, दिशा और संतुलन का स्तर;
3. यार्न काउंट/नंबर/साइज़—इसकी दो प्रणालियां;
4. यार्न की संरचना—एकल, प्लाई और कौर्ड यार्न;
5. यार्न की दिखावट—मुलायम और असमान सतह वाले; और
6. यार्न के कार्य—मज़बूती और सौन्दर्य (सिंपल और कॉम्प्लेक्स यार्न).

10.1 धागे (Thread) और यार्न (Yarn) के बीच अंतर

धागा एक उत्पाद है जिसका उपयोग **वस्त्रों** के टुकड़ों को एक साथ जोड़ने के लिए किया जाता है। यह अधिकांश प्लाई संरचना वाला होता है। जो यार्न महीन होने के साथ साथ मज़बूत भी होता है, वही धागों के रूप में उपयोग करने योग्य होता है। इस प्रकार, यह कहा जा सकता है कि हर धागा हमेशा एक यार्न तो होता ही है, लेकिन हर यार्न हमेशा एक धागा नहीं होता।

धागों के लिए महत्वपूर्ण माने जाने वाले लक्षणों में शामिल हैं—पर्याप्त लचीलापन, चिकनी सतह, उच्चतम मज़बूती, घर्षण प्रतिरोध, आयामी स्थिरता और रंग दृढ़ता। धागों का उपयोग मशीन या हाथ की सिलाई के लिए किया जाता है। इन्हें कढ़ाई और फीता बनाने के लिए भी उपयोग कर सकते हैं। आकर्षक दिखावट का एक अतिरिक्त गुण बाद के उपयोगों में महत्वपूर्ण होता है।

सिलाई के लिए उपयुक्त धागे सूती, लिनन, रेशम, रेयॉन, पॉलिएस्टर या नायलॉन तंतुओं से बने हो सकते हैं। इनमें सिंपल, प्लाई, कोर्ड, मोनोफिल, मल्टीफिल, इलास्टिक जैसी विभिन्न संरचनाएँ हो सकती हैं।

10.2 यार्न ट्विस्ट (Yarn Twist)

तंतुओं को एक साथ रखने के लिए एक ऐंठन (twist) दी जाती है, जो कि उनसे निर्मित यार्न को मज़बूती भी प्रदान करती है। तंतु रेशे का एक छोर स्थिर रखा जाता है, जबकि दूसरे छोर से उसे घुमाया जाता है। तंतु तब यार्न अक्ष के चारों ओर एक सर्पिल स्थिति ग्रहण करते हैं। यार्न ट्विस्ट के तीन महत्वपूर्ण पहलू होते हैं, जो हैं—मात्रा, दिशा और ट्विस्टर का संतुलन।

10.2.1 ट्विस्ट की मात्रा (Amount of Twist)

ट्विस्ट की इकाई होती है धागे/यार्न के एक इंच में घुमाव या ऐंठन की संख्या, जिसे ट्विस्ट प्रति इंच या tpi कहा जाता है। आमतौर पर, फ़िलामेंट को 3–6 tpi की आवश्यकता होती है जबकि स्टेपल को 10–20 के उच्च tpi की आवश्यकता होती है। स्टेपल, महीन और ताने/वौर्प यार्न के लिए अधिक ऐंठन की आवश्यकता होती है। ट्विस्ट की मात्रा को गुणात्मक रूप से निम्न, मध्यम और उच्च के रूप में भी वर्णित किया गया है।

यहाँ ट्विस्ट की मात्रा से संबन्धित कुछ अवधारणाएँ दी गई हैं:

1. यह वस्त्रों में बदलाव लाने के लिए एक उपकरण है।
2. यार्न की लागत पर ट्विस्ट की मात्रा का सीधा असर पड़ता है। उच्च ट्विस्ट का अर्थ होगा कम उत्पादकता, क्योंकि जैसे-जैसे किसी यार्न में ट्विस्ट की मात्रा बढ़ती जाती है, वह लंबाई में छोटा या कम होता जाता है। इस प्रकार से बढ़ी हुई लागत उपभोक्ता को भी हस्तांतरित की जाती है।
3. ट्विस्ट जितनी अधिक होगी, यार्न उतना ही अधिक सघन और महीन होगा।
4. सामान्य तौर पर, ट्विस्ट यार्न की मज़बूती को बढ़ाता है। आनुपातिक रूप से संबंध एक बिंदु तक अच्छा होता है। इसे सर्वोत्तम/ओप्टिमम ट्विस्ट कहा जाता है। हालांकि सर्वोत्तम बिंदु के बाद, ज्यादा ट्विस्ट यार्न को भंगुर और कमज़ोर बना सकता है। इस प्रकार प्रत्येक यार्न का सर्वोत्तम ट्विस्ट जानना महत्वपूर्ण होता है।
5. उच्च ट्विस्ट यार्न को लचीलापन प्रदान करता है।
6. ट्विस्ट यार्न को घर्षण के लिए प्रतिरोधी बनाता है।
7. ट्विस्ट किया हुआ यार्न आसानी से मिट्टी नहीं पकड़ता है क्योंकि मिट्टी के जमने के लिए तंतुओं के बीच जगह कम होती है और सतह चिकनी होती है। इस प्रकार, उच्च ट्विस्ट यार्न से बने वस्त्रों का रख-रखाव उपभोक्ताओं के लिए सरल होता है।
8. सर्वोत्तम ट्विस्ट वाले यार्न देखने में एक समान होते हैं, छूने में मुलायम होते हैं और इनमें हल्की चमक भी होती है।

कम ट्विस्ट वाले यार्न मुलायम, रोएँदार, गरम होते हैं, जिनमें सतह की बनावट अधिक होती है, लेकिन कम मज़बूत होने के कारण, इनसे बने वस्त्र कम घर्षण प्रतिरोध और स्थायित्व प्रदर्शित करते हैं। चित्र 10.1 कम और उच्च ट्विस्ट वाले यार्न को दर्शाता है।

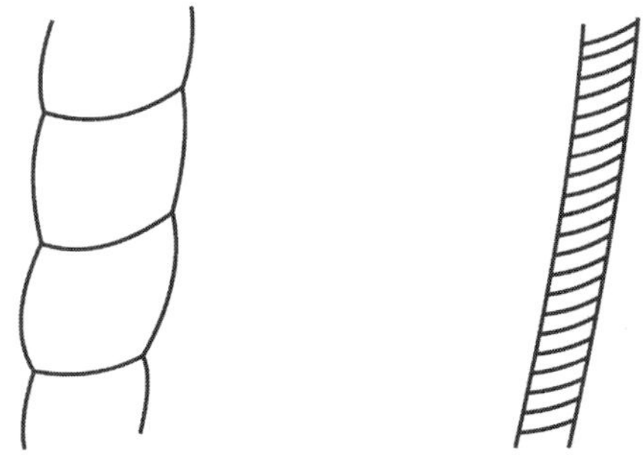

चित्र 10.1 ट्विस्ट की मात्रा

10.2.2 ट्विस्ट की दिशा (Direction of Twist)

ट्विस्ट की दिशा को समझने के लिए, आइए एक सरल प्रयोग करें। एक स्कार्फ या दुपट्टा सपाट बिछाएँ। फिर इसे इकट्ठा करके दोनों हाथों में पकड़ लें। बाएँ हाथ को स्थिर स्थिति में ऊपर रखें और दाहिने हाथ से निचले हिस्से को एक घड़ी की दिशा में घुमाएँ। देखें कि इसकी संरचना का क्या होता है—यह वर्णमाला 'S' के मध्य भाग के ढलान के अनुरूप घुमाव के साथ एक ट्विस्ट प्राप्त करती है। निचले भाग (base) से, तिरछी रेखाएँ बाएँ हाथ की ओर चलती है। इसे काउंटर-क्लॉकवाइज़ ट्विस्ट एस-ट्विस्ट (S-twist) या लेफ्ट हैंड ट्विस्ट के रूप में जाना जाता है। (चित्र 10.2 देखें) अब, स्कार्फ को सीधा करें और इस बार दाहिने हाथ से निचले हिस्से को घड़ी से विपरीत की दिशा में घुमाएँ। आप देखेंगे कि घुमाव अब वर्णमाला ज़ेड (Z) के केन्द्रीय हिस्से से मिलते-जुलते हैं और तिरछी रेखाएं दाहिने हाथ की ओर बढ़ती हैं। इस प्रकार ट्विस्ट की दिशा को क्लॉकवाइज़, ज़ेड-ट्विस्ट (Z-twist) या राइट हैंड ट्विस्ट नाम दिए जाते हैं। जेड-ट्विस्ट (Z-twist) अधिक पाया जाता है। (चित्र 10.3)

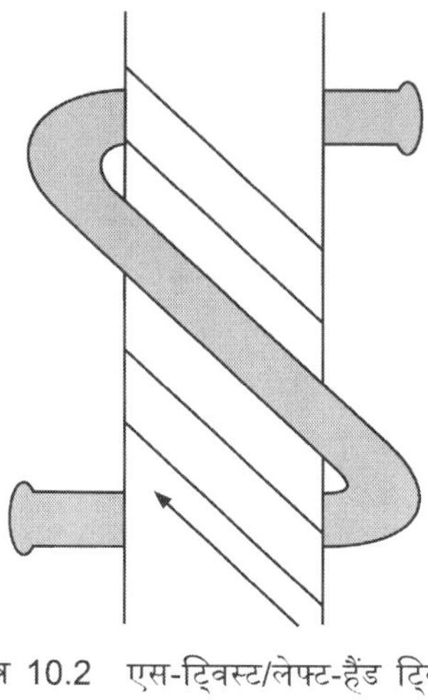

चित्र 10.2 एस-ट्विस्ट/लेफ्ट-हैंड ट्विस्ट

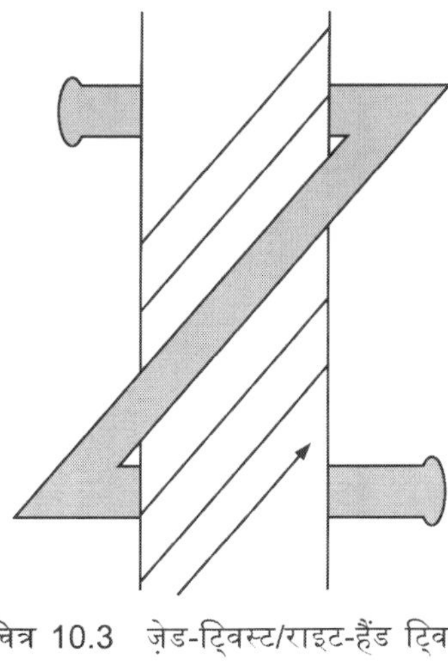

चित्र 10.3 ज़ेड-ट्विस्ट/राइट-हैंड ट्विस्ट

10.2.3 संतुलन की डिग्री (Degree of Balance)

यार्न में अधिक दी गई ट्विस्ट के परिणामस्वरूप उनमें एक टोर्क (torque) बन जाता है और वे ट्विस्ट सक्रिय/लाइवली कहलाते हैं। यह एक असंतुलित ट्विस्ट का परिणाम होता है। आइये हम एक बार फिर स्कार्फ प्रयोग में लाते हैं। इसे अपने हाथों में इकट्ठा करने के बाद दोनों छोरों को पकड़ें। उन्हें एक दूसरे से विपरीत दिशा में घुमाना शुरू करें। कुछ देर तक ट्विस्ट करने के बाद, स्कार्फ को यू-स्थिति (U-position) में पकड़ें। निरीक्षण करें कि क्या यह स्कार्फ अपनी यू-स्थिति के बिना दोहरीकरण के बनाए रख सकता है? यदि हाँ, तो इसे संतुलित ट्विस्ट कहा जाता है। इस तरह के यार्न से समान सतह वाले या मुलायम वस्त्रों का उत्पादन होता है। अब इसी स्कार्फ को बहुत अधिक मात्रा में घुमा दें और अभ्यास को दोहराएँ। आप देखेंगे कि स्कार्फ यू-स्थिति में पकड़ने के पश्चात अपने आप ही घूमता और दोहरा होने लगता है। इस तरह के यार्न के ट्विस्ट को असंतुलित/ट्विस्ट लाइवली (twist lively) कहा जाता है। यह स्थिति क्रेप यार्न (Crepe yarns) और टेक्सचर इफेक्ट (textured effect) के लिए वांछित होती है। (चित्र 10.4)

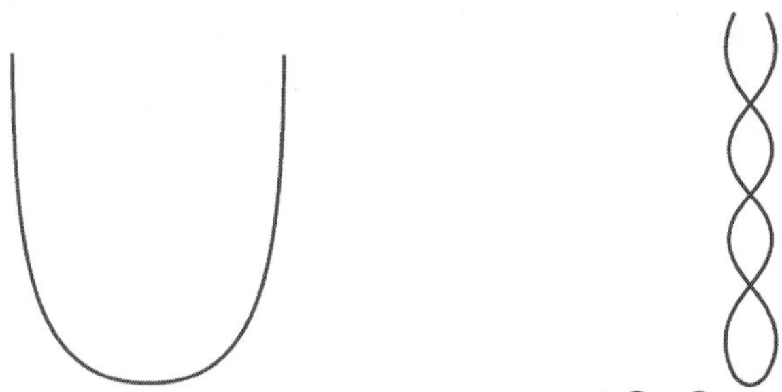

चित्र 10.4 संतुलित और असंतुलित यार्न

10.3 यार्न नंबर (जिसे यार्न काउंट और यार्न साइज़ के नाम से भी जाना जाता है)

यह यार्न की मोटाई का एक संकेतक है। यार्न की लंबाई और व्यास के बीच एक गणितीय संबंध मौजूद होता है। यह मात्रात्मक रूप से एक अंक के रूप में व्यक्त किया जाता है, अतः इसे यार्न नम्बर कहा जाता है। इसे निरूपित करने के लिए दो प्रणालियों का उपयोग किया जा सकता है। ये हैं – डाइरेक्ट और इनडाइरेक्ट प्रणाली।

10.3.1 डाइरेक्ट यार्न नंबर (Direct Yarn Number)

ये आमतौर पर फिलामेंट के लिए उपयोग किए जाते हैं, जो प्रति यूनिट यार्न की लंबाई के रूप में उसकी बारीकी को व्यक्त करते हैं। डाइरेक्ट यार्न नंबर को व्यक्त करने के लिए दो इकाइयां हैं—डेनिअर और टेक्स

डेनिअर/d: 9000 मीटर लम्बे यार्न का ग्राम में वज़न डेनिअर कहलाता है।

टेक्स/t: 1000 मीटर लम्बे यार्न का ग्राम में वज़न टेक्स कहलाता है।

डाइरेक्ट प्रणाली में, डेनियर (और टेक्स) सीधे व्यास/ डाएमीटर के समानुपाती/डाइरेक्टली प्रोपोर्शनल होता है (इसे आप 4d नियम के रूप में याद रख सकते हैं)। इस प्रकार, यदि यार्न A 4d है, जबकि यार्न B 6d है, तो यार्न B यार्न A की तुलना में अधिक व्यास वाला होगा।

10.3.2 इनडाइरेक्ट यार्न नंबर (Indirect Yarn Number)

यह प्रणाली बारीकी के सूचक के रूप में यार्न के प्रति इकाई द्रव्यमान की लंबाई का उपयोग करती है। कई प्रकार के इनडाइरेक्ट यार्न नंबर होते हैं जो आमतौर पर स्पन (spun) यार्न के लिए उपयोग किए जाते हैं।

कॉटन काउंट (Ne): जितने 840 यार्ड के हैंक तोलकर एक पाउंड के बराबर होते हैं, उस संख्या को कॉटन काउंट कहते है।

वुलन काउंट: जितने 300 यार्ड के हैंक तोलकर एक पाउंड के बराबर होते हैं, उस संख्या को वुलन काउंट कहते है।

वर्स्टेड काउंट: जितने 640 यार्ड के हैंक तोलकर एक पाउंड के बराबर होते हैं, उस संख्या को वर्स्टेड काउंट कहते है।

मैट्रिक काउंट: जितने 1 किलोमीटर के हैंक तोलकर एक किलोग्राम के बराबर होते हैं, उस संख्या को मैट्रिक काउंट कहते है।

इस प्रणाली में, यार्न की गणना परोक्ष रूप से व्यास के अनुपात में होती है।

इस प्रकार, एक उच्च इनडाइरेक्ट काउंट का मतलब है कम व्यास या यार्न की बारीकी। 20 तक के कॉटन काउंट वाले यार्न को मोटा माना जाता है; 20 से 60 के बीच वालों के मध्यम व्यास होते हैं जबकि 60 से अधिक काउंट की गणना वाले यार्न बारीक होते हैं।

इस अवधारणा को बेहतर ढंग से समझने के लिए, हम एक काल्पनिक स्थिति लेते हैं। तराज़ू के एक पलड़े में 1 पाउंड वज़न रखे होने की कल्पना करें। आपको दो यार्न—A और B के इनडाइरेक्ट यार्न नंबर (कॉटन काउंट) की गणना करनी है। ये ऐसे पैकेज पर लपेटे गए हैं, जिनमें प्रत्येक की लंबाई 840 यार्ड है। आप तराज़ू के दूसरे पलड़े में यार्न A के हैंक को डालना शुरू करें और दोनों पलड़ों के बराबर होने तक डालते रहें। अब गिनें कि 1 पाउंड वज़न करने के लिए कितने 840 यार्ड हैंक डाले गए। इस संख्या को 5 मानते हैं। अब यार्न B के साथ यही अभ्यास दोहराएँ और मान लें कि तराज़ू को संतुलित करने के लिए आपको 8 हैंक चाहिए। इस प्रकार, यार्न A का कॉटन काउंट 5 (या 5s) है, जबकि यार्न B का 8 (या 8s) है। क्या आप यह पता लगा सकते हैं कि कौन सा यार्न भारी होगा और इस प्रकार, अधिक व्यास वाला होगा ?

जाहिर है, इनडाइरेक्ट प्रणाली में यार्न A, कम काउंट के साथ बड़े व्यास का या कम बारीकी का होता है।

10.4 यार्न की संरचना अथवा उप-भाग (Yarn Structure or Sub-parts)

यार्न के वर्गीकरण का एक सामान्य तरीका घटक भागों की संख्या पर आधारित होता हैं जो यार्न का निर्माण करते हैं। यार्न सिंगल, प्लाई या कॉर्ड हो सकते हैं।

10.4.1 सिंगल/एकल यार्न

सिंगल यार्न एक-समान दिखने के लिए उपयोग किए जाने वाले स्टेपल तंतु के फिलामेंट से बना होता है। बहुत कम वस्त्र अनुप्रयोग सिंगल यार्न को नियोजित करते हैं। जब सिंगल यार्न में ट्विस्ट की मात्रा बढ़ाई जाती है, तब उसका आकर्षण बढ़ाना भी संभव हो जाता है। क्रेप धागे (Crepe yarns) ऐसा एक उदाहरण है।

10.4.2 प्लाई यार्न

प्लाई यार्न दो या अधिक एकल (single) यार्न से बना होता है। प्लाई यार्न को एकल की संख्या (जो उन्हें बनाने के लिए जुड़ते हैं) के आधार पर इनका नामकरण किया जाता है। उदाहरण के लिए 3 प्लाई यार्न में 3 एकल और 4 प्लाई यार्न में 4 एकल यार्न जुड़ते हैं। प्लाई यार्न एकल यार्न से कम लचीले, अधिक मोटे और भारी होते हैं।

10.4.3 कॉर्ड यार्न

कॉर्ड (Cord) या केबल यार्न (Cable yarn) दो या अधिक प्लाई यार्न के जोड़ से बना होता है। चित्र 10.5 सिंगल, प्लाई और कॉर्ड यार्न को दर्शाता है।

कॉर्ड यार्न के नामकरण के लिए, उनमें मौजूद प्लाई की संख्या के साथ-साथ उन प्लाई में जुड़े एकल यार्न की संख्या का भी उपयोग किया जाता है। उदाहरण के लिए 3,2 प्लाई कॉर्ड यार्न नाम से हम समझते हैं कि इस कॉर्ड यार्न के निर्माण में 3 प्लाई यार्न उपयुक्त हुए हैं, और प्रत्येक प्लाई यार्न 2 एकल यार्न से बना है।

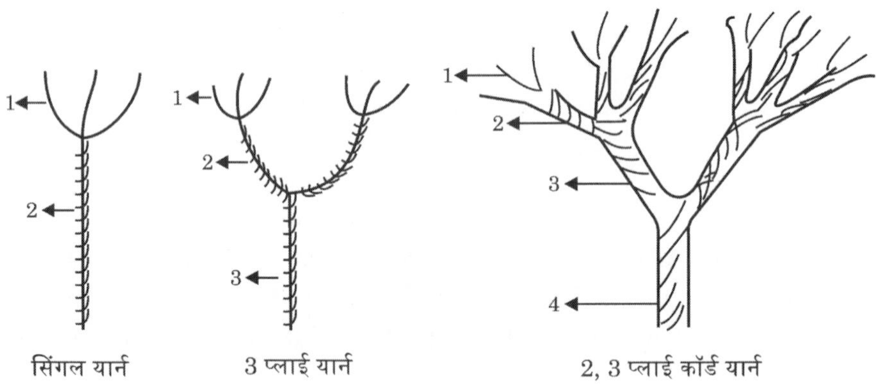

1. तंतु
2. सिंगल यार्न
3. प्लाई यार्न
4. कॉर्ड यार्न

चित्र 10.5 यार्न की संरचना

10.5 दृष्टि रूप के आधार पर (On the Basis of Visual Appearance)

यार्न को मुलायम (smooth) या असमान सतह वाले (textured) के रूप में वर्गीकृत किया जा सकता है।

10.5.1 चिकने या मुलायम फ़िलामेंट यार्न (Smooth Filament Yarns)

ये नियमित सतह और अनुप्रस्थ खंड (cross sections) रखते हैं। इन्हें स्पर्श करने पर फिसलन और अकड़न महसूस होती है। इनसे बने **वस्त्रों** में गर्मी और आराम का अभाव होता है। फिलामेंट में फैलाव/bulk,अवशोषकता/absorbency, घर्षण प्रतिरोध/pilling resistance और खिंचाव के गुण/stretch properties निम्न मात्रा में होते हैं। ऐसे फ़िलामेंट का सौंदर्यबोध आकर्षण भी कम होता है।

10.5.2 टेक्सचर वाले फ़िलामेंट यार्न (Textured Filament Yarn)

टेक्स्चरिंग (texturing) को किसी सीधे, चिकने या मुलायम फ़िलामेंट में लूप, कॉइल, क्रिम्प या अन्य विकृतियों के स्थायी परिचय के रूप में परिभाषित किया जा सकता है। यह प्रक्रिया तंतुओं में खिंचाव, विस्तार, बेहतर नियंत्रण और अधिक शोषकता प्रदान करती है। इससे क्रीज़िंग (creasing) और पिल्लिंग (pilling) प्रतिरोध भी बढ़ जाता है। टेक्सचर वाले यार्न में सामान्य ट्विस्ट वाले समान पारंपरिक यार्न की तुलना में अधिक ढकने की क्षमता या कवरिंग पावर (covering power) पावर होती है। इनमें बढ़ी हुई कोमलता और गर्माहट अधिक आराम में योगदान देती है। टेक्सचर प्रदान करने के लिए कई तरीके कार्यरत होते हैं। इनमें से अधिकांश के लिए (एयर-जेट टेक्स्चरिंग विधि के अपवाद के साथ), थर्मोप्लास्टिक गुण की आवश्यकता होती है।

1. एयर-जेट टेक्स्चरिंग (Air-Jet texturing)

इस विधि में कोई ऊष्मा प्रयुक्त नहीं की जाती है और गैर–थर्मोप्लास्टिक तंतुओं (जैसे-रेयॉन या मिश्रित) को भी स्वरूप दिया जा सकता है। यह प्रक्रिया बहुत ही बहुमुखी होती है क्योंकि 60 से 3000 तक के काउंट वाले मल्टी-फिलामेंट यार्न को टेक्सचर किया जा सकता है। उष्मा का प्रयोग न करने के कारण यह विधि फिलामेंट में आंतरिक नहीं बल्कि बाहरी स्तर पर ही बदलाव लाती है। एयर-जेट बनावट वाले फिलामेंट में हल्की/मैट (Matte) चमक और लूपी (loopy), बालों वाली दिखावट होती है, इस प्रकार से तैयार किये गए यार्न की प्राकृतिक यार्न के साथ सबसे अधिक निकटता होती है।

मशीन के निचले भाग में यार्न के लिए एक इनलेट (inlet) होता है और तीव्र गति की हवा धाराओं के लिए एक या एक से अधिक इनलेट होते हैं (चित्र 10.6 देखें)। यार्न और एयर-जेट मिश्रण मशीन के शीर्ष पर स्थित फनल (funnel) में पहुंचता है, जहां बवंडर (turbulence) का क्षेत्र होता है। फिलामेंट में कई लूप (loop) बनाने के लिए उसे चारों ओर ज़ोर से घुमाया जाता है। जैसे ही यार्न फनल के मुहाने पर स्थित डिस्क/बैटल प्लेट (battle plate) से टकराता है, उसमें बने लूप पक्के हो जाते हैं। तैयार यार्न को एक पैकेज पर रोलर द्वारा लपेट लिया जाता है।

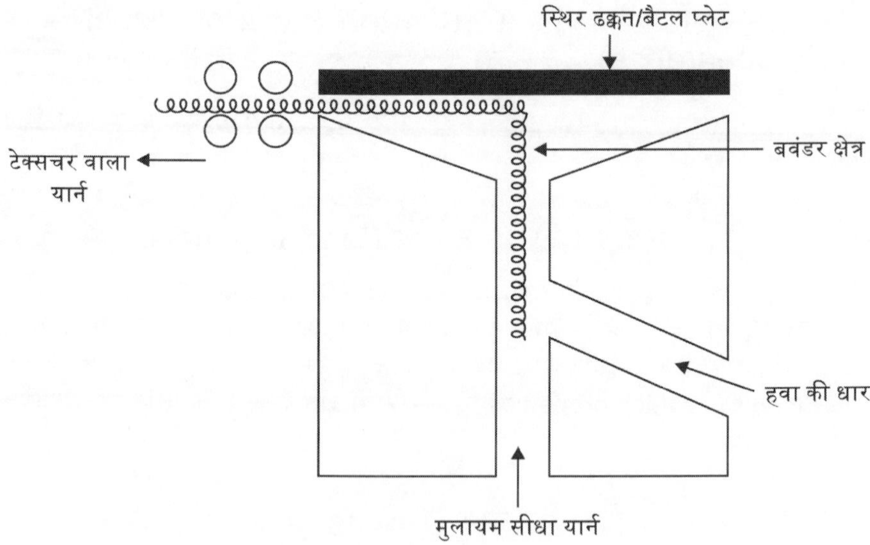

चित्र 10.6 एयर-जेट टेक्सचरिंग

2. फाल्स ट्विस्ट प्रक्रिया (False twist process)

थर्मोप्लास्टिक यार्न को ट्विस्ट देकर गरम किया जाता है, जिससे घुमावदार क्रिम्प वाले यार्न का उत्पादन किया जाता है। इन विकृतियों को स्थिर करने के लिए गरम हीटर का एक दूसरा सेट उपयोग किया जाता है (चित्र 10.7)।

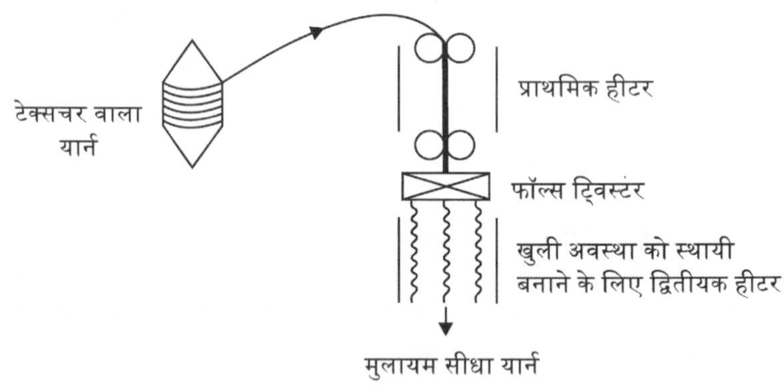

चित्र 10.7 फाल्स ट्विस्ट

3. गियर क्रिम्पिंग प्रक्रिया (Gear crimping process)

इसमें नियंत्रित तापमान और खिंचाव के साथ यार्न को गियर वाली मशीन में डाला जाता है। बीच-बीच में गियर को घुमाते हैं, जिससे फिलामेंट पर गियर के दांतों का आकार अंकित हो जाता है (चित्र 10.8 देखें)।

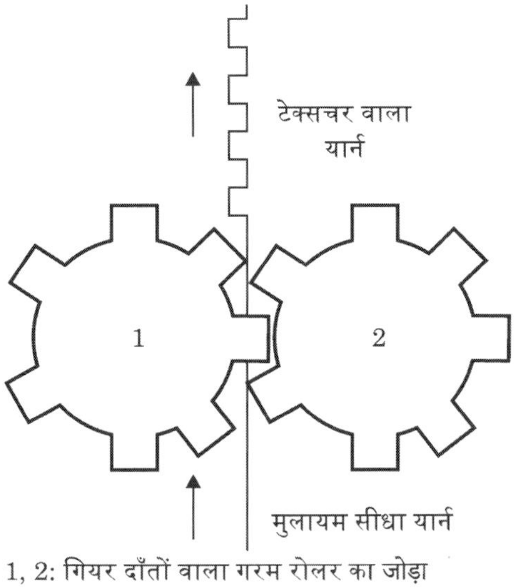

चित्र 10.8 गियर क्रिम्पिंग टेक्सचरिंग

4. नाइफ एज क्रिम्पिंग प्रक्रिया (Knife edge or edge crimping process)

गरम थर्मोप्लास्टिक फिलामेंट को एक तेज़ चाकू की धार पर खींचा जाता है। यह कुछ क्षेत्रों को थोड़ा पिघला देता है, जो यार्न को कर्ल (curl) के साथ स्पाइरल (spiral) आकृति प्रदान करता है। यदि आपने फूलों के गुलदस्ते बनाने वालों को ध्यान से देखा हो तो पाया होगा कि वे खुली कैंची के एक किनारे पर प्लास्टिक के रिबन को तेज़ी से पारित (pass) करते हैं, जिसके फलस्वरूप उसमें आकर्षक घुमाव बन जाते हैं और गुलदस्ते पर बांधने के काम में लाए जाते हैं। कुछ इसी प्रकार से फिलामेंट में भी टेक्सचर डाला जाता है। इस प्रक्रिया को योजनाबद्ध रूप से चित्र 10.9 में दर्शाया गया है।

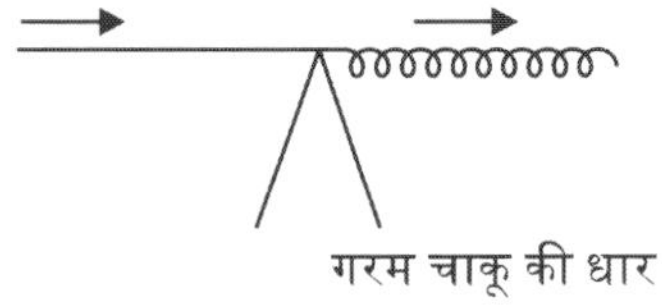

चित्र 10.9 नाइफ एज़ टेक्सचरिंग

5. निट-डीनिट प्रक्रिया (knit-deknit process)

फिलामेंट यार्न से एक वस्त्र को बुना जाता है; इसे हीट सेट (heat set) किया जाता है और फिर बुनाई को उधेड़ कर फिलामेंट पुनः प्राप्त कर लिए जाते हैं। ऐसे तैयार किये गए यार्न में एक स्थायी अनियमितता आ जाती है।

6. स्टफ्फर बॉक्स प्रक्रिया (stuffer box process)

मुलायम फिलामेंट टो/tow को ओवरफीड के साथ एक संकीर्ण बक्से /स्टफ्फर बॉक्स में नीचे की ओर से धक्के के साथ भरा जाता है; यह बक्से के ढक्कन के साथ टकराता है। इस कारण

फिलामेंट में एक दाँतेदार क्रिम्प बन जाता है, जो बक्से की दीवारों में लगी गरम कॉइल द्वारा हीट सेट हो जाता है। जब बक्से में भरे फिलामेंट की मात्रा बहुत अधिक हो जाती है, तब उसके वज़न से लगे धक्के से बक्से का ढक्कन खुल जाता है और टेक्सचर वाले यार्न को बक्से के ऊपर से निकाल कर लपेट लिया जाता है। (चित्र 10.10)

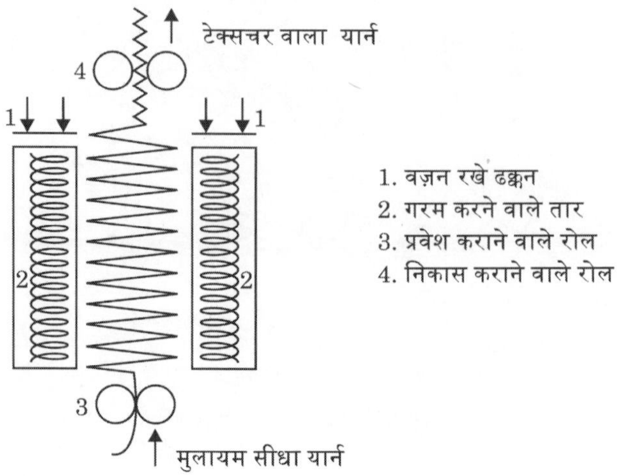

चित्र 10.10 स्टफर बॉक्स टेक्सचरिंग

7. उच्च फैलाव (High bulk)

इस तरह की बनावट के लिए एक ही यार्न में उच्च सिंकुड़न वाले तंतुओं को गैर-सिंकुड़न वाले तंतुओं के साथ संयोजित किया जाता है। फिर इसे उच्च तापमान पर ऊष्मा दी जाती है, जिससे एक घटक सिंकुड़ कर कम लंबा हो जाता है, परन्तु दूसरा घटक इकट्ठा होकर एक उच्च फैलाव (bulk) वाले यार्न का उत्पादन करता है। इस तकनीक द्वारा कई रोचक बनावट वाले यार्न उत्पन्न किए जा सकते हैं।

10.6 यार्न कार्य के आधार पर मज़बूती या डिज़ाइन

मज़बूती या डिज़ाइन (Based on the yarn function : Durability or Design) : यार्न दिखने में साधारण या विशेष हो सकते हैं और वे अपनी संरचना (रोचकता/नवीनता/जटिल यार्न) के आधार पर वस्त्र में मज़बूती या डिज़ाइन को जोड़ने में योगदान दे सकते हैं।

10.6.1 साधारण/सिंपल यार्न (Simple Yarns)

जैसा कि नाम से पता चलता है सिंपल यार्न में एक समान आकार, नियमित सतह होती है और यह दिखने में अपेक्षाकृत चिकने या मुलायम होते हैं। उनकी पूरी लंबाई में बराबर ट्विस्ट प्रति इंच होती है। यह एकरूपता उन्हें टिकाऊ बनाती है और खिंचने और फटने से रोकने में मदद करती है। इस तरह के यार्न से बने वस्त्रों की देख-रेख अपेक्षाकृत आसान होती है।

10.6.2 असाधारण/कॉम्प्लेक्स यार्न (Complex Yarn)

रोचक यार्न (Fancy yarn) वस्त्र में असामान्य रूप, भिन्नता और दिलचस्प प्रभाव लाते हैं। इस तरह के यार्न की लंबाई में एक समान व्यास नहीं होता है। तात्पर्य है कि वे मज़बूती और स्थायित्व में असमान प्रदर्शन दिखा सकते हैं। कॉम्प्लेक्स (complex) यार्न एकल या प्लाई हो सकते हैं, हालांकि कभी-कभी उनमें कॉर्ड (cord) संरचना भी हो सकती है। उनके तीन घटक होते है:

- बेस/base या कोर/core जो नींव की तरह यार्न की लंबाई और स्थिरता को नियंत्रित करता है।
- फैंसी/Fancy या इफेक्ट/effect वाला भाग जो डिजाइन में योगदान देता है और
- बाइन्डर/binder या टाई/tie जो उपयोग और देखभाल के दौरान फैंसी हिस्से को बेस के साथ बांधे रखता है।

कॉम्प्लेक्स यार्न का स्थायित्व (Durability) इन तीन घटकों में से प्रत्येक से संबंधित होता है। उदाहरण के लिए, यदि फैंसी हिस्से का आकार बड़ा हो, तो इनमें स्नैगिंग (Snagging), पिल्लिंग (Pilling) और घर्षण (abrasion) की संभावना अधिक हो सकती है। यदि बाइन्डर भाग मज़बूती से फैंसी भाग को बांधने में सफल नहीं होता, तो यार्न कम स्थाई हो सकता है।

अब हम कुछ आम उपयोग वाले कॉम्प्लेक्स यार्न के विषय में जानेंगे। उनके विवरण ही उनकी संरचना (एकल, प्लाई, कॉर्ड या संशोधित कॉर्ड) को इंगित करते हैं। विभिन्न पुस्तकों की तुलना करने पर आप पायेंगे कि हर प्रकार के कॉम्प्लेक्स यार्न को भिन्न भिन्न नामों से संबोधित किया गया है और प्रत्येक श्रेणी के विवरण भी एक दूसरे से मेल खाते हैं।

एक व्यापक सूची इस प्रकार है:

1. लूप, कर्ल, बुकले (Loop, curl, boucle): इनमें प्लाई (ply) निर्माण होता है, बेस यार्न के साथ नियमित अंतराल पर बंद लूप होते हैं। (चित्र 10.11)

2. रैटिने (Ratine): एक बेस यार्न के चारों ओर एक इफेक्ट यार्न लपेटा जाता है। एक अंतराल पर, वह एक लंबा लूप बनाता है जो विशिष्ट होता है और फिर पहले जैसे बेस यार्न के आस पास (चित्र 10.12) लिपटता रहता है। एक बाइंडर का उपयोग कर इफेक्ट यार्न को बेस यार्न पर स्थिर रखा जाता है।

चित्र 10.11 लूप कॉम्प्लेक्स यार्न

चित्र 10.12 रैटिने कॉम्प्लेक्स यार्न

3. स्पाइरल/कोर्कस्क्रू (spiral/ corkscrew): यह ऐसी प्लाई को चुनकर निर्मित होता है जिनमें ट्विस्ट या काउंट भिन्न होते हैं। इन्हें एक साथ घुमाकर एक स्पाइरल प्रभाव (चित्र 10.13) पैदा किया जाता है।

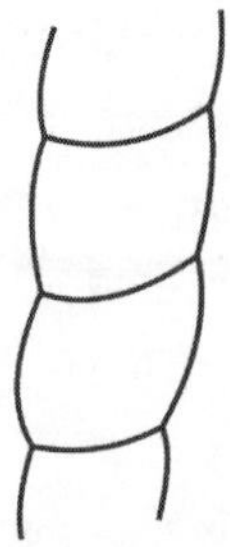

निम्न ट्विस्ट

चित्र 10.13 स्पाइरल/कोर्कस्क्रू

4. नॉट/स्पॉट/नब/नॉप (Knot/spot/nub/knop): एक अंतराल पर, बढ़ा हुआ बिन्दु दिखाई देता है (चित्र 10.14)। इसे निर्मित करने के लिए, बेस यार्न के आसपास एक ही स्थान पर कई बार इफेक्ट यार्न को घुमाया जाता है, जिसके फलस्वरूप उस स्थान पर एक गाँठ सी बनी प्रतीत होती है। जब यह गाँठ छोटी और नियमित अंतराल पर होती है, तो इसे सीड इफेक्ट (seed effect) के रूप में संदर्भित किया जाता है।

5. स्पाईक या स्नार्ल (Spike/snarl): बेस यार्न के दोनों तरफ, इफैक्ट यार्न बैकल्पिक रूप से लूप बनाता है।(चित्र 10.15)

चित्र 10.14 नॉट/स्पॉट /नब/नॉप कॉम्प्लेक्स यार्न चित्र 10.15 स्पाइक या स्नार्ल कॉम्प्लेक्स यार्न

6. स्लब प्रभाव (Slub effect): स्लब का शाब्दिक अर्थ है एक यार्न की गांठ। यह प्रभाव दो विधियों से प्राप्त किया जा सकता है। पहले तरीके में ट्विस्ट किये जा रहे यार्न पर एक नियमित अंतराल पर कुछ तंतु गुच्छों को रखा जाता है। इन स्थानों पर यार्न मोटा प्रतीत होता है। दूसरी विधि में यार्न को दी जा रही ट्विस्ट को बदला जाता है। कम ट्विस्ट वाले हिस्सों में यार्न मोटा और रोंएदार संरचना वाला होता है। (चित्र 10.16)

7. धातुमय (Metallic) यार्न: प्राचीन काल में, शुद्ध धातुओं का बड़े पैमाने पर वस्त्रों में उपयोग किया जाता था। शुद्ध चांदी और सोने को पतली चादरों में पीटा जाता था, और फिर इन्हें लम्बी तारों में खींचकर बुनाई में उपयोग किया जाता था। स्वाभाविक रूप से, इनसे बने वस्त्रों की लागत अधिक थीं। आज कम लागत, बिना काला पड़ने, हल्के वज़न और आसानी से धुलने वाले नकली धातु के यार्न (टेस्टिड या कृत्रिम ज़री) का उत्पादन प्रचलित

है, जिसे दो प्रक्रियाओं से निर्मित किया जाता है। मेटेलाइजिंग (metalizing) प्रक्रिया में, एक पॉलिएस्टर फिल्म एल्युमिनियम के साथ रखी जाती है जो उच्च दबाव में वाष्पीकृत होती है। इसकी चमक को और बढ़ाने के लिए इसपर लैकर (lacquer) की परत चढ़ाई जाती है। लैमिनेटिंग (laminating) प्रक्रिया में, पॉलिएस्टर या एसीटेट की एक पारदर्शी परत को चमकीली एल्युमिनियम फॉयल (foil) के साथ लैमिनेट किया जाता है।

8. शनील यार्न (Chenille yarn): यह एक रोचक प्रक्रिया होती है क्योंकि पहले एक वस्त्र बुना जाता है जिसमें मखमल की तरह चमकदार रोंए/पाइल वाली सतह होती है। फिर इसकी पट्टियां काटकर उनसे वस्त्र बुना जाता है जो सोफा आदि पर बिछाने के लिए उपयोग किया जाता है।

अभ्यास

10.1 उपयुक्त चित्रों के साथ निम्नलिखित जोड़ों के बीच अंतर बताइए;
- (i) एकल और प्लाई संरचनाएं
- (ii) धागा और यार्न
- (iii) संतुलित और असंतुलित ट्विस्ट
- (iv) S और Z ट्विस्ट
- (v) सिंपल और कॉम्प्लेक्स यार्न

10.2 3, 5 प्लाई कॉर्ड यार्न का प्रतिनिधित्व करने के लिए एक योजनाबद्ध आरेख बनाइए।

10.3 यार्न का काउंट उसका एक महत्वपूर्ण संकेतक क्यों होता है? इसकी अभिव्यक्ति के लिए किन दो प्रणालियों का उपयोग किया जाता है?

10.4 टेक्स्चरिंग की परिभाषा और मुख्य कार्य दीजिए।

10.5 एयर जेट टेक्स्चरिंग का वर्णन कीजिए। टेक्स्चरिंग की अन्य विधियों की तुलना में इसका मुख्य लाभ क्या है?

विस्तृत जानकारी हेतु पुस्तक सूची

Collier, B.J., Bide, M.J. and Tortora, P.G., *Understanding Textiles*, 7th ed., Pearson Education, NJ, 2009.

Goswami, B.C., Martindale, J.G. and Scardino, F.L., *Textile Yarns Technology: Structure and Application*, Wiley & Sons, USA, 1977.

Hudson, P.B., Clapp, A.C. and Kness, D., *Joseph's Introductory Textile Science*, 6th ed., Harcourt Brace Jovanovich College Publishers, 1993.

Selvakumar and Yuvaraj, A Study on Effect of Twist and Count on Sensory Properties of Shirting Fabric, *JTAI*, Vol 66, No. 2, pp. 100–104, July–August 2007.

Wingate, I.B., *Fairchild's Dictionary of Textile Terms*, 6th ed., Fairchild Publications, New York, 1988.

भाग 4

वस्त्र

इस भाग में **वस्त्र** निर्माण की विधियों पर चर्चा की जायेगी। यदि आप अपने आस-पास देखेंगे, तो पाएंगे कि आप हर दिन में कई प्रकार के **वस्त्रों** का उपयोग करते हैं। अवलोकन करने पर आप यह जान लेंगे कि ये **वस्त्र** एक दूसरे से दिखने और कार्य क्षमता में कितने भिन्न हैं। आप इस बात से भी सहमत होंगे कि परिधान में उपयोग होने वाले **वस्त्र**, गृह सज्जा (जैसे सोफा पर बिछे) **वस्त्रों** से कितने अलग दिखते हैं। यही नहीं – परिधान में भी अनेक प्रकार के **वस्त्र** उपयुक्त होते हैं और इसी कारण सलवार कमीज़ का कपड़ा किसी टी शर्ट से इतना भिन्न प्रतीत होता है। इस अंतर का मूल कारण है इन **वस्त्रों** के निर्माण के लिए उपयोग की गई विधि।

आमतौर पर **वस्त्रों** का निर्माण यार्न से, या फिर सीधे तंतुओं से किया जा सकता है। **वस्त्र** निर्माण की निम्नलिखित विधियां हैं:

1. करघे पर बुनना/वीविंग (weaving): तंतुओं के दो समूह एक दूसरे के साथ बुन कर साधारण या विशेष बुनावटों वाला **वस्त्र** तैयार करते हैं।
2. सलाइयों या सुइयों से बुनना/निटिंग (knitting): एक ही धागा **चौड़ाई** या लंबाई में फंदे बनाकर **वस्त्र** का निर्माण करता है।
3. फेल्ट व नॉन-वोवन (felt and non-woven): ये सीधे ही तंतुओं से निर्मित किये **वस्त्र** होते हैं, जिनमें मध्यवर्ती यार्न चरण की आवश्यकता नहीं होती।
4. अन्य विधियां: जालीदार/नेट (net), लेस (lace), ब्रेड (braid) वाला **वस्त्र**, वृक्ष छाल से बने टापा (tapa) **वस्त्र**, मल्टीकॉम्पोनेंट (multicomponent) जैसे रज़ाई, बाँडेड (bonded) और लैमिनेटेड (laminated) **वस्त्र**।

अध्याय 11 में वीविंग पर, अध्याय 12 में निटिंग पर और अध्याय 13 में फेल्ट, नॉन-वोवन और **वस्त्र** निर्माण की अन्य विधियों पर चर्चा की जायेगी।

अध्याय 11

करघे पर बुनाई या वीविंग (Weaving)

बुनाई/वीविंग **वस्त्र** निर्माण की सबसे पुरानी विधि है। प्राचीन भारतीय ग्रन्थों में बुने हुए **वस्त्रों** के उल्लेख हैं। जाने-माने भारतीय कवि और दार्शनिक कबीरदास जी बुनकरों के परिवार से थे तथा उनके द्वारा रचित कई छंदों में इस प्रक्रिया के उद्धरण या संकेत दिए गए हैं।

11.1 हथकरघा (Loom)

भाग और गतियाँ (Loom: Parts and Motions): करघा एक उपकरण है जिसका उपयोग बुनाई में किया जाता है। चित्र 11.1(क) एक बुनियादी हथकरघे/handloom का योजनाबद्ध रेखाचित्र प्रदर्शित करता है। इसके पिछले भाग पर एक वार्प बीम (Warp beam) या रोलर रखा होता है, जिस पर ताने (Warp) के यार्न लपेटे होते हैं। ये एक हार्नेस/harness या शैफ्ट/shaft नामक भाग से गुज़रते हुए करघे के अगले हिस्से में लाए जाते हैं। हार्नेस या शैफ्ट एक लकड़ी का फ्रेम होता है, जिसमें धातु से बने अनेक तारें (हेडल/heddle या हील्ड/

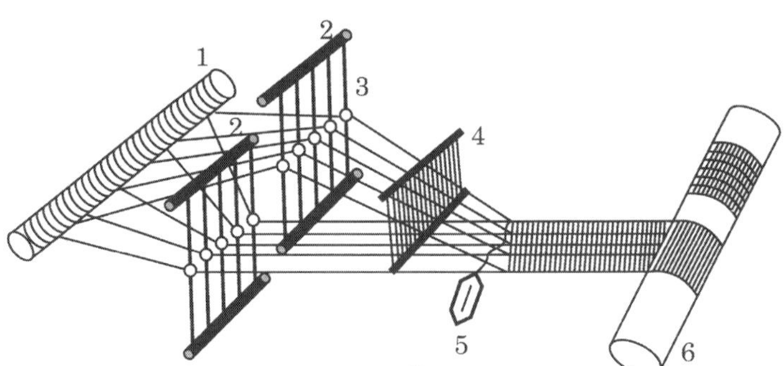

1. वार्प बीम (Warp beam)
2. हार्नेस (Harness)
3. हील्ड (Heald)
4. रीड (Reed)
5. शटल (Shuttle)
6. क्लॉथ बीम (Cloth beam)

चित्र 11.1(क) साधारण हथकरघा का योजनाबद्ध रेखाचित्र।

heald) होती हैं। प्रत्येक तार के मध्य भाग में एक छिद्र या चक्षु (eye) होता है, जिनमें से एक-एक ताने को निकाला जाता है। सबसे साधारण करघे में, दो हार्नेस होते हैं, जिनमें से ताने के यार्न गुज़ारे जाते हैं। सभी विषम संख्या वाले ताने, अर्थात पहला, तीसरा, पांचवा, सातवाँ, इत्यादि को पहले हार्नेस की हील्ड/तारों में से पिरोया जाता है। फिर सभी सम संख्या वाले तानों को—अर्थात दूसरे, चौथे, छठें, आठवें, इत्यादि ताने दूसरे हार्नेस के हील्ड में से गुज़ारे जाते हैं। यदि पहला हार्नेस उठाया जाता है, और दूसरे को अपने स्थान पर ही रहने दिया जाता है, तो सभी विषम संख्या वाले ताना यार्न ऊंचे उठ जायेंगे, जबकि सभी सम संख्या वाले ताना यार्न नीचे ही बिछे रहेंगे। इस प्रकार, ताने की दो तहों के बीच एक स्थान/रास्ता बन जायेगा जिसे शेड (shed) कहते हैं और इस क्रिया को शेडिंग (shedding); यह करघा की एक प्राथमिक गति (primary motion) होती है।

बाना/वेफ्ट यार्न/पिक को छोटे फिरकी/बोब्बिन (Bobbin)/पर्न (Pirn) पर लपेटने के बाद एक शटल (shuttle) के अन्दर डाला जाता है [चित्र 11.1 (ख)]। इस शटल की आकृति नुकीले सिरे वाली एक नाव जैसी होती है। शेड बन जाने के बाद, इस स्थान में बाने/पिक को बिछाया जाता है। यह बुनाई की एक और प्राथमिक गति होती है, जिसे पिकिंग/picking कहा जाता है। इसके लिए, शटल को शेड (shed) से गुज़ारकर करघे की एक से दूसरी ओर ले जाया जाता है।

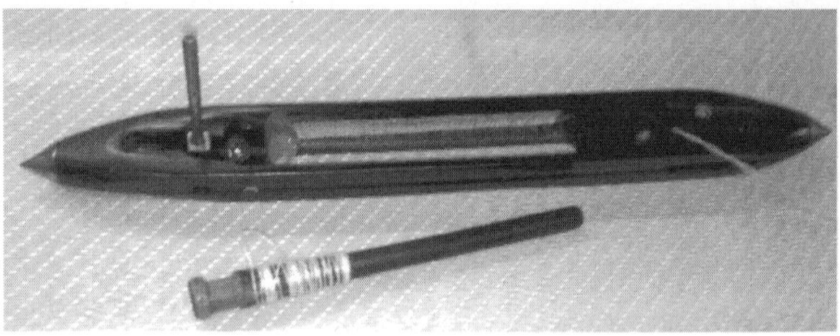

चित्र 11.1(ख) बोब्बिन और शटल

करघे पर बुने हुए **वस्त्र** का गठा और सुदृढ़ होना आवश्यक होता है। इस काम को करने के के लिए एक धात्विक कंघी जैसे उपकरण का प्रयोग किया जाता है| रीड (Reed) नामक यह भाग करघे में आगे की ओर रखा जाता है। इसमें डेंट (dent) नामक पास-पास लगे धातु के तार होते हैं, जिनके बीच से बुनाई करने के पहले ही ताने को पारित किया जाता है। रीड की सहायता से ही तीसरी प्राथमिक गति संभव होती है, जिसे बीटिंग (beating) या बैटर्निंग (battening) भी कहा जाता है। कुछ बार पिर्किंग करने के बाद, रीड को बुने हुए **वस्त्र** के विरुद्ध ज़ोर से दबाया जाता है, जिससे ढीले बिछे हुए बाने को धकेल कर बुने **वस्त्र** को गठा हुआ बनाया जाता है।

जिन स्थानों पर ताना ऊपर उठा होता है, वहां वही दिखाई देगा। इस प्रकार पहली धारी में सभी विषम संख्या वाले ताना यार्न शीर्ष पर दिखाई देंगे, जबकि सभी सम संख्या वाले ताना यार्न, शेड में नीचे बिछे होने के कारण, बाना यार्न/वेफ्ट से ढके जायेंगे।

पहला बाना बिछाने के बाद, दूसरे शेड को तैयार किया जाता है। इस बार विषम संख्या वाले ताना यार्न सहित पहले हार्नेस को नीचे बिठा दिया जाता है और सम संख्या वाले ताना

यार्न सहित दूसरा हार्नेस उठाया जाता है। फिर एक बार शेड का निर्माण हो जाता है, और शेडिंग के बाद पिकिंग की जाती है।

जैसे-जैसे बुनाई आगे बढ़ती है, ताना/warp यार्न, बाना/Weft यार्न द्वारा अंतर्ग्रहण के बाद एक बुने हुए **वस्त्र** में परिवर्तित होने लगते हैं। अब बुनाई की द्वितीयक गतियों (secondary motions) की बारी आती है। ये वास्तव में दो गतियों की जोड़ी है: टेक अप और लेट ऑफ (take up and let off)। बुने हुए **वस्त्र** को करघा (loom) के सामने रखे **वस्त्र** के रोलर/cloth beam पर लपेटा जाता है। यह करने से, करघे के पीछे रखे वार्प बीम/warp beam से ताना के यार्न खिचते हैं। दूसरे शब्दों में, वार्प बीम गोल घूम कर, अपने पर लिपटे ताना यार्न को मुक्त कर देता है और उन्हें बुनाई के लिए उपलब्ध करवाता है। तालिका 11.1 में करघे की गतियों के साथ-साथ उन्हें करने वाले हिस्सों के नाम दिए गए हैं।

तालिका 11.1 बुनाई की गतियाँ और उनके सहायक भाग

गति की श्रेणी/वर्ग	गति का नाम	कार्यरत भाग
प्राथमिक	शेडिंग	हार्नेस फ्रेम
द्वितीयक	पिकिंग	शटल
	बीटिंग	रीड
	टेक अप	क्लॉथ बीम
	लेट ऑफ	वार्प बीम

11.2 करघे के प्रकार (Type of Looms)

करघे का वर्गीकरण दो मानदंडों पर किया जा सकता है, ये हैं—करघे का ऊर्जा स्त्रोत (Source of power) और शेड में बाना बिछाने का यन्त्र।

11.2.1 हथकरघा और बिजली चालित करघा (Handlooms and Powerlooms)

पहली कसौटी के आधार पर करघे (looms) को हथकरघा (Handlooms) और बिजली चालित करघा (Powerlooms) में विभाजित किया जा सकता है। जैसा कि शब्द से पता चलता है, जो करघे मानव हाथों से संचालित होते हैं, उन्हें हथकरघा (Handlooms) कहा जाता है। ये सस्ते होते हैं लेकिन तुलनात्मक रूप से इनमें **वस्त्र** उत्पादन धीमी गति से होता है। हालांकि, भारत जैसे देश में, हथकरघा आज भी एक महत्वपूर्ण स्थान रखता है। इस तरह के करघों की भिन्नता में पैरों से नियंत्रित लीवर का उपयोग करने वाला ट्रेडल करघा (treadle loom) होता है जो पैरों से हार्नेस को उठाने में मदद करता है। पिट (Pit) करघा में बुनकर (weaver) की टांगें एक गड्ढे में होती हैं, जहां से वह पैर की गतिविधि के माध्यम से शेडिंग की क्रिया या हार्नेस को नियंत्रित करता है। लॉयन (Loin) करघे में, शैफ्ट (shaft) की गति को नियंत्रित करने वाला पट्टा, फर्श पर बैठे बुनकर की पीठ के निचले हिस्से से होकर गुज़रता है। यह करघा भारत के उत्तरी-पूर्वी राज्यों में पाया जाता है।

बिजली चालित करघा (Power loom) मशीनी ऊर्जा द्वारा चलाया जाता है। यह एक हथकरघा से कहीं अधिक तेज़ होता है और मिल क्षेत्र द्वारा नियोजित किया जाता है।

11.2.2 शटल वाले और शटल रहित/शटललेस करघे (Shuttle and shuttleless Looms)

खंड 11.1 में की गई चर्चा से आपने जाना कि बाना यार्न या पिक रखने के लिए एक शटल का उपयोग किया जाता है {चित्र 11.1(ख)}। अतः, इसे एक शटल करघा के रूप में भी जाना जाता है। भारत के विभिन्न राज्यों में हाथ से संचालित शटल करघे ने वर्षों से अपने पारंपरिक चरित्र को बनाए रखा है। वहीं दूसरी ओर बिजली चालित करघे ने कई प्रमुख बदलाव हासिल किए हैं। इनमें से कुछ हैं—स्वचालित ताना व बाना रुकना (ऑटोमेटिक वार्प और वेफ्ट स्टॉप मोशन), स्वचालित पर्न प्रतिस्थापन यन्त्र (ऑटोमेटिक पर्न चेंजिंग डिवाइस) और कंप्यूटर संचालित डिज़ाइनिंग तंत्र।

कई स्थानों पर, शटल करघे की जगह पर शटल रहित करघे (Shuttle less loom) का उपयोग किया जाता है। इनमें शेड (Shed) के पार बाना रखने के लिए विभिन्न प्रकार के तंत्र उपयोग होते हैं। शटल रहित करघे का नाम स्पष्ट रूप से इंगित करता है कि बाना बिछाने के लिए किस उपकरण का उपयोग किया जाता है। इन करघों में शोर का स्तर कम और उत्पादन की गति अधिक होती है।

रेपियर करघा (Rapier loom) में एक लंबी छड़ी होती है, जो शेड के पार बाना यार्न को ले जाती है। ग्रिप्पर (Gripper/Projectile) करघा एक छोटे धातु हुक (hook) का उपयोग करता है जो शेड के बीच से बाना ले जाता है। एयर जेट करघा, बाना के यार्न द्वारा वस्त्र की पूरी चौड़ाई को पारित करने के लिए, दबाव वाली हवा (compressed air) को नियोजित करता है। वाटर जेट करघे (Water jet looms) में पानी की पतली, तेज़ धाराएँ होती हैं, जो बल के साथ बाना को शेड में बिछा देती हैं। ध्यान रहे कि इस तरह के करघे पर केवल जल विरोधी/हाइड्रोफ़ोबिक यार्न ही वस्त्र में बुने जा सकते हैं।

11.3 करघे पर बुने वस्त्र: कुछ अवधारणाएँ (Woven Fabrics: Some Concepts)

करघे का चाहे जो भी ऊर्जा स्त्रोत और बाना यार्न को शेड में बिछाने का तंत्र हो, हर बुने हुए वस्त्र की कुछ विशिष्ट विशेषताएँ होती हैं। करघे पर लंबाई में बिछे यार्न को ताना/वार्प/एंड (Warp या end) कहा जाता है। चौड़ाई में चलते हुए यार्न को बाना/वेफ्ट/पिक या फिलिंग (weft, pick या filling) कहा जाता है। ताना के रूप में उपयुक्त यार्न आम तौर पर बाना की तुलना में अधिक मज़बूत होता है और इन्हें मांड लगाकर तैयार किया जाता है क्योंकि उन्हें बहुत रगड़ का सामना करना पड़ता है।

औरेब या बायस (Bias) एक दिशा को संदर्भित करता है जो ताना और बाना के 45° कोण पर होता है। इस दिशा में वस्त्र में सर्वाधिक खिंचाव प्रदर्शित करते है। इस तथ्य का उपयोग चूड़ीदार पजामी जैसे परिधान के निर्माण के लिए किया जाता है। किसी भी वस्त्र को काटने से पहले, उसके ग्रेन (grain) की जांच की जाती है। यह उसके ताना और बाना की स्थिति होती है। आदर्श रूप से, यार्न के ये दो सेट एक दूसरे के लंबवत (90°) पर होने चाहिए। यदि बुने हुए वस्त्र ताना व बाना की गलत सापेक्ष स्थिति (स्क्यूइंग/Skewing या बोईंग/bowing) प्रदर्शित करते हैं, तो इसका परिणाम अच्छी गुणवत्ता का नहीं होता।

फैब्रिक काउंट/fabric count (या थ्रेड काउंट/thread count) बुनाई की सघनता (compactness) का सूचक होता है। इसे एक बुने हुए **वस्त्र** के प्रति वर्ग इंच ताना और बाना के यार्न की संख्या के रूप में परिभाषित किया गया है। उदाहारण के लिए, यदि बुने **वस्त्र** के 1 x 1 इंच के टुकड़े में 50 ताना/वार्प और 40 बाना/वेफ्ट हों, तो उसका फैब्रिक काउंट होगा 50 × 40 या 90।

संतुलन (Balance) एक वर्ग इंच में ताना से बाना का अनुपात होता है। संतुलित कपड़े (balanced fabric) वे होते है जिनमें यह अनुपात 1:1 होता है। दूसरी ओर, असंतुलित **वस्त्र** (unbalanced fabric) में 2:1 का यार्न अनुपात हो सकता है।

फैब्रिक काउंट (Fabric count) को जानने के लिए निम्न दो विधियों में से किसी एक का उपयोग किया जा सकता है:

1. अनरेवलिंग विधि (Unravelling method): जिसमें **वस्त्र** का टुकड़ा (1इंच लंबा और 1इंच चौड़ा) लेकर उधेड़ लिया/अनरेवल किया जाता है और प्राप्त यार्न की गणना करने से थ्रेड काउंट जांचा जाता है। यह विधि **वस्त्र** को नुकसान पहुंचाने के कारण कम लोकप्रिय है।
2. पिक-ग्लास विधि (Pick-glass method): इसमें पिक-ग्लास नामक उपकरण का उपयोग किया जाता है, जिसकी एक छोर पर एक इंच वर्ग खिड़की और दूसरे छोर पर एक आवर्धक (Magnifying) काँच होता है (चित्र 11.2)। इसे जांचने वाले **वस्त्र** पर ठीक से रखने के बाद, इसके माध्यम से ताना और बाना की संख्या को गिना जाता है।

चित्र 11.2 पिक ग्लास

उच्च फैब्रिक काउंट, यार्न का कम व्यास और उस **वस्त्र** में अधिक स्थिरता, मज़बूती और कवर को इंगित करती है। इस प्रकार के **वस्त्र** हवा, जल और अग्नि प्रतिरोधी होते हैं तथा इनपर की गई सिलाई कम छिज़ती है। दूसरी ओर, निम्न फैब्रिक काउंट से बने **वस्त्रों** में अधिक लचीलापन, पारगम्यता, अधिक सिंकुड़ने की क्षमता होती है और उनपर की गई सिलाई अधिक छिजती है।

संतुलित काउंट वाले **वस्त्र** में असंतुलित काउंट वाले **वस्त्र** की तुलना में सिलाई के छिजने की समस्या कम होती है और यह **वस्त्र** दोनों दिशाओं में एक समान ही घिसता है।

कन्नी या किनारा (Selvedge/Selvage) एक बुने हुए कपड़े की लंबाई की दिशा में होता है। करघे पर बुनी हुई किसी साड़ी या दुपट्टे को ध्यान से देखें। आप पायेंगे कि दोनों लंबे किनारों में कोर (Edge) हैं, जिन्हें किसी भी तरह के परिष्करण की आवश्यकता नहीं

है। ये हिस्से शेष **वस्त्र** की तुलना में थोड़े मोटे भी होते हैं। हथकरघा पर **वस्त्र** बुनते समय, बुनकर किनारों के ताना में अधिक घनत्व का उपयोग करता है।

शटल रहित करघे (shuttleless looms) के मामले में, सेल्वेज एक समस्या उत्पन्न करते हैं और इन्हें बाद में तैयार करने की आवश्यकता होती है। यदि **वस्त्र** थर्मोप्लास्टिक हों, तो ऊष्मा की सहायता से किनारों के कुछ यार्न एक दूसरे से चिपका कर, उनमें फ्यूज़ किए सेल्वेज (fused Selvedge) दी जा सकती हैं।

ग्रेन लाइन एक सीधी रेखा (तीर सहित) होती है, जो सेल्वेज के समानांतर खींची जाती है। यह बुने हुए **वस्त्र** में ताना की दिशा का प्रतिनिधित्व करती है। चित्र 11.3 में वर्णित एक बुने हुए कपड़े की विभिन्न अवधारणाओं को दर्शाया गया है।

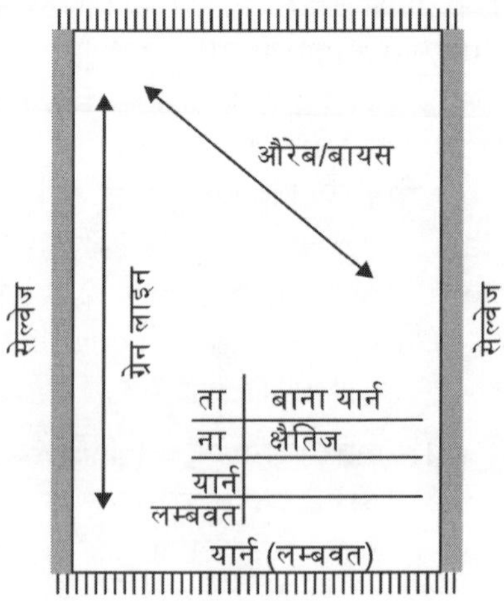

चित्र 11.3 बुने हुए **वस्त्र** की अवधारणाएँ

11.4 बुनावट/वीव्स (Weaves)

ताना और बाना का अंतर्ग्रहण बुनावट नामक डिज़ाइन तैयार करता है। विभिन्न कारकों जैसे कि हार्नेस की संख्या, हील्ड्स के माध्यम से ताना का थ्रेडिंग पैटर्न, एक साथ रखे गए बाना यार्न की संख्या और हार्नेस को उठाने की योजनाओं के कारण कई प्रकार की बुनाई संभव है। बुनावट को बेसिक/साधारण और डेकोरेटिव/फ़ैन्सी बुनावट में वर्गीकृत किया जा सकता है। तालिका 11.2 में बुनावट का वर्गीकरण दिया गया है, जिसका बाद की चर्चाओं में अनुसरण किया जाएगा।

तालिका 11.2 बुनावट/वीव्स का वर्गीकरण

बुनाई	
बेसिक	फ़ैन्सी
प्लेन बुनाई विविधताएँ • रिब बुनाई • बास्केट बुनाई ट्विल बुनाई • रेगुलर ट्विल • इर्रेगुलर ट्विल सैटिन और सटीन बुनाई	डॉबी जैकार्ड सर्फेस फिगर बुनाई • स्पॉट • स्वीवेल • लैप्पे पाइल बुनाई • वेफ्ट पाइल • वार्प पाइल कटी हुई व बिना कटी हुई लीनो बुनाई डबल बुनाई

प्वाइंट पेपर (Point Paper) आरेख 2-डी रूप में एक बुनाई का प्रतिनिधित्व करते हैं। इसे तैयार करने के लिए छात्र ग्राफ पेपर का या एक सादे कागज़ पर दोनों दिशाओं में रेखाएं खींचकर उपयोग कर सकते हैं। लम्बी/ऊर्ध्वाधर रेखाएँ वार्प या ताना को दर्शाती हैं

और चौड़ी/क्षैतिज रेखाएँ वेफ्ट/बाना को दर्शाती हैं। कागज़ पर गठित छोटे वर्ग यदि वार्प का प्रतिनिधित्व कर रहे हों, तो उन्हें काला किया (shaded) या काटा (crossed) जाता है। एक खाली वर्ग दर्शाता है कि उस अंतर्ग्रहण (interlacement) में वेफ्ट दिख रहा है। आइये हम सरल हैंडलूम मॉडल में चर्चा किए उदाहरण पर वापस जाते हैं। पहला हार्नेस, सभी विषम संख्या वाले ताना के साथ उठाया जाता है, पिकिंग और फिर बीटिंग की जाती है। पहली पिक का प्वाइंट पेपर वर्णन चित्र 11.4(क) में दिखाया गया है। इस तरीके से यदि आप बुनाई का प्रतिनिधित्व करते हैं, तो आपको एक प्वाइंट पेपर आरेख {चित्र 11.4(ख)} प्राप्त होगा।

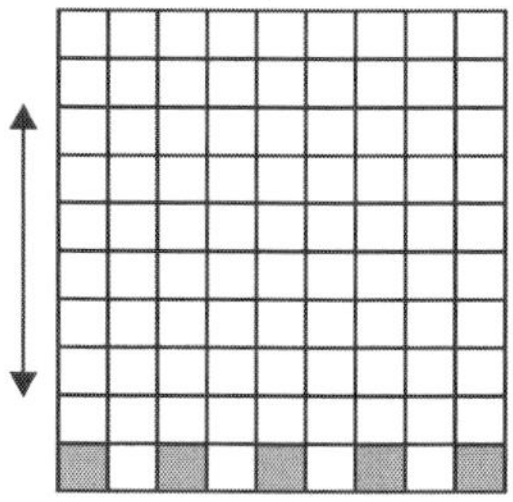

चित्र 11.4(क) पहली पिक का प्रतिरूप

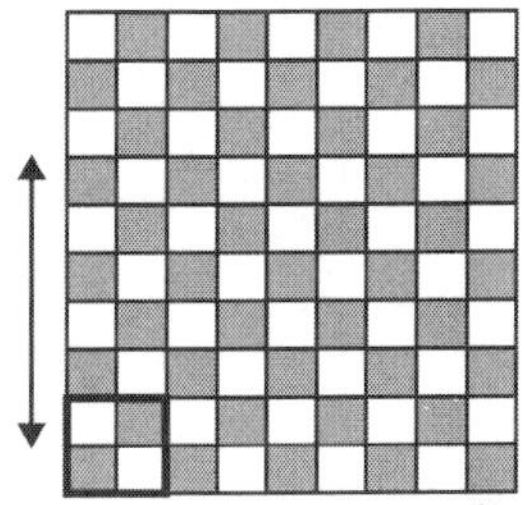

चित्र 11.4(ख) रिपीट के साथ चिन्हित प्लेन बुनाई

प्वाइंट पेपर में रिपीट वह क्षेत्र होता है जो सम्पूर्ण बुनाई के 'बीज' को दर्शाता है। यह अक्सर पॉइंट पेपर आरेख पर एक काली रूप-रेखा के साथ चिन्हित किया जाता है। यदि इस टुकड़े को बार बार बनाया जाए, तो यह बुनाई का एक बड़ा प्रतिनिधित्व या प्रतिरूप [चित्र 11.4(ख)] होगा। किसी बुनावट के रिपीट में जितनी बार बाना गुज़रना होता है, उसे बनाने के लिए उतने ही हार्नेस की संख्या आवश्यक होती है।

बुनाई पर चर्चा के साथ बेसिक बुनावटों के लिए प्वाइंट पेपर आरेख दिये जाएंगे जबकि फ़ैन्सी बुनावटों का वर्णन करने के लिए योजनाबद्ध आरेखों का उपयोग किया जाएगा।

समझने में आसानी के लिए, कुछ बेसिक बुनाई के लक्षणों पर चर्चा की जा रही है। इनमें हार्नेस की संख्या, इंटरलेसमेंट पैटर्न, विशेष गुण और उदाहरण शामिल हैं।

11.4.1 बेसिक बुनाई (Basic Weaves)

1. प्लेन बुनाई (Plain weave)

(i) सबसे सरल और सबसे सस्ती बुनाई।

(ii) केवल दो हार्नेस की आवश्यकता होती है।

(iii) कपड़ा की चौड़ाई में बाना यार्न ताना के एक बार नीचे और फिर एक बार ऊपर से गुज़ारा जाता है।

(iv) इसे 1x1 प्रतीक द्वारा दर्शाया जा सकता है।

प्लेन बुनाई वाले **वस्त्रों** के उदाहरण—ऑर्ग्रेन्डी, मलमल, कैम्ब्रिक, पॉपलिन, फ्लैनल और कैनवस।

प्वाइंट पेपर आरेख चित्र 11.4 में दिखाया गया है।

प्लेन बुनाई में दो भिन्नताएँ होती हैं—रिब और बास्केट।

रिब बुनाई (Rib weave): इसमें किसी एक या फिर दोनों दिशाओं में एक यार्न के स्थान पर यार्न समूह का उपयोग किया जाता है after समूह का उपयोग। चित्र 11.5 (क) और (ख) दोनों दिशाओं में उत्पादित रिब (Rib) बुनाई को दर्शाता है। ध्यान देने वाली बात यह है कि एक वेफ्ट रिब बुनाई तब प्राप्त की जाती है, जब वार्प यार्न के समूह उपयोग किये जाएँ, जबकि वेफ्ट यार्न के समूहीकरण के कारण एक वार्प रिब बुनाई तैयार होती है।

(क)

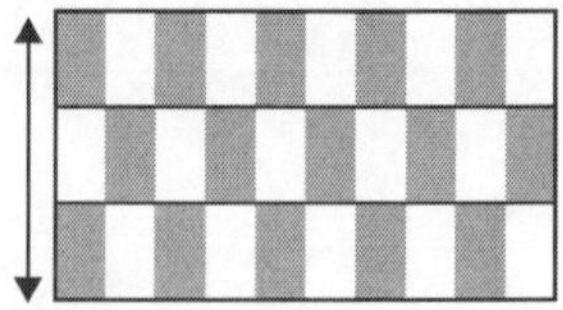

(ख)

चित्र 11.5 रिब बुनाई

कभी-कभी, लूम सेटिंग (loom setting) के समय प्रत्येक यार्न समूह के बाद कुछ एकल यार्न बिछाए जाते हैं; ऐसी परिस्थिति में परिणामी बुनाई को स्ट्राइप्ड/धारीदार डिमिटी (striped dimity) कहा जाता है, जो ताना या बाना में बनाई जा सकती है {चित्र 11.6 (क), (ख) और (ग) देखें}। जब यार्न के समूह और एकल यार्न बिछाने का काम दोनों दिशाओं (ताना और बाना की) में किया जाए, तो क्रांस बार डिमिटी (cross bar dimity) का निर्माण होता है। परिणामस्वरूप वस्त्र बहुत आकर्षक और सुखदायक होते हैं और आमतौर पर परिधान में उपयोग किए जाते हैं (चित्र 11.7)।

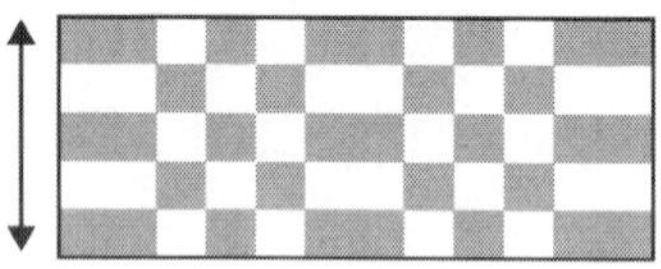

(क)

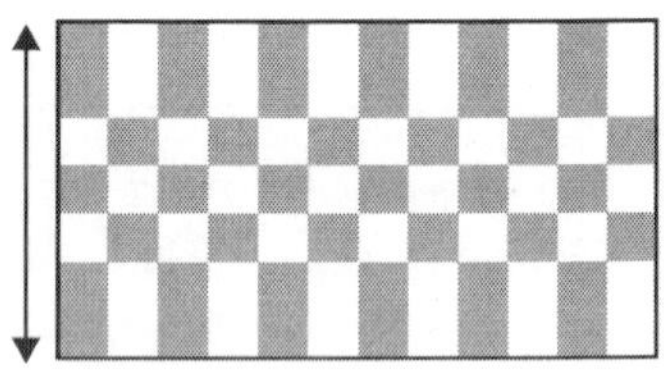

(ख)

चित्र 11.6(क–ख) स्ट्राइप्ड डिमिटी

चित्र 11.6(ग) स्ट्राइप्ड डिमिटी का वस्त्र

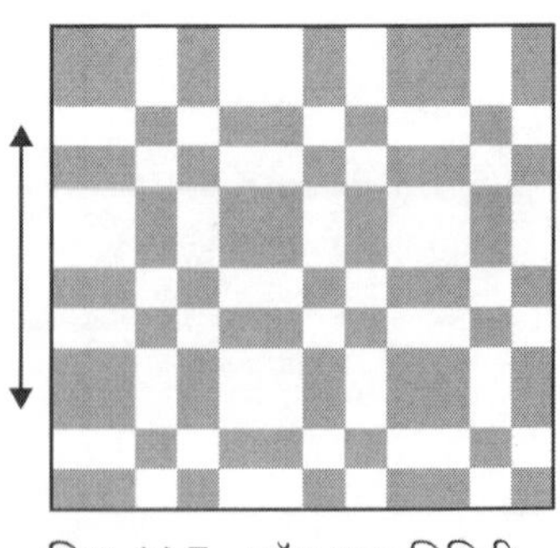

चित्र 11.7 क्रॉस बार डिमिटी

पॉइंट पेपर (point paper) आरेख बनाने के लिए एक सुझाव है – पहले ताना और बाना को दर्शाती लकीरों को ध्यान से बनाएँ। इसके पश्चात एक डिब्बा काला और एक डिब्बा सफ़ेद (1×1 फॉर्मूला) के हिसाब से पूरी बुनावट तैयार कर लें।

बास्केट बुनाई (Basket weave)

(i) **वस्त्र** का डिज़ाइन समान आकार के वर्गों के साथ एक शतरंजबोर्ड या टोकरी के परिचित पैटर्न जैसा दिखता है।

(ii) दो या दो से अधिक ताना यार्न के जुट को एक या एक से अधिक बाना यार्न के साथ बुना जाता है।

(iii) उत्पादित **वस्त्र** लचीले, ढीले बुने और कुछ हद तक सिकुड़न प्रतिरोधी होते हैं, जो फर्नीचर पर **चढ़ाने** और पर्दे के लिए उपयोगी होते हैं।

(iv) किसी भी एक दिशा में संयुक्त यार्न की चौड़ाई दूसरी दिशा में उपयुक्त यार्न के बराबर होती है।

(v) बास्केट बुनाई के लिए फॉर्मूला में एक ही इकाई के रूप में चलते ताना और बाना की संख्या को दर्शाया जाता है। सभी यार्न दूर-दूर रहते हैं और इन्हें बिना किसी यन्त्र के भी गिना जा सकता है। उदाहरणों में शामिल हैं बोरियों का कपड़ा/होप्सेकिंग (Hopsacking), ऑक्सफोर्ड (Oxford) और मॉन्कक्लोथ (Monks cloth) आदि। चित्र 11.8 एक 3×2 बास्केट बुनाई के लिए पॉइंट पेपर आरेख दिखाता है।

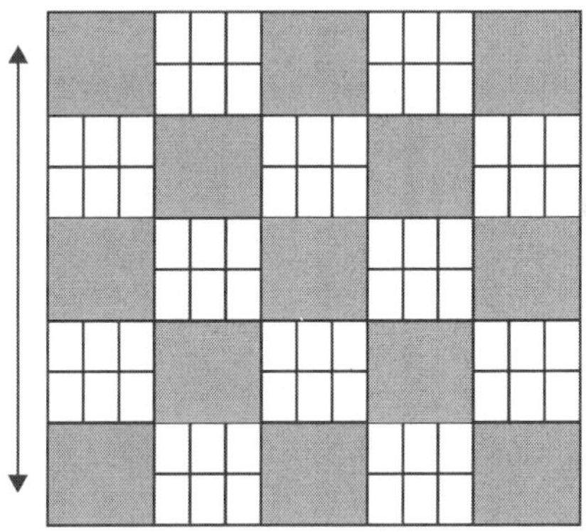

चित्र 11.8 3×2 बास्केट बुनाई

2. ट्विल बुनाई (Twill weave)

तालिका 11.3 ट्विल बुनाई का वर्गीकरण दर्शाती है। आम तौर पर, ट्विल (twill) बुनाई को रेगुलर/नियमित व इर्रेगुलर/अनियमित रूप से बनने वाली ट्विल में विभाजित किया जा सकता है। रेगुलर ट्विल में बुने हुए **वस्त्र** के आगे और पीछे के भाग पर अविरल तिरछी रेखाएं चिन्हित होती हैं। इर्रेगुलर/अनियमित ट्विल जिसमें तिरछी रेखाएं अपना पथ बदलकर **वस्त्र** में रोचक प्रभाव पैदा करती हैं। रेगुलर ट्विल को रेखाओं के कोण के आधार पर उप-वर्गीकृत किया जा सकता है। इस रेखा का कोण 45° (साधारण ट्विल), निम्न (15°-रेक्लाइनिंग ट्विल) या उच्च (75°-स्टीप ट्विल) हो सकता है। इस भाग में विभिन्न अन्य ट्विल को समझाया जाएगा।

तालिका 11.3 ट्विल बुनाई का वर्गीकरण

रेगुलर/नियमित ट्विल	इर्रेगुलर/अनियमित ट्विल
• विकर्ण रेखाओं के कोण (i) रेक्लाइनिंग ट्विल (ii) साधारण ट्विल (iii) स्टीप ट्विल	• डायमंड ट्विल • कर्वड ट्विल • ज़िग ज़ैग ट्विल • हेरिंगबोन ट्विल • पॉइंटेड ट्विल
• विकर्ण रेखाओं की दिशा (i) राइट हैंड ट्विल (ii) लेफ्ट हैंड ट्विल	
• आगे और पीछे के भाग की एकरूपता (i) समान रुपी ट्विल (ii) असमान रुपी ट्विल (वार्प सम्मुख और वेफ्ट सम्मुख)	

लेकिन पहले, इस बुनाई की बुनियादी विशेषताओं को जानना महत्वपूर्ण है। ये इस प्रकार हैं:-

(i) ट्विल बुनाई के लिए न्यूनतम तीन हार्नेस की आवश्यकता होती है।

(ii) बाना यार्न एक से अधिक (किन्तु तीन से अधिक नहीं) ताना यार्न के ऊपर (फ्लोट) या नीचे से गुज़रता है। अगली पंक्ति में, बाना का यार्न डिज़ाइन को एक कदम दाईं या बाईं ओर ले जाता है। इससे किसी एक दिशा में तिरछी रेखाएं बनती हैं। रेगुलर ट्विल में ये लाइनें अविरल रूप से **वस्त्र** की एक छोर से दूसरी छोर तक चलती हैं। इर्रेगुलर ट्विल में, विकर्ण कई प्रकार से अपनी रेखाओं की दिशा बदलता है, जिससे अनेक रोचक डिज़ाइन बनते हैं।

(iii) ट्विल बुनाई वाले **वस्त्र** आकर्षक, टिकाऊ और मज़बूत होते हैं। कसकर बुने जाने के कारण, वे प्लेन बुनाई के जैसे गंदे नहीं होते हैं लेकिन एक बार मैले होने के बाद उन्हें साफ करना अधिक मुश्किल होता है।

ट्विल बुनाई के उदाहरणों में डेनिम, ड्रिल, कुछ ट्वीड और कई गरम सूटिंग के **वस्त्र** शामिल हैं।

ट्विल बुनाई को दर्शाने का फॉर्मूला एक खंड (फ्रैक्शन) जैसा दिखता है। इस प्रकार, 3/1 एक ऐसे ट्विल बुनाई का प्रतिनिधित्व करता है, जिसमें 3 स्थानों पर, ताना (अंश) दिखाई देता है, जिसके बाद 1 स्थान पर बाना (हर) होता है। रेगुलर ट्विल के निर्माण के लिए आवश्यक हार्नेस की संख्या की गणना खंड के दोनों भागों—अंश और हर (numerator and denominator) को जोड़कर की जाती है। अतः 3/1 ट्विल बुनाई को बनाने के लिए 3 + 1 = 4 हार्नेस आवश्यक होंगे। आइये अब हम पॉइंट पेपर आरेख (चित्र 11.9) का उपयोग करते हुए एक ट्विल बुनाई का प्रतिनिधित्व करना सीखते हैं। 3/1 ट्विल उदाहरण के साथ आगे बढ़ते हुए, पहली पिक पर प्रतिच्छेदन को चिन्हित करते हैं।

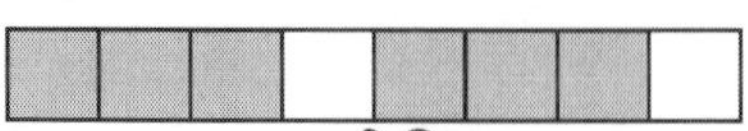

पहली पिक

दूसरी पिक रखने के समय, गाढ़ा किया हुआ क्षेत्र, एक ब्लॉक को दाएँ या बाएँ स्थानांतरित किया जाता है। यदि आप इस तरह से एक के बाद एक पिक को चिन्हित करना जारी रखते हैं, तो एक पॉइंट पेपर आरेख तैयार होगा, जिसमें तिरछी रेखाएँ नीचे से ऊपर की ओर दाहिने कोने में चलती हैं। {राइट हैंड ट्विल चित्र 11.9 (क)} या ऊपरी बाएँ कोने की ओर {लेफ्ट हैंड ट्विल चित्र 11.9 (ख) और (ग)}।

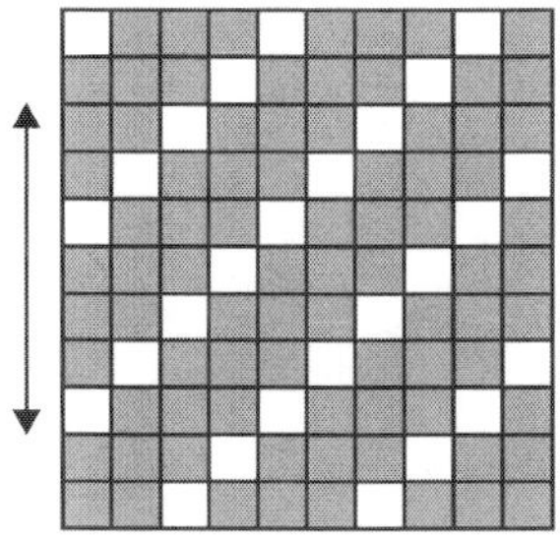

चित्र 11.9 (क)

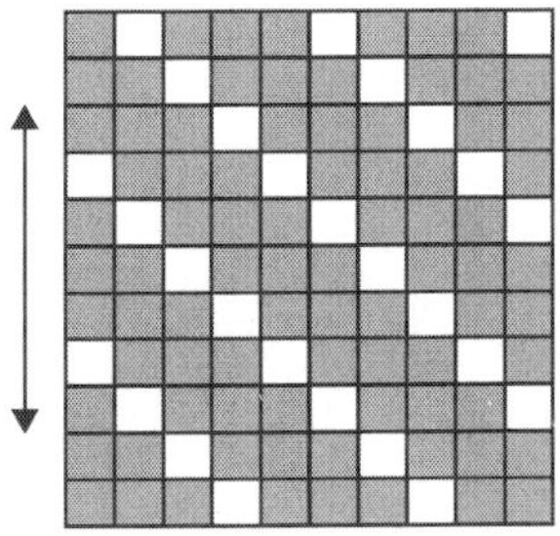

चित्र 11.9 (ख)

चित्र 11.9 (ग)

ध्यान से देखने पर आपको इसमें बाईं ओर चलती रेखाएं स्पष्ट दिखेंगी। यह याद रखना होगा कि अंश (Numerator) और हर (Denominator) का योग 6 से अधिक नहीं हो सकता, क्योंकि ट्विल बुनाई में फ्लोट की लंबाई अधिकतम 3 ही हो सकती है। लेकिन इसमें कई संयोजन संभव होते हैं। उदाहरण के लिए 2/1, 1/2, 3/1, 1/3, 2/2, 3/2, 2/3 और 3/3; इन सभी को राइट हैंड और लेफ्ट हैंड ट्विल बुनाई द्वारा बनाया जा सकता है। इन बुनावटों के लिए आवश्यक हार्नेस की संख्या क्रमशः 3,3,4,4,4,5,5 और 6 होगी।

जब एक **वस्त्र** पर दिखाई देने वाले ताना और बाना की संख्या बराबर होती है, तो यह ईवन फेस (even faced)/समान रुपी ट्विल कहलाता है। इस प्रकार फॉर्मूला 2/2 और 3/3 के साथ बने **वस्त्र** आगे और पीछे से समान रूप वाले या रिवर्सिबल **वस्त्र** बनाएँगे। यदि खंड (f) में संख्याएँ असमान हैं, तो परिणामस्वरूप बुनाई को अनइवन फेस (uneven faced) ट्विल कहा जाता है। इसके दो प्रकार होते हैं— जब सीधी तरफ अधिक संख्या में ताना यार्न दिखाई देते हैं, उदाहरण के लिए, अंश अधिक वाले 2/1, 3/1, 3/1, तब इसे

वार्प फेस (warp faced) के रूप में वर्णित किया जाता है। वहीं जब वस्त्र की सीधी तरफ अधिक संख्या में बाना यार्न दिखाई देते हैं, तब इसे वेफ्ट फेस (weft faced) कहा जाता है; उदाहरण के लिए हर अधिक वाले नमूने—1/3, 2/3 और 1/2।

इर्रेगुलर ट्विल के परिवार में भी कई सदस्य होते हैं जैसे डायमंड ट्विल (Diamond twill), ज़िग-ज़ैग ट्विल (Zig Zag twill), हेरिंगबोन (Herringbone) और पॉइंटेड ट्विल (Pointed twill)। ये आमतौर पर पुरुषों के सूटिंग (suiting) के वस्त्रों में देखे जाते हैं। आख़िरी दो बुनावटों के लिए पॉइंट पेपर आरेख दिये गए हैं।

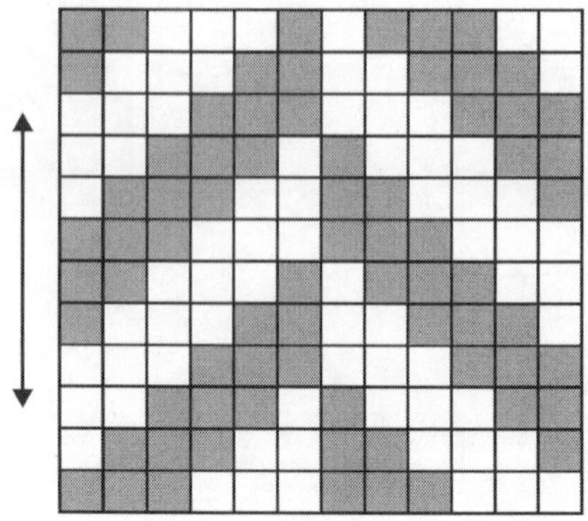

चित्र 11.10 हेरिंगबोन ट्विल 3/3 हेरिंगबोन बुनाई

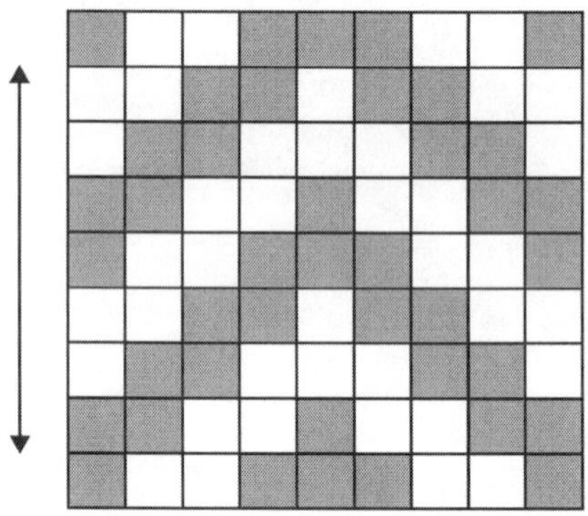

चित्र 11.11 पॉइंटेड ट्विल

3. सैटिन बुनाई (Satin weave)

तीसरी बेसिक बुनाई सैटिन है, जिससे बने वस्त्र अपनी चमक, नर्म और मुलायम रूप के लिए जाने जाते हैं; सैटिन बुनाई को लंबे समय से विलासिता और स्त्रीत्व का प्रतीक माना जाता रहा है। इसकी मुख्य विशेषताएँ इस प्रकार हैं:

(i) वस्त्र की सतह पर ताना यार्न की प्रबलता होती है। ये निरंतर लंबाई के रूप में दिखाई देते हैं (जिन्हें फ्लोट/floats कहा जाता है) और बाना द्वारा बंद किया जाता है। एक चिकनी और चमकदार सतह का उत्पादन करने के लिए सैटिन बुनाई में कोई तिरछी रेखाएं नहीं बनतीं।

(ii) फ्लोट (Float) की लंबाई 4 से 11 तक की हो सकती है और इन्हें तैयार करने के लिए आवश्यक हार्नेस की संख्या 5 से 12 तक होती है। (फ्लोट की लंबाई +1 = अपेक्षित हार्नेस की संख्या)

(iii) सैटिन में लंबे फ्लोट के कारण उच्च चमक, चिकनापन और फिसलन महसूस होती है।

(iv) दूसरी ओर, ये फ्लोट आसानी से चीरे (snag) और खींचे जा सकते हैं, जिससे सैटिन (satin) बुनाई के **वस्त्र** पहली दो बुनावटों (प्लेन और ट्विल) की तुलना में कमज़ोर और कम स्थायित्व वाले होते हैं।

(v) सैटिन बुनावट वाले **वस्त्रों** का महँगे परिधान में अस्तर/लाइनिंग के रूप में और साड़ियों मे भी उपयोग किया जाता है।

सटीन (Sateen) इस बुनाई का एक अन्य रूप है। इन **वस्त्रों** की सतह पर फ्लोट के रूप में वाना यार्न की प्रबलता होती है और ताना यार्न बहुत कम दिखाई देते हैं।

चित्र 11.12 में सैटिन (satin) बुनाई को दर्शाया गया है। आप सटीन (sateen) बुनाई का चित्रण प्राप्त करने के लिए आच्छादित (shaded) और अनाच्छादित (unshaded) क्षेत्र को परस्पर बदल सकते हैं।

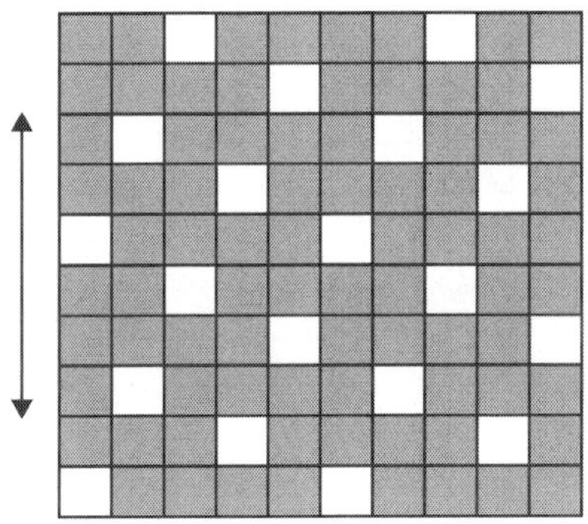

चित्र 11.12 सैटिन बुनावट

11.4.2 फैन्सी बुनाई (Fancy Weaves)

1. डॉबी बुनाई (Double weave)

इसकी विशेषता है, छोटे ज्यामितीय (geometric) या फूल वाले रिपीट आंकड़े। इसे बनाने के लिए डॉबी करघा उपयोग किया जाता है, जिसमें हार्नेस की संख्या 24–30 हो सकती है। इसे जैकार्ड करघे का एक सरलीकृत संस्करण भी कहा जा सकता है। यह धातु के खूँटे वाले लकड़ी के फट्टों (wooden cross bar) का उपयोग करता है और प्रत्येक फट्टा यह निर्धारित करता है कि पैटर्न की उस पंक्ति में शेड बनाने के लिए कौन से बाना यार्न को उठाया जाएगा।

उदाहरणों में हनीकोम्ब {चित्र 11.13 (क) और (ख और बड्र्स आई (चित्र 11.14) शामिल है। ध्यान देने वाली बात यह है कि **वस्त्र** को बिना उधेड़े, इसपर बना डिज़ाइन हटाना संभव नहीं है। इस तथ्य से डॉबी या जैकार्ड बुनाई और सर्फेस फिगर बुनावट के बीच अंतर जानने में छात्रों को मदद मिलती है।

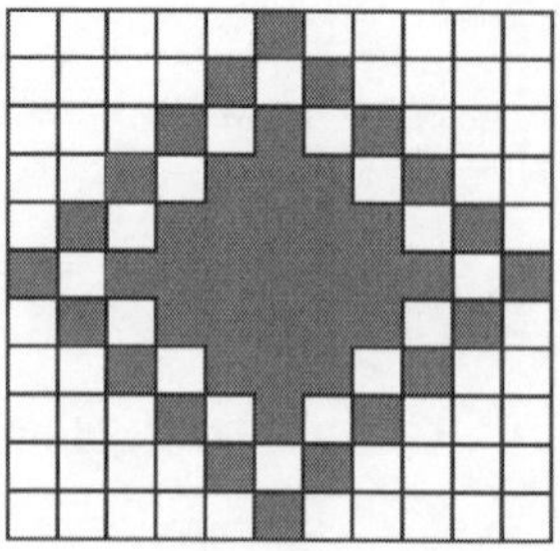

चित्र 11.13(क) हनीकोम्ब (डॉबी) बुनाई

चित्र 11.13(ख) डॉबी बुनाई वाले वस्त्र

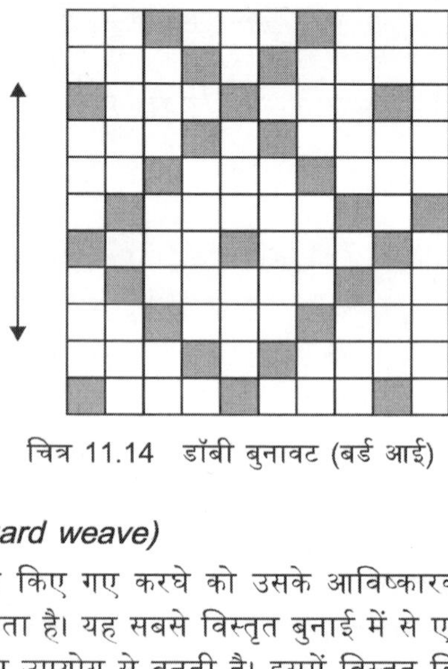

चित्र 11.14 डॉबी बुनावट (बर्ड आई)

2. जेकार्ड बुनाई (Jacquard weave)

इस बुनाई के लिए प्रयोग किए गए करघे को उसके आविष्कारक (जोसेफ जेकार्ड) के नाम पर जेकार्ड करघा कहा जाता है। यह सबसे विस्तृत बुनाई में से एक है, जो प्लेन, ट्विल और सैटिन बुनावटों के एकसाथ उपयोग से बनती है। इसमें विस्तृत डिज़ाइन और चित्र बुने जाते हैं जो इसे बहुत आकर्षक और महंगा भी बनाते हैं। इस करघे में प्रत्येक ताना बारी-बारी से से नियंत्रित करने की क्षमता होती है, जिसके कारण इस तरह के विस्तृत और जटिल डिज़ाइन वाले वस्त्रों की बुनाई संभव होती है। आज के युग में, जेकार्ड बुनाई कंप्यूटर के सहयोग से की जाती है। मैन्युअल रूप से जेकार्ड करघे को संचालित करने में गहन श्रम और कौशल शामिल हैं। डिज़ाइन पहले एक ग्राफ पेपर पर रंगों सहित बनाया जाता है और साथ ही प्रत्येक भाग के लिए बुनाई तय की जाती है। इसके बाद प्रत्येक ताना की स्थिति (अर्थात बाना बिछाने से पहले वह उठा होगा या नहीं) का विश्लेषण किया जाता है। एक छोटे आयताकार कार्ड बोर्ड को छिद्र करके प्रत्येक ताना स्थिति निर्धारित करने के लिए तैयार किया जाता है। एक छिद्र

यह इंगित करता है कि बाना रखे जाने से पहले उसके अनुरूप ताना ऊपर उठाया हुआ होगा। इस प्रकार तैयार किये छिद्रित कार्ड एक साथ पिरो कर रखे जाते हैं और उनकी संख्या पैटर्न के रिपीट के बराबर होती है।

ताना यार्न को डोरियों के साथ बांधा जाता है, जो हुक से जुड़े होते हैं। ये हुक सुइयों के संपर्क में होते हैं। प्रत्येक बाना बिछाने के लिए, एक कार्ड स्थिति ग्रहण करता है। जब एक सुई कार्ड के छेद से टकराती है, तो वह आगे बढ़ती है, इस प्रकार एक हुक को उलझाती है और उठाती है। यह उस हुक से जुड़ी डोरियों को उठाता है और इस प्रकार बनाए गए शेड से बाना को बिछा देता है। इसके बाद सुइयों को पीछे हटा दिया जाता है, और अगली स्थिति में ताना लाने के लिए कार्ड को घुमाया जाता है।

जेकार्ड करघे पर ब्रोकेड (Brocade) और दमास्क (damask) बनाए जाते हैं। इस तरह की बुनाई का उपयोग विशेष अवसरों के **वस्त्रों** और गृह सज्जा के लिए भी किया जाता है। भारत में उत्पादित कुछ रेशम साड़ियां—जैसे बंगाल की बालूचरी, और उत्तर प्रदेश की बनारसी, जेकार्ड बुनाई के उदाहरण हैं। बालूचरी साड़ी में पल्लू के भाग में महाकाव्यों से शिकार के विस्तृत दृश्य और चित्रण जेकार्ड बुनाई के माध्यम से बुने जाते हैं। चित्र 11.15 (क) और (ख) जेकार्ड बुनाई के नमूने दर्शाते हैं।

(क)

(ख)

चित्र 11.15 जकार्ड बुनाई वाले **वस्त्र**

3. सरफेस फिगर बुनाई (Surface figure weaves)

इस बुनावट में **वस्त्रों** की सतह पर कई रोचक डिज़ाइन बनाने के लिए ताना और/या बाना के अतिरिक्त यार्न का उपयोग किया जाता है। इस परिवार में तीन सदस्य हैं।

स्पॉट या डॉट (Spot of dot): जैसा कि नाम से पता चलता है, इस बुनावट में छोटी गोल आकार की वृत्तियाँ बनाई जाती हैं। ऐसे डिज़ाइन बनाने के लिए, **वस्त्रों** की एक या दोनों

दिशाओं में अतिरिक्त यार्न का उपयोग किया जाता है। आमतौर पर, ये वाले यार्न बुनियादी वस्त्रों के यार्न से रंग और/या व्यास में भिन्न होते हैं, जिस कारण वे विशिष्ट दिखते हैं।

जब आप किसी स्पॉट बुनावट का पिछली तरफ से निरीक्षण करेंगे, तो पायेंगे कि या तो डिज़ाइन की दो बिन्दुओं के बीच यार्न के फ्लोट दिखाई दे रहे हैं—जिसे बिना कटे या अन्क्लिप्ड (unclipped) स्पॉट कहा जाता है {चित्र 11.16 (क)}। कुछ अन्य वस्त्रों में यार्न को एक डिज़ाइन के बाद किनारों से काट दिया जाता है, जो कटे हुए, या क्लिप्ड (clipped) स्पॉट {चित्र 11.16 (ख)} कहलाता है। इसी का एक उदाहरण है आईलैश (Eyelash) पैटर्न वाला या डॉटिड स्विस (Dotted Swiss) का वस्त्र।

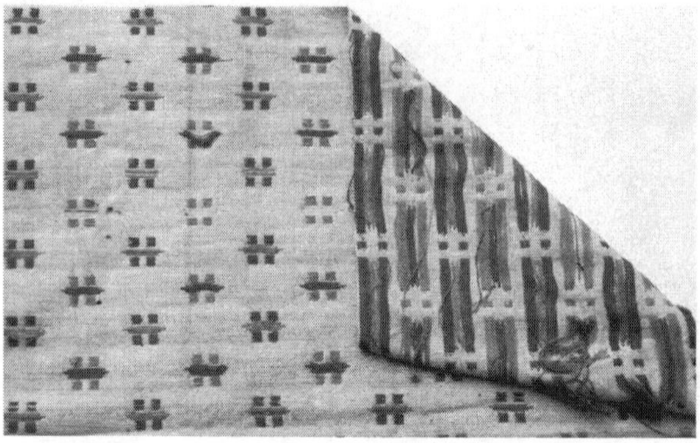

चित्र 11.16 (क) स्पॉट बुनाई(बिना कटी/अन्क्लिप्ड)

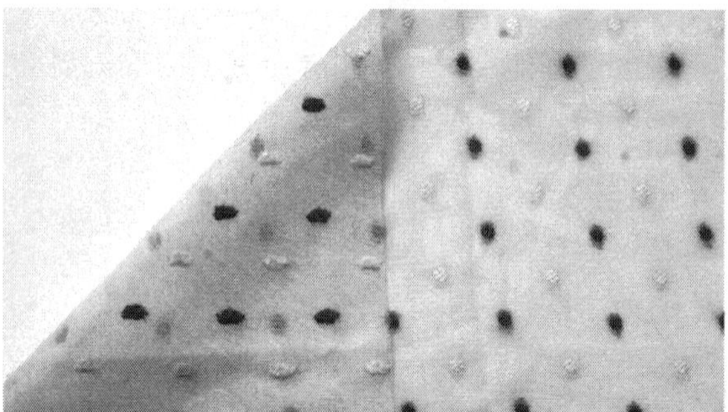

चित्र 11.16 (ख) स्पॉट बुनाई/डॉटिड स्विस (कटी या क्लिप्ड)

स्वीवेल बुनाई (Swivel weave): इसमें एक अतिरिक्त बाना यार्न के उपयोग से सुंदर डिज़ाइन बनाए जाते हैं। यार्न को एक छोटी फिरकी/spool पर लपेट लिया जाता है, और निश्चित स्थान पर इसे ताना के आस पास घुमा कर इच्छित डिज़ाइन तैयार किया जाता है। यदि आप एक स्वीवेल बुनाई की पिछली ओर देखेंगे, तो आपको प्रत्येक डिज़ाइन के साथ यार्न के दो कटे सिरे दिखाई देंगे – एक शुरुआत में और दूसरा अंत में (चित्र 11.17)। उपयोग किये जाने वाला अतिरिक्त यार्न जैसे वस्त्र की बुनाई का ही भाग बन गया हो और इसी लिए बहुत स्थिर रहता है; साथ ही इस विधि से बुने वस्त्र की एक चौड़ाई रेखा में भी अलग-अलग रंगों

का उपयोग संभव होता है (ऊपर चर्चित स्पॉट डिज़ाइन के विपरीत)। कलकत्ता की सूती साड़ियाँ स्वीवेल बुनाई का एक उदाहरण हैं। यह बुनावट महिलाओं के सलवार कमीज़ के **वस्त्रों** में भी पाई जाती है।

चित्र 11.17 आगे और पीछे से स्वीवेल बुनाई

लैप्पे बुनाई (Lappet weave): इसमें सुन्दर आकृतियाँ एक अतिरिक्त ताना यार्न के उपयोग से बनाई जाती हैं। इसे बुनियादी **वस्त्र** में बहुत सुदृढ़ ढंग से बुना होता है, जिससे स्थायित्व वाले और महंगे **वस्त्र** बनते हैं। दूसरे (डिज़ाइन बनाने वाले) ताना को एक रोलर पर लपेट कर करघे की पिछली ओर रखा जाता है। लैप्पे बुनावट की एक पहचान यह है कि इसमें डिज़ाइन **वस्त्र** के शुरुआत से अंत तक लंबाई की दिशा में अविरल चलता है (चित्र 11.18)। ऐसा प्रतीत होता है जैसे **वस्त्र** पर हाथ से या मशीन से (हकोबा) **कढ़ाई** की गई हो।

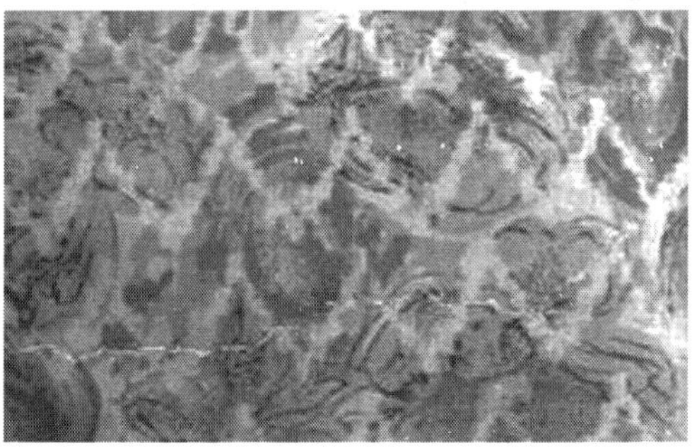

चित्र 11.18 लैप्पे बुनाई (Lappet weave)

4. पाइल बुनाई (Pile weave): इस बुनावट का नाम लैटिन के शब्द पाइलस/Pilus से उत्पन्न हुआ है, जिसका अर्थ है बाल; इस बुनाई में **वस्त्र** पर तंतुओं के नर्म रोंये दिखाई देते हैं। इसे तैयार करने के लिए प्लेन (Plain) या ट्विल (twill) बुनाई में एक **वस्त्र** का निर्माण किया जाता है; इसमें उपयुक्त ताना और बाना को बुनियादी/ground ताना और बाना कहा जाता है। दो बुनियादी यार्न के अतिरिक्त एक तीसरे यार्न के उपयोग से फ्लोट बनाए जाते हैं, जिन्हें बुनाई के पश्चात काटकर ब्रश फेरा जाता है और इससे रोंये या पाइल/pile बनता है।

वेफ्ट पाइल के वस्त्र एक अतिरिक्त बाना यार्न के उपयोग से बनाए जाते हैं। यह एक साथ तीन या अधिक ग्राउंड ताना यार्न के ऊपर से लांघ कर फ्लोट बनाता है। बुनाई के पश्चात, ये फ्लोट सतह पर रोयें बनाने के लिए काटे और ब्रश किये जाते हैं। वेफ्ट कटे पाइल के उदाहरण कॉरडरॉय (Corduroy) और वेल्वेटीन (Velveteen) हैं। कॉरडरॉय (Corduroy) में लकीरें (ridges) और हल-रेखाएँ (furrows) दिखती हैं। दूसरी ओर, वेल्वेटीन का समग्र रूप होता है।

यदि निर्धारित हिस्सों में पाइल की कटाई भिन्न लंबाई तक की जाए, तो बहुत रोचक डिज़ाइन वाले वेल्वेटीन (figured velveteen) का उत्पादन करना भी संभव है।

हम आरेखों {चित्र 11.19 (क) और (ख)} की सहायता से पाइल बुनाई निर्माण का चित्रण कर सकते हैं, जो काटने से पहले और बाद में यार्न का प्रतिनिधित्व करते हैं।

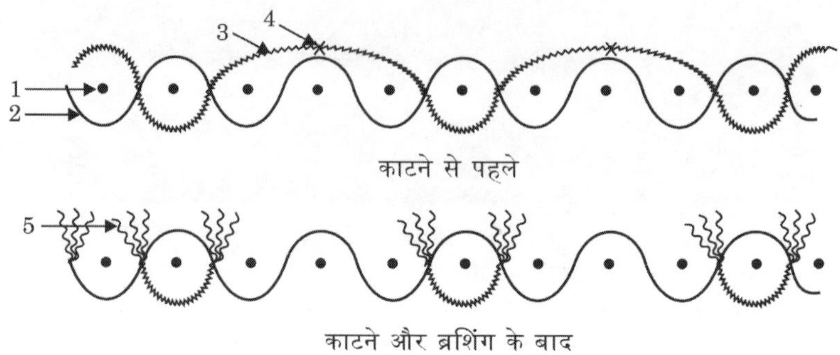

चित्र 11.19 (क) कॉरडरॉय (वेफ्ट कटे पाइल)

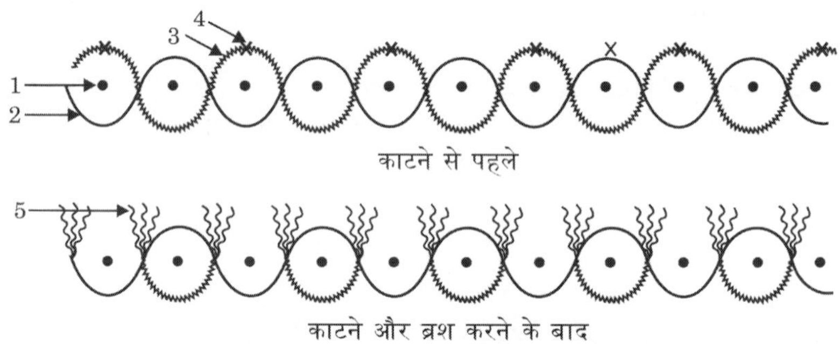

1. ग्राउण्ड/बुनियादी ताना
2. ग्राउण्ड/बुनियादी बाना
3. पाइल बनाने के लिए अतिरिक्त बाना
4. जिन स्थानों पर अतिरिक्त वेफ्ट को काटा जाता है
5. कटाई वाला वेफ्ट पाइल

चित्र 11.19 (ख) वेलवेटींन (Velveteen)

वार्प पाइल बुनाई एक अतिरिक्त ताना यार्न के उपयोग से बनाई जाती है। इसके मुख्य उदाहरण तौलिया का कपड़ा/टेरी (terry) पाइल और मखमल (velvet) हैं। एक तौलिए की सतह पर ध्यान दें। आप दोनों तरफ कई लूप पायेंगे। टेरी (terry) पाइल बुनाई को एक 'बिना, कटी' वार्प पाइल के रूप में भी वर्णित किया जा सकता है। दूसरा वार्प यार्न एक रोलर पर लपेटा हुआ होता है जिसे बुनाई की सतह से थोड़ी ऊँचाई पर रखा जाता है। इसे कुछ ढील (slack tension) के साथ बुनियादी वस्त्र में बुना जाता है, जिसके फलस्वरूप रीड के साथ बीटिंग (beating) करने पर दोनों तरफ लूप बनते हैं। इसमें एक अन्य बदलाव यह किया

जाता है कि रीड का उपयोग हर एक बार बाना बिछाने के बाद नहीं, बल्कि 3, 5 या 7 बार बाना रखे जाने के बाद ही किया जाता है। जितना लंबा अंतराल हो, उतनी ही अधिक लंबाई के लूप का गठन होता है। {चित्र 11.20 (क) और (ख)}। लम्बे लूप वाले तौलिये का अर्थ है कि एक बेहतर पानी अवशोषित करने वाली सतह, लेकिन साथ ही इनके उलझ कर टूटने की संभावना भी अधिक होने के कारण, इनका स्थायित्व कम होता है।

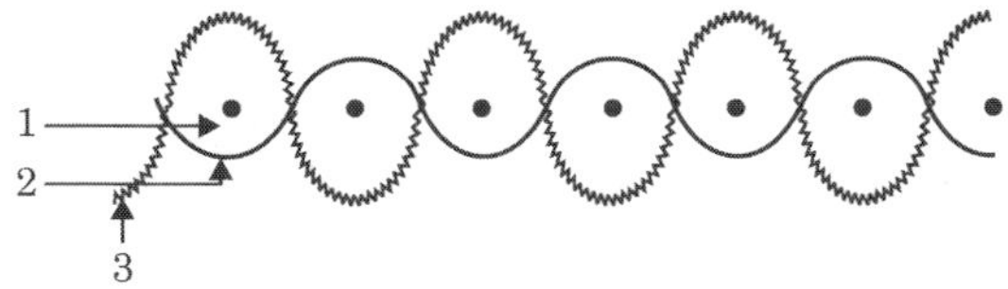

1. ग्राउण्ड वेफ्ट (ground weft) 2. ग्राउण्ड वार्प (ground warp)
3. अतिरिक्त वार्प यार्न जो लूप बनाता है।

चित्र 11.20 (क) बिना कटा वार्प पाइल।।

दूसरे प्रकार का वार्प पाइल होता है कटाई वाला वार्प पाइल, जैसे-मखमल/वेलवेट (cut warp pile)। इसे तैयार करने की दो विधियाँ होती हैं, जिनके नाम उपयोग की गई प्रक्रिया का वर्णन करते हैं।

1. वायर कट पाइल विधि और
2. डबल क्लॉथ विधि

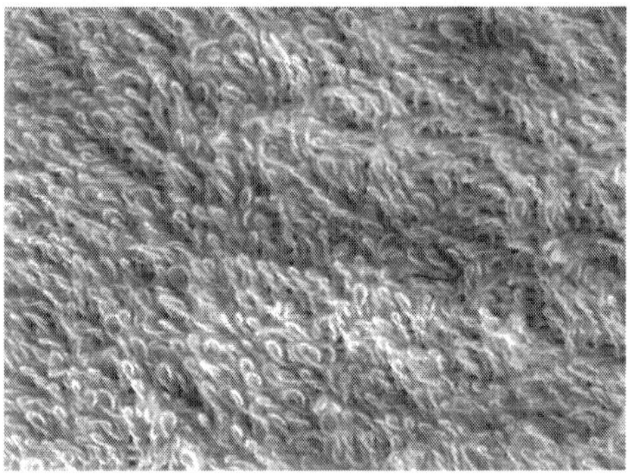

चित्र 11.20 (ख) बिना कटा वार्प पाइल/(terry towel) का नमूना

वायर कट विधि (wire cut method) में, पाइल वार्प के लिये बनाए गए शेड (shed) में बुनाई के समय विशेष तारों को डाला जाता है। इन तारों के तेज़ रेज़र किनारे (razor edge) होते हैं। बुनाई के बाद, ये **वस्त्र** से खींच कर निकाल लिए जाते हैं। यह क्रिया उनके ऊपर से गुज़रते फ्लोट को चीर कर बीच से काट देती है। फिर ब्रश करने के बाद सतह पर रोंये खड़े हो जाते हैं, जिन्हें कटाई/शीयरिंग (shearing) की सहायता से समतल किया जाता है। भिन्नता के रूप में, रेज़र ब्लेड वाले किनारों के बिना ही तारों का उपयोग किया जा सकता है। बुनाई पूर्ण होने के बाद एक तरफ से खींचकर उन्हें हटा दिया जाता है। इस प्रकार से तैयार किये गए पाइल **वस्त्रों** में केवल एक तरफ ही लूप होते हैं। लूप की लंबाई उनके लिए उपयोग की गई तारों के व्यास पर निर्भर करती है।

डबल क्लॉथ विधि में, यार्न के पाँच खण्डों (sets) का उपयोग किया जाता है। पहला ताना-बाना जोड़ा एक तरफ का **वस्त्र** बनाता है और दूसरा ताना-बाना जोड़ा इसकी पिछली

तरफ का। अब पांचवा यार्न इन दोनों को आपस में जोड़ने का काम करता है, जो कि वह V-या W-बनावट में पिरोये जाने से करता है। चित्र 11.21(क) और (ख) इन पिरोये जाने वाली बनावटों का एक योजनाबद्ध प्रतिनिधित्व देती हैं। W बनावट अधिक टिकाऊ परिणाम देती है क्योंकि इसमें पाइल यार्न, बुनियादी **वस्त्र** में एक नही बल्कि दो स्थानों पर टिका होता है। करघे पर बुना गया ऐसा डबल **वस्त्र** फिर बीच से काटा जाता है और फिर ब्रश और कतरनी के माध्यम से मखमल में परिवर्तित किया जाता है। इस प्रकार दो मखमल के **वस्त्र** एक साथ बनाए जाते हैं और अलग-अलग रोलर पर (चित्र 11.22) लपेट लिए जाते हैं। यह विधि अधिक गति से अच्छी गुणवत्ता की मखमल (Velvet) उत्पन्न करती है।

5. डबल बुनाई (Double weaves)

इस बुनावट के **वस्त्र** 3,4 या 5 यार्न सेट के साथ बनाए जा सकते हैं। इन्हें डबल फेस्ड या बैक्ड **वस्त्र** (Double faced or Backed fabric) भी कहा जाता है। इसमें ताना के 2 सेट हो सकते हैं, जिनके बीच एक ही बाना का सेट उपयोग किया जाता है। अन्यथा, इसमें बाना के 2 सेट का उपयोग करना भी संभव है जो एक ही ताना यार्न के समूह से बुनकर डबल फेस्ड या बैक्ड फैब्रिक का निर्माण करें।

जब चार यार्न के साथ डबल बुनावट तैयार की जाती है, तो ताना और बाना की एक जोड़ी एक तरफ **वस्त्र** बनाती है जबकि दूसरी जोड़ी दूसरी तरफ। इन दो परतों को परस्पर बांधे रखने के लिए उनके बीच निश्चित अवधि पर ताना या बाना एक तरफ से दूसरी तरफ अदला-बदली करते हैं। इस तरह के बुनाई वाले **वस्त्रों** को दो तथ्यों से पहचाना जा सकता है- वे प्रतिवर्ती/रिवर्सिबल होते हैं और डिज़ाइन के कुछ हिस्सों में 'जेब' प्रभाव (pocket effect) प्रदर्शित करते हैं।

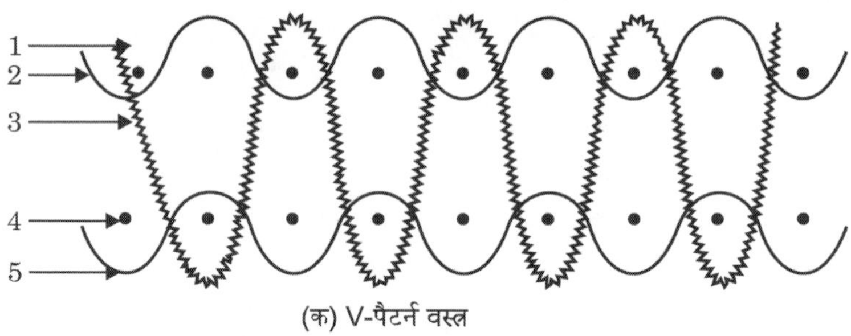

(क) V-पैटर्न वस्त्र

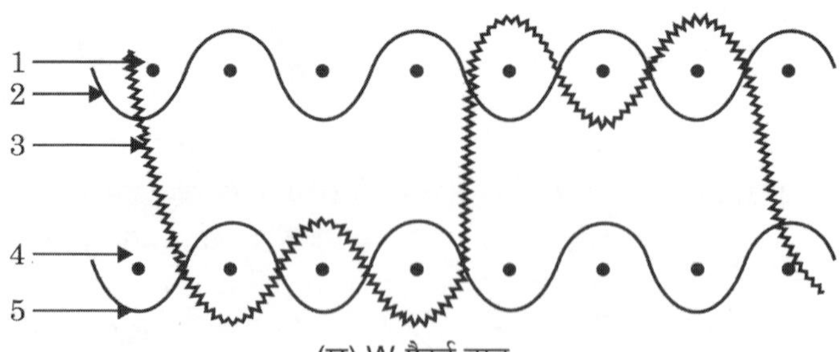

(ख) W-पैटर्न वस्त्र

1. ग्राउण्ड बाना (प्रथम **वस्त्र**)
2. ग्राउण्ड वार्प (प्रथम **वस्त्र**)
3. पाइल बनाने के लिए अतिरिक्त ताना
4. ग्राउण्ड वेफ्ट (द्वितीय **वस्त्र**)
5. ग्राउण्ड वार्प (द्वितीय **वस्त्र**)

चित्र 11.21 वार्प पाइल के निर्माण की डबल **वस्त्र** विधि (काटने से पहले)

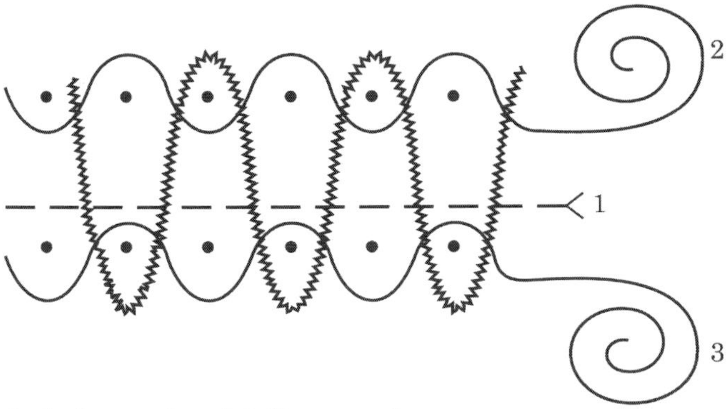

1. ब्लेड के माध्यम से काटने के लिए डबल क्लॉथ
2, 3: कटे वार्प पाइल कपड़े के दो अलग-अलग रोल

चित्र 11.22 डबल **वस्त्र** विधि (कटिंग के बाद)

यार्न के पाँच सेट का उपयोग करके एक तीसरे प्रकार का डबल **वस्त्र** बनाया जाता है। इस तरह के निर्माण महंगे होने के कारण बहुत प्रचलित नहीं हैं। इस प्रक्रिया को विस्तार से वार्प पाइल बुनाई विधि में वर्णित किया गया है। पूर्ण उत्पाद का उपयोग एक भारी, प्रतिवर्ती **वस्त्र** के रूप में किया जाता है।

डबल **वस्त्र** बुनावट का उपयोग परिधान, सोफा कवर और पर्दों में किया जाता है। डबल फेस्ड या बैक्ड **वस्त्र** के मुख्य उपयोगों में सटिन रिबन, कोट के इंटरलाइनिंग और प्रतिवर्ती/रिवर्सिबल कंबल शामिल हैं।

6. लीनो बुनाई (Leno weave)

इस बुनावट में एक खुले जाल संरचना की विशेषता होती है जो करघा पर लगे एक डूप (doup) संयोजन के माध्यम से प्राप्त की जाती है। इससे ताना को लम्बवत और साथ की क्षैतिज रूप से बाना के साथ बुनना नियंत्रित किया जाता है। इस बुनाई को डूप (doup) बुनाई भी कहा जाता है। इस तरह गुंधे यार्न की व्यवस्था से निर्मित **वस्त्र** अच्छी मज़बूती, कम सिकुड़न और फिसलन प्रदर्शित करते हैं। चित्र 11.23 में लीनो बुनाई को दर्शाया गया है।

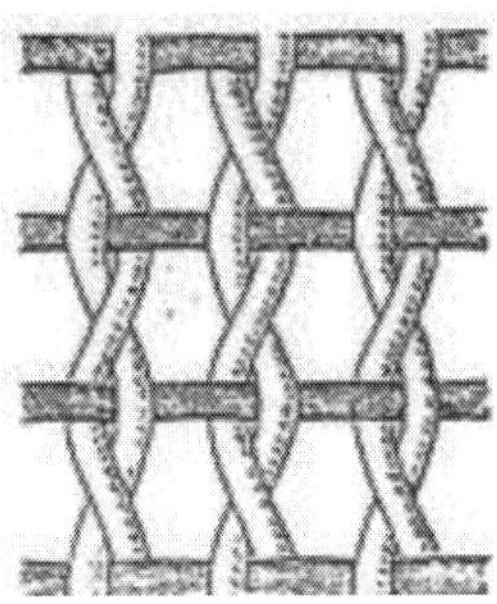

चित्र 11.23 लीनो बुनाई (Leno weave)

जैसा कि आप चित्र में देख सकते हैं, इस बुनावट में एक ताना दूसरे ताना के साथ क्रॉस (cross) करने के बाद बाना के साथ क्रॉस करता है; इस क्रिया में वह बारी-बारी से प्रमुख (dominant) और फिर पिछड़ा स्थान लेता (recessive) है।

गौज़ (gauze) और लीनो (Leno) बुनाई के बीच अंतर: गौज़ (Gauze) एक खुले जाल वाली संरचना का **वस्त्र** होता है जो बहुत कम काउंट वाले प्लेन बुनावट से निर्मित किया जाता है। यह बिना किसी संयोजन के दो हार्नेस करघे पर बनाया जाता है और इसके मुख्य उपयोग में सर्जिकल पट्टियाँ शामिल होती है।

11.5 बुनाई में कुछ नवाचार (Some Innovations in Weaving)

बुनाई के इस अध्याय में हमने, द्विअक्षीय, सपाट और एकल शेड बुनाई प्रक्रियाओं पर ध्यान दिया है। प्रौद्योगिकी तेज़ी से आगे बढ़ रही है और आज के युग में कई अन्य विकल्प भी उपलब्ध हैं। छात्रों और उपभोक्ताओं को इस क्षेत्र में आए कुछ नए विकास को जानना महत्वपूर्ण है।

11.5.1 त्रिअक्षीय बुनाई (Triaxial Weaving)

जैसा कि शब्द से पता चलता है, इन करघों में यार्न दो नहीं, बल्कि तीनों धुर्रियों, अर्थात, क्षैतिज, ऊर्ध्वाधर और पूर्वाग्रह में बिछाया जाता है। ताना के दो सेट और बाना का एक सेट परस्पर 60° से एक दूसरे में पिरोये जाते हैं, जिससे सभी दिशाओं में एक समान मज़बूती और स्थायित्व के साथ व असाधारण कटने/tear और फटने/burst प्रतिरोध वाले **वस्त्र** का उत्पादन होता है। इनके मुख्य उपयोगों में औद्योगिक, भूटेक्सटाइल और एयरोस्पेस अनुप्रयोग शामिल हैं। चयनित परिधान और गृह सज्जा में प्रयोग के लिए भी इन्हें परखा जा रहा है।

11.5.2 वृत्तीय बुनाई (Circular Weaving)

ट्यूबलर (tubular) **वस्त्रों** के उत्पादन के लिए वृत्तीय करघे का उपयोग किया जाता है। अंतिम उपयोगों में बोरे (sacks) और तकिये (pillow) के लिहाफ शामिल हैं जिन्हें गोलाई में तैयार किये जाने के कारण साइड/शिरों पर किसी भी सिलाई की आवश्यकता नहीं होती।

11.5.3 मल्टीपल शेड बुनाई (Multiple Shed Weaving)

मल्टीपल शेड बनाने वाले करघे पर पारंपरिक एक शेड करघे से दोगुने **वस्त्रों** का उत्पादन संभव होता है। ताना को व्यवस्थित करने के पश्चात, एक ही साथ कई शेड तैयार किये जाते हैं और फिर इनमें से एक साथ अनेक बाना यार्न (बीस तक) बिछाए जा सकते हैं।

अभ्यास

11.1 करघा की प्राथमिक गतियों के नाम और विवरण दीजिए।

11.2 शटलरहित करघे से आप क्या समझते हैं? उदाहरण सहित समझाइए।

11.3 निम्नलिखित बुनाई के लिए पॉइंट पेपर आरेख बनाइये:
   (i) 5×3 बास्केट बुनाई
   (ii) 3/2 राइट हैण्ड ट्विल
   (iii) 2/3 लेफ्ट हैण्ड ट्विल

11.4 फैब्रिक काउंट और बैलेंस को परिभाषित कीजिए। बुने हुए **वस्त्र** के स्थायित्व में इन कारकों का क्या योगदान है ?

11.5 आरेख और उदाहरण के साथ पाइल बुनाई के निर्माण की विधि समझाइए।

11.6 बुनावट के निम्नलिखित **जोड़ों** के बीच अंतर बताइए:

(i) लैप्पे और स्वीवेल

(ii) डॉबी और जैकार्ड

(iii) ईवन और अनईवन फेस ट्विल

(iv) स्ट्राइप्ड/धारीदार और क्रॉस बार डिमिटी।

विस्तृत जानकारी हेतु पुस्तक सूची

Adanur, S., *Handbook of Weaving*, Technomic Publishing Company Inc., USA, 2001.

Behera, B.K. and Mishra, R., Three Dimensional Weaving, *IJFTR*, Vol. 33, no. 3, pp. 274–287, 2008.

Collier, B.J., Bide, M.J. and Tortora, P.G., *Understanding Textiles*, 7th ed., Pearson Education, NJ, 2009.

Hudson, P.B., Clapp, A.C. and Kness, D., *Joseph's Introductory Textile Science*, 6th ed., Harcourt Brace Jovanovich College Publishers, USA, 1993.

Murphy, W.S., *Handbook of Weaving*, Abhishek Publications, Chandigarh, 2000.

Schwartz, P., Rhodes, T. and Mohamed, M., *Fabric Forming Systems*, Noyers Publications, Park Ridge, NJ, 1982.

अध्याय

12

सिलाइयों या सुइयों से बुनाई या निटिंग (Knitting)

पिछले अध्याय में, हम **वस्त्र** निर्माण की एक बहुत पुरानी विधि—वीविंग (weaving) के विषय में जानकारी प्राप्त कर चुके हैं; एक और विधि जो तेज़ी से उभर कर आ रही है वह बुनाई/निटिंग (knitting) है।

12.1 बुनाई का इतिहास

बुना हुआ **वस्त्र** (Knitted fabric) एक या अधिक यार्न के फंदों की इंटरलॉकिंग (interlocking) से बनता है। हाथ की बुनाई के लिए दो सिलाइयों का उपयोग किया जाता है (जो विभिन्न व्यास या नंबर की होती हैं)। एक या एक से अधिक यार्न के साथ विभिन्न प्रकार के नमूने बनाए जाते हैं, जिससे वेफ्ट (weft knit) बुना हुआ **वस्त्र** उत्पादित होता है। हाथ से की गई निटिंग प्रक्रिया के लिए बहुत समय और कौशल की आवश्यकता होती है। मशीनी निटिंग में अनेक पतली, नुकीली सुइयों की मदद से यार्न के फंदे या लूप (loop) बनाए जाते हैं। जैसे ही नए फंदों का निर्माण होता है, वे पिछले फंदों में से फंसाकर तैयार किये जाते हैं, इस प्रकार एक मशीनी बुने **वस्त्र** का उत्पादन होता है। मशीन बुनाई के क्षेत्र में मुख्य आविष्कार तालिका 12.1 में सूचीबद्ध हैं।

तालिका 12.1 मशीन बुनाई के क्षेत्र में आविष्कार

वर्ष	आविष्कारक	उपकरण
1589	Reverend William Lee (Germany)	यांत्रिक बुनाई फ्रेम (flat bed) जिसमें स्प्रिंग बियर्ड (Spring Beard) सुई का उपयोग होता है
अठारहवीं सदी के अंत में	John William Stint	रिब्विंग (ribbing) उपकरण
1775	Crane of England	ताना (warp) बुनाई मशीन
1816	Sir Mare Isanband Murel	वृत्तीय (circular) बुनाई मशीन

वर्ष	आविष्कारक	उपकरण
1849	Sir John Scaly Edward	लैच (latch) सुई और फिर कम्पाउंड (compound) सुई पर पेटेंट प्राप्त किया
1863	William Cotton	फंदे बढ़ाने और घटाने वाली मशीन, जिससे परिधान के किसी भाग को आकार दिया जा सके
1950 के दशक के मध्य में		आधुनिक बुनाई के लिए बुनियादी फ्रेम विकसित किए गए
1970 के दशक के अंत और 1980 के दशक की शुरुआत में		कंप्यूटर द्वारा बुनाई की प्रक्रिया का नियंत्रण

12.2 निटिंग या बुनाई: कुछ अवधारणाएँ

12.2.1 टांके (Stitches)

किसी निटिड या बुने **वस्त्र** का मूल संरचनात्मक तत्व लूप (loop) या फंदा होता है। प्रत्येक फंदे या लूप में एक सिर, दो टांगें और दो पैर होते हैं (चित्र 12.1)।

वेल (Wale): फंदों (loop) का लम्बवत स्तंभ जो बुने हुये **वस्त्र** की लंबाई के समानांतर चलता है, वेल (wale) कहलाता है। इसकी तुलना करघे पर बुने (woven) **वस्त्र** में ताना/वार्प से की जा सकती है।

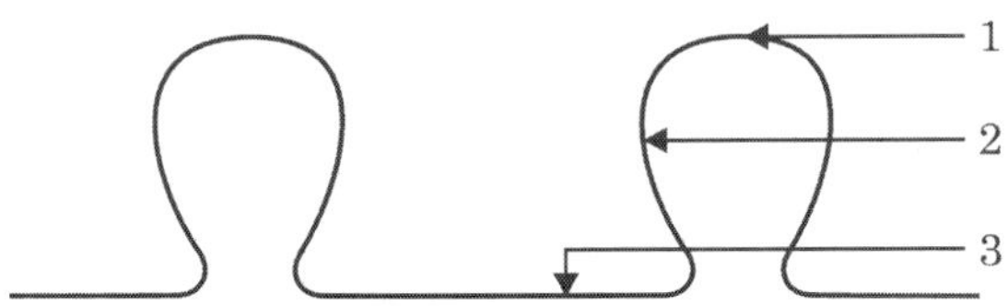

1. सिर (Head)
2. टांगे (Legs)
3. जोड़ने वाला हिस्सा/पैर(Feet)

चित्र 12.1 लूप (Loop)

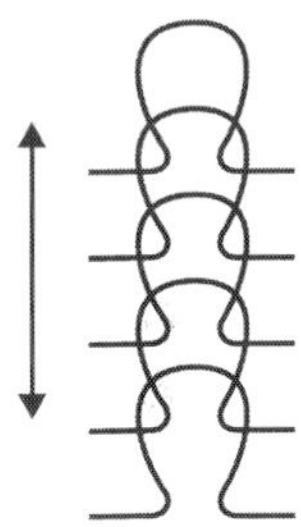

चित्र 12.2 वेल (Wale)

कोर्स (Course): फंदों (loop) की क्षैतिज पंक्ति, जो निटिड **वस्त्र** की **चौड़ाई** में समानांतर चलती है, कोर्स (course) कहलाती है। इसकी तुलना करघे पर बुने **वस्त्र** में बाना/वेफ्ट से की जा सकती है (चित्र 12.3)।

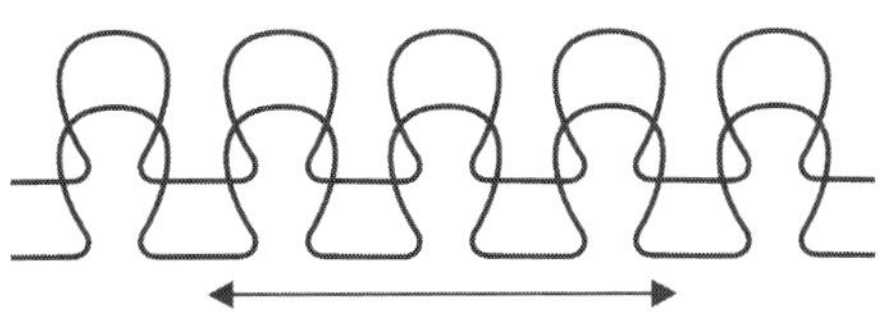

चित्र 12.3 कोर्स (Course)

12.2.2 गेज या कट (Gauge or Cut)

यह निटिड **वस्त्र** की नाज़ुक या मोटी संरचना का एक संकेतक होता है, जो बुनाई मशीन पर उपयोग की जाने वाली सुइयों/नीडल की संख्या से संबंधित होता है। गेज़ की इकाइयां

होती हैं नीडल प्रति इंच/npi अर्थात मशीन पर एक इंच में सुइयों की संख्या या नीडल प्रति सेंटीमीटर/npcm अर्थात मशीन पर एक सेंटीमीटर में सुइयों की संख्या। एक **वस्त्र** के फंदों की गिनती के माध्यम से भी उसके गेज का पता लगाया जा सकता है क्योंकि एक फंदा/लूप एक सुई द्वारा निर्मित होता है।

12.2.3 तकनीकी अग्र और पश्च-भाग

ये एक बुनी संरचना के दो पक्षों के लिए उपयोग किये जाने वाले नाम हैं। तकनीकी अग्र-भाग और पश्च-भाग की उपस्थिती **वस्त्र** में बुने टांके के प्रकार की पहचान करने का एक महत्वपूर्ण कार्य करती है। कभी-कभी डिज़ाइनिंग उद्देश्यों के लिए, तकनीकी पश्चभाग का उपयोग एक परिधान में अग्रभाग के रूप में भी किया जा सकता है।

12.2.4 सुइयां/नीडल (Needles)

जिस प्रकार हाथ की बुनाई में लंबी, पतली सिलाइयों का उपयोग किया जाता है, जो विभिन्न व्यास में आती हैं, उसी प्रकार मशीनी बुनाई में भी भिन्न-भिन्न सुइयों का उपयोग किया जाता है। चार बुनाई सुइयों के आरेख नीचे दिये गए हैं।

(i) लैच सुई (Latcn needle)

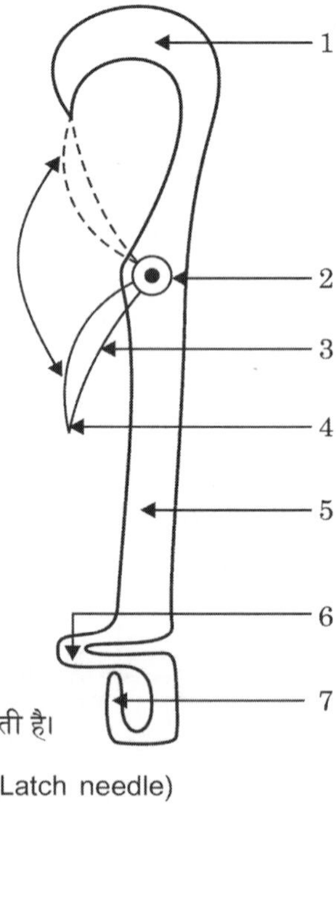

1. हुक (Hook)
2. रिवेट (Rivet)
3. लैच ब्लेड (Latch blade)
4. लैच स्पून (Latch spoon)
5. स्टेम (Stem)
6. बट (Butt)
7. टेल (Tail)

बिंदीदार रेखा सुई की बंद स्थिति को दर्शाती है।

चित्र 12.4 लैच सुई (Latch needle)

(ii) स्प्रिंग बियर्ड सुई (Spring beard needle)

छोटे फंदों (loops) के साथ उत्कृष्ट या कोमल **वस्त्रों** के लिए।

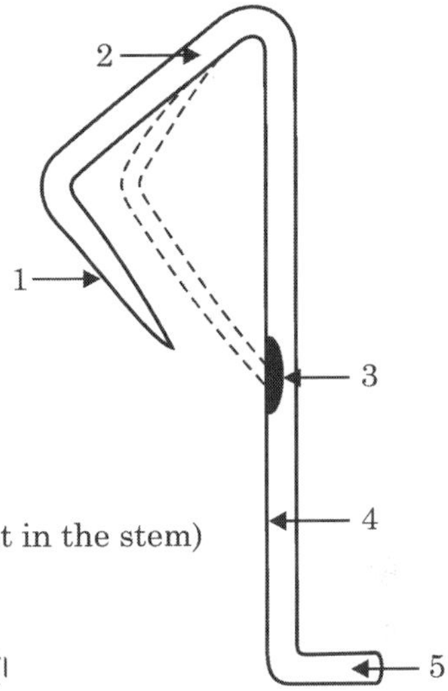

1. बीयर्ड (Beard)
2. हुक/हेड (Hook head)
3. ग्रूव/आई, स्टेम में कट (Groove/eye cut in the stem)
4. स्टेम (Stem)
5. शैंक (Shank)

बिंदीदार रेखा सुई की बंद स्थिति दिखाती है।

चित्र 12.5 स्प्रिंग बियर्ड सुई (Spring beard needle)

(iii) कंपाउंड सुई (Compound needle)

यह लैच सुई की तुलना में अधिक गति से बुनती है।

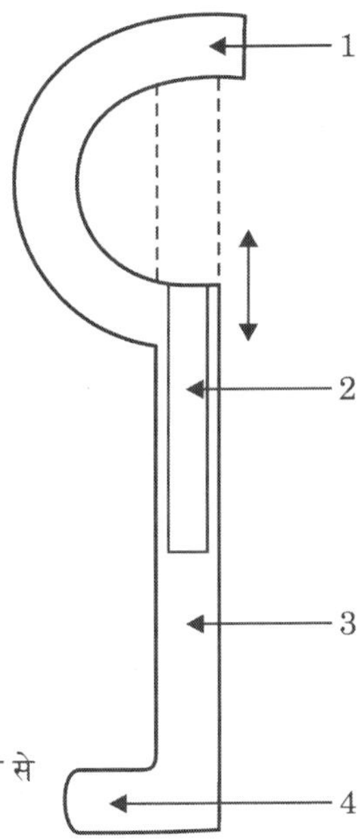

1. हेड (Head)
2. स्लाइडिंग लैच (Sliding latch)
3. स्टेम (Stem)
4. बट (Butt)

बिंदीदार रेखा में सुई को बंद करने के लिए स्टेम से निकला स्लाइडिंग लैच को दर्शाया गया है।

चित्र 12.6 कंपाउंड सुई (Compound needle)

(iv) डबल लैच हुक (Double latch hook)

इनका उपयोग पर्ल मशीन में किया जाता है।

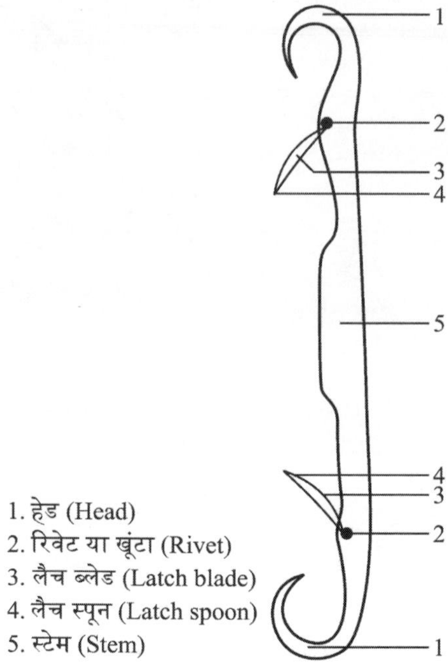

चित्र 12.7 डबल लैच हुक (Double latch hook)

12.3 बाना (Weft) और ताना (Warp) निटिंग

बुना हुआ वस्त्र बाना बुनाई (Weft knit) और ताना बुनाई (Warp knit) संरचनाओं में वर्गीकृत किया जा सकता है। तालिका 12.2 इन दो निर्माणों के अंतर सूचीबद्ध करती है।

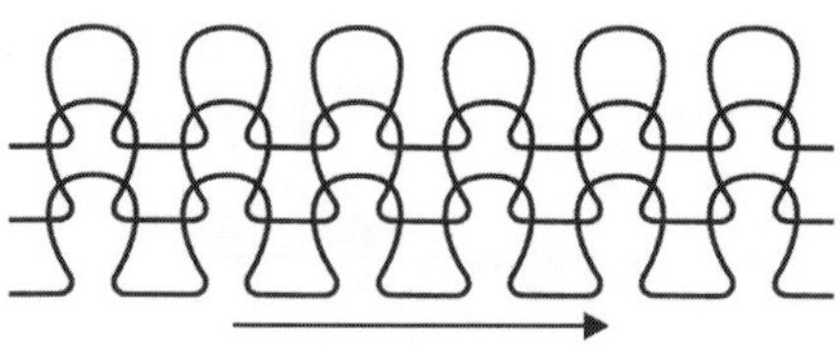

चित्र 12.8 बाना बुनाई (Weft knitting)

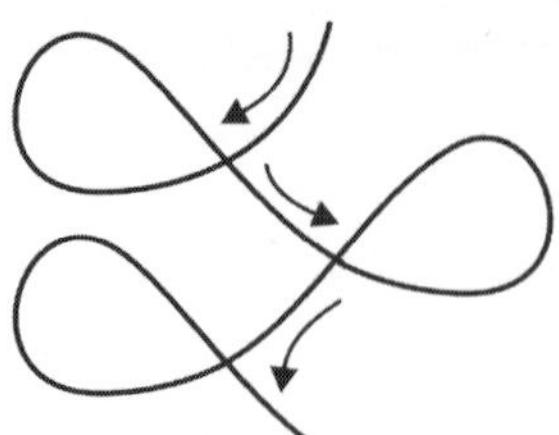

चित्र 12.9 ताना बुनाई (Warp knitting)

तालिका 12.2 बाना और ताना बुनाई की तुलना

बाना बुनाई (Weft knitting)	ताना बुनाई (Warp knitting)
एक ही यार्न चौड़ाई में फंदों की एक के बाद एक क्षैतिज पंक्तियाँ/कोर्स बनाता है।	कई यार्न लंबाई में लम्बवत फंदों की वेळ बनाते हैं।
मशीन में यार्न को **वस्त्र** की लंबाई से 90° पर डाला जाता है।	मशीन में हर यार्न को **वस्त्र** की लंबाई की दिशा में डाला जाता है।
बाना बुनाई को हाथ या मशीन द्वारा किया जा सकता है।	ताना बुनाई को केवल मशीन के माध्यम से किया जा सकता है।
इस विधि से दो प्रकार के **वस्त्र** उत्पादित कर सकते हैं—सपाट **वस्त्र** (फ्लैट बेड मशीनों पर) और ट्युबुलर/tubular **वस्त्र** (वृत्तीय मशीनों में)।	इस विधि से केवल फ्लैट बेड मशीनों के उपयोग से सपाट **वस्त्र** का उत्पादन किया जा सकता है।
यह आसानी से **उधेड़ा** जा सकता है और कहीं से यार्न टूटने पर इसमें फंदे एक एक करके नीचे गिरने लगते हैं, जिससे सीढ़ी/लैडर बनने की समस्या उत्पन्न होती है।	आसानी से **उधेड़ा** नहीं जा सकता है, आमतौर पर लैडर/सीढ़ी बनने की समस्या उत्पन्न नहीं होती है।
बुनाई की सुइयां क्रमिक रूप से (एक के बाद एक) या एक साथ काम कर सकती हैं।	बुनाई की सुइयां हमेशा एक इकाई के रूप में एक साथ काम करती हैं।
लैच सुई का उपयोग किया जाता है।	कंपाउंड और कभी-कभी स्प्रिंग बीयर्ड सुइयों का उपयोग किया जाता है।
प्रत्येक लूप एक खुली संरचना रखता है।	प्रत्येक लूप एक बंद संरचना रखता है।
यार्न विनिर्देशन बहुत सख्त नहीं होता है और इसलिए बाना निटिंग तुलनात्मक रूप से सस्ती होती है।	इसमें उपयोग किये जाने वाला यार्न बहुत उच्च स्तर का होता है और इसलिए लागत अधिक होती है।

12.4 बाना (Weft) निटिंग के टांके (Weft Knit Stitches)

बाना (Weft) निटिंग में चार टांके उपयुक्त होते हैं—प्लेन, पर्ल, रिब और इंटरलॉक; इनके अतिरिक्त टक(tuck) और फ्लोट (float) नामक दो विभिन्नताएं भी उपयोग की जा सकती हैं। इनमें से प्रत्येक नीचे वर्णित है।

12.4.1 प्लेन, सिंगल या जर्सी (Plain, Single, Jersey) टांका

- यह सुइयों के एक ही बेड (bed) और एक ही सेट के साथ बनाया जाता है।
- यह एक मूल टांका है, जो बुनी हुई संरचनाओं में सर्वाधिक पाया जाता है।
- तकनीकी अग्र-भाग में फंदों के लम्बवत स्तम्भ (wales) होते हैं जिनकी टांगों का हिस्सा प्रमुख दिखाई देता है। [चित्र 12.10(क)]
- तकनीकी पश्च-भाग (चित्र 12.10(ख) में फंदों के सिरों और पैरों द्वारा गठित क्षैतिज रेखाएँ स्पष्ट दिखाई देती हैं।

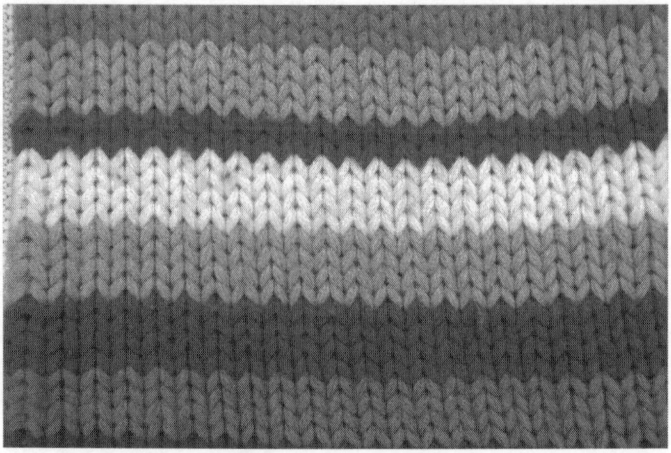

चित्र 12.10(क) प्लेन या जर्सी बुनाई (अग्र-भाग)

चित्र 12.10(ख) प्लेन या जर्सी बुनाई (पश्च-भाग)

- इसके मुख्य लाभ हैं—उत्पादन की अधिक गति और कम लागत, व हल्के वज़न से लेकर मध्यम वज़न के **वस्त्र** बुनने की संभावना।
- कमियों में यार्न टूटने की स्थिति में 'रन' या 'लैडर' बनाने की प्रवृत्ति और तकनीकी पश्च-भाग की ओर **वस्त्र** का मुड़ना/कर्ल (curl) होना शामिल हैं।
- इस टाँके से बुने **वस्त्रों** के आम उपयोगों में खेल के **वस्त्र** (स्पोर्ट्सवियर), स्वेटर और टी-शर्ट शामिल हैं।

12.4.2 पर्ल टांका (Purl)

- यह डबल हुक वाली सुइयों के दो बेड (beds) और एक ही सेट के साथ बनाया जाता है।

- इस टाँके से बुने **वस्त्र** अग्र-भाग और पश्च-भाग में समान रूप रखते हैं, जो प्लेन या जर्सी की तकनीकी पश्च-भाग जैसा दिखता है। {चित्र 12.10 (ख)}
- उत्पादित **वस्त्र** मोटे व भारी होते हैं और कर्ल (curl) नहीं करते हैं।
- मशीन का रख-रखाव महंगा और उत्पादन गति धीमी होने के कारण, अंतिम उत्पाद की लागत बढ़ जाती है।
- ऐसे बुने **वस्त्र** मुख्य रूप से स्टोल व शिशुओं और बच्चों के स्वेटर के लिए उपयोग किये जाते हैं।

12.4.3 रिब (Rib) टाँका

- यह सुइयों के दो बेड (beds) और दो सेट के साथ बनाया जाता है जिन्हें औल्टर्नेटिंग/ alternating (एक तरफ से एक के बाद, फिर दूसरी तरफ से एक) तरीके से व्यवस्थित किया जाता है।
- **वस्त्र** अग्र-भाग और पश्च-भाग में समान रूप रखता है और इसमें फंदों के लम्बवत स्तम्भ दिखते हैं (चित्र 12.11) और फिर उनके सिरों से बने रिज (ridge)।

चित्र 12.11 रिब बुनाई

- रिब बुनाई में कई प्रकार की संरचना बनाई जा सकती है, जैसे 1×1 (एक लम्बवत स्तम्भ के बाद एक रिज), 2×2, 3×3।
- इस टाँके से बुने **वस्त्र** चौड़ाई की दिशा में (cross-wise) खिंचाव की क्षमता रखते हैं और कर्ल (curl) नहीं होते हैं।
- आमतौर पर इनका उपयोग आस्तीन (Sleeve) बैंड, कमर बैंड और स्वेटर के गले के हिस्से (नेकलाइन) में अच्छी फिटिंग देने के लिए किया जाता है।

12.4.4 इंटरलॉक (Interlock) टांका

- यह सुइयों के दो बेड (beds) और दो सेट द्वारा बनाया जाता है, जो एक दूसरे के आमने-सामने रखे जाते हैं और एक के बाद एक (alternating) तरीके से कार्य करते हैं।
- यह दो रिब (1×1 संरचना वाले) **वस्त्रों** को जोड़कर एक दोहरे **वस्त्र** के रूप में तैयार किया जाता है; यह रिवर्सिबल होता है और प्लेन जर्सी के अग्र-भाग की तरह दिखता है।
- उत्पादित **वस्त्र** दृढ़ होता है और कर्ल (curl) नहीं करता।

12.4.5 वेफ्ट टांकों में विविधता (Variations in Weft Stitches)

(i) टक टांका (Tuck stitch)

हेल्ड लूप (Held loop) और टक लूप (tuck loop), दोनों एक ही श्रेणी में सम्मिलित होते हैं। इसके निर्माण के लिए एक सुई एक नया फंदा प्राप्त करती है लेकिन पुराने को उतारती नहीं। इन संचित फंदों को फिर एक साथ बुना जाता है जिससे 'फफोले/ब्लिस्टर' प्रभाव {चित्र 12.12(क)} का उत्पादन होता है, जो दिखने में रोचक लगता है। इस टाँके से बने **वस्त्र** छूने में मुलायम और दिखने में फूले हुए प्रतीत होते हैं, हालांकि इनमें खिंचाव की क्षमता कम होती है।

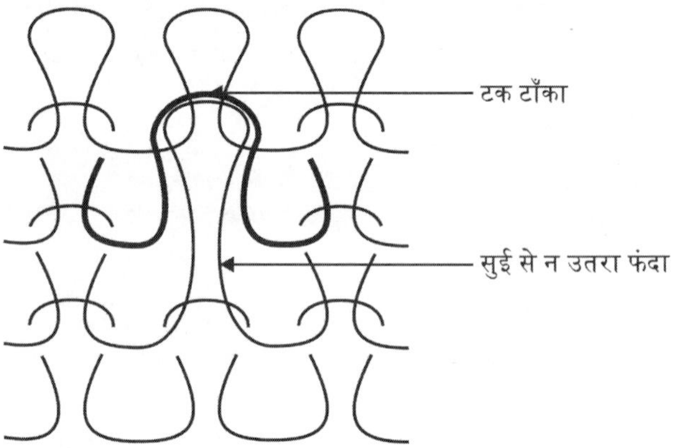

चित्र 12.12(क) टक टाँका

(ii) फ्लोट/मिस टांका (Float/Miss stitch)

दिखने में यह यार्न की लंबाई के रूप में दिखता है जो बिना फंदा बने ही रखा होता है। यह एक ही क्षैतिज पंक्ति के दो फंदों को जोड़ता है, जो एक दूसरे के साथ जुड़े लम्बवत स्तंभों (adjacent wales) में नहीं होते हैं। मिस टांका या सिलाई का निर्माण करने के लिए यार्न को एक गैर-कार्यशील स्थिति वाली सुई से गुज़ारा जाता है; इस कारण फंदे का बनना छूट जाता है (या मिस हो जाता है),और यार्न को एक फ्लोट (float) के रूप में ले जाया जाता है। चित्र 12.12(ख) में फ्लोट या मिस टांके को दर्शाया गया है।

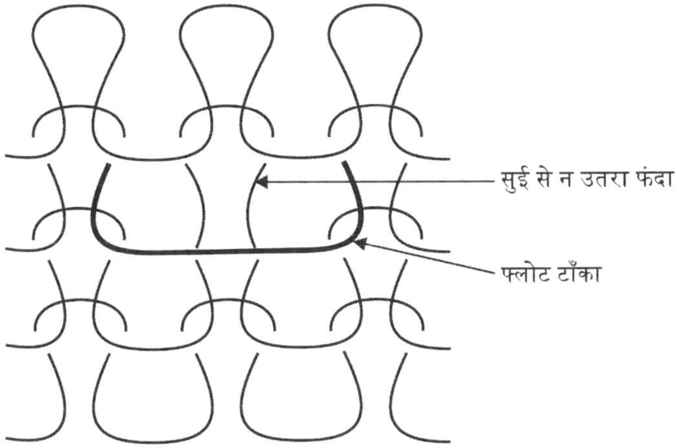

चित्र 12.12(ख) फ्लोट/मिस टांका

12.5 ताना बुनाई (Wrap Knitting)

ताना बुनाई में, यार्न के एक या अधिक सेट रोलर पर लपेटे हुए होते हैं। मशीन की चौड़ाई (लैपिंग) में गाइड बार (Guide bar) लगा हुआ होता है और इसपर लगे यार्न गाइड प्रत्येक यार्न को खींचकर बुनाई सुई के हुक में डाल देते हैं। इस गाइड बार की गति से, बुनाई का यार्न सुई के चारों ओर ले जाया जाता है। इसके बाद, सुइयों से जड़ा सुई बार (needle bar) आगे बढ़ता है और इससे सभी सुइयों के माध्यम से एक साथ फंदे बनाए जाते हैं। फिर गाइड बार पिछले स्थान से एक या एक से अधिक फंदों की दूरी तक पहुँच कर रुकता है। ऐसी साइड पर बढ़ने वाली गति को **शोग्गिंग** (shogging) कहते हैं। इस प्रकार, प्रत्येक सुई अपने ही यार्न से फंदे बनाती है, जो एक टेढ़े-मेढ़े (Zig zag) पैटर्न में स्थापित होते हैं। बुनाई मशीन में जितने अधिक गाइड बार होंगे, उतने ही अधिक डिज़ाइन बनाने संभव होंगे। ताना बुनाई मशीन कुछ तरीकों में बुनाई करघा जैसी दिखती है; हालांकि यह अधिक चौड़ी होती है। ताना निटिंग से बुने **वस्त्रों** के अग्र-भाग पर लम्बवत फंदे दिखाई देते हैं (हालांकि मामूली कोण पर)। इसके पीछे के भाग में थोड़े कोण पर क्षैतिज फ्लोट (जिन्हें लैप या अंडरलैप भी कहा जाता है) दिखाई देते हैं।

ताना निटिंग में मुख्य चार टाँके होते हैं—ट्रीको (Tricot), रैशेल (Raschel), मिलनीस (Milanese) और सिम्प्लेक्स (Simplex)। 95% से अधिक ताना बुनाई के उत्पाद ट्रीको (tricot) या रैशेल (raschel) बुनाई मशीन द्वारा बनाए जाते हैं। बाकी के मिलनीस (Milanese) और सिम्प्लेक्स (simplex) बुनाई के उपयोग से बनाए जाते हैं। ताना बुनाई के चारों टांकों का संक्षिप्त विवरण नीचे दिया गया है।

12.5.1 ट्रीको (Tricot)

फ्रेंच भाषा में ट्रीको शब्द का अर्थ है, बुनना। सबसे साधारण ट्रीको को सुइयों के एक सेट और दो गाइड बार (guide bars) के साथ बनाया जाता है। कुछ मशीनों में 3 या 4 गाइड बार तक हो सकते हैं (इनकी संख्या बुनाई में प्रयोग किए गए ताना/वार्प यार्न के सेट की संख्या को

दर्शाती है)। इन मशीनों ने स्प्रिंग बियर्ड या कंपाउंड सुइयों का उपयोग किया जाता है। मशीनों की चौड़ाई 168 इंच तक हो सकती है और इनकी उत्पादन की गति काफी अधिक होती है। बुनाई के लिए आमतौर पर नायलॉन, पॉलिएस्टर, एसीटेट या ट्राइएसीटेट के फ़िलामेंट यार्न का उपयोग किया जाता है। तकनीकी अग्र-भाग में लम्बवत वेल (wales) और पश्च-भाग में क्षैतिज कोर्स (courses) दिखाई देते हैं; अग्र-भाग अधिक महीन दिखता है। इस बुनाई से बने वस्त्रों में फंदा फिसलकर नीचे गिरने की और उधड़ने की समस्या नहीं आती, अर्थात ये रन-प्रूफ व नॉन-रैवलिंग होते हैं। ट्रीको बुनाई में उच्च लचीलापन और लोच (चौड़ाई की दिशा में अधिक) होने के साथ-साथ उच्च मज़बूती भी होती हैं।

इसके मुख्य उपयोगों में अधोवस्त्र (undergarments), महिलाओं के ब्लाउज़ व अन्य परिधान, पुरुषों की शर्ट और सोते समय पहनने वाले वस्त्र (नाइटवियर) शामिल हैं।

12.5.2 रेशल (Raschel)

इन मशीनों में एक ऊर्ध्वाधर स्थिति में लैच सुइयों (latch needles) के साथ एक या दो बेड (bed) और तीस की संख्या तक गाइड बार (guide bar) होते हैं। इस विधि से तैयार वस्त्र बुनाई फ्रेम से क्षैतिज (horizontal) दिशा में नहीं, बल्कि लम्बवत (vertical) रूप से बाहर निकलता है। बड़ी संख्या में गाइड बार होने का अर्थ है डिज़ाइन की बहुत सी संभावनाएं। हालांकि, ऐसी मशीनों की गति ट्रीको मशीनों की तुलना में कम (लगभग आधी) होती है। रेशल बुनाई के निर्माण में स्पन (spun) यार्न का उपयोग भी किया जा सकता है। इस बुनाई से बहुत सी विविध संरचनाएँ—बहुत भारी से लेकर बहुत नाज़ुक (sheer) तक निर्मित करनी संभव होती हैं।

रेशल बुनाई के उपयोगों में महिलाओं के वस्त्र, पुरुषों के सूट, खेल के कपड़े (स्पोर्ट्सवियर), लौंड्री बैग, कालीन, पर्दे, सोफे के कवर से लेकर नेट और लेस (nets and laces) तक शामिल हैं।

12.5.3 मिलनीस बुनाई (Milanese Knits)

इन्हें इंटरलॉकिंग पैटर्न द्वारा पहचाना जा सकता है जो तकनीकी पश्च-भाग पर तिरछी (diagonal) रेखा का निर्माण करता है। ऐसे वस्त्र, ट्रीको बुनाई की तुलना में अधिक नियमितता, खिंचाव की क्षमता और मज़बूती प्रदर्शित करते हैं। वे अत्यधिक रन प्रतिरोधी (Run resistant) भी होते हैं। सीमित डिज़ाइन संभावनाओं के होने के कारण कुल ताना बुनाई के उत्पादों में मिलनीस बुनाई का केवल एक छोटा सा हिस्सा ही है।

12.5.4 सिंप्लेक्स (Simplex)

यह ट्रीको का एक भारी, मोटा रूप होता है, जो हैंड बैग और दस्ताना बनाने में सीमित अनुप्रयोग प्राप्त करता है।

12.6 बुनाई में विविधताएँ

बाना बुनाई में कई रोचक प्रभाव प्राप्त किए जा सकते हैं। इनमें से प्रमुख हैं:

(i) ट्रांसफर टांका, स्प्रेड टांका और क्रॉस टांका जैसी भिन्नताओं के उपयोग से वेफ्ट निटिंग में कई तरह के पैटर्न उत्पन्न किये जा सकते हैं।

(ii) रंगीन और फ़ैन्सी यार्न के उप्योग से धारियों (stripes), केबल (cable) और खुले जाल (open mesh) जैसी संरचनाओं का निर्माण किया जा सकता है।

(iii) एक अतिरिक्त यार्न के उपयोग से सतह पर लूप वाला निटिड टेरी (terry) **वस्त्र** बनाया जा सकता है।

(iv) निटिड मखमल (velvet) **वस्त्र** एक अतिरिक्त यार्न के साथ गठित लूप को काटकर और ब्रश करने से तैयार किया जा सकता है। सामान्य तौर पर, निटिड पाइल (pile) **वस्त्र** मुलायम और उच्च अवशोषकता वाले होते हैं, लेकिन करघे पर बने पाइल **वस्त्रों** की तुलना में ये निम्न आकार स्थिरता प्रदर्शित करते।

(v) नकली फर या स्लाइवर निट (fake fur or sliver knit) को निर्मित करने के लिए छोटे तंतुओं या स्लाइवर को सुइयों में डाला जाता है। ये आपस में उलझ जाते हैं और अंतर्मुखी फंदों द्वारा **वस्त्र** में टिके रहते हैं। ऐसे **वस्त्रों** का तकनीकी पश्च-भाग पाइल जैसे दिखता है। इनकी सतह पर किसी पशु खाल (hide) का पैटर्न छापकर नकली/फेक फर बनाया जा सकता है।

(vi) जैकार्ड तंत्रों के उपयोग द्वारा जैकार्ड पैटर्न वाले बुने **वस्त्रों** का निर्माण किया जा सकता है जो विभिन्न प्रकार के टांकों और रंगों को नियोजित करता है। इसके लिए इलेक्ट्रोनिक नियंत्रणों से सुसज्जित वृत्तीय (circular) बुनाई मशीनें उपयोग होती हैं, जो एक विस्तृत पैटर्न बनाती हैं।

(vii) इनले (inlay) या बाना प्रविष्ट (weft insertion) एक ऐसी तकनीक है जिसमें एक अतिरिक्त यार्न को बुने हुए **वस्त्र** के पश्च-भाग की ओर से जोड़ा जाता है। इसका उद्देश्य बुनी हुई संरचना को डिज़ाइन, मज़बूती और स्थिरता प्रदान करना होता है। कभी-कभी इसे ब्रश फेरकर उठाया भी जाता है, जिससे रोंये उठे वाले नैप (nap) और पतले रेशों वाले फ्लीस (fleece) नामक **वस्त्र** बनाए जा सकते हैं।

बाना बुनाई की तरह ताना बुनाई में भी अनेक विविधताएं लाना संभव है। इनमें से कुछ मुख्य हैं—ताना बुनाई से बने टेरी (terry), और मखमल, नेट, लेस, थर्मल **वस्त्र**, इंसर्शन (insertion) ताना बुनाई और सैटिन (satin) बुनाई।

12.7 सुइयों से बुनने/निटिंग और करघे पर बुनने/वीविंग की तुलना

अब हम **वस्त्र** निर्माण की दो प्रक्रियाओं की तुलना करते हैं:

1. **वस्त्र** निर्माण की प्रक्रिया के रूप में वीविंग/करघे पर बुनाई अधिक पुरानी है।
2. निटिंग के माध्यम से मशीनों पर सपाट **वस्त्रों** या यार्डेज (yardage) के साथ-साथ परिधान की बुनाई भी की जा सकती है जबकि करघे केवल यार्डेज का उत्पादन करते हैं।
3. निटिंग की प्रक्रिया करघे पर बुनाई/वीविंग (weaving) की तुलना में दो से पाँच गुना तेज़ होती है।
4. निटिंग में फंदों का निर्माण शामिल होता है जो अधिक यार्न के उपयोग से **चौड़ाई** और लंबाई में **वस्त्र** को तैयार करते हैं।

5. निटिड वस्त्र में वोवन की तुलना में अधिक सरंध्रता/पोरोसिटी (porosity) किन्तु कम ढकने की क्षमता/कवर (cover) होता है।
6. निटिंग में बनावट के स्तर को गेज (gauge) या कट (cut) द्वारा इंगित किया जाता है, जबकि करघे पर बुने वस्त्रों के लिए थ्रेड काउंट या फैब्रिक काउंट का उपयोग होता है।
7. निटिंग की चौड़ी मशीने भी संकीर्ण मशीनों की तेज़ गति से चलती है; किन्तु बुनाई में, चौड़े करघों से वस्त्र उत्पादन की गति धीमी होती है।
8. निटिंग के लिए यार्न विर्निदशन (spacification) बीविंग की तुलना में अधिक सख्त होते हैं, जिससे कच्चे माल की लागत बढ़ती है। वहीं दूसरी ओर, निटिंग में यार्न को साइज़िग (sizing), वॉशिंग (washing) या फिरकी (pirn) पर चढ़ाने जैसी कोई तैयारी की आवश्यकता नहीं होती है।
9. निटिड वस्त्र 5% तक सिकुड़न प्रदर्शित करता है, जबकि वोवन वस्त्र 2% तक सिकुड़न प्रदर्शित करते हैं।
10. निटिड वस्त्र के फंदों के कारण उसे आसानी से खींचा जा सकता है, जबकि करघे पर बने वस्त्र अधिक खिंचाव प्रदर्शित नहीं करते हैं—जब तक कि उन्हें बनाते समय किसी विशेष खिंचाव वाले यार्न का उपयोग किया जाए। बुने हुए वस्त्रों में केवल बायस (bias)/औरेब की दिशा कुछ खिंचाव प्रदर्शित करती है।
11. वीविंग की तुलना में निटिंग से तैयार वस्त्रों के डिज़ाइन को बहुत तेज़ी से बदला जा सकता है, विशेष रूप से बाना (weft) निटिंग में। इसी कारण से प्रचलित फैशन को निटिंग से तैयार किये गए वस्त्र (बुनाई की तुलना में) अधिक प्रभावी ढंग से परिलक्षित कर सकते हैं।

12.8 निटिड वस्त्रों के गुण

निटिड वस्त्रों को उनके अच्छे ड्रेप, फिट और आराम के लिए जाना जाता है। उनके फंदे इंसुलेटिव एयर पॉकेट के कारण गर्मी देते हैं। उनकी अन्य सकारात्मक विशेषताओं में उच्च अवशोषण, हल्का वज़न, सिकुड़न प्रतिरोध और रिकवरी शामिल हैं। सिक्के का दूसरा पहलू यह है कि बुनाई (knits) महंगी होती है और कुछ वस्त्र समय के साथ शिथिल और ढीले आकार के हो जाते हैं। कुछ बाना बुनाई वाले वस्त्रों को फंदे गिरने से लैडर (ladder) बनने की समस्या का भी सामना करना पड़ता है। इसे यूं समझें—यदि एक यार्न टूट जाता है, तो वहां एक छेद बनता है और उसका फंदा नीचे की ओर फिसलने लगता है, या 'रन' (run) करने लगता है, जिससे एक सीढ़ी/लैडर बन जाती है। मोज़ों में यह समस्या कई बार देखी जाती है। शायद यही घटना थी जिससे यह मुहावरा शुरू हुआ, "ए स्टिच इन टाइम, सेव्स नाइन!" (a stitch in time saves nine!

12.9 निटिड वस्त्रों (Knits) के उपयोग और देख-रेख

आज के युग में निटिड वस्त्र, विशेष रूप से वार्प निट, करघा के उत्पादों से भी अधिक लोकप्रिय हो रहे हैं। उनके गुण उन्हें खेल के वस्त्रों (स्पोर्ट्सवियर), आराम के वस्त्रों (कैजुअल

वियर), आतंरिक **वस्त्रों** और मोज़ों के लिए पसंदीदा विकल्प बनाते हैं। तंतुओं की पूरी श्रंखला के उपयोग से विभिन्न जरूरतों के लिए निटिड **वस्त्रों** का निर्माण किया जा रहा है। इनमें ऊन, कपास, रेयॉन, रेशम, धात्विक यार्न, और नायलॉन और एक्रेलिक जैसे तंतु शामिल हैं। **वस्त्र** निर्माण की अन्य श्रेणियों की तुलना में परिधान के लिए बुना हुआ **वस्त्र** सर्वाधिक उपयोग होता है। गृह सज्जा में बुने **वस्त्रों** के सामान्य अनुप्रयोगों में पर्दे, सोफे व गद्दियों के कवर और कालीन शामिल हैं। भारत में लुधियाना बुने हुए गृह सज्जा उत्पादों की एक विशाल श्रंखला निर्मित करता है।

निट/बुने हुए **वस्त्रों** की देखभाल इस बात पर निर्भर करेगी कि उनके निर्माण में किन तंतुओं का उपयोग किया गया है। इस प्रकार, ऊनी निट/बुनाई की धुलाई और संग्रह को बहुत सावधानी से करना होता है। दूसरी ओर, एक्रेलिक बुनाई को मशीन से धोया जा सकता है और इन्हें कीटों के हमले से भी खतरा नहीं होता है।

अभ्यास

12.1 'वार्प निट की तुलना में वेफ्ट निट कम लागत से बनते हैं 'इसके कारण बताइए।

12.2 निटिड **वस्त्रों** में गर्मी प्रदान करना और उच्च अवशोषकता के लक्षण क्यों होते हैं?

12.3 बाना बुनाई के विभिन्न टांकों को नामांकित कीजिए; इनमें से सर्वाधिक प्रचलित टाके का विवरण दीजिए।

12.4 निम्नलिखित को समझाइए:

(i) गेज़

(ii) कोर्स और वेल

(iii) लैच सुई

(iv) कंपाउंड सुई

(v) बियर्ड सुई

12.5 बाना बुनाई में पाई जाने वाली दो सामान्य समस्याओं के नाम और विवरण दीजिए।

विस्तृत जानकारी हेतु पुस्तक सूची

Collier, B.J., Bide, M.J. and Tortora, P.G., *Understanding Textiles*, 7th ed., Pearson Education, NJ, 2009.

Hudson, P.B., Clapp, A.C. and Kness, D., *Joseph's Introductory Textile Science*, 6th ed., Harcourt Brace Jovanovich College Publishers, 1993.

Mohashi, P.D., Imperfections in Knitted Fabrics, *JTAI*, Vol. 67, No. 2, pp. 55–62, July–August 2006.

Lakra, D., Growth of Knitting Industry, *JTAI*, Vol. 67, No. 4, pp. 165–167, November–December 2006.

Schwartz, P., Rhodes, T. and Mohamed, M., *Fabric Forming Systems*, Noyers Publications, Park Ridge, NJ, 1982.

अध्याय

13

नॉन-वोवन और वस्त्र निर्माण की अन्य विधियां (Non-woven and Other Methods of Fabric Construction)

13.1 प्रस्तावना

नॉन-वोवन शब्द से अभिप्राय होता है—वे **वस्त्र** संरचनाएँ जो करघे पर बुनने (वीविंग) या सुइयों से बुनने (निटिंग) के अतिरिक्त किसी अन्य माध्यम से बनाई गई हों। इसका अर्थ है कि इनके निर्माण में कई पारंपरिक **वस्त्र** निर्माण प्रक्रियाओं (जैसे स्लाइवर का गठन, क्षीणन, कताई, वीविंग और निटिंग) का उन्मूलन, जिससे समय और लागत की बड़ी बचत भी हो जाती है। आज के युग में नॉन-वोवन की माँग और अनुप्रयोगों में एक अभूतपूर्व उछाल देखी जा रही है। यह उद्योग भी विकास की महत्वपूर्ण क्षमता रखता है।

किसी भी नॉन-वोवन के गठन के लिए चार चरण आवश्यक होते हैं। तालिका 13.1 में इनका उल्लेख किया गया है।

तालिका 13.1 नॉन-वोवन उत्पादन के चार चरण

चरण	उप-चरण
1. तंतुओं की तैयारी	ब्लोरूम प्रक्रियाएँ जैसे, तंतुओं को अलग करना, उनकी सफाई और सम्मिश्रण करना
2. तंतुओं के वेब (web) का गठन	यंत्र के माध्यम से/मेकेनिकल (कार्ड सहित) वायु के माध्यम से/एरोडायनेमिकली जल के माध्यम से/हाइड्रोडायनेमिकली विद्युत् के माध्यम से/इलेक्ट्रोस्टेटिकली अन्य विशेष तकनीकों द्वारा
3. वेब का जुड़ना/ बंधन (बॉनडिंग)	यांत्रिक (**फेल्टिंग**, नीडल पंचिंग) भौतिक (ऊष्मा और दबाव द्वारा) रासायनिक (शुष्क या गीला चिपकाने वाले पदार्थ द्वारा) डाइरेक्ट विधि (स्पन **बॉनडिंग**, मेल्ट ब्लोन)
4. परिष्करण	रंगाई, छपाई, एम्बॉसिंग, रेज़िन परिष्करण, व अन्य आवश्यक परिसज्ज़ायें

13.2 नॉन-वोवन श्रेणियाँ

नॉन-वोवन को आमतौर पर दो समूहों में विभाजित किया जाता है—फेल्ट और बॉनडेड वस्त्र (तालिका 13.2)। रोचक बात यह है कि जहां एक ओर इस नॉन-वोवन परिवार का सदस्य फेल्ट मानव द्वारा निर्मित सबसे पुराने वस्त्र माने जाते हैं, वहीं इसका दूसरा सदस्य—बॉनडेड वस्त्र सबसे नवीन हैं! पिछले कई वर्षों से, बॉनडेड वस्त्र 'नॉन-वोवन' का पर्याय बन गए हैं तथा फेल्ट को एक अलग श्रेणी माना जाता है। फेल्ट का उपविभाजन दो श्रेणियों में किया जा सकता है—ऊनी फेल्ट (wool felts), जिन्हें शुद्ध फेल्ट (true felts) भी कहा जाता है और नीडल (needle) फेल्ट। बॉनडेड वस्त्रों को भी नियोजित करने की विधि के आधार पर तीन उपसमूहों में विभाजित किया जा सकता है। तालिका 13.2 में नॉन-वोवन वस्त्रों के वर्ग और उपवर्ग दिए गए हैं।

तालिका 13.2 नॉन-वोवन का वर्गीकरण

नॉन-वोवन				
फेल्ट		बॉनडेड वस्त्र		
ऊनी फेल्ट	नीडल फेल्ट	ऊष्मीय विधि थर्मोप्लास्टिक स्पन बॉनडेड	रासायनिक विधि (एडहेसिव/आसंजक बॉनडेड) सूखा पाउडर तरल पदार्थ	डाइरेक्ट विधि • स्पन बॉनडेड • मेल्ट ब्लोन

13.3 फेल्ट

13.3.1 ऊनी फेल्ट

ये ऐसी वस्त्र की संरचनाएँ हैं जो ऊन तंतुओं पर उपस्थित स्केल (scales) के उलझने/इंटरलॉकिंग द्वारा बनाई जाती हैं। तकनीकी रूप से, किसी भी पशु के बालों का तंतुओं के रूप में उपयोग करने से फेल्ट का निर्माण किया जा सकता है। हालांकि, सबसे अधिक प्रयुक्त और व्यावहारिक विकल्प ऊन या भेड़ के बाल ही हैं। आजकल, उत्पादन की लागत को कम करने के लिए ऊन के तंतुओं को अन्य गैर फेल्टिंग तंतुओं के साथ मिश्रित किया जाता है। ध्यान रहे कि ऐसे मिश्रणों में ऊन का अनुपात कम से कम 50% हो, तभी इनसे निर्मित उत्पाद को "ऊनी फेल्ट" कहा जा सकता है।

उत्पादन

ऊनी तंतुओं पर उपस्थित स्केल, गर्मी, नमी और घर्षण के अधीन होने पर एक दूसरे के साथ उलझने या इंटरलॉक होने और सिकुड़ने की प्रवृत्ति रखते हैं। वस्त्र इतिहासकारों द्वारा यह माना जाता है कि ऊनी फेल्ट को संभवतः आदिमानव द्वारा खोजा गया होगा क्योंकि उसने ठण्ड से बचने के लिए भेड़ के बालों के कुछ गुच्छों को अपने जूतों में भर लिया होगा। चलने

के कारण उत्पन्न गर्मी, पसीना और घर्षण के संयुक्त प्रभावों ने दिन के अंत में इन्हें एक उलझी हुई संरचना (फेल्ट) में परिवर्तित कर दिया होगा। इतिहासकार इस बात पर सहमत हैं कि फेल्ट का उत्पादन कताई और बुनाई की खोज से पहले हुआ होगा। आज भी फेल्ट उत्पादन एक नियंत्रित प्रक्रिया के रूप में किया जाता है, जिसमें निम्नलिखित चरण शामिल हैं:

(i) ऊनी तंतुओं (अकेले या गैर-**फेल्टिंग** तंतुओं के छोटे अनुपात के साथ) की सफाई, मिश्रण और कार्डिंग के माध्यम से इन्हें परतों (batts) में परिवर्तित किया जाता है।

(ii) दो या दो से अधिक परतें एक दूसरे पर, 90° पर आवश्यक मोटाई प्राप्त करने के लिए रखी जाती हैं। फेल्ट की मोटाई उसके अंत उपयोग पर निर्भर करती है।

(iii) इन परतों को काटकर गोल लपेट लिया जाता है और फिर एक **फेल्टिंग** मशीन में डाला जाता है। इसमें भारी, घूमने वाले फट्टों की एक जोड़ी होती है, जिसके बीच गर्मी और नमी वाली स्थिति में ऊनी परतें रखी जाती हैं। **फेल्टिंग** मशीन परतों को फेल्ट **वस्त्र** में परिवर्तित कर देती है।

(iv) फुल्लिंग मशीन (fulling machine)—इस मशीन में गीले फेल्ट को आवश्यक घनत्व का बनाने के लिए बार-बार दबाया, पीटा और निचोड़ा जाता है। इस प्रक्रिया को **फुल्लिंग** कहा जाता है। कई बार इसे करते समय साबुन और डाइल्यूट सल्फ्यूरिक अम्ल का प्रयोग भी किया जाता है।

(v) फेल्ट को नयुट्रेलाइज़ (neutralize) करने के बाद साबुन और पानी से धोया (scour, rinse) जाता है और स्टेंटर फ्रेम (stenter fame) पर डालकर सही आकार में लाकर सुखाया जाता है।

(vi) अगले चरण में फेल्ट की एक चिकनी सतह प्राप्त करने के लिए उसे स्टीम प्रेस किया जाता है।

(vii) अब बारी आती है परिसज्जा की। फेल्ट को कीट, अग्नि, जल और कवक प्रतिरोधी बनाने के लिए परिष्कृत किया जा सकता है। अंतिम उपयोग के आधार पर परिसज्जाओं के चुनाव और क्रम का निर्णय लिया लिया जाता है।

(viii) तैयार किए गए फेल्ट **वस्त्र** को विभिन्न प्रकार से सुसज़्ज़ित भी किया जा सकता है जैसे रंगाई, छपाई, कढ़ाई या एपलीक के द्धारा।

गुण और उपयोग

फेल्ट के गुण व उपयोग उनके निर्माण में प्रयुक्त कच्चे माल पर निर्भर होते हैं अर्थात पशुओं के बाल और गैर-**फेल्टिंग** तंतुओं के प्रकार जिन्हें जोड़कर इनका उत्पादन किया गया है।

फेल्ट के गुणों में अच्छा रोधन (insulation) गुण, अच्छी ड्रेपिंग क्षमता, अच्छा प्रघात और ध्वनि अवशोषक (shock and sound absorbent) और अच्छा लचीलापन शामिल हैं। इनकी कमियाँ हैं—खराब लोचदार रिकवरी, कम खिंचाव पर टूटना (low breaking elongation) और फटने पर छिद्रों की मरम्मत में कठिनाई (जैसा कि बुने हुए **वस्त्रों** में रफ़ूगरों द्वारा करना संभव होता है)।

फेल्ट का उपयोग परिधान (जैकेट, टोपी और कोट के लिए कॉलर बैक), घर के साज़ सामान, गलीचे के नीचे बिछने वाले खेस, रोधन सामग्री, बिलियर्ड खेल के मेज़ पर बिछने वाले **वस्त्र** और औद्योगिक अनुप्रयोगों में किया जाता है। कश्मीर का 'नमदा' (Namda) फेल्ट संरचना का एक उदाहरण है। चित्र 13.1(क) एक पारंपरिक कश्मीरी नमदे को दिखाता है।

चित्र 13.1(बी) में फेल्ट परिधान के एक समकालीन अनुप्रयोग को दर्शाया गया है।

चित्र 13.1(क) कश्मीरी नमदा

चित्र 13.1(ख) फेल्ट का समकालीन उपयोग

देख-रेख

फेल्ट उत्पाद अधिकांश ड्राई क्लीन होते हैं। जब घर पर फेल्ट से बने वस्त्र धोए जाते हैं, तो यह महत्वपूर्ण है कि इन्हें कभी खींचा या मोड़ा न जाए। डिटर्जेंट का चयन, धुलाई का तापमान और धोने की विधि जैसी अन्य स्थितियाँ ऊनी धुलाई में उपयुक्त स्थितियों के समान होंगी। उसी कारण से, उनके भंडारण के लिए कीट निरोधक नेफ्थलीन गोलियों के उपयोग की आवश्यकता होगी। कुछ ऊनी फेल्ट को मोथ रोधक परिष्कृत किया जाता है, जिससे उनका भंडारण/संग्रह करना आसान हो जाता है।

13.3.2 नीडल फेल्ट

ये फेल्ट पूरी तरह से या मुख्य रूप से ऊन के अतिरिक्त अन्य तंतुओं से बनाए जाते हैं। लगभग किसी भी प्रकार के तंतुओं का उपयोग किया जा सकता है, हालांकि आमतौर पर

कृत्रिम तंतुओं का उपयोग किया जाता है। तंतुओं का आपस में उलझाव काँटेदार सुइयों की यांत्रिक क्रिया द्वारा प्राप्त किया जाता है। 2007 में नीडल पंच (needle punched) वस्त्रों की मात्रा 23,050 टन थी, जो कि उस वर्ष भारत में निर्मित नॉन-वोवन उत्पादन का आधा हिस्सा था (बटलर, 2007)।

उत्पादन

तंतुओं की सफाई और मिश्रण के पश्चात उन्हें एक परत /वेब (web) या बैट (batt) में तैयार कर लिया जाता है। यह सुई पंचिंग (needle punching) मशीन या सुई करघा (needle loom) में प्रवेश करता है जिसमें वह एक बोर्ड के संपर्क में आता है जिसपर कई काँटेदार(barbed) सुइयां लगी होती हैं। इच्छित मोटाई के आधार पर यह निर्णय लिया जाता है कि नीडल बोर्ड (needle board) को कितनी बार वेब (web) में प्रवेश/पंच करवाया जाएगा।

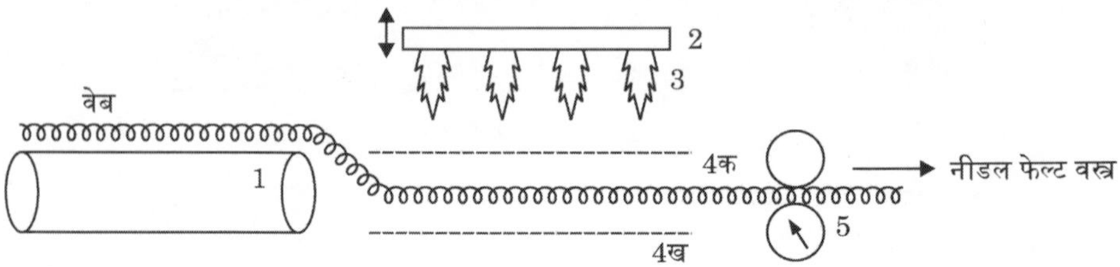

1. फीड एप्रन (Feed apron)
2. सुई बोर्ड (Needle board)
3. काँटेदार सुइयां (Barbed needles)
4. (क) स्ट्रिपर (stripper) और (ख) बैड प्लेट (bed plate)
5. टेक अप रोलर (Take up rollers)

चित्र 13.2 सुई पंचिंग मशीन

इस मशीन के प्रत्येक आघात में, सुइयों पर लगे कांटे (barbs) वेब के तंतुओं को निचले हिस्से तक धकेल देते हैं, और इस प्रकार ये उलझे तंतुओं से बने नीडल फेल्ट संरचना को तैयार करते हैं। नए रुझानों में वेब के दोनों तरफ सुई बोर्ड का उपयोग {चित्र 13.3 (क)} और ऐसे अनेक बोर्ड का उपयोग शामिल है {चित्र 13.3 (ख)}। प्रक्रिया की कुशलता बढ़ाने के लिए इसमें तिरछी लगी हुई सुइयों का प्रयोग भी किया जाता है। कभी-कभी, नीडल फेल्ट को अतिरिक्त मज़बूती प्रदान करने के लिए किसी आसंजक/चिपकाने वाले पदार्थ का उपयोग भी किया जा सकता है।

गुण और उपयोग

सुई फेल्ट (needle felts) के गुण कारकों के समुदाय पर निर्भर करते हैं। मशीन पैरामीटर जैसे कि सुइयों की बारीकी, संख्या और उनके काँटों का आकार, अंतिम उत्पाद में महत्वपूर्ण भूमिका निभाते हैं। इसके अतिरिक्त, सुई फेल्ट के लिए उपयुक्त तंतुओं के प्रकार, उनकी लंबाई और अभिविन्यास भी उत्पादित फेल्ट पर सीधा प्रभाव डालते हैं। सामान्य तौर पर, यह कहा जा सकता है कि नीडल फेल्ट वस्त्र वज़न में हल्के होने के साथ साथ गर्मी भी प्रदान करते हैं तथा कृत्रिम तंतुओं से निर्मित होने के कारण उनकी देख-रेख भी सरल होती है।

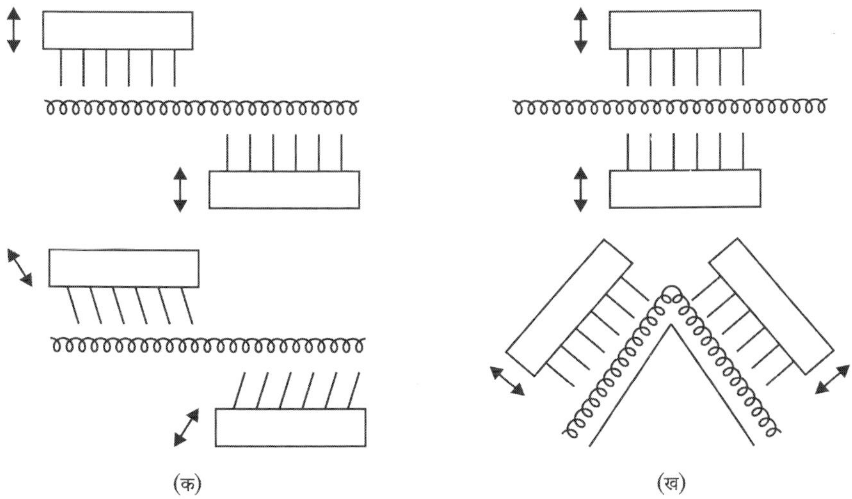

चित्र 13.3 सुई बोर्ड की संभावित व्यवस्थाएं

मुख्य उपयोगों में गीले वाइप (pre-moistened wipes), चिकित्सा/ सर्जिकल उत्पाद, सजावट के लिए वस्त्र, कंबल, इंटरलाइनिंग, वार्डिंग (wadding), फर्श के लिए बिछोने, कालीन अंडरलेज़ (underlays), सोफे के कवर (upholstery), गद्दे कवर, पैकेजिंग सामग्री और औद्योगिक फिल्टर आदि शामिल हैं। सुई फेल्ट के उपयोग से कुछ सुरक्षात्मक परिधान (protective clothing) और बाहरी वस्त्र (outer wear) भी बनाए जाते हैं।

13.4 बॉनडेड (Bonded) वस्त्र

ये लचीली संरचना के वस्त्र होते हैं, जो सीधे तंतुओं से, बिना यार्न के चरण से गुज़रे ही बनाए जाते हैं; इनके निर्माण के लिए तापीय/थर्मल या रासायनिक विधि अपनाई जाती है।

उत्पादन

1. तंतुओं की तैयारी: तंतुओं की सफाई और मिश्रण किया जाता है। कच्चे माल के लिए निर्धारित गुण सख्त न होने के कारण, विभिन्न रासायनिक और भौतिक रचनाओं के तंतुओं को एक ही संरचना में जोड़ा जा सकता है।

2. वेब का गठन: तंतुओं को सुगठित करने के पश्चात उनसे एक परत/web या बैट/batt निम्नलिखित चार विधियों में से किसी एक द्वारा निर्मित किया जाता है:

(i) यांत्रिक/ मेकेनिकल वेब गठनः वेब चार विकल्पों—या तो अभिविन्यस्त (oriented), क्रॉस-लेड (cross laid), अभिविन्यस्त और क्रॉस-लेड या अनियमित (random) व्यवस्था के संयोजन में स्तरित होते हैं। अभिविन्यस्त वेब में, तंतु अनुदैर्ध्य अक्ष (चित्र 13.4) के समानांतर होते हैं। क्रॉस-लेड वेब को दो या अधिक परतों को मिलाकर बनाया जाता है। प्रत्येक को पिछले एक पर सही कोण (90°) पर रखा जाता है (चित्र 13.5)। एक संयोजन व्यवस्था का अर्थ है कि वेब अभिविन्यस्त होते हैं तथा इस तरह के वेब सेट को बाद की पंक्तियों में समकोण पर रखा जाता है। अनियमित वेब सबसे प्रचलित होते हैं और इनमें तंतुओं को अनियमित ढंग से रखा जाता है।

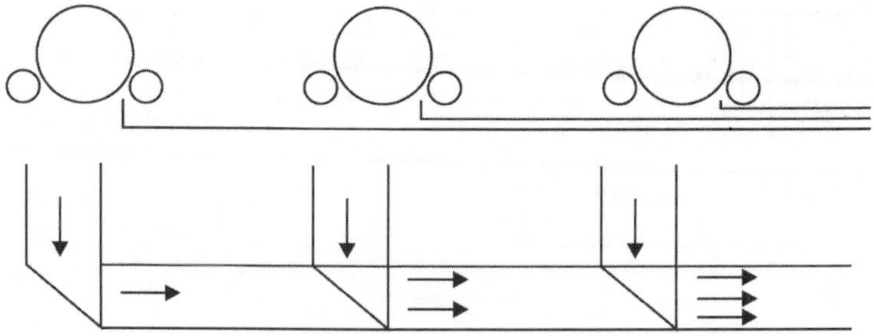

समानांतर लेड वेब (Parallel laid web)

चित्र 13.4 अभिविन्यस्त वेब (oriented webs)

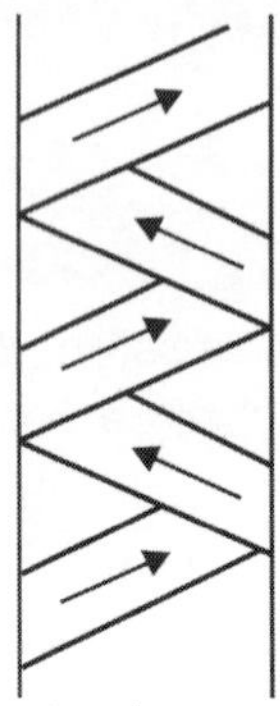

कार्ड से वेब को क्रॉस-लैपर द्वारा मोड़ा गया है।

चित्र 13.5 क्रॉस-लेड वेब (Cross-laid webs)

(ii) वायुगतिकीय/एरोडाइनेमिकली वेब का गठनः ड्राई-लेड वेब (Dry laid webs) को या तो चूषण ड्रम (Suction drum) पर तंतुओं को इकट्ठा करने से या कार्डिंग (Carding) मशीन की मदद से अलग करने से बनाया जाता है।

(iii) हाइड्रोडाइनेमिकली वेब का गठनः वेट-लेड वेब (Wet laid webs) को तंतुओं को किसी तरल (आमतौर पर पानी) के साथ मिलाकर बनाया जाता है। यह घोल एक छिद्रित सिलेन्डर या चलती स्क्रीन पर ले जाकर डाला जाता है। पानी को वैक्यूम (vacuum) द्वारा हटा लिया जाता है, जिसके बाद सूखा वेब प्राप्त होता है।

(iv) स्थिरवैद्युतिकीय/इलेक्ट्रोस्टेटिकली वेब का गठन—वेब (web) में तंतुओं के संरेखण को एक विद्युत क्षेत्र के अनुप्रयोग द्वारा नियंत्रित किया जाता है।

3. जुड़ना (Bonding): वेब (Web) समतल ((flat) और जुड़ी हुई (bonded) होती है। जोड़ने (bonding) की विधि बॉनडेड वस्त्रों (bonded fibrics) को वर्गीकृत करने के आधार के रूप में कार्य करती है (तालिका 13.2)। यह थर्मल, रासायनिक (शुष्क और गीला आसंजक/चिपकने वाला) या डाइरेक्ट विधियों से किया जा सकता है। इन्हें निम्नानुसार वर्णित किया गया है:

(i) वेब में थर्मोप्लास्टिक तंतुओं को या तो समान रूप से मिश्रित कर लिया जाता है या फिर ये नियमित अंतराल पर छोटे क्षेत्र में उपयोग किए जाते हैं। ऊष्मा के

अनुप्रयोग पर, ये तंतु नरम होकर चिपचिपे और फ्यूज़ हो जाते हैं। जैसे ही वेब ठंडा होता है, ये थर्मोप्लास्टिक तंतु वेब के तंतुओं को सुरक्षित रूप से एक साथ जकड़ कर रख लेते हैं। स्पन ब्लोन वेब (Spun blown web) को बनाने के लिए एक ही स्पिनरेट (Spinneret) से दो अलग-अलग बहुलक प्रकारों को निकाला जाता है। गर्म करने पर एक घटक (जो थर्मोप्लास्टिक होता है) पिघल जाता है और वेब को संगठित करता है।

(ii) एक एडहेसिव/आसंजक (चिपकाने वाला) पदार्थ प्रयुक्त किया जा सकता है। यह या तो सूखे पाउडर के रूप में हो सकता है, जिसके थर्मोप्लास्टिक कण ऊष्मा के अनुप्रयोग पर फ्यूज़ कर सकते हैं और वेब (web) को बांध सकते हैं। वैकल्पिक रूप से, एक तरल आसंजक घोल का उपयोग भी किया जा सकता है। अनुप्रयोग अंतर्भेदन (impregnation) या परिपूर्णता (saturation) द्वारा किया जा सकता है। यह स्क्रीन या रोलर के बीच किया जाता है। {चित्र 13.6(क), (ख)}, स्प्रे बॉनडिंग में, वेब के दोनों तरफ आसंजक पदार्थ स्प्रे किया जाता है (चित्र 13.7)। प्रिंट बॉनडिंग में, प्रिंट पेस्ट में ही चिपकने वाला पदार्थ होता है जो नॉन-वोवन वस्त्र को डिज़ाइन प्रदान करने के उद्देश्य से भी काम करता है। इस बात का ध्यान रखना चाहिए कि प्रिंट के बीच की दूरी वेब (web) में उपयोग किए जाने वाले तंतुओं की लंबाई से कम हो, ताकि उन्हें सुरक्षित रूप से संगठित रखा जा सके।

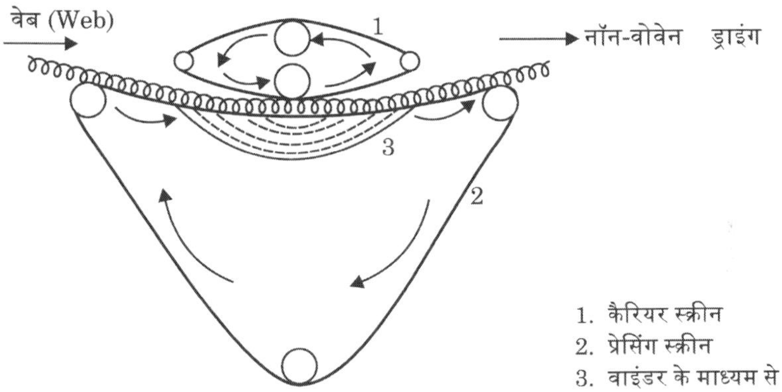

(क) स्क्रीन के बीच में

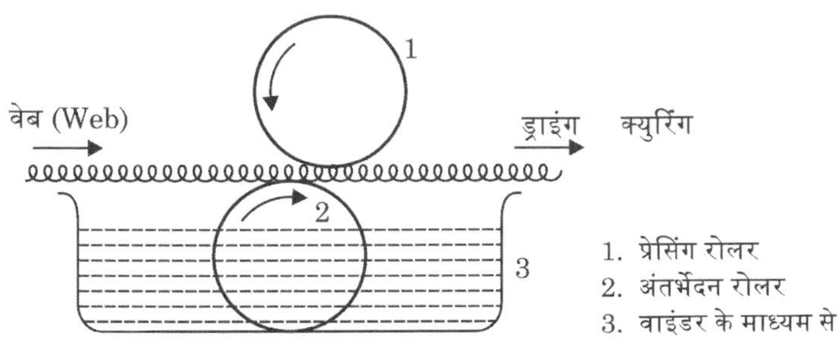

(ख) रोलर के बीच में

चित्र 13.6 परिपूर्ण बंधन/सैचुरेशन बॉनडिंग

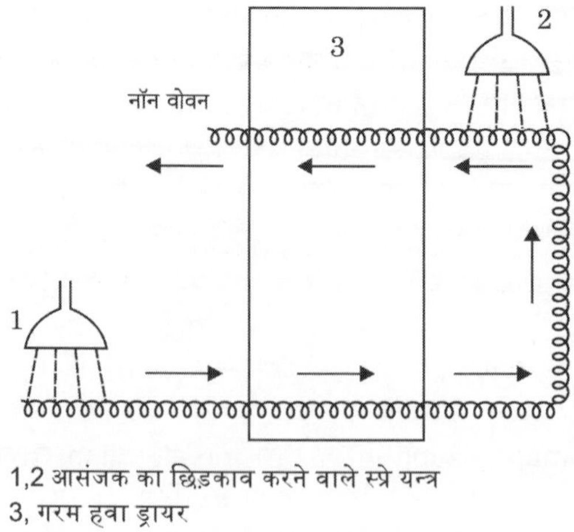

चित्र 13.7 स्प्रे बॉनडिंग

(iii) डाइरेक्ट विधियों में उन तकनीकों को शामिल किया जाता है जो एक ही चरण में वेब गठन (Web formation) और समेकन या एकत्रीकरण (Consolidation) को करते हैं, अर्थात सीधे ही नॉन-वोवन निर्मित हो जाते हैं। स्पन बॉनडिंग (spun bonding) में घूमने वाले स्पिनरनेट (spinnerets) के उपयोग से कृत्रिम फ़िलामेंट को छिद्रों से निकाला जाता है। हवा की तेज़ धाराएँ इन पिघले तंतुओं को अनियमित ढंग से उलझा देती हैं और ये एक दूसरे पर चिपक जाते हैं, जिससे नॉन-वोवन **वस्त्र** बनता है (चित्र 13.8 देखें)। कन्वेयर वेल्ट इसे संग्रह के लिए ले जाती है।

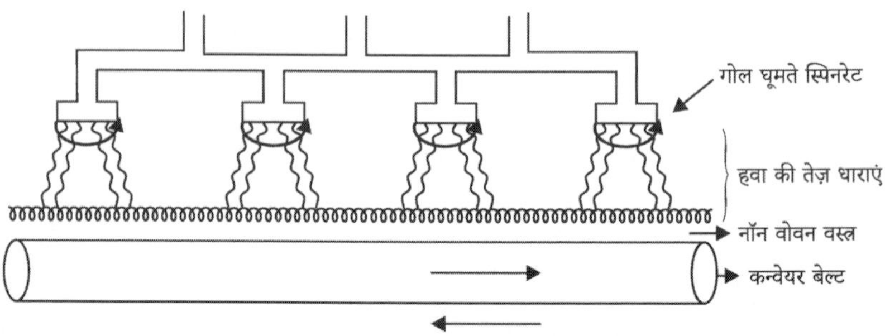

चित्र 13.8 स्पन वॉनडिंग (Spun bonding)

मेल्ट ब्लोइंग (melt blowing) विधि में, बहुलक बहुत अधिक तापमान पर सूक्ष्म सेकंड के लिए गरम किया जाता है, जिससे उसकी चिपचिपाहट कम हो जाती है। फिर इसे बहुत महीन पिघले हुए तंतुओं के स्प्रे के रूप में बाहर निकाला जाता है। इन्हें एक संग्राहक पर नॉन-वोवन **वस्त्र** के रूप में एकत्रित किया जाता है और फिर रोलर पर लपेट लिया जाता है। उचित आकार या बनावट के संग्राहक के उपयोग से इच्छित आकार के उत्पादों का निर्माण करना भी संभव होता है।

डाइरेक्ट विधि द्वारा बनाए गए नॉन-वोवन बहुत मज़बूत नहीं होते, लेकिन उनकी नियंत्रणीय छिद्रता होने के कारण उनका फिल्टर के रूप में उपयोग किया जा सकता है।

आज, भारत में उत्पादित नॉन-वोवन की सूची में नीडल फेल्ट के बाद दूसरी सबसे महत्वपूर्ण तकनीक में डाइरेक्ट विधि से तैयार स्पन वॉनडेड (spun bonded) और मेल्ट-ब्लोन (Melt-blown) शामिल हैं।

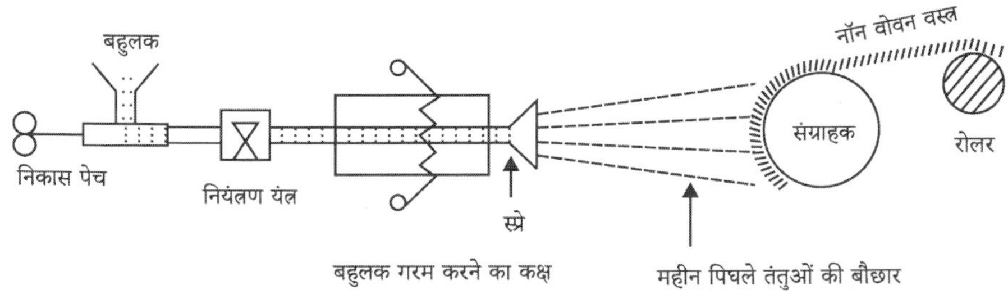

चित्र 13.9 मेल्ट ब्लोइंग (Melt blowing)

4. सुखाना व परिसज्जा: अगला चरण वॉनडेड वेब को सुखाना होता है। इसके बाद क्योरिंग की जाती है, यानि, गरम हवा भट्टी (hot air ovens) या अवरक्त किरणों (infra red light) के उपयोग से करके बहुत अधिक तापमान पर वेब को रखा जाता है। विशेष रूप से इस चरण की आवश्यकता तब होती है, जब तरल आसंजक का प्रयोग किया जाए जिसे रासायनिक या तापीय क्रिया द्वारा दृढ करना पड़ता है।

यदि आवश्यक हो तो तैयार वॉनडेड **वस्त्रों** पर रंगाई और छपाई भी की जा सकती है।

गुण और उपयोग

वॉनडेड नॉन-वोवन को उनकी कम लागत, 100% कवर और किसी भी तरह के कच्चे माल के उपयोग से निर्मित हो पाने की क्षमता के लिए जाना जाता है। उनमें समानुवर्ती (isotropic) गुण (अर्थात सभी दिशाओं में सम) होते हैं जो उन्हें निस्पंदन और भूटेक्सटाइल के लिए पसंदीदा विकल्प बनाते हैं।

आकार (form), स्थिरता, सिकुड़न प्रतिरोधी, वायु पारगम्यता और धुलाई के साथ-साथ ड्राई क्लीन किये जाने की क्षमता जैसे गुण वॉनडेड **वस्त्रों** को इंटरलाइनिंग, फेसिंग और पैडिंग के रूप में उपयोग के लिए आदर्श बनाते हैं। इनके कटे किनारों को उधेड़ा नहीं जा सकता है, जिससे परिधान के किनारों की तुरपाई की आवश्यकता नहीं होती, और समय की बचत होती है।

अन्य अनुप्रयोगों में कागज़ी रुमाल (tissues), डायपर (diapers), पट्टियाँ (bandages), मासिक धर्म के पैड, डिस्पोजेबल नैपकिन, मैट, बेड पैड, लैंपशेड, टी बैग, पोंछने और पॉलिश के लिए उपयोग किये जाने वाले **वस्त्र**, औद्योगिक **वस्त्र**, चिकित्सा **वस्त्र**, विद्युतीय रोधन, पैडिंग, पैकेजिंग, रुफिंग, कंबल, कालीन और उसके नीचे बिछने वाले अंडरलेज़, शिल्प कला के लिए सजावटी **वस्त्र** और बाहरी **वस्त्र**/आउटरवियर शामिल हैं।

उनकी कुछ सीमाएं हैं—खराब ड्रेपिंग, मरम्मत में कठिनाई और धुलाई के समय आकार में बदलाव या खुल जाने की संभावना।

देख-रेख

कई परिस्थितियों में बनाए गए उत्पाद डिस्पोज़ेबल होते हैं, और इसलिए इन्हें किसी भी देख-भाल या रख-रखाव के चरणों की आवश्यकता नहीं पड़ती। कई बार, यह अपने आप में

पर्यावरण के लिए समस्याएँ पैदा कर सकते हैं। यदि इन वस्त्रों को धोने की आवश्यकता हो तो इन्हें न्यूनतम रगड़ (agitation) दी जानी चाहिए।

13.5 वस्त्र निर्माण की अन्य विधियाँ

13.5.1 ब्रेडेड (Braided) वस्त्र

एक ब्रेड बनाने के लिए तीन या अधिक यार्न को आपस में गूंधा जाता है (जैसा कि बालों में देखा जाता है)। इन्हें झालर (trimmings) के रूप में उपयोग किया जा सकता है या वस्त्र निर्मित करने के लिए एक साथ जोड़ा जा सकता है। ब्रेडेड (Braided) वस्त्रों की लंबाई में काफी खिंचाव होता है। जूट (jute) या कॉयर (coir) की ब्रेड से बने शिल्प या हस्तकला उत्पाद और बैग भारत में तटीय क्षेत्रों में बनाए जाते हैं {चित्र 13.10(क) और (ख) देखें}। ब्रेडेड पदार्थों का उपयोग जूते का फीता, बाती और बिजली की तारों को ढकने वाला वस्त्र बनाने के लिए भी किया जाता है।

चित्र 13.10(क) ब्रेडेड जूट बैग

चित्र 13.10(ख) ब्रेड का निकट से दृश्य

13.5.2 लेस (Laces)

चौदहवीं शताब्दी के समय इटली में हाथ की लेस का उद्योग बहुत लोकप्रिय था। यद्यपि लेस बनाने की एक मशीन सत्रहवीं शताब्दी में पेश की गई थी, व्यावसायिक रूप से कुशल लेस मशीन बनाने का श्रेय 1813 में John Leavers को जाता है। इससे उत्पादन में वृद्धि के साथ श्रम की बचत भी हुई। लेस निर्माण के लिए प्रारम्भिक सामग्री आमतौर पर एक धागा (thread) होता है, यार्न (yarn) नहीं। हालांकि, यदि एक यार्न का उपयोग करना पड़े, तो इसे पर्याप्त रूप से ट्विस्ट देकर पहले इसे मज़बूत कर लिया जाता है। लेस के निर्माण में धागे को ऐंठन देना (थ्रेड ट्विस्टिंग), उसे अन्य धागों के साथ लपेटना (इंटरट्वाइनिंग) और गांठें लगाना (नॉटिंग) शामिल हैं, जिनसे मज़बूत उत्पादों का निर्माण होता है। आमतौर पर उपयोग किए जाने वाले लेस के कुछ प्रकार हैं—बोबिन लेस, कढ़ाई लेस और रेशल लेस। सभी लेस वस्त्र एक खुली जाल संरचना और सज़ावटी डिज़ाइन की विशेषता रखते हैं। जैकार्ड तंत्रों के उपयोग से डिज़ाइन वाली लेस को भी तैयार किया जा सकता है। चित्र 13.11 एक लेस वस्त्र प्रदर्शित करता है।

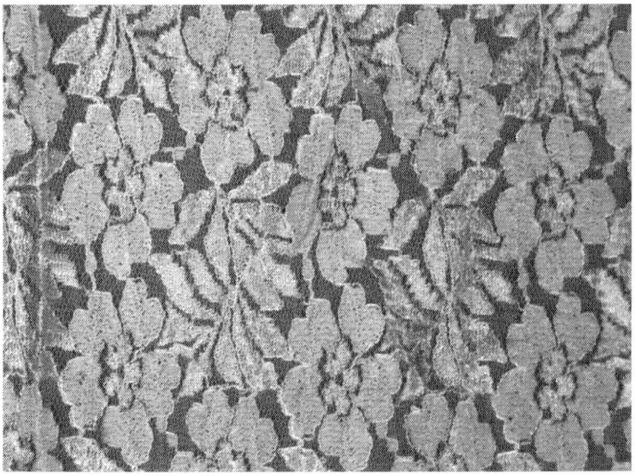

चित्र 13.11 लेस का वस्त्र

लेस के टुकड़ों के उपयोगों में विभिन्न प्रकार के परिधान (पोशाक, आतंरिक वस्त्र) और गृह सज्जा वस्त्र (तकिया कवर, नैपकिन) आदि शामिल हैं। लेस के वस्त्रों का पोशाक, पर्दे और मेज़पोश के रूप में भी उपयोग किया जा सकता है। देखभाल प्रक्रियाओं में आकार को बनाए रखने के लिए सावधानी पूर्वक धुलाई और ड्राई क्लीनिंग शामिल हैं।

13.5.3 लैमिनेटिड वस्त्र (Laminated Fabrics)

अमेरिकन सोसाइटी फॉर टेस्टिंग एंड मेटीरियल (ASTM) लैमिनेटिड वस्त्र को एक परतदार/लेयर्ड (तह वाली) वस्त्र संरचना के रूप में परिभाषित करती है, जिसमें एक उपरी सतह (फेस/Face) के वस्त्र को एक ऐसे चिपकने वाले बैंकिंग वस्त्र से जोड़ा जाता है जो कि उत्पादित संयुक्त वस्त्र की मोटाई में महत्वपूर्ण रूप से वृद्धि नहीं करता।

13.5.4 जाली (Nets)

सन 1800 से पहले, सभी जालीदार/नेट वाले वस्त्र हाथ से ही बनाए जाते थे। 1809 में, इस उद्देश्य के लिए एक मशीन विकसित की गई। बोब्बीनेट (bobbinet) मशीनों पर यार्न से बने खुली संरचना वाले वस्त्र नेट (Nets) कहलाते हैं, जिनमें ताना यार्न के चारों ओर बोब्बिन यार्न को गोलाकार रूप में लूप किया जाता है। यह यार्न के बीच बड़े ज्यामितीय खुले अंतराल उत्पन्न करता है जिनमें कोई डिज़ाइन नहीं होता। नेट के अनुप्रयोगों में बुरके, पर्दे, मछली पकड़ने के जाल, खेल उपकरण और झूले शामिल हैं। एक नेट (Net) की कीमत और गुणवत्ता कुछ कारकों पर निर्भर करती है, जैसे कि आकार की जटिलता, उपयोग किए जाने वाले तंतु के प्रकार, नेट का हस्तनिर्मित या मशीननिर्मित होना। देखभाल प्रक्रियाएँ उपयोग किए जाने वाले तंतुओं पर निर्भर करती हैं। साथ ही एक खुली जाल संरचना को धोने और सुखाने के समय सावधानी बरतने की आवश्यकता होती है। चित्र 13.12 जालीदार वस्त्र/नेट (Net) की बनावट को दर्शाता है।

चित्र 13.12 जालीदार वस्त्र

13.5.5 स्टिच बॉनडेड **वस्त्र** (Stitch Bonded Fabrics)

स्टिच बॉनडेड **वस्त्रों** में तंतुओं या यार्न के एक समूह को लंबाई की दिशा में सिलाई के माध्यम से एक साथ बांधकर रखा जाता है। इनका मुख्य लाभ कम पूंजी निवेश के साथ उच्च उत्पादन दर है। अनुप्रयोगों में सर्दियों के परिधान (जैसे जैकिट) में भरने के लिए **वस्त्र**, सफाई में उपयुक्त **वस्त्र** और कम लागत वाले गृह सज्ज़ा **वस्त्र** शामिल हैं।

13.5.6 टफ्टिंग (Tufting)

वस्त्र निर्माण की इस पद्धति का उद्देश्य है पाइल **वस्त्रों** जैसी संरचना का निर्माण किन्तु बहुत थोड़ी लगत पर। एक करघे पर बुने हुए **वस्त्र** को नींव के रूप में रखा जाता हैं। फिर इसमें थोड़े थोड़े फासले पर तंतुओं के गुच्छों/टफ्ट को फंसाया जाता है। इन्हें काटा और ब्रश भी किया जा सकता है (चित्र 13.13) देखें। प्रारम्भ में **टफ्टिंग** को मूल रूप से हाथ से किया जाता था। बीसवीं शताब्दी की शुरुआत के आसपास, **टफ्टिंग** मशीन को बनाया गया जिसमें सुइयों द्वारा **वस्त्र** में टफ्ट/तंतु गुच्छों को फंसाया जाता है। बुनियादी **वस्त्र** में उपयोग किए जाने वाले तंतुओं में आमतौर पर कपास, लिनन और जूट शामिल हैं। टफ्ट प्राकृतिक व मानव निर्मित तंतुओं से बने होते हैं जैसे कपास, ऊन, रेयॉन, एसीटेट, पॉलिएस्टर, नायलॉन और एक्रेलिक। फिर इस गुच्छेदार संरचना की स्थिरता को बढ़ाने के लिए इसके पिछले भाग में एक लेटेक्स की परत (latex coating) दी जाती है। इस प्रकार निर्मित टफ्टेड **वस्त्रों** के अंत उपयोगों में गरम अस्तर सामग्री, बिस्तर के बिछोने, कंबल, गलीचे और कालीन शामिल हैं।

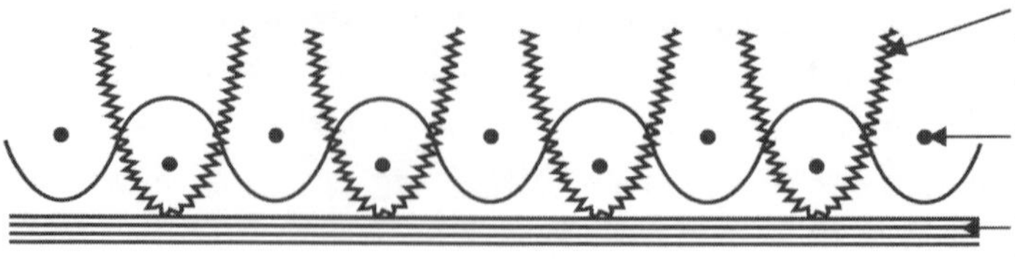

चित्र 13.13 टफ्टिड निर्माण

अभ्यास

13.1 नॉन-वोवन को वर्गीकृत कीजिए; उनकी उपश्रेणियों के बीच अंतर बताइए।

13.2 नीडल पंचिंग मशीन के कार्य की व्याख्या आरेख की सहायता से कीजिए।

13.3 बॉनडेड वस्त्र निर्माण की तैयारी के चरणों की गणना कीजिए। तंतु वेब के समेकन के लिए नियोजित विधियों का वर्णन कीजिए।

13.4 आरेखों की सहायता से नॉन-वोवन उत्पादन के डाइरेक्ट तरीकों पर टिप्पणी दीजिए।

13.5 फेल्ट के लाभ और सीमाएं बताइए।

13.6 नॉन-वोवन के डिस्पोज़ेबल और नॉन-डिस्पोज़ेबल अनुप्रयोगों पर एक लेख लिखिए।

सन्दर्भ पुस्तक सूची

Butler, I., Outlook and Prospects for Non-Wovens in India, *ITJ*, Vol. 118, No. 1, pp. 84–87, October 2007.

विस्तृत जानकारी हेतु पुस्तक सूची

Agrawal, Y., Malik, T., Mohanta, R. and Kapoor, R., Spunbond and spunlace: Two Advance Technologies for Non-wovens, *JTAI*, Vol. 67, No. 3, pp. 111–115, September–October 2006.

Alexander, P.R., *Textile Products: Selection, Use and Care*, Houghton Miffflin, USA, 1977.

Martin, G. (Ed.), *Encyclopedia of Textiles, Fibres and Non-Woven Fabrics*, Wiley & Sons, USA, 1984.

भाग 5

परिसज्जा

पिछले भाग में आपने **वस्त्र** निर्माण की विभिन्न विधियों के विषय में जानकारी प्राप्त की। अगला चरण होता है—प्रक्रियाओं की एक श्रृंखला, जिनके माध्यम से **वस्त्रों** में रूप और उपयोगिता/कार्य क्षमता के गुणों को जोड़ा, बढ़ाया या घटाया जाता है। इन समूची प्रक्रियाओं को "परिसज्जा या परिष्करण" के नाम से संदर्भित किया जाता है, और इस भाग में इन पर चर्चा की जाएगी। अध्याय 14 में परिसज्जा की परिभाषा, वर्गीकरण और मूल व विशिष्ट परिसज्जाओं पर विस्तृत जानकारी दी गई है। अध्याय 15 में **वस्त्रों** पर रंगाई और छपाई का विवरण दिया गया है।

अध्याय

14

बेसिक (मूल) और स्पेशल (विशिष्ट) परिसज्जा
(Basic and Special Finishing)

परिसज्जा/परिष्करण या फिनिशिंग वस्त्रों के प्रसंसकरण का अंतिम चरण है। इस शब्द में प्रक्रियाओं की एक विस्तृत श्रृंखला शामिल है, जिनमें से गुज़र कर एक 'ग्रेग' (greige), बदसूरत दिखने वाला वस्त्र एक आकर्षक रूप धारण कर लेता है। वस्त्र निर्माण के विभिन्न चरणों में परिसज्जा करना संभव है। इस प्रकार, एक तंतु, यार्न, वस्त्र या परिधान को निर्मित करते समय उसे परिष्करण प्रक्रिया के अधीन किया जा सकता है।

14.1 परिसज्जा का वर्गीकरण

परिसज्जा को विभिन्न मानदंडों के आधार पर वर्गीकृत किया जा सकता है:

14.1.1 परिसज्जा के स्थायित्व के आधार पर

(a) अस्थायी (Temporary): एक ऐसी परिसज्जा जो कुछ ही धुलाई या सूखी सफाई चक्रों के बाद अपना प्रभाव खो देती है। इनमें से कुछ पुनः लगाई जा सकती हैं (renewable) जैसे, सूती वस्त्रों की मांड, जबकि अन्य गैर नवीकरणीय (non-renewable) होती हैं जैसे, सुनहरे कणों के साथ छपाई (खडी प्रिंट)।

(b) टिकाऊ (Durable): एक ऐसी परिसज्जा जो किसी उत्पाद के अधिकांश जीवन के लिए रहती है। उदाहरण के लिए, नायलॉन स्कर्ट में हीट सेट प्लीट लगभग एक वर्ष तक सही रहने के बाद फिर खुल सकती है।

(c) स्थायी (Permanent): एक ऐसी परिसज्जा जो किसी उत्पाद के सम्पूर्ण जीवनकाल तक रहती है। एक अच्छी तरह से रंगे हुए वस्त्र घिस जाने पर भी अपना रंग नहीं खोते हैं। इसी प्रकार, रेज़िन के उपयोग से वस्त्र को दिया जाने वाला कड़ापन एक स्थायी परिसज्जा है।

14.1.2 परिसज्जा प्रदान करने की विधि के आधार पर

(क) यांत्रिक परिसज्जा जो छिद्रित मशीनों, तांबे की प्लेट और रोलर जैसे यांत्रिक उपकरणों के उपयोग से प्रदान की जाती हैं। यांत्रिक परिसज्जा के उदाहरण हैं कैलेंडरिंग और **वस्त्र** की सतह से रोंये उठाना।

(ख) रासायनिक परिसज्जा जो वांछित परिणाम प्राप्त करने के लिए अम्ल, क्षार, ब्लीच, डिटर्जेंट, रेज़िन और अन्य रसायनों के उपयोग द्वारा प्रदान की जाती हैं। ये रसायन या तो **वस्त्र** की सतह पर कार्य करते हैं (बाहरी परिसज्जा) या **वस्त्र**/सब्सट्रेट के साथ रासायनिक रूप से प्रवेश और गठबंधन करते हैं (आंतरिक परिसज्जा)। उदाहरण के लिए, यदि सतह पर अग्निरोधी रसायन की परत लगाई जाए, तो यह एक बाहरी परिसज्जा होती है। **वस्त्र** को सिलवटों से बचाने के लिए यूरिया फॉर्मलडिहाइड जैसे क्रॉस लिंकिंग रसायन का उपयोग करना एक आंतरिक परिसज्जा होती है।

14.1.3 परिसज्जा से प्राप्त परिणाम के आधार पर

परिसज्जा से प्राप्त परिणामों पर आधारित यह वर्गीकरण विधि सबसे अधिक प्रचलित है और इस अध्याय में भी इसी का उपयोग किया जाएगा। परिसज्जा की तीन श्रेणियां हैं—मूल/बेसिक, विशिष्ट/स्पेशल और रंग प्रदान करने वाली।

हम परिसज्जा की तुलना हर दिन अपने घरों को छोड़ने से पहले तैयार होने की प्रक्रिया से कर सकते हैं। प्रत्येक दिन, हम कुछ क्रियाएं करते हैं, जैसे दांतों को ब्रश करना, स्नान करना और बालों को कंघी करना; ये 'मूल' होती हैं। इसी प्रकार, कुछ मूल/बेसिक/रूटीन परिसज्जायें होती हैं, जिनमें से सभी **वस्त्रों** को गुज़रना पड़ता है।

दूसरी ओर, शादियों और पार्टियों जैसे विशेष अवसरों के लिए तैयार होने में अधिक समय लगता है। कोई व्यक्ति अपने चेहरे पर फ़ौंडेशन लगाता है, कोई सीधे बालों को घुंघराला बनाता है तो कोई लंबे दिखाई देने के लिए ऊंची एड़ी के जूते पहनता है। इस प्रकार, यह संभव है कि रूप में परिवर्तन (वृद्धि/कमी) लाया जाए या एक ऐसा गुण प्रदान किया जाए जो पहले अनुपस्थित हो। ठीक इसी प्रकार, परिसज्जा के क्षेत्र में, **वस्त्र** के अभीष्ट अंत उपयोग के आधार पर कुछ फंक्शनल या विशिष्ट/स्पेशल परिसज्जायें प्रदान की जाती हैं।

(क) बेसिक/रूटीन/मूल परिसज्जा: सभी **वस्त्र** इनसे गुजरते हैं ताकि उन्हें उपभोक्ताओं को स्वीकार्य बनाया जा सके और विशेष व रंग प्रदान करने वाली परिसज्जाओं के लिए तैयार किया जा सके। इसलिए, इन्हें 'प्रेपरेटरी फिनिश 'के रूप में भी जाना जाता है। इनमें सिंजिंग, डिसाइज़िंग, स्कावरिंग, ब्लीचिंग, बेसिक कैलेंडरिंग, बीटलिंग, मर्सराइज़ेशन, साइज़िंग, वेटिंग, टेंटरिंग और इंस्पेक्शन शामिल हैं। सभी **वस्त्र** इन प्रक्रियाओं में से प्रत्येक से नहीं गुजरते हैं। फिनिशर द्वारा **वस्त्रों** पर की जाने वाली परिसज्जा की अंतिम सूची उपभोक्ताओं की मांग पर आधारित होगी।

(ख) विशिष्ट/फंक्शनल परिसज्जा का उद्देश्य बाहरी रूप (एस्थेटिक) और/या कार्य क्षमता (परफोमेंस) को प्रभावित करना है। इन्हें चार श्रेणियों में उपविभाजित किया जा सकता है, जो नीचे वर्णित हैं:

(i) यांत्रिक साधनों से बाहरी रूप को बदलने वाली परिसज्जा: इस सूची में विशेष कैलेंडरिंग (श्राइनरिंग, मोयर, उभरी हुई सतह, घर्षण कैलेंडरिंग) और सतह

पर रोयें उभारना (गिग्गिंग, नैपिंग, सुएडिंग, फ्लौकिंग, एमेराइज़िंग), ब्रशिंग और कटाई करना शामिल हैं।

(ii) रासायनिक साधनों से बाहरी रूप को बदलने वाली परिसज्जा: इनमें डीलस्ट्रेंट, ऑप्टिकल ब्राइटनर, अम्ल (बर्न्ट डिज़ाइन,पार्चमेंटाइज़ेशन) और क्षार (प्लिस) के उपयोग द्वारा प्रदान की गई परिसज्जा शामिल हैं। कोमल करने वाली, अकड़न देने वाली और फेडिंग परिसज्जा भी इस गणना में आती हैं।

(iii) आराम और देखभाल गुणों को बढ़ाने वाली परिसज्जा: इस उद्देश्य के लिए प्रदान की गई परिसज्जा में शोषक, एंटीस्टैटिक, घर्षण प्रतिरोधी, एंटीस्लिप, दाग और मिट्टी प्रतिरोधी, टिकाऊ प्रेस और सिंकुड़न प्रतिरोधी परिसज्जा शामिल हैं।

(iv) सुरक्षा प्रदान करने वाली परिसज्जा: इस समूह में लौ प्रतिरोधी, जल प्रतिरोधी, पेस्टिसइड प्रतिरोधी, लाइट रिफ्लेक्टर, मॉथ प्रूफिंग और बैक्टीरिया प्रतिरोधी/बैक्टीरियोस्टैटिक परिसज्जा शामिल हैं।

(c) रंग प्रदान करने वाली परिसज्जा: इनसे एक अन्यथा सफेद **वस्त्र** को रंगा जाता है। ये दो समूहों में विभाजित किये जा सकते हैं: रंगाई और छपाई, जिनपर अगले अध्याय (15) में विस्तृत चर्चा की जाएगी। तालिका 14.1 इस वर्गीकरण का सारांश देती है।

तालिका 14.1 **वस्त्र** परिसज्जा का वर्गीकरण

बेसिक/रूटीन/मूल	विशिष्ट/फंक्शनल				रंग प्रदान करने वाली	
	रूप/एस्थेटिक के लिए		कार्य क्षमता/परफोर्मेंस के लिए		रंगाई	छपाई
	यांत्रिक साधनों से	रासायनिक साधनों से	सुरक्षा और देखभाल प्रदान करने वाली	आराम और गुणों को बढ़ाने वाली		

14.2 मूल/बेसिक/रूटीन परिसज्जा

14.2.1 बीटलिंग (Beetling)

एक यांत्रिक परिसज्जा जिसका उपयोग लिनन और सूती **वस्त्रों** के लिए किया जाता है। **वस्त्र** को भारी हथौड़ों से पीटा जाता है। यह क्रिया **वस्त्र** के रेशों के बीच के छिद्रों को बंद कर देती है, धागों को समतल करती है और प्रकाश के प्रतिबिंब के लिए एक सपाट क्षेत्र देती है, इस प्रकार **वस्त्र** की चमक में वृद्धि होती है।

14.2.2 निरीक्षण (Inspection)

इसमें कमियों के लिए **वस्त्र** की सावधानीपूर्वक जांच शामिल है (पर्चिंग)। इनमें से कुछ की मरम्मत काफी हदतक छिपा कर की जा सकती है (बर्लिंग)। कुछ खामियों के लिए अधिक मरम्मत की आवश्यकता हो सकती है (मेंडिंग)। चित्र 14.1 में एक **वस्त्र पर पीछे की दिशा से** ट्यूबलाइट से रोशनी डालकर निरीक्षण करना दिखाया गया है।

चित्र 14.1 वस्त्र का निरीक्षण।

14.2.3 सिंजिंग (Singeing)

'सिंज' का अर्थ है सतह को थोड़ा जलाना। परिसज्जा से पहले एक **वस्त्र** की सतह पर तंतुओं के कुछ उभरे हुए सिरे, थोड़े फालतू तंतु (लिंट) और कुछ धूल होती है। लिंट और धूल को हटाने के लिए सबसे पहले ब्रशिंग की जाती है। फिर **वस्त्र** को बहुत अधिक गति (100-200 मीटर प्रति मिनट) पर गर्म तांबे की प्लेटों या गैस की लपटों पर पूरी चौड़ाई में पारित किया जाता है ताकि तंतुओं के उभरे हुए सिरे जलाए जा सकें।

चिंगारी से किसी भी क्षति को रोकने के लिए, **वस्त्र** को सिंजिंग मशीन छोड़ने के बाद तुरंत एक पानी के घोल में प्रवेश करवाया जाता है।

14.2.4 डीसाइज़िंग

करघे पर बुनाई की प्रारंभिक प्रक्रियाओं में साइज़िंग, अर्थात, ताना धागों पर एक कठोर एजेंट (आम तौर पर स्टार्च) का लगाया जाना/साइज़िंग शामिल है। इसमें एक जलरोधक गुण होता है जो बाद में दी जाने वाली परिसज्जा और रंगने की क्रियाओं में बाधा उत्पन्न कर सकता है। डीसाइज़िंगके द्वारा इस कठोर पदार्थ को हटाया जाता है। यह आम तौर पर उस कठोर एजेंट को पचाने वाले एंज़ाइम की सहायता से किया जाता है।

रेशम के **वस्त्रों** में कड़क्पन हटाने की इस परिसज्जा को 'डिगमिंग' कहा जाता है क्योंकि सेरिसिन नामक गोंद रेशम के **वस्त्रों** को कठोरता प्रदान करती है।

14.2.5 स्कार्विंग/शुद्धिकरण (Scouring)

आम भाषा में, स्कार्विंग का अर्थ है पूरी तरह से धोना। एक नए निर्मित (greige/gray) 'ग्रे' **वस्त्र** में कुछ अंतर्निहित अशुद्धियों के साथ-साथ कुछ ऊपर से लगी अशुद्धियाँ भी हो सकती हैं। उदाहरण के लिए, करघे पर बुने हुए एक सूती **वस्त्र** में प्राकृतिक मोम और वर्णक (अंतर्निहित अशुद्धियाँ) पाई जाती हैं; इनके साथ-साथ हाथों और करघे के संपर्क के कारण गंदगी और तेल (अधिग्रहीत अशुद्धियाँ) के धब्बे भी हो सकते हैं।

इन सभी को स्कार्विंग द्वारा हटाया जा सकता है। कपास की सफाई के लिए उबलते पानी, साबुन/सिंडेंट, क्षारीय बिल्डर के साथ-साथ वेटिंग एजेंट का उपयोग आनुपातिक रूप से किया जाता है।

प्रोटीन **वस्त्रों** के शुद्धिकरण के लिए न्युट्रल या थोड़े अम्लीय रसायन का प्रयोग किया जाता है क्योंकि क्षारीय रसायन प्रोटीन तंतुओं को क्षति पहुंचा सकते हैं।

14.2.6 विरंजन (Bleaching)

यह परिसज्जा **वस्त्रों** में उपस्थित किसी भी रंग को रासायनिक रूप से हटाकर उन्हें सफेद रंग का कर देती है। आम तौर पर, प्राकृतिक तंतुओं में मानव निर्मित तंतुओं की तुलना में अवांछित रंग की अधिक मात्रा होती है। ब्लीच या तो ऑक्सीडाइज़िंग या रिड्यूसिंग हो सकती है। आमतौर पर उपयोग होने वाले ऑक्सीडाइजिंग ब्लीच में सोडियम हाइपोक्लोराइट (या जेवल वॉटर), हाइड्रोजन परॉक्साइड, सोडियम पर्बोरेट और पोटेशियम परमेंगनेट शामिल हैं। सूरज की रोशनी और ओजोन भी ऑक्सीकरण ब्लीच के उदाहरण हैं।

रिड्यूसिंग ब्लीच के मुख्य उदाहरण हैं सोडियम हाइड्रोसल्फाइट, सोडियम बाइसल्फाइट और सोडियम थायोसल्फेट।

रिड्यूसिंग ब्लीच की तुलना में ऑक्सीकरण ब्लीच का प्रभाव अधिक स्थायी होता है। ब्लीचिंग के लिए एजेंट और अन्य परिस्थितियों का चुनाव सब्सट्रेट अर्थात **वस्त्र** और श्वेतीकरण की इच्छित मात्रा की आवश्यक मात्रा के आधार पर किया जाता है। ब्लीच के प्रयोग के पश्चात हमेशा **वस्त्र** को धो लिया जाना चाहिए।

इस परिसज्जा को उपभोक्ता भी सफेद **वस्त्रों** के लिए उपयोग कर सकते हैं। बाज़ार में 'आला' जैसे ब्लीच के कई ब्रांड उपलब्ध हैं, जिन्हें उपयोग करना सरल है और ये संतोषजनक परिणाम भी देते हैं।

14.2.7 रेशम में कड़ापन/वेटिंग (Weighting)

यह परिसज्जा रेशमी **वस्त्र** को एक स्थिर आकार दृढ़ता और वज़न प्रदान करती है। हालांकि यह एक मूल परिसज्जा है, किन्तु कुछ परिस्थितियों में इसे अंत में (जैसे रंगाई के बाद) भी दिया जा सकता है।

सेल्युलोज़िक **वस्त्रों** को मांड/स्टार्च (अस्थायी) या रेज़िन (स्थायी) के साथ **कड़ापन** दिया जा सकता है। इस परिसज्जा को उपभोक्ता बाज़ार में मिलने वाले पदार्थों (जैसे **'रिंवाइव'**) के प्रयोग से **वस्त्रों** में स्वयं भी लगा सकते हैं।

रेशम के **वस्त्रों** को वेटिंग (weighting) नामक प्रक्रिया से गुज़रना पड़ता है। पूरी तरह से डिगमिंग के बाद, रेशमी **वस्त्र** नरम और हल्के हो जाते हैं क्योंकि इस प्रक्रिया में हटाया गया सेरिसिन गोंद रेशमी **वस्त्र** के कुल वज़न में 25% योगदान देता है। वज़न में इस कमी की भरपाई के लिए वेटिंग नामक परिसज्जा दी जाती है। रेशम को उपयुक्त कार्बनिक और अकार्बनिक यौगिकों (जैसे टिन, एल्युमिनियम, आयरन और टैनिक अम्ल) के लवण में डुबोकर निकालने के बाद सुखा लिया जाता है। सही ढंग से करने पर जितने वज़न का डिगमिंग में नुकसान हुआ होता है, उतना ही वेटिग में रेशम द्वारा सोख लिया जाता है। इसे "एट पार/at par " कहा जाता है और यह **वस्त्र** को सही भराव प्रदान करता है। हालांकि, कई बार एक कदाचार के रूप में, कुछ रेशम निर्माता "अबव पार/above par " वेटिंग करते हैं। यह उनका मुनाफा तो **बढ़ाता** है लेकिन रेशम की ताकत और चमक को कम करने से हानिकारक सिद्ध होता है।

14.2.8 बेसिक/मूल कैलेंडरिंग (Basic Calendering)

यह परिसज्जा **वस्त्र** पर **इस्त्री** करने के समान है; अंतर यह है कि यह बहुत बड़े स्तर पर की जाती है और इसे दो बड़े रोलर के उपयोग द्वारा उपयोग करके किया जाता है। घर पर **इस्त्री** करते समय, एक गर्म धातु (लोहा) के उपयोग से **इस्त्री** बोर्ड की गद्देदार सतह पर रखे **वस्त्र**

को दबाया जाता है, जिससे उसकी सिलवटें हट जाती हैं। बेसिक कैलेंडरिंग में, वस्त्र को खुली चौड़ाई में दो रोलर के बीच में से गुज़ारा जाता है; इनमें से एक धातु का बना होता है, जिसे गरम किया जाता है, जबकि दूसरा गद्देदार होता है। कैलेंडरिंग के बाद वस्त्र एक सपाट, मुलायम सतह प्राप्त करते हैं।

14.2.9 टेंटरिंग (Tentering)

यह परिसज्जा किसी भी गीले उपचार के बाद देनी आवश्यक होती है। जैसे ही गीला वस्त्र निकलता है, उसे पिन या क्लिप के साथ दो समानांतर जंजीरों/चेन के बीच फैला दिया जाता है (इससे कई बार सेल्वेज में छोटे छेद भी छूट जाते हैं)। वांछित चौड़ाई प्राप्त करने के लिए जंजीरों के बीच की दूरी समायोजित की जाती है और टेंटर फ्रेम पर फैलाए हुए वस्त्र को सुखाने वाले कक्षों में ले जाया जाता है।

यह एक मूल लेकिन महत्वपूर्ण परिसज्जा है क्योंकि अनुचित टेंटरिंग से वस्त्र "औफ्फ़ ग्रेन" बन सकते हैं, जिससे उनके रूप, उपयोगिता और कार्य क्षमता को क्षति पहुँच सकती है।

14.2.10 मर्सेराइज़ेशन

1851 में John Mercer ने कपास पर कॉस्टिक सोडा (क्षार) उपचार के प्रभाव की खोज की। इससे क्रॉस सेक्शन आकार में गुर्दे या फली आकार (ʗ) से गोलाकार (O) तक का बदलाव आया, जिससे चमक में बहुत वृद्धि हुई। इस प्रक्रिया से उपचारित कपास में अधिक टेंसाइल शक्ति के साथ साथ, नमी और रंगों को सोखने की अधिक क्षमता तो पाई ही गई, लेकिन लंबाई में सिकुड़न भी देखी गई।

1889 में Lowe ने इस प्रक्रिया में सुधार की खोज की, अर्थात्, कपास को तनाव की स्थिति में मर्सेराइज़ किया। इस प्रकार से उत्पादित वस्त्र में पहले उल्लेख किये गए सभी अच्छे गुण तो थे ही, साथ में वे किसी भी सिकुड़न के दौर से नहीं गुज़रे थे! यही नहीं, वे छूने में नरम और यांत्रिक परिसज्जा प्रक्रियाओं के लिए अधिक क्षमता जैसे कुछ अतिरिक्त गुणों वाले भी पाए गए थे। इससे तनाव की स्थिति में मर्सेराइज़ेशन के व्यावसायिक उपयोग का मार्ग प्रशस्त हुआ।

मर्सेराइज़ेशन में नियंत्रित अवधि के लिए तनु क्षारीय घोल (16–23% NaOH या KOH) में कपास (यार्न या वस्त्र) को डुबोया जाता है, जिसके बाद उसे पूरी तरह से न्युट्रेलाइज़ किया और धोया जाता है।

यह परिसज्जा रंगाई से पहले सूती वस्त्रों को दी जाती है। हालांकि, बिना मर्सेराइज़ किया कपास भी कुछ कार्यों के लिए उपयोग किया जाता है। 'मार्किन' ऐसा उदाहरण है। यह रज़ाई या गद्दे के लिहाफ बनाने के लिए और परिधान पाठ्यक्रमों के छात्रों द्वारा ड्रेपिंग (draping) के लिए प्रयोग किया जाता है।

अभी तक चर्चा की गई परिसज्जायें आम तौर पर सेल्युलोज़िक के लिए उपयोग की जाती हैं। ऊनी वस्त्रों को कार्बोनाइज़िंग, क्रैबिंग, डेकेटिंग और फुल्लिंग जैसे कुछ विशेष उपचारों से गुज़रना पड़ता है। तालिका 14.2 में प्रत्येक परिसज्जा की गणना एक संक्षिप्त विवरण के साथ दी गई है।

तालिका 14.2 ऊनी **वस्त्रों** के लिए परिसज्जा

परिसज्जा	विधि
कार्बोनाइज़िंग (रासायनिक)	तनु H_2SO_4 के उपयोग से वानस्पतिक अशुद्धियों को जलाया जाता है
क्रैबिंग (मैकेनिकल/यांत्रिक)	ऊनी **वस्त्र** को गरम पानी और फिर ठन्डे पानी में डालने के बाद रोलर के बीच से गुज़ारा जाता है। यह बुनाई सेट करने में मदद करता है और सिंकुड़न को भी समाप्त कर सकता है
डेकेटिंग (मैकेनिकल)	यह ऊनी **वस्त्र** में चमक सेट करने और स्थाई चमक विकसित करने में मदद करता है
फुलिंग (मैकेनिकल)	यह ऊनी **वस्त्र** को अधिक गुंधा हुआ और मुलायम बनाता है; नमी, गर्मी और घर्षण के संयोजन से **फेल्टिंग** सिकुड़न लाई जाती है

14.3 कार्यात्मक/फंक्शनल परिसज्जा जिनसे **वस्त्रों** के रूप (Aesthetics) को बदला जाता है

निम्नलिखित परिसज्जा यांत्रिक साधनों को नियोजित करती हैं।

14.3.1 विशेष कैलेंडरिंग

मूल कैलेंडरिंग की तरह, ये भी रोलर की सहायता से प्रदान की जाने वाली यांत्रिक परिसज्जा है। इसमें विशिष्ट बात यह है कि **वस्त्र** में एक डिज़ाइन तैयार किया जाता है। यह अस्थायी होता है जब कपास के लिए लागू किया जाता है लेकिन कपास के साथ रेज़िन या थर्मोप्लास्टिक **वस्त्रों** के उपयोग से परिसज्जा के प्रभाव को स्थायी बनाया जा सकता है।

(i) श्राइनरिंग (Shreinering)

यहां **वस्त्र** को एक ऐसे रोलर के विरूद्ध दबाया जाता है जिसकी सतह पर बारीक विकर्ण रेखाएं होती हैं। इसके उपयोग से एक हल्की चमक वाला मुलायम **वस्त्र** तैयार किया जाता है। चित्र 14.2 में इस प्रक्रिया के लिए एक योजनाबद्ध आरेख दिया गया है।

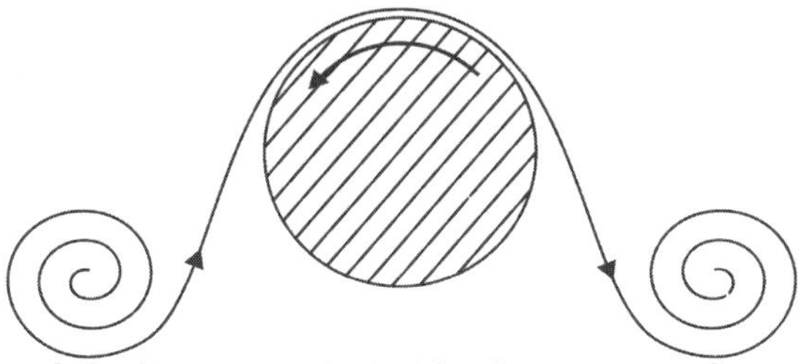

चित्र 14.2 श्राइनरिंग

(ii) मॉयर (Moire)

जब एक रिब बुनावट वाले **वस्त्र** को स्वयं पर दोहरा करने के बाद बहुत दबाव दिया जाता

है, तो एक तरफ के मोटे यार्न दूसरी तरफ एक छाप छोड़ देते हैं। फिर ऐसे **वस्त्रों** में प्रकाश परावर्तन में अंतर के कारण एक आकर्षक 'वॉटर मार्क ' डिज़ाइन बन जाता है।

(iii) एम्बोस्ड (embossed) अर्थात उभरी हुई सतह

यह परिसज्जा 3-D डिज़ाइन के रूप में सबसे अधिक प्रभाव पैदा करती है। धातु से बने डिज़ाइन रोलर में एक पैटर्न होता है जो सतह पर उभरा (उठा) होता है। दूसरा (नरम) रोलर कागज़ या **वस्त्र** के पैड से ढका हुआ होता है। मशीन चलाने पर दोनों रोलर परस्पर घूमते हैं और इस गति के साथ, डिज़ाइन रोलर का आकार नरम रोलर की सतह पर दब कर अंकित हो जाता है। इसके बाद **वस्त्र** को इन दोनों रोलर के बीच से गुज़ारा जाता है और यह मशीन से बाहर आने पर 3-D पैटर्न प्राप्त कर चुका होता है। चित्र 14.3 उभरी सतह वाली परिसज्जा के लिए एक योजनाबद्ध आरेख दर्शाता है।

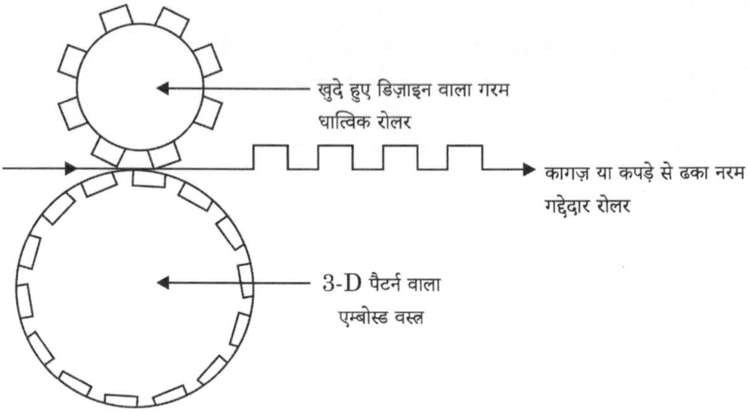

चित्र 14.3 एम्बोस्ड/उभरी सतह वाली परिसज्जा

(iv) घर्षण कैलेंडरिंग

घर्षण कैलेंडरिंग से अत्यधिक चमक वाली सतह के **वस्त्र** तैयार किये जाते हैं। ग्लेज़िंग (glazing) में, **वस्त्र** को कैलेंडरिंग से पहले रेज़िन की परत लगा दी जाती है, जबकि सायरिंग (cireing) में मोम का उपयोग किया जाता है। चित्र 14.4 घर्षण कैलेंडर को दर्शाता है।

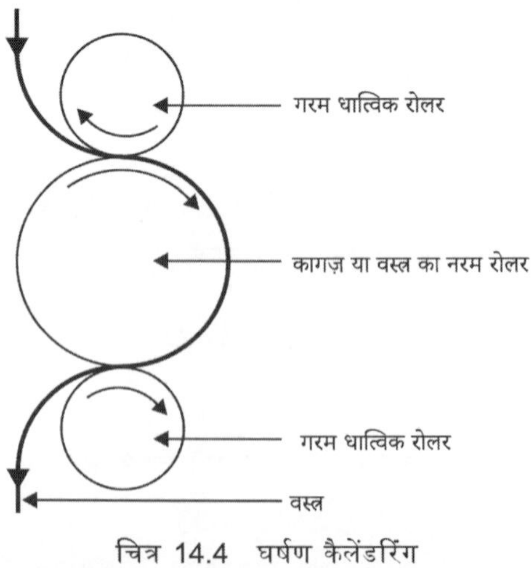

चित्र 14.4 घर्षण कैलेंडरिंग

14.3.2 रोयेंदार/उठी सतह प्रदान करने वाली परिसज्जा

वस्त्र की सतह से तंतुओं के सिरों को उठाने के लिए यांत्रिक साधनों को नियोजित करने वाली कई परिसज्जायें हैं।

(i) नैपिंग (Napping)

इस प्रक्रिया में धातु से बने बारीक, मुड़े हुए हुक से ढके सिलेंडरों की एक श्रृंखला का उपयोग किया जाता है जो कि वस्त्र की सतह (चित्र 14.5) से ढीले तंतुओं को खींचने का काम करते हैं। इससे इन वस्त्रों पर नरम रोयें बन जाते हैं जिनसे बुनियादी वस्त्र ढक जाता है। नैपिंग परिसज्जा से बने वस्त्र का एक उदाहरण फ्लैनेल है। ऐसे वस्त्र गर्म और नरम होते हैं, तथा बच्चों के परिधान और चादरों में उपयोग किये जाते हैं।

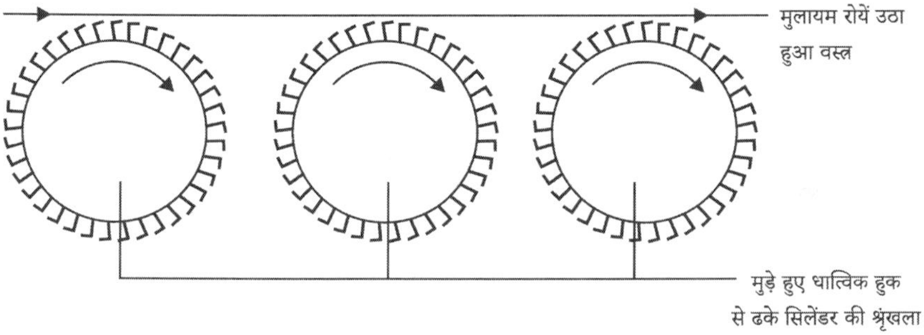

चित्र 14.5 नैपिंग

(ii) गिग्गिंग (Gigging)

थिसल पौधे (कांटेदार तने और पत्तियों वाला पौधा) से तीले एक सिलेंडर पर लगाने के बाद वह वस्त्र पर रगड़ा जाता है। यह क्रिया नैपिंग से कोमल होती है और वस्त्र की ताकत को कम किए बिना उसपर छोटे, नरम रोयें उभार देती है।

(iii) सुएर्डिंग (Sueding)

इस परिसज्जा में वस्त्र एक ऐसे रोलर के संपर्क में आता है, जिसपर रेगमार/सैंडपेपर लपेटा होता है। इसके साथ घर्षण से वस्त्र की एक तरफ तंतुओं के कटने के कारण एक रोयेंदार सतह बन जाती है। इस परिसज्जा का यह नाम इसलिए पड़ा क्योंकि इससे तैयार वस्त्र पर एक मुलायम मखमली सतह बनती है—बिलकुल चमड़े से बने सुएड जैसी।

(iv) एमेराइज़िंग (Emerising)

हाल के वर्षों में, "पीच स्किन" वाले पॉलिएस्टर वस्त्र उपभोक्ताओं में बहुत लोकप्रिय हुए हैं। इन्हें तैयार करने के लिए एमरी (emery) पेपर, अर्थात कठोर पदार्थों की कोटिंग वाले कागज़ के साथ रगड़ा जाता है। इससे वस्त्र की सतह मुलायम और आकर्षक दिखती है, हालांकि उस की ताकत में कुछ कमी आ जाती है।

(v) फ्लोर्किंग (Flocking)

अब तक चर्चा की गई चार परिसज्जाओं में, विभिन्न साधनों के प्रयोग से वस्त्र की सतह पर रोयें उठाए गए। फ्लोर्किंग की प्रक्रिया में, तंतुओं के बहुत छोटे टुकड़े (फ्लोक) वस्त्र की सतह

पर, एक चिपकने वाले पदार्थ की सहायता से लगाए जाते हैं। सुखाने के बाद ये ऊपर से लगे रोयें सुरक्षित रूप से **वस्त्र** पर आयोजित किये जाते हैं।

फ्लोक्किंग के लिए उपयोग की जाने वाली प्रक्रियाएं यांत्रिक या इलेक्ट्रोस्टेटिक हो सकती हैं [चित्र 14.6(क) और (ख)] देखें। फ्लोक्किंग से या तो एक समग्र सतह या नमूनों वाली सतह प्राप्त करनी संभव होती है। नमूनों में फ्लोक्किंग तैयार करने के लिए, चिपकने वाला पदार्थ केवल डिज़ाइन क्षेत्रों में लगाया जाता है।

इस तरह के **वस्त्रों** को सावधानीपूर्वक देख-रेख की आवश्यकता होती है क्योंकि इनपर लगे चिपकने वाले पदार्थ को नुकसान नहीं पहुंचना चाहिए।

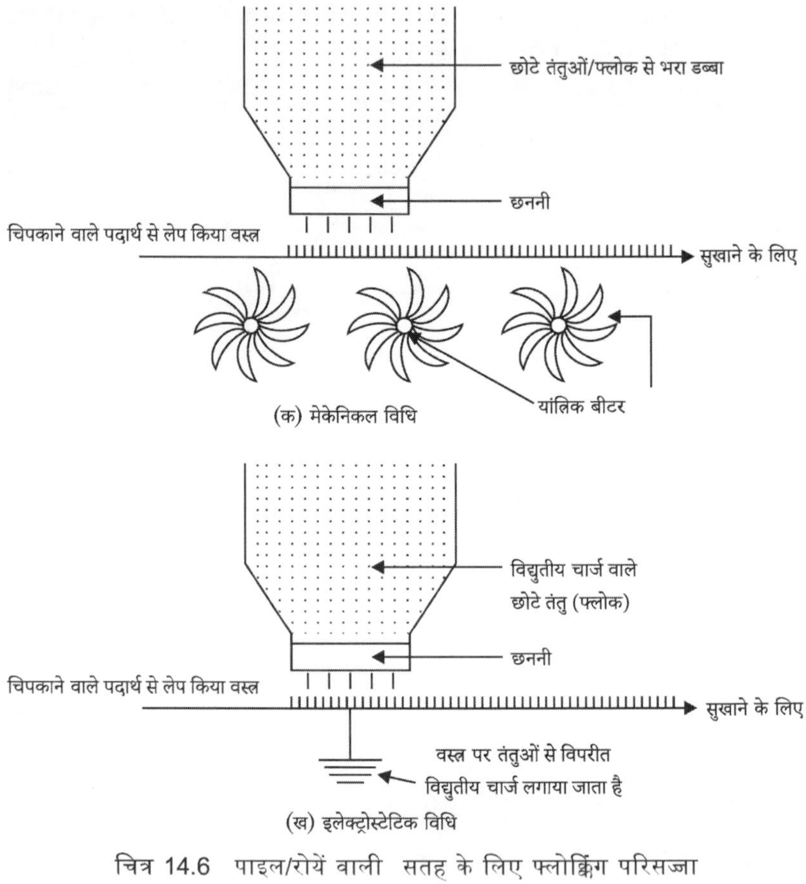

चित्र 14.6 पाइल/रोयें वाली सतह के लिए फ्लोक्किंग परिसज्जा

(vi) ब्रश फेरना और कटाई करना (Brushing and Shearing)

यह एक नियमित परिसज्जा है जो सभी पाइल **वस्त्रों** के निर्माण के बाद की जाती है, चाहे वे करघे पर बुनाई कर द्वारा उत्पादित हुए हों या फिर फिनिशर द्वारा परिसज्जा से। ब्रश फेरने से ढीले रेशे और यहां तक कि पाइल में पकड़ी गई कोई भी धूल निकल जाती है। कटाई करने से **वस्त्र** की सतह से उभरते रोयें एक जितनी ऊंचाई के हो जाते हैं। यह भी संभव है कि डिज़ाइन में विविधता लाने के लिए पाइल को अलग अलग ऊंचाइयों में काटा जाए।

निम्नलिखित परिसज्जायें रासायनिक साधनों द्वारा प्रदान की जाती हैं:

14.3.3 डीलस्ट्रेंट

मानव निर्मित तंतुओं की कताई के घोल/डोप में डीलस्ट्रेंट मिलाए जाते हैं। ये टाइटेनियम डाइऑक्साइड (TiO_2) या जीरेनियम डाइऑक्साइड (GeO_2) के बारीक पिसे कण होते हैं। इनका कार्य होता है—प्रकाश प्रतिबिंब में बाधा डालकर तंतुओं की तेज़, आँखों को चुभने वाली चमक को कम करना। चित्र 14.7 दो निर्मित तंतुओं के क्रॉस-सेक्शन को दर्शाता है।

चमकीला तंतु (बिना डीलस्ट्रेंट मिलाए)

चमकरहित/ डीलस्टर्ड तंतु (डीलस्ट्रेंट के काले धब्बे दृश्यमान)

चित्र 14.7 दो निर्मित तंतुओं के क्रॉस-सेक्शन

14.3.4 ऑप्टिकल ब्राइटनिंग पदार्थ (OBAs)

इन्हें फ्लोरोसेंट ब्राईटनिंग पदार्थ (FBAs) भी कहा जाता है। ये रसायन **वस्त्र** पर परत चढ़ा कर उसे "सफ़ेद से भी अधिक सफ़ेद" दिखने में सहायता करते हैं। इसके लिए ये अदृश्य प्रकाश का अवशोषण करने के बाद उसे दृश्यमान स्पेक्ट्रम में प्रतिबिंबित करते हैं।

अल्ट्रावायलट ← 4Å	VIBGYOR	7Å →	इन्फ्रारेड
(अदृश्य स्पेक्ट्रम)	(दृश्यमान स्पेक्ट्रम)		(अदृश्य स्पेक्ट्रम)

इस परिसज्जा को उपभोक्ता घर पर भी प्रदान कर सकते हैं। रानीपाल जैसे कुछ 0BA के ब्रांड हैं जो **वस्त्रों** की धुलाई की प्रक्रिया में प्रयोग किये जा सकते हैं।

14.3.5 अम्लीय परिसज्जा

अम्ल के उपयोग से प्राप्त दो प्रमुख परिसज्जायें होती हैं—बर्न्ट डिज़ाइन और पार्चमेंटाइज़ेशन।

अम्ल से सेल्युलोज़िक तंतुओं को क्षति पहुँच सकती है। इस तथ्य का उपयोग सेल्युलोज़िक और गैर-सेल्युलोज़िक तंतुओं के मिश्रण से बने **वस्त्रों** पर रोचक डिज़ाइनों का उत्पादन करने के लिए किया जाता है। अम्ल के साथ नियंत्रित **गाढ़ापन**, तापमान और उपचार के समय के उपयोग से, **वस्त्र** के कुछ क्षेत्रों को 'जला हुआ/बर्नट' कर लिया जाता है, जिससे ये हिस्से पारदर्शी दिखाई देने लगते हैं। इस तरह के **वस्त्र** आमतौर पर महिलाओं के सूट और ब्लाउज़ जैसे उत्पादों के लिए उपयोग किए जाते हैं।

पार्चमेंटाइज़ेशन में, सूती **वस्त्र** को डाइल्यूट सल्फ्यूरिक अम्ल में डाला जाता है ताकि इसकी सतह जिलेटिन जैसी नरम हो सके। इसके बाद इसे पानी से धो लिया जाता है, जिससे जिलेटिन की सतह एक स्थायी व कठोर रूप ले लेती है। **वस्त्र** अब पार्चमेंट की तरह कठोर, पारदर्शी और चर्मपत्र जैसा प्रतीत होता है। आर्कंडी का **वस्त्र** इसी प्रक्रिया से तैयार किया जाता है।

14.3.6 क्षारीय परिसज्जा

जैसा कि मर्सेराइज़ेशन परिसज्जा में चर्चा की गई है, सेल्युलोज़िक **वस्त्र** NaOH जैसे क्षारीय रसायनों को अवशोषित करने के बाद फूल जाते हैं और परिणामस्वरूप इनकी लंबाई में सिकुड़न आ जाती है। इसी व्यवहार का उपयोग 'प्लिस' इफ़ेक्ट (चुन्नट/क्रिंकल) प्राप्त करने के लिए किया जाता है (चित्र 14.8 देखें)। सोडियम हाइड्रोक्साइड (NaOH) का एक मोटा लेप पूर्व निर्धारित क्षेत्र में लगाया जाता है। इससे छापे गए भाग सिकुड़ जाते हैं जबकि बिना छपे भाग में इस सिकुड़न को समायोजित करने के लिए चुन्नटें बन जाती हैं।

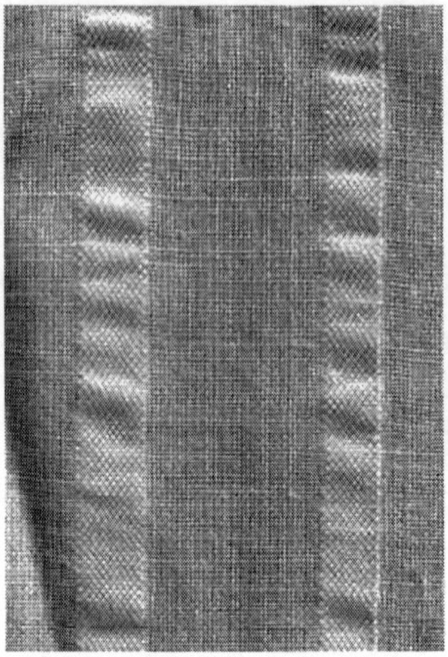

चित्र 14.8 प्लिस परिसज्जा

नायलॉन के **वस्त्र** पर फिनॉल रसायन के उपयोग द्वारा इसी प्रकार का चुन्नट वाला क्रिंकल रूप दिया जा सकता है। प्लिस **वस्त्र** को 'सीयरसकर' के साथ भ्रमित नहीं किया जाना चाहिए। इसमें भी चुन्नटें देखी जाती हैं लेकिन वे क्षार के उपयोग से तैयार नहीं की जातीं। उन्हें करघे पर बुनाई करते समय, धागों के तनाव को घटाने और **बढ़ाने** से उत्पादित किया जाता है।

14.3.7 वस्त्र को नरम बनाने (सॉफ्टनिंग/Softening) की परिसज्जा

यह उन सभी परिसज्जाओं के बाद दिया जा सकता है, जिनसे **वस्त्र** छूने में कठोर महसूस होने लगते हैं। सॉफ्टनिंग पदार्थों में क्वार्टरनरी अमोनियम लवण, तेल, वसा, मोम इमल्शन और सिलिकॉन यौगिक शामिल हैं। इस तरह की परिसज्जा देने से **वस्त्रों** में स्टेटिक चार्ज की समस्या तो कम हो जाती है, लेकिन उनके अवशोषण और लौ प्रतिरोध में भी कमी आ सकती है।

14.3.8 वस्त्र में अकड़न देने (स्टिफ्फनिंग/Stiffening) की परिसज्जा

अकड़न प्रदान करने की एक गैर-रासायनिक विधि है मांड/स्टार्च का उपयोग, जिस पर साइज़िंग परिसज्जा के अंतर्गत चर्चा की गई थी। **वस्त्रों** को स्थायी अकड़न प्रदान करने के लिए थर्मोसेटिंग रेज़िन जैसे रसायनों का उपयोग किया जा सकता है। इस तरह की परिसज्जा से **वस्त्रों** को कड़क रूप देने के साथ-साथ उनमें घर्षण और यार्न स्लिपेज की समस्या भी नहीं होती है।

14.3.9 रंग फीका करने वाली/फेडिंग परिसज्जा

रंग फीका पड़ना, जो कुछ समय पहले तक पुराने और घिसे हुए **वस्त्रों** का लक्षण माना जाता था, वही आज फैशन में है! परिसज्जा उद्योग ने कई रोचक फैशन डेनिम तैयार किये हैं (चित्र 14.9 देखें)। ये स्टोन वॉश (एक कक्ष में चयनित रसायनों के साथ संतृप्त प्यूमिस पत्थरों के साथ घुमाते हुए धोने) से या एंज़ाइम, क्षारीय या ऑक्सीकरण एजेंट के साथ केमिकल वॉश/रासायनिक धुलाई द्वारा प्राप्त किए जाते हैं।

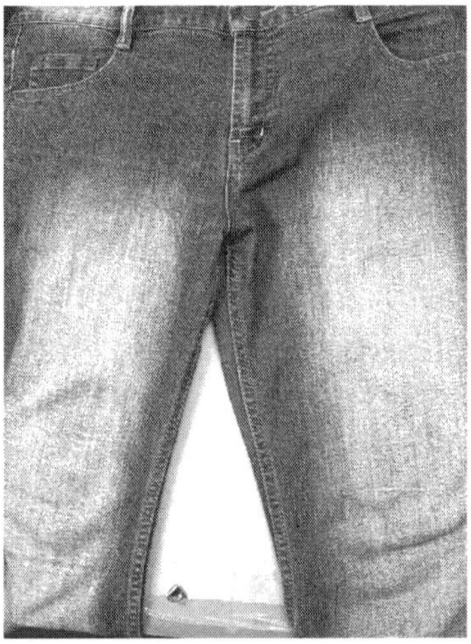

चित्र 14.9 रंग फीका की गई/फेड की गई नयी जींस

रेशम जैसे **वस्त्रों** में, "सैंडेड रेशम" का उत्पादन करने के लिए हल्की स्थितियों का उपयोग किया जाता है। यहाँ प्यूमिस पत्थरों के स्थान पर **वस्त्रों** द्वारा नियंत्रित घर्षण दिया जाता है।

14.4 कार्य क्षमता को प्रभावित करने वाली फंक्शनल परिसज्जा

निम्नलिखित परिसज्जायें **वस्त्रों** के आराम और देखभाल के गुणों को प्रभावित करती हैं।

14.4.1 शोषक परिसज्जा

इस तरह की परिसज्जा **वस्त्र** की नमी सोखने की क्षमता को बढ़ाती है। इसे प्रदान करने के लिए अमोनियम यौगिकों, ह्यूमेक्टेंट और वेटिंग एजेंट जैसे रसायनों के मिश्रण को उपयोग में लाया जाता है। विकिंग/wicking और नमी को प्रवाह करने के गुण इसलिए महत्वपूर्ण होते हैं क्योंकि वे शरीर को सूखा और आरामदायक महसूस करवाते हैं। इस तरह के **वस्त्र** आसानी से पसीना अवशोषित करते हैं और इनमें स्टेटिक के कारण शरीर से चिपटने की संभावना भी कम होती है। ऐसे **वस्त्र** रंगाई के समय रंग को तेज़ी से सोख लेते हैं लेकिन इन्हें सूखने में अधिक समय लगता है। इस परिसज्जा के आम अनुप्रयोगों में होज़री, खेल के **वस्त्र**/स्पोर्ट्सवियर, शयन के **वस्त्र**/स्लीपवियर, तौलिए, शिशु देखभाल के लिए उत्पाद, नर्सिंग होम/वरिष्ठ देख-भाल का सामान और डायपर शामिल हैं।

कुछ परिसज्जाओं (जैसे बीटलिंग और दाग प्रतिरोधी) से एक **वस्त्र** के जल अवशोषण को बढ़ाने में सहायता मिलती है। वहीं दूसरी ओर, **वस्त्र** को नरम बनाने के लिए मोम या तेल का उपयोग करने वाली कुछ परिसज्जाओं से उसकी अवशोषण क्षमता बाधित होगी क्योंकि ये पदार्थ हाइड्रोफोबिक होते हैं।

14.4.2 एंटीस्टेटिक परिसज्जा

स्टेटिक चार्ज बिल्ड-अप एक ऐसी समस्या है जो कृत्रिम/सिंथेटिक तंतुओं के उपयोग में निर्माताओं के साथ-साथ उपभोक्ताओं के स्तर पर भी सामने आती है। इस समस्या से निपटने के कई तरीके हैं। इन तंतुओं पर लगे विद्युत् चार्ज को बेअसर करने के लिए उचित परिसज्जा दी जा सकती है या फिर इन्हें हाइड्रोफिलिक अर्थात जल अवशोषक बनाया जा सकता है। पानी बिजली का एक अच्छा कंडक्टर/सुचालक है और स्टेटिक निर्माण को समाप्त कर सकता है। इसके लिए क्वार्टरनेरी अमोनियम यौगिकों और फॉस्फेट एस्टर जैसे रसायनों का उपयोग किया जाता है।

इस समस्या का एक और समाधान है—सम्मिश्रण किये गए तंतुओं का उपयोग। कालीन जैसे उत्पादों को बुनते समय, कुछ धातु के तारों को भी साथ में बुना जाता है, जिससे विद्युत् का संचालन करने में मदद मिलती है।

14.4.3 घर्षण प्रतिरोधी परिसज्जा

घर्षण से **वस्त्रों** की सतह घिस जाती है। मानव निर्मित तंतुओं से निर्मित **वस्त्रों** में इससे पिल्लिंग/pilling (बुर बनने) की समस्या उत्पन्न होती है, जिससे इनके सौंदर्य में कमी आ जाती है। घर्षण प्रतिरोध के लिए मुलायम थर्मोप्लास्टिक रेज़िन का उपयोग किया जाता है।

इस समस्या को हल करने की एक अन्य विधि है—सम्मिश्रण। अध्याय 18 में इस पर विस्तार में चर्चा की गई है।

14.4.4 एंटीस्लिप परिसज्जा

यार्न का फिसलना/स्लिपेज एक ऐसी समस्या है जिससे सिलाइयों का छिजना, खुलना और उधड़ना शुरू हो जाता है। रेयॉन व उसके जैसे अन्य चिकने तंतुओं में यह समस्या अधिक पायी जाती है। **वस्त्रों** में कम फैब्रिक काउंट, असंतुलित निर्माण और कसा हुआ फिट होने से यह समस्या और बढ़ सकती है। यूरिया या मेलामाइन फॉर्मेल्डिहाइड के रेज़िन का लेप लगाने से रेशों को अपने स्थानों पर बांधकर रखने और फिसलने से रोकने में मदद मिलती है।

14.4.5 दाग और धूल प्रतिरोधी परिसज्जा

ये कालीन या असबाब जैसे **वस्त्र** उत्पादों के 'स्वच्छ' रूप को बनाए रखने में मदद करती हैं। फ्लोरोकार्बन और ऑर्गेनोसिलिकोन यौगिकों जैसे रसायनों के उपयोग से **वस्त्र** की सतह पर एक परत लगा ली जाती है। इस प्रकार, एक सुरक्षात्मक कवच तैयार कर लिया जाता है जो दाग और धूल के प्रवेश को रोकता है। एक अन्य तरीका है—सतह तनाव/सर्फेस टेंशन को बढ़ाना, जिससे तरल आधारित दाग बूंदों के रूप में **वस्त्र** की सतह से झड़ जाते हैं—ठीक वैसे ही जैसे कमल के पत्तों पर पानी की बूंदों का फिसलकर रोल-ऑफ/झड़ना देखा जाता है।

14.4.6 स्थायी प्रेस परिसज्जा

जैसा कि इस नाम से पता चलता है, इस परिसज्जा की प्रक्रिया से गुज़रने के बाद **वस्त्रों** में उपयोग, धुलाई या सूखने के बाद भी सिलवटें नहीं दिखाई देती हैं। आज के तेज़ रफ़्तार जीवन में उपभोक्ताओं द्वारा सुविधाजनक **वस्त्रों** की मांग निरंतर बढ़ रही है। वे ऐसे **वस्त्रों** से आकर्षित होते हैं जिन्हें आसानी से मशीन में धोने के बाद बिना **इस्त्री** किये पहना जा सके। स्थायी प्रेस परिसज्जा प्रदान किए गए **वस्त्र** से बना उत्पाद अपने जीवन के अधिकांश हिस्से तक बिना सिलवट वाले रूप को बनाए रखते हैं (जैसा कि 'स्थायी' शब्द द्वारा पता लगता है)।

सामान्य तौर पर, सूती **वस्त्रों** में सिलवटें पड़ने की अधिक समस्या पायी जाती है और अधिकांश मानव निर्मित तंतुओं से निर्मित **वस्त्रों** में हीट सेटिंग द्वारा स्थिरता प्रदान करनी संभव होती है।

इस परिसज्जा को प्रदान करने के लिए रेज़िन को व्यापक रूप से उपयोग किया जाता है। उदाहरणों में डाइमेथाइल डाइहाइड्रोक्सी इथिलीन यूरिया (DMDHEU), डाइमिथाइल इथिलीन यूरिया (DMEU), यूरिया फॉर्मेल्डिहाइड और मेलामाइन शामिल हैं। रेज़िन के कार्यात्मक समूह आसन्न सेल्युलोज़ अणुओं के साथ प्रतिक्रिया करते हैं। क्रॉस लिंकिंग होती है जिसमें सेल्युलोज़ के कमज़ोर हाइड्रोजन बांड को रेज़िन के साथ मज़बूत सहसंयोजक बांड द्वारा प्रतिस्थापित किया जाता है, जिससे अधिक स्थिरता उत्पन्न होती है। विरूपण के बाद, अणुओं को मूल स्थितियों में वापस खींच लिया जाता है, इस प्रकार बिना सिलवटों वाले रूप को बनाए रखा जाता है। कई बार इस कार्य के लिए सिलिकॉन आधारित पदार्थों का उपयोग भी किया जाता है।

वस्त्रों पर रेज़िन लगाने के बाद उसे तंतुओं में दृढ़ता से बिठाने के लिए, बहुत उच्च तापमान पर क्योरिंग करने की आवश्यकता होती है। इसे करने के लिए दो विकल्प हैं—प्री-क्योरिंग और पोस्ट-क्योरिंग।

प्री-क्योरिंग

रेज़िन को पानी के घोल में मिलाकर **वस्त्र** पर लगाया जाता है → **वस्त्र** को सुखाया जाता है → रेज़िन को **वस्त्र** में सेट करने अर्थात दृढ रूप से जमने के लिए उसे उच्च तापमान तक गरम किया जाता है → **वस्त्र** को धोकर उसमें से बिना जमे रेज़िन को हटाया जाता है → **वस्त्र** को सुखा लिया जाता है → परिधान बनाने के लिए कटाई और सिलाई की जाती है।

पोस्ट-क्योरिंग

रेज़िन को पानी के घोल में मिलाकर लगाया जाता है → **वस्त्र** को सुखाया जाता है → परिधान बनाने के लिए कटाई और सिलाई की जाती है → रेज़िन को **वस्त्र** में सेट करने के लिए उच्च तापमान पर ले जाया जाता है → अतिरिक्त रसायनों को हटाने के लिए अंतिम बार धुलाई की जाती है।

14.4.7 सिकुड़न प्रतिरोधी परिसज्जा

पहले 'सिकुड़न' शब्द को समझना महत्वपूर्ण है, इससे पहले कि यह समझा जा सके कि इससे निपटा कैसे जा सकता है। सिकुड़न शब्द का तात्पर्य तंतु, यार्न या **वस्त्र** की लंबाई या चौड़ाई में कमी आने से होता है। तंतुओं के गुणों (अध्याय 4) में इस विषय पर कुछ चर्चा हुई थी जिसे हम पुनः दोहरा लेते हैं।

करघे पर वस्त्र बुनते समय ताना के धागों को खींचकर तनाव की स्थिति में रखा जाता है। जब एक बुना हुआ वस्त्र पानी में डुबोया जाता है, तो ताना धागों का तनाव छूट जाता है और वे अपनी मूल/बिना खिंचाव वाली लंबाई पर वापस लौट आते हैं। इसके फलस्वरूप होने वाली सिकुड़न को रिलेक्सेशन (relaxation) सिकुड़न कहा जाता है। आम तौर पर, पहली धुलाई में कुछ सिकुड़न होती है और उसके बाद वस्त्रों का आकार स्थिर हो जाता है। दूसरे शब्दों में, संभावित (potential) सिकुड़न का एक बड़ा हिस्सा पहली धुलाई में ही समाप्त हो जाता है। हालांकि, कुछ वस्त्रों में, थोड़े स्तर तक सिकुड़न होने की संभावना अभी भी बची होती है। इसे रेज़ीडुअल (residual) सिकुड़न के रूप में जाना जाता है, जो कई बार धीरे धीरे प्रोग्रेसिव (progressive) सिकुड़न के रूप में प्रदर्शित होती है।

जहां सेल्युलोज़िक वस्त्रों को रिलेक्सेशन सिकुड़न का सामना करना पड़ता है, वहीं ऊनी वस्त्रों को रिलेक्सेशन के साथ साथ फेल्टिंग (felting) सिकुड़न की समस्या से भी निपटना पड़ता है। नमी, गर्मी और घर्षण की उपस्थिति में ऊनी तंतुओं की पपड़ियाँ (स्केल) के आपस में फंसने के कारण उनमें फेल्टिंग सिकुड़न उत्पन्न हो जाती है।

कपास, लिनन में सिकुड़न नियंत्रण

1. सबसे सरल उपचार में, नए वस्त्र को पानी में भिगो कर कुछ समय के लिए छोड़ दिया जाता है। इसके बाद इसे तनावहीन अवस्था में ही सुखा कर इस्त्री या कैलेंडर कर लिया जाता है।

   आपने देखा होगा कि महिलाओं के सूट की अस्तर के लिए खरीदा गया वस्त्र उपभोक्ताओं द्वारा इस विधि से गुज़ार लिया जाता है या दर्जी को भी ऐसा करने का निर्देश दे दिया जाता है। सस्ते वस्त्रों के मामले में, यह चरण एक अन्य उद्देश्य अर्थात कच्चे रंग को हटाने को भी पूरा करता है।

2. कंप्रेसिव सिकुड़न नियंत्रण या सैनफोराइज़ेशन (Sanforization) वाणिज्यिक पैमाने पर नियोजित सबसे प्रचलित विधि है। इस उपचार को दिए जाने वाले वस्त्रों पर अक्सर 'सैनफोराइज़्ड' की मुहर लगाई जाती है।

वस्त्र को पहले पानी में भिगो लिया जाता है और फिर एक मशीन में ले जाकर एक निरंतर घूमने वाला ऊन या फेल्ट से बने कंबल पर रखा जाता है। कुछ मशीनों में इनके स्थान पर रबड़ के पैड का उपयोग किया जाता है। ये कंबल या पैड, जो भीगे हुए वस्त्र के वाहक के रूप में काम करते हैं, खिंचाव और सिकुड़न का सामना कर सकते हैं और इस गति को अपने ऊपर रखे नम वस्त्र में स्थानांतरित कर सकते हैं। पहले वाहक एक वक्र के ऊपर से गुज़रता है, जिससे उस पर रखा वस्त्र फ़ैल कर खिंच जाता है। इसके बाद उस वस्त्र को एक अवतल क्षेत्र से गुज़ारा जाता है, जहां वह एक छोटे, सपाट हिस्से में सिकुड़ जाता है और सेक देने पर इस स्थिति में सेट हो जाता है। इस तरह खिंचाव और सिकुड़न की प्रक्रिया से वस्त्र की पोटेनशियल सिकुड़न का उपयोग होने से 1–2% से कम रेज़िडुअल सिकुड़न वाले सैनफोराइज्ड वस्त्रों का उत्पादन किया जाता है।

चित्र 14.10 में योजनाबद्ध तरीके से कॉमप्रेसिव सिकुड़न नियंत्रण प्रक्रिया (सैनफोराइज़ेशन) को दिखाया गया है।

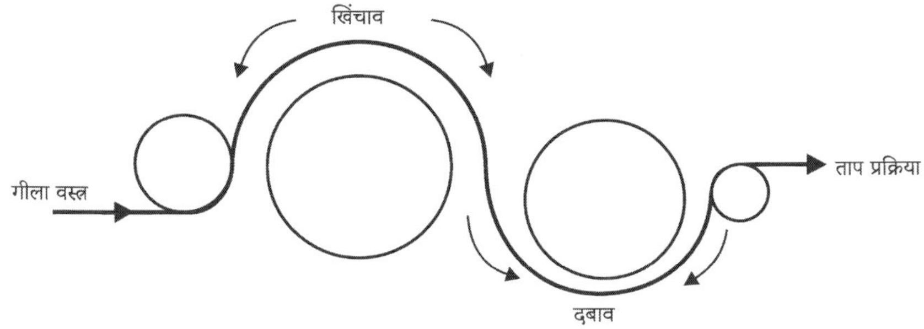

चित्र 14.10 सैनफोराइज़ेशन

रेयॉन में सिकुड़न नियंत्रण

रेयॉन के **वस्त्रों** को सैनफोराइज़ नहीं किया जा सकता क्योंकि उन्हें गीली अवस्था में खींचा नहीं जा सकता (उनमें बहुत कम वेट मॉड्यूलस होता है)। **सिकुड़न** रोकने के लिए रेज़िन का उपयोग किया जाता है; ये क्रॉस लिंकिंग एजेंट रेयॉन **वस्त्रों** को स्थिर करने में मदद करते हैं।

*कृत्रिम **वस्त्रों** में सिकुड़न नियंत्रण*

कृत्रिम **वस्त्रों** को हीट सेटिंग द्वारा स्थिरता प्रदान की जाती है। इस बात पर ध्यान देना महत्वपूर्ण है कि ऐसे **वस्त्रों** की धुलाई या अन्य रख-रखाव के समय वे हीट सेटिंग में उपयुक्त तापमान के पास नहीं लाए जाएँ क्योंकि ऐसा करने से उन्हें दिए गए हीट सेट का प्रभाव समाप्त हो जाएगा।

*ऊनी **वस्त्रों** में सिकुड़न नियंत्रण*

रिलेक्सेशन सिकुड़न के लिए: भाप या नम विश्राम (Steam or damp relaxation) विधि में, ऊनी **वस्त्रों** को भाप देकर नम करने के बाद तनावहीन स्थिति में सुखाया जाता है। इस विधि से **वस्त्र** की पोटेनशियल सिकुड़न का उपयोग हो जाता है। इस प्रक्रिया को लंदन सिकुड़न (London shrinkage) भी कहा जाता है। एक भिन्नता के रूप में, भाप के फुवारे एक छिद्रित सिलेंडर के माध्यम से ऊनी **वस्त्र** पर डाले जा सकते हैं।

फेल्टिंग सिकुड़न के लिए: **फेल्टिंग** की समस्या को हल करने के लिए मुख्य रूप से दो तरीके हैं। पहला—सिंथेटिक बहुलक के उपयोग द्वारा ऊनी तंतुओं की पपड़ियों पर एक परत लगाई जाती है। यह करने से वे आपस में फसने से बच जाते हैं और फेल्ट में परिवर्तित नहीं होते।

दूसरा तरीका होता है ऑक्सीडेटिव रसायन द्वारा पपड़ियों को आंशिक रूप से घिस देना। यह क्लोरीन के उपयोग से या तो गैस या तरल (सोडियम हाइपोक्लोराइट, NaOCl) के रूप में किया जाता है। यह प्रक्रिया क्लोरीनेशन कहलाती है। यह सुनिश्चित करने के लिए कि केवल सतह पर मौजूद पपड़ियाँ ही क्लोरीन से प्रभावित हों, इस प्रक्रिया को सावधानीपूर्वक नियंत्रित परिस्थितियों में किया जाता है। उनकी क्लोरीनेशन के बाद, तनु एसिटिक अम्ल से एंटीक्लोर और फिर पानी से रिन्सिंग की जाती है।

हाल के वर्षों में, ओज़ोन गैस भी ऊन को सिंकुडन प्रतिरोधी बनाने के एक साधन के रूप में उपयोग की गई है।

सुरक्षा प्रदान करने के लिए निम्नलिखित परिसज्जाएं दी जाती हैं:

14.4.8 ज्वाला प्रतिरोधी परिसज्जा

इस प्रकार की परिसज्जा से तैयार **वस्त्र** उनका उपयोग करने वाले व्यक्तियों को अग्नि से सुरक्षा प्रदान करते हैं। ऐसे **वस्त्र** भले ही लौ के सीधे रास्ते में आने पर आग पकड़ लें, लेकिन वे लौ का प्रचार नहीं करते और स्वयं को बुझाने की क्षमता रखते हैं। अन्य परिसज्जाओं की तरह इस कार्य के लिए भी कई विकल्प हैं। कुछ ज्वाला प्रतिरोधी परिसज्जायें प्रकृति में अस्थायी होती हैं, उदाहरण के लिए, बोरेक्स का उपयोग किया जा सकता है बशर्ते इसे हर धुलाई के बाद फिर से लगाया जाए। पानी में घुलनशील यौगिकों के अतिरिक्त, कुछ अघुलनशील लवण होते हैं जो उपयुक्त विलायक में घोलने के बाद **वस्त्र** पर लगाए जा सकते हैं। इनके अतिरिक्त आमतौर पर फॉस्फोरस या क्लोरीनेटेड हाइड्रोकार्बन युक्त पदार्थों का उपयोग भी **वस्त्रों** को लौ प्रतिरोधी गुण प्रदान करने के लिए किया जाता है।

लेकिन सबसे अच्छा परिणाम उन पदार्थों के उपयोग से प्राप्त होता है जो तंतुओं के साथ प्रतिक्रिया करके उनमें आणविक परिवर्तन पैदा करते हैं और इस प्रकार, उन्हें लौ प्रतिरोधी बनाते हैं।

ज्वाला प्रतिरोधी परिसज्जा वाले **वस्त्रों** के संभावित उपयोगों में बच्चों के **वस्त्र**, फायर-फाइटर वर्दी, गद्दे, कालीन और सार्वजनिक स्थानों की सज्जा में प्रयुक्त **वस्त्र** शामिल हैं।

14.4.9 जल प्रतिरोधी और जल अभेद्य परिसज्जा

जल प्रतिरोधी परिसज्जा **वस्त्र** को पानी में भीगने से बचाती है। इन **वस्त्रों** की सतह को इस तरह से तैयार किया जाता है कि उन पर पड़े पानी से छोटी बूँदें बन जाती हैं और ये आसानी से फिसलती/रोल-ऑफ हो जाती हैं। इस कार्य के लिए दिया गया उपचार ऐसा होता है कि ये **वस्त्र** हवा के प्रति अपनी छिद्रता को बनाए रखते हैं, जिसके कारण इनसे बने **वस्त्र** परिधान पहनने में आरामदायक होते हैं। जल नियंत्रण के लिए दी गई परिसज्जाओं का स्थायित्व उन पर लगाए रसायनों और उन्हें लगाने की प्रक्रिया के आधार पर, भिन्न हो सकता है। दोनों संभावनाएं होती हैं—अस्थायी (नवीकरणीय) और टिकाऊ परिसज्जा। तालिका 14.3 में इन श्रेणियों को रसायनों के साथ सूचीबद्ध किया गया है।

तालिका 14.3 विभिन्न प्रकार की जल-प्रतिरोधी और जल अभेद्य परिसज्जायें

परिसज्जा का स्थायित्व	उपयोग में लाए गए रसायन
अस्थायी (नवीकरणीय)	मोम इमल्शन, एल्युमिनियम यौगिक
टिकाऊ	फ्लूरोकेमिकल क्वार्टरनेरी अमोनियम यौगिक, सिलिकॉन यौगिक

जल अभेद्य परिसज्जा पानी को गुज़रने नहीं देती। इस कार्य के लिए दी गई प्रक्रिया ऐसी होती है कि इन **वस्त्रों** में से हवा भी पारित नहीं हो सकती, जिसके कारण इनसे बने परिधान अपने आराम के गुणों को खो देते हैं। जल अभेद्य बनाने के लिए **वस्त्र** पर **रबड़** का लेप लगाया जा सकता है, हालांकि इससे उसमें वज़न और गर्मी सोखने की क्षमता में वृद्धि होगी।

जल नियंत्रण वाली परिसज्जा का उन उत्पादों के लिए उपयोग किया जाता है जहां पानी से सुरक्षा की आवश्यकता होती है जैसे छाते, रेनकोट, शॉवर पर्दे, ऑटोमोबाइल सीटें और अन्य ऐसे क्षेत्र। सेना के लिए वर्दी और पानी के अन्दर खेलने वाले कुछ खेलों के लिए भी इस तरह की परिसज्जा वाले **वस्त्रों** की आवश्यकता होती है।

14.4.10 कीटनाशक प्रतिरोधी/एंटीपेस्टिसाइड परिसज्जा

ये कीटनाशकों के क्षेत्र में काम करने वाले व्यक्तियों को सुरक्षा प्रदान करते हैं। **वस्त्रों** पर एक तरह का लेप लगा दिया जाता है, जो कीटनाशकों की किसी भी पैठ को रोकता है।

14.4.11 लाइट रिफ्लेक्टर परिसज्जा

इस परिसज्जा को देने के बाद जब प्रकाश उन **वस्त्रों** पर पड़ता है तो उनकी सतह चमक जाती है। अंधेरे में इसका प्रभाव काफी स्पष्ट होता है। दिल्ली में मेट्रो रेल का निर्माण करने वाले श्रमिकों द्वारा पहने जाने वाले जैकेट, नगर निगम के श्रमिकों और यातायात पुलिस की वर्दियों और सुबह दौड़ लगाने वाले धावकों के परिधान में इस परिसज्जा से तैयार किये गए **वस्त्रों** का उपयोग किया जाता है। इससे यह सुनिश्चित होता है कि इन्हें पहनने वाला व्यक्ति कम रोशनी में भी दिखाई दे, और इस प्रकार, अंधेरे में किसी दुर्घटना का शिकार न हो।

14.4.12 मॉथ प्रूफ परिसज्जा

क्लोथ मॉथ (clothes moths) और कार्पेट बीटल के लार्वा ऊन और रेशम जैसे तंतुओं में प्रोटीन पर हमला करते हैं और उन्हें नुकसान पहुंचाते हैं। उपभोक्ताओं के स्तर पर इस समस्या से निपटने के लिए कुछ कदम उठाए जा सकते हैं। सबसे पहले, भंडारण के पूर्व **वस्त्रों** को (धुलाई या ड्राई क्लीन के माध्यम से) अच्छी तरह से साफ किया जाना चाहिए ताकि इन पर कोई खाद्य दाग अवांछित जीवों के हमले को आकर्षित न करें। दूसरा तरीका है, कसके बंद होने वाले संदूक या अलमारी में ऊनी और रेशमी **वस्त्रों** को नेफ्थालीन बॉल डालकर संभाला जाए। ये नेफ्थालीन बॉल समय के साथ धीरे धीरे वाष्पित होते हैं। इनमें से एक ऐसी गंध निकलती है जो वयस्क पतंगों को दूर हटाने के लिए पर्याप्त तीखी होती हैं। कुछ ऐसे मामले सामने आए हैं जब नकली नेफ्थालीन बॉल उत्पादों ने **वस्त्रों** को बदरंग किया और उन्हें नुकसान पहुंचाया है। इसीलिए उपभोक्ताओं को केवल प्रतिष्ठित ब्रांड ही चुनना चाहिए। दूसरी ओर, नेफ्थालीन बॉल को ऊनी **वस्त्रों** के सीधे संपर्क में न रखकर, उन्हें पहले किसी पुराने मोज़े या रुमाल में लपेटकर रखना भी एक अच्छा विचार है। एक पुरानी प्रथा में नीम के सूखे पत्तों का उपयोग इसी तरह की क्रिया के लिए किया जाता था।

परिसज्जा के स्तर पर कुछ और अधिक सख्त कदम उठाए जा सकते हैं। प्राकृतिक या सिंथेटिक मूल के अकार्बनिक या कार्बनिक रासायनिक यौगिकों के उपयोग द्वारा कीट-प्रतिरोधी परिसज्जा दी जा सकती है।

पतंगों के हमले का मुख्य कारण है ऊन का सल्फर जिसमें अमीनो अम्ल होता है। वैकल्पिक रूप से, ऊन की संरचना को बदलने के लिए रसायनों का उपयोग किया जा सकता है, हालांकि, यह ऊन के अन्य गुणों को भी प्रभावित करेगा।

14.4.13 रोगाणुरोधी परिसज्जा

इन्हें बैक्टीरियोस्टेटिक या एंटीसेप्टिक परिसज्जा भी कहा जाता है। जैसा कि नाम से पता लगता है, ये रोगाणुओं के विकास को दबाते हैं, जिसमें बैक्टीरिया के साथ-साथ फफूंदी के उत्पादन कवक भी शामिल है। इस तरह के **वस्त्र** दैनिक जीवन में और विशेष परिस्थितियों में भी बहुत महत्वपूर्ण भूमिका निभाते हैं।

धावकों के जूतों के अंदरूनी भाग में इस परिसज्जा को लगाया जाता है; यह खिलाड़ियों के पैरों पर चोट लगने के बाद 'एथलीट फुट' नामक बीमारी को रोकने के लिए सहायक होती है। यह रोगाणुरोधी परिसज्जा मोज़ों में बहुत अधिक पसीने से उत्पन्न दुर्गन्ध की समस्या का समाधान करने के लिए भी दी जाती है। गृह सज्जा में प्रयुक्त **वस्त्रों** पर भी यह परिसज्जा लाभदायक सिद्ध होती है। इससे कीटाणुओं के हमले से उत्पन्न बासी गंध और बदरंग होने की समस्या पर अंकुश भी लग जाता है। इस प्रकार, तौलिए, बेडशीट, तकिया कवर, कंबल और कालीन पर यह परिसज्जा दी जाती है। शिशु **वस्त्र**, विशेष रूप से पुन: प्रयोज्य डायपर भी इस परिसज्जा के उपयोग से बहुत लाभान्वित होते हैं।

ऊपर उल्लिखित 'विशेष स्थितियों' में युद्ध सैनिकों के लिए चिकित्सा **वस्त्र** और वर्दी शामिल हैं। यह समझना आसान है कि किसी अंदरूनी घाव व शल्य चिकित्सा से शीघ्र स्वस्थ होने के लिए इस परिसज्जा द्वारा प्रदान किया गया "शून्य रोगाणु" वातावरण महत्वपूर्ण है। इस प्रक्रिया के लिए उपयोग किए रसायनों में क्वार्टरनेरी अमोनियम यौगिक, ज़िंक नाइट्रेट के साथ मेलामाइन रेज़िन, एसिटिक अम्ल और ज़िंक एसीटेट के साथ हाइड्रोजन परॉक्साइड, तांबे जिरकोनियम यौगिक और कई बार एंटीबायोटिक दवाइयां भी शामिल हैं। कुछ प्राकृतिक रंगों में भी अंतर्निहित रोगाणुरोधी गुण होता है जिसके कारण उनसे रंगे गए **वस्त्र** कीटाणुओं के लिए प्रतिरोधी बन जाते हैं।

घरेलू स्तर पर, साबुन से धोने के बाद एक अंतिम धुलाई कीटाणुनाशक (सेवलॉन या डेटॉल) युक्त पानी में दी जा सकती है। इस तरह के उपचार अस्थायी (नवीकरणीय) परिसज्जा की श्रेणी में आएंगे। धुले **वस्त्रों** को सूरज की तेज़ रोशनी में पूरी तरह से सुखाने से भी रोगाणुओं की समस्या का सामना किया जा सकता है।

14.4.14 माइक्रोएनकैप्सुलेशन परिसज्जा

कैप्सूल एक लघु डिबिया जैसा होता है, जिसमें किसी पदार्थ के छोटे कण भरे जा सकते हैं; कैप्सूल में समाये होने के कारण ये पदार्थ उपयोग होने से पहले वाष्पीकरण, ऑक्सीकरण और प्रदूषित होने से बचे रहते हैं। घर्षण होने पर यह सामग्री कैप्सूल में से रिहा हो जाती है। एनकैप्सुलेशन के दौरान, सुगन्धित तेल, मॉइस्चराइज़र, विटामिन, डिओडरेंट या रिपेलेंट जैसे पदार्थों की छोटी बूंदें तैयार की जाती हैं। इसके बाद इन्हें **वस्त्रों** पर लगा दिया जाता है।

उल्लेख किये गए विभिन्न विकल्पों में से सुगंध फैलाने वाली परिसज्जा उपभोक्ताओं में सबसे लोकप्रिय है। **वस्त्रों** को सूक्ष्म कैप्सूल से लेपित किया जाता है जिनमें सुगंधित तेल होते हैं; ये रगड़ लगने पर धीरे-धीरे वातावरण में छूटते हैं। माइक्रोएनकैप्सुलेशन की तकनीक के कारण आज के युग में उपभोक्ताओं के लिए सुगंधित आतंरिक **वस्त्र** और सुगंध फैलाने वाली टी शर्ट जैसे उत्पाद उपलब्ध हैं।

कुछ अन्य नई परिसज्जाओं में धुएं से रंग फीका पड़ने, UV रोशनी और गर्मी के लिए प्रतिरोध प्रदान करने वाली परिसज्जायें शामिल हैं।

14.5 परिसज्जा उद्योग में नैनो टेक्नोलॉजी

ग्रीक शब्द "नैनोस" का अर्थ है बौना; नैनो एक परमाणु या आणविक पैमाने पर प्रौद्योगिकी को संदर्भित करता है, जहां "नैनो" एक हज़ार मिलियनवां (10^{-8}) का कारक है।

नैनो तकनीक के उपयोग से परिसज्जा उद्योग को बहुत लाभ हो रहा है। कुछ व्यावसायिक रूप से उपलब्ध नैनो परिसज्जायें यहाँ बताई जा रही हैं। ये सभी पंजीकृत व्यापार नाम हैं:

NanoCare दाग-प्रतिरोधी गुणों को प्रदान करने के लिए एक परिसज्जा है। इसका प्रभाव लगभग पचास धुलाइयों तक रहता है।

NanoDry बेहतर बाती गुण प्रदान करने के लिए पॉलिएस्टर वस्त्रों को दी जाने वाली एक परिसज्जा है। परिधान व गृह सज्जा के प्रमुख ब्रांड इस तकनीक का उपयोग कर रहे हैं।

NanoTouch एक ऐसी परिसज्जा है जो हाथ से छूने पर कृत्रिम वस्त्रों को प्राकृतिक कपास जैसा महसूस करवाने के लिए दी जाती है।

इनके अतिरिक्त नैनो टेक्नोलॉजी का उपयोग वस्त्रों में सिलवटें और दाग प्रतिरोध, लौ मंदक, रोगाणु प्रतिरोध, दुर्गन्ध प्रतिरोध और एंटी पोलेन गुण प्रदान करने के लिए किया जाता है।

14.6 विभिन्न परिसज्जाओं के परस्पर संबंध

निर्माताओं द्वारा वस्त्रों के लिए एक प्रसंस्करण सूची को सावधानीपूर्वक तैयार किया जाता है। आम तौर पर, परिसज्जा का जब एक संयोजन लागू किया जाए, तो यह सुनिश्चित कर लेना चाहिए कि किसी एक परिसज्जा द्वारा उत्पादित प्रभाव को दूसरी परिसज्जा द्वारा नकारा नहीं जा रहा हो। अधिकतर मामलों में, एक विशेष गुण को तो परिसज्जा द्वारा प्रदान किया जा सकता है लेकिन साथ ही, कुछ अवांछनीय व्यवहार भी पैदा हो सकते हैं। उदाहरण के लिए, रेज़िन का आवेदन कई समस्याओं को हल करता है और व्यापक रूप से उपयोग किया जाता है। लेकिन इसका दूसरा पहलू यह है कि इसके उपयोग से, आक्रामक गंध, कम तन्य शक्ति, कम घर्षण प्रतिरोध और तैलीय दाग लगने की अधिक क्षमता जैसे कुछ अवांछनीय लक्षण भी पैदा हो सकते हैं। ऐसी स्थिति को सुधारने के लिए फिर अन्य परिसज्जाओं की आवश्यकता होती है। इस प्रकार, घर्षण प्रतिरोध और मिट्टी छुड़ाने की परिसज्जा को रेज़िन परिसज्जा के बाद देना पड़ सकता है।

कुछ स्थितियों में, किसी विशेष समस्या को हल करने के लिए प्रदान की गई परिसज्जा अन्य कार्य शैली से संबंधित गुणों को भी सकारात्मक रूप से प्रभावित कर सकती है। उदाहरण के लिए, वस्त्र में अकड़न लाने वाली परिसज्जा से उसमें एक बेहतर रूप और वज़न तो आता ही है, साथ ही उसमें घर्षण और यार्न फिसलन की समस्या में भी कमी आ जाती है। इसी तरह, मिट्टी छुड़ाने के लिए दी गई परिसज्जा एक वस्त्र की जल अवशोषण क्षमता को भी बढ़ाती है। आज के उपभोक्ता ऐसे वस्त्रों और अन्य वस्त्र उत्पादों की मांग करते हैं जो न केवल अच्छे दिखते हों, लेकिन साथ ही वे आरामदायक हों, साफ और ताज़ा रहते हों, अच्छी गंध देते हों और उनकी देखभाल करनी भी सरल हो! आज से एक दशक पहले तक वस्त्र निर्माताओं के लिए ऐसी मांग की पूर्ति कर पाना एक असंभव काम था, लेकिन आज आधुनिक परिसज्जाओं के उपयोग से यह संभव है। विश्व भर में रासायनिक निर्माता ऐसे पदार्थों की खोज में संलग्न हैं जो कि अधिक कुशल, पर्यावरण के अनुकूल और किफायती सिद्ध हों। उनके द्वारा अनेक कार्य करने वाले/मल्टीफंक्शनल परिसज्जा के रसायनों के क्षेत्र में अनुसंधान जारी हैं।

अभ्यास

14.1 परिसज्जा के वर्गीकरण के लिए उपयोग किए जाने वाले विभिन्न मानदंड दीजिए। प्रत्येक समूह को एक एक उदाहरण के साथ बताइए।

14.2 ऊनी और रेशमी वस्त्रों के लिए दी जाने वाली पांच परिसज्जाओं को नामांकित कीजिए।

14.3 हाल ही में आई किन्हीं तीन परिसज्जाओं का नामांकन कीजिए और समझाइए।

14.4 टिकाऊ प्रेस परिसज्जा प्रदान करने के लिए रेज़िन की क्रिया पर एक लेख लिखिए।

14.5 निम्नलिखित परिसज्जाओं का वर्णन काजिए:

(i) रोगाणुरोधी परिसज्जा
(ii) विशेष कैलेंडरिंग
(iii) ज्वाला प्रतिरोधी परिसज्जा
(iv) मर्सेराइज़ेशन
(v) जल विरोधी और जल अभेद्य परिसज्जा

14.6 निम्नलिखित अंतिम उपयोगों के लिए सहायक सिद्ध होने वाली परिसज्जाओं को सूचीबद्ध कीजिए:

(i) शिशु परिधान
(ii) मेज़ पोश
(iii) अस्पताल गाउन
(iv) पर्दे
(v) सैनिकों की वर्दी

विस्तृत जानकारी हेतु पुस्तक सूची

Ammayappan, L. and Moses, J.J., Functional Finishes for Woollen Textiles, *ITJ*, Vol. 118, No. 1, pp. 25–32, October 2007.

Andrew, W., Wrinkle Resistant Cotton and Formaldehyde Release, *Colourage*, Vol. 41, 1995, pp. 87–93.

Goyal, R. and Prabha, C.N., Flame Retardant Fabrics: Need for the Time, *Colourage*, Vol. 4, No. 6, pp. 116–120, 2008.

Mairal, A.K. and Vaidya, A.J., Role of Some Speciality Chemicals in Formaldehyde Free Durable Press Finishing of Cotton, *The Textile Industry and Trade Journal*, pp. 25–27, January–February 2008.

Partiban, M. and Kumar, M.R., Eco-friendly Crease Resistant Finishing for Silk, *IJFTR*, Vol. 118, No. 3, pp. 47–52, December 2007.

Rouette, M.J., *Encyclopedia of Textile Finishing*, Vols. 1, 2 and 3, Springer, Germany, 2001.

Thilagavathi, G. and Kannaian, T., Dual Antimicrobial and Blood Repellent Finishes for Cotton Hospital Fabrics, *IJFTR*, Vol. 33, pp. 23–29, March 2008.

अध्याय 15

रंगों के साथ परिसज्जा: रंगाई और छपाई (Finishing with Colour: Dyeing and Printing)

जैसा कि अध्याय 14 में चर्चा की गई है, परिसज्जाओं का सबसे व्यापक रूप से उपयोग किया जाने वाला वर्गीकरण उन्हें मूल, विशिष्ट और रंग प्रदान करने वाले वर्गों में विभाजित करता है। पहली दो श्रेणियों पर पिछले अध्याय में चर्चा की गई है; जबकि वर्तमान अध्याय में रंग प्रदान करने वाली परिसज्जाओं का वर्णन किया जाएगा।

15.1 परिचय

रंग से संबंधित परिसज्जाओं में वस्त्रों पर रंग लगाने और इसे पक्का करने की प्रक्रियाएं शामिल हैं। इसे आगे दो तकनीकों में वर्गीकृत किया जा सकता है—रंगाई और छपाई। रंगाई एक सब्सट्रेट (तंतु, यार्न या वस्त्र) पर रंग का पक्के रूप से चढ़ाना होता है। छपाई एक प्रकार की 'स्थानीयकृत' या एक स्थान में सीमित रंगाई है। इसमें, एक गाढ़ी रंग की पेस्ट तैयार की जाती है और फिर उसे एक वस्त्र पर निर्धारित क्षेत्र में लगाया जाता है। रंगाई करने के लिए पानी के उपयोग से डाई का एक तरल घोल तैयार किया जाता है। डाई की मात्रा की गणना रंगे जाने वाले पदार्थ के वज़न पर की जाती है। दूसरी ओर, छपाई के लिए एक गाढ़ा पदार्थ चाहिए होता है, जिसमें डाई का एक गाढ़ा पेस्ट तैयार किया जा सके। इस मामले में डाई की मात्रा की गणना पेस्ट के वज़न पर आधारित होती है। रंगाई के लिए आमतौर पर उच्च तापमान की आवश्यकता होती है जबकि अधिकांश छपाई प्रक्रियाओं को उच्च तापमान की आवश्यकता नहीं होती। रंगाई के दौरान केवल एक ही रंग को वस्त्र में स्थानांतरित किया जा सकता है और वस्त्र की दोनों तरफ एक समान रंग चढ़ता है। छपाई में एक समय पर एक (मोनो प्रिंटिंग) और कभी-कभी वस्त्र पर बहु-रंगीन डिज़ाइन बनाना संभव होता है; जिसके रंग

वस्त्र के पिछले भाग/रिवर्स की तुलना में छपाई वाली सतह पर थोड़े अधिक गहरे दिखते हैं। वस्त्र की रंगाई खुली चौड़ाई के साथ-साथ कभी-कभी रस्सी के रूप में भी की जाती है। रंगने वाला वस्त्र गीली या सूखी अवस्था में हो सकता है। दूसरी ओर, छपाई केवल सपाट फैलाए हुए वस्त्रों पर ही की जा सकती है जो शुष्क अवस्था में हों। रंगाई के दौरान, रंग वस्त्र में प्रवेश करते हैं, जबकि छपाई में यह केवल सतह पर रहते हैं। रंगाई के लिए उपयुक्त मशीनें, छपाई वाली नशीनों से सरल होती हैं। हालांकि, कुल मिलाकर, रंगाई के लिए आवश्यक अधिक पानी और समय की आवश्यकता इसे छपाई की तुलना में अधिक महंगा बनाती है।

मनुष्य आदिकाल से ही अपने जगत में रंगों को देखता आया है। मानो प्रकृति अनेक रंगों और लुभावनी सुंदर रचनाओं को बनाने वाली एक कलाकार हो, जिसे देखकर मानव अपने आस-पास और यहाँ तक कि अपने शरीर और वस्त्रों को रंगों से सजाने के लिए प्रेरित हुआ हो! आदिम मनुष्य ने खोजे हुए रंजकों से सबसे पहले तो आश्रय देने वाली गुफाओं को रंगना शुरू किया और फिर अपने शरीर पर भी इन रंगों का लेप लगाना शुरू कर दिया।

प्राकृतिक रंग, पौधों, जानवरों और खनिजों से प्राप्त किये गए और इन्हें वस्त्रों पर लगाया गया। ये वस्त्रों के साथ आसानी से जुड़ते नहीं थे और इसलिए, 'मोर्डेंट' नामक पदार्थ का उपयोग किया जाने लगा। इन पदार्थों में प्राकृतिक रंगों के लिए बेहतर आकर्षण होता है और इसलिए वे रंग और सब्सट्रेट (वस्त्र) के बीच में एक पुल के रूप में कार्य करते हैं।

भारत ने प्राकृतिक संसाधनों के अपने विशाल भंडार और बेजोड़ शिल्प कौशल के साथ प्राकृतिक स्रोतों से प्राप्त अनेक रंगों को विकसित किया है। इनका उपयोग वस्त्र शिल्प में किया जाता था जो प्रत्येक राज्य के लिए विशिष्ट थे ।

कश्मीर के शॉल उद्योग के विवरण में Moorcroft ने उल्लेख किया है कि भारत में मुगल काल के दौरान नियमित उपयोग में प्राकृतिक रंगों के तीन सौ से भी अधिक विकल्प थे। गुजरात के पटोला, बगरू और सांगानेर के प्रिंट और आंध्र प्रदेश में तैयार की गई कलमकारी भारतीय रंगकर्मियों की महारत के कुछ अन्य उदाहरण हैं।

साक्ष्य 3000 ईसा पूर्व के आसपास मिस्र में प्राकृतिक डाई (इंडिगो ब्लू) के उपयोग की ओर इशारा करते हैं। यह इंडिगो के पौधे की पत्तियों से प्राप्त एक आकर्षक नीला रंग होता है।

1856 में, Sir William Henry Perkin ने पहली सिंथेटिक डाई (बेसिक मौव) का आविष्कार किया था। इसने आगे के शोध के लिए मार्ग प्रशस्त किया और रंगों के विभिन्न वर्गों की शुरुआत का नेतृत्व किया। इसका एक नतीजा था प्राकृतिक रंगों का उपयोग लगभग समाप्त हो जाना। वस्त्रों के क्षेत्र में आज उपयोग किए जाने वाले अधिकांश रंगों को प्रयोगशाला में रासायनिक रूप से संश्लेषित किया जाता है। हालांकि, हाल ही में पर्यावरण चेतना पर ज़ोर ने प्राकृतिक रंगों पर पुनः ध्यान आकर्षित किया है—भले ही सीमित स्तर पर।

15.2 डाई वर्ग

प्रत्येक डाई (रंजक) दो घटकों के साथ एक यौगिक होता है: क्रोमोफोर, जो रंग प्रदान करता है और ऑक्सोक्रोम जो उप-स्थिरता में मदद करने के साथ-साथ रंग की तीव्रता को बढ़ाता है।

आज के युग में उपलब्ध रंजक अपनी रासायनिक संरचना के आधार पर निम्न श्रेणियों में वर्गीकृत किये जा सकते हैं:

- एसिड/Acid रंजक
- बेसिक/Basic रंजक
- डिस्पर्स/Disperse रंजक
- वैट/Vat रंजक
- एज़ोइक/Azoic रंजक
- डाइरेक्ट/Direct रंजक
- रीएक्टिव/Reactive रंजक

रंजक के अतिरिक्त, पिगमेंट का उपयोग भी **वस्त्रों** को रंगने के लिए किया जा सकता है। ये अघुलनशील होते हैं और इनमें तंतुओं से जुड़ने की क्षमता की कमी होती है। इसलिए, उन्हें सतह पर ठीक से चिपकाने के लिए बाइंडर और रेज़िन जैसे बांधने वाले पदार्थों की आवश्यकता होती है। ये पदार्थ **वस्त्र** के हैंडल, अर्थात छूने के व्यवहार को बदल सकते हैं और इनका स्थायित्व **वस्त्र** पर चढ़ाए गए रंग की स्थिरता को नियंत्रित करता है। पिगमेंट का उपयोग आमतौर पर डोप रंगाई और छपाई में किया जाता है। इनके उपयोग से समय, श्रम और लागत की बचत होती है।

15.2.1 एसिड रंजक

इनके नाम का आधार यह है कि इन्हें **वस्त्र** को रंगने के लिए एक अम्लीय घोल की आवश्यकता होती है। इसी कारण से ये सेल्युलोज़िक की रंगाई में उपयोग नहीं किये जा सकते क्योंकि सेल्युलोज़िक **वस्त्र** एक अम्लीय घोल से क्षतिग्रस्त हो जाते हैं। एसिड रंजक के उपयोग द्वारा प्रोटीन तंतुओं (ऊन और रेशम), ऐक्रेलिक और नायलॉन के **वस्त्रों** को रंगा जा सकता है। इस वर्ग में अलग-अलग पक्केपन गुणों के साथ विस्तृत रंग शेड पाए जाते हैं।

15.2.2 एज़ोइक रंजक या Napthol रंजक

ये व्यापक रूप से सेल्युलोज़िक पर उपयोग किये जाते हैं, लेकिन ऐक्रेलिक, नायलॉन और पॉलिएस्टर पर भी एक सीमित उपयोगिता पाते हैं। उन्हें आइस/बर्फ रंगों के नाम में भी जाना जाता है क्योंकि उन्हें **वस्त्रों** पर चढाते समय कभी-कभी तापमान को कम करने के लिए बर्फ का उपयोग करना पड़ता है। इनके उपयोग से उजले रंगों का उत्पादन, जिनमें धुलाई और प्रकाश के प्रति उच्च पक्केपन का अतिरिक्त लाभ होता है, अपेक्षाकृत कम लागत पर किया जाता है। बाटिक (मोम के उपयोग से की जाने वाली एक प्रतिरोध छपाई तकनीक) की विधि में, एज़ोइक रंगों का उपयोग किया जाता है क्योंकि किसी अन्य डाई को लगाने के लिए आवश्यक उच्च तापमान से **वस्त्र** पर लगाई गई मोम पिघल जाएगी।

15.2.3 बेसिक या कैटायनिक रंजक

ये रंगों का सबसे पुराना वर्ग है क्योंकि वे 'सिंथेटिक रंजक' के जन्म को चिन्हित करते हैं। इनमें कैटायनिक/पॉज़िटिव चार्ज होते हैं—इसलिए इनका यह नाम पड़ गया । यह वर्ग अपने उज्जवल रंगों और उनके पक्केपन के अच्छे गुणों के लिए जाना जाता है । बेसिक रंगों का उपयोग ऐक्रेलिक, नायलॉन और पॉलिएस्टर के लिए किया जाता है। जब प्रोटीन और सेल्युलोज़िक पर इनका उपयोग किया जाता है, तो वे एक रंग के गाढ़ेपन को बढ़ाते हैं, हालांकि इनमें पक्केपन के गुण बहुत अधिक नहीं होते हैं।

15.2.4 डाइरेक्ट रंजक

डाइरेक्ट रंजक का नाम इसलिए रखा गया है क्योंकि वे पानी में घुलनशील होते हैं और इसलिए सीधे ही/डाइरेक्ट विधि से ही **वस्त्रों** पर लगाए जा सकते हैं। इनमें सेल्युलोज़िक को रंगने की अच्छी क्षमता होती है, इनका उपयोग करना सरल होता है, ये सस्ते होते हैं और इस वर्ग में रंगों की एक विस्तृत श्रृंखला होती है। एक लेवलिंग पदार्थ (आमतौर पर Na_2CO_3) पानी के घोल में मिलाया जाता है। यह **वस्त्र** पर बराबर रंग चढ़ने में मदद करता है। रंगाई चक्र के अंत में, एक एक्ज़ोशन पदार्थ (उदाहरण के लिए, NaCl) डाला जाता है। यह डाई को पानी के घोल को छोड़ने और **वस्त्र** में प्रवेश करने में सहायक होता है।

नीचे कुछ संक्षिप्त रूप दिए गए हैं, जिनका उपयोग आमतौर पर रंगाई प्रक्रियाओं का वर्णन करने में किया जाता है।

RFD: रेडी फॉर डाइंग/रंगाई के लिए तैयार

MLR: मटीरियल टू लिकर रेशिओ/रंगने वाली सामग्री और रंगाई के घोल में पानी का अनुपात

OWF: ऑन वेट ऑफ़ फैब्रिक/**वस्त्र** के वज़न पर

OWM: ऑन वेट ऑफ़ मेटीरियल/रंगने वाली सामग्री के वज़न पर

अधिकांश डाइरेक्ट रंगों में प्रकाश के प्रति तो अच्छी स्थिरता होती है लेकिन धुलाई के प्रति कम स्थिरता होती है। इसे किसी कैटायनिक फिक्सिंग पदार्थ, जैसे सुगा फिक्स के साथ उपचार के द्वारा सुधारा जा सकता है।

15.2.5 डिस्पर्स रंजक

ये रंग घोल में 'डिस्पर्स' हो जाते हैं और पॉलिएस्टर, एसीटेट, ऐक्रेलिक और नायलॉन तंतुओं की रंगाई के लिए उपयोग किए जाते हैं। उनके लगाने की दो विधियों में से किसी एक का उपयोग किया जा सकता है—उच्च तापमान उच्च दबाव/हाई टेम्प्रेचर हाई प्रेशर रंगाई (HTHP) या फिनोल जैसे केरियर/carrier की सहायता से।

ये रंग धुलाई, सूरज की रोशनी और ड्राई क्लीनिंग के लिए एक उत्कृष्ट पक्कापन दर्शाते हैं। हालांकि, इनसे रंगे हुए नायलॉन और एसीटेट को वातावरण में NO_2 वाले धुएं में रंग उतरने की समस्या का सामना करना पड़ सकता है।

15.2.6 रीएक्टिव रंजक

इनका आविष्कार सन 1956 में, अर्थात पहले सिंथेटिक डाई के एक सदी बाद, किया गया था। रीएक्टिव रंगों का आज **वस्त्र** उद्योग में एक महत्वपूर्ण स्थान है। **वस्त्रों** के प्रमुख अंतरराष्ट्रीय खरीदारों द्वारा एज़ो रंगों पर प्रतिबंध के कारण रीएक्टिव रंगों की मांग बहुत अधिक बढ़ गई है। जैसा कि नाम से पता चलता है, ये रंजक तंतुओं के साथ रासायनिक रूप से प्रतिक्रिया करते हैं जिसके परिणामस्वरूप इनमें धुलाई और प्रकाश के प्रति उत्कृष्ट स्थिरता पाई जाती है।

इसके अतिरिक्त वे लगभग सभी शेड के उज्ज्वल रंग प्रदान करने में सक्षम हैं।

15.2.7 वैट रंजक

जब इन रंगों का उपयोग प्रारम्भ हुआ था तब इन्हें वैट नामक लकड़ी के बड़े टैंकों में से **वस्त्रों** पर लगाए जाने की प्रथा थी—इसी से इनका यह नाम पड़ गया था। इस वर्ग के रंगों की एक विस्तृत श्रृंखला उपलब्ध है । वैट रंग पानी में अघुलनशील होते हैं, लेकिन क्षार में घुल जाते हैं, जिसका उपयोग उन्हें घुलनशील बनाने के लिए किया जाता है।

15.3 रंगाई के तरीके (Methods of Dyeing)

आम तौर पर, **वस्त्र** उत्पादों की रंगाई निम्न तीन विधियों में से किसी एक के द्वारा की जा सकती है:

1. **वस्त्र** एक डाई के घोल में परिचालित किया जाता है। उदाहरणों में विंच, जिगर और पैड रंगाई के उपयोग से बैच रंगाई शामिल है।
2. डाई का घोल **वस्त्र** के चारों ओर परिचालित किया जाता है। इस विधि का एक उदाहरण है—पैकेज रंगाई, जो यार्न की लच्छियों या बीम पर लपेटे यार्न की रंगाई के लिए की जाती है।
3. संयोजन विधि जिसमें दोनों अर्थात **वस्त्र** के साथ-साथ डाई के घोल को भी एक साथ परिचालित किया जाता है। इसके उदाहरणों में रोटरी ड्रम, पैडल मशीन और जेट रंगाई शामिल हैं।

15.4 रंगाई के चरण (Stages of Dyeing)

डाई **चढ़ाने** की प्रक्रिया पांच विकल्पों में से किसी भी एक चरण में की जा सकती है; ये हैं—कताई के घोल में, तंतु, यार्न, **वस्त्र** या परिधान पर रंग लगाना। रंग एक **वस्त्र** उत्पाद में जितनी जल्दी लगाया जाए, उसकी पैठ उतनी ही बेहतर होगी, जिसके परिणामस्वरूप उन रंगों का पक्कापन भी बेहतर होगा। दूसरी ओर,रंग एक पदार्थ पर जितनी देर में लगाया जाएगा, उसका खर्च उतना ही कम बैठेगा। इसके साथ साथ तेज़ी से फैशन के बदलते रुझानों की मांग की आपूर्ति करना भी संभव हो पायेगा। इस प्रकार, 'स्टेपल' रंगों को तैयार करने के लिए, अर्थात वे रंग जो हमेशा प्रचलन में रहते हैं, जैसे काला या गहरा नीला रंग, कताई के घोल और तंतुओं वाली अवस्था का उपयोग करना एक आम अभ्यास है। दूसरी ओर, "फैशन रंग", जो केवल एक संक्षिप्त अवधि के लिए एक मौसम में दिखाई देते हैं और फिर गायब हो जाते हैं, **वस्त्र** या परिधान की अवस्था में रंगे जाते हैं। कुछ पारंपरिक **वस्त्र** शिल्प हैं जिन्हें यार्न की अवस्था में रंगाई करने की आवश्यकता होती है। उदाहरण के लिए, आंध्र प्रदेश का पोचमपल्ली, गुजरात के पटोला और घर्चोला और उड़ीसा के इक्कत। इन सभी में, यार्न की श्रमसाध्य टाई-डाई करने के पश्चात प्लेन बुनाई द्वारा विस्तृत पैटर्न वाली साड़ियों, दुपट्टों और सूट के **वस्त्रों** को तैयार किया जाता है। रंगाई के किसी भी अन्य चरण द्वारा ऐसे डिज़ाइन प्राप्त करना संभव नहीं है।

रंग **चढ़ाने** के पांच संभावित चरणों का एक संक्षिप्त विवरण इस प्रकार है:

15.4.1 सॉल्युशन या डोप रंगाई

इसे 'मस पिगमेंटेशन/mass pigmentation', अर्थात बड़े पैमाने पर रंजकता के रूप में भी जाना जाता है। इसमें कताई के घोल या डोप में डाई या पिगमेंट को मिलाया जाता है। रंगाई के इस चरण का उपयोग केवल मानव निर्मित तंतुओं के लिए ही किया जा सकता है, जिनमें डोप को स्पिनेरेट से गुज़ारकर फिलामेंट तैयार किये जाते हैं।

15.4.2 तंतु रंगाई

तंतुओं को बड़े आकार के बंद टैंकों (कीयर्स/kiers) में पैक किया जाता है और डाई का घोल उनके बीच से दबाव के साथ गुज़ारा जाता है। रंगाई के इस चरण का प्रयोग करने के लाभ हैं—बराबर और पक्के रंग चढ़ना। यह प्रक्रिया समय लेने वाली होती है और महंगी भी। एक भिन्नता के रूप में, ऊन के तंतुओं को **कोम्बिंग** चरण तक संसाधित किया जाता है और टॉप्स/tops के रूप में केवल लंबे तंतुओं को रंगा जाता है (टॉप्स रंगाई)।

15.4.3 यार्न रंगाई

यार्न चरण में रंग के लिए चार विकल्प संभव होते हैं: पूर्व-निर्धारित डिज़ाइन के अनुसार यार्न को बांधकर रंगना/टाई-डाई, बीम/beam रंगाई, पैकेज/package रंगाई और स्कीन/skein रंगाई ।

कुछ पारंपरिक भारतीय वस्त्रों के निर्माण में ताना और/या बाना के यार्न को पूर्व निर्धारित स्थानों पर बांधकर और फिर हल्के से गहरे रंगों में रंगा जाता है। इस तरह की रंगाई के उल्लेखनीय उदाहरणों में पटोला, पोचमपल्ली (चित्र 15.1) और इक्कत (चित्र 15.2) शामिल हैं। परिणामी **वस्त्र** बहुत सुंदर होते हैं और रंगरेज़ के कौशल को दर्शाते हैं। आजकल एक अन्य तकनीक का उपयोग भी किया जाता है, जिसमें ताना यार्न को एक डिज़ाइन के साथ प्रिंट किया जाता है, जिसके बाद फिर उसे सादे बाना यार्न के साथ करघे पर बुनकर एक 'हेलो/halo' प्रभाव वाला डिज़ाइन तैयार किया जाता है।

चित्र 15.1 पोचमपल्ली साड़ी

चित्र 15.2 उड़ीसा की इक्कत साड़ी

बीम रंगाई में ताना यार्न को एक रोलर/बीम पर लपेटा जाता है और फिर इस ताना बीम को एक रंगाई के टैंक में रखा जाता है। यह विधि पारंपरिक रूप से नीले डेनिम के **वस्त्रों** के लिए उपयोग होती आई है। करघे पर इंडिगो ब्लू रंग में रंगा ताना बीम एक सफेद रंग के बाना के साथ 3/1 ट्विल बुनावट में बुना जाता है। इस प्रकार डेनिम **वस्त्र** की सीधी ओर मुख्य रूप से नीला रंग और पिछली तरफ मुख्य रूप से सफेद रंग दिखता है।

स्कीन रंगाई में यार्न को स्कीन या लच्छियों के रूप में तैयार करने के बाद एक छिद्रित डंडे से लटकाकर रंगने वाले यंत्र में रखा जाता है। यह यंत्र लच्छियों के बीच से दबाव के साथ रंगाई के घोल को गुज़ारने का काम करता है।

इनके अतिरिक्त, चेक और धारियों वाले रोचक डिज़ाइन बनाने में भी आमतौर पर यार्न रंगाई का उपयोग किया जाता है।

15.4.4 वस्त्र रंगाई

यह ठोस रंग के **वस्त्र** प्राप्त करने का सबसे सस्ती और सबसे कम समय लेने वाली विधि है। इसके अतिरिक्त, रंगीन फैशन **वस्त्रों** की मांग को पूरा करने वाले निर्माताओं के लिए, रंगाई का यह चरण वर्तमान रुझानों को पूरा करने का लाभ प्रदान करता है। **वस्त्रों** को जिगर/Jigger के उपयोग द्वारा खुली चौड़ाई में रंगा जा सकता है (चित्र 15.3)। रेशम और रेयॉन जैसे नाज़ुक/गीली अवस्था में ताकत में कमी आने वाले **वस्त्रों** की फैलाकर नहीं, बल्कि रस्सी के रूप में रंगाई की जाती है। इसमें **वस्त्र** को लंबाई में इकट्ठा करना और उसकी रंगाई के लिए एक चरखी/विन्च (winch) का उपयोग करना शामिल है (चित्र 15.4 देखें)।

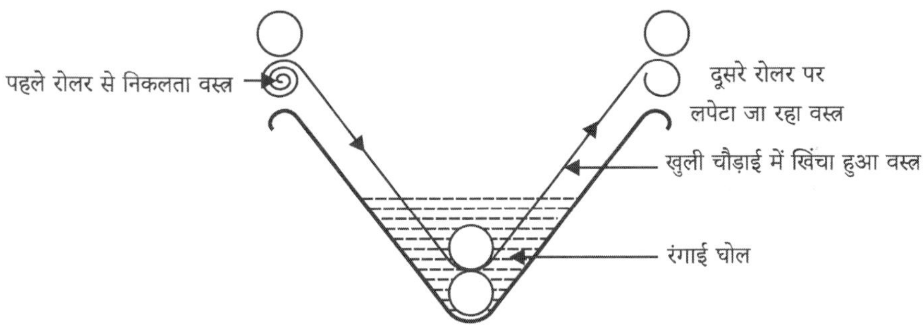

चित्र 15.3 जिगर (योजनाबद्ध))

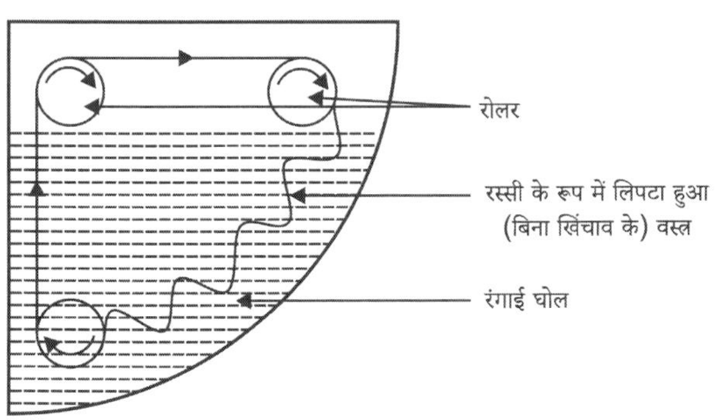

चित्र 15.4 विंच (योजनाबद्ध)

जब वस्त्र दो या दो से अधिक तंतुओं के मिश्रण से निर्मित होता है, तब उसकी रंगाई के दो विकल्प संभव होते हैं। पहला, यूनियन रंगाई कहलाता है, जिससे वस्त्र पर एक जैसा, समान रंग चढ़ाया जाता है। इसमें एक-घोल या दो-घोल की प्रक्रिया के माध्यम से प्रत्येक तंतु के लिए सावधानीपूर्वक चयन द्वारा सही रंग लगाना शामिल है। वैकल्पिक रूप से, चयनित रंग ऐसा हो सकता है कि वह अकेला ही मिश्रित वस्त्र के प्रत्येक तंतु को समान रूप से रंगने में सक्षम हो (हालांकि यह संभावना कठिन है)।

दूसरा विकल्प क्रॉस रंगाई है, जिसमें मिश्रित वस्त्र का प्रत्येक तंतु एक अलग रंग वर्ग के उपयोग से रंगा जाता है। इसमें सावधानीपूर्वक योजना बनाना और रोचक डिज़ाइन संभावनाएं शामिल हैं।

जेट/पॉलीक्रोमैटिक रंगाई में डाई घोल के जेट के उपयोग द्वारा आकर्षक प्रभाव प्राप्त किए जाते हैं, जो चलते हुए वस्त्रों पर पिचकारी की तरह डाले जाते हैं। इस विधि से रंगे वस्त्र दिखने में छपे हुए वस्त्रों के समान दिखते हैं और वे कम खर्चे पर निर्मित होते हैं क्योंकि रंगों को थोड़े से समय में लगाया जा सकता है।

15.4.5 उत्पाद/प्रोडक्ट रंगाई

यह रंगाई का अंतिम चरण है जिसमें एक तैयार वस्त्र उत्पाद को रंगा जाता है। इसके मुख्य लाभ में अद्वितीय डिज़ाइन और विशिष्टता पैदा करने की संभावना शामिल हैं। कई डिज़ाइनर रंगाई के इस चरण का उपयोग करते हैं क्योंकि यह उनकी निजी विशिष्ट शैली को प्रदर्शित करता है और उन्हें एक सीमित मांग की पूर्ति करने में सहायक होता है।

15.5 रंगाई तंत्र (Dyeing Mechanism)

रंगाई का पूरा तंत्र चार चरणों के माध्यम से चलता है। ये इस प्रकार हैं:

1. रंगाई के घोल में से रंग निकलकर वस्त्र और रंग के घोल के बीच वाले स्थान पर पहुंचता है (migration)।
2. वस्त्र की सतह पर रंगाई के घोल से निकला रंग सोख लिया जाता है; इस चरण में घोल के तेज़ी से चलाये जाने से सहायता मिलती है (adsorption)।
3. वस्त्र की सतह से उसके तंतुओं के भीतर रंग का प्रसार/माइग्रेशन (diffusion), जिसमें तापमान में धीमी वृद्धि से सहायता मिलती है और
4. रंग के अणु का तंतुओं के साथ बौंड के निर्माण के माध्यम से रासायनिक सम्बन्ध (chemical attachment)।

15.6 रंग मान (Colour Values)

अनुसंधान एवं विकास प्रयोगशालाओं को रंगे हुए नमूनों के सटीक रंग मूल्यों का पता लगाने के लिए परीक्षण करना होता है। इस उद्देश्य के लिए एक स्पेक्ट्रोफोटोमीटर का उपयोग किया जाता है।

इस यन्त्र पर रंगीन नमूने को लगाने के बाद उसका K/S मान-तीन दशमलव स्थानों तक की रीडिंग के साथ मिल जाता है।

K/S मानों की तुलना से रंगाई की ऑप्टिमम या सर्वश्रेष्ठ परिस्थितियों को भी तय किया जा सकता है। उदाहरण के लिए, यदि नमूना 'क' को 60°C पर रंगा गया है और उसी रंग से नमूना 'ख' को 90°C पर रंगा गया है, तो उनके संबंधित K/S मानों की तुलना से रंगाई के लिए सबसे अच्छा तापमान जाना जा सकता है।

नमूने द्वारा कुल लिए गए रंग के अलावा, रंग और तीव्रता में एक स्पष्ट झलक भी प्राप्त की जा सकती है। L*a*b* मानों का उपयोग इस उद्देश्य के लिए किया जाता है। इनका पता भी स्पेक्ट्रोफोटोमीटर की मदद से लगाया जाता है। इनके अतिरिक्त, क्रोमा और रंग का सटीक संकेत देने के लिए स्पेक्ट्रोफोटोमीटर के उपयोग से L*c*h* मानों का भी पता लगाया जा सकता है।

15.7 प्रिंटिंग/छपाई का इतिहास

ऐसा प्रतीत होता है कि वस्त्रों पर छपाई का विकास कागज़ पर बने चित्रों से हुआ होगा। आदिमानव द्वारा बनाए गए गुफा चित्रों और रंगों से अपने शरीर की शोभा बढ़ाने से यह स्पष्ट होता है कि वे रंगाई की कला से परिचित थे। आमतौर पर यह माना जाता है कि वस्त्र छपाई की कला भारत और मिस्र की प्राचीन सभ्यताओं में 1600 ईसा पूर्व से प्रचलित थी। यूरोपीय इन तकनीकों से लगभग 600 ईसा पूर्व में परिचित हुए।

अठारहवीं शताब्दी में, Christophe Philippe Oberkampf ने Jouy (फ्रांस) में एक वस्त्र छपाई कारखाने की स्थापना की और प्रसिद्ध "टॉइल डी जोय/Toile de Jouy" का उत्पादन शुरू किया, जिसे विश्व के विख्यात वस्त्रों के रूप में जाना गया।

वस्त्र इतिहासकारों का मानना है कि छपाई के ऐतिहासिक विकास को निम्नलिखित तीन चरणों के माध्यम से समझा जा सकता है:

1. एक कलाकार एक वस्त्र पर अपने डिज़ाइन को स्थानांतरित करता है। उदाहरणों में हाथ से की गई पेंटिंग और बाटिक छपाई शामिल हैं।
2. कलाकार डिज़ाइन को किसी सुविधाजनक माध्यम पर उतार देता है, जिसका उपयोग किसी अन्य व्यक्ति द्वारा भी किया जा सकता है। इस चरण को पूरा करने के तीन संभावित विकल्प हैं:
   (i) डिज़ाइन बनाने वाला हिस्सा एक सपाट सतह पर बाकी के हिस्से से उठा हुआ बनाया जाए (उदाहरण—ब्लॉक से छपाई)।
   (ii) डिज़ाइन बनाने वाला हिस्सा एक सपाट सतह पर बाकी के हिस्से से दबा हुआ बनाया जाए (उदाहरण—रोलर से छपाई)।
   (iii) डिज़ाइन बनाने वाला हिस्सा एक सपाट सतह पर कटाई से हटाकर बनाया जाए (उदाहरण—स्क्रीन से छपाई)।
3. रोटरी कार्यवाई के उपयोग द्वारा मशीनीकरण के पैमाने में प्रगतिशील वृद्धि।

चरण 1 से चरण 3 तक, आने से छपाई से तैयार वस्त्रों के उत्पादन की गति कई गुना बढ़ गई।

15.8 छपाई के चरण (Steps of Printing)

छपाई 'स्थानीयकृत' रंगाई का एक रूप है। जहां एक ओर वस्त्र को रंगाई के लिए रंग के

घोल में डाला जाता है, वहीं दूसरी ओर, छपाई के लिए वस्त्र पर एक निश्चित क्षेत्र में रंग के पेस्ट का से लगाना शामिल है। यह पेस्ट रंग के, एक गाढ़े घोल के रूप में कार्य करती है।

रंग के अतिरिक्त, एक प्रिंट पेस्ट का सबसे महत्वपूर्ण घटक है एक गाढ़ा थिकनिंग एजेंट। प्रिंट पेस्ट में डाले गए अन्य सहायक हैं सॉल्वैंट या सॉल्युशन सहायक, फिक्सिंग एजेंट, एंटीफोमिंग एजेंट। इन अभिकर्मकों का चुनाव डाई, सब्सट्रेट, लागत और रंग लगाने की तकनीक के आधार पर किया जाता है।

छपाई की कुछ बुनियादी शैलियाँ (styles) या सिद्धांत हैं। इन्हें विभिन्न विधियों (methods) या प्रौद्योगिकियों की मदद से किया जाता है। इन पर थोड़ी देर बाद विस्तार से चर्चा की जाएगी। शैली और विधि का विकल्प जो भी हो, ऐसे सात चरण हैं जो प्रत्येक छपाई में लागू होते हैं। ये हैं:

(i) वस्त्र की तैयारी
(ii) प्रिंट पेस्ट की तैयारी
(iii) वस्त्र की छपाई
(iv) छपे वस्त्र को सुखाना
(v) उसपर लगाए रंगों को पक्का करने की प्रक्रिया
(vi) अंतिम धुलाई (washing off)
(vii) साबुन उपचार

अब हम प्रत्येक चरण पर विस्तार में चर्चा करेंगे।

(i) छपाई का पहला चरण: वस्त्र की तैयारी में विभिन्न प्रक्रियाएं शामिल हैं, जिनमें से अनेक को पिछले अध्याय में मूल परिसज्जाओं के अंतर्गत वर्णित किया गया है। रंगाई से पहले वस्त्र की पूरी तरह से तैयारी अच्छे परिणाम सुनिश्चित करती है। तैयारी में निम्नलिखित प्रक्रियाएं शामिल हैं:
- कटाई (shearing) जिससे वस्त्र के ढीले धागों को हटाया जाता है।
- डीसाइज़िंग के माध्यम से वस्त्र पर लगी मांड को हटाया जाता है, जो जल विरोधक होने के कारण वस्त्र पर प्रिंट पेस्ट के उचित प्रवेश के लिए एक बाधा बन सकता है। रेशम के लिए, डीगमिंग की प्रक्रिया यही कार्य करती है।
- सिंजिंग सतह से उभरे हुए तंतुओं को हटा देता है, जिनके कारण अस्पष्ट छपाई दोष उत्पन्न हो सकता है।
- स्कारिंग अर्थात शुद्धिकरण से बेहतर डाई अवशोषण होता है।
- सेल्युलोज़िक वस्त्रों में मर्सराइज़ेशन और कृत्रिम वस्त्रों के लिए हीट सेटिंग प्रदान की जाती है।
- ब्लीचिंग करना हल्के रंगों को चढाने के लिए महत्वपूर्ण होता है।
- छपाई के लिए एक वस्त्र को तैयार करने का अंतिम कदम है उसे पूरी तरह से सुखाना और सिलवटों को हटाना ।

(ii) छपाई का दूसरा चरण: प्रिंट पेस्ट की तैयारी

प्रिंट पेस्ट में निम्न पदार्थ मिलाए जाते हैं:

- डाई/कलरेंट
- **थिकनिंग** एजेंट और
- छपाई में सहायक पदार्थ/ऑक्सिलियरी

आइए हम इनमें से प्रत्येक को समझें।

डाई या कलरेंट प्रिंट पेस्ट का पहला घटक है। **वस्त्रों** पर छपाई डाई या पिगमेंट के उपयोग से की जाती है। डाई के अणुओं का **वस्त्र**/सब्सट्रेट की ओर एक आकर्षण होता है और रासायनिक प्रतिक्रियाओं की सहायता से **वस्त्र** की सतह पर जुड़ जाते हैं। डाई का चुनाव छपाई होने वाले तंतुओं के आधार पर किया जाता है। डाई के कई वर्ग हैं, उदाहरण के लिए एसिड, बेसिक, एज़ोइक, डाइरेक्ट, डिस्पर्स, रिएक्टिव, सल्फर, वैट आदि। सूती **वस्त्रों** की छपाई के लिए, एक प्रिंटर के पास रंग श्रेणिओं के कई विकल्प होते हैं। दूसरी ओर, पॉलिएस्टर **वस्त्रों** की छपाई केवल डिस्पर्स डाई के उपयोग से ही करनी संभव है।

पिगमेंट को किसी भी तंतु पर लगाया जा सकता है। वे अघुलनशील रंग यौगिक होते हैं, जिनमें तंतुओं के लिए कोई आकर्षण नहीं होता।

इसलिए उचित थिकनर और बाइंडर के साथ संयुक्त होने के बाद उन्हें तंतुओं पर लगाया जा सकता है।

प्रिंट पेस्ट का दूसरा घटक है एक **थिकनिंग** एजेंट (जो डाई के साथ उपयोग होता है) या बाईंडर, जो पिगमेंट रंगाई में उपयुक्त होता है। इन दोनों पर एक चर्चा इस प्रकार है:

जैसा कि इनके नाम से पता लगता है, **थिकनिंग** एजेंट मुख्य रूप से एक **गाढ़ी** प्रिंट पेस्ट तैयार करने के लिए उपयोग किये जाते हैं, जो डाई को पकड़ कर रखे और प्रिंट को केवल वांछित डिज़ाइन क्षेत्र तक ही सीमित रखे।

थिकनिंग एजेंट का वर्गीकरण

1. प्राकृतिक थिकनर, उदाहरण स्टार्च
2. इमल्शन थिकनर (20 वीं सदी के पचास और साठ के दशक से उपयोग में),
3. सिंथेटिक थिकनर (शुरुआती 1990 के दशक से), जो कि दो प्रकार के हो सकते हैं
   - नॉन-आयोनिक थिकनर जैसे, पॉलीइथिलीन ग्लाइकोल ईथर
   - अनायोनिक थिकनर

थिकनिंग एजेंट का चुनाव मुख्य रूप से छपाई में उपयोग होने वाले डाई के वर्ग और शैली पर निर्भर करता है। उदाहरण के लिए, डाइरेक्ट रंगों के लिए थिकनर के रूप में ब्रिटिश गम और स्टार्च ट्रागाकान्थ उपयोग किये जाते हैं। इसी प्रकार डिस्पर्स रंगों के लिए सोडियम एल्जिनेट (sodium alginate), रिएक्टिव रंगों के लिए सिंथेटिक थिकनर और पिगमेंट से छपाई के लिए इमल्शन थिकनर। इनके अलावा, कुछ अन्य गुण होते हैं जो एक **थिकनिंग** एजेंट को वांछनीय बनाते हैं; इनमें शामिल हैं:

- जल्दी सूखने की क्षमता
- सही **गाढ़ापन** होना
- **वस्त्र**/सब्सट्रेट के लिए अच्छा आसंजन
- अच्छी भंडारण स्थिरता

- अधिक झाग न बनाने का गुण
- रंग और प्रिंट पेस्ट की अन्य सामग्री के लिए कम्पेटेबल होने के साथ साथ निष्क्रिय होना ताकि उपयोग किए गए रंगों में कोई बदलाव न आए
- स्क्वीजी के उपयोग के समय अच्छे लोच का प्रदर्शन
- दृढ़ता के साथ एक सतह बनाने की क्षमता, जिसमें सूखने के बाद भी दरार न आए
- उच्च तापमान का सामना करने की क्षमता
- धुलाई की प्रक्रिया द्वारा आसानी से हटाए जाने की क्षमता
- लागत प्रभावी, बायोडिग्रेडेबल (biodegradable) और पर्यावरण के अनुकूल होना

पिगमेंट प्रिंटिंग में बाइंडर का उपयोग किया जाता है। वे एक पुल के रूप में कार्य करते हैं, जिसके माध्यम से एक ओर छापे जाने वाले **वस्त्र** को और दूसरी ओर रंग को जोड़ा जाता है। अच्छे बाइंडर गुणों में **वस्त्र** पर एक पतली, समान फिल्म की परत चढ़ाने की क्षमता शामिल है जो बिना रंग वाली, लोचदार, और भौतिक व रासायनिक तनावों के लिए प्रतिरोधी हो।

बाइंडर के उदाहरण हैं—मेलामाइन फॉर्मेल्डिहाइड, विनाइल रेज़िन, यूरिया फॉर्मेल्डिहाइड प्रीकंडेन्सेट, क्लोरीनयुक्त रबड़ और ऐक्रेलिक रेज़िन।

प्रिंट पेस्ट के तीसरे घटक को प्रिंटिंग सहायक/ऑक्सिलियरी (auxiliary) कहा जाता है। ये ऐसे रसायन होते हैं जिन्हें **वस्त्र** छपाई प्रक्रियाओं की गति और दक्षता बढ़ाने के लिए अपेक्षाकृत कम मात्रा में प्रिंट पेस्ट में मिलाया जाता है। निम्नलिखित तालिका (15.1) **वस्त्रों** की छपाई के लिए उपयोग किए जाने वाले सामान्य सहायकों को संक्षेप में प्रस्तुत करती है:

तालिका 15.1 प्रिंटिंग सहायक/ऑक्सिलियरी

नाम	कार्य	उदाहरण
डिस्पर्सिंग (Dispersing) एजेंट या सॉल्वेंट	डाई और पिगमेंट को घोलने में मदद करते हैं	एथिलीन ग्लाइकोल, डायइथिलीन ग्लाइकोल, पानी
वेटिंग (wetting) एजेंट	पदार्थ को गीला करने और नैपथोल, सल्फर और वैट जैसे अघुलनशील रंगों की एक चिकनी पेस्ट तैयार करने में सहायक होते हैं	टर्की रेड आयल (Turkey Red Oil)
फोम विरोधी/एंटीफोमिंग एजेंट (Anti-foaming agents /Defoamers)	प्रिंटिंग पेस्ट में झाग को कम करते हैं	सिलिकॉन डीफोमर, ओक्टाइलअल्कोहोल, टर्पेंटाइन, इमल्सीफायेबल हाइड्रोकार्बन
हाइग्रॉस्कोपिक (Hygroscopic) एजेंट	**वस्त्रों** पर लगाए गए रंगों को पक्का करने के लिए जब भाप दी जाती है, तब ये पदार्थ पर्याप्त मात्रा में पानी के अवशोषण द्वारा डाई अणुओं को तंतुओं में प्रवेश करने और अच्छी तरह से रंग चढ़ाने में मदद करते हैं	यूरिया, ग्लिसरीन, सोडियम लैक्टेट, डायइथिलीन ग्लाइकोल

नाम	कार्य	उदाहरण
रिड्यूसिंग एजेंट (Reducing agents)	डिस्चार्ज छपाई में ये एजेंट रासायनिक तरीके से रंग को नष्ट करके सफेद पैटर्न बनाते हैं	सोडियम हाइड्रोसल्फाइट, सोडियम बोरोहाइड्राइड, थायोयूरिया डाइऑक्साइड, रंगोलाईट C (सोडियम सल्फोक्सिलेट फॉर्मेल्डिहाइड)
ऑक्सीकरण एजेंट (Oxidising agents)	स्टीमिंग के दौरान या एनिलिन ब्लैक और घुलनशील वैट रंजक के डाई घोल के विकास में अंतिम रंग विकसित करने के लिए उपयोग किये जाते हैं	सोडियम और पोटेशियम क्लोरेट, नाइट्रेट्स, नाइट्राइट और पोटेशियम फेरोसायनाइड
फिक्सेशन एक्सेलेरेटर (Fixation accelerators)	रंग फिक्स होने के समय को छोटा करते हैं और स्थितियों के उतार-चढ़ाव के कारण असमान फिक्सेशन को रोकते हैं	पी- फिनाइल फिनोल (पॉलिएस्टर के लिए), थायो यूरिया (पॉलीएमाइड के लिए), रेसोर्सिनल (कपास और ऐक्रेलिक के लिए)
केरियर	तंतुओं को फुलाना और इस प्रकार उनमें बड़े डाई अणुओं का तेज़ी से प्रसार करना :ये कार्बनिक यौगिक मुख्य रूप से पॉलिएस्टर को डिस्पर्स डाई के साथ रंगने में उपयोग किए जाते हैं	मिथाइल सैलिसिलेट, ओ-फेनिलफेनोल, ब्यूटाइल बेंजोएट
धुलाई (after wash) के एजेंट	**वस्त्र** पर लगे किन्तु दृढ़ता से न पकड़े (अनफिक्स्ड) डाई और थिकनिंग एजेंट को हटाने के लिए अंतिम धुलाई के लिए उपयोग किये जाते हैं: ये एक नरम हैंडल प्रदान करने और छपे रंगों के असली शेड को प्राप्त करने में मदद करते हैं	साबुन और डिटर्जेंट

पहले दो चरणों—**वस्त्र** और प्रिंट पेस्ट की तैयारी के बाद तीसरा चरण आता है। यह है **वस्त्र** की वास्तविक प्रिंटिंग या छपाई । इसके लिए छपाई की शैली और विधि को निर्धारित करना आवश्यक है।

आइए अब हम इन अवधारणाओं को विस्तार में समझें ।

15.9 छपाई की मूल शैलियाँ या सिद्धांत (Styles)

छपाई की पांच मूल शैलियाँ होती हैं। ये हैं:

1. डाइरेक्ट छपाई
2. अवरोधक छपाई
3. डिस्चार्ज छपाई
4. मॉर्डेंट छपाई
5. ट्रांसफर छपाई

इनमें से, पहले चार तरीकों को पारंपरिक कहा जाता है जबकि ट्रांसफर छपाई को एक अपारंपरिक विधि के रूप में संदर्भित किया जाता है।

15.9.1 डाइरेक्ट छपाई

इसमें एक **वस्त्र** की सतह पर सीधे ही प्रिंट पेस्ट लगा दी जाती है। शायद, यह मनुष्य द्वारा उपयोग की जाने वाली सबसे पुरानी शैली हो सकती है। इस शैली का उपयोग करने वाली दो विधियां हैं—ब्लॉक और रोलर।

15.9.2 अवरोधक छपाई

जैसा कि इस शब्द से पता चलता है, **वस्त्र** या यार्न के कुछ भाग को बांधकर या अन्य किसी तरीके से प्रिंट पेस्ट लेने से रोक दिया जाता है। अवरोधक पदार्थ प्रकृति में भौतिक या रासायनिक हो सकता है। उदाहरण के लिए, गुजरात और राजस्थान राज्यों की बांधिनी/टाई डाई तकनीक में धागे (भौतिक पदार्थ) के उपयोग से यार्न या **वस्त्र** के कुछ भाग को बांधने के बाद रंगाई की जाती है। चित्र 15.5(क) में एक टाई-डाई शॉल और (ख) में एक बाटिक का **वस्त्र** दिखाया गया है। बटिक प्रिंटिंग की तकनीक में सफेद या रंगीन क्षेत्रों को रंग से बचाने के लिए पिघली हुई मोम का उपयोग किया जाता है। वहीं दाब वाली छपाई में, **वस्त्र** पर लगाया गया मिट्टी का एक गाढ़ा लेप रंग चढ़ने के लिए एक अवरोधक का कार्य करता है। कई वर्ष पहले उपयोग किये जाने वाले तांबे से बने स्टेंसिल और आज व्यापक रूप से उपयोग की जाने वाली स्क्रीन भी छपाई की अवरोधक शैली पर ही आधारित हैं। ये सब भौतिक अवरोधक के उदाहरण हैं; रासायनिक अवरोधक एक अलग ढंग से काम करते हैं। यदि किसी विशेष रंग को **वस्त्र** पर चढ़ने के लिए क्षारीय pH की आवश्यकता होती है, तो विपरीत स्थिति एक बाधा के रूप में कार्य कर करती है। जैसे रिएक्टिव रंगों के साथ छपाई में (जिन्हें क्षारीय स्थिति चाहिए होती है), सिट्रिक अम्ल जैसे पदार्थ का उपयोग एक रासायनिक अवरोधक के रूप में कार्य करता है।

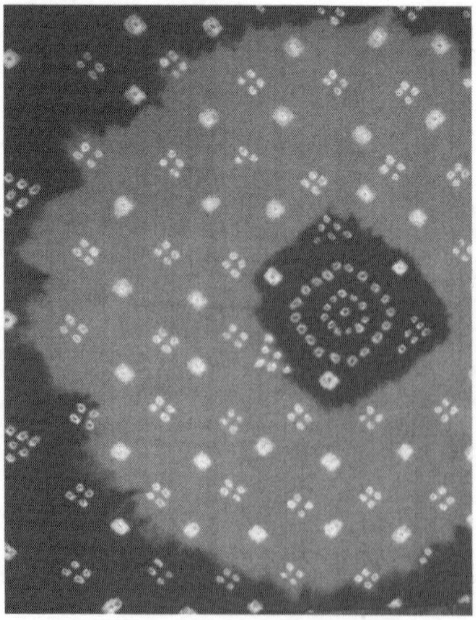

चित्र 15.5(क) टाई-डाई का दुपट्टा

चित्र 15.5(ख) बाटिक छपाई का **वस्त्र**

15.9.3 डिस्चार्ज छपाई

एक रंगे हुए **वस्त्र** की रंगकाट या 'डीकलराइज़िंग' पेस्ट के साथ छपाई की जाती है जो छपे हुए क्षेत्रों में से रंग डिस्चार्ज/हटा देता है। आमतौर पर इस शैली की विशेषता होती है—एक गहरी पृष्ठभूमि पर सफेद डिज़ाइन। कभी-कभी इन सफेद भागों की पुनः एक अन्य (इल्युमिनेटिंग) रंग के साथ छपाई की जाती है।

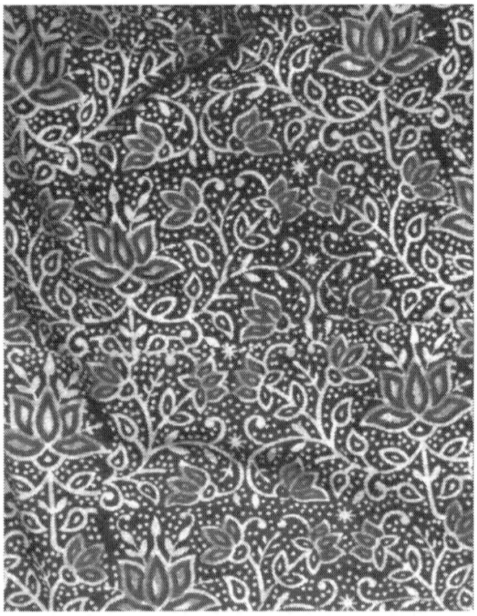

चित्र 15.6 डिस्चार्ज छपाई का नमूना

इस शैली के उपयोग से उत्पादित **वस्त्र** आकर्षक होते हैं लेकिन उनकी ताकत में कमी आ सकती है। इसलिए, डिस्चार्ज एजेंट का विवेकपूर्ण चुनाव और प्रक्रिया संपन्न होने के बाद उसे **वस्त्र** में से पूरी तरह से हटाना भी आवश्यक है ।

15.9.4 मोर्डेंट छपाई

छपाई की इस शैली को डाइड (dyed) शैली या मैडर छपाई के रूप में भी जाना जाता है। मोर्डेंट नामक पदार्थ प्राकृतिक रंगों के साथ रंगाई और छपाई में उपयोग किए जाने वाले रासायनिक पदार्थ होते हैं। उनमें **वस्त्र** और रंग- दोनों के साथ संयोजन करने की क्षमता होती है, जिसके कारण वे दोनों को जोड़ कर रखते हैं। मोर्डेंट लगाने के कई तरीके हैं—इन्हें **वस्त्र** पर रंग से छपाई के पहले या बाद में लगाया जा सकता है; इसके अतिरिक्त, इन्हें रंग के साथ भी (इनसीटू/ in situ) लगाया जा सकता है। टैनिक एसिड एक मॉर्डेंट है जिसका उपयोग आमतौर पर कपास के लिए किया जाता है; जबकि ऊन पर धात्विक लवण (जैसे तांबे और लौह के सल्फेट, क्रोमियम और पोटैशियम बाइक्रोमेट) उपयोग होते हैं। प्राकृतिक रंगों में एक बहुत ही रोचक विशेषता होती है—वे विभिन्न मॉर्डेंट के साथ संयुक्त होने पर अलग-अलग रंग प्रदान करते हैं। इसे तालिका 15.2 में दर्शाया गया है।

सारणी 15.2 प्राकृतिक रंगों की विशेषता

प्राकृतिक रंग	मॉर्डेंट	प्राप्त शेड
एलिज़रिन (Alizarin)	एल्युमिनियम (Al) यौगिक	लाल
	क्रोमियम (Cr) यौगिक	भूरा
	टिन (Sn) यौगिक	गुलाबी
कॉकिनील (Cochineal)	एल्युमिनियम (Al)	क्रिम्सन
	क्रोमियम (Cr)	बैंगनी
	टिन (Sn)	स्कारलेट

15.9.5 ट्रांसफर छपाई (सब्लिस्टेटिक)

जैसा कि नाम से पता चलता है, इस छपाई में डिज़ाइन को एक विशेष कागज़ से **वस्त्र**/सब्सट्रेट पर ट्रांसफर या 'स्थानांतरित' किया जाता है। 1960 में आविष्कार हुई इस छपाई से **वस्त्र**, घर के सामान, स्नान घर के पर्दे, कालीन और यहां तक कि निटिड कृत्रिम **वस्त्रों** पर भी छपाई की जा सकती है। आमतौर पर, डिस्पर्स रंगों का उपयोग कागज़ की छपाई के लिए किया जाता है। इस वर्ग के रंग जब उच्च तापमान (200°C) पर गर्म किये जाते हैं, तो वे वाष्पित हो जाते हैं। फिर ये कागज़ को छोड़कर, उसके साथ करीबी संपर्क में दबाये गए **वस्त्र** पर स्थानांतरित हो जाते हैं। इसे सब्लिस्टेटिक छपाई के नाम से भी जाना जाता है; सब्लिमेशन एक ऐसी प्रक्रिया को संदर्भित करता है जिसमें एक ठोस यौगिक सीधे गैसीय अवस्था में परिवर्तित हो जाता है और ठंडा होने पर फिर से एक ठोस अवस्था में वापस आ जाता है।

ट्रांसफर छपाई के कई लाभ हैं, जिनमें कम नमी अवशोषण वाले **वस्त्रों** (जैसे, कृत्रिम), करघे पर बुने हुए और निटिड **वस्त्रों** पर छपाई की संभावना, कम समय की लागत, साफ़ और स्पष्ट प्रिंट, एक डिज़ाइन के कई रंगों का एक साथ स्थानांतरित होना, छपाई के पश्चात रंगों को पक्का करने वाली प्रक्रियाओं की आवश्यकता न होना, छपाई के पैटर्न को तुरंत बदलने की संभावना और कम ऑपरेटर कौशल की आवश्यकता शामिल हैं।

कमियों में मशीन स्थापित करने की उच्च प्रारंभिक लागत, छपाई के लिए कागज़ की उच्च लागत और रंग की दृढ़ता संतोषजनक न होना शामिल हैं। इसके अतिरिक्त, केवल सब्लिमेट करने वाले रंग (उदाहरण डिस्पर्स रंग) उपयोग में लाए जा सकते हैं, जिनकी तुलनात्मक रूप से सीमित श्रृंखला ही है और यह विधि गैर-कृत्रिम **वस्त्रों** के लिए भी उपयुक्त नहीं है।

15.10 छपाई की विधियाँ (Methods)

15.10.1 ब्लॉक छपाई

यह एक **वस्त्र** की छपाई की सबसे पुरानी और शायद सबसे सरल विधि है। आज भी भारतीय कुटीर उद्योगों में एक बड़े पैमाने पर ब्लॉक छपाई प्रचलित है, जिसमें रंग के हस्तांतरण के लिए नक्काशीदार ब्लॉक उपयोग किये जाते हैं। लकड़ी के (लगभग 2–3 इंच ऊंचे) टुकड़े को काटा जाता है। ब्लॉक द्वारा एक एकल आकृति से लेकर बहुत बड़े पैटर्न बनाना संभव है और इसलिए वे चौड़ाई और आकार में काफी भिन्न होते हैं। डिज़ाइन को ब्लॉक की सतह पर उतारने के बाद, आसपास के हिस्सों को नक्काशी करके हटा दिया जाता है, जिससे डिज़ाइन

वाला आकार उभरा हुआ दिखने लगता है। यदि एक डिज़ाइन रिपीट पांच रंगों के साथ पूरा होता हो, तो उसे **वस्त्र** पर उतारने के लिए पांच ब्लॉक की आवश्यकता होगी— प्रत्येक रंग के लिए एक।

न केवल ब्लॉक बनाने के लिए कौशल और धैर्य की आवश्यकता होती है, बल्कि उनके उपयोग को भी सही ढ़ंग से करना आवश्यक है। **वस्त्र** पर रंग की मात्रा उसे ब्लॉक से छापते समय लगाए गए दबाव पर निर्भर करती है, इसी **ड़िजाइन** के लिए प्रयुक्त विभिन्न ब्लाक को ठीक से मैच करने में भी कौशल की आवश्यकता होती है। चित्र 15.7 लकड़ी के ब्लॉक को दर्शाता है।

चित्र 15.7 लकड़ी के ब्लॉक

लकड़ी के ब्लॉक की एक भिन्नता हैं- धातु से बने ब्लॉक जिनमें उभरे हुए भागों को तांबे के साथ बनाया गया है। ये ब्लॉक उपयोग में घिसते नहीं, हालांकि इनसे **वस्त्र** पर रंग लगाने की क्षमता लकड़ी के ब्लॉक की तुलना में थोड़ी कम होती है।

ब्लॉक से छपाई करने के लिए एक स्थान की तैयारी सरलता और कम लागत के साथ की जा सकती है। एक मेज़ या किसी भी समतल सतह पर पैडिंग करने के बाद, छापे जाने वाले सूखे **वस्त्र** को फैला लिया जाता है। 'नील' (अल्ट्रामरीन ब्लू) या 'गेरू' (लाल पाउडर) से लिपटे धागे के उपयोग से दिशा निर्देश के लिए रेखाओं और कोनों को बनाया जाता है। छपाई पूरी होने के बाद ऐसे निशानों को झाड़कर आसानी से हटाया जा सकता है। प्रिंट पेस्ट को एक ट्रे में डालकर जूट **वस्त्र** के टुकड़े या स्पंज से ढक दिया जाता है ताकि ब्लॉक पर रंग बराबर लग सके। प्रिंट पेस्ट लेने के लिए इस सतह पर एक ब्लॉक दबाया जाता है। ट्रे पर ब्लॉक रखकर फिर रंग लगे हुए ब्लॉक को मेज़ पर फैले **वस्त्र** की सतह पर सावधानी से रखकर मुट्ठी से दबाया जाता है। कभी-कभी, एक ही डिज़ाइन में भिन्न भागों में अलग रंग भरने के लिए एक से अधिक ब्लॉक उपयोग किये जाते हैं । ऐसी स्थिति में इन्हें एक दूसरे के साथ ठीक से मिलाना बहुत आवश्यक होता है; इस कार्य में प्रिंटर के मार्गदर्शन के लिए ब्लॉक पर 'पिच पॉइंट (pitch points)' बनाए जाते हैं। जब ब्लॉक पुराने होकर घिस जाते हैं, तब उनसे छपाई के पश्चात छूटे हुए भाग में पेंट ब्रश की सहायता से रंग को लगाया जा सकता है।

इस विधि के लाभ में ब्लॉक प्रिंटिंग यूनिट की स्थापना की कम लागत और कलात्मक रचनात्मकता की संभावना शामिल है।

इसकी कमियों में शामिल हैं—इस श्रम गहन प्रक्रिया की उच्च लागत (विशेष रूप से विकसित देशों में), लकड़ी के ब्लॉक की सटीक नक्काशी के लिए उच्च कौशल स्तर की आवश्यकता, उत्पादन की धीमी गति, छपे डिज़ाइन में रंगों के शेड में भिन्नता और बहुत महीन लाइनों को प्राप्त करने की असमर्थता, लकड़ी के ब्लॉक के रख-रखाव की उच्च लागत जिसमें आर्द्र परिस्थितियों में फूलने की प्रवृत्ति होती है जिससे ब्लॉक की लकड़ी में दरार भी पड़ सकती है।

15.10.2 रोलर छपाई

धातु (आमतौर पर तांबा) की एक शीट एक खुदे हुए/etched डिज़ाइन के साथ तैयार की जाती है। इसके बाद इसे क्रोमियम के साथ लेपित किया जाता है और फिर गोल रोलर के आकार में घुमाकर तैयार किया जाता है। डिज़ाइन वाला एक रंग में डूबे अन्य रोलर से रंग उठाता है और डॉक्टर ब्लेड का कार्य होता है बिना खुदे क्षेत्रों पर से रंग को हटाना। अब प्रिंट पेस्ट केवल नक्काशीदार (खुदे हुए) डिज़ाइन क्षेत्रों में बच जाती है और रोलर के साथ निकट संपर्क में आने वाले **वस्त्र** पर स्थानांतरित हो जाती है। रोलर का व्यास प्रिंट के रिपीट पर निर्भर करता है और रोलर की संख्या एक रिपीट में रंगों की संख्या पर निर्भर करती है।

चित्र 15.8 रोलर छपाई का एक योजनाबद्ध निरूपण देता है।

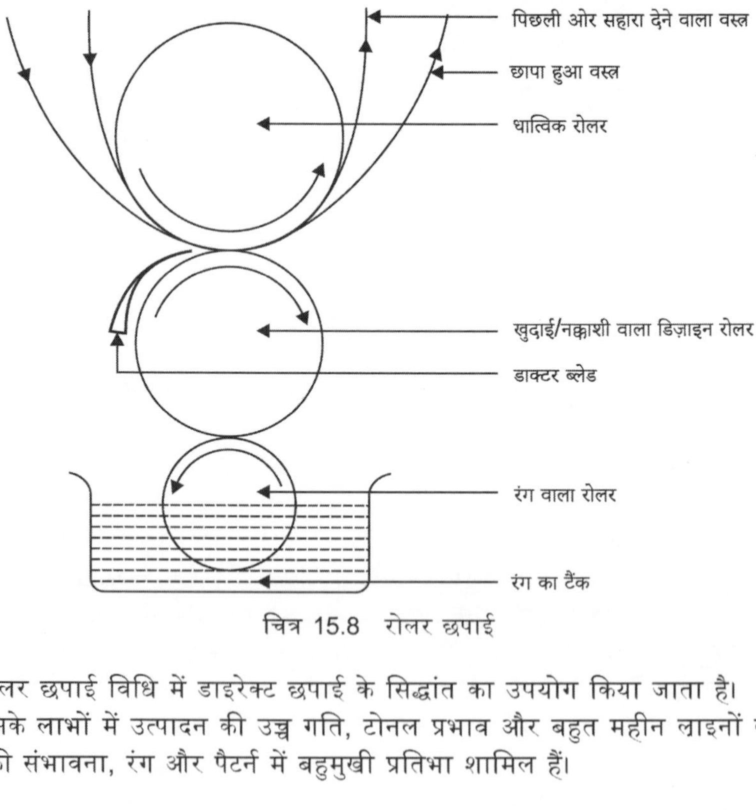

चित्र 15.8 रोलर छपाई

रोलर छपाई विधि में डाइरेक्ट छपाई के सिद्धांत का उपयोग किया जाता है।

इसके लाभों में उत्पादन की उच्च गति, टोनल प्रभाव और बहुत महीन लाइनों को प्राप्त करने की संभावना, रंग और पैटर्न में बहुमुखी प्रतिभा शामिल हैं।

कमियों में खुदे हुए/उत्कीर्ण रोलर तैयार करने की उच्च लागत, रोलर की स्थापना के लिए बहुत अधिक कौशल के साथ-साथ समय की आवश्यकता, अनेक रंगों वाले रिपीट के लिए बड़ी संख्या में रोलर को इकट्ठा करने में कठिनाई और बड़े स्थान की आवश्यकता शामिल है।

कुछ उपमाएँ

एक ब्लॉक में, डिज़ाइन को उठाया/उभारा जाता है, ठीक वैसे ही जैसे एक रबड़ स्टैंप में। एक रोलर में, नक्काशीदार डिज़ाइन वैसे ही प्रतीत होता है जैसे हमारे हाथों की लकीरें । एक स्क्रीन में, डिज़ाइन क्षेत्र में से तो रंग गुज़रकर दूसरी तरफ रखे **वस्त्र** पर लग सकता है जबकि अन्य क्षेत्रों को बंद कर दिया जाता है, ठीक वैसे ही जैसे कागज़ पर उपयोग किए जाने वाले वर्णमाला स्टेंसिल में होता है।

15.10.3 टाई-डाई

टाई-डाई अवरोधक शैली की हाथ से की जाने वाली एक विधि है। इसके उदाहरणों में गुजरात के पटोला, आंध्र प्रदेश के पोचमपल्ली, उड़ीसा के इक्कत (जिनकी चर्चा यार्न रंगाई में की गई है), तेलिया रूमल और मशरू शामिल हैं। इस तकनीक का यार्न के अतिरिक्त **वस्त्रों** पर भी व्यापक प्रयोग होता है (चित्र 15.1, 15.2)।

भारत टाई-डाई **वस्त्रों** में एक समृद्ध परंपरा का दावा कर सकता है, जिसमें गुजरात और राजस्थान जैसे राज्य महत्वपूर्ण स्थान पर हैं। भारत में इस तकनीक को बांधिनी या बंधेज के रूप में जाना जाता है और इसका उपयोग शुभ अवसरों पर किया जाता है।

घर्चोला (चित्र 15.9) और लेहरिया (चित्र15.10), दोनों टाई-डाई विधि द्वारा बनाए जाते हैं। छपाई के लिए तैयार **वस्त्र** को फैलाने के बाद उसपर डिज़ाइन को उतार लिया जाता है—अक्सर ब्लॉक के साथ, पानी में गेरू के घोल के उपयोग द्वारा। इसके बाद, दो से चार परतों को एक साथ लेकर, सूती धागों के प्रयोग से कुछ हिस्सों को बाँध लिया जाता है। इस कार्य के

चित्र 15.9 घर्चोला साड़ी

चित्र 15.10 लेहरिया साड़ी

लिए कभी-कभी एक विशेष थिम्बल (एक नुकीली नोक वाली धातु की अंगूठी) का भी उपयोग किया जाता है। इस तरह बंधे हुए **वस्त्र** की रंगाई (हल्के से गहरे रंगों तक) आगे बढ़ती है। फिर रंगे **वस्त्रों** की धुलाई की जाती है, जिसके पश्चात बंधे हुए हिस्सों को खोला जाता है। कई बार, यह दर्शाने के लिए कि **वस्त्रों** पर वास्तविक बांधिनी का काम किया गया है, उन्हें बंधे हुए रूप में ही बेचा जाता है।

भारत के अतिरिक्त, कुछ अन्य पूर्वी देशों ने भी छपाई के इस रूप का उपयोग किया है।

15.10.4 बाटिक

एक अन्य हाथ छपाई विधि, बाटिक की उत्पत्ति इंडोनेशिया में हुई (चित्र 15.11)। इस विधि में एक **वस्त्र** पर उतारे गए डिज़ाइन के अनुसार उसपर पिघला हुआ मोम लगाया जाता है, जिसके पश्चात उसे सामान्य तापमान पर रंगा जाता है। मोम, हाइड्रोफोबिक अर्थात जल प्रतिरोधक होने के कारण एक रंग अवरोधक के रूप में कार्य करता है। आज, बाटिक में कई तकनीकों को विकसित किया गया है (उदाहरण के लिए, कोटिंग, क्रैकिंग, ब्रशिंग और छिड़काव) जिनसे विविध और आकर्षक प्रभाव प्राप्त किये जा सकते हैं। कभी-कभी मोम लगाने के लिए तांबे के ब्लॉक (जैप/Tjap) या छोटे तांबे के बर्तन (जैनर्तिंग/Tjanting) का उपयोग भी किया जाता है।

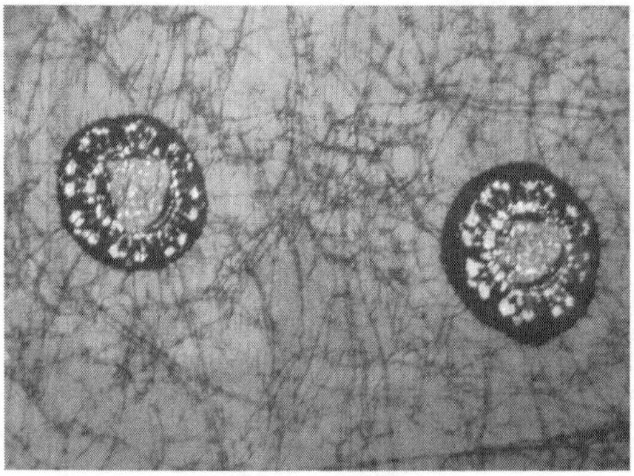

चित्र 5.11 बाटिक

एक या एक से अधिक रंगों में रंगाई पूरी होने के बाद, **वस्त्र** को उबलते पानी में डाला जाता है। इससे उसपर लगाई गई मोम पिघल कर उतर जाती है और पानी के ठंडे होने पर ठोस रूप में सतह पर जमा हो जाती है, जिसे पुनः उपयोग किया जा सकता है।

बाटिक की प्रक्रिया धीमी और श्रमसाध्य होती है, हालांकि इसे इसकी विशिष्टता के लिए जाना जाता है।

15.10.5 स्टेंसिल छपाई

स्टेंसिल छपाई की उत्पत्ति जापान में हुई थी। कागज़ की चादरों को डिज़ाइन के साथ चिह्नित किया जाता था और फिर कुछ हिस्सों को काट कर हटा दिया जाता था। इस प्रकार तैयार किये डिजाइन के स्टेंसिल को **वस्त्र** पर रखने के बाद, रंग को ब्रश, हाथ या स्प्रे के माध्यम से लगाया जाता था। स्टेंसिल वाले कागज़ को लंबे समय तक चलाने के लिए उसपर मोम या

वार्निश के लेप का उपयोग किया जाता था। धीरे-धीरे, कागज़ के स्थान पर धातु की चादरों का उपयोग होने लगा। प्रत्येक रंग को एक अलग स्टेंसिल की आवश्यकता होती है और मिलान बहुत सावधानी से किया जाना चाहिए। प्रक्रिया धीमी और श्रमसाध्य होने के कारण केवल छोटे पैमाने पर ही की जा सकती है। आज के युग में, स्टेंसिल छपाई को स्क्रीन छपाई के अग्रदूत के रूप में अधिक जाना जाता है।

15.10.6 स्क्रीन छपाई

इस विधि में एक बारीक जालीदार स्क्रीन का उपयोग किया जाता है। हाल ही तक इस कार्य के लिए नायलॉन, पॉलिएस्टर या रेशम के **वस्त्र** का उपयोग किया जाता था, लेकिन अब स्क्रीन बनाने के लिए धात्विक तंतु उपयुक्त होते हैं। उपयोग की जाने वाली स्क्रीन में धागों के बीच रिक्त स्थान ऐसा होता है कि उसमें से प्रिंट पेस्ट का गुज़रना संभव हो। स्क्रीन पर इच्छित आकृति अंकित करने के बाद गैर-डिज़ाइन क्षेत्रों को एक जल रोधक इमल्शन के साथ ढक दिया जाता है जबकि डिज़ाइन क्षेत्रों को खुला छोड़ दिया जाता है। स्क्रीन को एक लकड़ी या धातु के फ्रेम पर खींचकर चढ़ाया जाता है।

छपाई की अन्य विधियों के समान, एक डिज़ाइन के लिए आवश्यक स्क्रीन की संख्या उसमें उपयोग किए जाने वाले रंगों की संख्या पर निर्भर करेगी। स्क्रीन की चौड़ाई प्रिंट के रिपीट आकार पर आधारित होती है।

एक छपाई-मेज़ पर **वस्त्र** को फैलाया जाता है और उसपर स्क्रीन को रखा जाता है (चित्र 5.12 देखें)। रंग के गाढ़े घोल को स्क्रीन के एक छोर से उड़ेला जाता है और फिर स्क्वीजी की सहायता से रंगीन घोल को स्क्रीन के ऊपर से दबाया जाता है। स्क्वीजी, कुंद किनारे वाला लकड़ी का एक टुकड़ा होता है, जिसकी चौड़ाई स्क्रीन के आंतरिक फ्रेम के बराबर होती है।

चित्र 15.12 हस्त स्क्रीन छपाई

एक कार्यकर्ता (चित्र 15.12 में दाहिनी ओर खड़ा) स्क्वीजी को स्क्रीन के आधे हिस्से तक धकेलता है, जहां से दूसरा कार्यकर्ता उसे पकड़कर अपनी ओर खींच लेता है। इस क्रिया से रंग का गाढ़ा घोल स्क्रीन के डिज़ाइन वाले हिस्सों से नीचे बिछे **वस्त्र** तक पहुँच जाता है। इसके बाद दोनों कार्यकर्ता स्क्रीन फ्रेम को उठाकर अनछपे **वस्त्र** पर रख देते हैं। इस प्रकार एक रंग

को हर रिपीट में उतार लिया जाता है; दूसरे रंग की स्क्रीन को उस पर रखने से पूर्व यह सुनिश्चित करना चाहिए कि पहले रंग को पर्याप्त रूप से सुखा लिया गया हो। इससे छपे हुए **वस्त्र** के रंग फैलने से बचेंगे। कई बार, स्क्रीन छपाई मेज़ के नीचे एक गर्म हवा का स्रोत भी लगाया जाता है। इससे नमी का त्वरित वाष्पीकरण होता है और सूखने में सहयोग मिलता है।

कई छपाई इकाइयां मशीनीकृत स्क्रीन छपाई करती हैं। इनमें, स्क्रीन **वस्त्र** पर उतारी जाती है और एक रंग को छापा जाता है। फिर स्क्रीन को ऊपर उठा लिया जाता है और **वस्त्र** आगे बढ़ते हैं। यद्यपि मशीनीकृत स्क्रीन छपाई की प्रारंभिक स्थापना लागत अधिक होती है, किन्तु इनसे उत्पादन की गति भी अधिक होती है।

उपरोक्त चर्चा सपाट/फ्लैट बेड (flat bed) स्क्रीन छपाई से संबंधित है, जो मैन्युअल (manual) या यांत्रिक (mechanical) रूप से की जा सकती है। इसके अतिरिक्त, स्क्रीन से रोटरी स्क्रीन छपाई भी की जा सकती है (चित्र 15.13 क और ख), जो केवल यांत्रिक प्रक्रिया होती है।

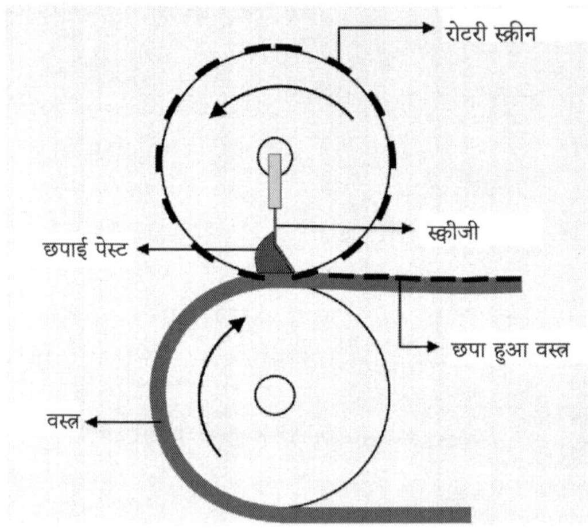

चित्र 15.13(क) रोटरी स्क्रीन छपाई का योजनाबद्ध आरेख

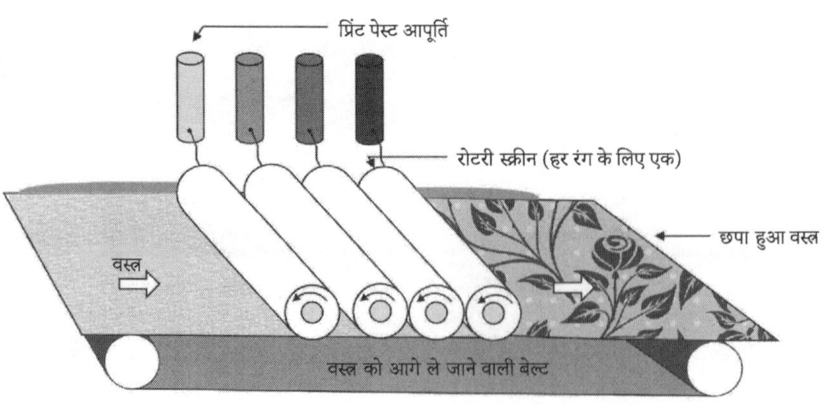

चित्र 15.13(ख) रोटरी स्क्रीन की श्रृंखला का योजनाबद्ध आरेख

एक स्क्रीन के रिपीट को धातु में तैयार किया जाता है और फिर रोलर के रूप में गोल लपेट लिया जाता है। रोलर प्रिंटिंग के विपरीत, रोटरी स्क्रीन में रंग का स्रोत और स्क्वीजी की कार्यवाही रोल के भीतर से होती है, जिससे स्क्रीन के संपर्क में आने वाले **वस्त्र** पर डिज़ाइन छप जाता है।

इसके कई लाभ हैं, जिनमें उत्पादन का उच्च दर, एक निरंतर प्रक्रिया, कम स्थान और रोटरी स्क्रीन छपाई करने के लिए कम कौशल स्तर की आवश्यकता शामिल हैं। इनके अलावा, प्रिंट पैटर्न का एक त्वरित बदलाव के साथ-साथ कम मात्रा में **वस्त्र** को छापने के लिए भी किफायती होने के कारण यह समकालीन फैशन रुझानों के लिए एक आदर्श छपाई विधि मानी जाती है।

15.10.7 छपाई की अन्य विधियां

अब तक चर्चा की गईं विधियों के अतिरिक्त भी **वस्त्रों** पर छपाई के कुछ अन्य साधन भी हैं। इनसे एक सीमित वाणिज्यिक अनुप्रयोग हो सकता है लेकिन इस क्षेत्र में आपको छात्र के रूप में, इनसे परिचित होना आवश्यक है।

ब्लौच (Blotch) छपाई

इस विधि में, **वस्त्र** की पृष्ठभूमि के रंग को एक सिलेंडर की मदद से छापा जाता है। इस प्रकार **वस्त्र** के मूल रंग द्वारा उसमें आकृति बनाई जाती है, जिससे काफी आकर्षक परिणाम मिलते हैं।

डिफ़्रेन्शिअल (Differential) छपाई

यह विभिन्न तंतुओं के गुच्छों/टफ्ट के उपयोग से निर्मित टफ्टिड कालीनों पर की जाती है। जब इन कालीनों को स्क्रीन के उपयोग से छापा जाता है, तो विभिन्न तंतु एक ही रंग के घोल से अलग-अलग ढंग से रंग पकड़ते हैं, जिससे बहुत रोचक प्रभाव प्राप्त होते हैं।

डिज़िटल इंक जेट (Digital Ink Jet) छपाई

यह विधि डिज़ाइन सॉफ़्टवेयर (जैसे फ़ोटोशॉप) और स्कैनर वाले कंप्यूटर का उपयोग करती है, जिनमें चौड़ा जेट प्रिंटर लगा होता है, ठीक वैसे जिनसे सम्मेलन के बड़े पोस्टर छापे जाते हैं। स्याही का चुनाव छापे जाने वाले सब्सट्रेट (**वस्त्र**) के आधार पर किया जाता है और रंग को पक्का भाप की मदद से किया जाता है। यद्यपि प्रारंभिक सेटअप लागत अधिक और उत्पादन की गति कम हो सकती है, यह विधि कुछ लाभ प्रदान करती है। इनमें असीमित रिपीट के आकार, कंप्यूटर छवि का सटीक प्रिंट, मनोवांछित डिज़ाइन की संभावना, कई प्रकार के सब्सट्रेट के उपयोग के साथ-साथ बाज़ार में नवीनतम मांग की प्रवृत्ति के अनुरूप कम मात्रा में भी छपे **वस्त्र** का उत्पादन शामिल हैं।

डुप्लेक्स (Duplex) छपाई

रोलर प्रिंटिंग में कभी-कभी एक ही डिज़ाइन **वस्त्र** के सीधी और पीछे की ओर दो रोलर के उपयोग द्वारा द्वारा छापा जाता है। इससे अधिक स्पष्ट और साफ़ प्रिंट तैयार होते हैं, जिन्हें रेजिस्टर (Register) छपाई भी कहा जाता है।

इलेक्ट्रोस्टेटिक (Electrostatic) छपाई

इस विधि के लिए, डाई को एक वाहक के साथ मिलाया जाता है, उदाहरण के लिए उच्च डाइइलेक्ट्रिक वाला रेज़िन। इस मिश्रण को एक स्क्रीन पर फैला दिया जाता है जो छापने वाले **वस्त्र** के लगभग आधा इंच ऊपर स्थित होती है। मशीन में एक इलेक्ट्रोस्टेटिक क्षेत्र बनाया जाता है जिससे स्क्रीन से निकलकर डाई के कण नीचे रखे हुए **वस्त्र** की ओर आकर्षित होकर वहीं स्थापित हो जाते हैं। रंग को पक्का करने के लिए गरम हवा का उपयोग किया जाता है।

फ्लोक (Flock) छपाई

एक **वस्त्र** पर पूर्व निर्धारित डिज़ाइन क्षेत्रों में चिपकने वाला पदार्थ लगाया जाता है। फिर उस **वस्त्र** पर बहुत छोटे तंतु/फ्लोक (अलग रंग वाले) छिड़के जाते हैं। सुखाने पर यह फ्लोक डिज़ाइन क्षेत्रों में चिपकने वाले पदार्थ के कारण **वस्त्र** पर स्थिर रूप से बैठ जाता है। इसके बाद उस **वस्त्र** पर ब्रश फेरने से बिना डिज़ाइन वाले हिस्से पर गिरे फ्लोक को हटा लिया जाता है।

फोम (Foam) छपाई

डाई का एक झागदार घोल बनाकर **वस्त्र** के संपर्क में लाया जाता है। उचित तापमान यह सुनिश्चित करता है कि रंग का **वस्त्र** के भीतर प्रवेश हो। इस विधि को बबल (bubble) छपाई के रूप में भी जाना जाता है ।

फोटोग्राफिक (Photographic) छपाई

यह प्रक्रिया कागज़ पर तस्वीरों को विकसित करने के समान होती है। सबसे पहले, **वस्त्र** पर प्रकाश प्रतिक्रियाशील रसायन (फोटोसेंसिटिव डाई) की एक परत लगाई जाती है। फिर उस पर वांछित डिज़ाइन का एक नेगेटिव रखा जाता है और प्रकाश पारित किया जाता है। इससे रंग डिवेलप अर्थात विकसित हो जाते हैं, जैसे कि किसी फोटो में होते हैं। इसके पश्चात **वस्त्र** पर लगे फालतू रसायन को हटाने के लिए उसे धो लिया जाता है।

पोलीक्रोमैटिक या जेट स्प्रे (Polychromatic/Jet Spray) छपाई

जेट/नोज़ल के उपयोग से आकर्षक बहुरंगी प्रिंट प्राप्त किये जा सकते हैं; ये जेट एक खुली चौड़ाई में आगे बढ़ते वस्त्र के ऊपर स्थित होते हैं और गाढ़े रंग के घोल की बौछार वस्त्र पर पंप करते हैं। डिज़ाइन को नियंत्रित करने के लिए जेट की स्थिति और गति को विनियमित किया जाता है। जेट से स्प्रे किया गया वस्त्र भारी रोलर की एक जोड़ी में से गुज़ारा जाता है, जिनके दबाव से रंग वस्त्र के भीतर प्रवेश कर जाते हैं। यह विधि बहुमुखी और उच्च उत्पादन दर वाली होने के साथ-साथ हाथ से बने बाटिक और टाई-डाई के समान पैटर्न का उत्पादन कर सकती है।

ताना छपाई

शायद यार्न की टाई-डाई तकनीकों से प्रेरित होकर, ताना के धागों को स्क्रीन या रोलर की मदद से छापा जाता है। इसके बाद करघे पर इन धागों से **वस्त्र** को बुना जाता है। इस विधि से तैयार **वस्त्र** पर एक 'धुंधला' डिज़ाइन बनता है, जो बहुत आकर्षक दिखता है।

रंगाई या छपाई की विधि जो भी हो, उसके लिए डाई वर्ग का विवेकपूर्ण चयन करना और उसे लगाने की सही प्रक्रिया अपनानी महत्वपूर्ण होती है । यदि रंगरेज़ अपनी लागत

बचाने के लिए कोई शॉर्टकट लेता है, तो वस्त्र पर एक समान और पक्के रंग न चढ़ने की संभावना उत्पन्न हो सकती है।

छपाई का चौथा चरण है—छपे हुए वस्त्र को सुखाना।

सुखाने से प्रिंट निखर कर आता है और अवांछित क्षेत्रों में रंग का बहना रोका जा सकता है।

सुखाने का काम या तो सीधे सूरज की रोशनी में या फिर छपे हुए वस्त्र की पिछली तरफ गर्म इस्त्री के उपयोग से भी किया जा सकता है।

छपाई का पांचवां चरण यह है रंग की स्थिरता या उसके पक्केपन को बढ़ाना। इस चरण के लिए कुछ विकल्प हैं, जिनमें से एक का चुनाव छपाई के लिए उपयोग किए जाने वाले वस्त्र और रंग के प्रकार पर निर्भर करता है।

हम इनमें से प्रत्येक विकल्प पर विस्तार से चर्चा करेंगे।

रंग को पक्का/स्थिर करने की विधियाँ

1. बेकिंग/क्योरिंग (Baking/Curing)
2. एजिंग (Ageing)
3. वेट (Wet) डेवेलपमेंट
4. पैड-बैच (Pad batch) विधि
5. स्टीमिंग (Steaming)—सामान्य, दबाव के साथ और उच्च तापमान के साथ

बेकिंग या क्योरिंग में सूखी गर्म हवा के उपयोग से पिगमेंट, रिएक्टिव और डिस्पर्स रंगों के साथ छपे वस्त्रों में पक्कापन लाया जाता है। क्योरिंग से प्रिंट की स्याही, रेज़िन और गोंद को ठोस बनाने से वस्त्र में स्थिर रूप से बिठाया जाता है। यह उन पदार्थों के अंदर एक फोटोकैमिकल प्रतिक्रिया द्वारा कार्य करता है। उपयोग किए जाने वाले उपकरणों में गैस या बिजली वाला बेकिंग चैंबर, गर्म हवा की मशीन और यहां तक कि छोटे टुकड़ों के लिए बिजली वाली इस्त्री भी शामिल हैं। शीघ्र गति से बेकिंग के लिए यूवी/UV किरणों का उपयोग भी किया जा सकता है।

बेकिंग का तापमान और समय रंगों और वस्त्रों पर आधारित होता है। पिगमेंट से छपे वस्त्रों के लिए, 130°C से 150°C तक के तापमान पर 3–5 मिनट, रिएक्टिव रंगों के लिए, 150°C पर 5 मिनट और डिस्पर्स डाई से छपे वस्त्रों के लिए, 180°C से 200°C तक के उच्च तापमान पर केवल 30 सेकंड का समय रंगों को पक्का करने के लिए दिया जाता है ।

एजिंग तुलनात्मक रूप से एक पुरानी प्रक्रिया है जिसमें छापे हुए वस्त्र को नम और गर्म परिस्थितियों वाले कमरे में कई दिनों तक छोड़ने से उसके रंग पक्के किये जाते थे। समय के साथ, इस प्रक्रिया ने स्टीमिंग/भाप देने का मार्ग प्रशस्त किया, जिसमें बहुत कम समय लगता है। एजिंग मशीनों के नामों में लूप एज़र, फेस्टून (festoon) एजर, कॉटेज स्टीमर, स्टार स्टीमर और टॉवर (tower) एजर शामिल हैं।

वेट (wet) डेवेलपमेंट का तात्पर्य है छपे हुए वस्त्र को क्षार और बड़ी मात्रा में इलेक्ट्रोलाइट वाले घोल के साथ संतृप्त किया जाए। यह सूती वस्त्रों पर चयनित रिएक्टिव और एज़ोइक रंगों को पक्का करने के लिए एक उपयुक्त विधि है। उपचार 100°C–110°C पर 10–20 सेकंड के लिए दिया जाता है और इसके बाद वस्त्र को धो लिया जाता है।

पैड-बैच: यह रिएक्टिव रंगों से छापे गए सूती वस्त्रों को पक्के रंग प्रदान करने के लिए एक और विधि है। इसमें पैडिंग मैंगल का उपयोग करते हुए, छपे वस्त्र को सोडियम सिलिकेट

घोल में भिगोया जाता है, जिसके बाद इसे एक छिद्रित बीम पर 10 मिनट से 3 घंटों तक (उपयोग किये गए रिएक्टिव डाई पर आधारित) छोड़ दिया जाता है। अंत में इसे ठंडे पानी में धो दिया जाता है।

भाप देने की प्रक्रिया में वस्त्र के तंतु फूल जाते हैं। प्रिंट पेस्ट में मिश्रित हाइग्रॉस्कोपिक एजेंट से नमी का अवशोषण होता है और सूखे हुए छपाई के पेस्ट को एक गाढे घोल में परिवर्तित कर देता है। यह एक डाईबाथ के रूप में कार्य करता है, जिसमें से रंग अब तंतुओं के भीतर प्रवेश करता है। भाप को तीन प्रकार से दिया जा सकता है :

सामान्य भाप: यह 100°C के तापमान पर वायुमंडलीय दबाव में स्टीमर की मदद से दी जाती है।

दबाव सहित स्टीमिंग: यह दबाव के साथ 100^0C पर भाप के उपयोग से दी जाती है व पॉलिएस्टर और एसीटेट पर डिस्पर्स रंगों का पक्कापन बढ़ाती है। इसके लिए स्टार स्टीमर नामक एक उपकरण का उपयोग किया जाता है जिसमें वस्त्र को रॉड पर डाल दिया जाता है। इसमें से हवा और नमी को हटाने के बाद, सूखी भाप को स्टीमर के निचले हिस्से से भरा जाता है और उसे उच्च दबाव की स्थिति में रखा जाता है। इस पूरी प्रक्रिया के समय यह सुनिश्चित करना महत्वपूर्ण है कि स्टीमर के अंदर का वातावरण नमी से पूरी तरह से मुक्त हो।

उच्च तापमान सहित स्टीमिंग: इस विधि से बहुत कम समय में रंगों को पक्का किया जा सकता है। दबाव वाली भाप की तुलना में उच्च तापमान वाली भाप के उपयोग से अनेक प्रकार के तंतुओं और रंग वर्गों को पक्का करना संभव होता है। इस विधि में, वायुमंडलीय दबाव पर भाप के तापमान को 180°C तक बढ़ाया जाता है (यह इसे 200°C से अधिक तापमान वाले रेडिएटर के संपर्क में लाकर किया जाता है)। ऐसे स्टीमर के प्रयोग से केवल 1–2 मिनट में ही डिस्पर्स रंगों को पक्का किया जा सकता है।

भाप प्रक्रिया भले किसी भी प्रकार की हो, एक बात पर विशेष ध्यान दिया जाना चाहिए। यदि भाप बहुत नम होगी या छपाई पेस्ट में हाइग्रॉस्कोपिक एजेंट की मात्रा अधिक होगी, तो स्टीमिंग के समय छपाई पेस्ट के बहुत पतले हो जाने से रंग को अनचाहे हिस्सों में फैलाने की समस्या पैदा कर सकती है।

दूसरी ओर, यदि भाप बहुत सूखी होगी या हाइग्रॉस्कोपिक एजेंट की मात्रा अपर्याप्त होगी, तो छपाई पेस्ट द्वारा सही मात्रा में नमी अवशोषित नहीं की जा सकेगी और वस्त्र पर रंग पक्का नहीं चढ़ेगा।

छपाई चक्र में छठे चरण को 'वॉशिंग ऑफ' (washing off) कहा जाता है। इसमें वस्त्र पर न चढ़ा हुआ रंग और छपाई पेस्ट के रसायनों को ठंडे पानी में भिगोकर हटाया जाता है।

इसके बाद अंतिम या सातवां चरण होता है जिसमें साबुन के साथ धुलाई और सुखाना शामिल है। इसके लिए, साबुन और स्थितियों को वस्त्र और रंग वर्ग के आधार पर चुना जाता है।

15.11 रंगों का पक्कापन

व्यावसायिक दृष्टिकोण से, वस्त्रों पर केवल वांछित रंग प्राप्त करना महत्वपूर्ण नहीं है। उतना ही महत्वपूर्ण है कि ये रंग लंबे समय तक चलने वाले हैं। एक डाई का स्थायित्व या रंग स्थिरता धुलाई, रगड़ (crocking), पसीना, सूरज की रोशनी, धुएं और अन्य रंग नष्ट करने की स्थिति के संपर्क में आने के बाद अपने रंग को बनाए रखने की क्षमता है। उपभोक्ताओं का मानना है कि किसी भी उत्पाद के चयन और उपयोग में रंग स्थिरता एक बहुत ही

महत्वपूर्ण मानदंड होता है। कई बार एक विशेष **वस्त्र** उत्पाद का रंग फीका पड़ जाता है या उतर जाता है, जिससे वह दिखने में सुंदर नहीं लगता ओर आप उसे उपयोग करना बंद कर देते हैं। दूसरे शब्दों में, यह संभव है कि कोई उत्पाद टिकाऊ/durable तो हो लेकिन उपयोग योग्य/serviceable नहीं। यह भी याद रखना महत्वपूर्ण है कि रंग के पक्केपन को उस पर कार्य करने वाले विभिन्न कारकों के सन्दर्भ में समझा जाना चाहिए। इस प्रकार, एक पर्दे के लिए खरीदे **वस्त्र** के रंगों को सूरज की रोशनी और धुलाई के प्रति पक्का होने की आवश्यकता होती है, जबकि पसीने के प्रति इसके रंगों का पक्कापन इतना महत्वपूर्ण नहीं होता। इसी प्रकार, एक परिधान में उपयोग किये गए रंगीन **वस्त्र** के लिए यह महत्वपूर्ण है कि उसके रंग धुलाई, रगड़/क्रॉकिंग और यहां तक कि पसीने के प्रति पक्के हों।

कुछ प्रयोगशाला परीक्षण हैं जो यार्न या **वस्त्र** के रंग की स्थिरता का सटीक मूल्यांकन कर सकते हैं। ये परीक्षण मानकीकृत उपकरणों और उपचार मापदंडों द्वारा आयोजित किए जाते हैं, जो वास्तविक उपयोग की स्थिति का अनुकरण करते हैं। इसके बाद **वस्त्र** की ग्रे स्केल (Gray Scale) के साथ तुलना की जाती है। दो प्रकार के ग्रे स्केल उपयोग किये जाते हैं (चित्र 15.14(क) और (ख))।

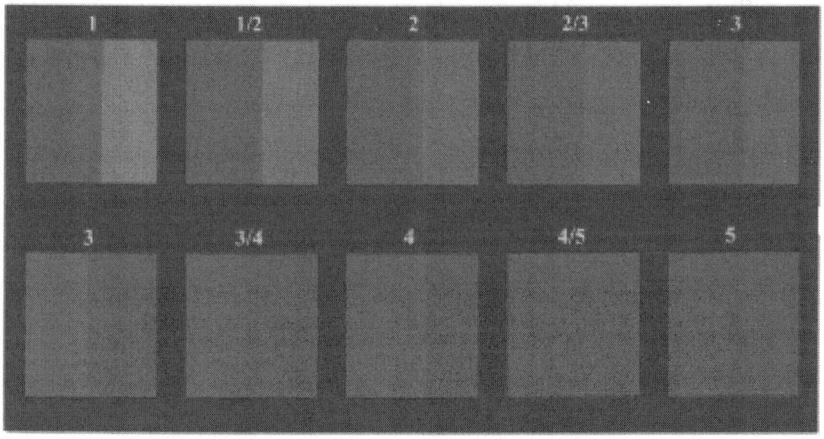

चित्र 15.14(क) फेडिंग (fading) जांचने के लिए ग्रे स्केल

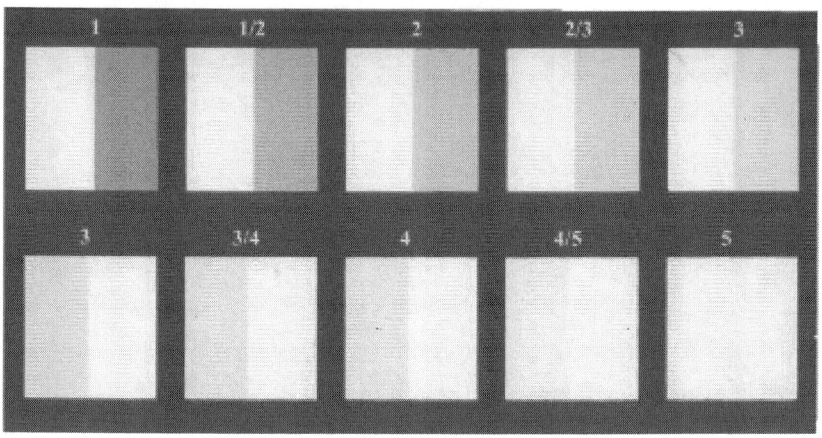

चित्र 15.14(ख) स्टेनिंग(staining) जांचने के लिए ग्रे स्केल

प्रत्येक ग्रे स्केल की दोनों तरफ 5 खिड़कियां बनी होती हैं जो फेडिंग/रंगीन वस्त्र के रंग उड़ने या स्टेनिंग/सफ़ेद वस्त्र पर उस रंग के चढ़ने के स्तर को तुलनात्मक विधि से एक ग्रेड को दर्शाती हैं। ग्रेड 1 रंग की निम्न स्थिरता को इंगित करता है, जबकि ग्रेड 5 'कोई बदलाव नहीं' या उत्कृष्ट रंग स्थिरता को इंगित करता है। चित्र 15.14 दर्शाता है कि आधे मान भी दिए जा सकते हैं, जैसे 1/2, 2/3 आदि और इस प्रकार एक ग्रे स्केल में 10 खिड़कियां होती हैं (प्रत्येक तरफ 5)।

15.11.1 धुलाई के प्रति रंगों का पक्कापन

उपभोक्ता रंगे हुए वस्त्रों से धुलाई के प्रति एक अच्छी स्थिरता की आशा करते हैं।

चित्र 15.15 लॉन्ड्रोमीटर

धुलाई के प्रति रंग के पक्केपन को जांचने के लिए एक लॉन्ड्रोमीटर (चित्र 15.15) का उपयोग किया जाता है। पहले रंगीन और सफ़ेद वस्त्र के टुकड़ों को सिल कर नमूने तैयार किए जाते हैं और फिर इन्हें साबुन के घोल में विसर्जित किया जाता है। नमूने और साबुन के घोल बनाने की विधि स्पष्ट रूप से विभिन्न तंतुओं के लिए दी गई होती है। धोने की प्रक्रिया समाप्त होने के बाद नमूनों को सुखा लिया जाता है और फिर ग्रे स्केल की सहायता से रंग के पक्केपन के दोनों पहलुओं (फेडिंग व स्टेनिंग) का अनुमान लगाया जाता है।

15.11.2 रगड़/क्रॉकिंग (Crocking) के प्रति रंगों का पक्कापन

क्रोकिंग का अर्थ है रगड़। परिधान में, विशेष रूप से कॉलर, हेम और लाइनिंग के लिए उपयोग किये गए वस्त्रों में क्रॉकिंग के प्रति रंगों का पक्का होना अधिक महत्वपूर्ण होता है।

इसे जांचने के लिए एक क्रॉकमीटर (चित्र 15.16) का उपयोग किया जाता है। आम तौर पर, किसी भी रंगीन वस्त्र के नमूने के लिए गीले और सूखे क्रॉकिंग दोनों का मूल्यांकन किया जाता है।

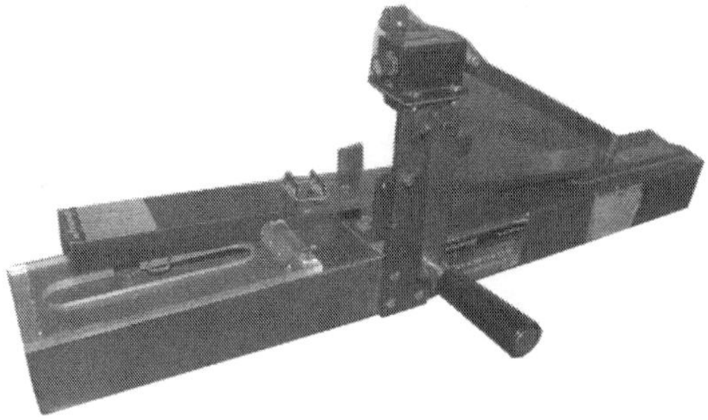

चित्र 15.16 क्रॉकमीटर

15.11.3 पसीने के प्रति रंगों का पक्कापन

पसीने के प्रति रंगों का पक्का होना उपभोक्ताओं के लिए वांछनीय है। यह महत्वपूर्ण है कि खेल के परिधान और आंतरिक **वस्त्र**/अंडरवियर के रंग पसीने के प्रति पक्के हों। इसे जांचने के लिए एक पसीना परीक्षण यन्त्र और पसीने से मिलता रासायनिक घोल उपयोग किया जाता है (चित्र 15.17)।

चित्र 15.17 पसीना परीक्षण यन्त्र

15.11.4 प्रकाश के प्रति रंगों का पक्कापन

प्रकाश के प्रति रंग की स्थिरता का पता लगाने के लिए एक लाइट फास्टनेस परीक्षक का उपयोग किया जाता है। इस जाँच में, 1 से 8 तक वर्गीकृत ब्लू वुल के नमूनों का उपयोग होता है (चित्र 15.18) ।

चित्र 15.18 लाइट फास्टनेस परीक्षक

ऊपर चर्चा किये गए कारकों के अतिरिक्त कुछ विशिष्ट अंत उपयोगों के लिए समुद्री पानी, सॉल्वेंट, मौसम, **इस्त्री** और धुएं के प्रति रंग का पक्कापन होने की आवश्यकता भी हो सकती है।

अभ्यास

15.1 निम्नलिखित के बीच अंतर बताइए:
 (i) रंगाई और छपाई
 (ii) प्राकृतिक और सिंथेटिक रंग
 (iii) छपाई की डाइरेक्ट और अवरोधक शैली
 (iv) एसिड और बेसिक डाई
 (v) फ्लैट और रोटरी स्क्रीन छपाई

15.2 विभिन्न कारकों के प्रति रंगीन **वस्त्रों** के पक्केपन पर एक लेख लिखिए। रोज़मर्रा के परिधान में इनमें से कौन से कारक सबसे महत्वपूर्ण होंगे?

15.3 छपाई की डिस्चार्ज शैली की व्याख्या कीजिए। इसकी कमियां बताइए।

15.4 रंगाई के विभिन्न चरण बताइये और प्रत्येक चरण का एक संक्षिप्त विवरण दीजिए।

15.5 छपाई की किसी एक अपरंपरागत शैली का वर्णन कीजिए।

15.6 तीन पारंपरिक भारतीय साड़ियों के नाम बताइए और उन्हें रंगने की विधि का वर्णन कीजिए।

विस्तृत जानकारी हेतु पुस्तक सूची

Aspland, J.R., Textile Dyeing and Colouration, American Association of Textile Chemists and Colourists, 1997.

Colourants and auxiliaries: Organic chemistry and application properties, Vol. 1, Colourants, ed. John Shore, Society of Dyers and Colourists, England, 1990.

Pellew, C., *Dyeing and Printing*: *Dyes and Dyeing*, Abhishek Publications, Chandigarh, 1998.

Scott, G., *Transfer Printing (onto man-made fibres)*, B.T. Batsford Limited, London, 1977.

Shenai, V.A., *Technology of Textile Processing*, Vol. 2, Sevak Publications, Mumbai, 1987.

भाग 6
उपभोक्ताओं के मुद्दे

"... वस्त्रों की दुनिया में, कुछ उत्पाद बहुत अच्छा प्रदर्शन करते हैं जबकि अन्य आपको उपभोक्ता के रूप में निराश कर सकते हैं"... ये पंक्तियाँ भाग 1 के परिचय से ली गई हैं। उपभोक्ता समस्याएं, उपभोक्ता शिक्षा की कमी के साथ-साथ कमज़ोर उपभोक्ता संरक्षण कानूनों से उत्पन्न होती हैं। इनके अलावा, भ्रामक विज्ञापन, खरीदने के लिए बहुत अधिक दबाव डालना, गैर तकनीकी शब्दों का उपयोग, नकली पदार्थ, मिलावट, मानकीकरण की कमी और दोषपूर्ण लेबलिंग भारत में उपभोक्ताओं द्वारा सामना की जाने वाली कठिनाइयों को बढ़ाते हैं। उपभोक्ता समस्या के उपायों में उपभोक्ता को शिक्षित करना, मानकों का निर्माण और सख्त प्रवर्तन, प्रमाणन चिन्ह, सूचनात्मक लेबलिंग और उपभोक्ता संरक्षण कानून लागू करना शामिल हैं।

उपभोक्ताओं के मुद्दों को आगे बढ़ाते हुए, यह भाग (6) पेश किया जा रहा है। इसका उद्देश्य उपभोक्ताओं द्वारा सामना की जाने वाली आम दुविधाओं का संबोधन और निवारण करना है।

अध्याय 16, 'एक उपयुक्त वस्त्र का चयन: उपभोक्ताओं के लिए दिशानिर्देश', के माध्यम से यह आशा की जाती है कि अवधारणाओं की स्पष्टता से एक विवेकपूर्ण निर्णय लेना संभव होगा, जिसके परिणामस्वरूप उपभोक्ता संतुष्टि में वृद्धि हो सकती है।

एक उपयुक्त वस्त्र के चुनाव जाने के बाद अगला चुनौतीपूर्ण कार्य इसका रख-रखाव है। अध्याय 17, देखभाल और रख-रखाव, कुछ "ग्रीन" अर्थात पर्यावरण के अनुकूल वस्त्र धुलाई युक्तियों के साथ-साथ वस्त्रों की धुलाई/लॉन्ड्रिंग के विभिन्न चरणों का विवरण देता है।

बाज़ार में उपलब्ध विभिन्न वस्त्र उत्पादों के विषय में उपभोक्ताओं के बीच जागरूकता बढ़ाने के उद्देश्य से, अध्याय 18 में सम्मिश्रण के विषय पर चर्चा की गई है। यह उपयोगकर्ताओं को शिक्षित करने के साथ ही उनके द्वारा अच्छे विकल्प चुनने में सहायक होगा; जिससे उनकी संतुष्टि अधिक होगी। इसी उद्देश्य के साथ, वस्त्र दोषों पर अध्याय 19 को लिखा गया है। यह दोषपूर्ण निर्माण के साथ-साथ परिष्करण के कारण यार्न और वस्त्रों में उत्पन्न विभिन्न दोषों पर चर्चा करता है। इस अध्याय में 'वस्त्र निरीक्षण' पर एक तालिका भी सम्मिलित की गई है, एक ऐसा विषय जो प्रतियोगी परीक्षाओं की तैयारी करने वाले छात्रों के लिए महत्वपूर्ण है।

अध्याय

16

उचित वस्त्र का चयन: उपभोक्ताओं के लिए दिशानिर्देश (Choosing an Appropriate Fabric: Guidelines for Consumers)

16.1 परिचय

आज के युग में बाज़ार में अनेक उत्पाद दिखते हैं, जो उपभोक्ताओं का ध्यान (और धन!) आकर्षित करने की कोशिश करते हैं। इस स्थिति में यदि कुछ दुकान विक्रेताओं के अपने उत्पादों को बेचने के लिए बहुत दबाव देने या अन्य दुकानदारों के सही ज्ञान की कमी को जोड़ दिया जाए तो परिणाम होगा उपभोक्ताओं का पूरी तरह उलझन में पड़ना और भ्रमित होना। इस अध्याय का उद्देश्य है उपभोक्ताओं को एक जांच सूची के ज्ञान से अवगत करवाना, जिससे उन्हें एक उचित वस्त्र के चयन में मदद मिले। निम्नलिखित बातों पर विचार करने की आवश्यकता है:

- एपीयरेंस/appearance/रूप
- कम्फर्ट/comfort/आराम
- परफोरमेंस/performance/उपयोगिता
- ड्यूरेबिलिटी/durability/स्थायित्व और
- केयर/care/देख-रेख

एक संक्षिप्त नाम बनाने और तत्काल याद करने में सहायता के लिए ऊपर दी गई सूची के अंग्रेज़ी शब्दों का पहला अक्षर लेकर इसे ACP DC जांच सूची भी कहा जा सकता है (हालांकि इससे पुलिस का कुछ लेना देना नहीं!) इस जांच सूची पर चर्चा शुरू करने से पहले, इस बात पर ज़ोर दिया जाना चाहिए कि इन कारकों को एक-दूसरे के सापेक्ष और इच्छित अंत उपयोग की पृष्ठभूमि के सन्दर्भ में ही देखा जाना चाहिए। उदाहरण के लिए, परिधान

उपयोग के लिए एक वस्त्र का चयन करते समय, उसका रूप खरीदार के दिमाग में सबसे महत्वपूर्ण बात हो सकती है, जबकि गृह सज्जा में उपयुक्त वस्त्र का चयन करते समय उसकी उपयोगिता/कार्य क्षमता अन्य कारकों से सर्वोपरि हो सकती है।

आप सभी इस बात से सहमत होंगे कि किसी भी खाद्य पकवान का अंतिम स्वाद उसे तैयार करने में उपयोग किये गए पदार्थों पर निर्भर करता है। ठीक इसी प्रकार, एक वस्त्र पांच कारकों का परिणाम है, जो हैं इसके तंतु, यार्न का प्रकार, निर्माण के लिए प्रयुक्त विधि, प्रदान की गई परिसज्जा और रंगाई की विधि। इसे थोड़ा रोचक बनाने के लिए ऐसे भी समझा जा सकता है कि जैसे मंच पर जो कलाकार दर्शकों को दिखाई देता है, उसकी तैयारी में मंच के पीछे स्थित "ग्रीन रूम" कारकों का बहुत बड़ा योगदान होता है—उसी तरह इन पांच कारकों को 'ग्रीन रूम' कारक या फिर "नींव कारक" भी कहा जा सकता है जो 'मंच पर दिखते' वस्त्र को तैयार करने में बहुत अहम् भूमिका निभाते हैं! इस पाठ्यपुस्तक के भाग। 1 से 5 में इन पांच कारकों के विभिन्न विकल्पों पर विस्तार से चर्चा की गई है। अब जांच सूची में से प्रत्येक (अर्थात् ACP DC) पर इन पांच 'ग्रीन रूम' कारकों के संदर्भ में चर्चा की जाएगी। बाज़ार में किसी वस्त्र उत्पाद की खरीदारी के लिए प्रवेश करने से पहले, एक उपभोक्ता को दो बातों के विषय में स्पष्ट होना चाहिए—उन्हें वास्तव में किस पदार्थ की आवश्यकता है और वे इस खरीद के लिए कितना व्यय करना चाहते हैं? इस तरह की स्पष्टता उपभोक्ताओं को किसी भी 'आवेगी' खरीद के जाल में फंसने से बचा लेगी जिसपर अधिकांश भविष्य में पछतावा होता है। एक वस्त्र या उसके उत्पाद पर जब भावी उपभोक्ता की 'पहली दृष्टि' पड़ती है, तो वह उसे इन तीन श्रेणियों में से किसी एक में रखता है: (क) बहुत आकर्षक, इसे खरीदना चाहिए, (ख) निश्चय नहीं किया जा सकता, खरीदा जा भी सकता है और नहीं भी या (ग) बिल्कुल भी आकर्षक नहीं है इसलिए इसे खरीदने की कोई संभावना नहीं है। यदि उत्पाद (क) या (ख) श्रेणियों में आता है, तो उपभोक्ता को इसे बाकी की जांच सूची के आधार पर परख लेना चाहिए ताकि वह एक विवेकपूर्ण खरीद निर्णय पर पहुंच सके जिससे सुनिश्चित संतुष्टि प्राप्त हो।

16.2 एपीयरेंस/Appearance/रूप

यह किसी भी वस्त्र के पहले दृश्य का प्रभाव होता है जो एक उपभोक्ता को किसी वस्त्र या वस्त्र उत्पाद को केवल अपनी आँखों से देखकर मिलता है। जैसा कि आपने कई बार सुना होगा—'दिखावे भ्रामक हो सकते हैं' इसलिए आइए अब हम दिखने वाले रूप पर पांच 'नींव' कारकों के प्रभाव को समझने की चेष्ठा करें। आम तौर पर, परिसज्जा रहित कपास और ऊन जैसे प्राकृतिक तंतुओं में चमक की कमी होती है, जबकि लिनेन और रेशम में एक अंतर्निहित चमक होती है। कृत्रिम तंतुओं को अलग-अलग चमक के साथ उत्पादित किया जा सकता है, जिसके लिए डीलस्ट्रिंग एजेंट की मात्रा के नियंत्रण द्वारा इन्हें चमकदार, अर्ध-चमकदार या बिना चमक वाले रूप में निर्मित किया जा सकता है। तीसरा विकल्प सबसे अधिक प्रचलित है (अध्याय 4, तंतु गुण देखें)।

जहां तक यार्न संरचना का संबंध है, यह समझा जाना चाहिए कि फिलामेंट यार्न में स्पन यार्न (कम लंबाई वाले स्टेपल तंतुओं से बने) की तुलना में अधिक चिकनी सतह और चमक दिखाई देती है। इसके अतिरिक्त, टेक्सचरिंग/texturing की प्रक्रिया से थोड़ी अनियमित दिखने वाली सतह का उत्पादन होता है। एक कॉर्ड या प्लाई यार्न से तैयार वस्त्र, एक सिंपल यार्न

से बने वस्त्र की तुलना में कम नियमित दिखाई देगा। पाठकों को यह स्पष्ट रूप से बताया जा रहा है कि किसी भी प्रकार के रूप को हीन या निम्न नहीं बताया जा रहा क्योंकि वस्त्र के रूप का आकर्षक लगना एक व्यक्तिगत बात होती है।

वस्त्र के निर्माण की विधि का उसके अंतिम रूप के साथ सीधा संबंध है। अलग-अलग श्रेणियों के रूप में, करघे पर बुना हुआ, निटिड, गैर बुना हुआ, ब्रेडेड वस्त्र, लेस और नेट में स्पष्ट रूप से विविध और विशिष्ट लक्षण होते हैं। इस पाठ्यपुस्तक के भाग 4, अध्याय 11–13 में इन निर्माण विधियों का वर्णन किया गया है। वस्त्र निर्माण की एक श्रेणी के अंतर्गत भी कई अलग-अलग प्रभाव उत्पन्न करने संभव होते हैं। उदाहरण के लिए, साटन बुनाई अपनी लंबी सतह के फ्लोट के कारण एक मुलायम, नरम और चमकदार रूप देती है, जबकि प्लेन बुनाई से एक साधारण, बिना चमक वाले वस्त्र का उत्पादन होता है। आइए हम एक और उदाहरण लें: गौज़ बुनाई से एक पारदर्शी वस्त्र का, जबकि बास्केट बुनाई से एक मोटे और भारी संरचना वाले वस्त्र का उत्पादन होगा।

एक वस्त्र पर दी गई परिसज्जा का भी उसके रूप पर सीधा प्रभाव पड़ता है। उदाहरण के लिए, जहां पार्चमेंटाइज़ेशन जैसी अकड़न परिसज्जा से आर्केनडी का कड़क, पारभासी लगता वस्त्र तैयार होगा वहीं एक क्षारीय परिसज्जा से वस्त्र में एक नाज़ुक पारदर्शी प्रभाव पैदा किया जा सकता है। पांचवां और अंतिम 'नींव' कारक है रंगने की विधि। रंगाई और छपाई के माध्यम से किसी भी वस्त्र के रूप पर सबसे अधिक प्रभाव पड़ता है। जैसा कि भाग 5 में चर्चा की गई है, डाई वर्गों की एक विस्तृत श्रृंखला, विभिन्न शैलियों और विधियों के माध्यम से वस्त्र को सजाया जाता है। प्रत्येक विधि अंतिम उत्पाद में अपनी विशेषताओं को प्रदान करती है। एक समझदार उपभोक्ता को चाहिए कि वह उन वस्त्रों का चुनाव करे, जो उसे आकर्षक दिखाई देते हों और फिर जांच सूची के आधार पर उनकी खरीद के विषय में निर्णय लें।

16.3 कम्फर्ट/Comfort/आराम

आराम के दो पहलू हैं: शारीरिक और मनोवैज्ञानिक। इन दोनों का सापेक्ष महत्व कई कारकों के आधार पर भिन्न होगा। उपभोक्ता की आयु एक महत्वपूर्ण कारक है। उदाहरण के लिए, एक बुजुर्ग व्यक्ति हमेशा परिधान उपयोग के लिए एक नरम वस्त्र को चुनेगा, जबकि एक फैशन जागरूक युवा किशोर शारीरिक आराम पर कम महत्त्व देते हुए मनोवैज्ञानिक आराम प्रदान करने वाले निर्णय लेगा। इसलिए नवीनतम फैशन प्रवृत्ति के आधार पर वह जूट से बने वस्त्र चुनने व पहनने का निर्णय कर सकता है, भले ही वे उसे शारीरिक आराम न देते हों। अब हम पांच घटक कारकों के अंतर-संबंध पर संक्षेप में ध्यान केंद्रित करेंगे जो एक वस्त्र के आराम को प्रभावित करते हैं। आराम का गुण अनेक मापदंडों पर निर्भर करता है जैसे कि खींचने और वापस आने की क्षमता, गर्मी प्रतिधारण/चालन, नमी अवशोषण, जल वाष्प संचारण, वायु पारगम्यता/इन्सुलेशन, कठोरता, वज़न, इलेक्ट्रोस्टेटिक प्रवृत्ति के साथ-साथ हाथ से छूने का अनुभव (Kadolph, 1998)। एक वस्त्र के आराम का गुण उसे बनाने वाले तंतुओं से बहुत प्रभावित होता है। इस पाठ्यपुस्तक के भाग 1 में तंतु गुणों का विवरण दिया गया है। वही गुण इनसे बने वस्त्र द्वारा अधिग्रहित होते हैं। मोटे तौर पर, सेल्युलोज़िक वस्त्रों में एक उच्च नमी अवशोषण होता है, जबकि कृत्रिम वस्त्रों में यह बहुत कम होता है। यही कारण है कि एक सूती वस्त्र गर्म आर्द्र दिन पर सबसे आरामदायक साबित होता है, और इसीलिये भारतीय

गर्मियों के लिए उपयुक्त है। आमतौर पर कृत्रिम वस्त्रों द्वारा सामना की जाने वाले स्टेटिक चार्ज बिल्डअप की समस्या पहनने वाले/उपयोगकर्ता के लिए असुविधा पैदा कर सकती है। जहां तक यार्न संरचना की बात है, तो अत्यधिक फैलाव वाली संरचना के साथ निर्मित यार्न असहज साबित हो सकते हैं। दूसरी ओर, चिकने, फिसलन वाले, बिना टेक्स्चरिंग वाले यार्न से निर्मित वस्त्र त्वचा से चिपके रहते हैं, जिसका परिणाम उन्हें पहनने से मिले आराम को कम करना हो सकता है।

वस्त्र के निर्माण की विधि भी आराम के कई मापदंडों को तय करने में एक भूमिका निभाती है। पिछले कुछ वर्षों में निटिड वस्त्रों की लोकप्रियता में वृद्धि का कारण उन्हें पहनने वाले को उच्च आराम प्रदान करना है। वस्त्रों की एक श्रेणी के भीतर भी, आराम प्रदान करने के गुण बहुत भिन्न हो सकते हैं। उदाहरण के लिए, करघे पर बुने हुए वस्त्रों में, प्लेन या सादी बुनावट वाले वस्त्र बहुत आराम प्रदान करते हैं और इसलिए ये नवजात शिशुओं और बुजुर्ग व्यक्तियों के परिधान के लिए पसंद किए जाते हैं। दूसरी ओर, एक सजावटी, पिछली तरफ से बिना कटे हुए लंबे फ्लोट वाली सर्फेस फिगर बुनावट से बने वस्त्र, पहले उल्लिखित दोनों आयु श्रेणियों के लिए बहुत असहज सिद्ध होंगे। एक वस्त्र पर दी गई परिसज्जा प्रत्यक्ष या अप्रत्यक्ष रूप से उसके आराम के गुणों के लिए एक प्रमुख योगदानकर्ता होती है। एक जल अभेद्य परिसज्जा दिया गया वस्त्र तेज़ बारिश के समय उपयोग के लिए तो उपयुक्त सिद्ध होगा, लेकिन पसीने न सोखने के कारण उसे पहनने वालों का आराम बहुत कम हो जाएगा। भाग 5 के अध्याय 14 के अंतिम भाग में, परिसज्जा के परस्पर संबंधों पर की गई चर्चा में यह बात समझाई गई है। एक मिट्टी छोड़ने वाली परिसज्जा प्रदान करने से वस्त्र की अवशोषण क्षमता भी बढ़ती है, जिसके फ़लस्वरूप उससे अधिक आराम मिलता है। रंगने की विधि भी आराम को प्रभावित कर सकती है। उदाहरण के लिए, एक गाढ़े बाइंडर के साथ की गई "खड़ी छपाई" के परिणामस्वरूप वस्त्र में एक कड़ापन आ सकता है जो नाज़ुक त्वचा के लिए आरामदायक नहीं होता। छपाई की अन्य शैलियों (जैसे डिस्चार्ज) में, डिज़ाइन क्षेत्रों में डाई को हटाने के लिए कुछ मज़बूत रसायनों का उपयोग किया जाता है। ठीक से न उतारे जाने पर ये संवेदनशील त्वचा वाले व्यक्तियों में एलर्जी पैदा कर सकते हैं। इसके साथ ही हम जांच सूची के दूसरे पहलू, अर्थात, आराम पर अपनी चर्चा समाप्त करते हैं। आप यह भी ध्यान दें कि परिधान के रूप में अंतिम उपयोग के लिए खरीदे गए वस्त्रों के चयन में आराम एक महत्वपूर्ण भूमिका निभाता है। हालांकि, जब उपभोक्ता गृह सज्जा के वस्त्रों का चयन कर रहे हों (जैसे चादर, तकिए आदि)), तो आराम के स्थान पर वस्त्र की परफोरमेंस या उपयोगिता एक प्रमुख कारक सिद्ध होता है।

16.4 परफोरमेंस/Performance/उपयोगिता

अबतक चर्चित उपभोक्ताओं को एक उचित वस्त्र का चयन करने में मार्गदर्शन करने वाली जांच सूची की बातों की तरह परफोरमेंस/उपयोगिता भी पांच 'नींव' कारकों पर निर्भर करेगी, अर्थात तंतुओं का प्रकार, यार्न का प्रकार, वस्त्र निर्माण विधि, परिसज्जा और रंग प्रदान करने की विधि। यह महत्वपूर्ण है कि एक उपभोक्ता को खरीदे जाने वाले वस्त्र से अपेक्षित कार्य के विषय में स्पष्ट होना चाहिए। इसका निश्चय वस्त्र के अंतिम उपयोग पर आधारित होता है। उदाहरण के लिए, एक पतलून सिलवाने के लिए खरीदे गए वस्त्र में अच्छा वज़न होने के साथ-साथ

सिलवट प्रतिरोधी गुण भी होना चाहिए। वहीं दूसरी ओर, मेज़ के चारों ओर से लटकने के विचार से खरीदे गए मेज़ पोश के लिए एक वस्त्र में अच्छा ड्रेप होना ज़रूरी है ताकि यह खूबसूरती से ज़मीन की तरफ लटक सके और कोनों से अकड़ा हुआ बाहर न निकले।

16.5 ड्यूरेबिलिटी/Durability/स्थायित्व

स्थायित्व को उत्पाद के उपयोग की किसी भी अवस्था में बिना क्षति पहुंचे टिकाऊ या स्थायी रहने की क्षमता के रूप में परिभाषित किया जाता है (Joseph, 1972)। प्रत्येक वस्त्र उत्पाद से उपभोक्ताओं को स्थायित्व की कुछ आशा होती है। हालांकि समय के साथ, उपभोक्ताओं की अपेक्षाओं में भी बदलाव आया है। वे दिन चले गए जब किसी वस्त्र उत्पाद (उदाहरण के लिए, एक जोड़ी जींस) को एक दशक तक संभाल कर उपयोग किया जाता था। आज के समय में प्रचलित 'फास्ट फैशन' ने एक उत्पाद के जीवन को बहुत छोटा बना दिया है। आज, कई डिस्पोज़ेबल गैर बुने हुए (disposable non-woven) पदार्थों ने भी बाज़ारों और हमारे घरों में प्रवेश किया है—उदाहरण के लिए, वस्त्र से बने नैपकिन के स्थान पर कागज़ के नैपकिन। इससे स्थायित्व पर दिए गए ज़ोर में कमी आयी है। हालांकि, एक विवेकपूर्ण खरीद निर्णय वह होगा जो उत्पाद के स्थायित्व पर भी विचार करने के बाद लिया गया हो। यह भी ध्यान में रखा जाना चाहिए कि उपभोक्ता अपने पहनावे के वस्त्रों/वार्डरोब को तो बार-बार बदल सकते हैं, लेकिन अपने घर में प्रयुक्त वस्त्रों को उतनी जल्दी बदलना व्यावहारिक रूप से संभव नहीं होता, जैसे, सोफ़े पर चढ़े वस्त्र, स्नान के तौलिए, पर्दे, फर्श के गलीचे, बिस्तर के बिछौने आदि। इसलिए स्थायित्व पर वर्तमान चर्चा महत्वपूर्ण है। तंतु के प्रकार का सीधा प्रभाव इस बात पर पड़ेगा कि एक वस्त्र कितने समय तक उपयोग किया जा सकेगा। प्राकृतिक तंतुओं की तुलना में कृत्रिम तंतुओं से बने वस्त्रों में अधिक स्थायित्व होता है। लिनन, एक प्राकृतिक सेल्युलोज़िक, एक अपवाद है, क्योंकि यह बेहद टिकाऊ होता है जो उपयोग करने के साथ बेहतर हो जाता है। यह भी ध्यान रखना चाहिए कि उपभोक्ताओं द्वारा पर्याप्त और उचित देखभाल प्रक्रियाओं का पालन करने से वस्त्र उत्पाद लम्बे समय तक संरक्षित रखे जा सकते हैं। कम ट्विस्ट और अनियमित संरचना के साथ बने यार्न नियमित, उच्च ट्विस्ट संरचनाओं की तुलना में कम टिकाऊ साबित हो सकते हैं। वस्त्र के निर्माण की विधि अंतिम उत्पाद के स्थायित्व में एक प्रमुख भूमिका निभाती है। करघे पर बुने हुए वस्त्रों में, प्लेन और ट्विल बुनावट लंबे समय तक चलेंगी, जबकि साटन बुनावट के लंबे फ्लोट के फंसने/स्नैगिंग (snagging) की समस्या का सामना करना पड़ सकता है। सज़ावटी बुनावट में डॉबी और जैकार्ड अच्छा स्थायित्व प्रदर्शित करती हैं लेकिन बिना कटे फ्लोट वाले सर्फेस फिगर बुनावट से तैयार वस्त्र कम टिकाऊ साबित हो सकते हैं। जहां तक निटिंग का संबंध है, वेफ्ट निट संरचनाएं आसानी से उधड़ सकती हैं। वार्प निट बुनाई अधिक टिकाऊ होती है। नॉन-वोवन उत्पादों ने हाल के वर्षों में बाज़ार का एक बड़ा हिस्सा ले लिया है। वे या तो एक बार उपयोग के पश्चात फेंकने वाले/डिस्पोज़ेबल या गैर डिस्पोज़ेबल प्रकार के हो सकते हैं। पहली श्रेणी के उत्पादों में तो स्थायित्व के कोई मुद्दे नहीं होंगे, हालांकि वे पर्यावरण के लिए कुछ गंभीर खतरा पैदा कर सकते हैं। गैर बुने हुए उत्पादों की दूसरी श्रेणी, अर्थात गैर डिस्पोज़ेबल प्रकार के लिए स्थायित्व अनेक कारकों पर निर्भर करेगा। इन्हें बनाने वाले तंतुओं के प्रकार, बंधन की विधि और देखभाल प्रक्रियाएं—ये सभी एक महत्वपूर्ण भूमिका निभाएंगी कि एक संरचना कितनी टिकाऊ साबित

होगी। परिसज्जा में विविध स्थायित्व की संभावनाएं होती हैं और उन्हें अस्थायी, टिकाऊ और स्थायी परिसज्जा में वर्गीकृत किया जा सकता है (अध्याय 14, परिसज्जा का वर्गीकरण देखें)। एक उपभोक्ता को वस्त्र पर दी गई परिसज्जा के अपेक्षित स्थायित्व के विषय में जानकारी होनी चाहिए। वैकल्पिक रूप से, विक्रेताओं को भी इस संदर्भ में सही जानकारी से सुसज्जित होना चाहिए। हालांकि, इस क्षेत्र में तकनीकी जानकारी की कमी होती है। रंगाई और छपाई द्वारा वस्त्र पर लगाए गए रंगों में अलग-अलग स्थायित्व होता है। सामान्य तौर पर, रंग को जितना पहले एक वस्त्र में सम्मिलित किया जाता है, यह उतना ही स्थाई रूप से बैठता है। जैसा कि अध्याय 15 में चर्चा की गई है, रंगों को तंतु, यार्न, वस्त्र या उत्पाद बनने के चरण में लगाया जा सकता है। टिकाऊ रंग प्राप्त करने के लिए एक उचित डाई वर्ग के विवेकपूर्ण चयन के साथ-साथ उसे सही ढंग से लगाने की प्रक्रिया का पालन करना आवश्यक है। यह भी ध्यान में रखा जाना चाहिए कि रंगों के पक्केपन के कई आयाम हैं। उनका महत्व इच्छित अंत उपयोग के आधार पर अपेक्षाकृत भिन्न होगा। उदाहरण के लिए, एक परिधान वस्त्र में पसीने के प्रति रंग की स्थिरता महत्वपूर्ण हो सकती है जबकि गद्दी/कुशन कवर के वस्त्रों के लिए क्रॉकिंग (रगड़) के प्रति पक्केपन की आवश्यकता अधिक होगी; वहीं दूसरी ओर, ये दोनों प्रकार का रंगों का पक्कापन पर्दे के वस्त्रों के लिए इतना महत्वपूर्ण नहीं होगा।

उपभोक्ताओं के रूप में शायद आपने कभी किसी परिधान उत्पाद का अनुभव किया होगा जिसका रंग उपयोग के समय पसीने/धुलाई/सूरज की रोशनी के कारण फीका पड़ गया हो। इसी कारण से हमें इसके उपयोग को बंद करना पड़ा होगा, क्योंकि यह उत्पाद 'सेवा योग्य'/सर्विसेबल नहीं रहा, हालांकि यह अभी भी टिकाऊ/ड्यूरेबल होता है। इस तरह किसी उत्पाद का समय से पहले त्याग करने पर मजबूर होने से उपभोक्ताओं को बहुत असंतोष होता है।

16.6 केयर/Care/देखभाल

किसी भी वस्त्र की देखभाल या रख-रखाव में उसे धोना, सुखाना, इस्त्री करना, दाग हटाना से लेकर उसका भंडारण शामिल हैं। ये उसके घटक तंतुओं, यार्न प्रकार, वस्त्र के निर्माण की विधि, परिसज्जा और उस पर लगाए गए रंगों पर निर्भर करते हैं। इस पुस्तक के भाग 1 में प्रत्येक तंतु की देखभाल पर चर्चा की गई है। तंतुओं के परिवार में कई व्यवहार एक समान देखे जाते हैं। जैसे कि सेल्युलोज़िक तंतु धोने और इस्त्री के दौरान उच्च तापमान को सहन कर सकते हैं। उनसे बने वस्त्रों की धुलाई के लिए क्षारीय साबुन और डिटर्जेंट का उपयोग किया जा सकता है। सेल्युलोज़िक वस्त्रों को सूखने में अधिक समय लग सकता है। उन्हें फफूंदी और सिल्वरफ़िश के हमले से बचने के लिए भंडारण से पहले बिल्कुल सूखा और स्टार्च रहित होना चाहिए। प्रोटीन तंतुओं के वस्त्रों को न्युट्रल डिटर्जेंट के उपयोग से धोया जाता है क्योंकि क्षारीय पीएच (pH) इन्हें क्षति पहुंचाता है। उनकी धुलाई के लिए गुनगुने तापमान का उपयोग किया जाता है। इन्हें इस्त्री करने का तापमान सेल्युलोज़िक की तुलना में कम होता है। प्रोटीन तंतु कम जैविक प्रतिरोध प्रदर्शित करते हैं और ये कीट और कार्पेट बीटल द्वारा हमले के लिए अति संवेदनशील होते हैं। इन्हें कीट प्रतिरोधक पदार्थों की मदद से सावधानीपूर्वक भंडारण की आवश्यकता होती है। कृत्रिम तंतु तुलनात्मक रूप से देखभाल करने में आसान होते हैं। ये क्षारीय साबुन और डिटर्जेंट का सामना कर सकते हैं; और आसानी से सूख भी जाते हैं। अधिकांश कृत्रिम वस्त्रों को बहुत कम या कोई इस्त्री की आवश्यकता नहीं होती है। वे बेहतर रासायनिक और जैविक प्रतिरोध भी प्रदर्शित करते हैं, जिसके कारण इनका भंडारण सरल

होता है।

सरल और मज़बूत यार्न संरचना की देखभाल करना, जटिल और कमज़ोर यार्न की तुलना में अधिक आसान होता है। थोड़ी सी ही लापरवाही बरतने पर, एक लूप वाले यार्न का फंसकर टूटने का ख़तरा अधिक होता है। वस्त्र के निर्माण का देखभाल प्रक्रियाओं पर एक बड़ा प्रभाव पड़ता है। एक श्रेणी के भीतर भी भिन्नताएं होती हैं। उदाहरण के लिए, बुनावट के प्रकार के आधार पर अलग-अलग देखभाल की आवश्यकताएं होंगी। सुगठित संरचनाओं के साथ बेसिक बुनाई से बने वस्त्रों की देखभाल करना आसान होता है। पारदर्शी और नाज़ुक बुनावट वाली संरचनाओं के साथ-साथ पाइल बुनाई को भी सावधानीपूर्वक संभालने की आवश्यकता होती है। निटिड वस्त्रों को करघे पर बुने हुए वस्त्रों जैसे इस्त्री की आवश्यकता नहीं होती। आसान रख-रखाव की इस सुविधा ने उन्हें उपयोगकर्ताओं के बीच व्यापक लोकप्रियता प्राप्त करने में मदद की है। गैर बुने हुए वस्त्रों को उनके तंतुओं और उपयोग किए जाने वाली बंधन विधियों को ध्यान में रखते हुए देखभाल उपचार दिया जाना चाहिए। लेस और नेट जैसे वस्त्रों को सावधानीपूर्वक रख-रखाव की आवश्यकता होती है; उनके लिए उचित डिटर्जेंट और तापमान का निर्णय उनके घटक तंतुओं के आधार पर किया जाएगा।

वस्त्रों को दी गई परिसज्जायें काफी हद तक उनकी देखभाल प्रक्रियाओं को प्रभावित करती हैं। उदाहरण के लिए, दाग और मिट्टी प्रतिरोधी परिसज्जा वस्त्र साफ रखने में सहायक सिद्ध होती है। टिकाऊ प्रेस परिसज्जा देने से वस्त्र को इस्त्री करने की घंटों की मेहनत को बचाया जा सकता है। उपभोक्ताओं को इस बात पर ध्यान देना चाहिए कि वे देखभाल के ऐसे तरीके चुनें जो वस्त्रों को दी गई परिसज्जाओं को लंबे समय तक चलने में सहायक हों।

रंगाई और छपाई द्वारा रंग चढ़ाना किसी भी वस्त्र के आकर्षक रूप को संरक्षित करने में एक महत्वपूर्ण कारक होता है। यदि उपयोग और देखभाल के दौरान रंग फीका पड़ जाए, तो वह वस्त्र उत्पाद गैर-सेवा योग्य हो जाता है, भले ही वह अब भी टिकाऊ हो। आम तौर पर, रंगीन वस्त्रों की धुलाई के लिए कुछ कदम उठाने और अधिक देखभाल की आवश्यकता होती है। उदाहरण के लिए, उन्हें धोने से पहले पूर्व-भिगोने (pre-soaking) के चरण को छोड़ा जा सकता है। इसके अतिरिक्त रंगों को हल्का होने से बचाने के लिए उन्हें धोते समय ठंडे पानी और नमक का उपयोग किया जा सकता है और धुले रंगीन वस्त्रों को छाया में सुखाया जा सकता है।

जांच सूची के इन पांच कारकों, अर्थात्, ए सी पी डी सी (ACP DC) के अतिरिक्त ध्यान देने योग्य एक अन्य महत्वपूर्ण बात है—लागत। इसके भी कई आयाम हैं। यह न केवल एक उत्पाद को बनाने/खरीदने की लागत है, बल्कि उसके उपयोग करने, उसके रख-रखाव की और फिर अंत में उसके निपटन/डिस्पोज़ल में होने वाली लागत की भी है। कुछ उत्पाद जो गैर-बायोडिग्रेडेबल होते हैं, वे पर्यावरण पर बहुत अधिक बोझ डालते हैं। जागरूक उपभोक्ताओं के रूप में, इन मुद्दों पर विचार करना भी हम सब का कर्तव्य है। अध्याय 21 में इस विषय पर विस्तार में चर्चा की गई है

अभ्यास

16.1 परिधान के लिए उचित वस्त्र का चयन करते समय किन कारकों को ध्यान में रखा जाना चाहिए?

16.2 "गृह सज्जा के वस्त्रों के लिए वस्त्रों की विवेकपूर्ण पसंद कई कारकों द्वारा नियंत्रित

होती है"। प्रासंगिक उदाहरणों के साथ इस कथन को समझाइये।

16.3 उदाहरणों के साथ निम्नलिखित शब्दों के बीच अंतर बताइए:

(क) सेवा योग्य/सर्विसेबल और टिकाऊ/ड्यूरेबल

(ख) शारीरिक और मनोवैज्ञानिक आराम

सन्दर्भ पुस्तक सूची

Joseph, M.L., *Introductory Textile Science*, 2nd ed., Harcourt Brace Jovanovich College Publishers, 1972.

Kadolph, S.J. and Langford, A.L., *Textiles*, 10th ed., Pearson Education, NJ, 2007.

अध्याय

17

वस्त्रों की देखभाल और रख-रखाव (Care and Maintenance of Fabrics)

किसी भी **वस्त्र** को दिनभर पहनने के बाद उसकी ताज़गी समाप्त हो जाती है। उसमें विभिन्न स्थानों पर सिलवटें पड़ जाती हैं और पहनने वाले के काम की परिस्थितियों के आधार पर, उसमें गंदगी, धूल, पसीना और दाग भी लग सकते हैं। यही कारण है कि परिधान को उसके अगले उपयोग से पहले लॉन्ड्रिंग या ड्राई क्लीनिंग के माध्यम से पुनः साफ़ और ताज़ा बनाने की आवश्यकता होती है।

आप इस बात से तो सहमत होंगे कि **लॉन्ड्रिंग** एक ऐसी सार्वभौमिक मानव गतिविधि है जो प्राचीन काल से आज तक प्रत्येक देश, समाज और संस्कृति द्वारा अपनाई गई है!

17.1 'लॉन्ड्रिंग (Laundering)' और 'धुलाई (Washing)' के बीच अंतर

हम सबसे पहले इस सार्वभौमिक मानव गतिविधि को परिभाषित करते हैं। **लॉन्ड्रिंग**/लॉन्ड्री एक ऐसा शब्द है जिसमें किसी **वस्त्र** उत्पाद पर किए जाने वाली विभिन्न प्रक्रियाएं शामिल हैं, जो उसे पहनने या उपयोग करने के बाद एक नया रूप प्रदान करती हैं। स्पष्ट समझ के लिए, **लॉन्ड्रिंग** के कार्य को तीन चरणों में विभाजित किया जा सकता है, जो हैं—प्री-वॉश (pre-wash)/धुलाई के पूर्व, वॉशिंग/धुलाई और पोस्ट-वॉश (post-wash)/धुलाई के पश्चात। यह विभाजन **लॉन्ड्रिंग** और धुलाई शब्दों के बीच अंतर को स्पष्ट करने में भी मदद करेगा, क्योंकि ये दोनों शब्द आम तौर पर परस्पर उपयोग किए जाते हैं। इस प्रकार, **लॉन्ड्रिंग** एक बड़ी प्रक्रिया को व्यक्त करने वाला शब्द है जिसमें कई गतिविधियां शामिल हैं, और उन्हीं में से एक गतिविधि 'धुलाई' भी है।

प्री-वॉश चरण

अर्थात धुलाई के पूर्व किये जाने वाले।

इनमें सॉर्टिंग (sorting) अर्थात छँटाई, मेंडिंग (mending) अर्थात मरम्मत करना, स्टेन रिमूवल (stain removal) अर्थात दाग हटाना ओर सोकिंग या स्टीपिंग (soaking, steeping) अर्थात भिगोना शामिल हैं।

धुलाई

इसके अंतर्गत **वस्त्र** को साबुन या डिटरजेंट के साथ किसी विधि के माध्यम से सम्पर्क में लाया जाता है

पोस्ट-वॉश चरण अर्थात धुलाई के पश्चात किये जाने वाले कार्य।

इनमें रिन्सिंग (rinsing) अर्थात पानी से साबुन को उतारना, (सफेद **वस्त्रों** के लिए) वाइटनिंग (whitening) अर्थात सफ़ेद करना, ब्लूइंग (blueing) अर्थात नील लगाना, स्टिफनिंग (stiffening) अर्थात कड़क करना, फिनिशिंग (finishing) अर्थात **इस्त्री** करना, फोल्डिंग (folding) अर्थात तह लगाना और स्टोरेज (storage) अर्थात भंडारण करना शामिल हैं।

उपभोक्ताओं को हर **वस्त्र** की देख-रेख अर्थात उसकी धुलाई, ब्लीचिंग, सुखाने, **इस्त्री** और ड्राई क्लीनिंग के निर्देश की जानकारी के लिए उस पर लगे केयर/देखभाल लेबल का पालन करना चाहिए। यदि ये देखभाल लेबल उपलब्ध नहीं हों, तो उपभोक्ता को उसकी सफाई इत्यादि के लिए योजना तैयार करते समय उसके तंतुओं और निर्माण से संबंधित विभिन्न तथ्यों को ध्यान में रखना होगा।

17.2 प्री-वॉश अर्थात धोने के पूर्व किये जाने वाले कार्य

17.2.1 छँटाई (Sorting)

इस चरण में धोने वाले **वस्त्रों** को विभिन्न श्रेणियों में बांटा जाता है। छँटाई के कई आधार हो सकते हैं, जैसे कि—तंतुओं का प्रकार (सूती, ऊनी, रेशमी आदि), **वस्त्रों** का रंग (सफेद, हल्का या गाढ़ा रंग, कच्चे या पक्के रंग), गंदगी की मात्रा (कम मैले या अधिक मैले), उपयोग (रसोई में उपयोग किये जाने वाले या सफाई के **वस्त्र**), और लिंट अर्थात बहुत छोटे तंतुओं से संबंधित व्यवहार (लिंट छोड़ने वाले, जैसे कि टेरी तौलिए, मखमली **वस्त्र** आदि) और लिंट आकर्षित करने वाले, जैसे कि गहरे रंगों वाले **वस्त्र**। छंटाई से श्रेणियाँ बनाने का काम धुलाई की विधि पर आधारित होता है। आदर्श रूप से, उपभोक्ता की पूर्ण संतुष्टि के लिए प्रत्येक **वस्त्र** उत्पाद को साफ करने के लिए सही चरणों का निर्णय लेना चाहिए।

17.2.2 मेंडिंग (Mending) अर्थात मरम्मत

अंग्रेज़ी की एक पुरानी लोकोक्ति "A stitch in time saves nine!" वास्तव में इस चरण के महत्व का वर्णन करती है! किसी भी **वस्त्र** उत्पाद को धुलाई की प्रक्रिया (जिसमें वह घर्षण और खिंचाव से गुज़रेगा) से पहले, किसी भी कटे, फटे हुए या क्षतिग्रस्त भाग की मरम्मत करना बहुत आवश्यक होता है। इसी चरण में ढीले हुक और बटन को सुदृढ़ रूप से टांकना भी शामिल है।

17.2.3 दाग हटाना

किसी **वस्त्र** उत्पाद पर कोई अवांछित निशान, जो उसके सौन्दर्य को कम करता है, और इसलिए जिसे हटाने की आवश्यकता होती है, दाग कहलाता है। आदर्श रूप से, दाग के लगते

ही उसे तुरंत हटा देना चाहिए। हालांकि, यह हमेशा संभव नहीं हो सकता। सूखे हुए दाग को हटाने से पहले, उसकी सही पहचान करनी आवश्यक होती है। यह पहचान करने के लिए कुछ सुराग हैं—दाग का रंग, उसकी बनावट, फैलाव का क्षेत्र, स्थान, गंध और पहनने वाले का व्यवसाय। दाग चाहे ताज़ा हो या सूखा, उसे साफ करने की विधि मुख्य रूप से दाग के प्रकार और वह जिस **वस्त्र** पर लगा है, उसके तंतुओं और निर्माण विधि पर निर्भर करेगी। यही कारण है कि एक रेशम या खुली बुनावट वाले **वस्त्र** को दाग रहित बनाने की प्रक्रिया, एक मज़बूत सूती **वस्त्र** की तुलना में अलग होगी।

दाग का वर्गीकरण

वस्त्रों पर लगे दाग निम्नलिखित पांच समूहों में से एक में वर्गीकृत किये जा सकते हैं :

1. अम्लीय (acidic) या वेजिटेबल दाग
2. प्रोटीन (protein) या एनीमल दाग
3. तेल या ग्रीस (grease) दाग
4. खनिज (mineral) और डाई (dye) दाग
5. विविध (miscellaneous) दाग

अम्लीय दाग: इन्हें वेजिटेबल दाग के रूप में भी जाना जाता है; इनमें चाय, कॉफी, कोको, केचप, फलों का रस और सॉफ्ट ड्रिंक के दाग शामिल हैं। इन्हें हटाने के लिए एक क्षारीय अभिकर्मक की आवश्यकता होती है। उदाहरणों में बोरेक्स (सोडियम टेट्राबोरेट $Na_2B_2H_2$), सोडियम कार्बोनेट (वॉशिंग सोडा Na_2CO_3) और ग्लिसरीन शामिल हैं।

प्रोटीन के दाग: इन्हें एनीमल (animal) दाग भी कहा जाता है; इनके उदाहरणों में अंडे, रक्त और दूध के दाग शामिल हैं। इन दागों को हटाते समय एक महत्वपूर्ण सावधानी का पालन करना अति आवश्यक है। इन्हें हर हाल में उच्च तापमान से बचाए रखना चाहिय क्योंकि गर्मी से इनमें उपस्थित प्रोटीन घटक कोएगुलेट (coagulate) होकर **वस्त्र** में जम जाएगा और फिर उसे हटाना बेहद मुश्किल हो सकता है। प्रोटीन दाग उतारने के लिए ठंडे पानी और अमोनियम हाइड्रॉक्साइड (NH_2OH) का उपयोग किया जाता है, जिसके बाद हाइड्रोजन परॉक्साइड (H_2O_2) के साथ ब्लीचिंग की जाती है।

ग्रीस और तेल के दाग: ये या तो अकेले या फिर किसी रंग घटक के साथ मौजूद हो सकते हैं। उदाहरणों में तेल, मक्खन, सब्ज़ी की तरी, अचार, पेंट, वार्निश, नेल पॉलिश और लिपस्टिक शामिल हैं। इन दागों को हटाने के लिए अभिकर्मकों में ग्रीस अवशोषक या अब्सोर्बेंट (चोकर, चाक पाउडर, टैल्कम पाउडर और मुल्तानी मिट्टी/फुल्लर अर्थ/fullers earth) और ग्रीस सॉल्वेंट (पेट्रोल, कार्बन टेट्राक्लोराइड, इथेनॉल, मेथिलेटेड स्पिरिट, एसीटोन और बेंज़ीन जैसे कार्बनिक सॉल्वेंट) शामिल हैं। तेल अवशोषक केवल ताज़े लगे दाग के लिए ही प्रभावी सिद्ध होते हैं। सूखे तेल के दाग केवल सॉल्वेंट के उपयोग द्वारा ही हटाए जा सकते हैं। दाग को एक ब्लोटिंग (blotting) कागज़ पर उल्टा अर्थात चेहरा नीचे रखा जाता है और कार्बनिक सॉल्वेंट में भिगोई हुई रुई के साथ, दाग के बाहरी व्यास से अंदर तक गोल आकार में रगड़ा जाता है। यह स्पोंजिंग (sponging) विधि कहलाती है। उपयोग किये जाने वाले सॉल्वेंट अत्यधिक ज्वलनशील होते हैं और इसलिए इनसे सावधानीपूर्वक काम लेना आवश्यक होता है।

खनिज और डाई के दाग: इन दागों को हटाना थोड़ा कठिन होता है। इनके उदाहरणों में ज़ंग, स्याही और कुछ टॉनिक दवाइयों से लगे दाग शामिल हैं। इनमें बहुत कम मात्रा में धातुओं और रंग के निशान के अतिरिक्त, अम्लीय या क्षारीय तत्व भी हो सकते हैं, जिनके कारण इन्हें हटाने के लिए थोड़े अधिक परिश्रम की आवश्यकता होती है।

विविध दाग: इस श्रेणी में वे सभी दाग आते हैं जो उपरोक्त चार समूहों में से किसी एक का भी स्पष्ट रूप से हिस्सा नहीं बन सकते हैं। उदाहरणों में घास का दाग, च्यूइंग गम (chewing gum) और झुलसने का (scorch) दाग शामिल हैं।

एक उपभोक्ता के पास दाग हटाने के लिए अपने घर में उपलब्ध रसायनों के साथ-साथ व्यावसायिक रूप से उपलब्ध दाग हटाने वाले पदार्थ खरीदने का भी विकल्प होता है। इसके अतिरिक्त, ड्राइक्लीन की दुकान से भी इस कार्य को करवाया जा सकता है।

17.2.4 भिगोना/Soaking, Steeping

धोए जाने वाले उत्पादों को पहले से सादे या फिर थोड़े डिटर्जेंट युक्त पानी में भिगोया जाना चाहिए। यह उपचार न केवल वस्त्र की सतह पर चिपकी गंदगी को हटाने में मदद करता है, बल्कि ज़िद्दी, भीतर जमी हुई गंदगी और दाग को भी नरम कर देता है। यदि उत्पाद बहुत अधिक मैले हों, तो इस चरण के लिए गर्म पानी के उपयोग से बहुत सहायता मिलती है।

17.3 धुलाई

17.3.1 गंदगी के प्रकार

वस्त्र पर लगी गंदगी (या मिट्टी) दो प्रकार की हो सकती है—ढीली ऊपरी/loose गंदगी, जो यांत्रिक या इलेक्ट्रोस्टेटिक बलों द्वारा वस्त्र की सतह पर लगी होती है या एम्बेडेड/धंसी embedded गंदगी, जो रसायनों द्वारा वस्त्र के भीतर अधिक दृढ़ता से धंसी होती है।

वस्त्र पर लगी गंदगी या मिट्टी ऊपरी है या धंसी हुई, यह जानना आवश्यक है; यह इसे हटाने के लिए एक प्रभावी विधि तय करने में मदद करेगी। सामान्यतः एक वस्त्र उत्पाद पर पर तीन में से किसी एक विधि से मिट्टी/गंदगी संलग्न हो सकती है—यांत्रिक/मैकेनिकल, इलेक्ट्रोस्टेटिक या फिर रासायनिक रूप से।

यांत्रिक/मैकेनिकल गंदगी हटाने के लिए वस्त्र को पूरी तरह से झाड़ा जा सकता है, ब्रश से रगड़ा जा सकता है या फिर एक कुंद सतह के साथ खरोंचा जा सकता है। इलेक्ट्रोस्टेटिक बलों के चिपकी गंदगी के लिए मैले वस्त्र को पानी में भिगोने से मदद मिलती है। गंदगी के कणों में विद्युत् चार्ज होता है और इसलिए वे वस्त्र पर आकर्षण से चिपके रहते हैं। बिजली का एक उत्कृष्ट कंडक्टर (विद्युत् सिचालक) होने के कारण जल में भिगोये जाने के बाद चार्ज वाले गंदगी के कणों में से चार्ज हट जाता है, जिससे उनके विघटन और बाद में उतारे जाने का मार्ग खुल जाता है।

दूसरे प्रकार की गंदगी एम्बेडेड (embedded) अर्थात धंसी हुई होती है। दाग भी इसी श्रेणी में आते हैं। एक पानी में घुलनशील दाग (उदाहरण चाय, कॉफी) या कार्बनिक मिट्टी (तेल, तरी, ग्रीस) वस्त्र में एम्बेडेड अर्थात धंसे होते हैं। स्वाभाविक रूप से, इस प्रकार की गंदगी को उतारने और हटाने के लिए अधिक प्रयास की आवश्यकता होती है। साबुन

और सिंथेटिक डिटर्जेंट (सिंडेट) का उपयोग रासायनिक रूप से लगी हुई गंदगी से वस्त्र को छुटकारा दिलाता है। कुछ दाग अधिक ज़िद्दी होते हैं और उन्हें हटाने के लिए अधिक परिश्रम की आवश्यकता हो सकती है। यह भी ध्यान रहे कि बहुत बार एक ही वस्त्र अनेक प्रकार की गन्दगी के मिश्रण का सामना करता है जिसकी सफाई के लिए एक से अधिक विधियों के संयोजन की आवश्यकता पड़ती है।

साबुन और डिटर्जेंट का उपयोग विभिन्न उद्देश्यों के लिए किया जा सकता है। आपने स्नान के साबुन, बर्तन सफाई के साबुन, शैम्पू, शौचालय क्लीनर, धातु और मोटर कार की सफाई के साबुनों को देखा होगा। इस अध्याय में, हमारी चर्चा केवल वस्त्र धोने वाले साबुन और डिटर्जेंट पर सीमित रहेगी। ये टिकिया/बार, पाउडर और तरल रूपों में निर्मित होते हैं।

17.3.2 साबुन/Soaps

साबुन उच्च (higher) फैटी अम्ल और प्राकृतिक तेलों के सोडियम और पोटैशियम लवण होते हैं। वे एस्टेरीफिकेशन (esterification) की प्रक्रिया द्वारा तैयार किए जाते हैं। किसी भी साबुन का नाम उन दो घटकों पर आधारित होता है जो उसे बनाने के लिए संयुक्त होते हैं। उदाहरण के लिए, जब सोडियम हाइड्रॉक्साइड को ओलिइक अम्ल के साथ मिलाया जाता है, तो परिणामी साबुन 'सोडियम ओलेट' कहलाता है। यदि पोटैशियम हाइड्रॉक्साइड और ओलिइक अम्ल का उपयोग किया जाए, तो परिणामी साबुन पोटैशियम ओलेट होगा। इन दोनों मामलों में, ग्लिसरॉल का एक उप-उत्पाद बनता है। सोडियम साबुन कठोर होते हैं जबकि पोटैशियम साबुन नरम होते हैं।

साबुन के लाभ में उनकी सस्ती कीमत और बायोडिग्रेडेबल होने की क्षमता शामिल हैं। इनकी मुख्य कमी यह है कि ये हार्ड वाटर (hard water) के साथ अप्रभावी होते हैं। इसका कारण है कि वे उस पानी में उपस्थित कैल्शियम और मैग्नीशियम आयन (ion) के साथ एक प्रेसीपिटेट बनाते हैं। यह अघुलनशील अवक्षेप साबुन का उपयोग कर लेता है, जो फिर सफाई के काम के लिए केवल थोड़ी मात्रा में ही बचता है। इसके अलावा, साबुन में उपस्थित रेज़िन के कारण, उसके साथ कुछ धुलाइयों के बाद, सफेद वस्त्रों पर एक पीलापन आ जाता है।

17.3.3 डिटर्जेंट/Detergents

इन्हें हाइड्रोकार्बन से संश्लेषित किया जाता है जो पेट्रोलियम को परिष्कृत करने के उप-उत्पाद होते हैं। इसलिए इन्हें कभी-कभी सिंथेटिक (अर्थात कृत्रिम) डिटर्जेंट या सिंडेट के नाम से भी जाना जाता है; दूसरी ओर साबुन का निर्माण केवल प्राकृतिक उत्पादों से ही किया जाता है।

डिटर्जेंट के लाभ: वे हार्ड वॉटर के साथ भी वस्त्रों को प्रभावी ढंग से साफ कर सकते हैं क्योंकि वे उस पानी में उपस्थित कैल्शियम और मैग्नीशियम आयन/ion के साथ एक घुलनशील तरल बना लेते हैं। डिटर्जेंट का एक अन्य लाभ यह है कि वे अपनी बेहतर सफाई दक्षता के कारण साबुन की तुलना में उनकी कम मात्रा की आवश्यकता ही पड़ती है।

डिटर्जेंट की हानियों में शामिल हैं उनका महँगा होना और गैर-बायोडिग्रेडेबल होने के कारण पर्यावरण प्रदूषण का खतरा पैदा करना।

साबुन और डिटर्जेंट दोनों के कुछ लाभ और हानियां हैं। एक आदर्श सफाई एजेंट वह होगा जो हर प्रकार के पानी के साथ कुशल सफाई परिणाम देता हो, त्वचा और वस्त्रों के लिए हानि रहित हो और पूरी तरह से बायोडिग्रेडेबल हो ताकि पर्यावरण को नुकसान न पहुंचाए।

सिंडेट (syndet) की संरचना

डिटर्जेंट का निर्माण और विपणन विभिन्न रूपों में किया जाता है, जैसे पाउडर, पेस्ट, बार, केक, तरल, आदि। हालांकि, डिटर्जेंट का जो भी रूप हो, उसका मुख्य उद्देश्य तो वस्त्रों की सफाई करना ही रहेगा। सिंथेटिक डिटर्जेंट पाउडर में सर्फेक्टेंट, बिल्डर (जिसे चीलेटिंग एजेंट के रूप में भी जाना जाता है) और फिलर मिले हुए होते हैं। इसके अलावा, उनमें फ्लोरोसेंट ब्राइटनर, ब्लूइंग एजेंट, ब्लीचिंग एजेंट, फोम नियामक, एंटी-रीडिपोज़िशन एजेंट, एंज़ाइम, इत्र जैसे एडिटिव भी हो सकते हैं जो घनत्व को विनियमित करने के साथ-साथ उस उत्पाद के कड़कपन का आश्वासन देते हैं जिस पर उनका उपयोग किया जाता है। डिटर्जेंट की कार्य क्षमता बढ़ाने के लिए उसमें विभिन्न एडिटिव मिलाये जाते हैं, और प्रत्येक घटक का एक विशेष उद्देश्य होता है। तालिका 17.1 वस्त्र धोने के डिटर्जेंट और उनके प्राथमिक कार्य में उपयोग की जाने वाली मुख्य सामग्रियों को सूचीबद्ध करती है। यह आवश्यक नहीं कि सभी सूचीबद्ध सामग्रियां किसी एक ही उत्पाद में डाली गई हों, लेकिन अक्सर विभिन्न सामग्रियों से वस्त्र धोने के डिटर्जेंट का एक जटिल योग बनता है।

तालिका 17.1 वस्त्र धोने के डिटर्जेंट और उनके कार्यों में उपयोग की जाने वाली सामग्रियां

क्रम संख्या	घटक	उदाहरण	कार्य
1.	सर्फेक्टेंट	एनायोनिक: लीनियर एल्काइल सल्फोनेट (LAS), एल्काइल ऐराइल सल्फोनेट और अल्कोहल ईथर सल्फेट (AES) नॉन–आयोनिक: अल्कोहल इथोक्सिलेट कैटायोनिक: लंबी श्रृंखला क्वार्टरनरी अमोनियम यौगिक	1. वस्त्र को गीला करना 2. उस पर लगी गन्दगी को हटाना (वॉशिंग मशीन की यांत्रिक कार्यवाई द्वारा सहायता लेकर) 3. धुलाई के घोल में गन्दगी का पायसीकरण(emulsification) और निलंबन
2.	बिल्डर/चेलेटिंग एजेंट	STPP (सोडियमट्राइपॉलीफॉस्फेट); अन्य फॉस्फेट और कुछ गैर-फॉस्फेट (उदाहरण—साइट्रेट, टार्ट्रेट्स, सक्सिनेट्स, ग्लूकोनेट, पॉलीकार्बोक्सिलेट, सोडियम कार्बोनेट, सोडियम साइट्रेट और ज़ियोलाइट)	1. पानी की हार्डनेस को कम करना, 2. गन्दगी के फैलाव में सुधार करना और पुनः जुड़ने (redeposition) को रोकना, 3. धोने के घोल की क्षारीयता को बढ़ाना, जिससे तेल-आधारित गन्दगी के विघटन में सहायता मिलती है
3.	क्षार	सोडियम कार्बोनेट, सोडियम बाइकार्बोनेट, सोडियम सिलिकेट, सोडियम साइट्रेट और अमोनियम हाइड्रॉक्साइड	धुलाई के घोल के pH अर्थात क्षारीयता को बढ़ाना, जो तैलीय गन्दगी को तोड़ने में सहायता करता है
4.	रीडिपोज़िशन (redeposition) विरोधी एजेंट	CMC (कार्बोक्सीमिथाइल सेल्युलोज़), CEC (कार्बोक्सीएथिल सेल्युलोज़), स्टार्च-आधारित यौगिक या अन्य पॉलिमर	वस्त्र से हटा दी गई गन्दगी को पुनः जुड़ने (रीडिपोज़ीशन) से रोकना

5.	एंज़ाइम	प्रोटीएज़ (प्रोटीन के विघटन के लिए), एमाइलेज़ (कार्बोहाइड्रेट का एक प्रकार—स्टार्च के विघटन के लिए) और लाइपेज़ (वसा को तोड़ने के लिए)	1. दाग हटाने में सहायता करना 2. रंग और वस्त्र की देखभाल प्रदान करना
6.	विरंजन/ब्लीचिंग एजेंट	सोडियम बोरेट, परबोरेट, परकार्बोनेट, हाइड्रोजन परॉक्साइड और सोडियम हाइपोक्लोराइट	वस्त्र की सफेदी में सुधार करना और दाग हटाने में भी मदद करना
7.	वस्त्र सॉफ्टनर	कैटायोनिक सर्फेक्टेंट का उपयोग किया जा सकता है, जैसे कि लंबी श्रृंखला एमाइन और लंबी श्रृंखला क्वार्टरनरी अमोनियम यौगिक	1. स्टैटिक चार्ज को कम करना (वस्त्रों को चिपकने से रोकना) 2. सिलवटें कम करना 3. वस्त्र को हाथ से छूने में बेहतर बनाना
8.	फ्लोरोसेंट ब्राइटनिंग एजेंट	एमाइनोट्राइएज़ीन (Aminotriazines), कूमारिन (Coumarins), और स्टिलबीन (Stilbenes)	वस्त्र को चमक और सफेदी प्रदान करना
9.	कोरोजन जंग (corrosion) प्रतिरोधक	सोडियम सल्फेट और सोडियम सिलिकेट	वॉशिंग मशीन के ड्रम (एल्युमिनियम भागों) को ज़ंग से सुरक्षा प्रदान करना
10.	सुगंध	विभिन्न सुगंध मिश्रण	दाग, गन्दगी और डिटर्जेंट के रासायनिक यौगिकों की अप्रिय गंध को ढकना और वस्त्रों में सुगंध प्रदान करना
11.	रंग (Colorant)	विभिन्न रंग एजेंट	डिटर्जेंट को देखने में आकर्षक बनाना
12.	फिल्लर (Filler)	पाउडर डिटर्जेंट के लिए सोडियम सल्फेट और तरल डिटर्जेंट के लिए पानी	1. सक्रिय अवयवों को उचित मात्रा में समान वितरण करना 2. वज़न बढ़ाना
13.	झाग नियामक (foam regulator)	कुछ साबुन, सिलोक्सेन और पैराफिन झाग नियामकों के रूप में उपयोग किए जाते हैं	धुलाई चक्र के दौरान सड्स (suds) के गठन में बाधा डालना
14.	कीटाणुनाशक	क्वार्टरनरी अमोनियम क्लोराइड और अल्कोहल	1. बीमारी के प्रसार को रोकना 2. दुर्गन्ध पैदा करने वाले सूक्ष्मजीवों को कम करना

साबुन/डिटर्जेंट अणु की संरचना

वस्त्र धुलाई के साबुन या डिटर्जेंट के एक विशिष्ट अणु को दो अलग-अलग भागों में विभाजित किया जा सकता है, जो हैं एक लंबी पूंछ और एक छोटा सिर (चित्र 17.1 देखें)। पूंछ वाले भाग में हाइड्रोफोबिक (पानी से हटने वाले) या ओलियोफिलिक (तेल से आकर्षित होने वाले) गुण होते हैं। इसके विपरीत, छोटे गोलाकार सिर के हाइड्रोफिलिक (पानी से आकर्षित होने वाले) या ओलियो फोबिक (तेल से हटने वाले) गुण होते हैं। इस प्रकार साबुन व डिटर्जेंट अणु के दो भागों की यह विपरीत प्रकृति एक गंदे वस्त्र की कुशलतापूर्वक सफाई के लिए अग्रानुक्रम में काम करती है। लॉन्ड्रिंग के दौरान एक सफाई एजेंट निम्न तीन कार्य करता है:

1. वह पानी की सर्फेस टेंशन को कम करता है। यह कार्य गंदे **वस्त्र** को पूरी तरह से गीला करने में मदद करता है।
2. भीगे **वस्त्र** में से तेल आधारित दाग को बाहर निकाला जाता है और उन्हें एक पायस/इमल्शन के रूप में परिवर्तित किया जाता है।
3. इस पायस में निलंबित गंदगी के ग्लोब्यूल (globules) को पानी से धो कर हटाया जाता है, और एक साफ, दाग मुक्त **वस्त्र** तैयार किया जाता है।

पानी का एक उच्च सतह तनाव (सर्फेस टेंशन) होता है, जिसके परिणाम स्वरूप उसकी सतह एक कसकर फैली हुई झिल्ली के रूप में कार्य करती है जो किसी भी **वस्त्र** को आसानी से गीला होने से रोकती है। अब जैसे ही साबुन/डिटर्जेंट पानी में मिलाया जाता है, तो उनमें उपस्थित हाइड्रोफिलिक सिर पानी की सतह की ओर आकर्षित होते हैं, जिससे उनकी हाइड्रोफोबिक पूंछें विपरीत दिशा में एक खिंचाव लगाती हैं। धीरे-धीरे, एक इष्टतम राशि के अलावा, ये अणु सतह के तनाव को कम करने में सफल हो जाते हैं। ऐसा होने पर सफाई एजेंट के साथ पानी आसानी से **वस्त्र** उत्पाद में प्रवेश कर सकता है।

अगला कदम तेल/तेल में आयोजित गंदगी अणुओं से निपटना होता है। लंबी ओलियोफिलिक पूंछें तेल अणुओं की ओर आकर्षित होने लगती हैं। एजिटेशन/तेज़ गति पर हिलाए जाने पर इन ग्लोब्यूल (मिसेल) को **वस्त्र** संरचना से बाहर निकालना संभव होता है। इन्हें एक पायस के रूप में आयोजित किया जाता है, जिसे डिटर्जेंट के एंटी-डिपॉज़िशन एजेंट **वस्त्र** में पुन: प्रवेश करने से रोकते हैं।

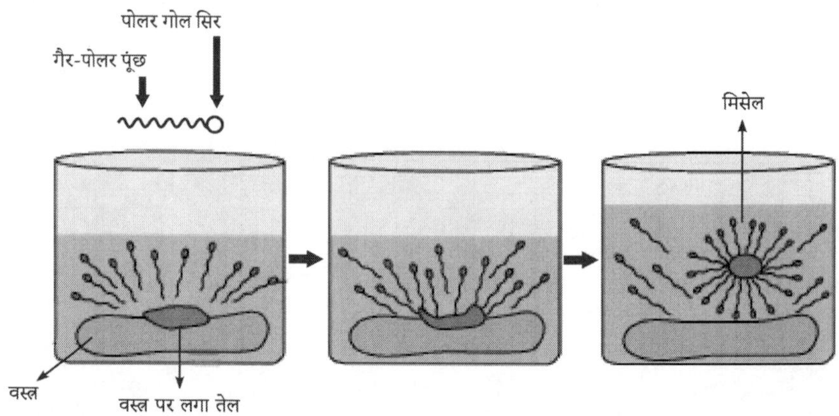

चित्र 17.1 पानी में एक डिटर्जेंट मिसेल का निर्माण (स्रोत: www.washwise.org.au)

साफ पानी के साथ अच्छी तरह से धोना (rinsing) यह सुनिश्चित करता है कि इन मिसेल को धुलाई वाले पानी (वॉश वाटर) में से हटा दिया जाए।

ध्यान देने योग्य एक महत्वपूर्ण बात यह है कि सफाई एजेंट की एक इष्टतम मात्रा (optimum concentration) होती है जिसके परिणामस्वरूप प्रभावी सफाई संभव होती है। इसे CMC (critical micelle concentration) के रूप में जाना जाता है। गंदे **वस्त्र** उत्पादों की प्रभावी सफाई के लिए आवश्यक इष्टतम मात्रा क्या होनी चाहिए, यह अनेक कारकों पर निर्भर करता है, जैसे वॉश लोड/धोने वाले **वस्त्रों** की मात्रा, उनकी गन्दगी का स्तर, सफाई एजेंट का प्रकार, पानी का तापमान और हार्डनेस।

17.3.4 वस्त्रों की धुलाई की विधियां और उपकरण

यह कहना अनुचित नहीं होगा कि किसी समाज की तकनीकी प्रगति का संकेतक उसमें उपयोग किए जाने वाले धुलाई उपकरणों का स्तर होता है। प्राचीन काल से धुलाई को हाथों से, अर्थात मैन्युअल रूप से किया गया है। आज, हालांकि, इस काम के लिए वॉशिंग मशीन का व्यापक रूप से उपयोग किया जा रहा है।

वस्त्रों की धुलाई मैन्युअल रूप से (नीचे दिए गए क, ख और ग तरीकों के उपयोग से) या यंत्रवत्/मैकेनिकल रूप से, वॉशिंग मशीन के उपयोग द्वारा की जा सकती है।

मैन्युअल सफाई

(क) नीडिंग और स्कुईज़िग (अर्थात गूंधना और निचोड़ना)/kneading & squeezing: यह रेशम, ऊन या बारीक बनावट वाले कोमल **वस्त्रों** की सफाई के लिए एक पसंदीदा तरीका है। किसी भी प्रकार का कठोर उपचार ऐसे उत्पादों को नुकसान पहुंचा सकता है।

धोने वाले उत्पाद के तंतुओं के प्रकार को ध्यान में रखते हुए एक साबुन/डिटर्जेंट घोल तैयार किया जाता है। उदाहरण के लिए, यदि रेशम या ऊन के तंतुओं से बने उत्पाद को धोना हो, तो जेंटील या ईज़ी के उपयोग से गुनगुने पानी में के एक घोल तैयार किया जाता है। थोड़ी देर (10–15 मिनट) के लिए **वस्त्र** उत्पाद इस घोल में भिगोया जाता है और फिर हाथों से गूंधकर निचोड़ने का एक कोमल उपचार दिया जाता है।

(ख) सक्शन/suction धुलाई: एक सक्शन वॉशर में गैर ज़ंग लगने वाले पदार्थ से बना एक छिद्रित कटोरा होता है। यह एक लंबे हैंडल के साथ उलटा रखकर जुड़ा हुआ होता है (चित्र 17.2 देखें)।

धोने वाले **वस्त्रों** को एक चिलमची/बाल्टी में साबुन/डिटर्जेंट घोल में डुबोया जाता है। फिर सक्शन वॉशर को उसके हैंडल की मदद से गीले **वस्त्रों** के बीच से ऊपर और नीचे की दिशा में चलाया जाता है। इस क्रिया से साबुन बलपूर्वक **वस्त्र** में प्रवेश करता है, जिससे गंदगी के अणुओं को हटाने में मदद मिलती है।

सक्शन वॉशर बड़े आकार के या भारी **वस्त्र** उत्पादों (जैसे बिस्तर के बिछौने, पर्दे और तौलिए) की सफाई के लिए एक कम मेहनत और लागत वाला तरीका है, विशेषकर वॉशिंग मशीन की अनुपस्थिति में।

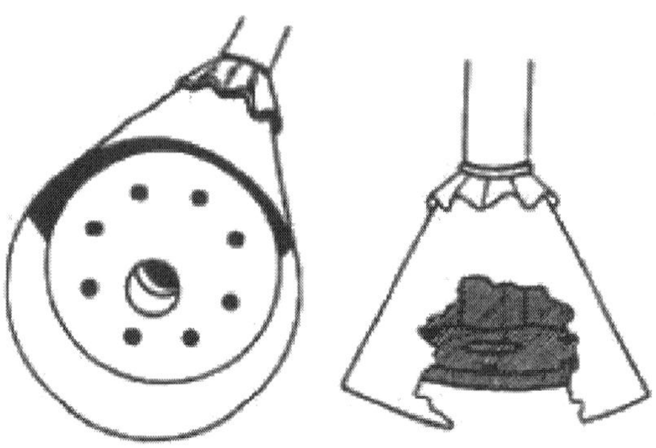

चित्र 17.2 सक्शन वॉशर

(ग) फ्रिक्शन (अर्थात घर्षण)/friction धुलाई: घर्षण एक **वस्त्र** से गंदगी को अलग करने में मदद करता है। हाथ के घर्षण का तात्पर्य है कि गीले **वस्त्र** को हाथों के उपयोग से रगड़ा जाता है। यह प्रक्रिया श्रम गहन तो है लेकिन नाज़ुक, कढ़ाई वाले या ऊनी **वस्त्रों** के लिए आदर्श है। इस विधि में किसी भी अधिक गंदे क्षेत्र पर अधिक ध्यान दिया जा सकता है।

घर्षण धुलाई के लिए स्क्रबिंग ब्रश (scrubbing brush) और स्क्रबिंग बोर्ड (scrubbing board) का उपयोग भी किया जा सकता है (चित्र 17.3 देखें)। एक स्क्रबिंग ब्रश में प्लास्टिक ब्रिसल होते हैं जबकि एक स्क्रबिंग बोर्ड में फ्रेम के भीतर नालीदार पट्टियां लगी होती हैं। घर्षण धुलाई के कुछ अन्य उदाहरण हैं—घरेलू धुलाई में उपयोग किये जाने वाले लकड़ी के डंडे या भारत में धोबियों द्वारा अपनाई गई चट्टानों के विरुद्ध **वस्त्रों** को पीटने की पुरानी प्रक्रिया।

चित्र 17.3 स्क्रबिंग बोर्ड

यांत्रिक सफाई—मशीन से धुलाई

जिन जगहों पर पानी और बिजली की कोई समस्या नहीं है, वहां वॉशिंग मशीन घरेलू **वस्त्रों** की धुलाई से निपटने में बहुत उपयोगी साबित होती हैं।

वाशिंग मशीन के संचालन के आधार पर उन्हें तीन श्रेणियों में वर्गीकृत किया जा सकता है: स्वचालित, अर्ध-स्वचालित और मैन्युअल रूप से संचालित।

(क) स्वचालित (automatic) वॉशिंग मशीन: एक पूरी तरह से स्वचालित वॉशिंग मशीन में एक एकल टब होता है जो क्रमिक रूप से साबुन के साथ धोने, रिंस और स्पिन के कार्यों के माध्यम से वॉश लोड को धोने और सुखाने का कार्य करता है। इस मशीन को चलाने वाले ऑपरेटर को सप्लाई ट्रे में विशेष रूप से इस प्रकार की मशीन के लिए तैयार किया गया डिटर्जेंट डालने और फिर आवश्यक तापमान व धुलाई चक्र को सेट करने की आवश्यकता होती है। यह अब मशीन का काम है कि सप्लाई ट्रे से पानी और डिटर्जेंट लिया जाए और पूर्व निर्धारित तापमान पर पानी के साथ पूर्व निर्धारित धोने के चक्र को पूरा किया जाए। इसके बाद रिन्सिंग का चक्र होता है जिसमें मशीन गंदे साबुन के पानी को बाहर पंप करती है और **वस्त्रों** को रिंस करने के लिए ताज़ा साफ पानी खींचती है। आख़िरी कार्य स्पिन सुखाने (spin dry) का होता है जिसमें **वस्त्रों** को केन्द्रापसारक (centrifugal) बल के कारण पानी फेंकने के लिए ड्रम में तेज़ी से घुमाया जाता है। इस चक्र के अंत में, मशीन से लगभग सूखे **वस्त्र** निकाले जा सकते हैं।

(ख) अर्ध स्वचालित (semi automatic) वॉशिंग मशीन: एक अर्ध स्वचालित मशीन में दो टब साथ-साथ बने होते हैं। पहले (दोनों में से थोड़ा बड़ा) टब में, डिटर्जेंट और धोए जाने वाले **वस्त्रों** के साथ पानी भरा जाता है। मशीन को पूर्व निर्धारित समय तक धुलाई के लिए चलाया जाता है। धुलाई का समय समाप्त होने पर टब में से साबुन के पानी को बाहर निकाला जाता है और धुले **वस्त्रों** की **रिन्सिंग** के लिए उसी टब में ताज़ा साफ पानी भरा जाता है।

मशीन चलाने वाले ऑपरेटर को अब धुले और साबुन हटे **वस्त्रों** को वॉश टब से निकाल कर दूसरे (स्पिन) टब में भरना होगा ताकि स्पिन ड्राई किया जा सके।

(ग) मैन्युअल रूप से संचालित (manually operated) वॉशिंग मशीन: मैन्युअल रूप से संचालित मशीन में एक ही वॉश टब होता है, जिसमें डाले गए सामान को मशीन चलाती है (अर्थात घुमाती है)। अन्य सभी कार्य मशीन का संचालन करने वाले व्यक्ति द्वारा किये जाते हैं।

वाशिंग मशीन की कीमत स्वचालन की मात्रा पर निर्भर करती है।

मशीनें अपनी वॉश लोड क्षमता (अर्थात एक समय पर धुल पाने वाले **वस्त्रों** का वज़न) के संदर्भ में भी भिन्न होती हैं।

स्वचालित मशीनों को ऊपर से **वस्त्र** अन्दर डालने/लोड करने के लिए बनाया जा सकता है (जिसे टॉप/top लोडिंग/ऊर्ध्वाधर अक्ष/वर्टिकल एक्सिस vertical axis/V-axis कहा जाता है) या सामने से (जिसे फ्रंट/front लोडिंग/क्षैतिज अक्ष horizontal axis/H-axis कहा जाता है)। वैज्ञानिक अध्ययनों ने साबित कर दिया है कि फ्रंट लोडिंग अर्थात सामने से **वस्त्र** डालने वाली वाशिंग मशीन में पानी और बिजली की अधिक दक्षता के कारण लागत बचती है (चित्र 17.4 देखें)।

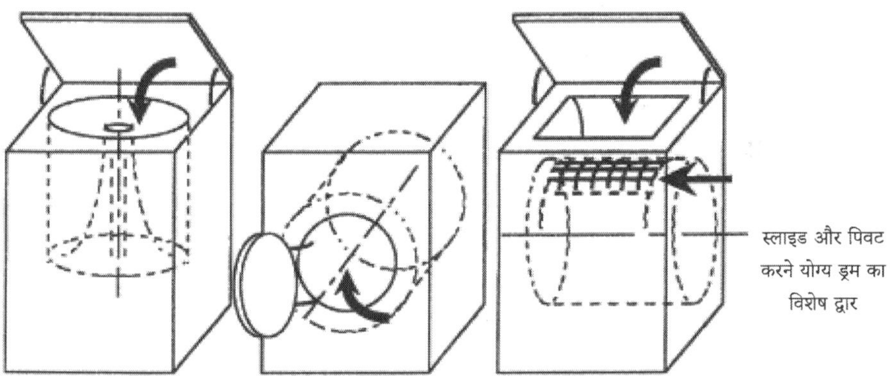

चित्र 17.4 **वस्त्र** डालने की विधि पर आधारित वाशिंग मशीन के वर्ग

स्वचालित मशीनों के लिए **वस्त्र** भरने/लोडिंग के दो विकल्प मौजूद होते हैं, लेकिन अर्ध-स्वचालित और मैन्युल मॉडल में केवल एक ही—टॉप लोडिंग का विकल्प होता है।

स्वचालन का स्तर, लोड क्षमता या लोडिंग के विकल्प भले ही भिन्न हों, एक कार्य हर मशीन के लिए समान है और वह है साबुन के पानी और मशीन में धोए जाने वाले **वस्त्रों** को गति प्रदान करने की एक प्रणाली। इस कार्य के लिए तीन प्रमुख तरीके उपलब्ध हैं। ये हैं—गति प्रदान करना या एजिटेशन (agitation), पल्सेटर (pulsator) और टम्बलिंग (tumbling) प्रक्रिया (चित्र 17.5 देखें)।

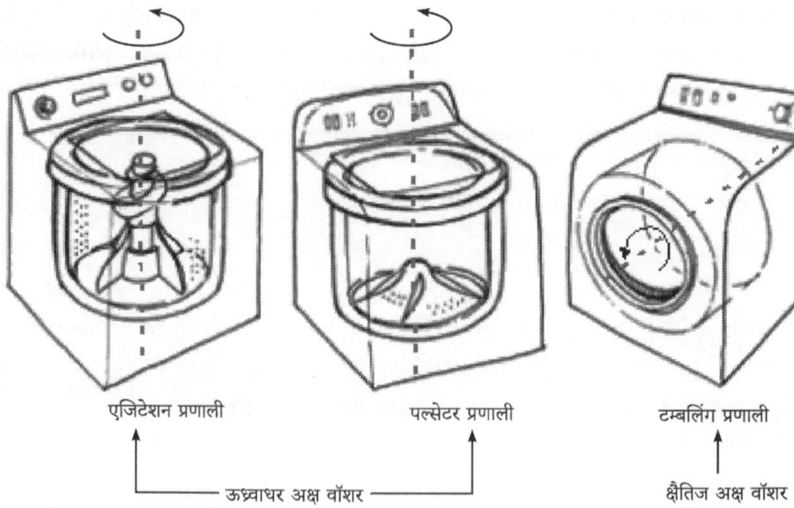

चित्र 17.5 वाशिंग मशीन का उनमें उपयुक्त प्रणाली के आधार पर वर्गीकरण

(क) एजिटेशन (Agitation) प्रणाली: इसमें गति प्रदान करने का काम वॉश टब के केंद्र में स्थित एक पंख या ब्लेड लगी ऊर्ध्वाधर रॉड द्वारा किया जाता है (चित्र 17.5 देखें)। यह प्रणाली ऊर्ध्वाधर अक्ष/टॉप लोडिंग वाली मशीन में पायी जाती है। मशीन चलाने पर यह रॉड रोटेटिंग/घूर्णन या ओसिलेटिंग/दोलन गति में चलती है। इससे पानी की धाराओं का निर्माण होता है, जो कि धुलने वाले **वस्त्रों** के बीच से ज़ोर के साथ गुज़रती हैं।

(ख) पल्सेटर (Pulsator) या इम्पेल्लर (Impellar) प्रणाली: इस प्रणाली में गति एक पल्सेटर द्वारा प्राप्त की जाती है, जो धुलाई के टब में तेज़ी से ऊपर और नीचे चलता है (चित्र 17.5 देखें)। इससे पानी में धाराएं बनती हैं। यह प्रणाली भी ऊर्ध्वाधर अक्ष/टॉप लोडिंग वाली मशीन में पायी जाती है। पल्सेटर के उपयोग से धोने वाले **वस्त्रों** में अवांछित उलझनें पड़ सकती हैं।

(ग) टम्बलिंग (Tumbling) प्रणाली: यह प्रणाली क्षैतिज अक्ष/फ्रंट लोडिंग मशीनों की एक विशेषता है। वॉश लोड को एक छिद्रित सिलेंडर के अंदर रखा जाता है जो पानी से आधे भरे एक अन्य टब में घिरा होता है (चित्र 17.5 देखें)। मशीन चालू करने पर, सिलेंडर घूमता है, **वस्त्रों** को अपने साथ ऊपर के भाग में ले जाता है जहां से वे फिर से नीचे धोने के पानी में गिरते हैं।

ध्यान देने वाली एक सूक्ष्म बात यह है कि जबकि एजिटेशन और पल्सेटर प्रणालियों में **वस्त्रों** के बीच से पानी को ज़ोर से गुज़ारा जाता है, वहीं टम्बलिंग प्रणाली में पानी के बीच से **वस्त्रों** को स्थानांतरित करवाया जाता है।

17.4 पोस्ट वॉश अर्थात धोने के पश्चात किए जाने वाले कार्य

17.4.1 रिन्सिंग (Rinsing)

रिन्सिंग वह चरण होता है जिसमें **वस्त्रों** को साफ़ पानी से निकालकर उनमें से साबुन/डिटर्जेंट के सभी निशान और साथ ही साथ गंदगी के कणों को भी हटाया जाता हैं। आमतौर पर पूरी

सफाई सुनिश्चित करने के लिए यह क्रिया एक से तीन बार तक की जाती है। यदि यह चरण ठीक से नहीं किया जाए, तो कुछ समय के बाद सफ़ेद **वस्त्रों** में पीलेपन और रंगीन **वस्त्रों** की चमक कम होने की समस्या उत्पन्न हो सकती है। यह न केवल एक **वस्त्र** उत्पाद के रूप को कम करेगी, बल्कि कुछ लोगों के लिए एलर्जी का कारण भी बन सकती है।

17.4.2 व्हाइटनिंग (Whitening)

जैसा कि ऊपर चर्चा की गई है, अनुचित रिन्सिंग के परिणामस्वरूप सफेद **वस्त्रों** और परिधान में कुछ धुलाइयों के बाद पीलेपन की समस्या आ सकती है। इसके अतिरिक्त, सूरज की रोशनी के अत्यधिक संपर्क या हार्ड पानी के उपयोग से भी **वस्त्रों** में पीलापन आ सकता है।

इस समस्या को नीचे चर्चित तीन व्हाइटनिंग प्रक्रियाओं में से किसी के उपयोग द्वारा हल किया जा सकता है:

(क) ब्लूइंग (blueing) एजेंट

(ख) ऑप्टिकल ब्राइटनिंग एजेंट (optical brightening agent)

(ग) ब्लीच (bleach)

(क) लॉड्री में उपयुक्त ब्लूइंग एजेंट: ये प्राकृतिक या कृत्रिम मूल के नीले रंग होते हैं, जो पानी में घुलनशील या अघुलनशील हो सकते हैं।

घुलनशील ब्लूइंग एजेंट के उदाहरण हैं मेथिलीन ब्लू (Methylene blue) और कोल टार रंग (Coal tar dyes)।

अघुलनशील ब्लूइंग एजेंट में इंडिगो (Indigo), प्रशियन ब्लू (Prussian blue) और अल्ट्रामरीन ब्लू (Ultramarine blue) शामिल हैं!

इन सभी विकल्पों में से, सबसे अधिक प्रयोग किया जाने वाला पदार्थ अल्ट्रामरीन ब्लू है, जो पाउडर के साथ-साथ तरल रूप में भी उपलब्ध है। अल्ट्रामरीन ब्लू से बने एक लोकप्रिय भारतीय ब्रांड का उदाहरण 'रॉबिन ब्लू' है। हालांकि पाउडर की तुलना में तरल रूप थोड़ा अधिक महंगा होता है, किन्तु यह उपयोग में आसानी भी प्रदान करता है। पानी में इसकी कुछ बूँदें डालने से नील का घोल तैयार हो जाता है; दूसरी ओर पाउडर ब्लूइंग एजेंट की मलमल के **वस्त्र** में एक पोटली बनाकर पानी में घुमाने से नील का घोल तैयार किया जाता है।

नील लगाने की सही विधि में एक पतले और बिना कणों वाले नील के घोल को तैयार करना शामिल है; इसमें **वस्त्र** को गीली अवस्था में ठीक से फैलाने के बाद कुछ मिनट के लिए डुबोकर छोड़ दिया जाता है। नील लगाने से पहले यदि **वस्त्र** सूखे या मुड़े हुए हों, तो उनमें नीले रंग की अवांछित लकीरें और धब्बे बनने का ख़तरा पैदा हो सकता है। इस तरह के नील के धब्बों से छुटकारा पाने के लिए, ऐसे **वस्त्र** को कुछ मिनटों के लिए एसिटिक अम्ल में ब्लीच किया जा सकता है।

(ख) ऑप्टिकल ब्राइटनिंग एजेंट (OBA) जिसे फ्लोरोसेंट ब्राइटनिंग एजेंट (FBA) के रूप में भी जाना जाता है; इसका उपयोग **वस्त्रों** को 'सफेद से अधिक सफेद' दिखने के लिए किया जाता है। ये एजेंट रंगहीन यौगिक होते हैं, जो **वस्त्र** पर एक परत लगा देते हैं; यह प्रकाश के अल्ट्रावायलेट/पराबैंगनी घटक को अवशोषित करते हैं और फिर इन्हें दृश्यमान स्पेक्ट्रम में उत्सर्जित करते हैं। 'रानीपाल' और 'टीनोपाल' OBA के भारतीय ब्रांड के उदाहरण हैं।

(ग) ब्लीच: ब्लीच ऐसे रसायन होते हैं जो रंग के पदार्थ को नष्ट कर देते हैं। साथ ही वे **वस्त्रों** को कीटाणुरहित और गंधरहित भी बनाते हैं। दो प्रकार के ब्लीचिंग एजेंट उपलब्ध हैं—ऑक्सीडाइज़िंग और रिड्यूसिंग।

ऑक्सीडाइज़िंग (Oxidizing) ब्लीच

- सोडियम हाइपोक्लोराइट (NaOCl)
- हाइड्रोजन परऑक्साइड (H_2O_2)
- सोडियम परबोरेट ($NaBO_3nH_2O$)
- पोटैशियम परमैंगनेट ($KMnO_4$)
- धूप
- ओज़ोन (O_3)

रिड्यूसिंग (Reducing) ब्लीच

- सोडियम हाइड्रोसल्फाइट ($Na_2S_2O_22H_2O$)
- सोडियम बाइसल्फाइट ($NaHSO_3$)
- सोडियम थायोसल्फेट ($Na_2S_2O_3$)

ब्लीच का उपयोग करते समय एक सावधानी यह है कि इस प्रक्रिया के बाद ब्लीच को पूरी तरह से हटाने के लिए **वस्त्र** को पानी से धोना चाहिए। यदि यह कदम नहीं उठाया जाएगा, तो **वस्त्र** के कमज़ोर होकर फटने का ख़तरा होता है।

17.4.3 कड़क्पन प्रदान करना/स्टिफनिंग (Stiffening)

यह कदम **वस्त्रों** को एक कड़क, कुरकुरी, बराबर और चमकदार सतह देने के लिए किया जाता है। एक अतिरिक्त लाभ यह है कि चूंकि स्टार्च हाइड्रोफोबिक (जल अवरोधी) होती है, इसलिए यह **वस्त्र** उत्पाद को दाग प्रतिरोधक गुण भी प्रदान करती है।

स्टिफनिंग पदार्थों को उनके स्रोत के आधार पर तीन समूहों में वर्गीकृत किया जा सकता है, जो हैं—सिंथेटिक, संशोधित प्राकृतिक और प्राकृतिक। तालिका 17.2 इन तीन प्रकार के स्टिफनिंग पदार्थों में से प्रत्येक के उदाहरणों को सूचीबद्ध करती है:

तालिका 17.2 प्रयुक्त **स्टिफनिंग** पदार्थों के वर्ग और उदाहरण

श्रेणी	उदाहरण
सिंथेटिक	पॉलिएक्रेलिक एसिड और इसके डेरिवेटिव पॉलिविनाइल अल्कोहल रेज़िन
संशोधित प्राकृतिक	सेल्युलोज़ डेरिवेटिव जैसे कि CMC ग्लू, जैसे कि सोयाबीन से बनी गम/गोंद, जैसे कि इन्डालका घुलनशील स्टार्च, जैसे कि डेक्सट्रिन
प्राकृतिक	ग्लू, जैसे कि एल्बुमिन, जिलेटिन से बनी गम/गोंद, जैसे कि गम अरेबिक, गम त्रेगाकान्थ स्टार्च, जैसे कि एरोरूट व चावल, आलू, टैपिओका, गेहूं और मक्की से बनी।

उपभोक्ता के दृष्टिकोण से, सूती वस्त्रों को कड़क्पन प्रदान करने के लिए एक व्यावहारिक विकल्प या तो स्वयं स्टार्च पेस्ट तैयार करना या बनी बनाई स्टार्च (उदाहरण 'रिवाइव') का उपयोग करना होता है। इन दोनों विकल्पों का विवरण दिया जा रहा है:

लागत और उपलब्धता में आसानी के आधार पर स्टार्च के प्रकार का चुनाव किया जाता है। यदि स्वयं स्टार्च पेस्ट तैयार करनी हो तो एरोरूट पाउडर का उपयोग किया जा सकता है, जिसे पहले ठंडे पानी में घोलकर एक गाढ़ी समरूप पेस्ट में बदला जाता है। इसके बाद, इस मोटे पेस्ट को गांठ गठन से बचाने के लिए लगातार चम्मच से हिलाते हुए गर्म पानी में डाला जाता है। 75–80°C के बीच के तापमान पर, स्टार्च कण फटकर जिलेटिनाइज़ हो जाते हैं, जिससे घोल एक पारभासी द्रव्यमान में बदल जाता है। यह संकेत देता है कि यह स्टार्च पेस्ट उपयोग के लिए तैयार हो गई है।

दूसरी ओर, एक वाणिज्यिक स्टार्च उत्पाद पहले से ही जेलेटिनाइज़ (प्री-जेल) किया हुआ होता है, अर्थात्, इसके कण फटने के बाद उन्हें ठंडा किया जाता है, सुखा लिया जाता है और एक पाउडर के रुप मे बेचा जाता है। उपयोग के लिये इसे ठंडे पानी में घोलकर एक पेस्ट तैयार की जाती है; जब धुले हुए वस्त्रों को इस घोल से निकालकर सुखाया जाता है तो वे कड़क हो जाते हैं। आज के तेज़ रफ़्तार के जीवन में, ऐसे उत्पाद उपयोग और समय की बचत की सुविधा प्रदान करते हैं और इनके लिए, उनकी तुलनात्मक उच्च कीमत अच्छी तरह से उचित लगती है!

इन दोनों विकल्पों में, वस्त्र उत्पाद पर स्टार्च की एक सफेद परत दिखाई दे सकती है। इसे रोकने के लिए कुछ कदम उठाए जा सकते हैं; नीले रंग के वस्त्रों के लिए उपयोग करते समय स्टार्च पेस्ट में ब्लूइंग एजेंट की कुछ बूँदें मिलाना और भूरे या काले रंग के वस्त्रों के लिए चाय पत्ती के अर्क को मिलाना एक अच्छी प्रथा है।

रेशम से निर्मित उत्पादों को कड़क्पन प्रदान करने के लिए, गम अरेबिक के घोल का उपयोग किया जा सकता है। इस गोंद को पानी में मिलाने के बाद छानकर तैयार किया जाता है।

17.4.4 सुखाना (Drying)

वस्त्र के उत्पाद को साबुन और पानी से धोने के बाद, वाइटनिंग, ब्लूइंग और स्टार्च लगाने के बाद, उसे सुखाना एक महत्वपूर्ण पोस्ट-वॉश प्रक्रिया है। सुखाने के लिए उपलब्ध विकल्प कई कारकों पर निर्भर करते हैं, जैसे कि उपलब्ध स्थान, सुखाने वाले उत्पाद में नमी की मात्रा, उसके तंतुओं का प्रकार और उसके निर्माण की विधि।

उदाहरण के लिए, यदि किसी घर में बालकनी या बरामदे जैसे खुले स्थान न हों, जिनमें स्थायी रूप से वस्त्र सुखाने की रस्सी स्थापित की जा सके, तो मुड़ने वाले स्टैंड का उपयोग एक व्यावहारिक विकल्प है। इसी तरह, एक स्वचालित वॉशिंग मशीन से धुले हुए वस्त्र लगभग सूखे ही निकलते हैं, जिन्हें फिर बहुत थोड़ी देर सुखाने की आवश्यकता होगी। दूसरी ओर, हाथ से धोए गए वस्त्रों को पूरी तरह से सूखने के लिए लंबी अवधि की आवश्यकता होगी। कपास जैसे तंतु सूरज की धूप में अच्छी तरह से सूख जाते हैं जबकि रेशमी वस्त्रों को सुखाने के लिए सूरज के संपर्क में नहीं लाना चाहिए। इसी प्रकार, सफेद और हल्के रंग के वस्त्रों को सूरज में सुखाने पर उनकी चमक बढ़ती है लेकिन रंगीन वस्त्रों को छाया में ही सुखाया जाना चाहिए। परंपरागत रूप से, वस्त्रों को उलटा करके सुखाया जाता है।

बहुत नाज़ुक वस्त्र उत्पादों को सुखाने के लिए, उन्हें एक सूखे तौलिए में लपेटकर हाथों से दबाया जाता है; इससे उनकी नमी को तौलिया सोख लेता है। इसके बाद, उन्हें थोड़ी देर

हवा लगाई जाती है। इस प्रकार इन्हें किसी भी कठोर उपचार के अधीन किए बिना पूरी तरह से सुखा लिया जाता है।

17.4.5 फिनिशिंग (Finishing)

एक **वस्त्र** उत्पाद की धुलाई, रिन्सिंग और सुखाने के बाद अगला चरण उसकी फिनिशिंग का आता है। वाणिज्यिक स्तरों पर फिनिशिंग के लिए कई विकल्प मौजूद हैं, जिनमें से एक का चुनाव कुछ कारकों पर निर्भर करता है, जैसे कि काम की मात्रा, **वस्त्र** उत्पाद का प्रकार और उपलब्ध बुनियादी ढांचा।

घरेलू स्तर पर, स्थानीय धोबी से अपने **वस्त्रों** को **इस्त्री** करवाया जा सकता है। धोबी एक कोयले से गरम होने वाली लोहे की प्रेस का उपयोग करते हैं। कुछ व्यक्तियों के पास इस कार्य को स्वयं करने की इच्छा और समय होता है। वे इलेक्ट्रिक प्रेस का उपयोग करते हैं। आज बाज़ार में कई आसानी से संभालने और हल्के वज़न वाले प्रेस के मॉडल उपलब्ध हैं। प्रेस करने वाले **वस्त्र** को फैला कर बिछाने में एक **इस्त्री** बोर्ड काफी उपयोगी सिद्ध होता है, हालांकि इस काम के लिए किसी गद्देदार सतह (जैसे बिस्तर) का प्रयोग भी किया जा सकता है।

आइए हम फिनिशिंग से संबंधित कुछ शब्दों को समझें। आइरनिंग (ironing) का अर्थ है **वस्त्र** की लंबाई की दिशा में प्रेस को चलाना (क्योंकि लंबाई के ताना यार्न बाना यार्न से अधिक मज़बूत होते हैं)। दूसरी ओर, प्रेसिंग (pressing) की कार्यवाई में प्रेस को एक ही स्थान पर रखकर दबाया जाता है और फिर उठाकर अगले हिस्से पर रखा जाता है। स्टीम प्रेस से एक **वस्त्र** उत्पाद की सिलवटों को हटाया जा सकता है। इसके लिए एक स्टीम बनाने वाली प्रेस में दिए गए स्थान को पानी से भरकर उपयोग किया जाता है। यदि स्टीम प्रेस उपलब्ध न हो तो मलमल के **वस्त्र** का एक टुकड़ा या रूमाल पानी में भिगोकर और फिर अतिरिक्त पानी निचोड़कर **वस्त्र** उत्पाद के झुर्रियों वाले हिस्से पर रख लिया जाता है। जब गर्म प्रेस इस पर रखी जाती है, तो भाप बनती है, जो सभी सिलवटों को सीधा करने में मदद करती है। भाप का उपयोग करने का एक और तरीका यह है कि **वस्त्र** को **इस्त्री** करने से पहले उस पर पानी छिड़क दिया जाए और फिर थोड़ी देर के लिए लपेट कर रखा जाए।

उपर्युक्त विकल्पों में से जो भी उपयोग किया जाए, यह सुनिश्चित करना महत्वपूर्ण है कि **वस्त्र** के संग्रहण से पहले वह पूरी तरह से नमी मुक्त हो।

17.4.6 स्टोरेज (Storage) अर्थात भंडारण करना

एक **वस्त्र** को धोने, सुखाने और प्रेस से गुज़रने के बाद, उसे संभालने की आवश्यकता होती है। प्रत्येक घर और रहने की जगह में संग्रहण की एक अपनी प्रणाली होती है, जिसमें विभिन्न आकारों की अलमारियों से लेकर बॉक्स बेड, ट्रंक या लॉफ्ट में बैग तक के विकल्प हो सकते हैं! उपयोग में आनेवाले और संभाल कर रखे जाने वाले **वस्त्र** उत्पादों की संख्या पर भंडारण के लिए स्थान भी निर्भर करेगा। वह समय जिसके लिए किसी वस्तु को संग्रहीत किया जाएगा और उसके भंडारण का स्थान बदले में इसके उपयोग की आवृत्ति पर निर्भर करता है। उदाहरण के लिए, नियमित रूप से उपयोग किए जाने वाले उत्पादों को आसान पहुंच वाले स्थान में संग्रहीत किया जाना चाहिए। यदि इन्हें इनके उपयोग क्षेत्र के निकट ही संभाला जाए, तो बहुत सारा प्रयास और समय बचाया जा सकता है।

दूसरी ओर, कुछ ऐसे **वस्त्र** उत्पाद होते हैं, जिनका उपयोग केवल विशेष अवसरों पर या एक किसी मौसम के दौरान ही किया जाता है। उदाहरणों में शादी व उत्सव में पहने जाने वाले **वस्त्र** और अत्यधिक ठण्ड में काम आने वाले स्वेटर, शॉल, जैकेट, कोट, कंबल और रज़ाई शामिल हैं। इनकी भंडारण अवधि लंबी हो सकती है जिसके लिए उचित कदम उठाने आवश्यक हैं। संग्रहीत किए जाने वाले सभी **वस्त्र** पूरी तरह से साफ और सूखे होने चाहिए। ऊनी **वस्त्रों** के भंडारण में नेफ्थलीन बॉल का उपयोग क्लॉथ मोथ से सुरक्षा प्रदान करता है। ऊनी **वस्त्रों** के साथ सीधे संपर्क से बचाने के लिए इन गोलियों को पहले किसी पुरानी जुराब में लपेट लेना एक अच्छी प्रथा है। इसी उद्देश्य के लिए सूखे नीम के पत्तों का उपयोग भी एक स्वदेशी प्रथा रही है।

17.5 ड्राई क्लीनिंग/शुष्क सफाई (Dry Cleaning)

शुष्क सफाई को पानी के स्थान पर सॉल्वेंट के उपयोग से सफाई के रूप में परिभाषित किया जाता है। अभी हाल ही तक, ड्राई क्लीनर इस काम के लिए परक्लोरोएथिलीन (पर्क) का उपयोग करते थे। पर्यावरण पर पर्क के नकारात्मक प्रभावों पर ध्यान आकर्षित होने के साथ, कुछ अन्य विकल्पों का उपयोग काफी बढ़ गया है। इनमें कार्बन डाइऑक्साइड, फ्लोरोकार्बन, पेट्रोलियम और सिलिकॉन आधारित सॉल्वेंट शामिल हैं।

ड्राई क्लीनिंग की प्रक्रिया सामान्य धुलाई से अधिक महंगी पड़ती है। आमतौर पर इसका उपयोग रेशम और ऊन जैसे **वस्त्रों** के साथ-साथ कढ़ाई वाले और नाज़ुक **वस्त्र** उत्पादों के लिए भी किया जाता है। ड्राई क्लीनिंग की दुकानें हर बाज़ार में पायी जाती हैं। उत्साही उपभोक्ता स्वयं भी ग्रीस सॉल्वेंट और अब्सोर्बेंट के उपयोग द्वारा दाग को स्पॉट क्लीन करने की कोशिश कर सकते हैं। इसके अलावा, घर पर ही उचित डिटर्जेंट, पानी के तापमान, धोने और सुखाने की विधि के पालन द्वारा रेशम और ऊन के **वस्त्रों** को साफ करना संभव है (इस विषय पर प्रासंगिक अध्यायों में देखभाल के तहत चर्चा की गई है)।

17.6 सफाई के अन्य तरीके

लॉन्ड्रिंग और ड्राई क्लीनिंग की पारंपरिक विधियों के अतिरिक्त **वस्त्रों** की सफाई के लिए कुछ अन्य विकल्प भी हैं।

वैक्यूमिंग (*Vaccuuming*): एक वैक्यूम क्लीनर से लागू सक्शन बल गंदगी और धूल को खींचता है। यह असबाब वाले फर्नीचर या कार सीटों की सफाई के लिए वास्तव में उपयोगी है। वैक्यूमिंग सेवाएं व्यावसायिक रूप से उपलब्ध हैं, हालांकि कोई भी उत्साही उपभोक्ता भी स्वयं वैक्यूम क्लीनर के उपयोग द्वारा यह कर सकता है।

अल्ट्रासोनिक (*Ultrasonic*) *सफाई*: इस प्रणाली में, उच्च आवृत्ति ध्वनि तरंगों के माध्यम से **वस्त्रों** में धंसी हुई गन्दगी और धूल के कणों को **वस्त्र** संरचना में से खींचकर हटाया जाता है।

17.7 पर्यावरण पर लॉन्ड्रिंग का प्रभाव; पर्यावरण सुरक्षा के लिए कुछ कदम

जैसा कि पहले ही चर्चा की गई है, लॉन्ड्रिंग एक सार्वभौमिक मानव गतिविधि है जो नियमित रूप से की जाती है। यह कार्य भले ही हाथ से या मशीन द्वारा किया जाए, इसके लिए बड़ी मात्रा में पानी और साबुन, डिटर्जेंट या अन्य रासायनिक एजेंट की आवश्यकता होती है। क्या आपने कभी विचार किया है कि इस गतिविधि का पर्यावरण पर कितना नकारात्मक प्रभाव पड़ सकता है? और यदि आप इसे उन घरों की संख्या के साथ गुणा करें जहां यह गतिविधि की जाती है, तो फिर यह प्रभाव कितना बड़ा होगा!

व्यापक पर्यावरण प्रदूषण की समस्या को रोकने के लिए लॉन्ड्रिंग एजेंट और वाशिंग मशीनों के निर्माताओं द्वारा कुछ कदम उठाना और सरकार द्वारा कानूनों को लागू करना आवश्यक है।

इस बीच, इस कार्य में शामिल व्यक्तियों के रूप में और जागरूक नागरिकों के रूप में, कुछ तरीके हैं जिनसे हम एक स्वच्छ पर्यावरण की दिशा में योगदान दे सकते हैं। इनमें से कुछ हैं—किसी वस्त्र को बिना आवश्यकता के बार-बार न धोना, पूरे वस्त्र को न धोकर केवल दाग वाले/गन्दगी लगे भाग को "स्पॉट" साफ़ करना और इस तरह से अपने लॉन्ड्रिंग की योजना तैयार करना, जिससे यह निश्चित हो सके कि आपकी मशीन अपनी पूरी क्षमता/फुल लोड पर ही चलाई जाए, ताकि उसके द्वारा पानी, डिटर्जेंट और बिजली का सही ढंग से उपयोग हो। अन्य कदमों में पर्यावरण के अनुकूल वस्त्र धोने वाले डिटर्जेंट को अपनाना और वॉशिंग मशीन में डिटर्जेंट डालते समय उसकी उचित (न कम न अधिक) मात्रा डालना शामिल हैं। जब भी संभव हो, रिन्सिंग के पानी को घर के फर्श या मोटर-गाड़ी की सफाई जैसे उचित कार्यों के लिए उपयोग किया जाना चाहिए। इसके अलावा, जिन घरों में ओवरहेड पानी के टैंक हों, जिनमें पानी सूर्य ऊर्जा से दिन के दौरान गर्म हो जाता हो, वहां लॉन्ड्रिंग का उचित समय निर्धारित किया जा सकता है। प्राकृतिक रूप से गरम हुए जल के उपयोग द्वारा ईंधन/बिजली की लागत पर बचत होगी। और सबसे महत्वपूर्ण बात यह है कि बाज़ार में उपलब्ध स्वचालित ड्रायर में नहीं, बल्कि सूरज की रोशनी या छाया के तहत वस्त्रों को सुखाया जाए और पर्यावरण सुरक्षा को ध्यान में रखते हुए "ग्रीन" लॉन्ड्रिंग की प्रथाओं का पालन किया जाए।

अभ्यास

17.1 लॉन्ड्रिंग के विभिन्न चरणों की एक योजनाबद्ध रूपरेखा दीजिए।

17.2 निम्नलिखित के बीच अंतर बताइए:

(i) साबुन और डिटर्जेंट

(ii) ब्लूइंग एजेंट और ऑप्टिकल ब्राइटनिंग एजेंट

(iii) ऑक्सीडाइज़िंग और रीड्यूसिंग ब्लीच

(iv) आइरनिंग और प्रेसिंग

(v) H अक्ष और V अक्ष वाशिंग मशीन

(vi) एनीमल और वेजिटेबल दाग

(vii) ग्रीस सॉल्वेंट और ग्रीस अब्सोर्बेंट

17.3 आपके द्वारा/आपके घर में अपनाए जाने वाले लॉन्ड्रिंग के तरीके का निरीक्षण करें; स्वच्छ वातावरण के लिए आप लॉन्ड्रिंग के चरणों में बदलाव की एक सूची बनाइए और इनका पालन कीजिए।

विस्तृत जानकारी हेतु पुस्तक सूची

Dantyagi S., *Fundamentals of Textiles and their Care*, 5th ed., Orient Longman Limited, Hyderabad, 1996.

Deolkar D., *Household Textiles and Laundry Work*, 3rd ed., Atma Ram & Sons, Delhi, 1967.

Gupta N., *Developing Green Laundry Practices in India*, Unpublished doctoral dissertation, University of Delhi, India, 2018.

Gupta, N. and Sekhri, S. (2014), Consumer guide to effective laundry care of textiles and clothing, *Journal of Asian Regional Association of Home Economics*, 21(2): 70–77, pISSN:1027–880X.

Gupta, N. & Sekhri, S. (2022), *Sustainable Laundry: Challenges and Solutions*, 1st ed., Eliva Press. ISBN: 978–1636484808.

Gupta N. and Sekhri, S. (2019), Sustainable laundry load: Encouraging green ways of washing clothes in a domestic setting, *Keemat*, Vol. 48, No. 1, p.5 [WWW document]. URL http://cgsiindia.org/wp-content/uploads/2018/12/Keemat-January-February-2019.pdf

Gupta N. and Sekhri, S. (2016), Water quality considerations for better laundry results, *International Journal of Applied Home Science*, 3 (1&2): 36–41. ISSN: 2394–1413.

अध्याय 18

सम्मिश्रण (Blending)

18.1 परिचय

आपने कई बार ऐसी स्थिति का सामना किया होगा जिसमें आपको यह महसूस हुआ होगा कि कुछ लक्षणों को छोड़कर आप को अपने या अपने मित्र के सभी गुण पसंद हैं। आपने यह भी सोचा होगा कि यदि आपके पास कुछ लक्षणों को शामिल करने, विकसित करने या बदलने की क्षमता होती, तो आप अपने सपनों के आदर्श व्यक्ति का निर्माण कर सकते! **वस्त्र** विज्ञान की दुनिया में एक समान परिदृश्य मौजूद है, जिसमें मनुष्यों के स्थान पर तंतु हैं! एक और अंतर यह है कि मनुष्यों को बदलना तो बहुत कठिन होता है, किन्तु **वस्त्रों** की दुनिया में सम्मिश्रण का विकल्प संभव है!

वस्त्र विज्ञान के संदर्भ में सम्मिश्रण को एक अंतिम उत्पाद बनाने के लिए **वस्त्र** के घटकों के संयोजन या मिश्रण के रूप में परिभाषित किया जा सकता है, जिसमें इसके निर्माण में उपयोग किए जाने वाले सभी घटकों के गुणों को शामिल किया जाता है।

कुछ लोकप्रिय सम्मिश्रित **वस्त्रों** के उदाहरण और उन्हें बनाने वाले तंतु हैं—

1. टेरीकॉट: जो टेरीन (पॉलिएस्टर) और कपास के मिश्रण से बनता है,
2. टेरीवुल: टेरीन और ऊन से,
3. कोट्स्वुल: कपास और ऊन से, और
4. वफ्टा: रेशम और कपास से।

मिश्रित **वस्त्रों** के अन्य उदाहरणों में शामिल हैं—कपास/लाइक्रा, कपास/मोडल, लिनन/कपास, लिनन/रेशम, लिनन/रेयॉन और नायलॉन/ऊन।

यह ध्यान रहे कि किसी सम्मिश्रित **वस्त्र** को तैयार करने के लिए उपयोग किये गए तंतुओं की मात्रा का सही निर्णय करना बहुत महत्वपूर्ण होता है; इसी पर उसकी उपयोगिता, लोकप्रियता और सफलता आधारित होती हैं।

आइये अब हम समझें कि सम्मिश्रण क्यों और कैसे किया जाता है।

18.2 सम्मिश्रण के कारण

आप इस बात से तो सहमत होंगे कि सम्मिश्रण का चरण केवल पूरी तरह से लागत-लाभ विश्लेषण के बाद ही किया जाएगा; आइए हम सम्मिश्रण द्वारा पेश किए गए विभिन्न लाभ बारीकी से देखें। स्पष्ट रूप से समझने और चर्चा के लिए हम इन्हें चार समूहों में बाँट सकते हैं:

18.2.1 लागत कारक

किसी भी उद्योग के लिए अर्थव्यवस्था एक प्रमुख प्रेरक शक्ति होती है और **वस्त्र** उद्योग कोई अपवाद नहीं है। ऊन जैसे महंगे तंतु की खरीद और प्रसंस्करण की लागत, जब उपभोक्ताओं को पारित की जाती है, तो उन्हें इसके लिए बहुत अधिक खर्च करना पड़ जाता है। इसी परेशानी के हल के रूप में ऊन और पॉलिएस्टर के मिश्रण से टेरिवुल मिश्रित **वस्त्रों** का उत्पादन शुरू किया गया। कम कीमत वाले पॉलिएस्टर के साथ महंगे ऊन को मिश्रित करने से तैयार टेरिवुल **वस्त्रों** की कीमत शुद्ध ऊन के **वस्त्रों** की तुलना में कम होती है। इस तरह से उपभोक्ता अधिक खर्च किये बिना ही ऊन की गर्मी का आनंद ले सकते हैं!

18.2.2 प्रसंस्करण कारक

कई बार, कताई, बुनाई और परिसज्जा दक्षता में सुधार करने के लिए सम्मिश्रण का पथ अपनाया जाता है। 100% कृत्रिम तंतुओं के प्रसंस्करण में स्टेटिक चार्ज बिल्डअप से कई समस्याएं उत्पन्न होती हैं। इनका समाधान करने के लिए कृत्रिम तंतुओं का मिश्रण किसी भी जल अवशोषक/हाइग्रॉस्कोपिक तंतु (जिनमें उच्च विद्युत् चालकता होती है) के साथ किया जा सकता है। उदाहरण के लिए जब पालिएस्टर के साथ कपास तंतुओं को मिश्रित किया जाता है तो विद्युत् आवेशों का संचालन आसानी से होने के कारण प्रसंस्करण में कोई समस्या नहीं आती।

18.2.3 सौंदर्य कारक

खरीदारों के लिए किसी भी **वस्त्र** उत्पाद का आकर्षक रूप होना बहुत महत्वपूर्ण होता है। आमतौर पर, प्राकृतिक तंतुओं से तैयार अंत उत्पाद के गुण, जैसे उनका रंग, कोमलता, ड्रेप और चमक उन्हें कृत्रिम तंतुओं के उत्पाद की तुलना में अधिक सौंदर्य और आकर्षण प्रदान करते हैं।

ऐसा भी देखा गया है कि एक महंगे तंतु की बहुत थोड़ी मात्रा जोड़ने से बने मिश्रित कपड़े की "प्रतिष्ठा/लग्जरी (luxury)" अपील बहुत अधिक बढ़ जाती है।

18.2.4 कार्य क्षमता/उपयोगिता कारक

इनमें बेहतर स्थायित्व, शक्ति, घर्षण और सिलवटों के प्रतिरोध, बेहतर अवशोषण, धोने, सुखाने और भंडारण में आसानी शामिल है। सम्मिश्रण का लक्ष्य होता है—किसी **वस्त्र** के अच्छे गुणों को बढ़ाना और साथ ही उसके बुरे गुणों को कम से कम करना।

विभिन्न तंतुओं में कुछ विशेषताएं होती हैं जिनका उपयोग सम्मिश्रण के निर्णय लेते समय किया जाता है। तालिका 18.1 में इन्हें सूचीबद्ध किया गया है।

तालिका 18.1 सम्मिश्रण के लिए प्रयुक्त विभिन्न तंतुओं की विशेषताएं

तंतु	लक्षण
एसीटेट	ड्रेप और चमक बढ़ाना, कम लागत में **वस्त्र** बनाना
एक्रेलिक	**वस्त्र** को ऊन जैसे गुण प्रदान करना, कोमलता बढ़ाना
अंगोरा	फैलाव प्रदान करना
बाँस	शानदार रूप प्रदान करना, मुलायम और नरम स्पर्श देना, उत्कृष्ट जल अवशोषण और इसके फलस्वरूप आराम बढ़ाना, बायोडिग्रेडेबिलिटी
कपास	अवशोषण, आराम और रंगाई की क्षमता में सुधार लाना, स्टेटिक की समस्या को कम करना
मोडाल (Modal -बीच/Beech के पेड़ के तंतुओं से बना एक प्रकार का रेयॉन)	नरम और रेशमी स्पर्श देना, जल अवशोषकता बढ़ाना, सिकुड़न को कम करना
पॉलिएस्टर	टिकाऊपन, उच्च सिलवट प्रतिरोध, आकार बनाए रखना, आसान देख-रेख, **वस्त्र** की लागत को कम करना
रेयॉन	चमक और नमी अवशोषकता बढ़ाना, स्टेटिक की समस्या को कम करना
रेशम	आराम, चमक और प्रतिष्ठा में सुधार करना
स्पैन्डेक्स	लोच, आराम और अच्छी फिटनेस प्रदान करना
टेनसेल (Tencel-लकड़ी और लुगदी से प्राप्त सेल्युलोज़ से निर्मित)	उच्च वायु और जल अवशोषण और कम ऊष्मा प्रतिधारण, गर्मी के मौसम के लिए आदर्श, सिलवट मुक्त, देखभाल में आसान, बायोडिग्रेडेबल होना
ऊन	फूलापन और गर्मी प्रदान करना, जल अवशोषण और सिलवट प्रतिरोध बढ़ाना, प्रतिष्ठा बढ़ाना

यह भी ध्यान देने योग्य बात है कि जहां एक ओर पारंपरिक रूप से बने शुद्ध अर्थात केवल एक ही तंतु प्रकार के **वस्त्र** किसी एक ही विशेष मौसम के लिए उपयोग में लाए जा सकते हैं, जैसे गर्मियों के लिए कपास और सर्दियों के लिए ऊन, वहीं दूसरी ओर, मिश्रित **वस्त्रों** में लगभग पूरे वर्ष के भिन्न मौसमों में उपयोगिता के लिए पर्याप्त बहुमुखी गुण होते हैं। उपयोगकर्ताओं में मिश्रित **वस्त्रों** की लोकप्रियता का यह भी एक कारण है।

एक आदर्श मिश्रण वह होता है जो चारों कारकों अर्थात लागत, प्रसंस्करण, सौंदर्य और कार्य क्षमता की परीक्षा में उत्तीर्ण हो पाए। ऐसा एक उदाहरण है टेरीकॉट, जिसमें प्राकृतिक तंतु के आकर्षण और आराम के गुणों के साथ साथ पॉलिएस्टर जैसे कृत्रिम तंतु की दृढ़ता, आसान देखरेख और सिलवटें न पड़ने के गुण उसे एक बहुत लोकप्रिय सम्मिश्रित **वस्त्र** बनाते हैं।

18.3 सम्मिश्रण के चरण

वस्त्रों में सम्मिश्रण एक से अधिक चरणों में करना संभव है—यार्न चरण, वस्त्र निर्माण का चरण या उत्पाद निर्माण का चरण। ध्यान देने योग्य बात यह है कि सम्मिश्रण जितना पहले किया जाएगा, उसका अंत परिणाम उतना ही बेहतर होगा।

18.3.1 यार्न उत्पादन के चरण में सम्मिश्रण

अध्याय 9 में, यार्न उत्पादन के विभिन्न चरणों का वर्णन किया गया है। यह मिश्रण ब्लोरूम (blowroom), ड्रॉफ्रेम (drawframe) या फिर रोविंग (roving) के चरण में संभव है। इनमें से प्रत्येक में, एक या अधिक प्रकार के तंतुओं का उपयोग किया जा सकता है। यह मिश्रण नीचे दिए गए किसी भी विकल्प द्वारा किया जा सकता है:

(i) अलग-अलग प्रकार, लंबाई, व्यास, और रंग के तंतुओं का मिश्रण किया जा सकता है, या

(ii) एक ही प्रकार के तंतु के विभिन्न लॉट से लिए गए तंतुओं का मिश्रण किया जा सकता है

उदाहरण के लिए, एक ड्रॉफ्रेम में छह से आठ डिब्बों में से निकलते स्लाइवर उपयोग किये जाने की एक प्रणाली होती है। यदि 50/50 के अनुपात में पॉलिएस्टर/कपास के मिश्रित यार्न का उत्पादन करना हो, तो आधे डिब्बे (अर्थात 6 में से 3 या 8 में से 4) पॉलिएस्टर स्लाइवर के उपयोग किये जायेंगे, जबकि अन्य आधे कपास स्लाइवर के होंगे। ड्रॉफ्रेम में जाने वाले अनेक स्लाइवर, डबलिंग (doubling)/दोहरीकरण या संयोजन के पश्चात एक एकल स्लाइवर के रूप में बाहर ले जाए जाते हैं। ये स्लाइवर अगले चरणों से गुज़रने के बाद मिश्रित यार्न में परिवर्तित हो जाते हैं।

प्लाई और कॉर्ड यार्न तैयार करने के समय विभिन्न समूहों के यार्न जोड़कर मिश्रित करना भी संभव है। इस तरह के यार्न को कंपोज़िट (composite) के रूप में भी जाना जाता है। इनमें दो अलग प्रकार के एकल यार्न को घुमाकर एक 2-दो प्लाई यार्न का उत्पादन किया जा सकता है।

कवर्ड/कवर किए गए यार्न के उत्पादन के लिए एक केंद्रीय कोर (सेंट्रल कोर) संरचना के आस पास एक अलग प्रकार के यार्न को लपेटा जाता है। सामान्य उदाहरणों में कपास स्टेपल से ढके हुए रबड़ यार्न शामिल है, जिनका उपयोग मोज़े और आतंरिक वस्त्रों में किया जाता है। रबड़ इन्हें लचीलापन देता है और उसपर लपेटा गया कपास इन्हें आरामदायक गुण प्रदान करता है।

यार्न मिश्रणों का एक और उदाहरण कुछ भारतीय पारंपरिक वस्त्रों में देखा जा सकता है। यह है कढ़ाई और ब्रोकेड बुनाई में उपयोग किये जाने वाला ज़री का धागा। इसके निर्माण के लिए, रेशम के केन्द्रीय कोर को पतले, तार के आकार में खींचे गए सोने (धातु) के धागे के साथ लपेटा जाता है।

18.3.2 वस्त्र निर्माण के चरण में सम्मिश्रण

कभी-कभी, दो भिन्न तंतु समूहों के यार्न का उपयोग करघे पर बुने हुए वस्त्र का ताना और

बाना बनाने के लिए उपयोग किया जाता है। इस तरह तैयार वस्त्रों को मिश्रण वस्त्र (Mixture Fabrics) के रूप में भी जाना जाता है। निर्माण के पश्चात रंगने की परिसज्जा के समय, दो तंतु प्रकारों के अलग-अलग तरह से रंग अवशोषण के कारण कई रोचक प्रभाव प्राप्त किए जा सकते हैं।

भारतीय पारंपरिक वस्त्रों में, वस्त्र निर्माण के चरण में किए गए सम्मिश्रण के अनेक उदाहरण हैं। जैसे कि मशरु, जो मुगल काल में बहुत लोकप्रिय हुआ था। इसे करघे पर रेशम के ताना और कपास के बाना द्वारा बनाया जाता है। अन्य उदाहरणों में औरंगाबाद के हिमरू वस्त्र और मध्य प्रदेश की चंदेरी साड़ी शामिल हैं। ये दोनों ही कपास और रेशम के मिश्रण से बनाए गए वस्त्रों के उदाहरण हैं।

18.3.3 वस्त्र उत्पाद तैयार करने के चरण में सम्मिश्रण

कुछ उत्पादों को दो या दो से अधिक घटकों के संयोजन से तैयार किया जाता है, जिनमें से प्रत्येक एक अलग प्रकार का हो सकता है। उदाहरण के लिए, एक जैकेट का बाहरी (शेल/shell) वस्त्र ऊनी हो सकता है, जबकि उसमें अस्तर बनाने के लिए एक पॉलिएस्टर का उपयोग किया जा सकता है। मिश्रण के इस चरण का एक अन्य उदाहरण है एक रज़ाई, जिसे तैयार करने के लिए सूती कपास कवर के अंदर ऐक्रेलिक के तंतु भरे गए हों।

सम्मिश्रण का भले जो भी चरण या अनुपात हो, यह महत्वपूर्ण है कि उससे निर्मित वस्त्र उत्पाद का लेबल इस जानकारी को सटीक रूप से प्रदर्शित करे। अनेक पश्चिमी देशों में, लेबल लगाने से संबंधित सख्त कानून न केवल निर्धारित किए गए हैं, बल्कि उपभोक्ताओं को धोखे से बचाने के लिए अच्छे ढंग से लागू भी किए जाते हैं। वहीं दूसरी ओर भारत जैसे देश को आज भी इस तरह के उपभोक्ता संरक्षण कदमों का पालन करने से पहले एक लंबा रास्ता तय करना बाकी है। ऐसे में, एक जागरूक उपभोक्ता का यह काम है कि वह खरीदे जा रहे वस्त्र उत्पाद के विषय में पूरी और सही जानकारी प्राप्त करे। इससे उस उत्पाद की देखभाल और रख-रखाव के निर्णय में उसे सहायता भी मिलेगी। उदाहरण के लिए, 97% ऐक्रेलिक और 3% ऊन से बने स्वेटर को ड्राई क्लीन करवाने की आवश्यकता नहीं होती और इसे घर पर ही धोया जा सकता है। इस प्रकार, समझदारी से उपभोक्ता रख-रखाव पर लागत की बचत कर सकते हैं!

18.4 सम्मिश्रण में नए विकास: नैनो प्रौद्योगिकी का उपयोग

अध्याय 14 के 14.5 में, नैनो टेक्नोलॉजी की अवधारणा को परिसज्जा उद्योग के संदर्भ में समझाया गया है। एक वांछनीय गुण प्रदान करने का कार्य बड़े कणों की तुलना में नैनोकणों के रूप में अधिक प्रभावी ढंग से किया जा सकता है। इसी तकनीकी प्रगति ने सम्मिश्रण के क्षेत्र में भी क्रांति ला दी है। नैनो टेक्नोलॉजी (अर्थात, माइक्रॉस्कोपिक स्तर) की मदद से, सभी प्रकार के पदार्थों को तंतुओं में मिलाना संभव है। जोड़े गए कणों का छोटा (नैनो) आकार यह सुनिश्चित करता है कि इस प्रक्रिया से तैयार वस्त्र नरम रहें और पहनने योग्य परिधान बनाने के लिए उपयोग किये जा सकें। परिणामी उत्पाद बेहतर आराम और स्वच्छता गुणों के कारण उपयोगकर्ताओं को अत्यधिक संतुष्टि भी प्रदान करते हैं।

वर्तमान समय में, **वस्त्रों** को आवश्यक गुण प्रदान करने के लिए एक नैनोफिनिश की परत दी जाती है। आने वाले समय नैनोफाइबर और नैनोफिलामेंट से बने **वस्त्रों** को देखने की संभावना रखते हैं।

तालिका 18.2 विभिन्न नैनोकणों के गुणों को सूचीबद्ध करती है जो सम्मिश्रण के क्षेत्र में उनके उपयोग का मार्गदर्शन करेंगे।

तालिका 18.2 विभिन्न नैनोकण, उनके गुण और क्रियाविधि

नैनो पदार्थ	गुण	क्रियाविधि
सिलिका के नैनोकण	पानी और दाग-उत्पादक तरल पदार्थों को पीछे हटाना	सिलिका कोटिंग का कोण और खुरदरापन सतह के तनाव को बढ़ाता है और तरल पदार्थों को अवशोषित होने से रोकता है, वे तरल की छोटी बूँदें बना देते हैं, जो **वस्त्र** की सतह से फिसल कर गिर जाती हैं
चांदी के नैनोकण	बैक्टीरिया और कवक का नाश, बुरी गंध से छुटकारा	जीवाणुओं को रोकने वाले पॉज़िटिव चार्ज बनाते हैं
टाइटेनियम डाइऑक्साइड और ज़िंक ऑक्साइड के नैनोकण	**वस्त्रों** और त्वचा का सूरज की क्षति से बचाव	ये दोनों कण सूर्य के प्रकाश में UV/अल्ट्रा वायलेट प्रकाश को तितर-बितर कर देते हैं
ज़िंक ऑक्साइड, टाइटेनियम डाइऑक्साइड, और एंटीमनी-डोप्ड टिन ऑक्साइड के नैनोकण	विद्युत् चालकता के कारण स्टेटिक समस्या का समाधान	ये सभी कण बिजली का संचालन करते हैं

अभ्यास

18.1 निम्न के दृष्टिकोण से सम्मिश्रण करने के मुख्य कारण बताइए:

(i) निर्माता

(ii) डिज़ाइनर

(iii) उपभोक्ता

18.2 उदाहरणों सहित सम्मिश्रण करने के विभिन्न चरणों को सूचीबद्ध कीजिए।

18.3 आमतौर पर सम्मिश्रण में उपयोग होने वाले कुछ प्राकृतिक तंतु, मानव निर्मित तंतु और नैनोकणों के नाम और विशेषताएं बताइए।

18.4 अपनी अलमारी में रखे **वस्त्रों** और एक्सेसरी को ध्यान से परखकर उनमें से मिश्रित **वस्त्रों** से बने उत्पादों की सूची बनाइए; इस सूची को और इन उत्पादों को उपयोग करने के अपने अनुभवों को अपनी कक्षा के साथ बांटिए।

18.5 "पारंपरिक भारतीय कपड़ों" की श्रेणी में से, मिश्रणों के कुछ उदाहरण दीजिए। ऑनलाइन और ऑफ़लाइन संसाधनों के द्वारा, इनमें से किसी एक की वर्तमान स्थिति पर एक टिप्पणी तैयार कीजिए।

विस्तृत जानकारी हेतु पुस्तक सूची

Hudson, P.B., Clapp, A.C. and Kness, D., *Joseph's Introductory Textile Science*, 6th ed., Harcourt Brace Jovanovich College Publishers, 1993.

Kadolph, S.J. and Langford, A.L., *Textiles*, 10th ed., Pearson Education, NJ, 2007.

अध्याय
19

वस्त्र दोष
(Fabric Defects)

19.1 परिचय

एक **वस्त्र** दोष किसी भी अपूर्णता या त्रुटि को कहा जा सकता है जो कि अनजाने में उस **वस्त्र** में आ गई हो। यह उत्पादन या परिसज्जा के किसी भी एक (या एक से अधिक) चरण में उत्पन्न हो सकती है। **वस्त्र** में उपस्थित दोष का पता निर्माण या फिर अंत में की गई जांच के समय लग सकता है।

वस्त्रों में देखे गए विभिन्न दोषों पर चर्चा आरम्भ करने से पहले आइए उनके वर्गीकरण को समझते हैं।

19.2 **वस्त्र** दोषों का वर्गीकरण

वस्त्रों में पाए जाने वाले दोषों को तीन मानदंडों के आधार पर वर्गीकृत किया जा सकता है: दोष की गंभीरता, दोष का प्रभाव और दोष का कारण।

19.2.1 दोष की गंभीरता के आधार पर

इस मापदंड के उपयोग द्वारा किसी दोष को मामूली/माइनर (minor) या प्रमुख/मेजर (major) दोष होने की संज्ञा दी जा सकती है।

माइनर दोष बहुत विशिष्ट नहीं होते और **वस्त्र** में बहुत कम और दूर स्थानों पर ही पाए जाते हैं।

दूसरी ओर, प्रमुख दोष काफी विशिष्ट होते हैं और/या पूरे **वस्त्र** में फैले होते हैं। इस श्रेणी के दोषों वाले कुछ उत्पादों को तो अस्वीकार/रिजेक्ट कर दिया जाता है जबकि अन्य को सुधारकर 'सेकंड' के रूप में बेचा जाता है।

19.2.2 दोष के प्रभाव के आधार पर

इस मापदंड को तीन समूहों में उपविभाजित किया जा सकता है—रूप, कार्य क्षमता/उपयोगिता और स्थायित्व को प्रभावित करने वाले दोष।

रूप: कुछ दोष वस्त्र के रूप या सौंदर्य को प्रभावित करते हैं। कई बार तो स्पर्श या गंध के माध्यम से भी किसी दोष की उपस्थिति का पता लगता है।

कार्य क्षमता: कुछ दोष वस्त्र उत्पाद की कार्य क्षमता/उपयोगिता को प्रभावित करते हैं।

स्थायित्व: कुछ दोष उत्पादों के स्थायित्व को कम करते हैं।

ध्यान देने योग्य बात यह है कि कुछ दोषों से वस्त्र का एक से अधिक पहलू भी प्रभावित हो सकता है।

19.2.3 शुरुआत के समय के आधार पर दोष के कारण

इस आधार पर, वस्त्रों में पाए जाने वाले दोषों को यार्न दोष, नॉन-वोवन/गैर-बुनाई में दोष, वोवन/करघे पर बुने वस्त्रों के दोष और निटिड वस्त्रों के दोष जैसी उपश्रेणियों में विभाजित किया जा सकता है। इनके अतिरिक्त, कुछ दोष वस्त्र की परिसज्जा, विशेषकर उसे रंगने या छापने की प्रक्रिया के समय भी उत्पन्न हो सकते हैं।

वस्त्र दोषों को वर्गीकृत करने के इस तीसरे मापदंड के अंतर्गत वस्त्रों में पाई जाने वाली सभी त्रुटिआं शामिल होती हैं। नीचे दी गई विस्तृत चर्चा में इसी मापदंड का उपयोग किया गया है।

इनमें से अधिकांश दोषों के नाम आत्म व्याख्यात्मक हैं। अन्य के लिए, एक संक्षिप्त विवरण दिया गया है। पाठक यह अध्याय पढ़ने के बाद अपने घर व आसपास के वस्त्र उत्पादों का बारीकी से निरीक्षण कर सकेंगे और इस पाठ में बताए गए कई दोषों को वे आसानी से पहचान पायेंगे।

19.3 यार्न दोष

1. खराब पीसिंग/Bad piecing: यार्न निर्माण के समय स्लाइवर को लापरवाही के साथ जोड़ने के कारण यार्न में अधिक व्यास वाले भाग।
2. टूटे हुए तंतु/Broken filaments: कभी-कभी मल्टीफिलामेंट धागे के तंतु टूट जाते हैं।
3. रंगीन फ़्लिक्स/Coloured flecks: यार्न निर्माण के समय उसमें रंगीन अवांछित विदेशी पदार्थ सम्मिलित हो जाते हैं।
4. कॉर्कस्क्रू यार्न/Corkscrew yarn: एक ऐसा दोहरा/डबल यार्न, जिसका एक हिस्सा तो सीधा किन्तु दूसरा उस पर कुंडलित होता है।
5. क्रेकर/Crackers: यार्न के कुछ भागों में घुँघर या गोल घुमावदार संरचनाओं का होना जो खींचने पर सीधी हो जाती हों।
6. अत्यधिक रोयें/Excessive hairiness: यार्न में से तंतुओं के सिरों का निकलना।

7. किट्टी यार्न/Kitty yarn: एक ऐसा यार्न जिसमें बिना हटाये गए कचरे (जैसे बीज के खोल, पत्तियों और टहनियों के अवशेष) के काले धब्बे होते हैं। यह दोष प्राकृतिक सेल्युलोज़िक तंतुओं से बने यार्न में पाया जाता है।
8. नॉट/Knots: यह दोष तब उत्पन्न होता है जब टूटे हुए यार्न के टुकड़ों को फिर से जोड़ने के लिए उनमें लापरवाही से गाँठ लगाई जाती है।
9. नेप्स/Neps: ये एक यार्न के विभिन्न स्थानों पर एकत्रित मुड़े हुए तंतु होते हैं। इनका कारण दोषपूर्ण ड्राफ्टिंग, अनुचित कार्डिंग या कताई मशीन पर आस-पास उड़ने वाले कचरे का फंसना हो सकता है।
10. स्लब/Slubs: यार्न में कुछ हिस्से असामान्य रूप से मोटे होते हैं, जिनमें ट्विस्ट बहुत कम या नहीं होती। जब यह तेल से सना हो तो इसे ऑइली स्लब कहते हैं। यदि स्लब बाना में लगातार अंतराल पर दिखाई देते हैं, तो वस्त्र में स्लब्बी वेफ्ट दोष मिलता है।
11. स्नार्ल यार्न/Snarl yarn: जो गलत तनाव के कारण खुद पर ही ट्विस्ट होता हुआ यार्न हो, उसे स्नार्ल यार्न कहते हैं।
12. सॉफ्ट यार्न/Soft yarn: ऐसा यार्न जो कम ट्विस्ट देने के कारण नरम और कमज़ोर रह जाए।
13. स्पन-इन फ्लाई/Spun-in fly: जब अवांछित ढीले रेशे (जो फ्लफ या फ्लाई कहलाते हैं) या तो यार्न में सम्मिलित हो जायें, या फिर केवल उसकी सतह पर ही चिपके रहें।
14. दाग लगा यार्न/Stained yarn: तेल या गंदगी से सना हुआ यार्न।
15. थिक एंड थिन प्लेसिस/Thick and Thin places: इस दोष के कारण यार्न में एक समान रूप और व्यवहार नहीं पाया जाता है। व्यास में भिन्नता से यार्न काउंट में भी भिन्नता आ सकती है। इस दोष के कई कारण हो सकते हैं, जैसे कि रोलर द्वारा अपर्याप्त दबाव, गियर पहियों का अनुचित जाल, अपरिपक्व कपास तंतुओं का उपयोग और भिन्न स्रोतों से आयी बेजोड़ कपास के तंतुओं के मिश्रण से एक यार्न तैयार करना।

19.4 नॉन-वोवन वस्त्रों में पाए जाने वाले दोष

यदि नॉन-वोवन वस्त्रों की विनिर्माण प्रक्रिया में कोई कदम सही ढंग से नहीं लिया जाए, तो यह एक ऐसे उत्पाद का निर्माण करेगा जो उपयोगकर्ता की अपेक्षाओं से मेल खाने में विफल होगा। यद्यपि नॉन-वोवन वस्त्रों में पाए गए दोषों के विशिष्ट नाम उपयोग नहीं किए जा रहे हैं, लेकिन समस्या के कारण का पता लगाना आसान है। इसलिए दोषों को इस प्रकार सूचीबद्ध किया गया है:

1. अनुचित बॉनडिंग
2. अनुचित फेल्टिंग
3. अनुचित सुई छिद्रण
4. अनुचित ओपनिंग

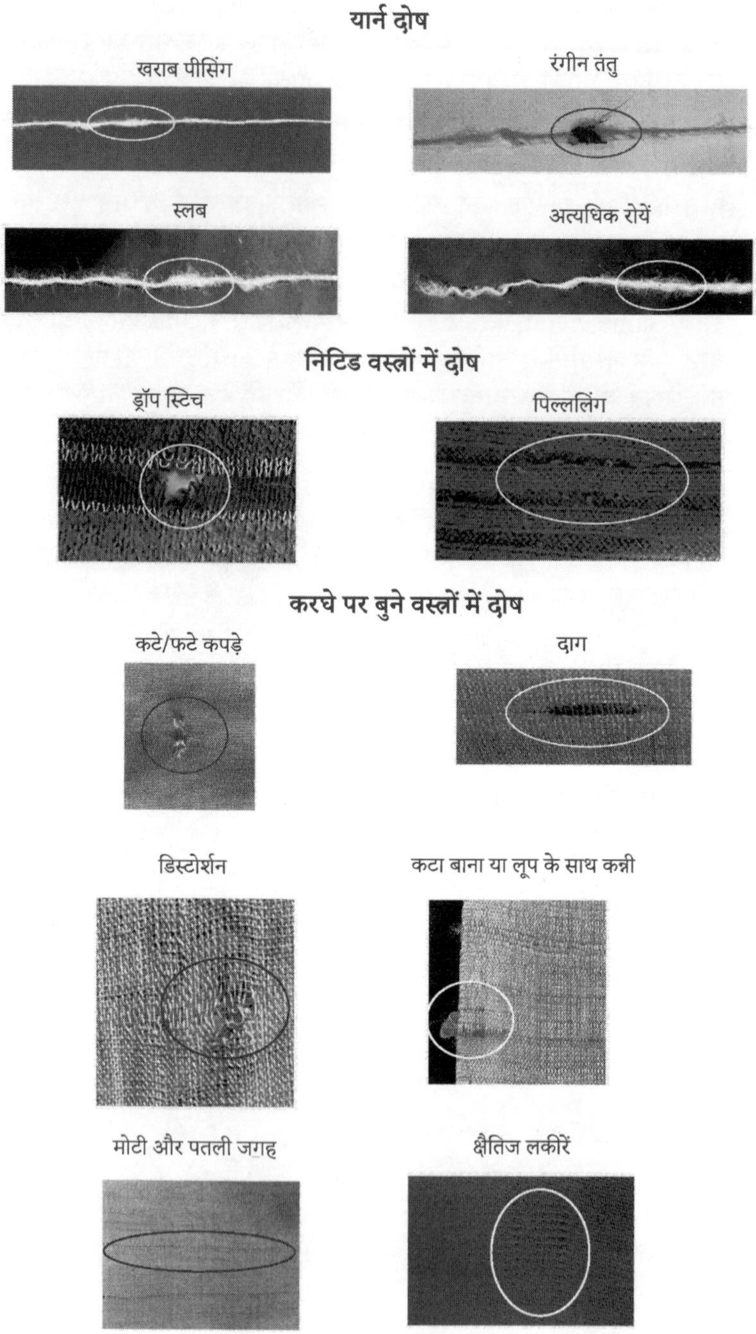

चित्र 19.1 वस्त्र दोष

5. अनुचित स्प्रेइंग
6. अनुचित सिलाई
7. अनुचित चिपकाने वाले पदार्थ का चुनाव
8. अंतिम उत्पाद की असमान मोटाई

19.5 निटिड **वस्त्रों** में पाए जाने वाले दोष

1. बार्रे/Barre: सर्कुलर मशीन में, भिन्न प्रकार के यार्न के उपयोग के कारण, एक क्षैतिज लकीर दिखाई दे सकती है।
2. बर्ड्स आई/Birds eye: खराब सुई द्वारा अनचाहा टक बन जाता है, जो दो साथ-साथ बने विकृत टांकों के रूप में दिखाई देता है।
3. बंचिंग अप/Bunching up: जब अनेक टांकों के एक ही स्थान पर झुण्ड बनाने से सतह खुरदरी हो जाती है।
4. टूटे हुए पैटर्न/Broken pattern: इस दोष का तात्पर्य है कि एक निटिड **वस्त्र** के डिज़ाइन या बुनाई में एक रुकावट आती है, जो उसके समग्र रूप को बिगाड़ देती है।
5. कलर फ्लाई/Colour fly: जब कोइ अवांछित रंगीन तंतु निटिड **वस्त्र** की बुनाई में सम्मिलित हो जाता है।
6. विकृत टांके/Distorted stitches: कई बार बुने हुए **वस्त्र** में कुछ अनुचित या विकृत टांके बन जाते हैं।
7. डबल टांके या टक/Double stitches or tuck: जब एक सिलाई/सुई पिछला लूप उतारे बिना ही नया लूप बनाने के लिए यार्न ले लेती है तो ऐसे में डबल टांका बन जाता है।
8. ड्रॉप टांके/Drop stitches: यह दोष वेफ्ट बुनाई में एक टाँके के फिसल कर नीचे गिरते से सीढ़ी बनने के कारण होता है।
9. नीडल लाइन/Needle line: बुनाई फ्रेम पर लगी एक मुड़ी हुई सुई से वर्टिकल/ऊर्ध्वाधर रेखा में विकृत टांके बनते हैं।
10. पिलिंग/Pilling: निटिंग के नरम धागों की सतह पर घर्षण के कारण बहुत से बुर के छोटे गोले बन जाते हैं, जो निटिड **वस्त्र** को एक असमान और घिसा हुआ रूप देते हैं।
11. प्रेस-ऑफ/Press-off: जब सर्कुलर/परिपत्र निटिंग मशीन की कुछ या सभी सुइयां कार्य करने में विफल रहती हैं, तो उससे बने डिज़ाइन में विकृति आ जाती है।
12. रनर/Runner: टूटी सुइयों द्वारा वर्टिकल/ऊर्ध्वाधर लाइनों का बनना।

19.6 वोवन दोष या करघे पर बुने हुए **वस्त्रों** में पाए जाने वाले दोष

इन दोषों को तीन श्रेणिओं में बांटा जा सकता है—सामान्य दोष, बाना और ताना की दिशा में पाए जाने वाले दोष। इन्हीं को अब विस्तार में प्रस्तुत किया गया है।

सामान्य दोष

1. वस्त्र का किसी हिस्से में कटा, फटा या छिद्रित होना।
2. वस्त्र पर मैल के दाग/Dirt stains, जो मैले ताना या बाना यार्न के उपयोग से लगते हैं।
3. डिस्टोर्शन/Distortion: यह तब होता है जब ताना और/या बाना का यार्न अपनी अपेक्षित स्थितियों से हिल जाते हैं और इस प्रकार वस्त्र में एक स्थानीय विरूपण पैदा हो जाता है।
4. ड्राबैक/Drawbacks: कभी-कभी करघे पर असामान्य प्रतिबंध से अत्यधिक तनाव पैदा हो जाता है, जिससे उसपर बिछे यार्न खिंच जाते हैं। इस तनाव के हटाते ही, खिंचा हुआ अधिक यार्न वस्त्र में ही बुन लिया जाता है।
5. गांठें/Knots: टूटे हुए यार्न के टुकड़ों को जोड़ने के लिए, गाँठ का उपयोग किया जाता है। अगर यह काम लापरवाही से किया जाए, तो मरम्मत किये गए वस्त्र की लंबाई और चौड़ाई की दिशाओं में प्रमुख रूप से गांठें नज़र आ सकती हैं।
6. लैशिंग इन या बैक लैशिंग/Lashing in: सेल्वेज के आस-पास वस्त्र में ही बुना गया एक अतिरिक्त यार्न का टुकड़ा।
7. लॉन्ग फ्लोट/Long floats: जब ताना और बाना निर्धारित रूप में आपस में बुने नहीं जाते, तब वस्त्र में लम्बे फ्लोट दिखाई देते हैं। इस दोष का कारण होता है करघे पर लगे हील्ड (heald) का टूट जाना। इसके फलस्वरूप वह ताना धागे को उठाने और गिराने के अपने कार्य में विफल रहता है।
8. तैलीय दाग/Oil stains: करघे में उपयोग किये गए तेल से या गंदे हाथों से वस्त्र पर तेल के दाग लग सकते हैं। ऐसे वस्त्र तैलीय ताना या तैलीय बाना के रूप में भी जाने जाते हैं।
9. पिन छेद/Pin holes: टेंटर फ्रेम पर फैलाते हुए वस्त्र की कन्नी/सेल्वेज को क्लिप/पिन की सहायता से पकड़ने का काम किया जाता है। इन्हीं के कारण सेल्वेज पर छेद भी बन सकते हैं।
10. कन्नी में चुन्नट/Puckered selvedge: सैनफोराइज़ेशन प्रक्रिया में असमान परिस्थितियों या परिसज्जा प्रक्रिया के समय सेल्वेज पर अनुचित खिंचाव के कारण उसमें चुन्नट पड़ जाती है।
11. खुरदुरा, रोयें वाली सतह का वस्त्र/Rough, hairy surfaced fabric: कम असरदार सिंजिंग प्रक्रिया के कारण वस्त्र की सतह से अनेक तंतुओं के उभरते सिरे उसे एक खुरदुरी, रोयें वाली सतह प्रदान कर देते हैं।
12. स्लब बुना हुआ वस्त्र/Slub woven fabric: बुनाई क्षेत्र में उड़ने वाली लिंट/कचरे के फंसने के कारण यह दोष उत्पन्न होता है। जब धागे का अवांछित अतिरिक्त टुकड़ा बुने हुए वस्त्र में सम्मिलित हो जाए, तो उससे सतह की अनियमितता पैदा हो जाती है। जब लिंट या कचरे का एक टुकड़ा गलती से वस्त्र में बुना जाता है, तब इसे गाउट/Gout के रूप में जाना जाता है।
13. स्टिच/Stitches: एक भी यार्न जो फ्लोट बनाए—ताना या बाना की दिशा में।

14. स्टॉप मार्क/Stop mark: जब करघा रोक दिया जाता है, तो यार्न तनाव में खिंच जाता है। बुनाई को फिर से शुरू करने पर, यह लंबा हुआ यार्न **वस्त्र** में बुना जाता है और एक निशान छोड़ देता है।
15. मोटी और पतली जगहें/Thick and thin places: यार्न के असमान व्यास के कारण उससे बुने **वस्त्र** में मोटे और पतले हिस्से बन जाते हैं।
16. बिना कटे ढीले धागे/Untrimmed loose threads: **वस्त्र** की सतह पर अनेक, ढीले, धागे लटक रहे होते हैं, जिनसे उसका रूप बिगड़ता है।

बाना की दिशा में पाए जाने वाले दोष

1. ब्लैक पिक/Black pick: यह दोष दाग लगे हुए बाना के उपयोग से उत्पन्न होता है।
2. बोइंग/Bowing (धनुष जैसा होना) या स्कियुइंग/skewing (तिरछा होना) आमतौर पर टैंटरिंग मशीन की दो समानांतर पटरियों की अनुचित सेटिंग द्वारा परिसज्जा के समय उत्पन्न होते हैं। इसके परिणामस्वरूप **वस्त्र** की चौड़ाई में ताना सीधे नहीं बल्कि टेढ़े प्रतीत होते हैं (चित्र 19.2)।

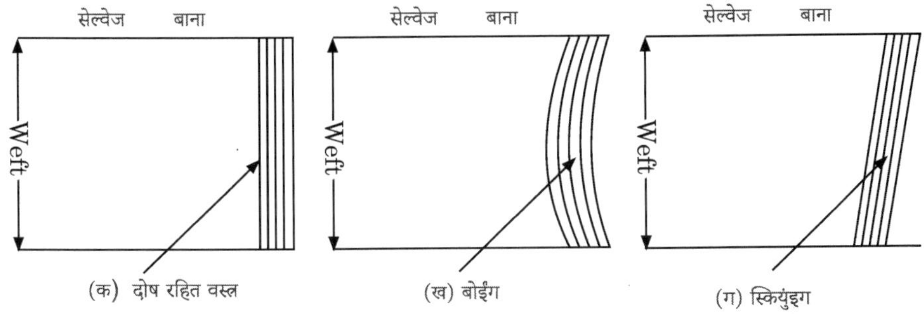

चित्र 19.2 वोवन **वस्त्र** में बोइंग और स्कियुइंग दोष

यह दोष एक ही रंग वाले **वस्त्रों** की तुलना में प्रिंट और धारियों में अधिक समस्या उत्पन्न करता है।

3. टूटा हुआ बाना/Broken pick या मिस पिक जिससे **वस्त्र** में एक पतली जगह बन जाती है।
4. दरारें या बाना दरारें/Cracks or weft cracks बाना की अनुपस्थिति के कारण चौड़ाई में दिखाई देने वाली संकीर्ण धारियां होती हैं।
5. ड्राप्ड पिक/Dropped pick एक घुमावदार बाना यार्न जो उचित तनाव के बिना ही **वस्त्र** में बुना गया हो।
6. क्षैतिज लकीरें/Horizontal lines: **वस्त्र** में कई स्थानों पर क्षैतिज रेखाएं देखी जाती हैं। इस दोष का कारण खराब बोब्बिन यार्न या अनुचित यार्न टेंशन हो सकता है।
7. जर्क इन/Jerk-in: बाना यार्न का एक अतिरिक्त टुकड़ा शटल द्वारा **वस्त्र** में ही बुन लिया जाता है। यह दोष सेल्वेज में दिखाई देता है।

8. नोट्स/Knots: जब विभिन्न स्पूल से आए बाना गांठों के माध्यम से एक साथ जोड़ लिए जाते हैं, तब यह दोष उत्पन्न होता है।
9. स्लैक पिक/Slack pick: जब बाना बिना सही तनाव के वस्त्र में बुना जाए तो वो ढीला रह जाता है।
10. स्ल्ब बाना (स्लब यार्न दोष देखें)।
11. स्लो ऑफ/Slough off: बाना की फिरकी/पर्न के ठीक से ना लपेटे जाने पर कभी उसमें से बाना का गुच्छा गलती से बुनाई में सम्मिलित हो जाता है।
12. टाइट पिक/Tight pick: जब बाना अत्यधिक खिंचाव से वस्त्र में बिछाया जाता है।
13. थिक एंड थिन प्लेस/Thick and thin places अर्थात मोटी और पतली जगहें; इसपर सामान्य दोषों के अंतर्गत चर्चा की गई है।
14. वेफ्ट बार/Weft bar: वस्त्र की चौड़ाई में चलने वाली एक पट्टी, जिसका आसपास के क्षेत्रों की तुलना में एक अलग रूप होता है।

ताना की दिशा में पाए जाने वाले दोष

1. टूटे एंड/Broken ends: कभी-कभी वस्त्र में टूटे हुए ताना के यार्न का एक गुच्छा बुना जाता है।
2. मिक्स्ड एंड/Mixed ends: यह दोष तब देखा जाता है जब ताना फ्रेम के किसी भाग में उपयोग किये ताना यार्न से अलग प्रकार के तंतुओं से बने यार्न का भी उपयोग किया जाता है। इससे बुने हुए वस्त्र की लंबाई में धारियाँ बन जाती हैं।
3. डबल एंड/Double end: इस दोष में एक से अधिक एंड अर्थात ताना, एक ही हील्ड में से गुज़रते हैं और एक यार्न के रूप में ही बुने जाते हैं। इसके परिणामस्वरूप लंबाई की दिशा में एक मोटी रेखा बनती है।
4. मिसड्रा/Misdraw: ताना बीम के दोषपूर्ण ड्राइंग-इन के कारण ताना गलत स्थान पर होता है।
5. मिसिंग एंड/Missing end: बुनाई की प्रक्रिया के समय एक या एक से अधिक ताना यार्न टूट जाते हैं और उत्पादित वस्त्र में से गायब हो जाते हैं; इसके कारण वस्त्र के कुछ भाग थोड़े अलग दिखाई देते हैं।
6. ढीला या तंग ताना/Loose or tight warp: यह दोष तब उत्पन्न होता है जब ताना आवश्यकता से कहीं कम या कहीं अधिक तनाव से वस्त्र में बुना जाए; इससे उठी-बैठी सतह वाले वस्त्र निर्मित होते हैं।
7. ओपन रीड/Open reed: यह दोष मुड़ी हुई रीड तार के कारण होता है, जिनसे ताना यार्न के बीच एक अंतर पैदा हो जाता है, जिसके फलस्वरूप उस स्थान पर बाना यार्न अधिक नज़र आने लगता है।
8. रीडी फैब्रिक/Reedy fabric: वस्त्र की चौड़ाई में बारीक दरारें होती हैं। यह दोष ताना यार्न पर अत्यधिक तनाव या अनुचित तनाव के साथ बीट-अप के कारण उत्पन्न हो सकता हैं।
9. रीड मार्क्स/Reed Marks: एक दोषपूर्ण या क्षतिग्रस्त रीड के कारण ताना/लंबाई की दिशा में प्रमुख दरारें बन जाती हैं।

10. लूप या वेफ्ट कट वाला सेल्वेज/Selvedge with loops or weft cuts: इस दोष के कारणों में देर से की गई शेडिंग, कम ताना खिंचाव और अनुचित टेम्पल का उपयोग शामिल हैं।
11. स्मैश/Smash: जब कई ताना यार्न टूट जाते हैं, तब बाना यार्न के फ्लोट दिखाई देते हैं और **वस्त्र** को कटा हुआ रूप प्रदान करते हैं।
12. स्टिच/Stitch: यह दोष देखने को तब मिलता है जब एक ताना यार्न बहुत से बाना यार्न के ऊपर से (बिना बुने ही) गुज़र जाता है। इसके मुख्य कारण हैं ताना यार्न की फ़ैली हुई/hairy संरचना या कृत्रिम यार्न में स्टेटिक चार्ज की समस्या। ताना यार्न को तैयार करते समय साइज़िंग घोल में स्टेटिक अवरोधक एजेंट के उपयोग से इस दोष से बचा जा सकता है।
13. थिक एंड/Thick end का अर्थ होता है एक ऐसा ताना धागा जिसका व्यास सामान्य से अधिक हो। वाइंडिंग और वार्पिंग क्रियाओं के समय गलती से भिन्न काउंट के यार्न का आकस्मिक मिश्रण हो सकता है या फिर बुनाई/वीविंग के समय, एक टूटे हुए ताना धागे के साथ एक गलत धागे का जोड़ना। वाइंडिंग, वार्पिंग और बुनाई प्रक्रियाओं के समय लगातार जांच और निरीक्षण करने से इस दोष से बचा जा सकता है।
14. वार्प स्ट्रीक/Warp streak: यह दोष लंबाई की दिशा में बनी धारियों को संदर्भित करता है, जो प्रतिबिंबित किये गए प्रकाश की मात्रा में भिन्न होती हैं। इस दोष के कारणों में एक ही **वस्त्र** को तैयार करने के लिए भिन्न प्रकार के काउंट और व्यास वाले ताना यार्न का उपयोग या रीड की तारों/डेंट के बीच असमान अंतर होना शामिल हैं। व्यापक रूप से दूरी पर स्थित पतले यार्न, एक गहरे रंग को प्रतिबिंबित करते हैं जबकि मोटे यार्न जो पास-पास बिछे होते हैं, हल्के दिखाई देते हैं। समान काउंट का ताना और ठीक से बनी रीड के प्रयोग द्वारा इस दोष से बचा जा सकता है।
15. टेम्पल मार्क/Temple mark: इस दोष का कारण हैं करघे पर लगे "टेम्पल" नामक अटैचमेंट। यह दोष खुली बुनावट वाले, हल्के वज़न वाले और अधिक बाना/पिक प्रति इंच वाले **वस्त्रों** में अधिक समस्या पैदा करता है।

19.7 अनुचित रंगाई के कारण या रंगे वस्त्रों में पाए जाने वाले दोष

1. बार्रे/Barre: यह एक क्षैतिज छायांकित बैंड होता है जो **वस्त्र** की चौड़ाई में बनता है। यह दोष ताना/बाना यार्न के तनाव में अंतर या बाना यार्न के काउंट में भिन्नता के कारण हो सकता है।
2. ब्लीडिंग अर्थात रंग का बह जाना/Bleeding: इस दोष में पानी के संपर्क में आने पर रंगीन **वस्त्र** से रंग उतर जाता है। कारणों में अनुचित रंग वर्ग का चयन, अपूर्ण रंगाई प्रक्रिया और रंगाई के बाद ठीक से न धोना शामिल हैं।
3. रंग धारियां या असमान रंगाई/Colour streaks या uneven dyeing: जो रंगाई के लिए **वस्त्र** की अनुचित तैयारी के कारण हो सकती है। यदि डीसाइज़िंग

अर्थात मांड हटाने का काम ठीक से नहीं किया जाए, तो **वस्त्र** के जिन भागों में मांड लगी रह गई हो, वे आसानी से रंग नहीं पकड़ेंगे, जिसके कारण असमान रंगाई से धारियाँ उत्पन्न हो जाएंगी।

4. क्रैकिंग/Cracking: इस दोष में जब रंगे **वस्त्र** की सतह के विरुद्ध किसी अन्य सतह का घर्षण होता है, तब रंग हट कर उस पर लग जाता है। इस दोष का मुख्य कारण रंगाई चक्र पूरा होने के बाद अनुचित धुलाई है।
5. फ्रॉस्टिंग/Frosting: यह दोष यूनियन रंगाई से रंगे पॉलिएस्टर/कॉटन मिश्रित **वस्त्रों** में पाया जाता है। इनमें घर्षण के प्रतिकूल प्रभाव से कपास घटक और उसके रंग को क्षति पहुँचती है। दूसरी ओर, पॉलिएस्टर और उसके रंग पर घर्षण का कोई बुरा प्रभाव नहीं पड़ता। दोनों घटकों के इस असमान व्यवहार के कारण **वस्त्र** के रंग पर जो प्रभाव पड़ता है, उसे **फ्रॉस्टिंग** के रूप में जाना जाता है।
6. माइग्रेशन/Migration: रंग का आस-पास के क्षेत्र या सतह पर स्थानांतरित हो जाना माइग्रेशन कहलाता है। इस दोष के कारण वही हैं जिनपर ब्लीडिंग दोष में र्चचा की गई थी।
7. ऑफ शेड/Off shade: इसका तात्पर्य है कि रंगा हुआ **वस्त्र** इच्छित रंग से मेल नहीं खाता है। कारणों में अनुचित रंग वर्ग का चयन या अनुचित रंगाई की प्रक्रिया शामिल है।
8. शेड बार/Shade bar: **वस्त्र** की चौड़ाई में एक क्षैतिज रेखा होती है, जिसमें रंग का शेड बदला हुआ होता है। यह बाना के धागे में परिवर्तन लाने के कारण बनता है।
9. शेडिंग या असमान शेड/Shading/uneven shade: यह दोष **वस्त्र** की लंबाई या चौड़ाई में रंग टोन में भिन्नता को संदर्भित करता है। यह मुख्य रूप से रंगाई के समय **वस्त्र** पर असमान तनाव के कारण होता है।
10. स्टेंड **वस्त्र**/Stained fabric: ऐसे **वस्त्र** बदरंग होने के निशान प्रदर्शित करते हैं जो उनपर उपस्थित अनचाहे विदेशी पदार्थों के रंगे जाने के कारण दिखाई देते हैं।
11. टेलिंग इफेक्ट/Tailing effect: यह **वस्त्र** पर रंग के क्रमिक रूप से हलके होने को संदर्भित करता है, विशेष रूप से निरंतर रंगाई के समय।
12. टेंडरिंग/Tendering: टेंडरिंग शब्द कुछ रंगों के उपयोग से **वस्त्र** की शक्ति की हानि को संदर्भित करता है। उदाहरण के लिए, सल्फर और वैट रंगों से सूती **वस्त्रों** की ताकत पर प्रतिकूल प्रभाव पड़ता है। कई डिस्चार्जिंग एजेंट भी शक्ति को कम करते हैं।

19.8 अनुचित छपाई के कारण या छपे **वस्त्रों** में पाए जाने वाले दोष

1. बैक फैब्रिक सीम इंप्रेशन/Back fabric seam impression: इसका अर्थ है छपाई के समय गद्देदार सतह के रूप में उपयोग किये गए बैकिंग **वस्त्र** का अवांछित निशान।

2. ब्रोकन कलर पैटर्न/Broken colour pattern: फ्रेम पर अपने स्थान से हटे रंगीन यार्न के कारण यह दोष उत्पन्न होता है।
3. कलर स्मियर/Colour smear: यह उस रंग की अवांछित उपस्थिति है जो छपाई के समय लापरवाही से **वस्त्र** पर लग गया हो और उसे गंदा कर रहा हो।
4. कलर आउट/Colour out: इसका अर्थ है छपाई प्रक्रिया पूरी होने से पहले ही छपाई की मशीन से रंग का समाप्त होना।
5. डाई स्ट्रीक/Dye streak: यह दोष रोलर से छपे **वस्त्रों** में रंग की एक लंबी लकीर के रूप में दिखाई देता है। इसका कारण होता है एक क्षतिग्रस्त या गैर-साफ डॉक्टर ब्लेड का उपयोग।
6. मिसफॉयर/Misfire: इसका तात्पर्य है कि इंकजेट प्रिंटर का नोज़ल **वस्त्र** पर डाई इंक के जेट को ठीक से नहीं भेज पाया है। इसके परिणामस्वरूप **वस्त्र** का एक छोटा क्षेत्र बिना छपे ही रह जाता है।
7. मिसफिट या 'आउट ऑफ रजिस्ट्रेशन'/Misfits or 'out of registration': इस दोष का डिज़ाइन में कुछ बिना छपे क्षेत्रों के रूप में पता लगता है; इसका कारण होता है प्रिंटिंग के लिए उपयोग की जाने वाली विभिन्न स्क्रीन का गलत तालमेल।
8. मौटल्ड/Mottled: यह दोष छपाई की प्रक्रिया में रंग के असमान लगने को संदर्भित करता है। कारणों में **वस्त्र** की अनुचित तैयारी या छपाई के समय **वस्त्र** के अलग-अलग भागों में भिन्न दबाव का उपयोग शामिल हैं।
9. प्रिंटिंग मशीन स्टॉप मार्क/Printing machine stop mark: जब छपाई की मशीन **वस्त्र** पर छपाई पूरी होने से पहले ही अचानक रुक जाती है, तब **वस्त्र** की चौड़ाई में प्रिंट पेस्ट का एक धब्बा छूट जाता है।
10. प्रिंट आउट ऑफ़ रिपेयर/Print out of repair: यह दोष रोलर से छपे **वस्त्रों** में पाया जाता है। यह विभिन्न रोलर की अनुचित परस्पर सेटिंग के कारण होता है, जिससे उनका आपसी तालमेल ठीक नहीं बैठता है। इसके फलस्वरूप विभिन्न रंग गलत स्थानों पर छप जाते हैं, जिससे डिज़ाइन पूरी तरह से खराब हो जाता है।
11. स्क्रिम्प्स/Scrimps: यह स्क्रीन से छपे **वस्त्रों** में पाया जाने वाला एक दोष है जिसकी पहचान होती है छपाई के बाद कुछ बड़े बिना छपे भाग के रूप में होती है। प्रिंटिंग टेबल पर **वस्त्र** को अनुचित ढंग से बिछाने पर उसमें सिलवटें या क्रीज़ बन जाते हैं, जिसपर स्क्रीन को रखा जाता है। स्क्रीन के हटने और **वस्त्र** के सीधा होने पर यह पाया जाता है कि सिलवटों वाले भाग में छपाई नहीं हो पायी।
12. स्टिक-इन/Stick-ins: कभी-कभी लिंट या तंतुओं के टुकड़े स्क्रीन के छिद्रों में फंसकर उसे बंद कर देते हैं। ऐसी स्थिति में उनके माध्यम से रंग निकल नहीं पाता, जिसके परिणामस्वरूप **वस्त्र** पर कुछ बिना छपे क्षेत्र रह जाते हैं।
13. विकिंग या फ्लशिंग/Wicking or flushing: छपे हुए क्षेत्र की रूपरेखा के चारों ओर एक प्रभामंडल/छाया प्रभाव (halo effect) बन जाता है। यह छपे हुए रंग द्वारा आसपास के बिना छपे क्षेत्रों पर बह जाने के कारण होता है।

पिछले अनुभागों में चर्चा की गई विभिन्न दोषों के विषय में जानने के बाद, आइए हम विभिन्न गुणों पर एक व्यापक नज़र डालें जिन्हें तंतु, यार्न और **वस्त्र** की अवस्था में मूल्यांकन

करने की आवश्यकता होती है। तालिका 19.1 छात्रों के साथ-साथ इस क्षेत्र में काम करने वालों के लिए एक तत्काल परिकलक (Ready recknoner) के रूप में भी काम करेगी।

तालिका 19.1 तंतु, यार्न और वस्त्र के गुण और इन्हें आंकने के लिए उपयोग की जाने वाली विधि/उपकरण

अवस्था	गुण	विधि/उपकरण
तंतु	तंतु की पहचान	आँखों से निरीक्षण
		माइक्रोसकोप से परीक्षण
		ज्वलनशीलता परीक्षण
		रासायनिक परीक्षण
	तंतु की लंबाई	कोम्ब सोर्टर
यार्न	यार्न काउंट	
	• इंनडाइरेक्ट काउंट	क्वाडरेंट बैलेंस
	• डाइरेक्ट काउंट	बीज़ली बैलेंस
		डिज़िटल बैलेंस
	यार्न ट्विस्ट	ट्विस्ट टेस्टर
	यार्न क्रिम्प	क्रिम्प टेस्टर
वस्त्र	थ्रेड या फेब्रिक काउंट	उधेड़ने/अनरेवलिंग की विधि
		पिक ग्लास विधि
	क्रीज़ रिकवरी	क्रीज़ रिकवरी टेस्टर
	घर्षण प्रतिरोध	मारटिनडेल अब्रेशन टेस्टर
	टेंसाइल स्ट्रेंथ	इन्स्ट्रोन
	टीयरिंग स्ट्रेंथ	स्ट्रेंथ टेस्टर
	बर्सटिंग स्ट्रेंथ	फ्लेक्सिबल डॉयफ्राम
	वस्त्र का वज़न (GSM)	GSM क़टर व डिज़िटल बैलेंस
	फैब्रिक स्टिफनेस	बेन्डिंग लेंथ टेस्टर
	ड्रेपेबिलिटी	ड्रेपमीटर
	रंगों का पक्कापन	
	• धुलाई के प्रति	लॉड्रोमीटर
	• रगड़ने के प्रति	क्रॉकमीटर
	• सूरज की रोशनी के प्रति	लाइट फास्टनेस टेस्टर
	• पसीने के प्रति	पर्सपिरेशन टेस्टर

अभ्यास

19.1 वस्त्र में दोषों को वर्गीकृत करने के विभिन्न तरीके कौन से हैं?

19.2 यार्न दोषों को नामांकित कीजिए और किन्हीं तीन को समझाइए।

19.3 बुने हुए वस्त्रों में बोइंग और स्कूइंग दोषों पर टिप्पणी कीजिए।

19.4 रंग दोषों की एक सूची दीजिए; इनमें से किन्हीं पांच की व्याख्या कीजिए।

19.5 अपनी अलमारी में विभिन्न वस्त्रों पर नज़र डालिए, विशेष रूप से हथकरघा वाले। इनमें मिलने वाले दोषों की एक सूची बनाइए और इसे अपनी कक्षा में प्रस्तुत कीजिए।

विस्तृत जानकारी हेतु पुस्तक सूची

Hudson, P.B., Clapp, A.C. and Kness, D., *Joseph's Introductory Textile Science*, 6th ed., Harcourt Brace Jovanovich College Publishers, 1993.

Kadolph, S.J. and Langford, A.L., *Textiles*, 10th ed., Pearson Education, NJ, 2007.

भाग 7
विविध विषय

सातवां भाग इस पाठ्यपुस्तक के समापन के रूप में कार्य कर रहा है। इसे 'विविध विषय' नाम दिया गया है ताकि इसमें किसी भी/कई विषयों को शामिल किया जा सके जो पाठकों के लिए रुचि तो रखते हों, लेकिन पिछले छः भागों में से किसी के क्षेत्र में न आते हों।

अध्याय 20 में रोज़गार/कॅरियर के अवसरों को बताया गया है; इसका उद्देश्य है वस्त्र एवं परिधान विज्ञान क्षेत्र के विद्यार्थियों के मन के प्रश्न, "इसके बाद रोज़गार के क्या अवसर होंगे?" का उत्तर देना।

इस पाठ्यपुस्तक का अंतिम अध्याय इक्कीसवां है, जिसका शीर्षक है, "संधारणीयता की ओर"। इस अध्याय में वस्त्रों के ज़िम्मेदार और सचेत उपयोग को समझने के लिए विभिन्न भागों पर प्रकाश डाला गया है।

अध्याय

20

रोज़गार (कॅरियर) के अवसर
(Career Opportunities)

20.1 परिचय

वस्त्र एवं परिधान विज्ञान के क्षेत्र में शिक्षा प्राप्त करने के बाद आपके लिए रोज़गार की कई संभावनाएं और अवसर हैं। इस चर्चा में दोनों क्षेत्रों का एक साथ प्रयोग किया गया है क्योंकि अधिकांश संस्थाओं में इन दोनों विषयों को साथ में ही पढ़ाया जाता है।

इस अध्याय में कॅरियर विकल्पों की संक्षिप्त सूची दी जा रही है। हालांकि, पाठक को आगाह किया जाता है कि यह सूची केवल सांकेतिक है, किन्तु संपूर्ण नहीं। इस बात को भी स्पष्ट करना आवश्यक है कि अपने लिए कार्यक्षेत्र का चुनाव करते समय, एक छात्रा या छात्र को अपने हितों और प्राथमिकताओं के विषय में स्पष्ट होने की आवश्यकता है। आपको अपना निर्णय माता-पिता या साथियों के दबाव में आकर नहीं लेना चाहिए। याद रखें.. जब आप वो पथ चुनते हैं जो आपके मन को भाता है तो आपका पूरा जीवन एक सुखद यात्रा बन जाता है! इसलिए, यदि आप रोज़गार के लिए ऐसा क्षेत्र चुनते हैं जिसे आप वास्तव में पसंद करते हैं, तो आपको अपने जीवन में एक दिन भी काम नहीं करना पड़ेगा (अर्थात आपको काम करने में किसी कठिनाई या बोझ का अनुभव नहीं होगा)!

लगभग तीन दशकों से एक शिक्षक होने के नाते मेरा यह विश्वास है कि आप चाहे जो भी क्षेत्र एक कॅरियर के रूप में चुनें, आप में निम्न चार "क" गुणों का होना आवश्यक है :

- क्लेरिटी/अवधारणाओं की स्पष्टता
- कम्युनिकेशन स्किल/अभिव्यक्ति कौशल
- कंप्यूटर ज्ञान और
- कमिटमेंट/अपने काम के लिए प्रतिबद्धता

जिस तरह हर क्रिया की समान प्रतिक्रिया होती है, उसी तरह जब कोई भी व्यक्ति इन चार बातों को ध्यान में रखकर काम करेगा, तो वह हर कठिनाई का सामना कर पूर्ण सफलता और संतोष अवश्य प्राप्त करेगा!

आइये अब विभिन्न कॅरियर विकल्पों पर एक नज़र डालें। इन्हें (अंग्रेज़ी) वर्णानुक्रम के अनुसार व्यवस्थित किया गया है| यह ध्यान में रखा जाए कि सूचीबद्ध विकल्पों में से कुछ पर ओवरलैप हो सकता है। इसके अलावा, एक व्यक्ति किसी एक क्षेत्र में काम आरम्भ करने के बाद फिर किसी अन्य क्षेत्र में भी प्रवेश कर सकता है। कुछ क्षेत्रों में पूर्णकालिक नौकरी की मांग होती है जबकि इनमें से कुछ पार्टटाइम आधार पर भी किये जा सकते हैं। प्रत्येक व्यक्ति को यह भी समझना चाहिए कि सीखना और ज्ञानवर्धन एक सतत प्रक्रिया है और काम के चुने हुए क्षेत्र में ईमानदारी से अद्यतन रहने के प्रयास करने चाहिंए।

20.2 परिधान उत्पादन उद्योग कार्यकर्ता (Apparel Production Industry Worker)

एक परिधान उद्योग में कई विभाग होते हैं और प्रत्येक का एक विशिष्ट कार्य होता हैं। परिधान उत्पादन के लिए अनेक प्रकार की सामग्रियों की आवश्यकता होती है। इन्हें अर्जित करने का दायित्व सोर्सिंग (sourcing) विभाग का होता है। इसमें काम करने के लिए **वस्त्रों** का मूल ज्ञान आवश्यक होता है। जब **वस्त्र** विज्ञान के साथ परिधान उत्पादन क्षेत्र में शिक्षा हासिल की जाए (जो पाठ्यक्रम आमतौर पर विभिन्न संस्थाओं में सिखाया जाता है), तब मर्चेंडाइज़र और प्रोडक्शन मैनेजर की नौकरियों पर भी विचार किया जा सकता है। रिटेल क्षेत्र में स्टोर मैनेजर, सेल्स रिप्रेज़ेंटेटिव और विजुअल मर्चेंडाइज़र के पदों सहित रोज़गार के कई अवसर भी मिलते हैं।

20.3 जागरूक उपभोक्ता (Aware Consumer)

आप सभी इस बात से सहमत होंगे कि प्रत्येक व्यक्ति आजीवन **वस्त्रों** का उपभोक्ता होता है। हम इन्हें परिधान के साथ-साथ घर की साज सज्जा और एक्सेसरीज़ में भी उपयोग करते हैं।

अवधारणाओं की स्पष्ट समझ से **वस्त्रों** के चयन, उपयोग, देखभाल, रख-रखाव और उनके डिस्पोज़ल या निपटाने के सही विकल्प चुनने में महत्वपूर्ण योगदान मिलता है। इससे उपभोक्ताओं की संतुष्टि में वृद्धि होती है; साथ ही वे पर्यावरण के प्रति अपना दायित्व भी अच्छे ढंग से निभा सकते हैं।

20.4 उपभोक्ता शिक्षाविद् (Consumer Educationist)

आज के समय में उपभोक्ता बाज़ार में उपलब्ध उत्पादों से संबंधित जानकारी प्राप्त करने के लिए उत्सुक हैं। कई संगठन यह सुनिश्चित करने की ज़िम्मेदारी लेते हैं कि कार्यशालाओं के आयोजन और लोकप्रिय समाचार पत्रों में लेख प्रकाशन द्वारा तथ्यों का प्रसार किया जाए जिससे उपभोक्ता शिक्षित हों। इस कॅरियर विकल्प को या तो स्वतंत्र रूप से या किसी सरकारी/ गैर सरकारी संगठन में शामिल होकर आगे बढ़ाया जा सकता है।

20.5 डिज़ाइनर (Designer)

वस्त्र और परिधान उद्योग नए और रचनात्मक विचारों से प्रेरित होता है। यदि नवाचार और

कल्पना आपके प्रधान गुण हैं, तो आप वस्त्र निर्माण, परिधान बनाने और इस क्षेत्र में निहित अन्य उत्पादों के निर्माण में एक डिज़ाइनर के रूप में योगदान देने पर विचार कर सकते हैं। यहां यह उल्लेख किया जा सकता है कि कुछ डिज़ाइनर सौंदर्यशास्त्र कोण (आमतौर पर रचनात्मक डिज़ाइनर के रूप में संदर्भित) पर काम कर सकते हैं जबकि अन्य वांछित रूप या कार्य क्षमता को प्राप्त करने के तरीकों पर ध्यान केंद्रित कर सकते हैं। इन्हें तकनीकी डिज़ाइनर के रूप में जाना जाता है। वस्त्र निर्माण में उपयोग किये जाने वाले तंतुओं के विभिन्न गुणों की स्पष्ट जानकारी होने पर एक डिज़ाइनर द्वारा इन दोनों पहलुओं को सफलतापूर्वक समझा जा सकता है।

डिज़ाइनर बनकर आप किसी उद्योग, व्यक्ति या मीडिया के लिए काम कर सकते हैं। रंगमंच, टेलीविज़न और फिल्म उद्योग में भी डिज़ाइनर की ज़रूरत कलाकारों के लिए वेशभूषा के साथ-साथ सेट के डिज़ाइन तैयार करने में पड़ती है।

20.6 उद्यमी (Entrepreneur)

उद्यमी एक ऐसा व्यक्ति होता है जो स्वयं अपना नियोक्ता व कर्मचारी बनकर अपने व्यापार को चलाता है। विशिष्ट क्षेत्र के साथ-साथ उद्यम के पैमाने को, व्यक्ति की रुचि, क्षमताएं और महत्वाकांक्षाएं प्रभावित करती हैं।

आपने कई व्यक्तियों की कहानियां पढ़ी होंगी जिन्होंने एक उद्यमी की भूमिका निभाते हुए अपने लिए एक विशिष्ट जगह बनाई। इन सभी कहानियों में एक बात समान है—उन व्यक्तियों में अपने उद्देश्य की स्पष्टता और अटूट विश्वास। इन्हीं के बल पर वे अपने पथ पर आने वाली सभी बाधाओं पर विजय प्राप्त करने में सफल हुए।

20.7 सामाजिक कार्यकर्ता (Extension/Community Worker)

जैसा कि नाम से ही पता चलता है, काम का यह क्षेत्र उन व्यक्तियों के लिए है, जिनमें दूसरों के जीवन को बेहतर करने की एक तीव्र आंतरिक इच्छा होती है। इस क्षेत्र के कुछ उदाहरणों में दिव्यांग या आर्थिक रूप से पिछड़े समूहों को सशक्त बनाने के लिए काम करने वाले गैर सरकारी संगठन शामिल हैं। यह समझना आवश्यक है कि भले ही इस कॅरियर विकल्प में भारी वित्तीय लाभ नहीं हैं, किन्तु बहुत अधिक संतुष्टि अवश्य अर्जित की जा सकती है!

20.8 उच्च अध्ययन (Higher Education)

आपमें से कुछ विद्यार्थी उच्च अध्ययन करने में रुचि रखते होंगे। इस विषय को गृह विज्ञान के अंतर्गत विद्यालय के पाठ्यक्रम में पढ़ाया जाता है। कई कॉलेज और संस्थाएं इसे स्नातक कार्यक्रम के रूप में प्रदान करते हैं। स्नातकोत्तर स्तरों पर पाठ्यक्रमों में दो वर्ष की अवधि के लिए परास्नातक और एक वर्ष की अवधि के डिप्लोमा शामिल हैं। कुछ छात्र-छात्राओं की विद्या अर्जित करने की लगन इतनी प्रबल होती है कि वे इसी पथ पर अग्रसर रहना चाहते हैं। उनके लिए, शिक्षा जीवन के लिए मात्र तैयारी ही नहीं है, बल्कि यही जीवन है! और इसलिए वे अपनी रूचि के क्षेत्र में डॉक्टरेट (PhD) और तत्पश्चात पोस्ट डॉक्टरेट करने का निर्णय लेते हैं।

20.9 इंटीरियर डेकोरेटर (Interior Decorator)

आज के दौर में घरों, होटलों, रेस्तरां, सिनेमा हॉल, कार्यालयों, अस्पतालों और ऑटोमोबाइल के अंदरूनी हिस्सों को सजाने वाले वस्त्रों की भारी मांग है। साथ ही ऐसे व्यक्तियों के लिए भी रोज़गार के कई अवसर हैं जो सौंदर्यशास्त्र और कार्यक्षमता के दोहरे उद्देश्यों को ध्यान में रखते हुए, उनके उपयोग का मार्गदर्शन कर सकें।

20.10 नए क्षितिज (New Horizons)

आज के युग में कई रोमांचक और चुनौतीपूर्ण कॅरियर विकल्प भी मौजूद हैं। इनमें से कुछ हैं फैशन पत्रकारिता, फैशन फोटोग्राफी, फैशन इलस्ट्रेटर व वार्डरोब एंड इमेज परामर्शदाता। वर्तमान समय में ई-टेलिंग की बढ़ती लोकप्रियता के साथ, वेब कॉन्टेंट डिवेलेपर और ब्लॉग लेखक जैसे रोज़गार के विकल्प भी सामने आये हैं। इनके लिए इस क्षेत्र का अच्छा बुनियादी ज्ञान होना अनिवार्य है।

20.11 शिक्षक (Teacher)

इस विषय को पढ़ाना एक बहुत संतोषजनक कॅरियर विकल्प हो सकता है। यह विषय स्कूल, कॉलेज और विश्वविद्यालय में सैद्धांतिक और व्यावहारिक दोनों क्षेत्रों में अलग-अलग विस्तार और गहराई में पढ़ाया जाता है। इनमें से प्रत्येक स्तर के लिए सरकारी और निजी संस्थानों का विकल्प है।

20.12 परीक्षण/अनुसंधान प्रयोगशाला कार्यकर्ता (Testing or Research Laboratory Workers)

एक अनुसंधान प्रयोगशाला में काम करने में विभिन्न मापदंडों के लिए तंतु, यार्न और वस्त्र के नमूनों का परीक्षण शामिल है जो उनकी गुणवत्ता का पता लगाने में मदद करते हैं। इस तरह की परीक्षण प्रयोगशालाएं मानक उपकरणों और प्रक्रियाओं के उपयोग द्वारा आवश्यक जांचें करती हैं और फिर प्रमाणन के माध्यम से आश्वासन देने के लिए अधिकृत होती हैं।

20.13 वस्त्र रंगविद् (Textile Colourist)

वस्त्र रंगाई और छपाई इकाइयों को आमतौर पर सही रंग वर्ग और विधि के चुनाव में मार्गदर्शन करने के लिए एक प्रशिक्षित रंग प्रौद्योगिकीविद् की आवश्यकता होती है। इसका काम होता है अंतिम उत्पाद में मांगे गए रंग और दृढ़ता गुणों को प्राप्त करना।

20.14 वस्त्र क्यूरेटर/संरक्षक (Textile Curator or Conservator)

संग्रहालय और निजी संग्रह बीते युगों की वस्त्र कृतियों का खज़ाना निधि हैं। इन संग्रहालयों में

संग्रह, वर्गीकरण और प्रदर्शन के विषय में निर्णय लेने का काम एक क्यूरेटर का होता है। एक संरक्षक का काम **वस्त्र** कलाकृतियों की मरम्मत और बहाली से संबंधित है। इन दोनों क्षेत्रों में विभिन्न **वस्त्र** तंतुओं और उनके गुणों की स्पष्ट समझ की आवश्यकता होती है।

20.15 टेक्सटाइल पर्यटन (Textile Tourism)

यह एक नवीन क्षेत्र है जिसमें **वस्त्र** उत्पादन (आमतौर पर पारंपरिक, हाथ से तैयार किए गए) के क्षेत्रों में यात्राओं का आयोजन और संचालन शामिल है। इसके लिए जहां एक ओर बनाए जाने वाले **वस्त्रों** का गहन ज्ञान आवश्यक है, वहीं दूसरी ओर अपनी बात स्पष्ट और अच्छे ढंग से कहने का कौशल भी शामिल है।

यह मेरा विश्वास है कि जब तक आप इस अध्याय को **पढ़ना** समाप्त करेंगे, तब तक कई अन्य कॅरियर विकल्प इस सूची में जुड़ गए होंगे। लेकिन अध्याय के आरम्भ में बताये चार "क" में से सबसे पहला है क्लेरिटी/अवधारणाओं की स्पष्टता, जिसके लिए आपको पूरी लगन और अपने ईमानदार प्रयासों से इस विषय का अध्ययन आरम्भ करने की आवश्यकता ज़रूरत है! मेरी हार्दिक शुभकामनायें सदैव आपके साथ हैं।

अध्याय

21

संधारणीयता (सस्टेनेबिलिटी) की ओर
(Towards Sustainability)

इस अध्याय में चर्चा किए गए विषय लेखिका के निजी नोट्स पर आधारित हैं, जिन्हें 'पर्यावरण सुरक्षा के प्रति **वस्त्र** विज्ञान का दायित्व' के मुख्य विषय पर प्रिंट मीडिया, वर्चुअल मीडिया और पिछले वर्षों में आयोजित सम्मेलनों से तैयार किया गया था। सभी पाठकों से अनुरोध है कि वे इनमें से किसी भी विषय पर अधिक जानकारी प्राप्त करने के लिए पुस्तकालय और इंटरनेट की सहायता लें। यहाँ चर्चित विषयों की तह तक पहुंचाने वाली यात्रा आरम्भ करने के लिए आपको प्रोत्साहित किया जाता है!

21.1 परिचय

पिछले कुछ वर्षों से, हरित **वस्त्र** (Green Textiles), पर्यावरण के अनुकूल प्रक्रियाएं (Eco-friendly processes) और संधारणीयता/सस्टेनेबिलिटी (Sustainability) शब्द सुर्खियों में आने लगे हैं। इसमें यदि 2019 में विश्व स्तर पर आये पेंडेमिक के समय सीखे गए सबक जोड़ें, तो आप इन शब्दों के ज्ञान की सराहना अवश्य करेंगे, "इस ग्रह पर ऐसे मत रहें जैसे कि आपको यह अपने पूर्वजों से विरासत में मिला है, बल्कि ऐसे रहें जैसे आपने इसे अपनी आने वाली पीढ़ियों से उधार पर लिया है"।

भारत का **वस्त्र** उद्योग रोज़गार प्रदान करने में कृषि उद्योग के बाद दूसरे स्थान पर आता है, लेकिन सबसे अधिक प्रदूषणकारी उद्योग के रूप में सबसे पहला स्थान लेता है। इस बात को स्पष्ट करने के लिए, आइए हम कुछ उदाहरणों को देखें। **वस्त्रों** के उत्पादन और उनकी परिसज्जा के लिए भारी मात्रा में पानी की आवश्यकता होती है। आपको यह जानकर आश्चर्य होगा कि औसतन, 1 किलो **वस्त्र** की तैयारी में लगभग 200 लीटर पानी की खपत होती है। यही नहीं, तथ्य यह भी है कि उपयोग किए गए पानी में आये अपशिष्ट पदार्थों को उचित रूप से साफ़ किये बिना ही, उसे विशाल जल निकायों में छोड़ दिया जाता है, जिससे

स्थिति अधिक बिगड़ जाती है। इस गैर-ज़िम्मेदाराना और अनैतिक व्यवहार के नकारात्मक प्रभाव प्रत्यक्ष रूप से जलीय जीवन पर और अप्रत्यक्ष रूप से मनुष्यों के स्वास्थ्य पर होते हैं।

एक अन्य बड़ी समस्या है—वायु प्रदूषण, जिसके लिए, वस्त्र उद्योग की विभिन्न गतिविधियां ज़िम्मेदार हैं। इनमें कई गतिविधियाँ शामिल हैं, जैसे—ऊर्जा उत्पादन, कोटिंग, सुखाने, क्योरिंग, कपास से संबंधित प्रक्रियाएं, ब्लीचिंग, साइज़िंग, रंगाई, छपाई, परिसज्जा, रसायनों का भंडारण और निपटान से पहले अपशिष्ट जल का उपचार। इनमें से कई प्रक्रियाएं उत्सर्जन प्रकृति में विषाक्त (या टोक्सिक) होती हैं, और इसलिए व्यापक चिंता का कारण बनती हैं।

अगला उदाहरण कपास तंतु का है। पारंपरिक कपास की फसल के उगने और कटाई के चरण के लिए पूरे विश्व के 25% से अधिक कीटनाशकों और 10% से अधिक पेस्टनाशकों का उपयोग किया जाता है। इससे त्वचा पर तकलीफ, कई रासायनिक संवेदनशीलता और श्वसन विकारों के रूप में मनुष्यों, और विशेष रूप से बच्चों के लिए उत्पन्न खतरे को आसानी से समझा जा सकता है। यह स्वाभाविक चिंता का एक विषय है जिसका शीघ्र हल निकालने की आवश्यकता है।

इस अध्याय में, हम उन विभिन्न प्रयासों से परिचित होंगे, जो एक स्वच्छ पर्यावरण के प्रति नैतिक दायित्व की भावना से निर्देशित किए गए हैं। वस्त्रों के क्षेत्र में ये प्रयास एक हरित, स्वस्थ, सुरक्षित वर्तमान और भविष्य का मार्ग प्रशस्त करने जा रहे हैं। इन्हें अपनाने से, वस्त्र निर्माता अपने उत्पादों द्वारा कम उप-उत्पाद बनाने, कम गैर-नवीकरणीय (नॉन-रिन्युएबल) ऊर्जा स्रोतों के उपयोग और लगभग नगण्य वायु और जल प्रदूषण करने में सफल होंगे। इसके अतिरिक्त, ऐसे उत्पाद, निर्माताओं या उपयोगकर्ताओं के लिए अपने उपयोग, देखभाल और निपटान चक्र के किसी भी चरण में पर्यावरण के लिए कोई भी खतरा पैदा नहीं करेंगे।

21.2 प्राकृतिक तंतुओं को कृत्रिम तंतुओं की तुलना में प्राथमिकता देना

विश्व स्तर पर उपभोक्ताओं की बढ़ती पर्यावरणीय चेतना के परिणामस्वरूप यह प्रवृत्ति दिखाई दे रही है क्योंकि वे उन वस्त्र उत्पादों के प्रति अधिक झुकाव दिखाते हैं जिनके निर्माण की प्रक्रिया में पर्यावरण को कोई क्षति नहीं पहुंचती है।

21.3 अपशिष्ट से धन (नए प्राकृतिक तंतु)

हाल के वर्षों में, कटाई के बाद बची हुई कृषि फसलों पर शोध किए गए हैं। बचे हुए भागों को तंतुओं में परिवर्तित किया गया है, जिन्हें परिधान या गैर-परिधान क्षेत्रों में प्रयोग किया जा सकता है। शोधकर्ताओं ने इनके निर्माण प्रक्रिया की सर्वश्रेष्ठ विधि, इनके भौतिक, रासायनिक और कार्य क्षमता गुणों का अध्ययन और उपयोग के संभावित अवसरों की खोज पर काम किया है। अंतिम चरण के रूप में, इन तंतुओं की वाणिज्यिक व्यवहार्यता का भी आकलन किया गया है। सफल नए तंतु पारंपरिक स्रोतों पर भार को कम करके भूमि संसाधनों पर बोझ को हल्का कर सकते हैं। इस तरह के नए, प्राकृतिक, नवीकरणीय, लिग्नोसेल्युलोज़िक तंतुओं के उदाहरण एक क्षेत्र से दूसरे क्षेत्र में भिन्न हो सकते हैं। भारत में निर्मित इस श्रेणी का एक उदाहरण है बगास, जिसके तंतु गन्ने के पौधे के अवशेष से बनाए जाते हैं।

21.4 ऑर्गेनिक खेती (Organic Agriculture)

यह एक ऐसी उत्पादन प्रक्रिया होती है जो बिना हानि पहुंचाए पर्यावरण, मिट्टी और मनुष्यों के स्वास्थ्य को बनाए रखती है। यह लक्ष्य प्राकृतिक, जैविक उर्वरकों और कीट नियंत्रण के उपयोग से प्राप्त किया जाता है। ऑर्गेनिक तंतु वे प्राकृतिक तंतु होते हैं जो कृत्रिम रसायनों, जैसे कीटनाशकों, पेस्ट नाशकों, हर्बिसाइड या GMO (Genetically Modified Organisms) के उपयोग के बिना और ऑर्गेनिक खेती के सिद्धांतों के अनुसार उगाए जाते हैं। आज भारत में, ऑर्गेनिक कपास या हरित/'ग्रीन' कपास देश के कुल कपास तंतु उत्पादन के एक छोटे से प्रतिशत के रूप में उगाई जा रही है। पारंपरिक/कन्वेंशनल कपास की तुलना में, ऑर्गेनिक कपास अधिक नरम और आरामदायक होती है; साथ ही उसके उत्पादन में 90% पानी और 60% ऊर्जा की आवश्यकता कम होती है! हाल के वर्षों में, सामान्य रूप से उपभोक्ताओं के बीच "ऑर्गेनिक" शब्द के विषय में जागरूकता बढ़ी है, हालांकि उनमें से सभी को पता नहीं है कि नियमानुसार किसी वस्त्र उत्पाद पर "ऑर्गेनिक" लेबल तभी लगाने की अनुमति है जब उसमें 95% प्रमाणित ऑर्गेनिक तंतु हों।

21.5 प्राकृतिक रंगी कपास/नैचुरली कलर्ड कॉटन (Naturally Coloured Cottons)

ये कपास के ऐसे तंतु होते हैं जिनका रंग अंतर्निहित होता है और इसलिए उन्हें किसी रासायनिक रंगाई की आवश्यकता नहीं होती। इन प्राकृतिक रूप से रंगीन कपास के तंतुओं का कारण है उनके लुमेन में दर्ज प्राकृतिक रंग वर्णक। प्रागैतिहासिक काल से भारत में प्राकृतिक भूरे और हरे रंग की कपास की फसलें उगाई जा रही थीं, लेकिन वर्तमान जीवन की तेज़ गति में इन्हें लगभग भुला दिया गया। हालांकि, भारतीय कपास परिषद (Cotton Council of India) अब उनमें उपभोक्ताओं की रूचि बढ़ाने के लिए प्रयास कर रही है।

वस्त्र उद्योग द्वारा अपनाई गई विभिन्न परिसज्जा प्रक्रियाओं (रंगाई और छपाई सहित) का पर्यावरण पर नकारात्मक प्रभाव पड़ता है। पर्यावरण पर भारी बोझ के मुख्य कारण रंजक और रसायनों की विषाक्तता और पानी में इस तरह के कचरे के अनुचित निर्वहन हैं, जिससे जलीय जीवन के लिए गंभीर समस्याएं पैदा होती हैं। टॉक्सिक वस्त्रों के उत्पादन और उपयोग ने कई श्रमिकों के साथ-साथ उपभोक्ताओं में त्वचा रोगों और श्वसन समस्याओं के गंभीर खतरे को भी पैदा कर दिया है। इन सभी कारकों ने सस्टेनेबल और पर्यावरण के अनुकूल रंगों और प्रक्रियाओं के उपयोग द्वारा तैयार किए गए वस्त्र उत्पादों की मांग को बढ़ावा दिया है।

21.6 पर्यावरण के अनुकूल वस्त्र परिसज्जा (Eco-friendly Textile Finishing)

कई गीली प्रक्रियाओं के लिए रासायनिक योजक के स्थान पर एंज़ाइम का उपयोग कार्बन डाइऑक्साइड के उत्सर्जन को कम करने में मदद करता है और अंततः ऊर्जा की खपत में कटौती करता है। वस्त्रों को रंगाई में एंज़ाइम उपयोग के लिए उन्हें सिनजिंग की प्रारंभिक प्रक्रिया से गुज़रने की आवश्यकता नहीं होती है। इसके अतिरिक्त, एंज़ाइम के उपयोग द्वारा

धुलाई करने से (विशेषकर निटिड **वस्त्रों** की) अतिरिक्त डाई को हटाने में भी मदद मिल सकती है। इस तरह की एंज़ाइम प्रक्रियाओं से निटिड **वस्त्रों** के प्रति टन उत्पादन में 70,000 लीटर पानी और 1000 किलो कार्बन डाइऑक्साइड उत्सर्जन बचाया जा सकता है।

इको-ब्लीचिंग का तात्पर्य है पारंपरिक क्लोरीन ब्लीच के स्थान पर हाइड्रोजन परॉक्साइड जैसे गैर-क्लोरीन ब्लीच का प्रयोग करना और इस प्रकार कई हानिकारक रसायनों के उत्पादन को रोकना। प्राकृतिक तंतुओं से बने **वस्त्रों** के लिए एक लोकप्रिय हरित ब्लीचिंग प्रक्रिया में गाय के गोबर के साथ प्राकृतिक फॉस्फेट और सिलिकेट के मिश्रण का उपयोग किया जाता है। इस प्रकार उपचारित **वस्त्र** सूरज के संपर्क में आने पर ब्लीच हो जाता है। परॉक्साइड एक्टिवेटर के उपयोग से कम तापमान पर ही ब्लीचिंग प्रक्रियाएं आवश्यक सफेदी विकसित करना शुरू कर देती हैं; इससे **वस्त्र** को क्षति भी कम पहुँचती है। इस विधि में मीथेन गैस का उपयोग शामिल न होने के कारण कार्बन डाइऑक्साइड का उत्सर्जन 50 प्रतिशत तक कम हो जाता है।

वस्त्रों में प्लाज्मा प्रौद्योगिकी द्वारा फोम परिसज्जा से दाग और जल अवरोधक गुणों को प्रदान करना एक अभिनव समाधान है।

21.7 पर्यावरण के अनुकूल **वस्त्रों** की रंगाई और छपाई

प्रागैतिहासिक काल से उन्नीसवीं शताब्दी के मध्य तक, **वस्त्रों** को प्राकृतिक रंगों के उपयोग से ही रंगा जाता था; ये प्राकृतिक स्रोतो, जैसे पौधों (उनकी पत्तियों, तना, जड़ों, फूलों और फलों), शैवाल/algae और कवक/fungi से बनाए जाते थे। सन 1856 में Perkin द्वारा एक कृतिम डाई का आविष्कार किया गया और तब से, कृत्रिम रूप से बने रंगों की जैसे एक बाढ़ सी आ गई! इनकी लोकप्रियता के कारणों में शामिल थे—उत्पादन में आसानी, कम दाम, एक विस्तृत श्रृंखला में रंगों की उपलब्धता और रंगों का पक्कापन। 2025 तक कृतिम रंगों के लिए वैश्विक बाज़ार 22.39 अरब डॉलर तक पहुंचने की संभावना है।

स्थिति पर कुछ नियंत्रण पाने के लिए "अपनी मूल धारणाओं पर वापस जाओ" (going back to our roots) का सिद्धान्त अपनाना होगा। आज, सिंथेटिक रंगों की ओर बढ़ते कदमों को वापस लेने और **वस्त्रों** की रंगाई के लिए रसायनों से मुक्त और पर्यावरण के अनुकूल प्राकृतिक स्रोतों से प्राप्त रंगों को एक बार फिर अपनाने का समय आ गया है। भारत में प्राकृतिक रंगों का उपयोग करने की एक समृद्ध परंपरा रही है और यह विश्व के अन्य देशों के लिए मार्ग का नेतृत्व कर सकता है। इन रंगों के इष्टतम निष्कर्षण और अनुप्रयोग के लिए नवीनतम वैज्ञानिक तथ्यों का उपयोग किया जा सकता है। पिछले एक दशक में इस क्षेत्र में कई डॉक्टरेट शोध किए गए हैं, जिनसे हर्बल रंगों पर प्रकाश डाला गया है। ये प्राकृतिक रंग न केवल बायोडिग्रेडेबल होते हैं, बल्कि इनमें औषधीय लक्षण भी पाए जाते हैं। ये एंटी-बैक्टीरियल, एंटी-इंफ्लेमेटरी और एंटी-एलर्जिक गुणों वाले होते हैं। समय की मांग है कि **वस्त्र** निर्माताओं के लाभ के लिए प्राकृतिक रंगों की, उनके उपयोग की विधि सहित, एक सूची तैयार की जाए। चूंकि भारत के कई ग्रामीण हिस्से पारंपरिक रूप से प्राकृतिक रंगों के विकास के साथ जुड़े रहे हैं, इसलिए इन रंगों की लोकप्रियता बढ़ने से उनकी आय में भी वृद्धि होगी।

यह बात ध्यान में रखी जानी चाहिए कि अधिकांश प्राकृतिक रंगों में **वस्त्रों** के प्रति कोई आकर्षण नहीं होता और इसलिए उनका उपयोग करते समय एक मॉर्डेंट की आवश्यकता होती है। यह डाई और **वस्त्र** के बीच एक पुल के रूप में दोनों को जोड़ने का कार्य करता है। अनुसंधान ने उपयोग किये जाने वाले कई मॉर्डेंट के नकारात्मक प्रभावों पर भी रोशनी

डाली, जिसके परिणामस्वरूप कुछ हानिरहित बायो मॉर्डेंट (Bio mordants) की खोज की गई। इनके अतिरिक्त, एक अन्य रोचक पहलू का पता लगाया जा रहा है—ये हैं कुछ ऐसे प्राकृतिक पदार्थ, जिनमें दोहरे गुण होते हैं अर्थात, रंग प्रदान करने के साथ-साथ वे वस्त्र के साथ जुड़ने की क्षमता भी रखते हैं। इस प्रकार के पदार्थों के उपयोग का तात्पर्य है कृतिम रंगों की तुलना में नमक, भारी धातुओं और पानी का कम उपयोग।

इनके अलावा, पानी की खपत और पर्यावरण प्रदूषण को कम करने के लिए उपयोग किए जाने वाले कुछ अन्य डाई और पिगमेंट भी हैं।

बायोडिग्रेडेबल डाई, जिनमें भारी धातुएं, एमाइन और अकार्बनिक लवण नहीं होते हैं। इसलिए वे पर्यावरण में किसी भी लैंडफिल में छोड़े बिना ही आसानी से विघटित हो जाते हैं।

फाइबर-रिएक्टिव डाई रासायनिक रूप से तंतुओं के साथ बंधते हैं और उन्हें किसी मॉर्डेंट के उपयोग की आवश्यकता नहीं होती। एज़ो-मुक्त डाई नाइट्रोजन आधारित यौगिकों से मुक्त होते हैं जो एमाइन छोड़ते हैं। इसी तरह, भारी धातुओं से मुक्त रंगों का उपयोग सस्टेनेबल और पर्यावरण के अनुकूल वस्त्र निर्मित करने के लिए किया जाता है। भारी धातुएं प्रकृति में विषाक्त और कार्सिनोजेनिक होती हैं।

कुछ पर्यावरण के अनुकूल प्रक्रियाएँ निम्नलिखित हैं:

1. इंक-जेट प्रिंटिंग एक ऐसी प्रक्रिया है जिसमें डाई और पिगमेंट सीधे ही वस्त्र पर लगाए जाते हैं। यह छपाई तकनीक बड़ी मात्रा में पानी का उपयोग बचाती है।
2. वस्त्रों में फोम परिसज्जा के लिए प्लाज्मा तकनीक फोमिंग मशीनों का उपयोग करती है जो हवा से झाग बनाकर गाढ़े रासायनिक घोलों को पतला करती है। यह प्रक्रिया बड़ी मात्रा में पानी का उपयोग किए बिना ही इष्टतम स्तर पर रासायनिक प्रवेश सुनिश्चित करती है। इससे वस्त्रों को जल और दाग अवरोधक परिसज्जा प्रदान की जा सकती है।

21.8 अपशिष्ट जल का उपचार

विश्व भर का वस्त्र उद्योग जल निकायों में 40,000 से 50,000 टन डाई के निर्वहन के लिए उत्तरदायी है। इस तथ्य ने अनेक चिंताओं को उठाने के साथ-साथ में पर्यावरण संरक्षण के लिए सख्त नियमों और मानकों का पालन करने के लिए नेतृत्व भी किया है। आज, कई परिधान और वस्त्र विनिर्माण इकाइयाँ अपशिष्ट जल उपचार प्रक्रियाओं को को अपना रही हैं। वस्त्र रंगाई के पानी का फिर से उपयोग करने से बहुत सारा पानी बचाने में मदद मिल सकती है। इससे प्रकृति के संसाधनों को बचाने और एक बड़े पैमाने पर रासायनिक लैंडफिल को कम करने का लक्ष्य भी प्राप्त होगा।

21.9 माइक्रोवेव प्रौद्योगिकी (Microwave Technology) का महत्व

माइक्रोवेव एक छोटा उपकरण होता है जिसके लिए केवल थोड़े से स्थान की आवश्यकता होती है और जिससे काम करना बहुत सरल होता है। माइक्रोवेव द्वारा उत्पादित उच्च शक्ति तीव्रता उत्पादन की गति को बढ़ाती और लागत को कम करती है। इसे 'गैर-संपर्क' सुखाने की

तकनीक भी कहा जा सकता है, जो उत्पाद की गुणवत्ता में सुधार करने के साथ साथ उनकी सूखने वाली थकान (drying fatigue) को भी कम करती है। माइक्रोवेव में उच्च तापमान वाली सतहें नहीं होती हैं, और इस कारण से न केवल उत्पाद कम दूषित होता है, बल्कि इस प्रकार दो क्रियाओं के बीच माइक्रोवेव की सफाई के लिए कम समय की आवश्यकता होती है। माइक्रोवेव ऊर्जा को **वस्त्र** उत्पाद के अधिक नमी वाले क्षेत्र चुनिंदा रूप से अवशोषित कर सकते हैं, जिससे उत्पाद में समान नमी और एक जैसा तापमान संभव होता है। माइक्रोवेव के उपयोग से उत्पादों द्वारा हानिकारक गैस के उत्सर्जन से भी बचा जा सकता है, जिससे वहां काम करने वालों के लिए स्थिति अधिक सुरक्षित होगी।

यह बात ध्यान में रखनी आवश्यक है कि लापरवाही बरतने के कारण, माइक्रोवेव से रेडिएशन का अवशोषण वहां काम करने वाले व्यक्तियों की त्वचा द्वारा हो सकता है, जिससे उनमें हाइपरथर्मिया या बायो थर्मल तनाव का ख़तरा पैदा हो सकता है।

अधिक सस्टेनेबल **वस्त्रों** को तैयार करने के लिए माइक्रोवेव के कई अनुप्रयोगों का पता लगाया गया है। प्राप्त परिणामों ने पर्यावरण के अनुकूल **वस्त्र** प्रक्रियाओं के लिए माइक्रोवेव के उपयोग की एक आशाजनक क्षमता को चित्रित किया है। यहाँ हम इनमें से पांच पर चर्चा करेंगे:

1. माइक्रोवेव से रंगाई: माइक्रोवेव में विभिन्न प्राकृतिक और कृत्रिम **वस्त्रों** की रंगाई के प्रयोग किये गए हैं। इनके मुख्य निष्कर्ष इस प्रकार हैं:
   - *लिनन **वस्त्रों** की रंगाई:* माइक्रोवेव से रंगे हुए लिनन **वस्त्र** के नमूनों में पारंपरिक विधि की तुलना में अधिक K/S और बराबर पक्केपन के गुण प्राप्त किए गए।
   - *ऊनी **वस्त्रों** की रंगाई:* रंगाई के लिए माइक्रोवेव का उपयोग करने पर ऊनी **वस्त्रों** की रंगाई में काफी सुधार देखा गया। इसका संभावित कारण यह हो सकता है कि माइक्रोवेव विकिरण से ऊन की सतह की संरचना में कुछ परिवर्तन आ गया हो, जिससे उसपर अधिक गहरा रंग चढ़ता हो।
   - *पॉलिएस्टर **वस्त्रों** की रंगाई:* पारंपरिक विधि की तुलना में, माइक्रोवेव के उपयोग से रंगे गए पॉलिएस्टर **वस्त्र** में तीन गुणा अधिक रंग चढ़ता है। यह माना जाता है कि माइक्रोवेव विकिरण के कारण पॉलिएस्टर **वस्त्र** की सतह और आंतरिक भागों में रंग का घोल अधिक गहरे ढंग से जमता है। इसके फलस्वरूप, पॉलिएस्टर की रंगाई के समय पानी और रसायनों की बचत तो होती ही है, साथ ही रंगाई के पश्चात फेंके जाने वाले एफ्लूएंट की मात्रा में भी कमी आती है।

   इस प्रकार, संक्षेप में यह कहा जा सकता है कि रंगाई में माइक्रोवेव के महत्व को आज के समय में अनदेखा नहीं किया जा सकता है। अनुसंधान से पता चलता है कि इस तकनीक के कई लाभ हैं, जिनमें मुख्य रूप से शामिल हैं—रंगाई प्रक्रिया के लिए आवश्यक समय में भारी बचत, अवशिष्ट डाई घोल का कई बार के लिए पुन: उपयोग (एक निश्चित जल अनुपात को निरंतर संरक्षित करने के लिए इसमें ताज़ा पानी मिलाने के बाद) और रंग के घोल से पूर्ण डाई **वस्त्र** तक पहुंचाने के लिए किसी भी अन्य एजेंट के उपयोग की आवश्यकता न होना। इनमें से प्रत्येक पर्यावरण प्रदूषण को कम करने में महत्वपूर्ण योगदान देता है।

माइक्रोवेव तकनीक का उपयोग करने वाले अन्य अनुप्रयोग निम्नानुसार हैं:

2. प्राकृतिक रंगों को निकालना (एक्सट्रेक्शन/extraction): प्राकृतिक रंगों से डाई निकालने के लिए माइक्रोवेव का उपयोग एक कुशल प्रक्रिया साबित हुई है। यह विधि पारंपरिक प्रणाली की तुलना में निष्कर्षण समय को बहुत कम कर देती है।
3. पिगमेंट प्रिंट का फिक्सेशन: सूती वस्त्रों पर पिगमेंट प्रिंट के फिक्सेशन में माइक्रोवेव का उपयोग किया गया है। यह विधि कम लागत वाले उपकरणों का उपयोग करती है और इसलिए इसका छोटे पैमाने पर संचालन संभव है; साथ ही यह गैर-प्रदूषणकारी भी है।
4. जलीय (aqueous) बाइंडर का निर्माण: माइक्रोवेव के उच्च तापमान का उपयोग पॉलिएस्टर वस्त्रों की पिगमेंट छपाई के लिए जलीय बाइंडर निर्मित करने के लिए भी किया गया है।
5. टाइटेनियम डाइऑक्साइड (TiO_2) की नैनो रूप में तैयारी: माइक्रोवेव के उच्च तापमान के उपयोग से TiO_2 को नैनो रूप में तैयार करना संभव है। इसे पारंपरिक विधि द्वारा 8 घंटे में तैयार किया जाता है; माइक्रोवेन से यही कार्य 15 मिनट में और 10% कम विद्युत के खर्चे से करना संभव है।

माइक्रोवेव कार्बनिक प्रतिक्रियाएं पर्यावरण के अनुकूल विधि से बड़ी संख्या में रासायनिक प्रक्रियाओं में तेज़ी ला सकती हैं। इनसे समय और ऊर्जा के खर्च को कम किया जा सकता है जो पारंपरिक तकनीकों के तहत उच्च तापमान पर लंबे समय तक रंगाई करने से बहुत महँगा सिद्ध होता है; और यब तथ्य रंगे हुए वस्त्रों की उच्च मांग को पूरा करना संभव बनाता है। अनेक परिस्थितियों में, माइक्रोवेव द्वारा रंगाई के घोल को गरम करना, पारंपरिक विधियों की तुलना में 50% अधिक प्रभावी साबित होता है, और यह समय, ऊर्जा के साथ-साथ लागत की बचत भी कराता है।

अंत में यह निष्कर्ष निकाला जा सकता है कि विश्व भर में, वस्त्रों के क्षेत्र में सस्टेनेबिलिटी की दिशा में कई कदम उठाए जा रहे हैं। भारत भी अपनी पारंपरिक स्वदेशी प्रथाओं का दोहन करने के साथ उन्हें नवीनतम वैज्ञानिक अनुसंधानों के साथ जोड़ रहा है। ये पहल हमारे पर्यावरण की वर्तमान चुनौतियों के लिए कुछ रचनात्मक रूप से अभिनव समाधान प्रदान करने में सहायता अवश्य करेगी।

विस्तृत जानकारी हेतु पुस्तक सूची

Blackburn, R.S., *Biodegradable and Sustainable Fibres:* Woodhead Publishing Series in Textiles, 2005.

Blackburn, R.S., *Sustainable Textiles:* Woodhead Publishing Series in Textiles, 2009.

Fletcher, K., *Fashion and Sustainability: Design for Change*, Laurence King Publishing, 2012.

Jain, C., *Simplifying Corporate Sustainability—A Guide to Implementing Sustainable Practices in Textile Industry:* Createspace Independent Pub., 2016.

विश्वविद्यालय परीक्षा प्रश्न पत्र

कुल अवधि : 3 घंटे | कुल अंक: 75

छात्रों के लिए निर्देश:

1. प्रश्न 1 अनिवार्य है।
2. कुल पांच प्रश्नों के उत्तर दीजिए।

प्रश्न पत्र 1

1. संक्षेप में किन्हीं पांच की व्याख्या दें: (5 × 3 = 15)
   (i) क्रिम्प (Crimp)
   (ii) हेक्लिंग (Hackling)
   (iii) स्पिनरेट (Spinerette)
   (iv) स्टेपल तंतु (Staple Fibres)
   (v) कपास की सूक्ष्म संरचना (Microscopic structure of Cotton)
   (vi) पॉलीप्रोपिलीन (Polypropelene)
   (vii) टेरीकॉट (Terecot)
2. (क) ऊनी तंतुओं के उत्पादन की विधि समझाइए। (10)
   (ख) कपास तंतुओं के भौतिक व रासायनिक गुण दीजिए। (5)
3. (क) नायलोन 6, 6 का रसायन शास्त्र और निर्माण विधि समझाइए। (10)
   (ख) इलास्टोमेरिक तंतुओं पर एक टिप्पणी लिखिए। (5)
4. (क) कपास कताई प्रणाली को विस्तार में समझाइए। (10)
   (ख) डाइरेक्ट यार्न नम्बरिंग प्रणाली का इकाइयों सहित विवरण कीजिए। (5)
5. (क) टेक्सचर्ड यार्न क्या होते हैं? टेक्सचर्रिंग की फॉल्स ट्विस्ट और एज क्रिम्पिंग विधियां चित्रों सहित समझाइए। (10)
   (ख) सम्मिश्रण के विभिन्न चरणों की व्याख्या कीजिए। (5)

6. निम्नलिखित में से किन्हीं दो के बीच में अंतर बताइए: (2 × 71/2 = 15)
   (i) मेल्ट और ड्राई कताई
   (ii) एक्रेलिक और मोडएक्रेलिक
   (iii) थ्रेड और यार्न
7. निम्नलिखित में से किन्हीं तीन पर लेख लिखिए: (3 × 5 = 15)
   (i) सिंपल (Simple) यार्न
   (ii) कश्मीर (Cashmere) तंतु
   (iii) यार्न दोष
   (iv) फ्लेक्स की रेटिंग (Retting)
   (v) यार्न में ट्विस्ट

प्रश्न पत्र 2

1. संक्षेप में किन्हीं पांच की व्याख्या कीजिए: (5 × 3 = 15)
   (i) शेडिंग (Shedding)
   (ii) डॉब्बी (Dobby)
   (iii) गेज़ (Gauge)
   (iv) एसिड (Acid) परिसज्जा
   (v) क्रॉकिंग (Crocking) के प्रति रंगों का पक्कापन
   (vi) टियर स्ट्रेंथ (Tear strength)
   (vii) वस्त्र दोष के रूप में फ्लोट (Float)
   (viii) फेल्टिंग (Felting) सिंकुड़न
2. (क) पॉइंट पेपर चित्रों सहित प्लेन बुनावट और उसके प्रकार समझाइए। (10)
   (ख) हथकरघा की द्वितीयक गतियाँ बताइए। (5)
3. (क) वेफ्ट निटिंग को उनके टांकों के सन्दर्भ में समझाइए। (10)
   ख) निटिंग के लिए उपयुक्त विभिन्न प्रकार की सुइयों का विवरण दीजिए। (5)
4. (क) नॉन-वोवन को परिभाषित कीजिए। नीडल पंच वस्त्रों के निर्माण की विधि समझाइए। (2, 6)
   (ख) नॉन-वोवन के उपयोगों का विवरण दीजिए। (7)
5. (क) केलेंडरिंग परिसज्जा के विभिन्न तरीके समझाइए। (10)
   (ख) जल अवरोधक परिसज्जा पर लेख लिखिए। (5)
6. (क) परिधान के लिए वस्त्रों के चयन में किन कारकों पर ध्यान देना चाहिए? (7)
   (ख) विभिन्न प्रकार के तकनीकी वस्त्रों का उल्लेख कीजिए। (8)
7. निम्नलिखित में से किन्हीं तीन पर लेख लिखिए: (3 × 5 = 15)
   (i) जेट (Jet) करघा

(ii) सर्फेस फिगर बुनावट
(iii) वीविंग और निटिंग में अंतर
(iv) नॉन-वोवन में वेब का निर्माण
(v) थ्रेड काउंट और बैलेंस

प्रश्न पत्र 3

1. संक्षेप में किन्हीं पांच की व्याख्या कीजिए: (5 × 3 = 15)
   (i) ड्रेप (Drape)
   (ii) डोब्बी (Dobby) बुनावट
   (iii) थ्रेड काउंट (Thread Count)
   (iv) हेरिंगबोन ट्विल (Herringbone Twill) बुनावट
   (v) धुलाई के प्रति रंगों का पक्कापन
   (vi) स्विवल (Swivel) बुनावट
   (vii) जिओटेक्सटाइल (Geotextiles)
2. (क) बेसिक बुनावट का वर्गीकरण कीजिए। (8)
   (ख) जेट (Jet) करघों पर एक लेख लिखिए। (7)
3. (क) वार्प और वेफ्ट निटिड वस्त्रों में अंतर बताइए। (9)
   (ख) लैच (Latch) और बियर्ड (Beard) सुइयों पर चित्र सहित टिप्पणी दीजिए। (6)
4. (क) नॉन-वोवन वस्त्रों के उत्पादन के चरण समझाइए। (12)
   ख) ब्रैडिड (Braided) वस्त्रों पर लेख लिखिए। (3)
5. (क) कार्य शैली के आधार पर परिसज्जाओं का वर्गीकरण कीजिए। (2)
   ख) मर्सेराइज़ेशन (Mercerization) का विवरण कीजिए। (4)
   (ग) जल अवरोधक, एंटी स्टेटिक और ज्वलन प्रतिरोधी परिसज्जायें समझाइए।(9)
6. (क) कोई तीन वस्त्र दोष समझाइए। (6)
   (ख) परिधान के लिए वस्त्रों का चयन करते समय किन बातों को ध्यान में रखना चाहिए ? (9)
7. निम्नलिखित में से किन्हीं तीन पर लेख लिखिए: (3 × 5 =15)
   (i) वस्त्र वज़न से प्रभावित होने वाले कारक
   (ii) केयर (Care) लेबल
   (iii) प्राथमिक गतियाँ
   (iv) वेफ्ट निटिंग के टाँके
   (v) टेंसाइल (Tensile) स्ट्रेंथ

प्रश्न पत्र 4

1. संक्षेप में किन्हीं पांच की व्याख्या कीजिए: (5 × 3 = 15)
   (i) हेक्लिंग (Hackling)
   (ii) कपास की सूक्ष्म संरचना (Microscopic structure of Cotton)
   (iii) पॉलीप्रोपिलीन (Polypropelene)
   (iv) फिलामेंट (Filament) तंतु
   (v) इंडाइरेक्ट (Indirect) यार्न काउंट
   (vi) प्राकृतिक प्रोटीन तंतुओं का उदाहरण सहित वर्गीकरण
   (vii) कश्मीर (Cashmere) तंतु

2. (क) विस्कोस रेयॉन का रसायन शास्त्र और निर्माण विधि समझाइए। (10)
   (ख) किन्हीं दो लुप्तप्राय जातिओं से प्राप्त तंतुओं (Speciality Fibres) पर लेख लिखिए। (5)

3. (क) कपास कताई प्रणाली को उपयुक्त चित्रों की सहायता से विस्तार में समझाइए। (10)
   (ख) ऊनी तंतुओं के भौतिक और रासायनिक गुण दीजिए। (5)

4. (क) रेशम तंतुओं के उत्पादन की विधि बताइए। (10)
   (ख) उचित उदाहरणों सहित सम्मिश्रण के उपयोगों को समझाइए। (5)

5. (क) टेक्सचर्ड यार्न क्या होते हैं? टेक्सचरिंग की फॉल्स ट्विस्ट और एज क्रिम्पिंग विधियां चित्रों सहित समझाइए। (10)
   (ख) धात्विक (Metallic) तंतुओं पर एक लेख लिखिए। (5)

6. निम्नलिखित में से किन्हीं दो के बीच में अंतर बताइए: (2 × 71/2 = 15)
   (i) मेल्ट और ड्राई कताई
   (ii) एक्रेलिक और मोडएक्रेलिक
   (iii) थ्रेड और यार्न

7. निम्नलिखित में से किन्हीं तीन पर लेख लिखें: (3 × 5 = 15)
   (i) सिंपल यार्न के प्रकार
   (ii) ट्विस्ट की दिशा
   (iii) नायलॉन 6, 6
   (iv) फ्लेक्स की रेटिंग (Retting)
   (v) यार्न में दोष

प्रश्न पत्र 5

1. संक्षेप में किन्हीं पांच की व्याख्या कीजिए: (5 × 3 = 15)
   (i) ग्लास (Glass) तंतु
   (ii) टेक्सचर्ड यार्न के लक्षण
   (iii) रेटिंग (Retting)
   (iv) एसिटेट (Acetate) तंतु
   (v) कपास की सूक्ष्म संरचना
   (vi) क्रिम्प (Crimp)
   (vii) टेंसाइल (Tensile) स्ट्रेंथ
   (viii) ऊन की पॉलिमर रचना

2. (क) पॉलिएस्टर तंतुओं का रसायन शास्त्र और निर्माण की विधि समझाइए। उपयुक्त रासायनिक प्रतिक्रिआयें भी दीजिए। (10)
   (ख) कश्मीर (Cashmere) तंतुओं पर लेख लिखिए। (5)

3. (क) कपास कताई प्रणाली को उचित चित्रों की सहायता से विस्तार में समझाइए। (10)
   (ख) टेक्स्चर्ड यार्न के उपवर्ग और उनपर व्याख्या दीजिए। (5)

4. (क) यार्न काउंट से आप क्या समझते हैं? यार्न नम्बरिंग प्रणाली को विस्तार में समझाइए। (10)
   (ख) रेशम और ऊन के भौतिक गुणों की तुलना कीजिए और उनमें पाए जाने वाले प्रमुख अंतर बताइये। (5)

5. (क) टेक्सचरिंग की कोई चार विधियां चित्रों सहित समझाइए। (10)
   (ख) मोडएक्रेलिक तंतुओं के उत्पादन का तरीका और उनके गुण बताइए। (5)

6. (क) सम्मिश्रण के विभिन्न चरण समझाइए। (10)
   (ख) कताई की वुलन और वर्स्टेड प्रणालियों में अंतर बताइए। (5)

7. निम्नलिखित में से किन्हीं तीन पर लेख लिखिए: (3 × 5 = 15)
   (i) यार्न के गुणों पर ट्विस्ट का प्रभाव
   (ii) इलास्टोमेरिक (Elastomeic) तंतु
   (iii) यार्न में दोष
   (iv) पॉलिएस्टर के रासायनिक गुण
   (v) सिंपल यार्न

प्रश्न पत्र 6

1. संक्षेप में किन्हीं पांच की व्याख्या दें: (5 × 3=15)

   (i) GSM

   (ii) हार्नेस (Harness)

   (iii) डाइमेंशनल स्टेबिलिटी (Dimensional Stability)

   (iv) वूल मार्क (Wool Mark)

   (v) निटिंग (Knitting)

   (vi) सिंजिंग (Singeing)

   (vii) गेज़ (Gauge)

2. (क) बुनावटों (Weaves) का वर्गीकरण दीजिए। (5)

   (ख) पॉइंट पेपर चित्रों की सहायता के साथ ट्विल बुनावट के वर्ग, उनकी संरचना और गुण समझाइए। (8)

   (ग) करघे पर बुने और निटिड **वस्त्रों** में पाए जाने वाले किन्हीं दो दोषों को संक्षेप में बताइए। (2)

3. (क) नीडल फेल्ट (Needle Felt) के उत्पादन की विधि समझाइए । (7)

   (ख) पर्ल निट (Purl knit) संरचना के लक्षणों पर चर्चा कीजिए। (5)

   (ग) नॉन-वोवन **वस्त्रों** के उपयोगों पर एक लेख लिखिए। (3)

4. (क) परिसज्जाओं के वर्गीकरण के विभिन्न आधार उदाहरणों सहित दीजिए। (5)

   (ख) निम्न में से किन्हीं दो परिसज्जाओं का कार्य और प्रक्रिया समझाइए। (2 × 5 = 10)

   (i) मर्सेराइज़ेशन (Mercerization)

   (ii) ज्वलन प्रतिरोधक परिसज्जा

   (iii) अम्लीय क्षारीय (Acid Basic) परिसज्जायें

   (iv) जल अवरोधक प्रतिरोधक परिसज्जा

5. निम्नलिखित में से किन्हीं तीन के बीच में अंतर बताइए: (3 × 5 = 15)

   (i) वीविंग और निटिंग

   (ii) मोइरिंग और श्राइनरिंग

   (iii) पाइल और सर्फेस फिगर बुनावट

   (iv) वार्प और वेफ्ट निट

6. (क) परिधान के लिए **वस्त्र** चुनते समय ध्यान में रखने वाले कारकों को समझाइए। (10)

   (ख) प्रोजेक्टाइल (Projectile) करघों पर एक संक्षिप्त लेख लिखिए। (5)

7. निम्नलिखित में से किन्हीं तीन पर लेख लिखिए: (3 × 5 = 15)
   (i) करघे के भाग
   (ii) केयर (Care) लेबल
   (iii) बुनाई की सुइयां
   (iv) टेक्टिकल टेक्सटाइल
   (v) हीट सेटिंग

प्रश्न पत्र 7

1. संक्षेप में किन्हीं पांच की व्याख्या कीजिए: (5 × 3 = 15)
   (i) इलास्टोमेरिक (Elastomeric) तंतु
   (ii) यूनिअन (Union) रंगाई
   (iii) फेल्ट (Felt)
   (iv) शेडिंग (Shedding)
   (v) कॉम्प्लेक्स (Complex) यार्न
   (vi) पॉलिमराइज़ेशन (Polymerization)
   (vii) जल अवरोधक परिसज्जा
   (viii) कोहेसिवनेस (Cohesiveness)

2. निम्नलिखित में से किन्हीं तीन के बीच में अंतर बताइए: (3 × 5 = 15)
   (i) करघे पर बने और निटिड वस्त्र
   (ii) छपाई की अवरोधक और डिस्चार्ज शैली
   (iii) डोब्बी और जकार्ड बुनावट
   (iv) वेट और मेल्ट कताई
   (v) छपाई की ब्लॉक और स्क्रीन विधि

3. (क) कपास तंतुओं के उत्पादन और गुणों का विवरण दीजिए। (10)
   (ख) वस्त्र तंतुओं के द्वितीयक गुण क्या होते हैं? किन्हीं तीन को विस्तार में समझाइए। (5)

4. (क) वर्स्टेड प्रणाली के उपयोग से यार्न का उत्पादन कैसे किया जाता है? (10)
   (ख) यार्न काउंट के डाइरेक्ट और इंडाइरेक्ट प्रणाली पर टिप्पणी लिखिए। (5)

5. (क) बुनावटों (वीव्स) का वर्गीकरण दीजिए। पॉइंट पेपर चित्रों की सहायता से ट्विल बुनावट के वर्ग, उनकी संरचना और गुण विस्तार में समझाइए। (10)
   (ख) करघा के विभिन्न भागों को नामांकित कीजिए और उनके कार्यों का उल्लेख कीजिए। (5)

6. (क) रूटीन परिसज्जायें क्या होती हैं? निम्नलिखित में से किन्हीं दो को विस्तार में समझाइए: (10)
   (i) केलेंडरिंग
   (ii) ब्लीचिंग
   (iii) मर्सेराइज़िंग

   (ख) नॉन-वोवन वस्त्र के उत्पादन के मूल चरण समझाइये। (5)

7. निम्नलिखित में से किन्हीं तीन पर लेख लिखें: (3 × 5 = 15)
   (i) तंतुओं का वर्गीकरण
   (ii) वेफ्ट निट
   (iii) सर्फेस फिगर बुनावट
   (iv) पॉलिएस्टर तंतुओं का उत्पादन
   (v) नीडल फेल्ट
   (vi) यार्न टेक्स्चरिंग की कोई दो विधियां

प्रश्न पत्र 8

1. (क) संक्षेप में किन्हीं पांच की व्याख्या कीजिए: (5 × 2 = 10)
   (i) प्लाई (Ply) यार्न
   (ii) क्रिस्टेलाइन (Crystalline) भाग
   (iii) यार्न काउंट
   (iv) रेज़िलिएन्सी (Resiliency)
   (v) वेल्स (Wales)
   (vi) करघे पर बुनाई में शेडिंग (Shedding) प्रक्रिया
   (vii) फेल्ट (Felt)

   (ख) निम्नलिखित में से किन्हीं पांच का एक उदाहरण दीजिए: (5 × 1 = 5)
   (i) सेल्युलोज़िक तंतु
   (ii) पाइल बुनावट
   (iii) ऊनी वस्त्रो की परिसज्जाएं
   (iv) सम्मिश्रित वस्त्र
   (v) शटल रहित करघे
   (vi) निटिंग की सुइयां
   (vii) कॉम्प्लेक्स यार्न

2. (क) कपास तंतुओं के उत्पादन और गुणों की व्याख्या कीजिए। (10)

   (ख) वस्त्र तंतुओं के प्राथमिक गुणों का नामांकन और विवरण दीजिए। (5)

3. (क) कपास कतई प्रणाली को विस्तार में समझाइए। (8)
   (ख) यार्न टेक्स्चरिंग की परिभाषा दीजिए; किन्ही दो विधियों पर टिप्पणी लिखिए। (2, 5)

4. (क) बुनियादी/बेसिक बुनावटों को नामांकित कीजिए। (2)
   (ख) पॉइंट पेपर चित्रों की सहायता के साथ प्लेन बुनावट के वर्ग, उनकी संरचना और गुण विस्तार में समझाइए। (8)
   (ग) नॉन-वोवन वस्त्रों की परिभाषा और उनके उत्पादन के चरण दीजिए। (5)

5. (क) प्रेपेरेटरी परिसज्जायें क्या होती हैं? किन्हीं दो को विस्तार में समझाइए। (7)
   (ख) वस्त्र रंगने की प्रतिक्रया का विवरण कीजिए। (4)
   (ग) जल प्रतिरोधक परिसज्जाओं से आप क्या समझते हैं? (4)

6. निम्नलिखित में से किन्हीं तीन में अंतर बताइए: (3 × 5 = 15)
   (i) वीविंग और निटिंग
   (ii) छपाई की डिस्चार्ज और अवरोधक शैली
   (iii) मेल्ट और ड्राई कताई
   (iv) छपाई की ब्लॉक और स्क्रीन विधि

7. निम्नलिखित में से किन्हीं तीन पर लेख लिखें: (3 × 5 = 15)
   (i) करघा के भाग और उनका कार्य
   (ii) तंतुओं का वर्गीकरण
   (iii) यार्न काउंट
   (iv) सर्फेस फिगर बुनावट
   (v) पोलिएस्टर का उत्पादन

प्रश्न पत्र 9

1. संक्षेप में किन्हीं पांच की व्याख्या दें: (5 × 3 = 15)
   (i) क्रिस्टलाइन भाग
   (ii) लम्बाई से चौड़ाई का अनुपात
   (iii) डीलस्ट्रेंट
   (iv) कपास की लम्बाई और चौड़ाई में सूक्ष्म रचना
   (v) टेंटरिंग (Tentering)
   (vi) थ्रेड काउंट
   (vii) लीनो बुनावट
   (viii) यूनियन रंगाई

2. (क) विस्कोस रेयॉन तंतुओं के उत्पादन की विधि समझाइए। (10)
   (ख) रेशम तंतुओं के रासायनिक व जैविक गुण दीजिए। (5)

3. (क) यार्न काउंट की प्रणालियों का उल्लेख कीजिए। (7)
   (ख) टेक्स्चरिंग की परिभाषा दीजिए। एयर जेट विधि समझाइए। (3,5)
4. (क) चित्र की सहायता से करघे के विभिन्न भागों के विषय में बताइए। (5)
   (ख) पॉइंट पेपर चित्र सहित साटन बुनावट समझाइए। (5)
   (ग) वेफ्ट निटिंग में उपयुक्त टांको के नाम और किसी एक का विस्तृत विवरण दीजिए। (5)
5. (क) छपाई की अवरोधक शैली की विधियों को विस्तार में समझाइए। (10)
   (ख) यार्न रंगाई की प्रक्रिया का विवरण कीजिए। (5)
6. निम्नलिखित में से किन्हीं तीन पर लेख लिखें: (3 × 5 = 15)
   (i) केलेंडरिंग (Calendering) परिसज्जा
   (ii) रेशम पर वेटिंग (Weighting)
   (iii) सर्फेस फिगर बुनावट
   (iv) बोंडेड वस्त्रों में वेब (Web) का निर्माण
   (v) रेटिंग (Retting)

प्रश्न पत्र 10

1. (क) निम्न में से किन्हीं पांच की संक्षेप (2–3 वाक्यों) में व्याख्या दें: (5 × 2 = 10)
   (i) कोर्ड यार्न
   (ii) टो (Tow)
   (iii) स्पिनरेट
   (iv) इलास्टिक रिकवरी
   (v) बूक्ले (Boucle) यार्न
   (vi) थ्रेड काउंट
   (ख) निम्न किन्हीं पांच के रिक्त स्थान की पूर्ति कीजिए: (5 × 1 = 5)
   (i) वर्स्टेड यार्न के उत्पादन में एक अतिरिक्त चरण होता है ---------------।
   (ii) रेशम की रचना में .... प्रोटीन होता है।
   (iii) कपास तंतु का क्रॉस सेक्शन .... आकार का होता है।
   (iv) यदि एक यार्न की लंबाई 50 मीटर और वज़न 200 मिलीग्राम हो, तो उसका डेनियर .... होगा।
   (v) पॉलीएस्टर का निर्माण .... रासायनिक कताई से किया जाता है।
   (vi) ऊनी तंतुओं के लम्बाई सेक्शन में .... प्रधान रूप से पाए जाते हैं।
2. (क) उदाहरणों सहित प्राकृतिक तंतुओं का वर्गीकरण कीजिए। (10)
   (ख) तंतुओं के प्राथमिक गुणों का नामांकन कीजिए और किसी एक का विस्तृत उल्लेख कीजिए। (5)

3. (क) रेखा चित्र की सहायता से विस्कोस रेयॉन की उत्पादन विधि समझाइए। (8)
   (ख) चित्र की सहायता से रिंग कताई की प्रक्रिया का विवरण दीजिए। (7)

4. (क) थ्रेड और यार्न में क्या अंतर होता है? (2)
   (ख) यार्न को टेक्सचर क्यों किया जाता है? इसे करने की दो विधियां विस्तार में समझाइए। (8)
   (ग) कपास और ऊन के रासायनिक गुणों की तुलना कीजिए। (5)

5. (क) करघे की प्राथमिक और द्वितीयक क्रियाएं समझाइए। (10)
   (ख) बेसिक/बुनियादी बुनावटों का वर्गीकरण कीजिए। (5)

6. निम्नलिखित पर लेख लिखिए: (3 × 5 = 15)
   (i) फ्लेक्स की रेटिंग (Retting)
   (ii) ओपन एंड (Open End) कताई
   (iii) यार्न काउंट की इंडाइरेक्ट (Indirect) प्रणाली

अनुक्रमणिका

अंगोरा (Angora), 62
अक्रिस्टलीय या एमोरफस व्यवस्था, 22
आंशिक रूप से अभिविन्यस्त यार्न (Partially Oriented Yarn/POY), 138
इन्टीग्रेटेड कोम्पोज़िट, 134
उपभोक्ता समस्याएं, 267
ऊंट (Camel), 62
ऊन, 61
ऊनी वुलन यार्न, 132
एडिशन/जोड़ पॉलिमराइज़ेशन, 19
एड्सोर्प्शन (Adsorption), 35
एब्सोर्प्शन (Absorption), 35
एमेराइज़िंग (Emerising), 221
ऑल्टरनेटिंग कोपॉलिमर, 19
ओपन एंड/रोटर कताई, 133
ओरिएन्टिड व्यवस्था, 23
कश्मीर (Cashmere), 63
कार्बनिक कपास (Organic Cotton), 75
केवलार[R], 118
कॉटन काउंट, 147
क्रिस्टलीय व्यवस्था, 23
क्रॉस रंगाई, 242
क्विवोट (Quiviot), 64
गिग्गिंग (Gigging), 221
ग्राफ्ट कोपॉलिमर, 20
घर्षण कताई, 134
जेट/पॉलीक्रोमैटिक रंगाई, 242
टेक अप और लेट ऑफ (Take up and Let off), 161
टेक्स, 146
डेनिअर, 146
ड्यू या फील्ड (Dew/Field) रैटिंग, 77
ड्रेसिंग द फ्लैक्स (Dressing the Flax), 78
थिकनिंग एजेंट, 245
द्वितीयक गतियों (Secondary Motions), 161
द्विपक्षीय/बाइलेटरल (Bilateral) व्यवस्था, 141
नैपिंग (Napping), 221
नोमेक्स[R], 118
पिकिंग (Picking), 160
पूरी तरह से अभिविन्यस्त यार्न (Fully Oriented Yarn), 138
पूल या पोण्ड (Pool/Pond) रैटिंग, 78
प्राकृतिक प्रोटीन तंतुओं, 39
प्राकृतिक रंगीन कपास (Naturally Coloured Cottons), 75
प्राकृतिक रंगों, 327
प्राथमिक गति, 160
प्रिंट पेस्ट, 245
प्रिंटिंग सहायक/ऑक्सिलियरी, 246
फेसीएटिड यार्न, 135
फ्लोक्किंग (Flocking), 221
बाइकॉम्पोनेंट, 140
बाइकोंस्टीटुएन्ट, 140
बायोडिग्रेडेबल डाई, 328
बीटिंग (Beating), 160
बैटनिंग (Battening), 160
ब्रेकिंग (Breaking), 78
ब्लॉक कोपॉलिमर, 19
माइक्रोवेव से रंगाई, 329
मेल्ट-ब्लोन (Melt-blown), 205
मैट्रिक काउंट, 147
मॉइस्चर रीगेन, 34

मॉइस्चर कोंटेंट, 34
मोहेर (Mohair), 64
याक (Yak), 64
यूनियन रंगाई, 242
रासायनिक (Chemical) रैटिंग, 78
रिप्लिंग (Rippling), 77
रिलेक्सेशन (Relaxation) सिकुड़न, 228
रिसाइकल्ड वुल, 55
रीप्रोसेस्ड, 55
रीयूज्ड, 55
रैटिंग (Retting), 77
रैंडम कोपॉलिमर, 20
रोटरी स्क्रीन छपाई, 256
लामा (Llama), 63
वर्स्टेड, 54
वर्स्टेड काउंट, 147
वर्स्टेड यार्न, 132
विक्यूना (Vicuna), 64
वुलन, 54
वुलन काउंट, 147
वैट (Vat) रैटिंग, 78
शीथ (Sheath) कोर, 140
शेडिंग (Shedding), 160
सिंथेटिक कृत्रिम तंतु, 39
सुएडिंग (Sueding), 221
सेटिंग, 227
सेरीकल्चर (Sericulture), 43
सेल्फ-ट्विस्ट यार्न, 135
सैनफोराइज़ेशन (Sanforization), 228
स्कचिंग (Scutching), 78
स्ट्रीम (Stream) रैटिंग, 78
स्पन बॉनडेड (Spun Bonded), 205
हैकलिंग या कोम्बिंग (Hackling/Combing), 78